Juliane Dame

Ernährungssicherung im Hochgebirge

ERDKUNDLICHES WISSEN

Schriftenreihe für Forschung und Praxis

Begründet von Emil Meynen

Herausgegeben von Martin Coy, Anton Escher und Thomas Krings

Band 156

Juliane Dame

# Ernährungssicherung im Hochgebirge

## Akteure und ihr Handeln im Kontext des sozioökonomischen Wandels in Ladakh, Indien

Gedruckt mit freundlicher Unterstützung des Heidelberg Center for the Environment (HCE), Universität Heidelberg

Umschlagabbildung: © Juliane Dame

Bibliografische Information der Deutschen Nationalbibliothek:
Die Deutsche Nationalbibliothek verzeichnet diese Publikation in der Deutschen Nationalbibliografie; detaillierte bibliografische Daten sind im Internet über <http://dnb.d-nb.de> abrufbar.


Druck: Laupp & Göbel GmbH, Nehren
Gedruckt auf säurefreiem, alterungsbeständigem Papier.
Printed in Germany.
ISBN 978-3-515-11032-7 (Print)
ISBN 978-3-515-11033-4 (E-Book)

INHALT

# VERZEICHNIS DER ABBILDUNGEN

## VERZEICHNIS DER TABELLEN

## VERZEICHNIS DER KARTEN



## VERZEICHNIS DER ABKÜRZUNGEN

| | |
|---|---|
| AAY | Antyodaya Anna Yojana |
| APL | Above Poverty Line |
| ASHA | Accredited Social Health Activist |
| BADP | Border Area Development Programme |
| BDC | Block Development Council |
| BPL | Below Poverty Line |
| BRO | Border Roads Organisation |
| CAK | Culture Area Karakorum |
| CDAP | Comprehensive District Agricultural Plan |
| CEC | Chief Executive Councillor |
| CEO | Chief Executive Officer |
| CHC | Community Health Center |
| CMO | Chief Medical Office |
| CRU | Climate Research Unit |
| CSD | Canteen Stores Department |
| CSS | Centrally Sponsored Scheme |
| DC | Deputy Commissioner |

| | |
|---|---|
| DFID | Department for International Development |
| DIHAR | Defence Institute of High Altitude Research (vormals FRL) |
| DPDB | District Planning and Development Board |
| DRDA | District Rural Development Agency |
| ELA | Equilibrium Line Altitude |
| ENSO | El Niño/Southern Oscillation |
| FAO | Food and Agriculture Organization of the United Nations |
| FCI | Food Corporation of India |
| FIVIMS | Food Information and Vulnerability Information and Mapping Systems |
| FRL | Field Research Laboratory (heute DIHAR) |
| GCP | Ground Control Points |
| GECAFS | Global Environmental Change and Food Systems |
| GERES | Groupe Energies Renouvelables, Environnement et Solidarités |
| GLOF | Glacial Lake Outburst Floods |
| IALS | International Association for Ladakh Studies |
| IAY | Indira Awaas Yojana |
| ICDS | Integrated Child Development Scheme |
| IFA | Iron Folic Acid |
| IHDP | International Human Dimensions Programm |
| IMD | Indian Metreological Department |
| INC | Indian National Congress |
| INR | Indische Rupien |
| ISEC | International Society for Ecology and Culture |
| ITBP | Indo-Tibetan Border Police |
| KMK | Karakorum-Metamorphischer-Komplex |
| LAC | All-Ladakh Action Committee for Declaring Ladakh as Scheduled Tribe |
| LAHDC | Ladakh Autonomous Hill Development Council (auch: Hill Council) |
| LBA | Ladakh Buddhist Association |
| LBW | Low Birth Weight |
| LDO | Ladakh Development Organisation |
| LEDeG | Ladakh Ecological Development Group |
| LEHO | Ladakh Environment and Health Organisation |
| LNP | Leh Nutrition Project |
| LoC | Line of Control |
| LOTI | Leh Old Town Initiative |
| LUTF | Ladakh Union Territory Front |
| LVN | Ladakh Voluntary Network |
| MKT | Main Karakorum Thrust, |
| MLA | Member of the Legislative Assembly |
| MLA CDF | MLA Consolidated Development Fund |
| MLC | Member of Legislative Council |
| MP | Member of Parliament (Lok Sabha) |
| MP LADS | MP Local Area Development Scheme |
| MUAC | mid-upper arm circumference |

| | |
|---|---|
| NAO | North Atlantic Oscillation |
| NEFA | North-East Frontier Agency (seit 1982 Arunachal Pradesh) |
| NGO | non-governmental organisation (Nichtregierungsorganisation) |
| NREGA | National Rural Employment Guarantee Act |
| NRHM | National Rural Health Mission |
| PDS | Public Distribution System |
| PEM | Protein-Energie-Mangelernährung |
| PHC | Primary Health Center |
| PIA | Project Implementing Agency |
| PMGSY | Pradhan Mantri Gram Sadak Yojana |
| PRA | Participatory Rural Appraisal |
| PRC | Permanent Resident Certificate |
| PWD | Public Works Department |
| RPI | Ponderal Index nach Rohrer |
| SCF | Save the Children Fund |
| SGRY | Swarna Jayanti Gram Rozgar Yojana |
| SKUAST | Sher-e-Kashmir University of Agricultural Sciences and Technology |
| SLA | Sustainable Livelihoods Approach |
| SLC | Snow Leopard Conservancy |
| SNMH | Sonam Norboo Memorial Hospital |
| SRTM-3 | Shuttle Radar Topography Mission |
| ST | Scheduled Tribe |
| THF | Tibet Heritage Fund |
| THP | The Hunger Project |
| TISS | Tata Institute for Social Sciences |
| TPDS | Targeted Public Distribution System |
| TSP | Total Sanitation Programme |
| UNCED | United Nations Conference on Environment and Development |
| UNCIP | United Nations Commission for India and Pakistan |
| UT | Union Territory |
| WDP | Watershed Devlopment Programme |
| WHO | World Health Organisation |
| WSD | Watershed Development Programme |

# VORWORT

Mit der nordindischen Region Ladakh – übersetzt „das Land der hohen Pässe“– verbinden sich beeindruckende Hochgebirgslandschaften. Zugleich ist das alltägliche Leben der Bewohner vor große Herausforderungen gestellt. Derzeit vollzieht sich in Ladakh ein rascher und spürbarer Wandel, der auch in den Jahren meiner Forschungsarbeiten deutlich sichtbar wurde. Mit der Durchführung dieser Studie waren Zeiten wertvoller Erfahrungen und neuer Begegnungen verbunden. Ohne die Unterstützung zahlreicher Personen und Institutionen, denen ich an dieser Stelle danken möchte, wäre die hier vorliegende Arbeit nicht möglich gewesen.

An erster Stelle bedanke ich mich herzlich bei Prof. Dr. Marcus Nüsser (Leiter der Abteilung Geographie, Südasien-Institut der Universität Heidelberg), der mir die volle Unterstützung und die notwendigen Freiräume gab, diese Arbeit zu konzipieren und umzusetzen. Prof. Dr. Hans Gebhardt (Geographisches Institut der Universität Heidelberg) danke ich für sein großes Interesse an der Studie. Zwei explorative Aufenthalte wurden durch das Südasien-Institut sowie durch die Kurt-Hiehle-Stiftung finanziell gefördert. Die Vorarbeiten mündeten in einer Förderung durch die Deutsche Forschungsgemeinschaft für das Projekt „Ernährungssicherung in Ladakh“ (Nu 102/7-1 & 2), wofür ich der DFG danke.

Zu dem Erfolg dieser Arbeit haben viele Menschen während der Feldforschungsaufenthalte in Ladakh und bei der anschließenden Ausarbeitung beigetragen. Von besonderer Bedeutung waren die freundliche Aufnahme in die International Association for Ladakh Studies (IALS) und der damit verbundene interdisziplinäre Austausch. Stellvertretend nennen möchte ich John Bray, Calum Blaikie, PhD, Jonathan Demenge, PhD, Dr. Pascale Dollfus, Dr. Padma Dolma, Abdul Ghani Sheik, Prof. Dr. Kim Gutschow, Blaise Humbert-Droz, Seb Mankelow, Tashi Morup und Marianne Petrea Jakobsen.

Meinen großen Dank spreche ich den Bewohnern der Untersuchungsdörfer dieser Studie und meinen Gesprächspartnern in Leh aus. Meine Arbeit wäre ohne ihre offene Gesprächsbereitschaft unmöglich gewesen. Stellvertretend möchte ich hier Personen nennen, die während meines insgesamt 11-monatigen Aufenthalts in Ladakh nicht nur meine Interviewpartner, sondern mir auch freundschaftlich verbunden waren; insbesondere die Ärztinnen und Krankenschwestern des Sonam Norboo Memorial Hospital in Leh, Ruth Mary des Department of Food Supplies and Consumer Affairs, Thinlas Dawa des Agriculture Department, die Mitarbeiter von Leh Nutrition Project und Tibet Heritage Fund unter Leitung von André Alexander (†) sowie die *patwari* (Mohammed Bakir und Gulam Rasul). Ebenso waren Dr. Florian Besch, Andreas Catanese, Leo-Philipp Heiniger und Steffen Klein während der Feldforschung eine wichtige Unterstützung und Motivationsquelle.

Besonderer Erwähnung bedarf die offenherzige Gastfreundlichkeit aller Befragten in Hemis Shukpachan und Igu, die mir bei unzähligen Tees und getrockneten Aprikosen sowie Einladungen zu Festen einen tiefen Einblick in das Alltags- und Festtagsleben in Ladakh gewährt haben. Während der empirischen Erhebungen habe ich mit mehreren Assistentinnen und Assistenten für die Übersetzungsarbeiten zusammen gearbeitet. Phuntsog Angmo (Hemis Shukpachan) sowie Spaldon, Jigmet, Samphel und Angdu (Igu) haben mich mit großer Begeisterung bei den Erhebungen unterstützt. In Leh haben Rinchen und Dolkar bei den Marktstudien geholfen. Die Übersetzung des Fragebogens in die ladakhische Sprache übernahm Dr. Dorje Dawa. Mein besonderer Dank für Einblicke in die tibetische Medizin gilt den *amchis* aus Hemis Shukpachan.

Ich hatte das große Glück, bei ladakhischen Familien zu wohnen. Das Zusammenleben hat uns viel voneinander lernen und Freundschaften entstehen lassen. Allen Familien bin ich für ihre Offenherzigkeit sehr dankbar. Besonders gilt dies Aba T.T. Namgail und Ama Tsering und ihrer Familie (Hemis Shukpachan) sowie Aba Tashi Norgoo und Ama Sonam (Igu). In Leh haben mich die Familien des Goba Guest House und des Yasmin Guest House herzlich aufgenommen. In Delhi war die Wohnung von Kristina Birke und Julia Poerting wie ein zweites Zuhause. Die Außenstelle des SAI unter Leitung von Dr. Doris Hillger war stets eine hilfreiche Anlaufstelle.

In Heidelberg möchte ich meinen Freunden und Kollegen der Abteilung Geographie am Südasien-Institut danken, v.a. Dr. Ravi Baghel, Dr. Alexander Erlewein, Martin Gerwin (†), Thomas Lennartz, Dr. Lars Stöwesand und Anne Ulrich, die mir stets mit Ratschlägen und Diskussionen behilflich waren. Als studentische Hilfskräfte waren Johannes Anhorn und Julia Poerting im DFG-Projekt tätig. Nils Harm half bei kartographischen und Alessandro Buffarini bei technischen Fragen. Dr. Susanne Schmidt war bei Rückfragen zu den Satellitenbildern behilflich.

Während der Zeit der Datenauswertung unterstützte Boris Metze (Charité Berlin) die Analyse der Geburtsregister aus dem Distriktkrankenhaus in Leh. Dr. W. Bernhard Dickoré (LMU München) bin ich für die Bestimmung meiner Herbarbelege der Wildpflanzen zu Dank verpflichtet. Meinem Bruder Christof danke ich für die inhaltlichen Diskussionen zu den medizinischen Aspekten der Arbeit.

Mein besonderer Dank für die kritische Durchsicht der Arbeit gilt Dr. Carsten Butsch, Dr. Anja-Helene Foerschner, Thomas Lennartz und Vanessa Marlog. Dr. Editha Petzschner-Koeberle, Dr. Eva Matt, Christoph Schröder und Volker Stoer haben Auszüge des Manuskripts gelesen und hilfreiche Hinweise gegeben. Meinem Vater und Anne Ulrich danke ich für die redaktionelle Durchsicht der Arbeit.

Meiner Familie und meinen Freunden danke ich von Herzen für ihr Verständnis, insbesondere während meiner langen Abwesenheit während der Feldforschung. Mein herzlichster Dank gilt schließlich meinem Mann André Borchers, der mich während der gesamten Zeit in allen Höhen und Tiefen stets voll unterstützt hat.

Die vorliegende Publikation ist die leicht modifizierte Version meiner Dissertation, die 2012 bei der Fakultät für Chemie und Geowissenschaften an der Universität Heidelberg vorgelegt wurde. Den Herausgebern und dem Franz Steiner Verlag danke ich für die Aufnahme in die Reihe Erdkundliches Wissen.

# KURZFASSUNG

Die Arbeit befasst sich am Beispiel der nordindischen Himalaya-Region Ladakh mit den Handlungsstrategien lokaler Bevölkerungsgruppen zur Ernährungssicherung im Kontext rascher und vielfältiger politischer, ökonomischer und gesellschaftlicher Veränderungen. Die Problemfelder und Besonderheiten von Ernährungssicherung in Hochgebirgsregionen werden sowohl im internationalen politischen Diskurs als auch in der Forschung nach wie vor vernachlässigt. Hierbei mangelt es insbesondere an integrativen Studien, die ein grundlegendes Verständnis aktueller Herausforderungen im Kontext der Globalisierung ermöglichen. An dieser Stelle setzt die vorliegende Arbeit an. Die dargestellte Anpassung des Nahrungssystemkonzepts für Hochgebirgsregionen zeigt die relevanten Dimensionen von Ernährungssicherheit auf. Ausgehend von einer kritischen Diskussion bisheriger Konzepte, wird ein akteursorientierter Mehrebenenansatz als Analyserahmen entwickelt und über einen Methodenverbund umgesetzt. Die empirischen Erhebungen wurden zwischen 2007 und 2010 durchgeführt und konzentrierten sich auf zwei Untersuchungsdörfer in Zentral-Ladakh sowie die Distrikthauptstadt Leh.

Die Region Ladakh, ein vormals wichtiger transmontaner Handelsknoten, ist seit der indischen Unabhängigkeit im Jahr 1947 Teil des Bundesstaats Jammu und Kaschmir und als geopolitisch bedeutsame Grenzregion entscheidenden Veränderungen ausgesetzt. Hierzu zählen die Verkehrserschließung, die Stationierung von Streitkräften, die Öffnung der Region für Touristen sowie eine zunehmende Einbindung Ladakhs in nationale und internationale Prozesse bei gleichzeitigem Bestreben nach politischer Autonomie.

Die Analyse der gegenwärtigen Ernährungssituation identifiziert das Auftreten von Mangel- und Fehlernährung („verborgener Hunger“). Sie ist durch eine begrenzte Diversität der Ernährungsweise begründet und mit saisonalen Nahrungsmittelengpässen verbunden. Die lokale Lebenssicherung basiert auf einem Zusammenspiel von Landnutzung, neuen Erwerbstätigkeiten und externen Entwicklungsinterventionen, das in seinen unterschiedlichen Facetten anhand der Beispiele aus Hemis Shukpachan und Igu dargelegt wird. Die subsistenzorientierte Landnutzung einer integrierten Hochgebirgslandwirtschaft verliert zunehmend ihre existentielle Bedeutung. Die damit verbundene Diversifizierung lokaler Lebenssicherungsstrategien geht mit einer Entwicklung zu vermehrt multilokalen Haushalten einher. Das Handeln lokaler Akteure wird wesentlich durch Interventionen nicht-lokaler Akteure beeinflusst, die mit ihren divergierenden Interessen, Vorstellungen zukünftiger Entwicklungspfade und Machtpositionen in einer Entwicklungsarena zusammentreffen. Abschließend werden Perspektiven für integrative Forschungsansätze der Geographischen Entwicklungsforschung und Mensch-Umwelt-Forschung aufgezeigt, die im Kontext von Globalisierung und diversifizierten Lebenssicherungsstrategien an Bedeutung gewinnen.

# SUMMARY

The distinctive features of food security in high mountain regions are often neglected in science and policy agendas. Integrative assessments and multidimensional approaches can redress this neglect and offer the possibility of a deeper understanding of current challenges, especially in the framework of globalization processes. Using a case study from Ladakh, North Indian Himalayas, this study analyses food security strategies of local actors in the context of rapid political and socio-economic change.

The food system concept is adapted to the setting of high mountain regions to draw attention to complex political, socio-economic and ecological dimensions of food security. An actor-oriented and multilevel approach is developed based on a critical discussion of current research perspectives. Empirical research using a multi-method approach was conducted in Ladakh between 2007 and 2010. Field research focused on two case study villages in central Ladakh and the district capital Leh.

Located in the Indian state of Jammu and Kashmir, Ladakh was an important node in Transhimalayan trade. Since Indian independence in 1947, the region has become a borderland of geopolitical importance and rapid socio-economic change. This has resulted in massive investments in road infrastructure, stationing of troops and the opening of the region for tourism. Even as Ladakh has become more closely integrated in national and international processes, demands for political autonomy have been brought forward at the same time.

The study reveals that malnutrition, also described as hidden hunger, is prevalent and usually results from low dietary diversity and seasonal shortfalls of food. Results obtained using empirical data from the villages of Hemis Shukpachan and Igu, show the multifaceted ways in which households secure their livelihoods through a combination of agrarian land use practices, off-farm employment and external interventions. Subsistence-oriented combined mountain agriculture is no longer fundamental to survival as people's livelihoods become increasingly diversified. This trend leads to a decomposition of mountain households which become increasingly multi-local. Further, the study shows that local strategies are significantly shaped by development interventions of external actors and their visions of future development perspectives. These are negotiated in a "development arena" where actors with divergent interests and positions of varying power interact.

The study concludes with remarks on the empirical results and a discussion for the potential of integrative research approaches at the confluence of development studies and research on human-environment interactions.

# 1 EINFÜHRUNG

Im Kontext der Globalisierung sind Hochgebirgsräume rapiden sozioökonomischen und politischen Veränderungen unterworfen, die entscheidende Auswirkungen auf die Lebenssicherung ihrer Bewohner haben. Insbesondere in diesen Regionen, die oftmals zugleich von hoher geopolitischer Bedeutung sind, spiegelt sich der gegenwärtige dynamische Wandel in den Handlungsweisen lokaler Bevölkerungsgruppen wider. Trotz einer grundsätzlichen Anerkennung dieser Situation bilden bis heute physisch-geographische Arbeiten einen Schwerpunkt in der Hochgebirgsforschung, was mit politischen Diskursen um Nachhaltigkeit und Globalen Umweltwandel einhergeht. Auch auf der Konferenz „*Global Change and the World's Mountains*" in Perth (2010), die 2012 im Vorfeld der *United Nations Conference on Sustainable Development* (UNCSD; „Rio+20") stattfand, wurde deutlich, dass zwar der Bedarf an integrativen Studien zu Mensch-Umwelt-Beziehungen in Gebirgsregionen im Kontext globaler Veränderungen betont wird, jedoch insgesamt sozialwissenschaftliche Forschungsperspektiven in diesen Regionen zu wenig angewendet werden (BJÖRNSEN GURUNG et al. 2012).

Auch die Besonderheiten und Herausforderungen der Ernährungssicherheit im Hochgebirge finden in der Wissenschaft sowie in nationalen und internationalen Aktionsprogrammen zu wenig Beachtung. Dies ist vor dem Hintergrund, dass 30-40 % der Gebirgsbevölkerung weltweit als von Armut und Hunger betroffen gelten (MESSERLI 2004), überraschend. So hat der Internationale Tag der Berge im Jahr 2008 unter dem Motto „*Food Security – High Time for Action*" auf die Herausforderungen der Ernährungssicherung von Hochgebirgsbewohnern in Entwicklungsländern hingewiesen. Zuletzt hat der Themenkomplex der Ernährungssicherung, ausgelöst durch die Auswirkungen der globalen Wirtschaftskrise 2008/2009 und die weltweit weiter steigende Zahl der in Armut und Hunger lebenden Bevölkerung (FAO 2009), verstärkt Aufmerksamkeit im internationalen wissenschaftlichen und politischen Diskurs erlangt. Dennoch werden Gebirgsräume nach wie vor nur wenig berücksichtigt.

In Hochgebirgsregionen ist neben akuter Unterernährung insbesondere die Problematik des sogenannten „verborgenen Hungers" relevant (HERBERS 1998). Mit diesem Begriff werden unterschiedliche Formen der Mangel- und Fehlernährung beschrieben, die durch eine unzureichende Vielfalt in der Ernährungsweise hervorgerufen werden und entscheidende Auswirkungen auf Gesundheit, Produktion und Reproduktion der Bevölkerungsgruppen haben. Diese Aspekte verlangen nach einer intensiveren wissenschaftlichen Beschäftigung mit Ernährungsfragen als ein grundlegendes Problem der Existenzsicherung (JENNY & EGAL 2002).

An dieser Stelle setzt die vorliegende Arbeit an, die sich am Beispiel der Region Ladakh im nordindischen Himalaya mit Strategien der Ernährungssicherung im Hochgebirge im Kontext politischer und sozioökonomischer Veränderungen befasst. Ladakh ist gegenwärtig durch einen raschen und vielfältigen Wandel charakterisiert. Dies verdeutlicht exemplarisch ein Zitat aus der Einleitung des *Vision Document 2025*, einer regionalen Entwicklungsagenda, die von ladakhischen Vertretern[1] aus Politik und Zivilgesellschaft entworfen wurde:

> „Cut away from the rest of the world for most of the year till as little as forty years ago, Ladakh today faces unprecedented challenges to reinvent itself and its traditional society so as to better fit into the mosaic of the modern world. At the same time, it has a need to retain its unique identity by keeping alive the essence of the traditions and culture that were passed down to it by the earliest generations of Ladakhis“ (LAHDC 2005: 8).

Die unterschiedlichen Facetten des politischen, gesellschaftlichen und ökonomischen Wandels in Ladakh (z. B. VAN BEEK 2008) und die hieraus hervorgehenden Herausforderungen der Ernährungssicherung sind bislang kaum beleuchtet worden. Eine fundierte Analyse der Ernährungssicherung muss daher aufgrund der skizzierten Veränderungen auf einer integrativen Forschungsperspektive beruhen, die lokale Handlungsstrategien im Kontext globaler Einflüsse und in ihrer historischen Dimension analysiert.

## 1.1 PROBLEMSTELLUNG DER ARBEIT UND AUSWAHL DER FALLSTUDIE

Erst in den vergangenen zwei Jahrzehnten haben Gebirgsregionen, die 24 % der Landoberfläche ausmachen und in denen ein Anteil von 12 % der Weltbevölkerung lebt (SCHILD & SCHARMA 2011: 237), im wissenschaftlichen und internationalen politischen Diskurs eine steigende Aufmerksamkeit erfahren (DEBARBIEUX & PRICE 2008). Nachdem sie lange Zeit auf der politischen Agenda vernachlässigt waren, wurde die entscheidende Wende auf dem „Erdgipfel“ in Rio de Janeiro 1992 (*United Nations Conference on Environment and Development*, UNCED) durch die Aufnahme der Bedeutung von Gebirgsräumen in Kapitel 13 der Agenda 21 („Gebirgskapitel“) vollzogen.[2] Hiermit wurde die Relevanz von Gebirgen für die Bereitstellung von Ökosystemdienstleistungen anerkannt und die Forderung nach einer nachhaltigen Entwicklung in diesen Regionen festgeschrieben. In dem in der Folge von MESSERLI & IVES (1997) herausgegebenen Sammelband „*Mountains of the World. A Global Priority*“ wurde auch die Bedeutung der (Hoch-) Gebirgsforschung betont. Zehn Jahre nach der UNCED wurde mit dem Internationalen Jahr der Berge erneut eine zentrale Initiative auf UN-Ebene umgesetzt, welche die Bedeutung von Gebirgsräumen hervorhob und einen Impuls für weitere Forschungstätigkeiten gab (DEBARBIEUX & PRICE 2008; MATHIEU 2011). Wäh-

1 Lediglich aus Gründen der besseren Lesbarkeit wird im Folgenden auf die gleichzeitige Verwendung männlicher und weiblicher Sprachformen verzichtet, auch wenn Personen beiderlei Geschlechts gemeint sind.

2 Hier wurden erstmals Gebirgsräume explizit in einer internationalen Erklärung aufgeführt. Zu den der UNCED vorangegangenen Initiativen siehe DEBARBIEUX & PRICE (2008) sowie MATHIEU (2011: 57–64).

rend vor dem Rio-Prozess geographische Forschungsarbeiten in diesen Regionen insgesamt nur geringe Aufmerksamkeit erlangt hatten, erhielten wissenschaftliche Studien in Hochgebirgen aufgrund ihrer nunmehr festgeschriebenen globalen Funktion in Umwelt- und Entwicklungsdiskursen ein größeres Gewicht.[3]

Auch wenn sich Geographische Entwicklungsforschung[4] im Hochgebirge als ein wichtiger Forschungsstrang zunehmend etabliert, bilden physisch-geographische Arbeiten nach wie vor einen Schwerpunkt in der Hochgebirgsforschung. In jüngster Zeit haben sich Arbeiten mit geomorphologischen, hydrologischen und vegetationsgeographischen Themen sowie insbesondere mit Klimawandel, Wasserverfügbarkeit und Naturgefahren im Hochgebirge befasst. Schwerpunkte sozialgeographischer Studien bildeten Forschungsarbeiten zu Ökotourismus, nachhaltiger Entwicklung im Gebirge, aber auch zu kulturgeographischen Aspekten und Fragen der politischen Geographie (FUNNELL & PRICE 2003). Als besondere Stärke der Geographie wird die Bearbeitung integrativer Forschungsthemen der Mensch-Umwelt-Beziehungen in Gebirgsregionen bewertet (KREUTZMANN 2001; MARSTON 2008; NÜSSER 2012).

Gleichwohl hat das Themenfeld der Ernährungssicherung nicht nur im internationalen entwicklungspolitischen Diskurs, sondern auch in der Hochgebirgsforschung in den vergangenen Jahren nur unzureichend Beachtung gefunden.[5] Häufig basieren wissenschaftliche Fallstudien aus benachbarten Fachdisziplinen zur Ernährungssicherheit auf medizin-ethnologischen, epidemiologisch-ernährungswissenschaftlichen oder agrar-technischen Ansätzen. Dieser Betrachtungsweise ermöglicht jedoch nur bedingt eine Analyse der lokalen Strategien zur Ernährungssicherung sowie größerer Zusammenhänge und Einflussfaktoren, die zur Entstehung von kritischen Situationen führen können. Bisherige Fallstudien zu Ernährungssicherung in der Region Hindukush-Himalaya nutzten anthropometrische Kenngrößen und weitere Indizes zur Bewertung der Ernährungssituation (z. B. DUTTA & KUMAR 1997; DUTTA & PANT 2003 für den indischen Himalaya). Eine medizinisch-ethnologische Perspektive, die Messungen in ihrem ethnographischen Kontext analysiert, liegt der Studie von WILEY (2004) zu Grunde, die sich mit Fragen der Reproduktion in Ladakh befasst. Einige Studien zu Verwundbarkeit im Himalaya haben auf das Verständnis von Ernährungssicherung als Existenzsicherung verwiesen und hierzu detaillierte Untersuchungen unter besonderer Berücksichtigung der lokalen bzw. Haushalts-Ebene vorgelegt (CASIMIR 1991; DITTRICH 1995; HERBERS 1998, 2002; STÖBER 2001).

Sie entsprechen damit der grundsätzlichen Hinwendung zu multikausalen Erklärungsansätzen in jüngeren Forschungsarbeiten zur Ernährungssicherheit in

3 Für Übersichten zur Hochgebirgsforschung wird auf FUNNELL & PRICE (2003), MESSERLI & IVES (1997), NÜSSER (2012) verwiesen.

4 Für eine Übersichtsdarstellung zur Geographischen Entwicklungsforschung wird an dieser Stelle einführend auf MÜLLER-MAHN & VERNE (2010) verwiesen. Zur Kritik an Entwicklung und *post-development* siehe SIMON (2006); SIDAWAY (2007).

5 Aus diesem Grund fand in Spiez/Schweiz im März 2010 ein wissenschaftlicher Workshop zu dem Thema *Key Drivers of Food Security in Mountains* statt, der von der *Mountain Research Initiative* organisiert wurde.

Entwicklungsländern. Allerdings stehen dabei in der Regel lokale Akteure und damit die Haushaltsebene im Fokus des Erkenntnisinteresses. Zugleich fehlt vielen Studien eine historische Perspektive, die die Einordnung aktueller Veränderungen in den langfristigen Wandel von Existenzsicherung ermöglicht (MATHIEU 2011: 159. Im Kontext der Globalisierung zeigt sich, dass die Lebenssicherungsstrategien lokaler Haushalte in zunehmendem Maße in politische Konstellationen, sozioökonomischen Wandel und veränderte Umweltbedingungen eingebettet sind. In jüngster Zeit ist daher auf den Bedarf an Fallstudien verwiesen worden, die sowohl die lokalen Gegebenheiten und Kenntnisse zur Existenzsicherung von Bevölkerungsgruppen fundiert analysieren, als auch die spezifischen Kontexte und ihre Dynamik berücksichtigen (ZIMMERER 2007; THOMPSON & SCOONES 2009; FORSYTH & MICHAUD 2011). Diese müssen als ein wesentlicher Bestandteil der Analyse von Ernährungssicherung in Betracht gezogen werden. Aus diesem Grund wird in der vorliegenden Arbeit eine Mehrebenenperspektive gewählt, die neben lokalen Zusammenhängen Marktkonstellationen sowie nationalstaatliche und internationale Politikstrategien einbezieht. Integrative Ansätze sind nicht nur für die wissenschaftliche Analyse, sondern auch für eine anwendungsorientierte Forschung sowie für Politikstrategien einer umfassend ausgerichteten *food policy* unabdingbar (LANG et al. 2009).

Als peripherer und zugleich strategisch bedeutsamer Gebirgsraum, für den Entwicklungsprozesse bereits aus der britischen Kolonialzeit dokumentiert sind, bietet sich die nordindische Himalaya-Region Ladakh als Untersuchungsgebiet für die Umsetzung einer empirischen Studie besonders an. Generell sind Hochgebirgsregionen durch ihre periphere Lage, ein limitiertes Nutzungspotential sowie politische Marginalisierung charakterisiert. Zugleich sind diese Räume zunehmend in den jeweiligen Nationalstaat eingebunden und unterliegen in besonderer Weise externen Einflüssen (z. B. NÜSSER 2000, 2006; HERBERS 2002; PARVEZ & RASMUSSEN 2004; KREUTZMANN 2006b). Häufig sind Gebirgsbewohner in grenzüberschreitenden Handelsaktivitäten tätig oder hatten historische Handelsbeziehungen über Staatsgrenzen hinweg (FORSYTH & MICHAUD 2011). Die Region Ladakh entspricht diesen Annahmen: Die Erreichbarkeit des Gebietes ist aufgrund seiner Lage jenseits des Himalaya-Hauptkamms, der saisonalen Unzugänglichkeit der Verbindungspässe und der Grenzlage zu Pakistan und Tibet in mehrfacher Hinsicht eingeschränkt. Die naturräumlichen Bedingungen wirken limitierend auf die landwirtschaftliche Produktion. Die auf autochthonen Bewässerungssystemen und extensiver Weidewirtschaft beruhende agro-pastorale Subsistenzwirtschaft bildet die ‚traditionelle' Form der Ressourcennutzung und leistet einen wesentlichen Beitrag zur Versorgung der Bevölkerung. Allerdings bleibt auch aus historischer Perspektive umstritten, ob die subsistenz-wirtschaftliche Produktion als Basis der Existenzsicherung den Selbstversorgungsgrad der Bevölkerung gedeckt hat und ob Nahrungsengpässe durch Austausch- und Handelsbeziehungen sowie durch soziokulturelle Institutionen (z. B. Klöster, Polyandrie) ausgeglichen werden konnten.

Seit der indischen Unabhängigkeit im Jahr 1947 ist Ladakh sich stetig verändernden politischen und sozioökonomischen Rahmenbedingungen ausgesetzt und als Grenzregion in das Zentrum geopolitischer Interessen gerückt. Die indische Unabhängigkeit bewirkte den Bedeutungsverlust der Region als einem vormals wichtigen transmontanen Handelsknoten. Gleichzeitig hat Ladakh aufgrund seiner territorialen Lage und strategischer Erwägungen in Grenzkonflikten mit den Nachbarstaaten Pakistan und der Volksrepublik China an nationalstaatlicher Bedeutung gewonnen. Diese Entwicklung ist mit verkehrsinfrastruktureller Erschließung, politischen und administrativen Besonderheiten und der Stationierung von Streitkräften verbunden. Letztere eröffnet neue Erwerbsmöglichkeiten und Absatzmärkte für die Gebirgsbevölkerung. Schließlich hat die erste Aufhebung von Reisebeschränkungen 1974 die Erwirtschaftung monetärer Einkommen im expandierenden Tourismussektor ermöglicht.

Auf politischer Ebene hat sich, bei gleichzeitigem Bestreben nach größerer Autonomie, eine zunehmende Einbindung Ladakhs in regionale, nationale und internationale Prozesse vollzogen. Unterschiedliche staatliche Förderprogramme unterstützen neben der Verkehrserschließung die bis heute kritische Energieversorgung und die Erschließung neuer Anbauflächen. Innerhalb der für den Themenkomplex Landnutzung und Ernährung relevanten staatlichen Sektorpolitiken kommen der Liberalisierung der Agrarpolitik und Verbrauchersubventionen für Grundnahrungsmittel besondere Bedeutung zu. Darüber hinaus nimmt seit Ende der 1970er Jahre eine wachsende Zahl von Nichtregierungsorganisationen (NGOs) als wichtige Akteure auf lokaler und regionaler Ebene über Programme und politische Aktivitäten erheblichen Einfluss auf die Entwicklung Ladakhs.

Die Auswirkungen dieser veränderten politischen, soziokulturellen und ökonomischen Handlungsbedingungen auf die Ernährungs- und Existenzsicherung der Bevölkerung in Ladakh sind bei der Frage nach neuen Abhängigkeiten der Bevölkerung sowie regionalen Entwicklungspotentialen von zentraler Bedeutung. Offen ist, welche konkreten Auswirkungen die gegenwärtigen Dynamiken auf die Ernährungssicherung der Bevölkerung haben und welche Gruppen von den Einwirkungen profitieren oder neue Anpassungsstrategien entwickeln müssen.

Die Durchführung von Forschungstätigkeiten in Ladakh war bereits in der Vergangenheit mit der geopolitischen Lage verbunden. Frühe Informationen gehen meist auf die Berichte von Reisenden und Abenteurern zurück. Ab Mitte des 19. Jahrhunderts dokumentierten einige britische Kolonialgesandte, die über Ladakh nach Tibet oder Zentralasien reisten, oder britische Offizielle ihre Reisen und Erforschungen (darunter MOORCROFT & TREBECK 1841; CUNNINGHAM 1854). Die Ansiedlung einer Missionsstation der Herrnhuter Missionare *(Moravians)* Ende des 19. Jahrhunderts führte zu weiteren ausführlichen Dokumentationen der Region, die heute als historische Quellen vorliegen. Die postkoloniale Zeit ist aufgrund der neuen Grenzsituation zunächst durch eine Abwesenheit indischer und ausländischer Forscher in Ladakh gekennzeichnet gewesen. Die Region wurde zur „*inner line*“ deklariert, so dass Zivilpersonen nur in seltenen Ausnahmefällen eine Einreiseerlaubnis erhielten, Forscher aber grundsätzlich nicht einreisen konnten.[6] Mit der sukzessiven Lockerung der Einreiseerlaubnis ging ein verstärktes Forschungsinteresse an der Region einher, das bis heute ungebrochen ist.[7]

Die Aufmerksamkeit kultur- und sozialwissenschaftlicher Arbeiten richtete sich in den ersten Jahren nach der Öffnung der Region – wie zuvor in der vorkolonialen Zeit – auf den Buddhismus sowie tibetische Lebenswelten und Einflüsse. Bis heute werden sowohl das populäre als auch das akademische Bild durch die Vorstellung von „Klein Tibet" mit buddhistischen Klöstern und einer buddhistischen Bevölkerungsmehrheit (die sich jedoch ausschließlich auf den Distrikt Leh bezieht) geprägt. Diese asymmetrische Sichtweise ist durch den Mythos *Shangri La* (ABERCROMBIE 1978; BISHOP 1989) ebenso wie die Konstruktion des Bildes eines buddhistischen Ladakh geprägt. Hierzu führt VAN BEEK aus:

> „In academia (...), Ladakhiness is by and large seen as ‚really Buddhist'. This is mostly due to the Tibetocentricity of Ladakh studies, as well as the more general ‚Myth of Shangri-La' syndrome that plagues most Western perceptions of the Himalaya and beyond. But it is also a consequence (...) of the decades long struggle of what presented and regarded itself as 'the Buddhist community' of Ladakh as the true Ladakhis. (...)" (1996: 146–147).

Dieses Bild wurde gezielt von Medien und staatlichen Behörden gefördert; es hat sich in Nichtregierungsorganisationen zur Gewährung von Fördergeldern und in der touristischen Vermarktung bis heute erhalten. Ebenso gilt dies in einem Teil der Forschung, innerhalb derer die Arbeiten mehrheitlich auf den Distrikt Leh und Zanskar fokussieren. Diese Tendenz ist nach wie vor gegeben, so dass VAN BEEK & PIRIE bemerken:

> „Scholars from all disciplinary backgrounds must, we suggest, rise above the political tensions that are coming to dominate the region, just as they must avoid the stereotypes and assumptions created by past generations of scholars, writers and travellers" (2008: 20).

## 1.2 ZIELSETZUNG UND AUFBAU DER ARBEIT

Die übergeordnete Zielsetzung der vorliegenden Arbeit besteht in der Analyse der Handlungsstrategien lokaler Bevölkerungsgruppen zur Ernährungssicherung im Hochgebirge im Kontext veränderter Handlungsbedingungen. Dabei wird von der Grundannahme ausgegangen, dass diese politischen, ökonomischen und soziokulturellen Veränderungen eine Anpassung lokaler Strategien zur Ernährungssicherung bedingen und zu neuen „Gewinnern" und „Verlierern" führen. Hieraus gehen

6 Als *inner line* wird die Grenzzone bezeichnet, die starken Zugangsrestriktionen unterliegt. Wenige, teils auch ausländische, Journalisten erhielten gesonderte Ausnahmegenehmigungen für Kurzbesuche mit vorgefertigtem Programm (vgl. z. B. „Wacht am Himalaya. Bei den indischen Truppen an Tibets Grenze", in Die ZEIT, 16.3.1963). Heute ist der Großteil Ladakhs frei zugänglich. Weitere Gebiete lassen sich mit gesonderten *inner line permits* für maximal eine Woche bereisen. Nur direkte Grenzgebiete sind nach wie vor nicht zugänglich.

7 Für eine Übersicht siehe exemplarisch VAN BEEK & PIRIE (2008) und verschiedene Tagungsbände der internationalen Konferenzen der *International Association for Ladakh Studies* (IALS). Siehe http://www.ladakhstudies.org (letzter Zugriff: 03.01.2012).

drei Teilziele für die empirische Fallstudie in Ladakh hervor, die jeweils mit Leitfragen operationalisiert werden:

Das erste Ziel ist die Erfassung und Analyse der Ernährungssituation im Hochgebirgsraum: Wie ist die gegenwärtige Ernährungssituation in Ladakh charakterisiert und wie wird sie von verschiedenen Personengruppen (bergbäuerliche Bevölkerung, Experten aus dem Gesundheitssektor) wahrgenommen? Dieser Teil der Arbeit deckt wesentliche Schwierigkeiten der Ernährungssicherung und daraus entstehende Herausforderungen für lokale Handlungsstrategien auf. Hierbei handelt es sich um einen zentralen Ausgangspunkt für die weitere Analyse der Ernährungs- und Lebenssicherung, die aus einer integrativen und akteursorientierten Perspektive erfolgt.

Das zweite Ziel befasst sich mit den Handlungen und Strategien lokaler Akteure: Welche Strategien zur Ernährungs- und Lebenssicherung verfolgen bergbäuerliche Bevölkerungsgruppen? Wie werden diese im Kontext politisch-historischer, sozioökonomischer und ökologischer Veränderungen modifiziert, und welche Chancen und Risiken ergeben sich? Die alltäglichen Ernährungsgewohnheiten und Landnutzungspraktiken bergbäuerlicher Bevölkerungsgruppen sind nicht nur Ausdruck der naturräumlichen Bedingungen, sondern reflektieren zugleich politische, gesellschaftliche und ökonomische Verhältnisse. Diese Handlungsbedingungen werden im regionalen Kontext beleuchtet und ihre Auswirkungen auf lokale Strategien zur Ernährungssicherung untersucht. Zugleich wird die zeitliche Dimension berücksichtigt, indem Fragen der Kontinuität und des Wandels alltäglicher Praktiken in den Blick genommen werden. Die Untersuchung fokussiert dabei auf die vorwiegend subsistenzorientierte Ressourcennutzung, Austausch- und Vermarktungsprozesse und die im Zuge einer Diversifizierung der Lebenssicherung an Bedeutung gewinnenden außerlandwirtschaftlichen Erwerbsmöglichkeiten.

Als drittes Ziel wird die Rolle nicht-lokaler Akteure und ihrer Interessen- und Machtkonstellationen bei der Aushandlung von lokalen Institutionen und weiteren Handlungsbedingungen untersucht: Welche staatlichen und nicht-staatlichen Akteure nehmen durch Programme und Sektorpolitiken auf die regionalen Handlungsbedingungen und -optionen der bergbäuerlichen Bevölkerungsgruppen Einfluss? Wie gestalten sich die Aushandlungsprozesse zwischen den beteiligten Akteuren in einer „politischen Arena“, in der diese ihre Interessen und Machtpositionen durchsetzen? Welche Folgen haben diese Interessenkonstellationen für lokale Akteure und wie beeinflussen sie deren Möglichkeiten der Ernährungs- und Lebenssicherung? Aufgrund der spezifischen politischen Gegebenheiten in Ladakh gibt es eine Vielzahl von Akteuren, die auf verschiedene Sektorpolitiken Einfluss nehmen. Hierbei lassen sich Akteursgruppen identifizieren, die in unterschiedlicher Weise und teilweise ebenenübergreifend vernetzt sind. Dazu zählen staatliche Organisationen, Nichtregierungsorganisationen, aber auch neue Akteure, z. B. aus der Privatwirtschaft. Alle verfolgen spezifische politische und ökonomische Interessen und interagieren in der „politischen Arena“.

Die Gliederung der vorliegenden Arbeit orientiert sich an den genannten Zielsetzungen. Ausgehend von den Besonderheiten von Nahrungssystemen im Hochgebirge, wird zunächst vor dem Hintergrund der kritischen Diskussion gegenwärtiger theoretischer Ansätze der Geographischen Entwicklungs- und Mensch-Umwelt-Forschung ein akteursorientierter Analyserahmen entwickelt und vorgestellt (Kap. 2). Dieser Ansatz für die Umsetzung der empirischen Studie in Ladakh beleuchtet das Themenfeld der Ernährungssicherung aus einer integrativen Perspektive, die der Vielfalt der oben beschriebenen Entwicklungen Rechnung trägt und die Einbindung der zeitlichen Dynamik in die Analyse lokaler Kontexte ermöglicht. Der Analyserahmen bildet die Grundlage für das methodische Design und die empirische Umsetzung der Forschungsarbeiten, die im folgenden Kapitel (Kap. 3) erläutert werden. Die empirische Umsetzung zwischen 2007 und 2010 stütze sich auf einen Methodenverbund, der quantitative und qualitative sozialwissenschaftliche Erhebungen sowie GIS- und fernerkundliche Auswertungen in einer Mehrebenenanalyse verknüpft.

Im folgenden Kapitel 4 wird der regionale Kontext der Fallstudie vorgestellt. Dabei wird zunächst auf die naturräumliche Ressourcenausstattung als Grundlage der Landnutzung eingegangen. Anschließend werden historisch-politische Entwicklungen und demographische Aspekte dargestellt, die als Handlungsbedingungen und Hintergrundinformationen für das weitere Verständnis von Bedeutung sind. Hierbei wird zudem die historische Perspektive der Ernährungssicherung in der Region erörtert, um eine Einordnung der gegenwärtigen Situation zu ermöglichen.

Die folgende Auswertung der Forschungsergebnisse greift die oben genannten Fragen und Zielsetzungen auf und lässt sich in mehrere Teilbereiche gliedern. Dabei stützt sich die Analyse auf verschiedene Untersuchungsebenen, so dass folglich auch die Darstellung der Ergebnisse unterschiedliche Betrachtungsebenen in den Fokus nimmt. Zunächst werden aktuelle Problemfelder der Ernährungssituation in Ladakh dargelegt (Kap. 5.1). Nach dieser regionalen Betrachtung werden bei der Analyse der Handlungsstrategien zwei Untersuchungsdörfer in Zentral-Ladakh, Hemis Shukpachan und Igu, in den Vordergrund gestellt. Zunächst wird die Ernährungsweise lokaler Bevölkerungsgruppen am Beispiel dieser Siedlungen erörtert (Kap. 5.2). Anschließend werden die Strategien der Ernährungs- und Lebenssicherung auf lokaler Ebene aufgezeigt und mit Entwicklungstrends in Ladakh kontextualisiert. Hierzu zählen die agrarische Landnutzung (Kap. 6), Marktkonstellationen und außerlandwirtschaftliche Aktivitäten (Kap. 7). Im Anschluss werden nicht-lokale Akteure und ihre Handlungsstrategien dargestellt. Die Analyse von Interessen, Interaktionen und Machtbeziehungen staatlicher und nicht-staatlicher Organisationen liefert entscheidende Erkenntnisse im Hinblick auf die Bedeutung von Förderprogrammen für die Entscheidungsmöglichkeiten der Hochgebirgsbevölkerung, wie durch Bezüge zu den Auswirkungen in den Untersuchungsdörfern aufgezeigt wird (Kap. 8).

In der anschließenden Diskussion werden die Ergebnisse zusammengeführt und Herausforderungen der Ernährungssicherheit im Hochgebirge vor dem Hintergrund der Ergebnisse aus Ladakh diskutiert (Kap. 9). An dieser Stelle werden auch der Einsatz des verwendeten Analyserahmens und der methodischen Herangehensweise kritisch reflektiert.

# 2 FORSCHUNGSPERSPEKTIVEN: ERNÄHRUNGS- UND LEBENSSICHERUNG IM HOCHGEBIRGE

In der Analyse der Ernährungssicherung steht das Handeln der lokalen Akteure im Vordergrund, die für ihre alimentäre Versorgung unterschiedliche Strategien wählen. Hierzu zählen neben der landwirtschaftlichen Ressourcennutzung die Vermarktung von Agrarerzeugnissen und die Aufnahme von außerlandwirtschaftlichen Erwerbstätigkeiten. Zugleich sind bergbäuerliche Haushalte in ein Netz von Akteuren mit unterschiedlichen Interessen und Machtpositionen eingebettet, die entscheidend auf ihre Strategien Einfluss nehmen. Ausgehend von der Annahme, dass die Handlungsstrategien und Möglichkeiten der Lebenssicherung der lokalen Bevölkerungsgruppen durch Sozialstrukturen, Institutionen und Organisationen bestimmt werden, ist daher die Einbeziehung von nicht-lokalen Akteuren unerlässlich. In diesem Kapitel sollen zunächst unterschiedliche geographische und sozialwissenschaftliche Erklärungsansätze zur Untersuchung von Ernährungssicherung vorgestellt und diskutiert werden.

Wie oben dargelegt, werden in der Hochgebirgsforschung gesellschaftliche Prozesse aufgrund der scheinbar überragenden Bedeutung der natürlichen Umwelt häufig in den Hintergrund gedrängt. Als periphere Regionen sind sie jedoch in ökonomische Austauschbeziehungen und Weltmarktstrukturen ebenso wie in weitere politische Konstellationen eingebunden (KREUTZMANN 2001; NÜSSER 2006). So plädiert KREUTZMANN für eine „angemessene Berücksichtigung der den Handlungsrahmen bestimmenden Akteure, der Wirkungen auf regionaler und lokaler Ebene und im Reflex der *livelihood strategies* als Antwort und Anpassung an veränderte Rahmenbedingungen" (2001: 11). Ein solches Verständnis liegt Nahrungssystemkonzepten zu Grunde, die Ernährungssicherheit als einen komplexen Untersuchungsgegenstand begreifen. Sie beziehen sich dabei auf eine umfassende Definition von Ernährungssicherheit und integrieren unterschiedliche Dimensionen eines Nahrungssystems.

Um diesen komplexen Forschungsgegenstand auf lokaler Ebene angemessen zu analysieren und dabei die Interessen, Interaktionen und Machtbeziehungen nicht-lokaler Akteure im Hinblick auf die Entscheidungsmöglichkeiten der Hochgebirgsbevölkerung zu beleuchten, bezieht sich die vorliegende Studie auf verschiedene konzeptionelle Überlegungen. Hierzu zählen handlungsorientierte Ansätze der Geographischen Entwicklungsforschung, für die zunehmend Erweiterungen durch handlungstheoretische Paradigmen der Sozialgeographie diskutiert werden. Aufgrund der Relevanz der landwirtschaftlichen Ressourcennutzung im spezifischen Hochgebirgskontext kann Ernährungssicherung auch als Forschungsgegenstand der Mensch-Umwelt-Forschung gefasst werden. So liegt es nahe, die theoretischen Diskussionen der Politischen Ökologie aufzugreifen. Hierauf aufbauend wird für die empirische Studie ein Analyserahmen entwickelt, in den Überlegungen aus den folgenden Forschungsperspektiven einfließen:

1. Vulnerabilitäts- und *livelihood*-Ansätze, die als „Theorien mittlerer Reichweite" einer handlungsorientierten Geographischen Entwicklungsforschung den Fokus auf die Haushaltsebene legen;
2. Handlungstheoretische Ansätze, die auf der Basis konzeptioneller Überlegungen aus der Soziologie und Sozialgeographie im Sinne übergreifender Gesellschaftstheorien Impulse für die Entwicklungsforschung geben;
3. Politisch-ökologische Ansätze als Beitrag der Mensch-Umwelt-Forschung, die in einer Mehrebenen-Analyse das Handeln von Akteuren aus einer integrativen Perspektive beleuchten.

Das eigene Konzept von Ernährungssicherung im Hochgebirge (Kap. 2.5) bildet schließlich den Ausgangspunkt für die empirische Studie in Ladakh.

## 2.1 ERKLÄRUNGSANSÄTZE ZU ERNÄHRUNGSSICHERUNG: VON MALTHUS ZU KOMPLEXEN NAHRUNGSSYSTEMEN

Während das Themenfeld der Ernährungssicherung in der wissenschaftstheoretischen Entwicklung zunächst im Kontext der agrarischen Tragfähigkeit und Grenzen von Nahrungsspielräumen betrachtet worden ist (GRÖTZBACH 1973), hat sich in den 1990er Jahren auch in Studien im Hochgebirge der Wandel zu einer akteurs- und handlungsorientierten Perspektive vollzogen (z. B. CASIMIR 1991; DITTRICH 1995; BOHLE & ADHIKARI 1998; HERBERS 1998). Dabei wird Ernährungssicherung nicht mehr im neo-malthusianischen Sinne, sondern als ein zentraler Aspekt der Existenzsicherung verstanden (HERBERS 1998; CANNON 2002). Dieser Paradigmenwechsel von Tragfähigkeitsstudien zu handlungsorientierten Ansätzen ist charakteristisch für das Gebiet der Geographischen Ernährungsforschung. Die heute gängige, breit gefasste Definition von Ernährungssicherheit (FAO 1996) wird meist mit komplexen Nahrungssystemen in Verbindung gebracht, die im Hochgebirge spezifischen Gegebenheiten unterliegen.

### 2.1.1 Grundlagen der Geographischen Ernährungsforschung

Innerhalb der Geographie und in benachbarten Disziplinen besitzt die Ernährungsforschung eine lange Tradition. Bereits Ende des 18. Jahrhunderts befasste sich der englische Sozialforscher Thomas R. Malthus mit der Frage des Nahrungsspielraums. In seiner Schrift *„An Essay on the Principle of Population"* (MALTHUS 1798) vertrat er die These, dass Nahrungsunsicherheit und Ernährungsprobleme auf exponentielles Bevölkerungswachstum bei gleichzeitig begrenztem Anstieg der landwirtschaftlichen Produktion zurückzuführen sind und plädierte für eine Reduktion des Bevölkerungswachstums. Seine Erklärungsweise bildete die Grundlage für zahlreiche Theorien und Interpretationen weit über den europäischen Kontext hinaus. So wurden beispielsweise in den kolonialzeitlichen Zensusberichten für Jammu und Kaschmir in der ersten Hälfte des 20. Jahrhunderts

Fragen des Bevölkerungswachstums, der Subsistenzwirtschaft, landwirtschaftlicher Produktionssteigerungen und der Begrenzung des Bevölkerungswachstums durch Kontrazeptionsmöglichkeiten mit Verweis auf Malthus diskutiert (CENSUS OF INDIA 1941: 39–43). Malthus' Ideen wurden in den 1970er Jahren erneut aufgegriffen und als „Grenzen des Wachstums" in den Zusammenhang limitierter natürlicher Ressourcen gestellt (MEADOWS 1972; vgl. BOHLE 2001A). Bevölkerungswachstum wurde dabei vor allem in Entwicklungsländern als Frage der ökologischen Tragfähigkeit in Abhängigkeit von der landwirtschaftlichen Produktion gesehen. Ein besonderer Schwerpunkt der Diskussion waren agrargeographische Fragestellungen, wie beispielsweise das Ausweitungspotential von Nutzflächen. Sowohl wirtschaftliche als auch ökologische Faktoren bestimmten zunächst den weiteren Verlauf der Diskussion (EHLERS 1984). Aufgrund einer nur begrenzten Auswahl an quantifizierbaren Faktoren wurden die Formen und die Intensität wirtschaftlicher Aktivitäten in unterschiedlichen regionalen Zusammenhängen sowie deren Bedeutung in Tragfähigkeitsanalysen allerdings häufig vernachlässigt (GEIST 1993).

Eine entscheidende Veränderung hat sich durch die wegweisenden Arbeiten des indischen Ökonomen und Nobelpreisträgers AMARTYA SEN (1981) ergeben.[1] Nach seiner Argumentation sind Hunger und Mangelernährung nicht allein in der unzureichenden Produktion von Nahrungsmitteln begründet, sondern resultieren aus fehlenden Verfügungsrechten *(entitlements)* und müssen deshalb als Folge von Verteilungsungleichheiten aufgefasst werden. Lebensmittelvorräte werden somit zu theoretisch vorhandenen Ressourcen *(endowments)*. Faktisch entscheidet jedoch die Verteilung von Verfügungsrechten darüber, wer tatsächlich Zugang zu diesen Ressourcen erhält. Sen widerlegt mit seiner Theorie den monokausalen Zusammenhang zwischen einer wachsenden Zahl an Menschen und einem Mangel an Nahrungsmitteln als Erklärung für Hungerkrisen. Der Zugang zu Nahrungsmitteln ist durch fehlende *entitlements* auf der Haushaltsebene limitiert, nicht jedoch durch die Nahrungsverfügbarkeit.[2]

Da Sen sich in seinen Überlegungen besonders auf legale Verfügungsrechte stützt, sind die Dynamiken, welche die Verfügungsrechte regeln und verändern, zunächst nicht beachtet worden (DEVEREUX 2001).[3] WATTS und BOHLE (2003) schlagen daher eine Erweiterung des Ansatzes vor, um die Einflussfaktoren und gesellschaftlichen Konstellationen, die *entitlements* prägen oder modifizieren, zu

1 Auf weitere Studien, die bereits zuvor Zugangsfragen behandelt hatten, aber weniger stark den wissenschaftlichen Diskurs prägten, verweist MAXWELL (1996: 156–157).

2 SEN (1981) unterscheidet dabei Verfügungsrechte der Produktion (*production-based entitlements*), des Kaufs und Austauschs (*trade-based entitlements*), des Transfers (*inheritance and transfer entitlements*) und der eigenen Arbeitskraft (*own-labour entitlements*) (vgl. WATTS & BOHLE 2003).

3 DEVEREUX (2001) hebt in einer zusammenfassenden Analyse insgesamt vier Kritikpunkte hervor, die SEN in seinen Arbeiten zwar erwähnt, jedoch nicht weiter berücksichtigt hat: das Leiden an Hunger als gewählte Strategie, durch Krankheiten indizierte Todesfälle im Fall von Hungerkrisen, Unklarheiten bei Zugangsrechten (z. B. Eigentumsrechten) und die Übertragung von *entitlements* außerhalb des legalen Rahmens.

berücksichtigen. Eine solche Betrachtung fasst Verfügungsrechte als „soziale Praxis“ auf und schließt auf diese Weise die Analyse gesellschaftlicher Strukturen und kultureller Praktiken ein. Auch „nicht-legale Verfügungsrechte“ und „Nahrungstransfers, die nicht auf Verfügungsrechten beruhen“, werden als *„extended entitlements“* in diese erweiterte Perspektive integriert (WATTS & BOHLE 2003: 68–69). Verfügungsrechtliche Netzwerke verbinden dabei direkte, staatliche, institutionelle und globale *entitlements*.

Die Verschiebung der Perspektive von quantitativen Verfügbarkeitsfragen, auch im Sinne der Selbstversorgung mit Nahrungsmitteln auf nationaler Ebene, zu Fragen des Zugangs zu Nahrung geht mit Verschiebungen der maßstäblichen Betrachtungsebene einher. Das Interesse verlagert sich von der Makroebene, die sich meist auf die administrative Einheit von Nationalstaaten bezieht, auf die Mikroebene, so dass der Haushalt oder das Individuum zur entscheidenden Analyseeinheit werden. Hierbei gilt es zu beachten, dass, trotz der Veränderung des Blickwinkels und der damit einhergehenden Fokussierung der Mikroebene, die Verflechtung mit anderen Maßstabsebenen berücksichtigt werden muss (MAXWELL 1996: 157).

Die Erweiterung der Erklärungsansätze zu Hunger und Mangelernährung wurden auch innerhalb des entwicklungspraktischen Diskurses rezipiert. In der Folge ist die Definition von Ernährungssicherheit[4] um die Dimension des Zugangs zu Nahrung sowie um die zeitliche Komponente erweitert worden. Nach der heute gebräuchlichsten Definition, die auf dem Welternährungsgipfel in Rom 1996 angenommen wurde, wird Ernährungssicherheit wie folgt definiert:

> „Food security exists when all people, at all times, have physical and economic access to sufficient, safe and nutritious food to meet their dietary needs and food preferences for an active and healthy life“ (FAO 1996).

Ernährungssicherheit bezieht sich explizit auf drei Dimensionen: die Verfügbarkeit von Nahrung, den Zugang zu und die Nutzung von Nahrung. Dabei ist nicht nur eine kritische Menge wichtig, sondern auch Wertvorstellungen im Sinne der gesellschaftlichen Akzeptanz von Lebensmitteln (z. B. religiöse Vorstellungen, ethische Aspekte) werden als *food preferences* berücksichtigt. Diese erweiterte Begriffsdefinition hebt darüber hinaus auf die zeitliche Dimension als Stabilität im intra- und interannuellen Verlauf ab und umfasst, durch den Verweis auf Lebensmittelsicherheit und Nährstoffe, physiologische Aspekte der menschlichen Gesundheit. Dem Verständnis dieser Begriffsdefinition folgend, hat Ernährungssicherung nicht nur primär das Überleben zum Ziel, sondern eine langfristig gesicherte und adäquate Versorgung, die eine aktive Teilhabe an gesellschaftlichen Prozessen ermöglicht.[5] In der vorliegenden Arbeit bezieht sich der Begriff *food*

4 MAXWELL vergleicht die Vielfalt an Definitionen des Begriffs *food security* als *„cornucopia of ideas“* (1996: 155). Zu unterschiedlichen Definitionen von Ernährungssicherheit siehe auch PINSTRUP-ANDERSEN (2009).

5 Einige Autoren unterscheiden die beiden, häufig jedoch synonym genutzten, Begriffe *food security* und *nutrition security* (PINSTRUP-ANDERSEN 2009). Nach SHETTY (2009) umfasst *nutrition security* zusätzlich physiologische Gegebenheiten (den individuellen Gesundheits-

*security* als „Ernährungssicherheit“, dem allgemeinen Sprachgebrauch folgend, auf die Definition der *Food and Agriculture Organization* der Vereinten Nationen (FAO 1996). Ein solches umfassendes Verständnis von Ernährungssicherheit erfordert Analysekonzepte, die eine Untersuchung des komplexen Forschungsgegenstandes und seiner verschiedenen Dimensionen ermöglichen.

### 2.1.2 Nahrungssysteme als konzeptioneller Bezugspunkt

Nahrungssystemansätze sollen für diese mehrdimensionale Definition von Ernährungssicherung eine konzeptionelle Grundlage bieten:

> „Food security is underpinned by food systems that link the food chain activities of producing, processing, distributing and consuming food to a range of social and environmental contexts“ (LIVERMAN & KAPADIA 2010: 3).

Die einzelnen Modellvorstellungen weichen im Hinblick auf die zu berücksichtigenden Einflussfaktoren, Prozesse und Aktivitäten voneinander ab. An dieser Stelle sollen ausgewählte Nahrungssystemperspektiven vorgestellt sowie die Besonderheiten im Hochgebirge aufgezeigt werden.[6]
Eine integrative Perspektive verfolgt CANNON, der Nahrungssysteme definiert als

> „the specific combination of social (including economic and political) and ‚natural‘ (climate, resources) components that lead to the potential satisfaction of nutrition for a given individual or household through their combination of livelihood activities based on assets and incomes“ (2002: 354).

Es ist also die spezifische Konstellation von politischen, sozioökonomischen und natürlichen Gegebenheiten, die in Verbindung mit den Lebenssicherungsstrategien eines Haushalts zu dessen Ernährungssicherheit beiträgt. CANNONS Herangehensweise fasst die Analyse von Nahrungssystemen als Analyse der Lebenssicherung aus einer politisch-ökonomischen Perspektive auf, um Machtverhältnisse und *entitlements* in eine differenzierte Vorgehensweise integrieren zu können. Er untergliedert Nahrungssysteme in vier miteinander verbundene Subsysteme: Produktion, Austausch, Distribution und Konsum. Probleme innerhalb dieser Subsysteme können zur Ernährungsunsicherheit von Haushalten, die die zentrale Untersuchungseinheit bilden, beitragen. Die vier genannten Teilbereiche sind für Haushalte in Abhängigkeit von den jeweiligen Lebenssicherungsstrategien von unterschiedlicher Relevanz: während beispielsweise in Entwick-

status) und den Nährstoffumsatz im menschlichen Organismus. Perspektiven der *nutritional security* heben damit stärker auf die individuelle Ebene ab (PINSTRUP-ANDERSEN 2009). Auch im deutschen Sprachgebrauch gibt es keine eindeutigen Abgrenzungen, so dass beide Begriffe häufig mit „Ernährungssicherheit“ gleichgesetzt werden (vgl. HERBERS 1998: 16). Der Aspekt der Trinkwasserversorgung wird in der vorliegenden Studie nicht bearbeitet.

6 Die genannten Aspekte werden auch in entwicklungspolitische Konzepte integriert. Ein prominentes Beispiel ist das Konzept der FAO, welches der FIVIMS (*Food Information and Vulnerability Information and Mapping Systems*)-Initiative zugrunde liegt (http://www.fivims.org, letzter Zugriff: 12.04.2011).

lungsländern für subsistenzorientierte Haushalte in ländlichen Regionen die Nahrungsmittelproduktion von großer Bedeutung ist, spielt die Distribution für städtische Haushalte eine wichtigere Rolle.

Nahrungssysteme im ländlichen Raum sind durch die größere Bedeutung der landwirtschaftlichen Ressourcennutzung, besonders für Kleinbauern in Entwicklungsländern, gekennzeichnet. Innerhalb der *agrifood*-Studien gibt es eine steigende Tendenz zur Hinwendung zu akteursorientierten Ansätzen, die den Einbezug unterschiedlicher Handlungsebenen und einer historischen Perspektive fordern (NILES & ROFF 2008). Beispiele sind die Untersuchung von mehrdimensionalen Produktionssystemen, verbunden mit einer stärkeren Berücksichtigung von (Zwischen-) Händlern und Konsumenten. Dennoch beklagen THOMPSON & SCOONES (2009: 393), dass bisherige Studien zu *agrifood systems* ökologische und sozioökonomische Zusammenhänge und die Bedeutung dieser Wechselwirkungen im Verwundbarkeitskontext vernachlässigt haben. Die Untersuchung der Veränderung landwirtschaftlicher Ressourcennutzung sollte daher, gerade im Hinblick auf neue Herausforderungen im Zusammenhang von Globalisierung und Globalem Wandel, diese Aspekte berücksichtigen.

Auch das interdisziplinäre Forschungsprojekt mit dem Titel *Global Environmental Change and Food Systems* (GECAFS) hat sich auf ein mehrdimensionales Nahrungssystemkonzept zur Untersuchung von Ernährungssicherheit und globalem Wandel gestützt (INGRAM et al. 2010). Auf diese Weise sollen die verschiedenen Faktoren „zwischen Pflug und Teller“ in Analysen zugänglich gemacht werden (INGRAM & BRKLACICH 2002; ERICKSEN et al. 2009; ERICKSEN et al. 2010b). Ähnlich wie bei CANNON (2002), werden in der GECAFS-Konzeption Aktivitäten innerhalb des Nahrungssystems in vier Bereiche untergliedert: Produktion von Nahrungsmitteln, Prozess der Weiterverarbeitung, Verteilung und Vertrieb sowie Konsum. Im Zentrum des GECAFS-Konzepts steht Ernährungssicherheit mit ihren drei Komponenten: Verfügbarkeit *(availability)* von, Zugang *(access)* zu und Nutzung *(utilization)* von Nahrungsmitteln. Die Untersuchungseinheit kann in konkreten Fallstudien variieren, so dass sich Analysen beispielsweise auf die Haushaltsebene, Regionen oder Nationalstaaten beziehen. Die Ernährungssicherung von Haushalten wird jedoch nicht nur durch Aktivitäten innerhalb des Nahrungssystems bestimmt, sondern auch von den Wechselwirkungen mit sozioökonomischen und ökologischen Einflussgrößen (ERICKSEN 2008). Diese Wechselwirkung kann auch ohne direkten Bezug zu den nahrungssystembezogenen Aktivitäten bestehen, z. B. kann eine Steigerung des Haushaltseinkommens den Zukauf von Nahrungsmitteln erleichtern und auf diese Weise die Ernährungssicherheit verbessern. Über die Verknüpfung von Aktivitäten und Wechselwirkungen verfolgt die GECAFS-Herangehensweise im Unterschied zu Analysen von Nahrungsketten *(food chains)* eine holistische Perspektive (ERICKSEN 2008; ERICKSEN et al. 2010b).

Für Fragestellungen der Ernährungssicherung im Hochgebirge ist eine Anpassung des Nahrungssystemkonzepts erforderlich. Bei der Übertragung der Überlegungen steht ebenfalls das Dreieck der wechselseitigen Beziehungen von Verfügbarkeit, Zugang und Nutzung im Mittelpunkt (Abb. 1). Die Komponente Verfügbarkeit umfasst landwirtschaftlichen Anbau und Produktion, die Distribution und Zuteilung von Nahrungsmitteln sowie Austauschmechanismen (z. B. monetäre Mittel, Arbeitskrafteinsatz für Nahrung). Als zweite Komponente ist der Zugang zu Nahrungsmitteln relevant, der sich auf *entitlements* bezieht. Hier handelt es sich z. B. um die Kaufkraft und das Preisniveau, d. h. die Frage, inwiefern Nahrungsmittel für Konsumenten erschwinglich sind. In diesem Zusammenhang sind die Vergabe von Nahrungsmitteln – z. B. durch politische Steuerungsmechanismen und das Funktionieren der Märkte – und die Berücksichtigung von Präferenzen der Konsumenten, wie beispielsweise die Beachtung religiöser Verzehrsvorschriften, von Bedeutung. Beide Komponenten (Verfügbarkeit und Zugang) beziehen sich nicht nur auf die Menge an Nahrungsmitteln, sondern auch auf ihre Art und Qualität. Schließlich ist als dritte Komponente die Nutzung für die Betrachtung relevant. Diese wird durch den sozialen Wert eines Nahrungsmittels, beispielsweise seine rituelle und gesellschaftliche Bedeutung, beeinflusst. Ferner zählt die physiologische Nutzung der Nährstoffe zu dieser Komponente. Auf diese Weise können gesundheitliche Aspekte und Fragen der Nahrungsmittelsicherheit angesprochen werden.

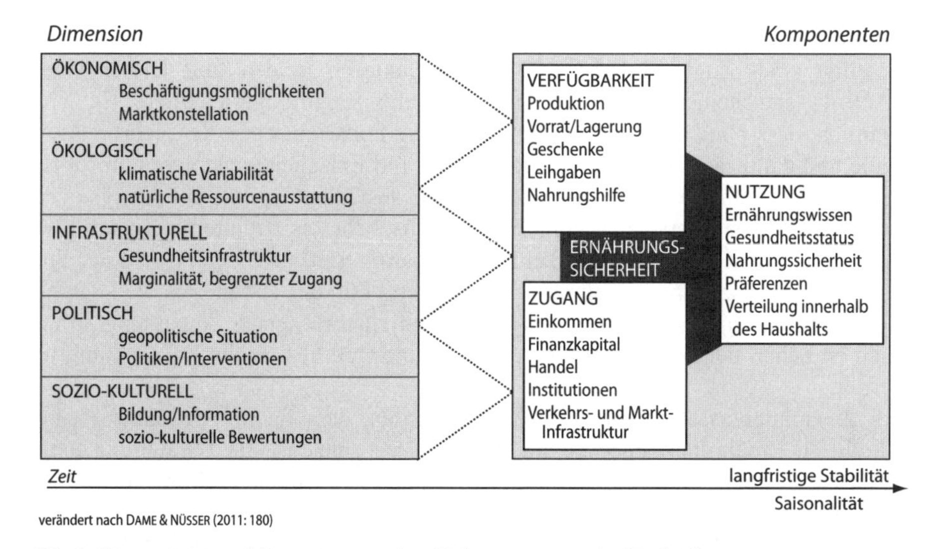


*Abb. 1: Dimensionen und Komponenten eines Nahrungssystems im Hochgebirge*

Den drei Komponenten sind verschiedene Elemente zugeordnet, die miteinander in Beziehung stehen, interagieren und teilweise komponentenübergreifend wirken. Ihre Position und Gewichtung innerhalb des Systems kann variieren, so dass sie in unterschiedlicher Weise zur lokalen Ernährungssicherheit beitragen. Beispielsweise kann der Ernteertrag durch verbesserten Zugang zu Produktionsmitteln gesteigert werden. Zugleich kann durch den Ausbau der Verkehrsinfrastruktur ein kostengünstiger Transport von Lebensmitteln in eine Region möglich werden und dadurch weiteren Systemelementen wie monetäres Einkommen und Handel ein stärkeres Gewicht zukommen.

Neben den drei genannten Komponenten werden die spezifischen Einflussfaktoren im Hochgebirgskontext aufgezeigt. Diese lassen sich in ökonomische, ökologische, infrastrukturelle, politische und soziokulturelle Dimensionen untergliedern. Sie sind für die folgende Analyse relevant und stehen in Wechselwirkung mit den drei Komponenten Verfügbarkeit, Zugang und Nutzung. Neben der langfristigen Stabilität muss auf der Zeitachse auch die saisonale Dynamik der Ernährungssicherung beachtet werden (Abb. 1).

Während Nahrungssysteme hilfreich sind, um die unterschiedlichen Komponenten und Dimensionen darzustellen, greift dieser Ansatz für die Umsetzung einer akteursorientierten Studie aus mehreren Gründen zu kurz. Die Verwendung des Systembegriffs und die Zuordnung einzelner Komponenten und Elemente lassen das Konzept als recht statisch erscheinen.[7] Die Übergänge und Wechselwirkungen zwischen einzelnen Komponenten sind jedoch nicht zu vernachlässigen. Wenn beispielsweise in einer Region die subsistenzorientierte Landnutzung an Bedeutung verliert, erlangen andere Versorgungsmöglichkeiten höhere Relevanz. Mit allen Komponenten und Wirkungsfaktoren sind letztlich Aktivitäten verbunden, an denen verschiedene Akteure (u. a. Landnutzer, Händler, Politiker) beteiligt sind. Zugleich haben die Einflussfaktoren in den fünf Dimensionen (Abb. 1) entscheidende Auswirkungen auf die Ernährungssicherheit. Es wird deutlich, dass ohne deren Berücksichtigung die Funktionsweise der Nahrungssysteme und damit das Handeln von Haushalten und Entscheidungsträgern nur unzureichend beleuchtet werden kann. Es ist ferner festzuhalten, dass die Analyse verschiedene Maßstabsebenen – von der Haushaltsebene bis zur internationalen Ebene – berücksichtigen muss. Die zeitliche Dynamik wird über den Aspekt der Stabilität in das Nahrungssystemmodell integriert. Für ein erweitertes Verständnis von Veränderungen der Nahrungssysteme und entsprechender Anpassungsstrategien ist neben der gegenwärtigen Ausgestaltung ihre historische Entwicklung relevant.

Zusammenfassend kann festgehalten werden, dass für die Umsetzung einer Studie zu Ernährungssicherung im Hochgebirge zunächst die Darstellung eines Nahrungssystems für die Illustration der komplexen Themenstellung mit seinen Einflussfaktoren und Dimensionen der Ernährungssicherung geeignet ist. So zeigt Abb. 1 zentrale Aspekte des Forschungsgegenstands auf und integriert die gängige Definition von Ernährungssicherheit. Doch obwohl Akteure über ihre Aktivitäten in Nahrungssystemdarstellungen einbezogen werden und die zeitliche Dimension erfasst werden soll, bleibt der Eindruck einer eher statischen Modellvorstellung, verbunden mit einer Dominanz von Strukturen, bestehen. Deshalb wird im Folgenden ein neuer, akteursorientierter Ansatz zur Analyse von Ernährungssicherung entwickelt, in den unterschiedliche Forschungsansätze eingegangen sind.

Im folgenden Teilkapitel wird zunächst auf Studien, die konzeptionell in der handlungsorientierten Entwicklungsforschung verortet sind, eingegangen. Aus

7 Zur Wiederentdeckung des Systembegriffs vgl. auch die Kritik von BELL (2008).

dieser Perspektive werden Nahrungssysteme im Kontext von Vulnerabilität und Lebenssicherung betrachtet, um die Anpassungsfähigkeit risikoexponierter Bevölkerungsgruppen[8] an gesellschaftliche und politische Transformationsprozesse, Globalisierung und Globalen Umweltwandel zu untersuchen.

## 2.2 ANSÄTZE „MITTLERER REICHWEITE“: ERNÄHRUNGSFORSCHUNG ALS TEILDISZIPLIN DER GEOGRAPHISCHEN ENTWICKLUNGSFORSCHUNG

Fragen der Ernährungsforschung in Ländern des globalen Südens sind ein zentrales Thema des weiten Feldes der Geographischen Entwicklungsforschung. Nach dem „Scheitern der großen Theorien“ (MENZEL 1992), rückten in den vergangenen zwei Jahrzehnten Theorien „mittlerer Reichweite“ in den Mittelpunkt. Gegenwärtige Ansätze wählen häufig eine akteurs- und handlungsbezogene Perspektive, die den Menschen und ihn betreffende Probleme in den Vordergrund des Erkenntnisinteresses stellt. Akteure sind in soziale und ökonomische Netzwerke eingebunden, die wiederum ihre Strategien und Handlungsspielräume beeinflussen. Lokale Problemstellungen werden im Kontext regionaler, nationaler und globaler Verflechtungen betrachtet. Darüber hinaus wird meist ein Anwendungsbezug angestrebt (vgl. KRÜGER 2003; MÜLLER-MAHN & VERNE 2010).

Geographische Forschungsarbeiten, die sich mit Fragen der Ernährungssicherung in außereuropäischen Regionen befassen, basieren seit den 1990er Jahren verstärkt auf multikausalen Erklärungsansätzen. Neben der Verwendung der dargestellten Nahrungssystemansätze erfolgt die Herangehensweise über Verwundbarkeitskonzepte und *livelihood*-Studien, welche lokale Akteure und damit die Haushaltsebene in den Fokus stellen. Die Kerngedanken, Potentiale und Limitationen von Verwundbarkeits- und *livelihood*-Ansätzen werden als erster Bezugspunkt für die Entwicklung des eigenen Analyserahmens im Folgenden vorgestellt.

### 2.2.1 Das Konzept der Vulnerabilität

Ansätze zur Verwundbarkeit wurden erstmals in den 1980er Jahren, zunächst im Kontext der Erforschung von Nahrungskrisen und Naturkatastrophen, entwickelt.[9] In dieser Zeit richteten sich Fragestellungen auf Armut, Hungersnöte und Ernährungssicherung sowie die Belastbarkeit von sozialen Systemen und ihre Bewältigungskapazität von Krisen und Schocks. In der Geographischen Entwicklungsfor-

8 Der Risikobegriff wird hier im Verwundbarkeitskontext verwendet. Zur Diskussion des Risikobegriffs siehe KRÜGER & MACAMO (2003); BOHLE & GLADE (2008) und CANNON & MÜLLER-MAHN (2010).

9 Für einen Überblick über die Vielfalt der Verwundbarkeitsansätze siehe auch ADGER (2006) sowie *IHDP Update*, Heft 2/2001. Zur Verwundbarkeit in der Naturgefahrenforschung und den Folgen des Globalen Umweltwandels siehe WISNER et al. (2004); ADGER (2006).

schung ging die Veränderung hin zu einer Perspektive, die Strategien der Lebenssicherung als Grundlage der Existenz- und damit auch der Ernährungssicherung versteht, vor allem aus Erkenntnissen der Hungerkatastrophe im Sahel in den Jahren 1984 und 1985 hervor. Die Ergebnisse verschiedener Studien zeigten, dass das Handeln zur Ernährungssicherung nur eine der vielfältigen Haushaltsstrategien darstellte und diese zeitweise anderen Strategien untergeordnet wurde. Ernährungssicherheit ist letztlich nur dann gegeben, wenn sie als Grundbedingung einer langfristigen Existenzsicherung des Haushalts als Produktions- und Reproduktionsgemeinschaft erfüllt ist (MAXWELL 1996).

Einige Jahre später stellte CHAMBERS (1989) mit seinem Konzept der Vulnerabilität eine Erweiterung des Armutsbegriffs vor und legte damit den Schwerpunkt auf soziale Verwundbarkeit.[10] Durch seine Unterteilung in eine externe (Risikoexposition) und eine interne (Unsicherheit, Bewältigungskapazität) Seite prägte er die duale Perspektive von Vulnerabilität:

> „Vulnerability here refers to exposure to contingencies and stress, and difficulty in coping with them. Vulnerability has thus two sides: an external side of risks, shocks, and stress to which an individual or household is subject, and an internal side which is defencelessness, meaning a lack of means to cope without damaging loss“ (CHAMBERS 1989: 1).

Seit Beginn der 1990er Jahre werden Vulnerabilitätsansätze in der Geographie rezipiert.[11] WATTS & BOHLE (1993; siehe auch BOHLE et al. 1994) erweitern den Ansatz von CHAMBERS (1989) zu einem mehrdimensionalen Modell zur Verwundbarkeit. Der Sozialraum der Verwundbarkeit wird durch drei Themenfelder begründet: Humanökologie, Verfügungsrechte *(entitlements)* und politische Ökonomie. Mensch-Umwelt-Beziehungen werden im Hinblick auf mögliche Risiken (z. B. Landdegradation) und die Ressourcenausstattung, die verwundbaren Gruppen zur Verfügung steht, analysiert. Verfügungsrechte bestimmen den Zugang zu Nahrungsmitteln (z. B. Preis- und Marktstrukturen, Einkommen). Als erweiterte Verfügungsrechte umfassen sie Partizipationsmöglichkeiten und deren Aushandlung. Politische und gesellschaftliche Strukturen bestimmen die Machtverhältnisse und werden über Ansätze der politischen Ökonomie in die Analyse von Verwundbarkeit integriert. Auf diese Weise können längerfristig bestehende Strukturen und die Exposition gegenüber Risiken *(exposure)* erfasst werden (BOHLE et al. 1994). Zusammenfassend halten die Autoren fest:

10 Um die Sensitivität von Ökosystemen zu beschreiben, wird auch der Begriff der „ökologischen Verwundbarkeit“ verwendet. Das Konzept der Verwundbarkeit wird zudem auf den Bereich der Technologie angewendet (BOHLE 2007).

11 Verwundbarkeit gegenüber Nahrungskrisen und Fragen der Ernährungsunsicherheit wurden auch in der *International Geographical Union* (IGU) *Commission „Vulnerable Food Systems“* diskutiert. Im deutschen Sprachraum legten unter anderem LOHNERT (1995); DITTRICH (1997); BOHLE (2001a) und TRÖGER (2004) umfassende Studien vor, die auf der empirischen Umsetzung von Verwundbarkeit basieren.

„(...) (V)ulnerability is a multi-layered and multidimensional social space defined by the determinate political, economic and institutional capabilities of people in specific places at specific times. (...) a theory of vulnerability should be able of mapping the historically and socially specific realms of choice and constraint (...) which determine exposure, capacity and potentiality" (BOHLE et al. 1994: 39).

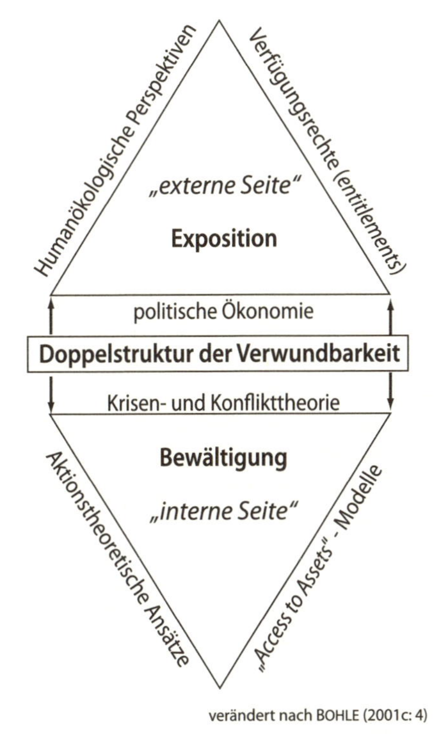


*Abb. 2: Doppelstruktur von Verwundbarkeit*

Dieses Modell wurde von BOHLE (2001c) weiterentwickelt, um die „Doppelstruktur von Verwundbarkeit" dezidiert in den Vordergrund zu stellen. Veranschaulicht als ein „doppeltes Dreieck" (Abb. 2), werden die interne *(coping)* und externe *(exposure)* Seite zu zentralen Kategorien von Verwundbarkeit. Während die externe Seite, wie ausgeführt, bereits in den 1990er Jahren konzeptionell dargestellt wurde (WATTS & BOHLE 1993), wird nun auch die interne Seite der Bewältigungskapazitäten *(coping)* detailliert erfasst.

Die Komplexität der dynamischen Bewältigungsstrategien wird über drei konzeptionelle Stränge untersucht: Handlungsspielräume und strukturelle Limitierungen können über aktionstheoretische Ansätze erfasst werden. Die Ausstattung mit Vermögenswerten *(assets)* bestimmt einerseits den Grad der Verwundbarkeit und kann andererseits die Widerstandsfähigkeit stärken. Ansätze der Krisen- und Konflikttheorie analysieren Verwundbarkeit unter Konfliktbedingungen. Hierbei geht es auch um die Konfliktfähigkeit, d. h. welche Akteure in der Lage sind, sich bei Auseinandersetzungen um Ressourcen und Zugang zu diesen durchzusetzen (BOHLE 2001c).

In jüngerer Zeit wird soziale Vulnerabilität – v.a. im Kontext des globalen Wandels – zunehmend wieder mit Systemvorstellungen verknüpft. LEICHENKO und O'BRIEN (2008) sprechen in diesem Zusammenhang von einer *„double exposure"* gegenüber ökologischen Veränderungen einerseits und gesellschaftlichem Wandel andererseits. So wird Verwundbarkeit gegenüber globalem Wandel als ein Aspekt von Mensch-Umwelt-Systemen betrachtet und beispielweise in die Analyse gesellschaftlicher Naturverhältnisse im Sinne einer Sozialen Ökologie integriert (BECKER & JAHN 2003; ERICKSEN et al. 2010a). Die Erforschung von Nahrungssystemen und Ernährungssicherung soll vor diesem Hintergrund akteurs- und systemorientierte Ansätze berücksichtigen:

> „Combining social approaches, which are more actor-oriented, with ecological approaches and their systems focus, remains a challenge to evaluating the vulnerability of food systems" (ERICKSEN et al. 2010a: 70).

Darüber hinaus wurden in den letzten Jahren Verwundbarkeitsansätze im Kontext von Resilienz *(resilience)*, in dem systemtheoretische Ansätze wieder verstärkt Beachtung erfahren haben, angewendet. Hier befassen sich aktuelle Forschungsarbeiten mit den Themen der Risikosteuerung und Resilienz von Nahrungssystemen. Als grundlegende Kategorie wird Resilienz als „Widerstandsfähigkeit" gefasst.[12] Systemorientierte Ansätze zu Vulnerabilität bergen jedoch die Gefahr, im Deskriptiven verhaftet zu bleiben oder gar deterministisch zu argumentieren, während die Vorteile des differenzierten und kontextbezogenen akteursorientierten Erklärungsansatzes der sozialen Verwundbarkeit verloren gehen (ADGER 2006). Besonders kritisch ist zu bewerten, dass Machtverhältnisse zwischen Akteuren nicht beachtet werden (CANNON & MÜLLER-MAHN 2010).[13] Diese Problematik ist ebenso auf Nahrungssysteme übertragbar.

Im Rahmen dieser Studie unterstützt das Verwundbarkeitskonzept ein erweitertes Armutsverständnis, das über rein ökonomische Aspekte hinausgeht. So nimmt Verwundbarkeit Bezug auf die komplexen Lebenswirklichkeiten der Haushalte und schließt hiermit die Anfälligkeit der Gebirgsbevölkerung gegenüber Versorgungsengpässen und gesundheitlichen Risiken bei Ernährungsproblemen ein. In diesem Zusammenhang zeigt die akteursbezogene Perspektive die Bedeutung von Handlungen zur Ernährungssicherung, Anpassungsstrategien, aber auch von Institutionen und politischen Akteuren, auf.

Als größtes Defizit des Verwundbarkeitskonzepts wird neben seiner negativ konnotierten Terminologie die mangelnde Operationalisierbarkeit hervorgehoben. Gerade die Messung von Verwundbarkeit und die Nutzung von Indikatoren, die meist nur für spezifische Fallbeispiele verwendet werden können, erweisen sich als kritisch (BOHLE 2001b; DE HAAN & ZOOMERS 2005). Der in engem Kontakt zwischen Forschung und Praxis entstandene *livelihoods*-Ansatz, auf den im folgenden Abschnitt eingegangen wird, richtet sich hingegen speziell auf empirische Erhebungen in lokalen Kontexten.

12 ADGER definiert Resilienz als „(...) the ability to absorb the shocks, the autonomy of self-organisation and the ability to adapt both in advance and in reaction to shocks" (2006: 269). Für eine Übersicht siehe BERKES et al. (2003). Resilienz ist ein wesentlicher Bestandteil sozial-ökologischer Systeme (YOUNG et al. 2006), so dass die Analyse der Vulnerabilität sozial-ökologischer Systeme dezidiert um eine holistische Perspektive bemüht ist. Sie versucht eine neue Verwendung des Systembegriffs über geeignete methodische Ansätze zu erreichen (ADGER 2006: 272).

13 KECK & SAKDAPOLRAK (2013) schlagen daher „soziale Resilienz" als Konzept vor.

### 2.2.2 *Livelihood*-Ansätze zur Analyse von Existenzsicherung

Das Verwundbarkeitskonzept wurde zu Beginn der 1990er Jahre von der Entwicklungspraxis aufgegriffen und – zunächst vor allem von britischen Organisationen darunter dem *Department for International Development* (DFID), Oxfam und Care – über den *Sustainable Livelihoods Approach* (SLA) als praktische Herangehensweise zur Untersuchung von Vulnerabilität weiterentwickelt (CHAMBERS & CONWAY 1992; DFID 1999; KRÜGER 2003; SCOONES 2009; DE HAAN 2012). Auch wenn der Ansatz zunächst primär für die Entwicklungszusammenarbeit konzipiert wurde, dient er als Forschungsrahmen und Grundlage für empirische Erhebungen. Besonders hilfreich ist das *livelihoods*-Konzept als Basis für die deskriptive Beschreibung komplexer, lokaler Zusammenhänge, die als Ausgangspunkt für weitere Analysen dienen können.[14] Der Kerngedanke, der auch in der vorliegenden Arbeit aufgegriffen wird, ist deshalb, Ernährung als einen wesentlichen Bestandteil der Lebenssicherung zu bewerten und aus einer integrativen Perspektive zu beleuchten (CANNON 2002; HERBERS 2002).

*Livelihood* kann mit „Lebensunterhalt" übersetzt werden und bedeutet in diesem Zusammenhang die nachhaltige Sicherung des Lebensunterhalts bzw. die Art und Weise der Existenzsicherung:

> „A livelihood comprises the capabilities, assets (including both material and social resources) and activities for a means of living. A livelihood is sustainable when it can cope with and recover from stresses and shocks, maintain or enhance its capabilities and assets, while not undermining the natural resource base" (CHAMBERS & CONWAY 1992: 7).

Die Untersuchungseinheit empirischer *livelihood*-Studien bildet der Haushalt. Für die Existenzsicherung des Haushalts als produktive und reproduktive Einheit ist die Ausstattung mit Aktiva (auch: Vermögenswerten, *assets*) entscheidend. Über ökonomische und finanzielle Aspekte hinausgehend, umfassen diese materielle und immaterielle Werte und Fähigkeiten.[15] Die meist als idealisiertes Pentagon (Abb. 3) dargestellten fünf Gruppen der Vermögenswerte werden als Naturkapital (z. B. Wasser, Land), Finanzkapital (z. B. Einkommen, Ersparnisse), Sachkapital (z. B. Infrastruktur, Produktionsmittel), Sozialkapital (z. B. sozialer Status, soziale Netzwerke) und Humankapital (z. B. Wissen, Gesundheit) beschrieben (KRÜGER 2003; DE HAAN 2012). Die beiden letztgenannten Aktiva gelten besonders für marginalisierte Bevölkerungsgruppen als entscheidend, wenn Sach- und Finanzkapital kaum vorhanden sind (BOHLE 2001b, 2005). Die Zusammensetzung des „Portfolios" an Aktiva ist für eine nachhaltige Lebenssicherung von zentraler Bedeutung, da sie Anpassungs- und Bewältigungsstrategien ermöglichen. Neben der

14 Durch das damit verbundene holistische Verständnis von Lebenssicherung wird zugleich die Multidimensionalität des Armutsbegriffs anerkannt.

15 ELLIS erläutert hierzu: „A livelihood encompasses income, both cash and in kind, as well as the social institutions (…), gender relations, and property rights required to support and to sustain a certain standard of living. (…) A livelihood also includes access to, and benefits derived from, social and public services provided by the state such as education, health services, roads, water supplies and so on" (1998: 4).

Ausstattung mit Vermögenswerten sind das Handlungsvermögen lokaler Akteure *(capacities and capabilities)*, ihre Einbettung in den Verwundbarkeitskontext und die Wechselwirkungen mit Transformationsprozessen und -strukturen relevant (Abb. 3). Das Handeln der Akteure mit ihrer jeweiligen Kapitalausstattung und unter den gegebenen ortsspezifischen Bedingungen führt zu *livelihood outcomes*, die wiederum eine Veränderung der Kapitalausstattung bewirken (DFID 1999; KRÜGER 2003).

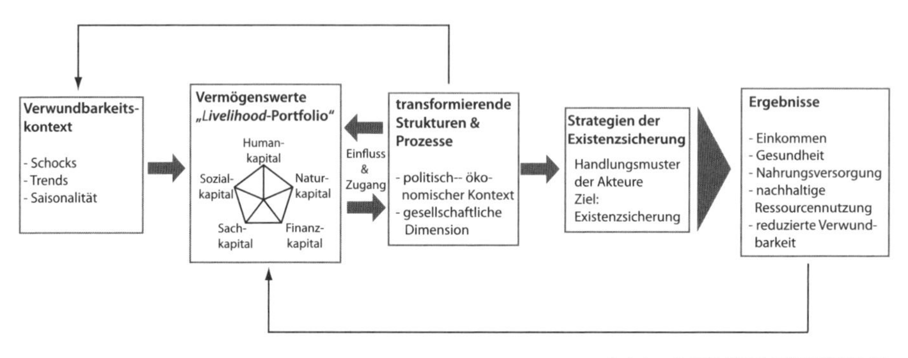


*Abb. 3: Sustainable Livelihoods-Analyserahmen*

Die Vorgehensweise des SLA hat sich nicht nur in der Enwicklungspraxis, sondern auch für die Forschung als praktikabel erwiesen. Allerdings bleiben empirische Untersuchungen meist in der Deskription lokaler Situationen verhaftet, während politische und sozioökonomische Transformationsprozesse als *black box* vage und nur unzureichend berücksichtigt sind. Das Konzept stößt an seine Grenzen, wenn Lebenssicherung, Möglichkeiten der Adaptation und Ursachen von Unsicherheit im Zusammenhang mit den oben genannten Dimensionen, z. B. Märkten oder überregionalen politischen Prozessen, analysiert werden sollen (BOHLE 2001b; SCOONES 2009). Zwar eröffnet die Konzentration auf lokalspezifische Gegebenheiten die Möglichkeit, den Menschen als handelnden Akteur in das Zentrum der Analyse zu stellen, doch kann diese Herangehensweise zugleich aufgrund der kleinräumigen Perspektive als „erkenntnistheoretische Behinderung" (MÜLLER-MAHN & VERNE 2010: 9) gesehen werden, die letztlich weitergehende politische Machtkonstellationen, ökonomische Strukturen und gesellschaftliche Zusammenhänge vernachlässigt und damit Ursachen von Verwundbarkeit nicht ausreichend erklären kann. Dies erweist sich bei Fragestellungen im Hochgebirge als relevant, da Analysen in diesen Regionen besonders häufig die Einbettung in größere politische und ökonomische Zusammenhänge nur am Rande berücksichtigen.

Der Schwerpunkt von *livelihood*-Studien liegt auf der Analyse eher kurzfristiger Anpassungsstrategien, so dass sie oftmals aktualitätsbezogen und statisch bleiben. Diese Einschränkung der zeitlichen Dimension erweist sich deshalb bei längerfristigen Entwicklungen wie globalen Umweltveränderungen und agrarstrukturellem Wandel als kritisch (DE HAAN & ZOOMERS 2005; SCOONES 2009). Hier wird auch die fehlende Berücksichtigung der historischen Perspektive erkennbar, die besonders im Kontext von Kolonialisierung, Gründung von Nationalstaaten und Globalisierungsprozessen relevant ist.

Die Forschung zu Lebenssicherung erfährt aktuell durch die Berücksichtigung von Konzepten der Multilokalität und Translokalität eine neue Ausrichtung, die es ermöglicht die komplexen Lebensrealitäten jenseits von räumlichen Dualismen (z. B. Stadt-Land) und der Vorstellung von Haushalten als klar abgrenzbare räumliche und soziale Einheiten zu erfassen (ZOOMERS & VAN WESTEN 2011, DIDERO & PFAFFENBACH 2014). Diese Konzepte werden je nach Kontext und empirischem Fallbeispiel unterschiedlich definiert (GREINER & SAKDAPOLRAK 2013, DIDERO & PFAFFENBACH 2014).[16] Translokalität wird dabei oft mit dem Ansatz der Transnationalität aus der Migrationsforschung in Verbindung gesetzt und zeichnet sich durch ein relationales Raumverständnis aus (GREINER & SAKDAPOLRAK 2013, STEINBRINK & PETH 2014). Es betont die Netzwerke zwischen verschiedenen Orten und Personen, die sich in vielfältiger Weise äußern (z. B. ökonomische Beziehungen, soziale Verbindungen, Wissenstransfer). Neuere Studien nutzen diese Forschungsperspektive auch zur Analyse von Lebenssicherung und Stadt-Land-Dynamiken (z. B. STEEL, WINTERS & SOSA 2011, STEINBRINK & PETH 2014).

Hier bietet sich ebenfalls das Konzept der Multilokalität an, das „eine präzise Erfassung und Analyse empirisch beobachtbarer Phänomene" betont (DIDERO & PFAFFENBACH 2014: 8). Multilokale Haushalte sind dadurch charakterisiert, dass sie an zwei oder mehreren Orten – häufig im städtischen und ländlichen Kontext – wohnen und dabei ihre Lebenssicherungsstrategien diversifizieren. Neben wirtschaftlichen Verbindungen (z. B. Rimessen, Transfer und Tausch von Gütern) sind soziale Netzwerke und der Austausch von Wissen und Informationen charakteristische Beziehungen zwischen Haushaltsmitgliedern (SCHMIDT-KALLERT 2012; für den Himalaya: BENZ 2014). Alltägliche Lebenssicherungsstrategien und ihre Diversifizierung werden nicht nur auf der Mikroebene analysiert, sondern explizit hiermit verbundene Mobilitäten und veränderte räumliche Bezugsebenen berücksichtigt.

Für die empirische Arbeit in Ladakh wird Lebenssicherung als Grundlage der Ernährungssicherung untersucht. Dabei werden verschiedene Tätigkeiten, wie Landwirtschaft, Vermarktung und Handel sowie Beschäftigungsmöglichkeiten einbezogen. Als Ausgangspunkt der Untersuchungen bietet sich zunächst die Haushaltsebene als Analyseeinheit an. Darüber hinaus ist jedoch eine umfangreichere Analyse erforderlich. Hierzu halten FORSYTH & MICHAUD fest:

> „Understanding livelihoods also requires looking at the less obvious social resources, organizations, local politics, and ethnic and social networks and decision making that underpin economic activities and can effectively reduce or increase social vulnerability to economic and political change" (2011: 13).

16 Der Begriff der Multilokalität bezieht sich hierbei häufig – jedoch keineswegs ausschließlich auf die Residenz (WEICHHART 2009). Der Begriff der Translokalität überwiegt tendenziell bei Arbeiten zur Lebensrealität im Globalen Süden (DIDERO & PFAFFENBACH 2014).

Die fehlende Einbindung handlungstheoretischer Überlegungen, die zu einer Vernachlässigung von Machtkonstellationen und Handlungsentscheidungen der Akteure führt, ist ein weiterer Kritikpunkt an *livelihood*-Ansätzen (DE HAAN & ZOOMERS 2005; DE HAAN 2012). Machtfragen sind jedoch in verschiedener Hinsicht von Bedeutung: Sie bestimmen die Ausstattung der Haushalte mit Aktiva, die Handlungsspielräume der Akteure und ihre verfügbaren Handlungsoptionen. Konzeptionell wird daher eine Ausweitung des *livelihood*-Modells gefordert (KRÜGER 2003; SCOONES 2009; FORSYTH & MICHAUD 2011). Im folgenden Abschnitt werden handlungstheoretische Ansätze erörtert, die eine Möglichkeit bieten, bestehende analytische Defizite zu schließen.

## 2.3 HANDLUNGSTHEORETISCHE ÜBERLEGUNGEN: ANKNÜPFUNGSPUNKTE ZWISCHEN GEOGRAPHISCHER ENTWICKLUNGSFORSCHUNG UND GESELLSCHAFTSTHEORIEN

Neuere Ansätze der Geographischen Entwicklungsforschung integrieren konzeptionelle Ideen aus der Soziologie und Sozialgeographie. Hiermit wird unter anderem versucht, den Dualismus zwischen „Entwicklungsländern" und „entwickelten Ländern" zu überwinden (GRAEFE & HASSLER 2006; DEFFNER et al. 2014). Dieser Paradigmenwechsel steht auch mit den kritischen Debatten um den Entwicklungsbegriff und *post-development* in Verbindung (SIMON 2006; SIDAWAY 2007). Anknüpfungspunkte bisheriger Studien im Themenfeld Ernährungs- und Lebenssicherung bestehen vor allem zur Strukturationstheorie (GIDDENS 1997). In den letzten Jahren wurde darüber hinaus die stärker gesellschaftlich orientierte Perspektive von Bourdieu mit den zentralen Begriffen „Feld" und „Habitus" eingebracht (DÖRFLER et al. 2003). Auf die Kerngedanken, Unterschiede und Kritikpunkte dieser theoretischen Ansätze soll an dieser Stelle in verkürzter Form eingegangen werden. Hierbei ist zu klären, inwieweit handlungstheoretische Überlegungen Anknüpfungspunkte für Fragestellungen der Hochgebirgsforschung in Entwicklungsländern bieten.

### 2.3.1 Strukturationstheoretische Ansätze

Ein entscheidender Impuls für die deutschsprachige Sozialgeographie, der auch in die Entwicklungsforschung ausstrahlte, ging von der Strukturationstheorie des Soziologen ANTHONY GIDDENS (1997)[17] aus. Sein Kerngedanke ist die Verbindung von Struktur *(structure)* und Handeln *(agency)* und damit von der Makro- und Mikroebene als „Dualität von Struktur" (GIDDENS 1997: 78). Dieser theoretischen Sichtweise folgend, werden Strukturen durch das Tun von individuellen Akteuren produziert und reproduziert. Soziale Strukturen sind zugleich ein Rah-

17 Die englischsprachige Erstausgabe wurde 1984 unter dem Titel „*The Constitution of Society. Outline of the Theory of Structuration*" verlegt.

men, der das Handeln einschränkt oder ermöglicht (GIDDENS 1997: 52). Seine Konzeption unterscheidet sich von der Vorstellung von starren Rahmenbedingungen, indem sie deren dynamische Ausprägung und die wechselseitige Beeinflussung von Akteuren und Handlungsbedingungen betont, was als Vorteil gegenüber *livelihood*-Konzepten bewertet werden kann (WEICHHART 2008: 280–285).[18]

Nach GIDDENS sind für die Handlungsfähigkeit individueller Subjekte die Regeln und Ressourcen, welche den Umgang mit Strukturen[19] bestimmen, entscheidend. Das Handeln des Akteurs, der mit (Selbst)Reflexivität ausgestattet ist, erfolgt weitestgehend selbstbestimmt (GIDDENS 1997: 53).[20] Jegliche Aktivitäten können neben den beabsichtigten Folgen auch unbeabsichtigte Folgen hervorbringen. Handeln steht als individuelle Tätigkeit stets mit Machtfragen im Zusammenhang und „bezieht sich nicht auf die Intentionen, die Menschen beim Tun von Dingen haben, sondern auf ihr Vermögen, solche Dinge überhaupt zu tun“ (GIDDENS 1997: 60). Macht kann dieser Argumentation folgend nicht auf Kämpfe und partikulare Interessen reduziert werden, sondern ist durch die spezifische Ausstattung mit autoritativen und allokativen Ressourcen definiert.[21]

In der Geographischen Entwicklungsforschung hat GIDDENS‘ Theorie der Strukturation in verschiedenen Studien Eingang gefunden und wurde weiterentwickelt. Die empirischen Arbeiten beziehen sich vor allem auf die Überwindung der Dialektik von Struktur und Handeln sowie auf seine Überlegungen zum konzeptionellen Verständnis von Macht (z. B. MÜLLER-MAHN 2001; TRÖGER 2004; HERBERS 2006). Der Aspekt ungleicher Handlungsmacht im Kontext der Existenzsicherung wird beispielsweise von HERBERS (2006) in ihren Studien zur postsowjetischen Transformation in Tadschikistan thematisiert. Sie zeigt, dass Unterschiede zwischen den Akteuren aufgrund der Ausprägung individueller Aspekte (z. B. Geschlecht, Bildung), institutionellen Regelungen (d. h. autoritativen Ressourcen) sowie den jeweiligen physisch-materiellen Möglichkeiten (d. h. allokativen Ressourcen) bestehen (HERBERS 2006: 14). Die Stellung in der Gesellschaft und ge-

18 GIDDENS Strukturationstheorie wurde in der deutschsprachigen Geographie u.a. von MÜLLER-MAHN (2001), TRÖGER (2004) und HERBERS (2006) rezipiert.

19 Der Begriff „Struktur“ erfasst soziale Strukturen, die aus Regeln und Ressourcen bestehen (WEICHHART 2008: 284).

20 Das Handeln von Akteuren ist durch diskursives und praktisches Bewusstsein geprägt. Als diskursives Bewusstsein wird das Wissen, das Akteure über soziale Zusammenhänge und eigenes Handeln haben und verbal artikulieren können, gefasst. Praktisches Bewusstsein bezieht sich auf Wissen, welches jedoch nicht diskursiv ausgedrückt wird. Dies sind „Regeln und Taktiken, aus denen sich das Alltagsleben aufbaut“ (GIDDENS 1997: 145). Das bedeutet, dass Subjekte auch Tätigkeiten ausüben, die durch praktisches Bewusstsein und unerkannte Handlungsbedingungen beeinflusst werden (siehe auch WEICHHART 2008).

21 Allokative Ressourcen bezeichnen „Formen des Vermögens zur Umgestaltung“ (GIDDENS 1997: 86) und damit die „Kontrolle über materielle Produkte oder bestimmte Aspekte der materiellen Welt“ (GIDDENS 1997: 45). Zu diesen materiellen Produkten sind auch natürliche Ressourcen (z. B. Land) zu zählen. Autoritative Ressourcen sind hingegen solche, die „der Koordination des Handelns von Menschen entspringen“ (GIDDENS 1997: 45) und sich aus unterschiedlichen Machtkonstellationen ergeben. Unter dem Begriff werden nichtmaterielle Ressourcen zusammengefasst (siehe auch TRÖGER 2004: 63–67; HERBERS 2006: 14).

sellschaftliche Allianzen (z. B. Familie, Soziale Netzwerke) werden als besonders bedeutsam identifiziert.

Generell zeigt sich bei der Übertragung handlungstheoretischer Überlegungen auf den Entwicklungskontext insbesondere das Spannungsverhältnisses zwischen strukturellen Zwängen und individuellen Handlungsmöglichkeiten (DÖRFLER et al. 2003: 13). Da GIDDENS jedes Handeln als eine Ausübung von Macht begreift, impliziert diese Annahme, dass *jeder* Akteur über Handlungsmacht verfügt und es stets Handlungsmöglichkeiten gibt (GIDDENS 1997: 365). Dies gilt auch dann, wenn verschiedene Möglichkeiten von den jeweiligen Akteuren, z. B. lokalen Landnutzern, nicht als reale Handlungsalternative eingeschätzt werden. Auf diese Weise wird jedoch die Bedeutung von strukturellen Zwängen unterschätzt, die besonders für marginalisierte Gruppen im Entwicklungskontext relevant sind (DÖRFLER et al. 2003: 13–14). Zudem vernachlässigt die grundlegende Annahme rational handelnder Akteure unterschiedliches Wissen, spezifische Kompetenzen und individuelle Anpassungsfähigkeiten (MEUSBURGER 1999b: 99–102; vgl. auch TRÖGER 2004).

Die Konzentration auf das Individuum als Akteur stellt ein zusätzliches Defizit dar, da sie als Konsequenz kollektive oder korporative Akteure ablehnt. Hieraus ergibt sich bei der empirischen Umsetzung die Gefahr einer Bevorzugung der Mikroebene (DÖRFLER et al. 2003). Letztlich verfolgen jedoch gerade auch Organisationen wie beispielsweise Wirtschaftsunternehmen, Nichtregierungsorganisationen oder Nationalstaaten – und nicht nur die in ihnen tätigen Individuen – bestimmte Ziele und Interessen (vgl. Kap. 2.4). Außerdem werden durch die starke Betonung von individuellen Akteuren und ihrer Reflexivität unterschiedliche „Machtgruppen“ und daraus resultierende Handlungsspielräume nicht ausreichend berücksichtigt. DÖRFLER et al. heben hervor, dass die „Verantwortung für Veränderung nicht mehr primär mit gesellschaftlichen und/oder makroökonomischen Strukturen verknüpft wird, sondern mit fähigen Akteuren vor Ort“ (2003: 13).
Mit der Weiterentwicklung zu seinem Entwurf einer handlungstheoretischen Sozialgeographie[22] hat WERLEN einen wesentlichen Anstoß zu Theoriedebatten in der deutschsprachigen Sozialgeographie gegeben. Allerdings stößt diese Konzeption, die sich dezidiert auf spätmoderne Gesellschaften bezieht, bei Forschungsfragen der Geographischen Entwicklungsforschung an ihre Grenzen.[23] Er postuliert, dass die Verknüpfung von sozialen Prozessen und materiellen Strukturen bei spätmodernen Lebensformen nicht mehr gegeben ist, sondern eine räumliche und

22 Die Grundkonzepte einer „Sozialgeographie alltäglicher Regionalisierungen“ hat WERLEN in mehreren Monographien ausführlich dargestellt (WERLEN 1995, 1997, 2007). Für eine kritische Diskussion der WERLENschen Konzeption wird auf MEUSBURGER (1999a) verwiesen.

23 Der Fokus auf individualisierte Subjekte und auf „spätmoderne Gesellschaften“ geht mit einer eurozentristischen Sichtweise und methodischen Schwierigkeiten einher (MEUSBURGER 1999b). SCHLOTTMANN (2007) hat den Versuch unternommen, ein Entwicklungsprojekt zur Agroforstnutzung aus einer handlungszentrierten Perspektive zu analysieren. Diese Studie verdeutlicht, dass die Annahmen Werlens in verschiedenen Punkten erweitert werden mussten, um Aspekte von Macht, Wissen und Interessen, sowie Organisationen und andere Akteursgruppen in die Analyse integrieren zu können.

zeitliche Entankerung zu beobachten ist. Hieraus ergibt sich eine Verlagerung des Forschungsinteresses hin zum individuellen Subjekt, auf das die Handlungsfähigkeit beschränkt wird.[24] Besonders im Bereich der Mensch-Umwelt-Forschung erweist sich die von Werlen postulierte Trennung zwischen der physisch-materiellen und der sozialen Welt als problematisch (BLOTEVOGEL 1999: 14–15; siehe auch DÖRFLER et al. 2003). Diese Problematik zeigt sich deutlich bei der Frage nach Landnutzungspraktiken zur Ernährungssicherung im Hochgebirge und wird deshalb hier thematisiert: Denn auch wenn der naturräumlichen Ausstattung keine deterministische Bedeutung zukommt, so muss sie dennoch Beachtung finden. Für die Akteure sind natürliche Ressourcen Grundlage ihrer Praktiken zur Ernährungssicherung, also Bestandteil einer physisch-materiellen Welt, auch wenn sie zugleich andere Bedeutungszuweisungen, z. B. symbolischer oder ritueller Art, haben können. Dieses Beispiel illustriert das für das Erkenntnisinteresse der vorliegenden Studie problematische Raumverständnis der bisher vorgestellten Handlungstheorien.

Geeigneter scheint indes eine Perspektive, die grundsätzlich akteursbezogen ist und dennoch eine Beachtung der Wechselwirkungen zwischen Handeln und Raum zulässt (MÜLLER-MAHN 2001: 21–24). Der Forschungsgegenstand verlangt nach der gleichzeitigen Berücksichtigung materieller Artefakte der physisch-geographischen Umwelt und der Anerkennung einer raumspezifischen Dimension des Handelns (nicht nur ökologisch-naturräumlich, sondern auch kulturell). Es bleibt die Frage, wie physisch-materielle und soziale Aspekte im Rahmen der Untersuchung adäquat berücksichtigt werden können.

Zusammenfassend soll festgehalten werden, dass strukturationstheoretische Überlegungen zwar hilfreiche Anstöße zur Überwindung der Dialektik von Struktur und Handeln geben, sich aber in der Anwendung für den vorliegenden Forschungsgegenstand nur begrenzt als geeignet erweisen. Die Darstellung hat die Problematik der einfachen Übertragung subjektzentrierter handlungstheoretischer Ansätze auf den Entwicklungskontext aufgezeigt, da die wechselseitigen Beziehungen zwischen Individuen und Gesellschaft nur unzureichend erfasst werden. Zwar sind Akteure in ihren Handlungen in unterschiedlichen Lebenssituationen von ihrem lokalen Kontext und struktureller Macht beeinflusst. Doch hat bereits die umfassende Definition eines Nahrungssystems im Hochgebirge (Kap. 2.1.2) gezeigt, dass die Handlungsspielräume der Akteure nicht nur durch ihr individuelles Handlungsvermögen geprägt sind. Deshalb ist, auf den theoretischen Ansätzen Pierre Bourdieus basierend, eine stärker gesellschaftlich orientierte Perspektive vorgeschlagen worden, bis hin zu einer Neuausrichtung im Sinne einer „geographischen Sozialforschung in Entwicklungsländern" (DÖRFLER et al. 2003: 21; LUND 2010). Im Folgenden wird diese im Hinblick auf die Potentiale für diese Arbeit betrachtet.

24 WERLEN hält fest: „Sie [die Sozialgeographie alltäglicher Regionalisierungen] ist nicht primär auf die Untersuchung von ‚Räumen' und ‚deren' Eigenschaften ausgerichtet, sondern erfordert vielmehr eine besondere Fokussierung (…) auf die Praxis der Subjekte in ihren Lebensformen und –stilen und deren lokalen und globalen Implikationen." (1997: 15).

### 2.3.2 Habitus, Feld, Praxis: Die gesellschaftstheoretischen Überlegungen Pierre Bourdieus

Die umfangreichen Werke von Pierre Bourdieu sind in den vergangenen Jahren von verschiedenen Fachdisziplinen rezipiert worden.[25] Aus Bourdieus gesellschaftstheoretischen Überlegungen werden in der Geographischen Entwicklungsforschung besonders die Konzepte von Habitus, Kapital und Feld in Forschungsarbeiten aufgenommen und weiterentwickelt. Ziel dieser Überlegungen ist es, den Dualismus von Subjekt- und Objektorientierung zu überwinden (DÖRFLER et al. 2003; GRAEFE & HASSLER 2006; DEFFNER & HAFERBURG 2014). Auch Bourdieus Beitrag für ein Verständnis von Machtbeziehungen und -strukturen wird als zentral bewertet (NAVARRO 2006). Eine Kurzvorstellung der zentralen Begriffe und Argumentation seiner Theorie der Praxis soll an dieser Stelle dazu dienen, Überlegungen zur Nutzbarmachung dieses theoretischen Ansatzes für die Erklärung von Relationen zwischen Akteuren und gesellschaftlichen Dynamiken in Entwicklungsländern nachzuvollziehen.[26]

Bei Bourdieu steht das relationale Verhältnis von Feld und Akteuren im Zentrum des Erkenntnisinteresses (DÖRFLER et al. 2003: 15–16). Da er sich in seinem Werk sowohl vom Determinismus des Strukturalismus distanziert als auch ausdrückliche Kritik am Begriff des Subjekts formuliert (z. B. BOURDIEU 1987), bietet sein Werk Ansatzpunkte, um Individuum und Strukturen nicht als unüberwindbaren Dualismus, sondern relational aufzufassen: „In Feldbegriffen denken heißt *relational denken*“ (BOURDIEU & WACQUANT 1996: 126, Hervorhebung i. O.). Seine Intention formulierte Bourdieu daher einmal folgendermaßen:

> „(…) sich zugleich der Theorie des Subjekts zu entziehen, aber ohne den Akteur zu opfern, und der Philosophie der Struktur, aber ohne darauf zu verzichten, die Effekte zu berücksichtigen, die die Struktur auf und durch diesen Akteur ausübt“ (BOURDIEU & WACQUANT 1996: 154).

Ein zentraler Begriff in seinem relationalem Sozialkonzept ist der Habitus. Hierunter vereint Bourdieu das Prinzip des Handelns eines Individuums mit seinen spezifischen Denk-, Wahrnehmungs- und Handlungsmustern (DÖRFLER et al. 2003: 15–18; REHBEIN & SAALMANN 2009a: 111). Habitusformen werden von Bourdieu auch als System dauerhafter Dispositionen beschrieben, die Neigungen und Veranlagungen umfassen (SUDERLAND 2009: 74). Jeder Mensch hat im Verlauf des Lebens in seinem sozialen Umfeld Gewohnheiten und Regeln erlernt, die sein Prinzip des Handelns prägen.[27] Bourdieu spricht in diesem Zusammenhang von der „Verinnerlichung der Äußerlichkeit (Interiorisierung der Exteriorität)“

25 Mitunter entstehe der Eindruck von „BourDIEU“ als „Halbgott der Sozialwissenschaften“ so FRÖHLICH & REHBEIN (2009: 373).

26 Einführend wird an dieser Stelle auf FRÖHLICH & REHBEIN (2009) und BARLÖSIUS (2011) verwiesen.

27 „Der Habitus stellt die universalisierende Vermittlung dar, kraft derer die Handlungen ohne ausdrücklichen Grund und ohne bedeutende Absicht eines einzelnen Handlungssubjekts gleichwohl „sinnhaft“, „vernünftig“ sind (…)“ BOURDIEU (1979: 179).

(BOURDIEU 1987: 102). Das System der Dispositionen wurde in der Praxis erworben und bildet sich individuell aus. Hieraus erklärt sich, dass Menschen unter vergleichbaren historischen und sozialen Gegebenheiten auch vergleichbare Dispositionen entwickeln und sich in ihren Vorstellungen und Handlungsweisen ähneln (BOURDIEU 1979: 180; REHBEIN & SAALMANN 2009a: 112–114). Einmal angeeignete Handlungsweisen spielen auch im weiteren Lebensverlauf eine Rolle, werden jedoch angepasst und modifiziert. Habitus ist demnach zwar „dauerhaft, aber nicht unveränderlich" (BOURDIEU & WACQUANT 1996: 168).

Das Konzept des Habitus und der damit verknüpfte Begriff der Dispositionen verdeutlichen, dass das Handeln eines Individuums nicht nur vom bewussten Willen Einzelner abhängt, sondern nur vor dem Hintergrund gesellschaftlicher Strukturen erklärbar ist (DÖRFLER et al. 2003: 17; REHBEIN & SAALMANN 2009a: 112–113). Handlungen erfolgen sowohl unbewusst, d. h. als automatisiertes Handeln in Form von Routinen, als auch bewusst, d. h. bei der Verfolgung von Strategien zur Durchsetzung von Interessen. Für Bourdieu wird der Akteur damit ein in seinem Handeln von innen wie außen geleiteter Mensch. Die Praxis – die Art und Weise seines Handelns – ist durch verschiedene Kennzeichen charakterisiert: Sie ist an konkrete Situationen gebunden und kann daher nicht ohne Raum, der sowohl eine symbolische Bedeutung hat als auch den materiellen Raum bezeichnet, stattfinden (BOURDIEU 1979; SAALMANN 2009: 201–202).[28] Über das Konzept des Habitus wird es möglich, Praktiken weder als strukturdeterminiert noch als Resultat vollständig autonomen Handelns einzelner Subjekte zu verstehen (DÖRFLER et al. 2003).

Den Begriff „Feld" setzt Bourdieu einem Denken in „gesellschaftlichen Containern" entgegen und eröffnet die Möglichkeit, „Gesellschaft" als unterschiedliche Felder zu analysieren. Ein Feld kann Bourdieu zufolge als Matrix des Sozialen verstanden werden und wurde von ihm als „Spielfeld" beschrieben. Ähnlich einem Spiel hat jedes Feld seine eigenen Regeln, Einsätze und Ziele.[29] Akteure in einem Feld müssen folglich über Kenntnis der (unausgesprochenen) „Spielregeln" verfügen und die eigenen Einsätze kennen. Die Ziele und Strategien der Akteure werden dabei von *illusio* und *doxa* (Interesse und Glaube an das Spiel) geleitet (DÖRFLER et al. 2003: 15–17; BARLÖSIUS 2011: 90–104).

28 Als Beispiele können klassenspezifische Handlungsweisen oder typische Handlungsmuster innerhalb einer Familie genannt werden. Hierin sieht Bourdieu einen Grund zur Erklärung der Reproduktion bestimmter sozialer Ungleichheiten oder für die Beibehaltung von Handlungsweisen nach einer Migration, selbst wenn diese im neuen sozialen Kontext zunächst als nicht angemessen gelten. Die Sozialisation führt zu einer „Habitualisierung" und erklärt damit Unterschiede zwischen sozialen Gruppen. Besonders dem Bezug zu gesellschaftlichen Klassen wird deutlich, dass ein Großteil von Bourdieu's Werk auf Studien der französischen Gesellschaft beruht (BOURDIEU 1979: 177–189; REHBEIN & SAALMANN 2009a: 112–113).

29 Felder sind ähnlich strukturiert, da in ihnen stets um Macht und Interessen gekämpft wird, doch unterscheiden sie sich voneinander durch die Spielregeln, ihr jeweiliges Ziel und die beteiligten Akteure. Sie sind dynamisch und enden – vergleichbar mit einem magnetischen Kräftefeld – dort, wo Spielregeln und Glaube an das Spiel ihre Gültigkeit verlieren (REHBEIN & SAALMANN 2009c: 100–102).

Die Beziehungen der Akteure sind durch unterschiedliche Machtstrukturen bestimmt, weil sie innerhalb des Feldes um Ressourcen und Macht konkurrieren. Um eine möglichst gute Position im (sozialen) Feld zu erlangen, versuchen Akteure, die Regeln an ihre Bedürfnisse anzupassen. Soziale Praktiken sind also stets interessengeleitet, da sie zur Beibehaltung oder Verbesserung einer gesellschaftlichen Position und zum Erhalt oder zur Veränderung der Spielregeln eingesetzt werden. (BOURDIEU & WACQUANT 2006: 127–133). Ihre Machtposition wird dabei von ihrem Habitus und ihrem verfügbaren Kapital bestimmt. Als Kapitalarten werden ökonomische (z. B. Besitz, monetäre Mittel), kulturelle (z. B. Bildung) und soziale (z. B. soziale Netzwerke) Kapitalien unterschieden (REHBEIN & SAALMANN 2009b: 137–139).[30] Für jedes Feld, also jeweils für die Frage was „auf dem Spiel steht", ist eine andere Kapitalausstattung im Kampf um soziale Positionen gewinnbringend. Dadurch werden die Aushandlung von Kapital und die Verbindungen zu anderen Akteuren entscheidend, z. B. als Herrschaftsstrukturen oder asymmetrische Abhängigkeitsverhältnisse (BOURDIEU & WACQUANT 1996: 127–130, 151–152; NAVARRO 2006).

Verschiedene Studien haben sich daher in den vergangenen Jahren um eine Operationalisierbarkeit und Weiterentwicklung der Konzepte Bourdieus in der Geographischen Entwicklungsforschung bemüht (z. B. ROTHFUß 2004; GRAEFE & HASSLER 2006; SAKDAPOLRAK 2011; ETZOLD 2013). Vorteile gegenüber einer subjektzentrierten Handlungstheorie ergeben sich vor allem durch die Einbeziehung gesellschaftlicher Bedingungen, die gerade in Entwicklungsländern den Akteuren einen Kontext vorgeben und Handlungsmöglichkeiten beschränken. Auch erlaubt dieser Ansatz die Berücksichtigung unbewusster Handlungen, Machtrelationen und der sozialen Position von Akteuren. Eine Stärke des Konzepts ist die Einführung des Habitus, der eine historische Komponente besitzt und auf diese Weise die Frage, wie die Kapitalausstattung bestimmt ist, erklären kann. Alltägliche Routinen reproduzieren soziale Strukturen und damit ein spezifisches kulturelles bzw. gesellschaftliches System. Diese Überlegungen sind auch für die vorliegende Studie hilfreich, beispielsweise bei der Frage nach gesellschaftlichen Normen und Vorstellungen einer adäquaten Ernährungsweise. Allerdings erweist sich auch bei Bourdieu die allzu deutliche Ausrichtung auf das Nützlichkeitsprinzip von Handlungen mit dem Ziel einer Verbesserung der sozialen Stellung als problematisch (DÖRFLER et al. 2003; GRAEFE & HASSLER 2006).

Die theoretischen Überlegungen Bourdieus sind also für das Verständnis gesellschaftlicher Praktiken grundsätzlich geeignet. Die größte Herausforderung stellt jedoch die Operationalisierbarkeit für empirische Arbeiten dar (DÖRFLER et al. 2003; REHBEIN 2007). Hierbei treten Unklarheiten in Bezug auf die zentralen Begriffe Feld und Habitus zu Tage.[31]

30 Allerdings erweitert Bourdieu in seinen späteren Schriften die Anzahl der Kapitalsorten. Besonders häufig gliedert er das symbolische Kapital (z. B. Rechtmäßigkeiten) aus, welches zunächst dem Sozialkapital zugeordnet wurde (REHBEIN & SAALMANN 2009b: 137–139).

31 Die Probleme der Übertragung von Bourdieu's Überlegungen auf Subsistenzbauern, die REHBEIN (2003, 2007) am Beispiel von Untersuchungen in Laos aufgezeigt hat, zeigten sich

Der soziale Raum, der durch die Praxis der Handelnden produziert und reproduziert wird, ist nicht eindimensional. Akteure sind insbesondere im Zeitalter der Globalisierung zunehmend multilokal verortet (DE HAAN & ZOOMERS 2011) und bewegen sich auf unterschiedlichen Handlungsebenen. Dennoch kann argumentiert werden, dass gerade eine relationale Handlungstheorie in der Lage ist, Aspekte der Globalisierung über das Verhältnis zwischen Akteuren und Strukturen in Analysen zu integrieren.

Für die Analyse der Praktiken zur Ernährungssicherung in Ladakh ist es notwendig zu fragen, wie alltägliche Routinen und interessengeleitete Strategien genutzt, angepasst und verändert werden. Zentral ist hierfür das Verständnis der Lebensrealitäten der Bevölkerung. Im Kontext von Lebenssicherung entscheiden nicht nur individuelle Subjekte mit ihren Handlungsweisen, sondern zur Erreichung bestimmter Ziele handeln Akteure auch gemeinsam. Dies geschieht beispielsweise innerhalb von Haushalts-, Nachbarschafts- oder Dorfgemeinschaften, die einen hohen Grad an Reziprozität aufweisen. Akteure verfolgen ihre Strategien zur Ernährungssicherung auf Basis ihrer Wahrnehmung der spezifischen Handlungsbedingungen und -möglichkeiten, die durch ihre gesellschaftliche Position bestimmt sind.

Wenngleich Bourdieus Arbeiten für Fragestellungen im Entwicklungskontext durchaus als wertvolle Anregung verstanden werden können, werden auch Probleme der Übertragbarkeit diskutiert. Einige Autoren sehen die Übertragung von Lebensstil, Klassen und Milieus auf gesellschaftliche Gruppen im ländlichen Raum in Entwicklungsländern als Hemmnis, da der Großteil seiner Arbeiten auf Studien in Frankreich beruht (FRÖHLICH et al. 2009). Auch wenn Bourdieu seine theoretischen Überlegungen nie als Beitrag zur Theoriedebatte in der Entwicklungsforschung gesehen hat, werden sie in der deutschsprachigen Geographischen Entwicklungsforschung als Möglichkeit bewertet, eurozentristische Denk- und Analyseschemata zu überwinden (DÖRFLER et al. 2003: 14).[32]

Obwohl Bourdieu als theoretische Grundlage für Forschungsarbeiten in der Geographischen Entwicklungsforschung genutzt wurde, bleibt das Themenfeld der Umwelt ein „blinder Fleck“ (FRÖHLICH et al. 2009: 401). Dieser Kritikpunkt erweist sich in regionalen Kontexten, in denen fast alle Bewohner Landwirtschaft betreiben, als immanent relevant.

Da Ernährungssicherung im Hochgebirge aufgrund der Bedeutung von Landnutzungspraktiken ein Themenfeld der Mensch-Umwelt-Forschung ist, scheint eine vollständige Übertragung des Konzepts aufgrund der genannten Kritikpunkte nicht als geeignet. Deshalb soll im Folgenden der Ansatz der Politischen Ökologie als akteursorientierter Ansatz der Umwelt- und Entwicklungsforschung vorgestellt

vor allem in drei Aspekten: Zunächst ergab sich die Schwierigkeit, homologe Gruppen zu definieren, die eine ähnliche Kapitalausstattung aufweisen, wie es Bourdieu vorsieht. Des Weiteren bestehen mehrere Felder und nicht nur ein sozialer Raum, was die Analyse erschwert. Schließlich ist bei Bourdieu das interessengeleitete Handeln ein zentrales Anliegen, wohingegen Subsistenzbauern nicht notwendiger Weise das zielgerichtete Erreichen einer verbesserten gesellschaftlichen Position anstreben.

32 Siehe hierzu auch DEFFNER et al. (2014) und DEFFNER & HAFERBURG (2014).

und im Hinblick auf seine wissenschaftliche Verortung und die theoretischen Kernaspekte erläutert werden.

## 2.4 ERNÄHRUNGSSICHERUNG ALS THEMENFELD DER MENSCH-UMWELT-FORSCHUNG: POLITISCHE ÖKOLOGIE

Der Forschungsstrang der Politischen Ökologie bietet im Hinblick auf Interessen und Machtverhältnisse von individuellen Akteuren und Akteursgruppen, der Forderung nach einer Mehrebenenperspektive und der Integration der historischen Dimension in Untersuchungen interessante Ansatzpunkte. In diesem Teilkapitel wird erörtert, welche Potentiale sich hieraus für eine Analyse von Ernährungssicherung im Hochgebirge ergeben. Vergleichsweise wenige neuere Arbeiten zu akteursorientierten Themen innerhalb der Hochgebirgsforschung haben sich diesen aus einer politisch-ökologischen Perspektive genähert (darunter BLAIKIE & MULDAVIN 2004; NÜSSER 2004; SCHMIDT 2008, 2013). Diese Studien verdeutlichen die Stärken einer solchen Herangehensweise zur Untersuchung der vielfältigen Akteure, Interessen und Problemlagen in Hochgebirgsregionen. Es überrascht, dass Fragen der Ernährungssicherung bislang kaum explizit im Kontext politisch-ökologischer Studien untersucht wurden. Zwar behandeln zahlreiche Studien den Themenkomplex Umwelt und Armut und nehmen damit Bezug auf Ernährungsfragen, die letztlich integraler Bestandteil ländlicher Lebenssicherung sind. Häufig liegt jedoch der Fokus auf der landwirtschaftlichen Produktion. Während Gesundheit ein Thema politisch-ökologischer Analysen ist (vgl. für eine Übersicht KING 2010), werden Fragen von Existenzsicherung und Landnutzung mit einem Fokus auf Ernährung vermehrt im Kontext politisch-ökonomischer Analysen oder der Globalisierungsforschung beleuchtet. Eine Ausnahme stellt die Arbeit von FINNIS (2007) dar, die Veränderungen der Ernährungsweise in den südindischen Kolli Hills aus politisch-ökologischer Perspektive untersucht.[33]

### 2.4.1 Das Forschungsfeld der Politischen Ökologie

Integrative Konzepte in der Umwelt- und Entwicklungsforschung erlangten im Kontext der Nachhaltigkeitsdebatte[34] seit Ende der 1980er Jahre zunehmend Aufmerksamkeit, was zu einer verstärkten Forderung nach einer interdisziplinären Forschungsausrichtung führte (REUSSWIG 1999; EHLERS & LESER 2002). In die-

33 FINNIS hält fest: „What tends to be missing is an explicit examination and contextualization of localized dietary transitions. It is this issue (…), particularly in contexts of agricultural change, which represents an emerging political ecology research agenda. That is, a political ecology approach adds to other food research by explicitly considering agency and decision-making and the local politics of resource use and food access, as well as by using its strengths in applied work" (2007: 344).

34 An dieser Stelle sei exemplarisch auf den „Brundtland-Bericht" aus dem Jahre 1987 und die eingangs genannte UNCED 1992 verwiesen.

sem Zusammenhang erhielt der politisch-ökologische Ansatz als geeigneter Analyserahmen zur Untersuchung von Wechselwirkungen zwischen politisch-ökonomischen Strukturen und ökologischen Prozessen, z. B. von Ressourcendegradation, Deforestation, Bodenerosion und Naturgefahren, Einzug in die deutschsprachige Geographie (GEIST 1993; KRINGS 1999, 2008; KRINGS & MÜLLER 2001).

Politische Ökologie ist ein hybrides und dezidiert integratives sowie multidisziplinäres Forschungsfeld, dessen zentrales Anliegen in der Verbindung sozial- und naturwissenschaftlicher Perspektiven in der Analyse von Mensch-Umwelt-Interaktionen besteht (KRÜGER 2003; SIMON 2008; ZIMMERER 2010). Als Forschungsrichtung verbindet die Politische Ökologie verschiedene methodologische und wissenschaftstheoretische Wurzeln und integriert dabei sowohl handlungstheoretische als auch strukturelle Betrachtungsweisen. Unter den vielfältigen Einflüssen sind – neben der Politischen Ökonomie und der Humanökologie – die Forschungsbereiche der Kulturökologie, Radikalen Sozialkritik und Soziologie zu nennen. Gemeinsam ist den Vertretern der Politischen Ökologie die Ablehnung von Neo-Malthusianismus und Modernisierungstheorie (BLAIKIE 1999; ROBBINS 2012). Entscheidende Grundlagenwerke sind die Arbeit von BLAIKIE (1985) zur Untersuchung von Bodenerosion aus einer politisch-ökonomischen Perspektive sowie das zwei Jahre später erschienene Werk *„Land degradation and society*“, in dem BLAIKIE & BROOKFIELD (1987) den neuen Ansatz erstmals als eine Verknüpfung von Ökologie und einer breit ausgelegten politischen Ökonomie definierten:

> „Together this encompasses the constantly shifting dialectic between society and land-based resources, and also within classes and groups within society itself“ (BLAIKIE & BROOKFIELD 1987: 17).[35]

In den 1990er Jahren wurden Aspekte aus dem poststrukturalistischen Theoriediskurs – zentrale Fragen nach Wissen und Macht, Institutionen und Wahrheiten – in die Politische Ökologie integriert (PEET & WATTS 1996: 2). Der Ausgangspunkt ist die Prämisse, dass es sich bei (Umwelt-) Wissen um soziale, d.h. interessengeleitete, Konstrukte handelt – mit der logischen Folgerung, dass ein mit kritischer Distanz geführter Diskurs als einzige Methode zur Erörterung in der Umwelt- und Entwicklungsdebatte folgerichtig ist (ESCOBAR 1996; PEET & WATTS 1996).[36] Impulse des *cultural turn* werden so auch in der Politischen Ökologie

35 Zunächst wurden empirische Studien vorwiegend in Entwicklungsländern sowie im ländlichen Raum durchgeführt und erst im vergangenen Jahrzehnt zunehmend auch im urbanen Kontext und in Industrieländern umgesetzt (vgl. ZIMMERER & BASSETT 2003; SIMON 2008; KRINGS 2008). Weiterführende Erläuterungen zu den Anfängen der Politischen Ökologie siehe BRYANT & BAILEY (1997: 10–20); BLAIKIE (1999: 136–141) sowie PAULSON et al. (2003: 206–208).

36 Basierend auf der Grundannahme der Notwendigkeit von radikalem sozialem und wirtschaftlichem Wandel hat sich als *„Liberation Ecologies“* (PEET & WATTS 1996; WATTS & PEET 2004) eine poststrukturalistische und diskurstheoretische Strömung ausgebildet, deren Themenfelder Arbeiten zu neuen sozialen Bewegungen (z. B. ESCOBAR 1996) sowie feministische Ansätze (ROCHELEAU 2008) umfassen. Zur Diskussion von poststrukturalistischen Arbeiten der Politischen Ökologie vgl. auch BRYANT & GOODMAN (2008); NEUMANN (2008).

erkennbar (FLITNER 2003).[37] Doch auch wenn „Umwelt“ als soziale Konstruktion anerkannt wird, wird sie weiterhin als physisch-materielle Umwelt begriffen. Hierzu halten ZIMMERER & BASSETT fest:

> „We consider nature, or biophysical processes, to play an active role in shaping human-environmental dynamics. (…) At the same time, how these processes are chosen for study and how we eventually explain human-environment interactions takes us to the politics and culture of representations of 'nature' and the narratives that give them form and meaning“ (2003: 3).

Dieses Verständnis des Umweltbegriffs erweist sich für die vorliegende Arbeit als geeignet. Die Unterschiede zwischen *geographic places* werden im Kontext von Globalisierung und Globalem Wandel als entscheidend bewertet (ZIMMERER & BASSETT 2003: 289).

Als konstitutive Klammer der Politischen Ökologie bleibt die ähnliche Herangehensweise an Problemstellungen wie Umweltdegradation, Ressourcennutzung, Umweltkonflikte und soziale Bewegungen bestehen (PEET & WATTS 1993; BRYANT & GOODMAN 2008; ROBBINS 2012). Dabei verbinden einige gemeinsame zentrale Annahmen die vielfältigen empirischen Arbeiten. Ein wesentliches Merkmal ist zunächst das Verständnis von Ressourcendegradation als gesellschaftlich bedingtes Phänomen. Wichtig ist daher die Dekonstruktion bestehender *development narratives*, sogenannter Mythen, durch die der Umweltdiskurs geprägt wird (BLAIKIE 1999: 133).[38] Ausgehend von einem generell problembehafteten Mensch-Umwelt-Verhältnis, sind Strategien der Akteure, Machtkonstellationen und Konflikte von zentralem Forschungsinteresse (vgl. Kap. 2.4.3). Auch zeigen sich in der Analyse regionaler Fallstudien die Bedeutung spezifischer Kontexte und historischer Konstellationen. Kolonialzeitliche Einflüsse spiegeln sich bis heute in politischen, ökonomischen und gesellschaftlichen Strukturen in Entwicklungsländern wider. Beispiele hierfür stellen Klientelismus und die Herausbildung politischer und ökonomischer Eliten dar oder bestehende Landrechtssysteme (BRYANT 1998).

Politische Ökologie ist weiterhin eine dynamische Forschungsrichtung (BLAIKIE 2008; BRYANT & GOODMAN 2008). BLAIKIE (1999: 131) hebt zwar kritisch hervor, dass aufgrund dieser inhärenten Hybridität und Fragmentierung die Möglichkeit für „*academic hitchhikers*“ gegeben ist. Der Vorwurf des theoretischen und methodischen Eklektizismus politisch-ökologischer Studien kann jedoch durchaus auch als Stärke interpretiert werden (ZIMMERER & BASSETT 2003; BLAIKIE 2008). Im Hinblick auf die vorliegende Arbeit ist hier beispielsweise die Integration des *Sustainable Livelihoods Approach* in politisch-ökologische Analysen zu nennen (KRÜGER 2003; SIMON 2008; Kap. 2.2.2). So kann die Lücke der fehlenden Berücksichtigung politischer, ökonomischer, gesellschaftlicher und

37 NEUMANN (2010, 2011) widmet sich der Frage der wechselseitigen Rezeption aktueller theoretischer Debatten um Schlüsselbegriffe der Humangeographie bzw. Politischen Ökologie *(scale, region, landscape)* in einer Beitragsserie in *Progress in Human Geography*.

38 Siehe auch ESCOBAR (1996: 48–54) zum Konzept von ‚Nachhaltiger Entwicklung' sowie KRINGS (2000: 57) zur Desertifikationsdebatte.

ökologischer Dimensionen in *livelihood*-Studien geschlossen werden (BEBBINGTON & BATTERBURY 2001: 371). Dabei erweist sich die Mehrebenenperspektive als geeigneter Ansatzpunkt.

### 2.4.2 Die Mehrebenenperspektive der Politischen Ökologie

Von Beginn an stellte die Mehrebenenperspektive ein Kernkonzept politisch-ökologischer Analysen dar. Hierüber wird der Anspruch operationalisiert, dass jede Forschungsarbeit zur Erklärung von Mensch-Umwelt-Interaktionen unterschiedliche Ebenen berücksichtigen muss (BEBBINGTON 1999; BEBBINGTON & BATTERBURY 2001; KRINGS 2008). Entsprechend werden in der methodischen Umsetzung Umweltveränderungen an einem Ort unter Einbeziehung von Akteuren auf der lokalen bis zur globalen Ebene untersucht. Die Vorgehensweise erfolgte zunächst in der Regel über interdependente Verursachungsketten *(chains of explanation)*, die über „Scharniere“ bzw. „Gelenkverbindungen“ miteinander in Beziehung stehen (BLAIKIE & BROOKFIELD 1987: 46). Dieses Modell der Erklärungsketten erweist sich allerdings als problematisch, weil es implizit mit der Vorstellung von hierarchischen, scheinbar klar trennbaren räumlichen Maßstabsebenen (lokal, regional, national und international) verbunden ist. Ursachen und Folgen können aber nicht immer zweifelsfrei einzelnen räumlichen Bezugsebenen zugeordnet werden. Auch handeln Akteure auf mehreren Ebenen oder in Netzwerken, deren Knotenpunkte auf unterschiedlichen Ebenen lokalisiert sind (ZIMMERER & BASSETT 2003: 3–4; ROCHELAU 2008).[39] Diese werden durch Mensch-Umwelt-Interaktionen produziert und reproduziert, so dass die Begriffe „Schauplatz“ und „Arena“ geeigneter sind.[40]

Neuere politisch-ökologische Ansätze gehen davon aus, dass räumliche Interaktionsebenen über Mensch-Umwelt-Beziehungen konstruiert und damit gesellschaftlich ausgehandelt werden. Manche Akteure oder Akteursgruppen nutzen unterschiedliche Ebenen *(jumping scale)* oder Arenen als Ressource, um ihre eigenen Ziele und Interessen zu verfolgen. Ein Beispiel ist die Rücküberweisung von monetären Mitteln durch Migranten im Zuge zunehmend multilokaler Haushalte zur Verbesserung der Lebenssicherung (BEBBINGTON & BATTERBURY 2001: 374).

Die theoretische Diskussion um den Ebenen-Begriff innerhalb der politischen Ökologie ist vor allem im vergangenen Jahrzehnt vorangetrieben worden (NEUMANN 2009). Es werden Wechselwirkungen zwischen Machtkonstellationen, Handlungsvermögen und Ebenen diskutiert sowie soziale und ökologische Aspek-

39 Bereits in frühen Arbeiten (BLAIKIE 1985, BLAIKIE & BROOKFIELD 1987) wurde deshalb eine begriffliche Unterscheidung zwischen *geographic scale* (als räumliche Ausdehnung) und *level* (als sozioökonomische Organisationsebene) vollzogen (NEUMANN 2009: 400).

40 So stellt auch die Festlegung von „Untersuchungsebenen“ in Forschungsarbeiten eine soziale Konstruktion dar.

te der Ebenenkonstruktion. Das Zusammenspiel von gesellschaftlich konstruierten und ökologischen Maßstabsebenen ist eine Herausforderung:

> „One of the challenges facing political-ecological scholarship is to break out of these pregiven, scalar containers (local, regional, national, global) to examine human-environmental dynamics that occur at other socially produced and ecological scales" (ZIMMERER & BASSETT 2003: 288).

Einer mehrdimensionalen Betrachtungsweise kommt in der Analyse von Akteuren und Interaktionen mit politisch-gesellschaftlichen Gegebenheiten und Umweltveränderungen in einer solchen Arena eine zentrale Rolle zu. Ausschlaggebend ist einerseits das Handeln der ortsansässigen Akteure *(place-based actors)*, für die die landwirtschaftliche Ressourcennutzung zugleich einen entscheidenden Bestandteil der Lebenssicherung ausmacht. Des Weiteren gehören Organisationen und andere Akteursgruppen, die ebenfalls lokal verankert sind, zur Gruppe der ortsansässigen Akteure. Auf übergeordneten Handlungsebenen agieren die nichtortansässigen Akteure *(non-place-based actors)*, zu denen beispielsweise Vertreter nationaler Verbände und Vereinigungen, nationale und internationale Nichtregierungsorganisationen, Staatsdiener oder politische Entscheidungsträger zählen. Im Unterschied zu der individuellen Sichtweise handlungstheoretischer Ansätze sind Akteure vielfach „kollektive Akteure" (FLITNER 2003: 253), wie beispielsweise Wirtschaftsunternehmen, Kooperativen, NGOs und staatliche Einrichtungen.

### 2.4.3 Akteure, Macht und Interessen

Um die zentrale Bedeutung von Einfluss, Interessen und Aktivitäten der Hauptakteure im Kontext ungleicher Machtbeziehungen herauszustellen, wurde das Kernkonzept einer „Politisierten Umwelt" *(politicised environment)* entwickelt (BRYANT & BAILEY 1997: 27–47). Für den Zugang zu natürlichen Ressourcen und ihrer Kontrolle sind institutionelle Regelungen *(entitlements)* sowie die unterschiedliche Machtausstattung der Akteure entscheidend. Dem Konzept einer Politisierten Umwelt liegen drei Annahmen zu Grunde, aus deren Verknüpfung sich die häufig konfliktträchtigen Diskurse im Umweltbereich erklären lassen: Erstens ist davon auszugehen, dass es bei Umweltveränderungen nicht zu einer ausgeglichenen Verteilung von Kosten und Nutzen kommen wird, sondern daraus stets Gewinner und Verlierer hervorgehen. Zweitens ergibt sich, dass bestehende sozio-ökonomische Ungleichgewichte verstärkt oder auch reduziert werden und daher Umwelt- und Entwicklungsprobleme nicht separat voneinander betrachtet werden können. Schließlich wirken, drittens, Umweltveränderungen auf bestehende gesellschaftliche und politische Konstellationen zurück und können Verschiebungen in den Machtverhältnissen der einzelnen Akteure auslösen (BRYANT & BAILEY 1997).

Diese Überlegungen führen zu Ansatzpunkten für die empirische Studie in Ladakh. In der Hochgebirgsregion macht die landwirtschaftliche Ressourcennutzung einen wichtigen Teil der Ernährungssicherung aus. Auch in diesem Themenfeld kann angenommen werden, dass es im Zuge der eingangs genannten aktuellen Veränderungen zu Gewinnern und Verlierern kommt. In einer „Entwicklungsarena“ haben die politischen Machtkonstellationen und Akteure entscheidenden Einfluss auf die Strategien der lokalen Bevölkerung.

Politische Ökologen vertreten ein mehrdimensionales Machtverständnis, das nicht von einseitigen ökonomischen Abhängigkeitsverhältnissen ausgeht, sondern durch soziopolitische Faktoren beeinflusst wird. „Macht“ wird als Kontrollmacht und Verfügungsmacht zur Realisierung von Interessen und Strategien verstanden. Kontrollmacht wird aufgefasst als *„the ability of an actor to control their own interaction with the environment and the interaction of other actors with the environment“* (BRYANT & BAILEY 1997: 39). Zur Durchsetzung eigener Interessen sind Akteure oder Akteursgruppen auch bereit, sich – meist temporär – zu Interessenkoalitionen zusammen zu schließen. Entscheidend ist hierbei die Frage der Zugangs- und Verfügungsrechte an natürlichen Ressourcen (*environmental entitlements*; MEHTA et al. 1999)[41] und die damit verbundenen Aspekte von Exklusion und Marginalisierung (KRINGS & MÜLLER 2001: 98–99).

Dies impliziert, dass Macht auf verschiedene Art und Weise ausgeübt werden kann. Ein Beispiel hierfür ist die Einflussnahme auf die gesellschaftliche Wahrnehmung von Umweltwandel und somit die Allokation finanzieller Ressourcen in Form der politischen Priorisierung von Projekten. Des Weiteren kann durch Machtausübung Einflussnahme auf Ideenkonzepte anderer Akteure genommen werden. So können Akteure ihr Handeln legitimieren, indem sie es beispielsweise als Handeln für ein *common good* darstellen. Es bleibt hervorzuheben, dass es sich bei vorherrschenden Machtkonstellationen stets um ein dynamisches Konstrukt handelt (BRYANT & BAILEY 1997: 41–47; vgl. auch ESCOBAR 1996; PEET & WATTS 1996).

Wie oben konstatiert, kann das Konzept einer Politisierten Umwelt nicht losgelöst von den politischen und gesellschaftlichen Gegebenheiten analysiert werden. Politisch-institutionelle, ökonomische, sozio-kulturelle und auch ökologische Bedingungen verhalten sich zueinander reziprok. So beeinflussen staatliche Gesetzgebungen, gesellschaftliche Normen oder die internationale Weltwirtschaft die Handlungsspielräume von Akteuren und wirken auf ihre Handlungsstrategien auf lokaler Ebene ein. Die einzelnen Akteure konkurrieren oder kooperieren innerhalb ihrer unterschiedlichen Handlungsspielräume. Lokale Akteure können, wenn auch meist nur beschränkt, auf die Rahmenbedingungen Einfluss nehmen. Veränderungen können beispielsweise bewirkt werden, wenn Akteure Handlungsspielräume nicht vollständig ausnutzen oder Limitierungen bewusst überschreiten (z. B. durch Ignorieren von Gesetzen und Normen) (BRYANT & BAILEY 1997).

41 In Anlehnung an den *entitlement*-Ansatz (SEN 1981) haben METHA et al. (1999) das Konzept der Verfügungsrechte *als environmental entitlements* auf den Bereich der natürlichen Ressourcen übertragen und um die Rolle von Institutionen als *rules-in-use* erweitert. In Analogie zu SEN werden Folgewirkungen von Umweltveränderungen unter besonderer Berücksichtigung von Zugangs- und Verfügungsrechten als sozial differenzierte Prozesse begründet und nicht allein durch mangelnde Ressourcenverfügbarkeit erklärt.

In der Politischen Ökologie ist die Untersuchung konfliktbehafteter Mensch-Umwelt-Beziehungen mit der Vorstellung verbunden, dass sämtliche Akteure auf einem Schauplatz konfligierender Interessen um die Nutzung der natürlichen Ressourcen aufeinander treffen (KRINGS 2008). Aufgrund ihrer unterschiedlichen Kapitalausstattung und Verfügungsrechte stehen sie dabei in unterschiedlichen Machtverhältnissen. Zwischen den Akteuren, die auf verschiedenen politische Schauplätzen agieren, bestehen ebenenübergreifende Interdependenzen und Interaktionen:

> „[They] encompass a number of political arenas, from the body to the locally imagined community to state and intra-state struggles to new forms of global governance" (WATTS & PEET 2004: 4).

Um das Handeln sowohl aus der Perspektive des Akteurs zu untersuchen als auch die kontextuellen Bedingungen sowie deren Interaktion zu untersuchen, werden die skizzierten theoretischen Grundlagen der Politischen Ökologie genutzt. Auch scheint die Rezeption der generellen Überlegungen zu Macht, Interessen und Akteuren in die Vorstellung einer „Entwicklungsarena", die im Fall der vorliegenden Studie als „(entwicklungs) politische Arena der Ernährungssicherung" beschrieben werden kann, geeignet.

## 2.5 ANALYSERAHMEN ZU ERNÄHRUNGSSICHERUNG IM HOCHGEBIRGE: EIN AKTEURSORIENTIERTER MEHREBENENANSATZ

Basierend auf der vorangegangenen Erörterung der Forschungsperspektiven wird der Analyserahmen für die empirische Fallstudie in der Hochgebirgsregion Ladakh abgeleitet. Wie eingangs festgestellt, haben bisherige Arbeiten zu Ernährungssicherung im Hochgebirge in vielen Fällen keine akteursorientierte Perspektive eingenommen oder vorwiegend die Haushaltsebene in das Zentrum der Untersuchungen gestellt. Tätigkeiten nicht-lokaler Akteure und die Auswirkungen sich entscheidend verändernder Rahmenbedingungen wurden hingegen nur unzureichend in die Analyse integriert. Aus diesem Defizit begründet sich der akteursorientierte[42] Mehrebenenansatz dieser Studie, der nicht nur eine detaillierte Untersuchung lokaler Kontexte ermöglicht, sondern diese mit nicht-lokalen Akteuren sowie Handlungsbedingungen und -folgen auf größeren räumlichen Maßstabsebenen verknüpft. Eine solche holistische Perspektive ermöglicht auch die Einbeziehung der historischen Dimension. Letzteres ist erforderlich, da kolonialzeitliche Entwicklungen bis heute die Handlungsbedingungen prägen.

Der Untersuchungsgegenstand der (alltäglichen) Geographien der Ernährungssicherung wird im spezifischen Hochgebirgskontext durch das Spannungsverhältnis zwischen einer subsistenzorientierten landwirtschaftlichen Praxis und

42 Da diese Überlegungen durch handlungstheoretische Paradigmen beeinflusst sind, aber in dieser Studie mit anderen Forschungsperspektiven in Verbindung gebracht werden, wird der Begriff der „akteursorientierten" Vorgehensweise bevorzugt.

vielfältigen politischen, sozioökonomischen und ökologischen Veränderungen geprägt. Wichtige Aspekte sind hierbei, neben der Agrarwirtschaft zur Versorgung der lokalen Bevölkerung, eine erkennbare Diversifizierung der Lebenssicherungsstrategien, die Ergänzung der Versorgung über Marktstrukturen sowie die Interventionen von staatlichen und nicht-staatlichen Organisationen. Das Zusammenspiel von Verfügbarkeit, Zugang und Nutzung von Nahrungsmitteln für die Ernährungssicherheit von Haushalten und die Bedeutung der fünf Dimensionen konnte bereits über die Darstellung des Nahrungssystems veranschaulicht werden (Kap. 2.1).

Die kritische Diskussion von Forschungsperspektiven der Geographischen Entwicklungsforschung und der Mensch-Umwelt-Forschung hat einige wichtige Aspekte aufgezeigt, die als Überlegungen in den eigenen Ansatz Eingang gefunden haben. Die Operationalisierung von Verwundbarkeit gegenüber Nahrungskrisen in *livelihood*-Ansätzen verdeutlicht, dass Ernährungssicherung grundsätzlich im größeren Kontext von Lebens- und Existenzsicherung untersucht werden muss (vgl. auch HERBERS 2002). Im Hinblick auf die Forschungsfragen dieser Studie und die empirische Umsetzung sind Haushaltsstudien für eine detaillierte Beschreibung lokaler Lebensrealitäten unverzichtbar. Allerdings bleiben *livelihood*-Studien, wie bereits angesprochen, oft statisch und deskriptiv sowie zu stark auf die lokale Ebene fokussiert, weshalb die Mikroebene in der vorliegenden Arbeit nur eine von mehreren Untersuchungsebenen darstellt.

Die Einbindung handlungstheoretischer Überlegungen erweist sich für das Verständnis von Routinen, Strategien und Handlungsmacht als hilfreich. Die Stärke einer relationalen Perspektive liegt in der Möglichkeit, Veränderungen der Handlungsbedingungen aufzuzeigen, die wiederum von den Aushandlungsprozessen zwischen den Akteuren wechselseitig beeinflusst werden. Das Konzept des Habitus erweist sich zudem als sinnvoll, um bewusste und unbewusste Tätigkeiten begreifbar zu machen und den Einfluss sozialer Gruppen auf individuelle Handlungsmuster zu zeigen.

Der zentrale Ansatzpunkt dieser Studie ist die Erweiterung der Konzeptualisierung von Ernährungssicherung als Lebenssicherung durch die Einbindung politisch-ökologischer Ansätze. Auch wenn der Fokus dieser Arbeit nicht ausschließlich auf konfligierenden Interessenslagen im Kontext der Ernährungssicherung liegt, erweisen sich verschiedene Überlegungen der Politischen Ökologie, insbesondere aufgrund der wesentlichen Bedeutung der natürlichen Ressourcennutzung im Hochgebirge, als gewinnbringend. Im Unterschied zu vielen handlungstheoretischen Ansätzen wird „Umwelt" in der Politischen Ökologie als konstruiert aufgefasst, aber zugleich auch die Bedeutung der physisch-materiellen Umwelt als Grundlage der Ressourcennutzung anerkannt. Dies ist von Bedeutung, weil die Lebensrealitäten der Bevölkerung im Hochgebirge aufgrund der subsistenzorientierten Landnutzung in besonderem Maße von den natürlichen Bedingungen beeinflusst sind.

Diese Überlegungen werden in dem Analyserahmen (Abb. 4) zusammengefasst, der das Zusammenspiel zwischen Akteuren mit ihren Routinen und Handlungsweisen zur Ernährungssicherung in einer Arena aufzeigt. In dieser Arena werden Zugangsrechte zu Nahrung thematisiert und ausgehandelt.

Die Mehrebenenanalyse schafft eine Verbindung zwischen politisch-ökonomischen Zusammenhängen und dem Handeln der Akteure, um so den Dualismus zwischen Mikro- und Makroebene zu überwinden. Detaillierte Untersuchungen auf der Ebene von ausgewählten Beispielsiedlungen – Hemis Shukpachan und Igu – stellen den Ausgangspunkt der Forschung dar. Sie werden mit der Analyse nicht-lokaler Akteure, Interessen und Machtpositionen verbunden. Die Interaktionen der Akteure umfassen unterschiedliche räumliche Bezugsebenen. Um diese für Fallstudien greifbar zu machen, werden sie häufig als lokal, regional, national und international abgegrenzt und konstruiert. Diese Zuschreibung erscheint aus forschungspraktischen Gründen sinnvoll, auch wenn eine solche Trennung von Maßstabsebenen *de facto* nicht gegeben ist. Als Handlungsebenen müssen sie vielmehr relational aufgefasst werden. In dem Analyserahmen wird dies über die Achse der räumlichen Bezugsebenen illustriert, auf denen sich die Akteure bewegen. In diesem Zusammenhang sind auch multilokale Haushalte zu nennen, deren Handlungsweisen über die räumliche Einheit eines Untersuchungsdorfes hinausreichen.[43]

Der Begriff des Akteurs bezeichnet in dieser Arbeit sowohl Einzelpersonen als auch kollektive Akteure, das heißt staatliche Organisationen, Nichtregierungsorganisationen sowie wirtschaftliche Akteure. Diese Vorstellung ist damit begründet, dass nicht nur ein einzelner Mitarbeiter oder politische Entscheidungsträger über bestimmte Handlungsziele und Interessen verfügen können, sondern auch eine Organisation. Darüber hinaus können sich Personen oder Organisationen zum Beispiel für bestimmte, gemeinsame Interessen als Akteursgruppe zusammenschließen. Ein Handelnder kann auf diese Weise sowohl individuelle Interessen und als auch zugleich gemeinschaftliche Ziele verfolgen. Alle unterschiedlichen Akteure sind stets in dynamische Aushandlungsprozesse involviert und passen sich an neue Handlungsbedingungen an. Dabei besteht die Möglichkeit zur Entstehung von Konflikten sowie Prozessen der sozialen Exklusion. Akteure können ebenso in ihren Zielen zur Lebenssicherung oder Verbesserung ihrer Lebensbedingungen konfligierende Interessen haben. Beispielsweise kann das Streben von bestimmten Gruppen nach Maximierung ihres Zugangs zu Ressourcen zu Einschränkungen für andere Gruppen führen.

Die Handlungsmuster der Akteure lassen sich in Routinen und interessengeleitete Handlungen differenzieren (Abb. 4). Routinen beschreiben alltägliche Praktiken, die unbewusst ausgeführt werden. Hiervon unterscheiden sich intentionale Handlungen, mit denen bestimmte Ziele und Interessen bewusst verfolgt werden. In ihrem Tun werden Akteure von individuellen Motiven, Gewohnheiten sowie gesellschaftlichen Werten und Normen geleitet. Im Sinne des Bourdieu-

43 Wenn in der Folge der Begriff der lokalen Landnutzer oder Bevölkerung verwendet wird, geschieht dies aufgrund des allgemeinen Sprachgebrauchs. Darüber hinaus muss festgehalten werden, dass lokale Gemeinschaften keine homogene Gruppe sind, sondern sich in ihren Interessen, Zielen und Handlungsweisen unterscheiden.

schen Habitus-Begriffs werden ihre Tätigkeiten durch Erfahrungen, längerfristige Praktiken und soziale Prozesse beeinflusst. So können beispielsweise religiöse Normen eine Grundlage von Handlungen darstellen, die im regionalen Kontext Ladakhs besonders mit Gesundheitsaspekten der tibetischen Medizin und Ritualen in der Landnutzung verbunden sind. Auch fließen gemeinsame Erfahrungen und erlebte Probleme, beispielsweise vergangener Nahrungsengpässe, ein. Hierfür ist die Einbeziehung der zeitlichen Dimension von Bedeutung. Auf diese Weise ist eine Einordnung gegenwärtiger Veränderungen vor dem Hintergrund der historischen Situation möglich und damit für das Verständnis von Wandel hilfreich. Somit kann über die explizite Berücksichtigung der zeitlichen Dynamik der Entstehung von ahistorischen und vereinfachenden „*just-so stories*“ (ZIMMERER 2007) entgegen gewirkt werden.

In der Durchsetzung von Tätigkeiten ist die Handlungsmacht von Akteuren bedeutend, die sowohl Verfügungsmacht (*entitlements*) als auch Kontrollmacht über andere Akteure (z. B. Beeinflussung von Interessen) umfasst. Die Machtposition der Handelnden wird durch individuelle Eigenschaften (Alter, Geschlecht), die Kapitalausstattung (*assets*) und den sozialen Status (z. B. Sozialgruppenzugehörigkeit) beziehungsweise ihre Funktion (z. B. in einer Behörde) bestimmt. Ihre Handlungsspielräume in der Arena definieren sich daher durch dynamische Aushandlungsprozesse und spezifische Machtbeziehungen. Ihr Tun bringt sowohl intendierte als auch nicht intendierte Handlungsfolgen hervor. Akteure unterliegen in ihren Tätigkeiten unterschiedlichen Handlungsbedingungen, die sowohl von ihnen als solche erkannt und möglicherweise aktiv genutzt werden, als auch unerkannt bleiben können. Dabei beeinflussen sich Handlungsbedingungen und Handlungsfolgen wechselseitig.

**Forschungsgegenstand**
Geographien der Ernährungssicherung
im Hochgebirge:
Lokale Strategien im Kontext
veränderter Handlungsbedingungen

**Forschungsperspektiven**
Verwundbarkeits- und
*livelihood*-Ansätze
sozialwissenschaftliche
Handlungstheorien
Politische Ökologie

**Konzeptionelle Herangehensweise**
Akteursorientierte Umwelt - und Entwicklungsforschung
Integrative Mehrebenenperspektive
Handlungsbedingungen und Handlungsfolgen in ihrer soziokulturellen,
historisch-politischen, ökonomischen und ökologischen Dimension

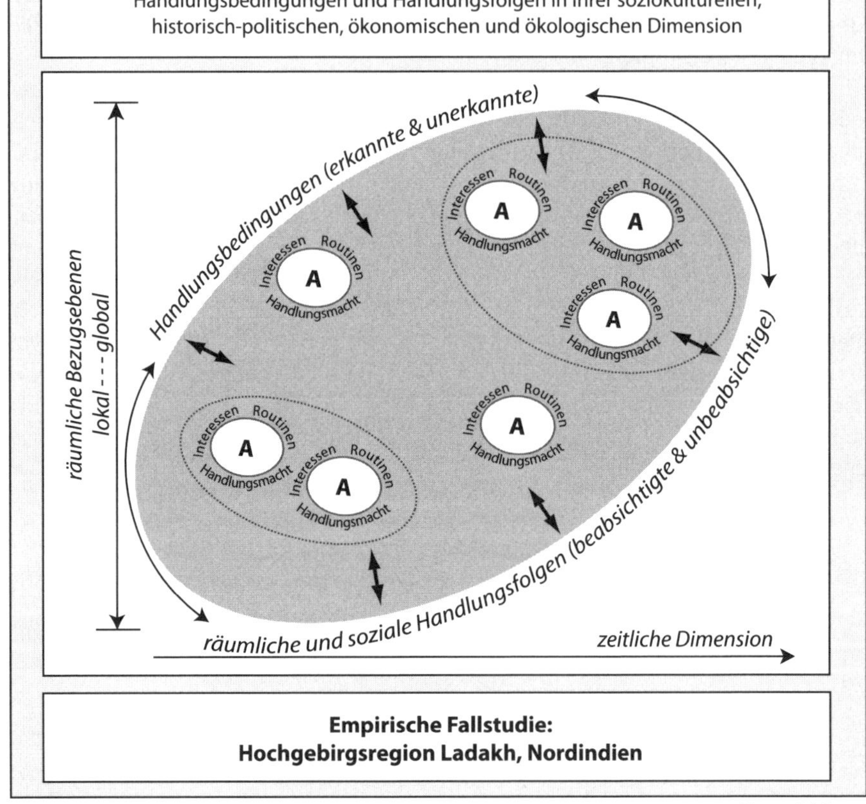


**Empirische Fallstudie:**
**Hochgebirgsregion Ladakh, Nordindien**

Entwurf: J. Dame

*Abb. 4: Analyserahmen der empirischen Studie*

# 3 METHODISCHE VORGEHENSWEISE

Für die Umsetzung der empirischen Untersuchung wurde eine methodische Herangehensweise genutzt, die, basierend auf dem entwickelten Analyserahmen, unterschiedliche Erhebungsmethoden miteinander verknüpft. In diesem Kapitel werden zunächst die Auswahl des Untersuchungsgebietes und das methodische Vorgehen der empirischen Fallstudie vorgestellt. Anschließend wird auf die verwendeten Erhebungs- und Auswertungsverfahren eingegangen, die in dem gewählten Methodenverbund zusammen geführt worden sind.

## 3.1 AUSWAHL DES UNTERSUCHUNGSGEBIETES

Für die empirische Umsetzung dieser Fallstudie zu Ernährungssicherung im Hochgebirge wurde die nordindische Region Ladakh als Untersuchungsgebiet gewählt. Als vormaliger Knotenpunkt im Transhimalaya-Handel und heutige Grenzregion unterliegt Ladakh insbesondere in den vergangenen Jahrzehnten weitreichenden politischen und sozioökonomischen Veränderungen. Hierzu zählen die zunehmende Militärpräsenz durch die konfliktgeladenen Beziehungen zu Pakistan und China, die Entwicklung des Tourismussektors und zahlreiche Entwicklungsinterventionen. In diesem Kontext sind Nichtregierungsorganisationen und die Distriktregierung als neue Akteure zu nennen. Die Handlungsbedingungen der lokalen Akteure werden durch diese Veränderungen entscheidend geprägt.

Ladakh untergliedert sich in zwei administrative Einheiten, den buddhistisch dominierten Distrikt Leh und den muslimisch dominierten Distrikt Kargil, die zusammen über 200 Siedlungen umfassen. Der Distrikt Leh wurde aus mehreren Gründen für die empirische Studie ausgewählt. Erstens gibt es bislang keine umfassenden Studien zur Ernährungssicherung in der Region.[1] Zweitens eignet sich Leh aufgrund der größeren Zahl an nicht-lokalen Akteuren für die Fallstudie besonders, um die Rolle von Entwicklungsprogrammen im Kontext der Ernährungssicherung explizit einzubeziehen. In Leh ist im Vergleich zum benachbarten Kargil eine deutliche höhere Zahl an Nichtregierungsorganisationen aktiv. Darüber hinaus hat der Distrikt Leh bereits seit 1995 eine semiautonome Regierung (vgl. Kap. 4.5), die Entwicklungsvisionen und –interventionen mitgestaltet. Aus forschungspraktischen Gründen erwies sich die Durchführung einer Studie in Zentral-Ladakh ebenfalls als sinnvoll. Aufgrund der infrastrukturellen Anbindung mit dem Flughafen in der Stadt Leh war eine gute Erreichbarkeit auch außerhalb der

1 Dennoch konzentriert sich der Großteil bisheriger Forschungsarbeiten zu unterschiedlichen Themenbereichen auf die Verwaltungseinheit Leh, so dass Vergleichsinformationen zum allgemeinen regionalen Kontext des Untersuchungsgebiets aus publizierten Arbeiten vorliegen.

Sommermonate gewährleistet, so dass die agrarwirtschaftlichen Aktivitäten und die Nahrungsmittelversorgung zu allen relevanten Jahreszeiten untersucht werden konnten. Bedingt durch die sensible geopolitische Situation mit hoher militärischer Präsenz sind einige administrative Subdivisionen des Distrikts nur mit Sondergenehmigungen und zeitlicher Befristung zu bereisen (z. B. Nubra, Dha Hanu), so dass diese für intensive Fallstudien ausgeschlossen wurden.

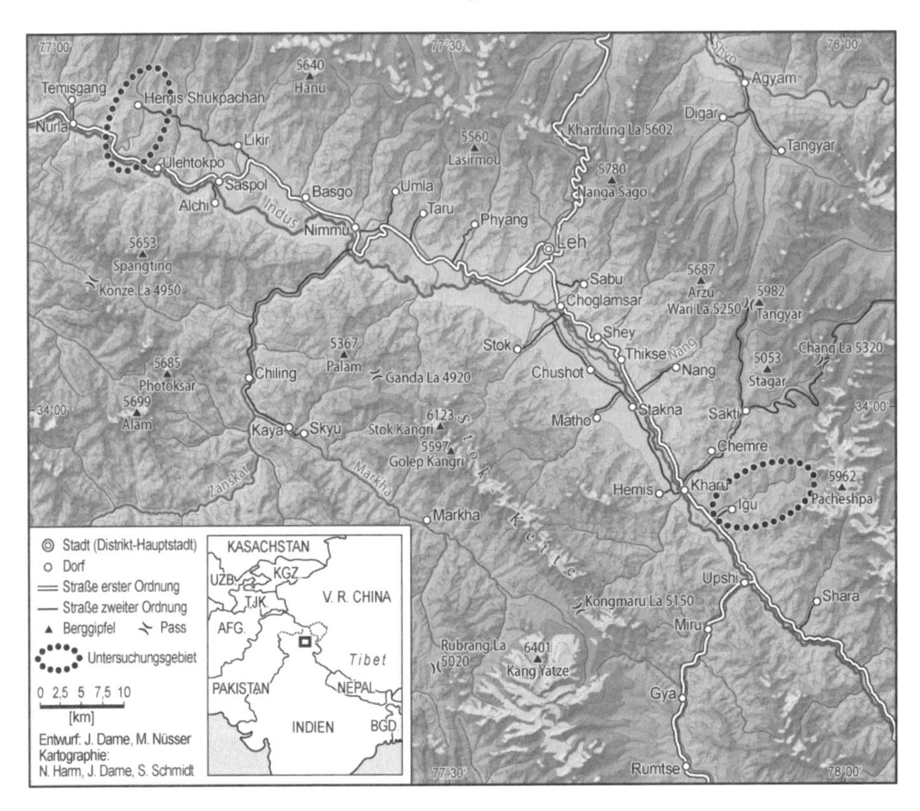


*Karte 1: Lage der ausgewählten Untersuchungsdörfer Hemis Shukpachan und Igu in Zentral-Ladakh*

Aus den Ortschaften des Distrikts, die ohne weitere Einreisegenehmigungen erreichbar sind, wurden die zwei Oasensiedlungen Hemis Shukpachan und Igu für die empirischen Erhebungen dieser Studie ausgewählt (Karte 1; Fotos 1 und 2 im Anhang). Diese Siedlungen unterscheiden sich hinsichtlich der wesentlichen sozioökonomischen Veränderungen. Gleichzeitig bieten sie im Hinblick auf zentrale Kernindikatoren, zu denen Bevölkerungswachstum, Alphabetisierung, außerlandwirtschaftlicher Erwerb, Bildungseinrichtungen und medizinische Infrastruktur zählen, eine gewisse Vergleichbarkeit (SINGH 1998). Die Selektion verbindet Repräsentativität (der lokale Kontext sollte einerseits durch touristische

Erschließung und andererseits durch die Nähe zu einer Militärbasis geprägt sein) und Praktikabilität (es sollte möglichst viel Zeit in den ländlichen Siedlungen verbracht werden). Eine Vorauswahl erfolgte auf Basis eines explorativen Aufenthaltes im Herbst 2006. Während des folgenden Aufenthaltes in Ladakh im Sommer 2007 wurden die ausgewählten Siedlungen erneut besucht und Gespräche mit Schlüsselpersonen geführt, wodurch die Vorauswahl der Untersuchungsdörfer bestätigt wurde. Die Siedlung Hemis Shukpachan liegt in der Region *Sham*[2], dem „unteren Ladakh", und zählt administrativ zu der Verwaltungseinheit *(block)* Khaltse. Die Ortschaft liegt einige hundert Meter oberhalb des Indus-Tals, in Höhenlagen zwischen 3.450 m und 3.800 m. Ein Pass oberhalb der Hochweide verbindet Hemis Shukpachan mit dem Nubra-Tal. Typischerweise sind die Häuser in Gruppen gebaut, welche insgesamt vier Siedlungsschwerpunkte (sogenannte *hamlets*) formen (Kartenbeilage 1). Die Ortschaft hat 127 Haushalte und 736 Einwohner (TISS 2006). Als zweite Siedlung wurde Igu gewählt. Igu liegt im sogenannten „oberen Ladakh" *(Stod)* und ist der Verwaltungseinheit *(block)* Kharu zugeordnet. Die Ortschaft erstreckt sich in einem lang gezogenen Seitental des Indus in Höhenlagen zwischen 3.500 m und 4.100 m (Kartenbeilage 2). Die Pässe Igu La und Ke La oberhalb der Ortschaft verbinden Igu mit der Ortschaft Tangtse und dem Pangong Tso (See). Ebenso wie in Hemis Shukpachan sind die Häuser typischerweise in Gruppen gebaut, so dass sich die Oase in insgesamt acht Siedlungsschwerpunkte aufteilt. Die Ortschaft hat 223 Haushalte mit 1.098 Einwohnern (TISS 2006).

Hemis Shukpachan und Igu sind hinsichtlich ausgewählter Indikatoren der Grundversorgung vergleichbar (Tab. 1). Beide Ortschaften verfügen über ein Schulbildungsangebot bis zur 10. Klasse, eine einfache medizinische Grundversorgung und in Teilen über eine Stromversorgung und Telekommunikationsanbindung.[3] Zudem sind beide Orte ganzjährig und täglich von Leh aus erreichbar. Sowohl Hemis Shukpachan als auch Igu sind Einfacherntegebiete, wobei die regionale Differenzierung nach Höhenlagen und klimatischen Bedingungen keine wesentlichen Unterschiede in der agrarischen Produktion bedingt. Im Hinblick auf die Fragestellung erschien es sinnvoll, zwei buddhistische Siedlungen auszuwählen, da religiöse und rituelle Vorstellungen mit Nahrungsbewertungen einhergehen.[4]

2 Der tibetische Ausdruck beschreibt die „tiefste Stelle" (DOLLFUS 1989b: 22), in diesem Fall die Region mit niedrigster Höhe. Einige Ortschaften in *Sham* sind Doppelerntegebiete.

3 Igu ist an die Stromversorgung angeschlossen, aber mit wiederkehrenden Ausfällen konfrontiert. Bislang gibt es keine Telefonleitungen in die Ortschaft. Nur im unteren Flurabschnitt und an der Hauptstraße ist teilweise Mobilfunknetzempfang möglich. Hemis Shukpachan erhält in den Abendstunden von 19–23 Uhr Strom über einen Dieselgenerator. Auch diese Ortschaft ist häufig von Stromausfällen betroffen. In Hemis Shukpachan gibt es ein Festnetztelefon, das nur manchmal Störungen unterliegt. Die Nutzung von Mobiltelefonen ist nicht möglich.

4 Die Siedlungen entsprechen damit der mehrheitlichen Bevölkerungsverteilung im Distrikt. Auf Unterschiede der Ernährungsweise sowohl zu muslimischen Bevölkerungsgruppen als auch anderen Glaubensgemeinschaften sowie zu nomadischen Gruppen wird in dieser Arbeit

| | Hemis Shukpachan | Igu |
|---|---|---|
| Einwohner* | 736 | 1098 |
| Anzahl Haushalte* | 127 | 223 |
| Höhenlage | 3.450–3.800 m | 3.500–4.100 m |
| Einfacherntegebiet | ✓ | ✓ |
| Grundschule | ✓ | ✓ |
| Mittelschule | ✓ | ✓ |
| Oberschule | -- | -- |
| Strom | (stundenweise) | ✓ |
| Telefon | ✓ | -- |
| Mobilfunk | -- | (nur wenige Haushalte) |
| Straße | Piste | Teerstraße |
| Busanbindung | 1 x täglich | 1–2 x täglich |
| Krankenstation | ✓ | ✓ |
| ICDS-Zentrum | ✓ | ✓ |
| *amchi* (tibet. Heiler) | ✓ | ✓ |

*Quelle: eigene Erhebungen, *TISS 2006*

*Tab. 1: Ausgewählte Kenndaten der Ortschaften Hemis Shukpachan und Igu*

Die Siedlungen unterscheiden sich im Hinblick auf ihre historische Situation[5] und in der gegenwärtigen sozioökonomischen Entwicklung, die durch die Armee bzw. den Tourismus geprägt ist. Diese nicht-landwirtschaftlichen Sektoren bieten neben der staatlichen Verwaltung zusätzliche Erwerbsmöglichkeiten und sind in den vergangenen Jahren durch Expansion gekennzeichnet (Kap. 7). Bei der Auswahl wurde angenommen, dass der Zugang zu monetären Einkommensmöglichkeiten und landwirtschaftlichen Vermarktungsoptionen zwischen den ausgewählten Siedlungen differiert.

## 3.2 ABLAUF DER EMPIRISCHEN FELDFORSCHUNG

Die Forschungsergebnisse basieren auf fünf Feldaufenthalten in Indien zwischen 2007 und 2010 von insgesamt 11 Monaten Dauer. Die Fragestellung erforderte den Einsatz unterschiedlicher Ansätze und Arbeitstechniken in einem Methodenverbund. Diese wurden in verschiedenen empirischen Phasen eingesetzt, so dass die Teilziele nicht zwangsläufig nacheinander abgearbeitet wurden. Dabei wurden die Aufenthalte so terminiert, dass nicht nur das saisonale Spektrum abgedeckt wurde, sondern zwischen den Feldphasen die Reflexion und Auswertung erhobener Daten möglich war.

nur am Rand Bezug genommen, da eine intensivere Beschäftigung mit diesen Fragen den Rahmen der Untersuchung überschritten hätte.

5 Auf die Besonderheit der Region Sham, zu der die Ortschaft Hemis Shukpachan zählt, wird in Kap. 4.3 eingegangen.

Der Methodenverbund bietet die Möglichkeit, Informationen, die in verschiedenen Erhebungsschritten gewonnen werden, in der Analyse miteinander zu verknüpfen und Datenmaterial zu triangulieren (Abb. 5). Bei der Triangulation stand zunächst die Komplementarität der Methoden im Vordergrund, um so möglichst umfassende Erkenntnisse zu erzielen. Zugleich war eine Methodenintegration für die Validierung der Daten sinnvoll (KELLE 2007; FLICK 2011). Eine solche Vorgehensweise scheint gerade in Bezug auf die Untersuchung von Ernährungssicherung aus einer ebenenübergreifenden Perspektive notwendig, um die Komplexität und Dynamik des Forschungsgegenstandes zu erfassen und die Schwächen methodenreiner Forschung auszugleichen.[6] o können einerseits quantitative Vorgehensweisen mit hohen Fallzahlen bei der Darstellung lokal-spezifischer Gegebenheiten genutzt werden. Andererseits lassen sich lokales Wissen über Handlungsbedingungen und die damit verbundenen Handlungsmuster über qualitative Ansätze untersuchen. Nur über den Einsatz qualitativer Verfahren kann das Forschungsfeld schließlich in seinem spezifischen sozio-kulturellen Kontext analysiert werden (FORSYTH & MICHAUD 2011).

Eine besondere Herausforderung war die Operationalisierung des Methodenverbundes. In der empirischen Umsetzung solcher Studiendesigns in der Mensch-Umwelt-Forschung hat es sich als geeignet erwiesen, das Verständnis komplexer lokaler Zusammenhänge als Ausgangspunkt für die Analyse der übergeordneten Beziehungen zu nutzen (ZIMMERER 2007). Diese Strategie liegt auch der Struktur dieser Arbeit zu Grunde. Die detaillierte Erfassung lokaler Praktiken und Zusammenhänge in den Untersuchungsdörfern ist die Voraussetzung für die Analyse von Interaktionen zwischen Akteuren auf unterschiedlichen Maßstabsebenen.

Die Vorgehensweise der empirischen Arbeiten folgte einer „progressiven Feldzugangsstrategie“ (WOLFF 2010: 348). Aufgrund des explorativen Charakters wurden in der ersten Phase des Forschungsprozesses zunächst qualitative Untersuchungsmethoden eingesetzt (Sommer 2007). Dabei wurde die Methode der teilnehmenden Beobachtung dazu gewählt, Erkenntnisse zur Landnutzung und Ernährungsweise im Kontext der Lebenssicherung zu erhalten. Parallel wurden qualitative Interviews mit Schlüsselpersonen und Entscheidungsträgern in den Untersuchungsdörfern und in Leh geführt, um den Forschungsgegenstand einzugrenzen und Informationen als Grundlage für die spätere Ausarbeitung eines standardisierten Fragebogens zu gewinnen. Über die Anwesenheit in den Untersuchungsdörfern konnte persönliches Vertrauen aufgebaut werden.

Im Jahr 2008 wurde während eines Zeitraumes von knapp sechs Monaten ein Großteil der Erhebungen umgesetzt. In dieser Arbeitsphase lag der Schwerpunkt der Forschungsaktivitäten in den beiden Oasensiedlungen, wo Fragebogenerhebungen, Gruppeninterviews, Landnutzungskartierungen und Erhebungen zur Ernährungsweise durchgeführt wurden. Darüber hinaus erfolgten Archivarbeiten und Marktstudien in Leh. Während zweier Aufenthalte im Jahr 2009 lag der

6 Zum Nutzen methodenintegrativer Forschungsstrategien in akteursbezogenen Studien, die auf eine Überwindung des Mikro-Makro-Dualismus abheben, wird auch auf KELLE (2007: 293–295) verwiesen.

Schwerpunkt des Interesses auf übergeordneten Zusammenhängen. In diesen Zeitraum fielen neben den qualitativen Befragungen auch die Erhebungen zum Ernährungsstatus, zu bodenrechtlichen Fragen sowie die flankierende Nutzung amtlicher Statistiken. Zusätzlich wurden Ernährungsprotokolle zum Ende des Winters für die Analyse der Saisonalität der Ernährungssicherung durchgeführt. Die Tätigkeiten in den Untersuchungsdörfern konzentrierten sich auf die Verifikation und Ergänzung bisheriger Erkenntnisse, z. B. über die Zweiterhebung von Ernährungsprotokollen zum Ende des Winters und Tiefeninterviews.

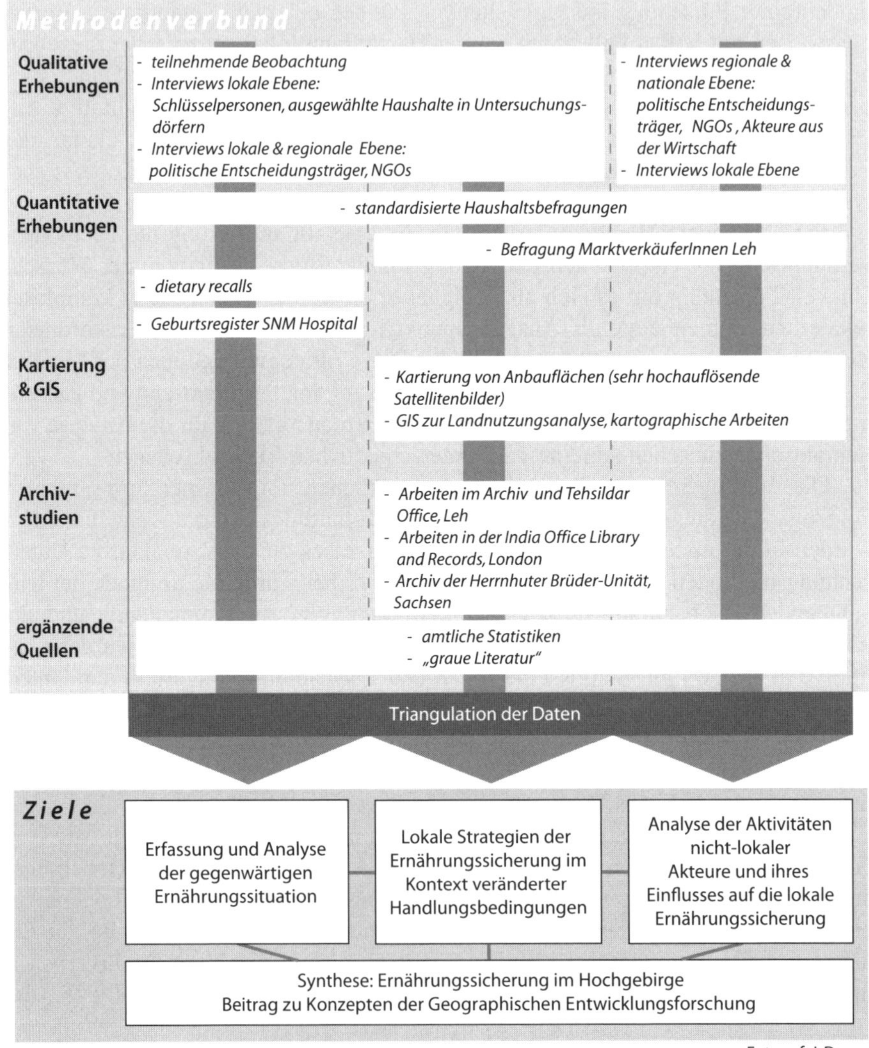


*Abb. 5: Methodische Vorgehensweise*

Ein abschließender Forschungsaufenthalt im August 2010 wurde von Starkregenereignissen mit katastrophalen Folgen überschattet, die eine Rückkehr in die Untersuchungsdörfer aufgrund der unterbrochenen Verkehrswege verhinderten (DAME 2010). Stattdessen bot dieser Aufenthalt Einblicke in die Notfallsituation und Versorgungsengpässe. Das Untersuchungsdorf Igu war durch Schäden an Flur und Gebäuden direkt von den ausgelösten Murgängen betroffen. In Hemis Shukpachan wurden zwar keine Schäden verzeichnet, doch die Straßenverbindung von Likir nach Hemis Shukpachan wurde unterbrochen und der Busverkehr über Monate hinweg eingestellt.

## 3.3 VERWENDETE ERHEBUNGSMETHODEN

Für die Umsetzung der Studie wurden im Hinblick auf die genannten Ziele stets unterschiedliche empirische Methoden verknüpft. Neben den im Folgenden detailliert dargestellten Arbeitstechniken flossen auch Informationen aus informellen Gesprächen und Beobachtungen in das Gesamtverständnis ein.

### 3.3.1 Qualitative Erhebungen

Als qualitative Verfahren wurden für eine akteursorientierte Herangehensweise verschiedene Interviewtypen und teilnehmende Beobachtung angewendet (HELFFERICH 2005; HOPF 2010). Die über den gesamten Forschungszeitraum eingesetzten qualitativen Befragungen zu den Themenbereichen Landnutzung, Ernährung und Gesundheit können in Gespräche mit lokalen und nicht-lokalen Akteuren unterschieden werden (Anhang 1).

In den Untersuchungsdörfern wurden Gespräche mit Schlüsselpersonen und Entscheidungsträgern geführt. Hierzu zählten Dorfvorsitzende *(goba)*, Praktizierende der tibetischen Medizin *(amchi)*, das Personal der Krankenstationen *(Primary Health Care Subcenters)*, die Betreuerinnen *(anganwadi worker)* des *Integrated Child Development Scheme* (ICDS), Lehrer, Wasserwärter *(chudpon)* und Ladenbesitzer. Zusätzlich wurden narrative sowie problemzentrierte Interviews mit Landnutzern als Ergänzung und Vertiefung zu den standardisierten Befragungen geführt. Sofern nötig wurde mit Assistenten für Dolmetschertätigkeiten zusammen gearbeitet (Kap. 3.4).

Für die Analyse der Perspektiven der nicht-lokalen Akteure wurden problemzentrierte Interviews und semistrukturierte Leitfadeninterviews geführt. Da unterschiedliche Themenfelder behandelt wurden, konnte kein einheitlicher Leitfaden verwendet werden. Stattdessen konzentrierte sich das Erkenntnisinteresse je nach Interviewpartner auf bestimmte Teilbereiche des Themenkomplexes. Hierzu zählten Informationen über die Ernährungssituation und den Gesundheitsstatus der Bevölkerung, über Programme staatlicher und nicht-staatlicher Akteure, Veränderungen der Landnutzung sowie aktuelle sozioökonomische und politische Prozesse. Die Interviewpartner waren zum einen Vertreter aus der Politik bzw. Mitarbeiter von staatlichen Organisationen und Einrichtungen, deren Projektaktivitäten Einfluss auf die Ernährungssicherung in Ladakh haben. Zudem wurden Leiter und Mitarbeiter von ladakhischen, indischen und internationalen Nichtregierungsorganisationen befragt. Zusätzlich wurden Interviews mit Experten aus dem Gesundheitssektor und weiteren Schlüsselpersonen geführt (Anhang 1).

Die qualitativen Interviews mit nicht-lokalen Akteuren konnten ausnahmslos in englischer Sprache durchgeführt werden. Dabei war die Verwendung von Aufnahmegeräten – nicht zuletzt aufgrund des regionalpolitischen Kontextes – nur für wenige Interviewpartner akzeptabel, so dass in den meisten Fällen Gesprächsprotokolle erstellt wurden.[7] Es erwies sich zudem als positiv, dass oftmals bereits eine gewisse Vertrauensbasis vorhanden war bzw. neue Interviewpartner über bestehende Kontakte und Empfehlungen rekrutiert werden konnten.

Als ergänzende Methode kamen vereinzelt Gruppendiskussionen, teilweise im Rahmen partizipativer Erhebungen (*Participatory Rural Appraisal*, PRA) zum Einsatz (CHAMBERS 1994). Diese wurden verwendet, um alltagsbestimmende Informationen zu den Handlungsentscheidungen der Akteure in den Untersuchungsdörfern zu gewinnen. Für die Erhebung der Nahrungsmittelverfügbarkeit und Produktionsmuster im Jahresverlauf wurden *seasonal diagrams* eingesetzt und auf Tonband aufgezeichnet (KUMAR 2002). Da die Umsetzung von PRA-Methoden mit Übersetzern im lokalen Kontext als kritisch bewertet wurde[8], wurden in der Folge offene Gruppendiskussionen, zum Beispiel während der Feldarbeitspause, bevorzugt.

Die Methode der teilnehmenden Beobachtung (LÜDERS 2010) wurde eingesetzt, um Handlungsmuster und insbesondere Routinen zu untersuchen. Sie ermöglicht „*dass man häufig mit ‚einem Blick' komplexe Sachverhalte erfassen kann, die sich sprachlich nur sehr umständlich ausdrücken lassen*" (SPITTLER 2001: 8). Hierbei handelte es sich um Teilnahme an verschiedenen landwirtschaftlichen Tätigkeiten im Jahresverlauf, wie das Ausbringen des Düngers, das Anlegen der Feldkanäle, Aussaat, Bewässerung und Ernte. Durch das Leben in ladakhischen Familien war es möglich, an unterschiedlichen Bereichen des alltäglichen Lebens teilzunehmen und auch bei der Zubereitung der Speisen zu helfen. Die Beobachtungen wurden durch Protokolle zur täglichen Nahrungsaufnahme ergänzt. Aufgrund der langen Aufenthaltsdauer war es auch möglich, an Festen (Hochzeiten, Geburtsfeste) und Ritualen zu partizipieren. Teilnehmende Beobachtung wurde generell als offenes und unstrukturiertes Verfahren eingesetzt und mit informellen Gesprächen verbunden. Die Niederschrift der Beobachtungen erfolgte als nachträgliche Protokollierung und hat damit einen (re)konstruierenden Charakter.

7 Der durch den Einsatz digitaler Aufzeichnungsmethoden mögliche Vertrauensverlust und eine damit verbundene Informationsreduktion wurde als gravierender eingeschätzt, als der durch handschriftliches Protokollieren bedingte Datenverlust.

8 Der hohe organisatorische Aufwand der Gruppeninterviews und die Auswertungsprobleme aufgrund der Fremdsprachensituation stand nicht in Relation zum Nutzen (vgl. FLICK 2010).

### 3.3.2 Quantitative Erhebungen

Als quantitative Verfahren wurden standardisierte Befragungen in den Untersuchungsdörfern, Marktstudien in Leh und Indikatoren zur Ernährungssituation verwendet. Auf Basis eines standardisierten Fragebogens (vgl. PORST 2011) wurden umfangreiche Haushaltsstudien in beiden Untersuchungsdörfern durchgeführt. Die Fragebogenerhebungen wurden mit dem Ziel eingesetzt, statistische Grundlagen und umfassende Informationen zur Lebenssicherung zu gewinnen, um so eine Einordnung der qualitativen Ergebnisse zu ermöglichen. Zusätzlich waren die Ergebnisse aus den standardisierten Befragungen ein Ausgangspunkt für weitere qualitative Interviews. Der Fragebogen wurde von dem Geographen Dr. Dorje Dawa aus der englischen in die ladakhische Sprache übersetzt. Anschließend erfolgten ein *Pre-Test* und eine leichte Modifikation, vor allem im Hinblick auf die Antwortskalen.

Im Rahmen einer Vollerhebung wurden alle Haushalte in beiden Untersuchungsdörfern, die angetroffen werden konnten, befragt (Tab. 2).[9] Die Zielgruppe der Haushaltsbefragungen war zunächst der weibliche Haushaltsvorstand, da von diesem die umfangreichsten Kenntnisse über ernährungsrelevante Themen zu erwarten sind, und die Frauen die Versorgung der Kinder übernehmen. In Haushalten ohne eine zutreffende Zielperson wurde alternativ die Person ausgewählt, welche die Aufgaben der Mutter übernimmt (meist Tochter oder Großmutter), oder unter Umständen auch die anzutreffende Person (also auch männliche Interviewpartner).

Mit dem Instrument des standardisierten Fragebogens wurden Informationen zu den folgenden Teilbereichen erhoben:

- Metadaten (Datum, Hausname, Angaben zur befragten Person)
- Haushaltsstruktur (Haushaltsgröße, Alter, permanente Bewohner)
- Landwirtschaftliche Nutzungsstrategien:
  - Ackerbau: Anbaufrüchte, Besitzverhältnisse
  - Viehzucht: Nutztierhaltung
  - Hortikultur: Gemüse- und Obstanbau
  - Arbeitsorganisation: Arbeitskräfte, Aufgabenverteilung
  - Vermarktung landwirtschaftlicher Produkte, Vorratshaltung
- Ernährungsweise:
  - Ernährungsgewohnheiten, Besonderheiten
  - 24-h-Protokoll *(dietary recall)*
  - Nahrungsmittelerwerb
- Aktivitäten von staatlichen und nicht-staatlichen Organisationen
- Sozioökonomische Kenndaten: Bildungsgrad, Finanzkapital (Erwerbstätigkeiten, Ausgaben)

9 Die Haushaltsbefragungen in der größeren Siedlung Igu wurden mit Unterstützung durch die Heidelberger Magister-Studentin Julia Poerting durchgeführt. Für die Umsetzung wurde mit (vorwiegend weiblichen) AssistentInnen aus den Siedlungen gearbeitet, die in das Erhebungsinstrument eingearbeitet worden waren, was sich auch im Zugang zu den Interviewpartnern als hilfreich erwies. Die Standardisierung des Fragebogens und die gleichzeitige Anwesenheit der Forscherin bei den Interviews sollten eine Verzerrung der Antworten verhindern.

Eine abschließende offene Frage ermöglichte den Befragten freie Äußerungen und thematische Ergänzungen. Im Frühjahr 2009 wurde der Fragebogenteil der 24-Stunden-Erinnerungsprotokolle zur Ernährungsweise *(dietary recalls)* als Teilstichprobe wiederholt, um die jahreszeitliche Varianz zu analysieren.

| | Hemis Shukpachan | Igu |
|---|---|---|
| Gesamtzahl der Haushalte*/ Erreichte Haushalte | 127/ 103 | 223/ 198 |
| Teilnahmequote | 89,6 % | 80,8 % |
| Durchschnittliche Haushaltsgröße | 6,1 Pers. | 5,2 Pers. |
| Haushaltsmitglieder, die mehr als 6 Monate/Jahr außerhalb verbringen | 2,8 Pers. | 1,7 Pers. |

*Quelle: eigene Erhebungen; *TISS 2006*

*Tab. 2: Stichprobe der standardisierten Erhebungen in Hemis Shukpachan und Igu*

Im Rahmen der Marktstudien wurden standardisierte Erhebungen auf dem zentralen Gemüsemarkt im *Main Bazaar*, Leh, durchgeführt. Diese Methodik wurde zur Erntezeit (August 2007, $n = 60$) und ein zweites Mal vor Beginn der Anbauperiode als Vollerhebung durchgeführt (Mai 2008, $n = 23$). Dabei wurde zunächst das Spektrum der angebotenen Gemüse- und Obstprodukte erhoben. In einer Kurzbefragung wurden Angaben zu den Verkäuferinnen[10], zu ihrer regionalen Herkunft, der Transportanbindung zum *Main Bazaar*, Monate mit Verkaufsaktivität auf dem Gemüsemarkt, Herkunft der Produkte (z. B. Eigenanbau, Verkaufsgemeinschaft etc.) und Preisauskünfte eingeholt. Die Marktstudien wurden mit Hilfe einer ladakhischen Assistentin durchgeführt. Die Daten wurden durch Preiserhebungen in Geschäften der Lebensmittelversorgung und auf dem sogenannten *kashmiri market*[11] in Leh ergänzt.

Ebenfalls zu den quantitativen Methoden zählt die Analyse von Indikatoren zur Erfassung des Ernährungsstatus.[12] Grundsätzlich können hierfür verschiedene Indikatoren verwendet werden (Tab. 3). Aufgrund fehlender offizieller Statistiken wurde im Rahmen dieser Arbeit der Indikator eines geringen Geburtsgewichts genutzt und mit publizierten anthropometrischen Daten in Verbindung gebracht. Über Zugang zu drei Jahrgängen der Geburtsregisterbücher des *Sonam Norboo Memorial Hospital* (SNMH) Distriktkrankenhauses in Leh konnte der Anteil von

10 Da es sich hierbei fast ausnahmslos um Frauen handelt, wird zur sprachlichen Vereinfachung die weibliche Form verwendet.

11 Dieser Markt hat seinen Namen aufgrund der Herkunft der (männlichen) Verkäufer erhalten. Neben heimischem Gemüse werden hier vor allem aus dem Tiefland importierte Waren angeboten, darunter auch Okkraschoten, Bananen oder Melonen (Kap. 7.2).

12 Zu den vielfältigen Schwierigkeiten der Erfassung des Ernährungsstatus von Bevölkerungsgruppen in Entwicklungsländern siehe GERSTER-BENTAYA (2009).

Neugeborenen mit einem geringen Geburtsgewicht (*low birth weight*, LBW) von unter 2.500 g berechnet werden.[13] Hierfür wurden die handschriftlichen Angaben in eine Datenbank übertragen und anhand der Kenngröße des Geburtsgewichts der Anteil von Neugeborenen mit LBW je Jahrgang ermittelt. Ein geringes Geburtsgewicht bei reifen Neugeborenen ist durch Wachstumsverzögerungen im Mutterleib bedingt, die auf starke Fehlernährung oder einen schlechten Gesundheitsstatus der Mutter hinweisen.[14] Zusätzlich gilt dieser Indikator als Hinweis für das Risiko von Unterernährung im weiteren Lebensverlauf und deutet auf ein erhöhtes Erkrankungsrisiko, besonders im ersten Lebensjahr, hin (GERSTER-BENTAYA 2009: 117). Der Vorteil der Nutzung dieses Indikators ist das Vorhandensein von Vergleichsdaten in der Sekundärliteratur (WILEY 2004; WAHLFELD 2008).

| Indikator | Erhebung/Kenngrößen | Ernährungszustand |
|---|---|---|
| *stunting* | geringe Größe/Alter | verzögertes Wachstum, chronische Unterernährung |
| *wasting* | geringes Gewicht/Größe | akute Unterernährung, Hungerleiden |
| Untergewicht | geringes Gewicht/Alter | Unterernährung |
| geringer Oberarmumfang (*mid-upper arm circumference*, MUAC) | MUAC/Größe oder MUAC < 13,5 (12,5) | Hungerleiden |
| geringes Geburtsgewicht (*low birth weight*, LBW) | Geburtsgewicht <2500 g | intrauterine Wachstumsverzögerung |

*Quelle: Gerster-Bentaya 2009: 114–115, modifiziert*

*Tab. 3: Auswahl gängiger Indikatoren zur Erhebung des Ernährungszustandes bei Kindern*

Darüber hinaus sind weitere anthropometrische Indikatoren, die auf der Aufnahme von Alter, Größe und Gewicht basieren, zur Erfassung des Ernährungsstatus geeignet. Über die gängigen Indikatoren *stunting* (geringe Größe/Alter; „Kleinwüchsigkeit“) und *wasting* (geringes Gewicht/Größe; „Magerkeit“) können Rückschlüsse auf den individuellen Ernährungsstatus und auf diese Weise auf die

13 In den Geburtsregistern des SNMH werden Name und Herkunft der Eltern, Geburtsdatum und Uhrzeit, Geburtsmodus, mögliche Komplikationen bei der Geburt und die Betreuungsperson (Krankenschwester oder Ärztin) vermerkt. Es werden das Geschlecht des Neugeborenen, der *Apgar-Score* (Beurteilungsschema des klinischen Zustands von Neugeborenen) nach 5 und 10 Minuten sowie Größe und Länge des Neugeborenen verzeichnet. Für die Gewichtsmessung werden Tanica-Waagen genutzt. WAHLFELD schätzt den Fehler durch die eventuelle Nutzung von dünnen Decken zur Bedeckung des Kindes auf durchschnittlich 100 g (2008: 45). Routinemäßige Längenmessungen werden bei Neugeborenen erst seit wenigen Jahren mit lokal angefertigten Messskalen durchgeführt (siehe WAHLFELD 2008: 48–49).

14 Die Geburtsregister des SNMH geben keine Auskunft zum Gestationsalter. Zur Problematik der Bestimmung des Gestationsalters im Untersuchungsgebiet siehe auch WAHLFELD (2008: 43–44).

haushaltsbezogene Ernährungssituation gezogen werden.[15] Hierzu wurden Ergebnisse aus publizierten Studien für eine Einordnung der Krankenhausdaten und einen zeitlichen Vergleich genutzt. Grundsätzlich ist bei der Analyse von anthropometrischen Kenngrößen jedoch zu beachten, dass jeder der Indikatoren unterschiedliche biologische Prozesse wiedergibt und bestimmte physiologische Aspekte in der Bewertung ausschließt (HERBERS 1998; DUTTA & PANT 2003; GERSTER-BENTAYA 2009).

Zusätzlich wurde die Diversität der Ernährungsweise (*dietary diversity*) erfasst. Eine größere Nahrungsmittelvielfalt lässt generell auf eine ausgewogene Ernährungsweise und somit verbesserte Aufnahme von Mikronährstoffen schließen (HODDINOTT & YOHANNES 2002). Die Nahrungsmittelvielfalt wurde über Fragebogenerhebungen und 24-Stunden-Erinnerungsprotokolle erfasst. Diese Vorgehensweise erweist sich gegenüber epidemiologischen Nahrungsstudien und anthropometrischen Messungen aufgrund des geringeren zeitlichen und finanziellen Aufwands als vorteilhaft (FABER et al. 2009).

### 3.3.3 Ergänzende Erhebungen

Im Rahmen des Methodenverbunds haben Kartierungsarbeiten, Archivstudien und ergänzende Quellen die Herangehensweise abgerundet.

#### *Kartierungsarbeiten*

Handlungsentscheidungen und Veränderungen der Lebenssicherungsstrategien reflektieren sich in den Landnutzungsmustern und Anbaustrukturen. Daher wurden in beiden Siedlungsoasen detaillierte Flurkartierungen zur Erfassung der Anbaumuster durchgeführt, die auch für vergleichende Landnutzungsanalysen dienten.[16] Als Kartierungsgrundlage wurden sehr hochauflösende Satellitenbilder mit einer räumlichen Auflösung von unter einem Meter (QuickBird 0,61 m, IKONOS

15 Bei Kindern bis zu sechs Jahren bietet sich diese Erfassung besonders an, da sie sensibler auf Ernährungsdefizite reagieren und Unterschiede deutlich erkennbar sind. Die von der Weltgesundheitsorganisation (WHO) festgelegten anthropometrischen Standardgrößen wurden 2006 vereinheitlicht. Sie ersetzen die zuvor gültigen Referenzwerte von 1977 und berücksichtigen nunmehr keine regionalen oder ethnischen Differenzen (*WHO child growth standards and the identification of severe acute malnutrition in infants and children*, abrufbar unter: http://www.who.int/nutrition/publications/severemalnutrition/9789241598163_eng.pdf, letzter Zugriff 10.05.2011).

16 Kartierungsarbeiten wurden 2008 und 2009 durchgeführt. Im Sommer 2009 unterstützte der Heidelberger Diplomstudent Johannes Anhorn diesen Teil der Geländearbeiten. Eine bitemporale Studie zu Landnutzungswandel in der Ortschaft Stongde (DAME & MANKELOW 2010) half bei der Kontextualisierung der Ergebnisse. Photographische Satellitenbilder der CORONA-Mission aus den Jahren 1960–1972 ermöglichten die vergleichende Analyse mit aktuellen Satellitenbilddaten über die visuelle Interpretation der Bildinhalte und manuelle Digitalisierung in Bezug auf Parzellenstrukturen (vgl. WALZ et al. 2004).

0,82 m) verwendet, welche die Parzellenstruktur und terrassierten Flächen erkennen lassen. Die Bilder wurden panchromatisch geschärft und orthorektifiziert. Zur Verbesserung der Genauigkeit wurden *Ground Control Points* (GCP) aufgenommen und ein digitales Höhenmodell der *Shuttle Radar Topography Mission* (SRTM-3[17]) genutzt. Die Feldparzellen wurden manuell in ArcGIS 9.3. digitalisiert, um so im Vergleich zu automatisierten Verfahren eine möglichst genaue Wiedergabe der kleinen Flächen zu erzielen. Sie bildeten die Grundlage für Flächenberechnungen der verschiedenen Kulturpflanzen.

### *Archivstudien*

Die Einbindung einer historischen Betrachtungsweise ermöglicht die Analyse von Veränderungen über verschiedene Zeiträume und Phasen hinweg (NÜSSER 2008). Hierbei spielt nicht nur die jüngere, postkoloniale Vergangenheit eine Rolle, sondern auch kolonialzeitliche Entwicklungen. Die Berichte vorkolonialer Entdecker, Reisender und Missionare bildeten eine zusätzliche Grundlage für die diachrone Analyse von Landnutzung, Nahrungsgewohnheiten, Gesundheit und Existenzsicherungsstrategien und ergänzten Sekundärquellen.

Während der Feldforschungsaufenthalte in Ladakh konnte historisches Datenmaterial gesichtet und teilweise abfotografiert werden. Diese Arbeiten zu den aktuellen und vergangenen Grundbesitzverhältnissen sowie Landstrukturen wurden mit den im Katasterwesen zuständigen *patwari*, im Archiv des Distrikts Leh und im *Office of the Tehsildar* durchgeführt. Das historische Kartenmaterial und die zugehörigen Dokumente des britischen *settlement* (Kap. 4.2.2) sind bis heute in Verwendung, allerdings weisen einige Kartenblätter Schäden auf.

Die in der *British Library* angesiedelte *India Office Library and Records*, Teil der *Asia, Pacific and Africa Collections*, archiviert als ausführliche Dokumentation der Großregion Hindukush, Karakorum und westlicher Himalaya Akten aus der Zeit der britischen Kolonialherrschaft.[18] Diese Dokumentation der kolonialzeitlichen britischen Verwaltung auf dem indischen Subkontinent bis 1947, konnte in London eingesehen werden. Es enthält beispielsweise landnutzungsrelevante Informationen in Form von Zensusdaten, Handelsregistern und Schriftwechseln.

Darüber hinaus diente ein Rechercheaufenthalt im Archiv der Brüder-Unität in Herrnhut (Sachsen) der Durchsicht von Primärquellen der Herrnhuter Missionare, die 1885 eine Missionsstation in Leh und 1899 eine Zweigstelle in Khaltse gründeten (Kap. 4.4.1). Bei den eingesehenen Quellen handelte es sich um amtlichen und privaten Schriftverkehr und Originaldokumente, zu denen Jahresberichte, Protokolle, Statistiken, Verhandlungen mit Behörden und Publikationsbeiträge für die Gesamtunität zählen. Da diese Quellen weit über religiöse Aspek-

17 SRTM-3, Version 4.1, abrufbar unter http://srtm.csi.cgiar.org (letzter Zugriff: 13.01.2012).

18 Im Rahmen des Schwerpunktprogramms der Deutschen Forschungsgemeinschaft „Kulturraum Karakorum“ (CAK) wurden solche Archivstudien bereits durchgeführt (KREUTZMANN 1989; HERBERS 1998, SCHMIDT 2004).

te hinausgehen und beispielsweise Nahrungsgewohnheiten beschreiben, sind sie von wissenschaftlichem Interesse.

*Ergänzende Quellen*

Zusätzlich konnte in Ladakh ergänzendes Material zusammengetragen werden, das für die Darstellung der sozioökonomischen Veränderungen und teilweise auch für zeitliche Vergleiche genutzt wurde. Hierbei handelt es sich um amtliche Statistiken, die sich auf die administrative Einheit des Distrikts beziehen und als *District Statistical Handbook* veröffentlicht werden. Die Angaben beziehen sich auf Geschäftsjahre *(financial years)*, die jeweils den Zeitraum vom 1. April eines Jahres bis zum 31. März des Folgejahres umfassen. Als weitere Quelle ist „graue Literatur" zu nennen, insbesondere Projektberichte und Gutachten (z. B. Informationen des Kooperationsprojektes von LAHDC und dem *Tata Institute for Social Sciences* (TISS), Studien von NGOs). Das Datenmaterial wurde durch Zensusdaten und relevante Gesetzestexte ergänzt.

## 3.4 BESONDERHEITEN UND HERAUSFORDERUNGEN IN DER PRAKTISCHEN UMSETZUNG

An dieser Stelle werden einige Besonderheiten der praktischen Umsetzung der empirischen Erhebungen angesprochen. Jeder Forschungsprozess selbst generiert ein soziales Handlungsfeld und ist durch spezifische Machtbeziehungen zwischen Forscherin und Beforschten geprägt (vgl. MULLINGS 1999; WOLFF 2010). Bei der Arbeit in Ladakh hat sich dies in unterschiedlicher Weise in den Untersuchungsdörfern und in der Befragung von Experten, besonders von Behörden, geäußert. Diese wurden durch die persönlichen Eigenschaften der Forscherin (Alter, europäische Herkunft) und der Interviewpartner mitgeprägt. Trotz der engen Zusammenarbeit mit Feldassistenten, der Unterbringung in Gastfamilien und der Einbindung an die IALS blieb die Gesamtsituation als *outsider* bestehen.[19] Jedoch wurde dieser Arbeit generell großes Interesse entgegen gebracht, verbunden mit der stets freundlichen Aufnahme.

In den Oasensiedlungen Hemis Shukpachan und Igu erfolgte eine enge Einbindung in die dörflichen Strukturen über die Wohnsituation. Die Fragebogenerhebungen wurden im situativen Kontext des Wohnumfelds der Befragten durchgeführt, wobei neben der eigentlichen Erhebung Zeit für gegenseitiges Kennenlernen aufgewendet wurde. Für Fragen zu den Themenkomplexen Ernährung und Gesundheit erwies es sich als Vorteil, wenn keine männlichen Haushaltsmitglieder anwesend waren. Gerade im Kontext dieser teils sensiblen Themenbereiche war ein Vertrauensverhältnis zwischen Forscherin und lokaler Bevölkerung vorteilhaft. Für die Durchführung der Interviews mit nicht-lokalen Akteuren war es

19 Zur Diskussion postkolonialer Forschung vgl. einführend HOWITT & STEVENS (2005).

hilfreich, Kontakt über Empfehlungen zu erhalten. Die meisten Interviewpartner wurden mehrfach getroffen, wobei diese den Interviewort festlegten.

Sämtliche Befragungen wurden auf Basis des *informed consent* durchgeführt. Für die vollständige Anonymisierung wurde bei der Erhebung der Fragebögen nur der Hausname für eine spätere Zuordnung aufgenommen. Im Text dieser Arbeit werden die Aussagen von Personen mit ihrer zugeteilten Haushaltsnummer zitiert. Bei den Informanten aus staatlichen, nicht-staatlichen und privatwirtschaftlichen Organisationen sowie Schlüsselpersonen aus den Ortschaften werden ebenfalls die Namen nicht aufgeführt, sondern die Interviews mit Verweis auf die Organisation und die Position zitiert (Anhang 1). An den Stellen, an denen ausdrücklich um vollständige Anonymisierung gebeten wurde, wird dies berücksichtigt.

Während der explorativen Phase wurde zunächst mit einer jungen Assistentin, die in Leh wohnhaft ist, zusammengearbeitet. Für die längeren Aufenthalte in den Dörfern und für die Fragebogenerhebungen wurde mit Assistentinnen aus dem Dorf zusammengearbeitet, die in den Arbeitstechniken geschult wurden. Nicht zuletzt aufgrund der lokalen Kenntnisse und Empathie für die Dorfbewohner wurden hohe Teilnahmequoten erreicht. Die Durchführung von Gruppeninterviews erwies sich aufgrund der begrenzten Sprachkenntnisse vor allem in spontanen Situationen als sinnvoll. Über die teilnehmende Beobachtung konnten wesentliche Erkenntnisse über die Lebenssicherung in den ausgewählten Oasensiedlungen gewonnen werden, auch wenn die Forscherin aufgrund der begrenzten Sprachkenntnisse und der Kurzzeitbesuche in gewisser Weise ein „Fremdkörper“ (REUBER & PFAFFENBACH 2005: 121) geblieben ist.

Die gemeinsame Erhebung von Interviewdaten mit Feldforschungsassistenten stellt eine Herausforderung dar, da sie stets die Gefahr des Falschverstehens in sprachlicher, aber auch kultureller Hinsicht, birgt (HOWITT & STEVENS 2005). Während der einzelnen Forschungsschritte wurden explizit Personen aus verschiedenen Kontexten ausgewählt. Generell war es erforderlich, dass die Assistenten nicht nur über ausreichende Sprachkenntnisse verfügten, sondern auch in der Lage waren, gegenüber den Interviewpartnern eine neutrale Position einzunehmen. Zusätzlich war es sinnvoll, für diese Arbeitsschritte mit Frauen zusammenzuarbeiten, da die große Mehrheit der Befragten ebenfalls Frauen waren und somit spezifische, mit kulturellen Tabus belegte Themen (z. B. zu Schwangerschaft und Geburt), angesprochen werden konnten.

Die Arbeit mit Assistenten geht stets mit einem gewissen Informationsverlust einher.[20] Dies trifft besonders auf offene Interviews mit simultaner Übersetzung und ohne Tonbandaufzeichnung zu. Die aufgezeichneten Interviews wurden deshalb anschließend übersetzt, um den Informationsverlust zu minimieren. Für die Auswertung der Ergebnisse und die Erkenntnisse der vorliegenden Arbeit bleibt daher zu beachten, dass das Wissen der Forscherin stets partiell bleibt und durch die Machtverhältnisse im Forschungsfeld und die Übersetzungssituation mitbe-

20 Um der Gefahr von „*Lost in Translation*“ entgegen zu wirken, war das Erlernen von Grundkenntnissen der ladakhischen Sprache hilfreich. So konnten direkte Nachfragen die simultane Übersetzungssituation verbessern.

stimmt ist. Durch die Fremdsprachensituation wird der konstruierende Charakter interpretativ-verstehender Verfahren zusätzlich verstärkt (REUBER & PFAFFENBACH 2005: 156–158).[21]

## 3.5 DATENAUSWERTUNG

Die Analyse erfolgte nach den einzelnen Feldphasen und abschließend im Rahmen des Methodenverbunds und dem Arbeitsschritt der Triangulation nach dem letzten Auslandsaufenthalt. Für die Datenaufbereitung und -auswertung wurden für die jeweiligen empirischen Methoden geeignete computergestützte Auswertungsverfahren genutzt. Die quantitativen Daten wurden in PASW 18 überführt. Mit Hilfe des Programms wurden eine Datenvalidierung und Analysen durchgeführt. Entsprechende Datenbanken wurden sowohl für die Haushaltsbefragungen als auch für die Daten aus den Geburtsbüchern des Distriktkrankenhauses angelegt. Aufgrund der kleineren Stichprobengrößen und geringen Anzahl an Variablen konnten die Ergebnisse der Marktbefragungen in Excel ausgewertet werden. Die Kartierungsergebnisse wurden in ArcGIS 9.3 digitalisiert und mit Hilfe des Programms Berechnungen durchgeführt. Für die Bearbeitung der Satellitenbilder wurde zusätzlich ENVI 4.3 genutzt.

Die qualitativen Interviews lagen als Notizen, Tonbandaufnahmen oder Protokolle vor. Zusätzlich wurde direkt im Anschluss an das jeweilige Interview ein Postscriptum erstellt. Zunächst wurde das Material transkribiert.[22] Während bereits durch die Transkription eine Interpretation des gesprochenen Textes vorliegt, stellt die Protokollierung ein noch selektiveres Verfahren dar[23]. Für die computergestützte Analyse dieses Materials wurde die Software MaxQDA 2007 genutzt (KUCKARTZ 2007). In diese Datenbank wurden auch Feldnotizen und die Aufzeichnungen von Beobachtungen aufgenommen. MaxQDA 2007 erwies sich insbesondere für die Verwaltung des Textmaterials und die Kodierung als geeignet. So konnten Aussagen zu bestimmten Themen verglichen, Akteursgruppen zusammenhängend analysiert und Widersprüche aufgedeckt werden. Besonders charakteristische Aussagen oder zentrale Thesen werden in dieser Arbeit direkt zitiert und mit der Interviewnummer (bei Haushalten aus den Untersuchungsdörfern) bzw. dem Interviewkürzel (bei allen anderen) kenntlich gemacht (Anhang 1).

21 Hierzu hält MULLINGS treffend fest: „(…) both researcher and those who are subject of research create versions of themselves that are re-interpreted and re-presented in different ways“ (1999: 348).

22 Aufgrund der Fülle des Datenmaterials wurden bereits bei diesem Arbeitsschritt Textstellen, die auf jeden Fall nicht mit dem Forschungsgegenstand in Verbindung zu bringen waren, nicht transkribiert. Außerdem wurde der Text bei der Transkription soweit nötig in verständliches Englisch übersetzt und Interjektionen weggelassen (FLICK 2010: 252–254).

23 Notizen wurden während und nach dem Gespräch angefertigt und besonders relevante Aussagen wortgenau protokolliert.

# 4 NATURRÄUMLICHE GEGEBENHEITEN UND POLITISCH-GESELLSCHAFTLICHER WANDEL IN LADAKH

Für die Analyse der Ernährungssicherung in Ladakh ist zunächst eine einführende Darstellung der Handlungsbedingungen in ihren unterschiedlichen Dimensionen erforderlich. Vor dem Hintergrund der gewählten integrativen Perspektive wird auf die naturräumlichen Gegebenheiten als Grundlage der Ressourcennutzung in Ladakh eingegangen. Seit der indischen Unabhängigkeit, verstärkt jedoch in den vergangenen drei Jahrzehnten, ist Ladakh raschen politischen und sozioökonomischen Veränderungen ausgesetzt. Für das Verständnis dieser Dynamiken ist die historische Perspektive sowie die Darstellung der Versorgungssituation in vorkolonialer Zeit hilfreich. Im folgenden Abschnitt werden die politisch-administrativen Entwicklungen vorgestellt, die bis heute für die Akteure und ihre Handlungsbedingungen im Kontext des gegenwärtigen sozioökonomischen Wandels relevant sind. Die demographische Entwicklung und gesellschaftliche Strukturen sind für die Erfassung lokaler Handlungsstrategien von Interesse. Für das Thema dieser Arbeit sind außerdem Hintergrundinformationen zur buddhistischen Religion relevant, die ernährungsbezogene Wertvorstellungen beeinflussen. Die Darstellung des regionalen Kontextes basiert in weiten Teilen auf Sekundärliteratur. Diese wird jedoch durch eigene Erhebungen, insbesondere Informationen aus qualitativen Interviews und die Auswertung statistischer Daten, ergänzt. In die Analyse der historischen Lebenssicherung sind zusätzlich Daten aus Archivstudien eingeflossen.

## 4.1 NATURRÄUMLICHE GEGEBENHEITEN ALS GRUNDLAGE DER RESSOURCENNUTZUNG

Bereits der Name „Ladakh“ (*la dvags*; „Land der hohen Pässe“) verweist in seiner etymologischen Bedeutung auf die schwierige topographische Situation dieser Hochgebirgsregion.[1] Im Norden wird Ladakh von der Gebirgskette des Karakorum und im Süden von der Himalaya-Hauptkette begrenzt (Karte 3 im Anhang). Die hiermit verbundenen Besonderheiten der naturräumlichen Gegebenheiten sind sowohl für die Entwicklung der Siedlungsstrukturen als auch für die anthropogene Nutzung der natürlichen Ressourcen von großer Bedeutung. So wirken sich die ariden klimatischen Gegebenheiten und die begrenzte Wasserverfügbarkeit auf die agrarwirtschaftlichen Potentiale der Nahrungsmittelproduktion aus. Die Verbrei-

1 Teilweise wird die Region auch als Transhimalaya bezeichnet. Diese Zuordnung bezieht sich vor allem auf die Ladakh-Kette (vgl. HARTMANN 1999: 174).

tung der Vegetation ist vor allem im Hinblick auf die Weidenutzung von Interesse.

### 4.1.1 Geologische und geomorphologische Übersicht

Eine Darstellung der geologisch-tektonischen Situation im Untersuchungsgebiet ist für das Verständnis der Topographie und ihrer Auswirkungen auf den geomorphologischen Formenschatz grundlegend. Die Orogenese des Himalayas ist in der Kollision des indischen Schelfs mit Eurasien vor etwa 54 – 50 Ma (Eozän-Oligozän) und dem nördlichen Driften des indischen Subkontinents begründet (SEARLE et al. 1997; CORFIELD & SEARLE 2000; CORFIELD et al. 2005). In Ladakh werden vier tektonische Hauptzonen differenziert, die durch einen Verlauf von Nordwest nach Südost gekennzeichnet sind (Abb. 6). Der Gebirgszug der Ladakh-Kette, mit zahlreichen Gipfeln von über 6.000 m Höhe, markiert den ehemaligen Kontinentalrand Eurasiens. Er ist der östliche Teil des intrudierten, verbliebenen Inselbogens, der in Zentral-Ladakh die Indus-Suturzone von der nördlicheren Shyok-Suturzone trennt. Dieser granitische Ladakh-Batholith (auch: Transhimalaya-Batholith) findet seine Fortsetzung als Kohistan-Inselbogen westlich der Nanga Parbat-Syntaxis. Der Gesamtkomplex wird daher als Kohistan-Ladakh-Inselbogen benannt (SEARLE 1986; CORFIELD & SEARLE 2000).

Die Shyok-Suturzone grenzt nördlich an den Kohistan-Ladakh-Inselbogen. Hier verläuft auch die Karakorum-Hauptüberschiebung (*Main Karakorum Thrust*, MKT). Die Suturzone trennt den Ladakh-Batholith vom metamorphen Komplex des Karakorum (KMK), der aufgrund von Varianzen der petrographischen und mineralischen Zusammensetzung in unterschiedliche Regionen (Hunza – Baltoro – Nubra-Pangong) differenziert wird (STREULE et al. 2009). Hier erhebt sich der östliche Karakorum mit Höhen von über 7.000 m im Bereich Nubra-Siachen.

Die südlich an den Ladakh-Batholith angrenzende Indus-Suturzone (auch: Indus-Tsangpo-Suturzone) markiert die Kollisionszone zwischen dem nördlichen Kontinentalrand der indischen Platte und dem südlichen Rand Eurasiens, entlang derer die zuvor zwischen beiden Kontinenten liegende Tethys-Lithosphäre unter die eurasische Platte subduziert wurde (SEARLE 1986; CORFIELD & SEARLE 2000).[2] Südlich davon erstreckt sich die Zanskar-Kette. Das Gebiet, mit Erhebungen von bis zu 6.400 m im Bereich des Kang Yatze-Massivs, ist durch Sedimentgesteine des Thethys-Meeres charakterisiert (CORFIELD & SEARLE 2000; CORFIELD et al. 2001). Diese Schelfsedimente sind durch Faltung und Überschiebung der Schichten deformiert. Die Hauptkette des Himalaya, deren höchste Erhebung in Ladakh der Doppelgipfel des Nun und Kun, mit 7.135 m bzw. 7.077 m bildet, grenzt südlich an die Zanskar-Scherzone (SEARLE et al. 1997).

2 Im Untersuchungsgebiet setzt sich die Indus-Suturzone aus drei geologischen Einheiten, dem vulkanischen Sediment der Dras-Gruppe, dem Lamayuru-Komplex sowie Molassen der Indus-Gruppe zusammen.

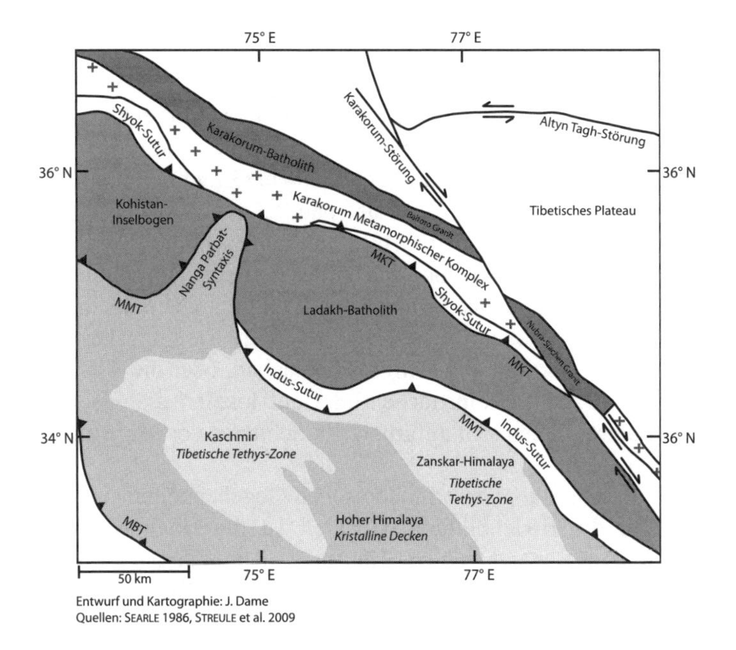


*Abb. 6: Geologische Übersicht*

Eingeschlossen zwischen diesen Gebirgsketten verlaufen in ebenfalls NW-SO orientierter Richtung Längstäler in Höhen von ca. 2.600 m bis 4.000 m. Zwischen dem Karakorum und der Ladakh-Kette erstrecken sich die Täler von Shyok und Nubra. Das Indus-Tal trennt die Ladakh-Kette und die Zanskar-Kette. Im westlichen Ladakh grenzen die Tributäre Dras und Suru an das Indus-Tal. Schließlich wird das Zanskar-Tal von der Zanskar-Kette und dem Himalaya eingegrenzt. Der westliche Teil Ladakhs wird durch das Changthang-Plateau mit einer Höhe von über 4.000 m charakterisiert.[3]

Ladakh ist durch ein schroffes Relief und vegetationsarme Bergrücken sowie mächtige quartäre Ablagerungen gekennzeichnet. Der geomorphologische Formenschatz hat sich in Abhängigkeit von den geologischen Ausgangssubstraten im Zusammenspiel endogener und exogener Prozesse entwickelt (FORT 1982; BURBANK & FORT 1985; JAMIESON et al. 2004; DORTCH et al. 2009). In Zentral-Ladakh ist ein glazialer Formenschatz charakteristisch. Diese Teilregion ist durch Endmoränen und Moränenwälle der Front- und Seitenmoränen geprägt (FORT 1982). Kargletscher begründen die Genese von U-förmigen Tälern in den Hochlagen oberhalb von 4.800 m, während unterhalb periglaziale Frostschuttkörper vor-

3 Hier liegen auch die Hochgebirgsseen Pangong Tso, Tso Moriri und Tso Kar.

zufinden sind (JAMIESON et al. 2004).[4] Im Postglazial sind zunehmend fluviale Prozesse und gravitative Massenbewegungen bedeutsam geworden. Die rezente Dynamik ist durch die vorherrschende Aridität geprägt (FORT 1982).

Aufgrund der sehr hohen Reliefenergie sind ganzjährig bewohnte Siedlungen in den Talsohlen der genannten Längstäler sowie deren Seitentälern in Höhen von 2.600 m bis 4.500 m lokalisiert. Die Siedlungen und Feldfluren befinden sich heute vorwiegend auf diesen Schwemmfächern sowie Grundmoränen und Terrassen. Die Ladakh-Kette ist durch eine Vielzahl parallel verlaufender Täler gegliedert, die in NNO-SSW Richtung in den Gebirgszug eingeschnitten sind und in den Indus entwässern. Beide Untersuchungsdörfer der vorliegenden Studie befinden sich in solchen Seitentälern. Die Distrikthauptstadt Leh liegt ebenfalls in einem Seitental des Indus auf einer Höhe von ca. 3.500 m. Ältere Siedlungskerne – beispielsweise in den Ortschaften Igu und Hemis Shukpachan, oder die Altstadt von Leh – befinden sich am Rand der Flurflächen oder auf lokalen granitischen Formationen. Diese Standorte bieten sich aufgrund des Schutzes vor Murgängen und Überschwemmungen an.

Die geologischen und geomorphologischen Gegebenheiten sind wichtige Einflussfaktoren für die Bodenbildung. Generell ist die Hochgebirgsregion durch Rohböden (Xerosole) charakterisiert. Häufig ist der Humushorizont nur wenige Millimeter mächtig und aufgrund der Exposition gegenüber denudativen Prozessen kaum nachweisbar (HARTMANN 2009). Aufgrund der geologischen und geomorphologischen Komplexität und der hohen kleinräumigen Differenzierung haben sich Böden mit unterschiedlichen Eigenschaften ausgebildet. HARTMANN hält im Rahmen seiner vegetationskundlichen Studien fest:

> „Je nach Lage der Untersuchungsflächen (Hang, Hangfuß, Ebene) und des Gesteinsuntergrundes (Granit, Schiefer, Sandstein u.a.) wechselt das eigentliche Substrat. Von reinen Steinböden bis zu reinen Sandböden ist alles möglich“ (1995: 373).

Aufgrund der ausgeprägten Aridität haben diese Unterschiede zwar keine wesentlichen Auswirkungen auf die Vegetation (HARTMANN 1983, 1995), jedoch auf den landwirtschaftlichen Ertrag (Kap. 6.2).

4 Während erste Studien zur vormaligen Vergletscherung der Region in Analogie zu frühen Forschungserkenntnissen aus den Alpen vier Eiszeiten für den Himalaya angenommen haben, geht man heute von einer Fülle von Eiszeiten aus. In den Glazialen kam es zu einer Ausweitung der Eiskappen und einer ausgedehnten Talvergletscherung (OWEN et al. 2008). Für Ladakh wird diskutiert, ob, zu welchem Zeitpunkt und in welchem Umfang eine Vergletscherung des Indus-Tals vorlag (KUHLE 1998; ACHENBACH 2010). Die meisten Studien ordnen den Formenschatz jedoch Seitentalgletschern zu (BURBANK & FORT 1985; OWEN et al. 2010).

### 4.1.2 Klima und hydrologische Bedingungen

Das Klima Ladakhs ist grundsätzlich durch aride Bedingungen und extreme Temperaturen gekennzeichnet. Die Hauptkette des Himalaya bildet eine Niederschlagsbarriere zum indischen Tiefland und fungiert somit als Wetterscheide zwischen dem Monsunklima an der Südabdachung des Himalaya und der im Regenschatten liegenden Region Ladakh. Die klimatischen Gegebenheiten im Karakorum sowie im angrenzenden Ladakh sind durch die außertropische Westwindzone einerseits und das vereinzelte Vordringen monsunaler Luftmassen andererseits geprägt (WEIERS 1995, 1998; ARCHER & FOWLER 2004; FOWLER & ARCHER 2006; BHUTIYANI et al. 2009).[5]

Die großklimatische Situation ist dabei durch eine Abnahme der Niederschläge von SW nach NO charakterisiert (WEIERS 1995, 1998). Die Werte der Klimastationen von Skardu (Baltistan), Leh (Zentral-Ladakh) und Gar (Tibet) veranschaulichen die zunehmende Kontinentalität entlang dieses Gradienten (Abb. 7). Der durchschnittliche Jahresniederschlag sinkt von 212 mm in Skardu (SCHMIDT 2004) über 115 mm in Leh (GOI/IMD 1967) auf 54 mm in Gar (HARTMANN 1997). Im Gegensatz zu den Klimastationen im angrenzenden Gilgit-Baltistan (Nordpakistan) sowie in Dras und Kargil, die ein Niederschlagsmaximum in den Monaten Januar bis März aufweisen und damit Winterniederschlagsgebiete darstellen, weisen die Daten von Leh bei insgesamt niedrigerem durchschnittlichem Jahresniederschlag ein Maximum während des Sommers sowie ein sekundäres Maximum im Winter auf (siehe auch ARCHER & FOWLER 2004: 51). Die klimatischen Gegebenheiten unterliegen im Winter dem Einfluss der Westwindzirkulation. Das Auftreten von Niederschlägen ist in dieser Jahreszeit durch Tiefdruckrinnen der westlichen Zirkulation begründet, die über dem Mittelmeer oder dem Atlantik entstanden sind (WEIERS 1995, 1998).[6]

Das Auftreten von Niederschlagsereignissen im Sommer kann durch ein Zusammenspiel verschiedener atmosphärischer Prozesse erklärt werden. Im Sommer verzeichnen die Klimastationen im Einzugsgebiet des Indus ein relatives Niederschlagsmaximum. Nur die Station Leh weist ein ausgeprägtes Niederschlagsmaximum auf. Zudem treten zu dieser Jahreszeit immer wieder Starkregenereignisse auf.[7] Hierfür sind sowohl Einflüsse des indischen Sommermonsuns als auch Ein-

5 Für Ladakh liegen bislang keine detaillierten klimatologischen Studien vor. Aufgrund der Datenlage werden Erkenntnisschlüsse vor allem aufgrund der Ähnlichkeiten mit dem nordpakistanischen Karakorum und anhand der Klimastation Leh hergeleitet (vgl. ARCHER & FOWLER 2004).

6 Die Häufigkeit solcher zyklonalen Störungen ist an Druckverhältnisse über dem Nordatlantik gekoppelt (ARCHER & FOWLER 2004: 55). Zu großräumigen Telekonnektionsmustern wie der nordatlantischen Zirkulation (NAO) und auch El Niño/Southern Oscillation (ENSO) siehe ebenfalls ARCHER & FOWLER (2004).

7 Das *India Meteorological Department* erklärt das Starkregenereignis im Sommer 2010 durch den Einfluss monsunaler Luftmassen: „*an intense convective system developed over the easterly current which is associated with the monsoon conditions (...) it gradually intensified and*

brüche von Luftmassen der außertropischen Westwindzirkulation entscheidend. In den Sommermonaten erreicht Wasserdampf aus dem indischen Tiefland die Hochgebirgsregion. Auch wenn in Ladakh aufgrund der Barrierefunktion der Himalaya-Hauptkette kein Monsunklima im eigentlichen Sinne vorherrscht, so kann davon ausgegangen werden, dass neben westlicher Kaltluft und Höhentrögen die Advektion dieses Wasserdampfes für das Auftreten von Sommerniederschlägen entscheidend ist (WEIERS 1998; ARCHER & FOWLER 2004).[8]

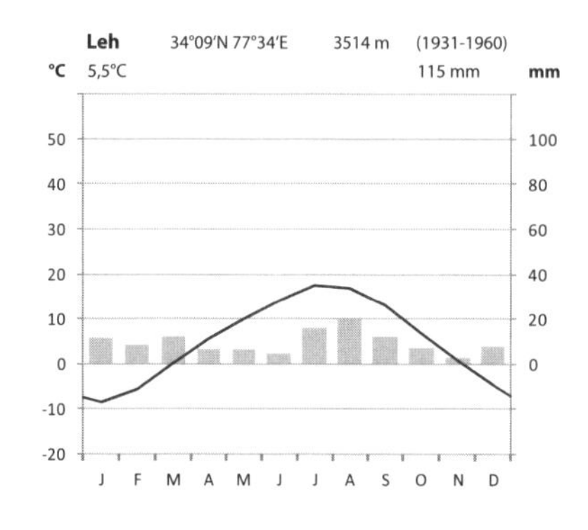


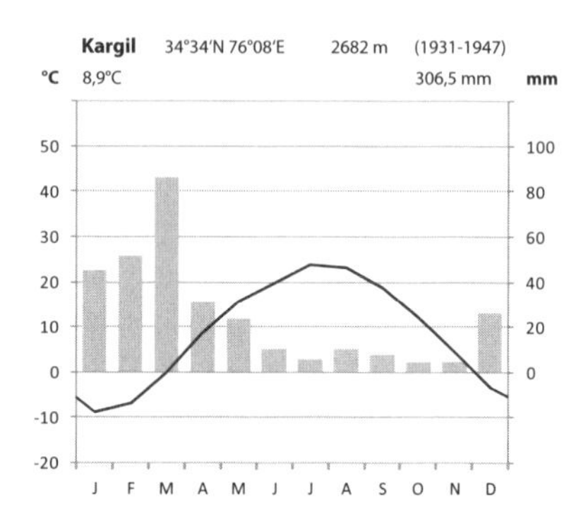


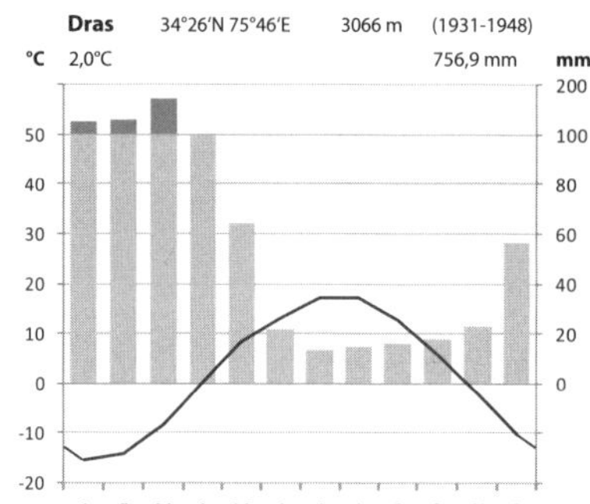


Daten: India Meteorological Department (GoI/IMD1967)
Entwurf: J. Dame

*Abb. 7: Klimadiagramme der Stationen Leh, Kargil und Dras*

*moved west-northwest towards Ladakh"* (http://ladakhflood.org/key-info/about/, letzter Zugriff: 28.09.2010). Siehe hierzu auch die Studie von THAYYEN et al. 2013.

8 WEIERS hält fest, dass „im Sommer weit im Lee der Himalaya-Hauptkette heftige Niederschläge in zeitlicher Koinzidenz mit starker Monsunaktivität im Tiefland auftreten können. Sie sind nicht monsunal im Sinne der gebräuchlichen Definitionen, sondern monsunbeeinflusst und von der westlichen Zirkulation mitgesteuert. (…) Sommerniederschläge können aber durchaus auch infolge lokal begrenzter konvektiver Schauer auftreten, ohne dass eine typische synoptische Konstellation vorliegen muss." (1998: 100–101).

Die Klimastation in Leh in einer Höhe von 3.514 m ist die einzige derzeit betriebene öffentliche Station in Ladakh.[9] Zusätzlich liegen für Dras und Kargil ältere Datenreihen vor.[10] Einschränkend ist jedoch festzuhalten, dass es sich in allen Fällen um Talstationen handelt, die keine verlässlichen Aussagen zum thermisch-hygrischen Höhengradienten und zur Situation in den Höhenlagen erlauben. Auch für mesoklimatische Varianzen können aufgrund der geringen Zahl an Klimastationen im Untersuchungsgebiet keine genauen Aussagen getroffen werden.

Die genannten Klimaparameter vermitteln lediglich einen Eindruck von den Gegebenheiten in den Talniederungen Zentral-Ladakhs im Bereich der Indus-Ebene bei Leh (Tab. 4; Abb. 7). Sie verdeutlichen die ausgeprägte Aridität mit einem schwachen Niederschlagsmaximum im August (GoI/IMD 1967; vgl. MIEHE et al. 2001; ARCHER & FOWLER 2004: 55)[11]. Die Niederschlagsmengen unterliegen starken interannuellen Schwankungen, so dass die Datenreihe für 1973–2008 im Gegensatz zu den offiziellen Angaben des *India Meteorological Department* (IMD) ein Niederschlagsmaximum im Januar aufweist (Tab. 4). Extremwerte langjähriger Messungen (Beobachtungszeitraum von 80 Jahren, GOI/IMD 1967) belegen hingegen ein absolutes Niederschlagsmaximum im August 1933 von 111,5 mm sowie einen 24-Stunden-Höchstwert von 51,3 mm am 22. August 1933. In den Höhenlagen tritt häufig Schneefall auf, der als Neuschnee bzw. als Wolkenbildung über den Gebirgskämmen zu beobachten ist und zur Ausbildung und Speisung der Gletscher führt. Die Schneeakkumulation in Höhenlagen bei gleichzeitiger Trockenheit im Tal ist durch lokale Windsysteme begründet („Troll-Effekt"). Bedingt durch die ausgeprägte thermische Konvektion verdunsten Niederschläge im Sommer, bevor sie die Talsohle erreichen.

Die Temperatur unterliegt extremen diurnalen und jahreszeitlichen Schwankungen. Bei einer mittleren Jahrestemperatur von 5,5°C schwanken die monatlichen Durchschnittswerte zwischen 17,5°C für den Monat Juli und - 8,4°C für den Monat Januar. Neben der saisonalen Varianz ist die Tagesamplitude ausgeprägt (Tab. 4). Das mittlere Minimum des kältesten Monats Januar liegt bei - 19°C, während das mittlere Maximum des wärmsten Monats Juli 29.8°C erreicht. Die Klimastation in Leh hat historische Extremtemperaturen von - 28,3°C (Tiefstwert

9 Vgl. http://metnet.imd.gov.in/imdmon/ letzter Zugriff: 14.10.2010. Die Station befindet sich am Flughafen der Distrikthauptstadt. Die Daten werden von der indischen Luftwaffe erhoben und nicht detailliert veröffentlicht. Die hier vorliegenden Angaben (GERES, unveröffentlicht) konnten daher nicht auf Konsistenz geprüft werden, so dass die Darstellung für die Zeiträume 1931–1960 sowie 1973–2008 getrennt ist.

10 Siehe auch WEIERS (1998) und MIEHE et al. (2001) zu den generellen Problemen der Klimadatenverfügbarkeit in den Gebirgsregionen Hochasiens.

11 Die Einzelwerte verschiedener Publikationen variieren, was auf unterschiedliche Beobachtungszeiträume und evtl. auch Datenquellen zurückzuführen ist (MÜLLER 1996; MIEHE et al. 2001; ARCHER & FOWLER 2004). Die neuere Datenreihe von GERES (Tab. 4) wurde aus Messdaten der Klimastation am Flughafen von Leh zwischen 1973 und 2008 berechnet. Sie gibt eine Durchschnittstemperatur von 7,5°C und eine Niederschlagssumme von 78,4 mm an (zu diesen Daten siehe auch: *„Proceedings of the seminar „Energy and climate change in cold regions of Asia*", Leh 2009. Abrufbar unter: http://geres.eu/en/studies/131-energy-and-climate-change-in-cold-regions-of-asia, letzter Zugriff: 15.10.2010).

am 11.01.1899) sowie von 33,9°C (Höchstwert am 09.06.1882) aufgezeichnet (GoI/IMD 1967).

| | Jan | Feb | Mär | Apr | Mai | Jun | Jul | Aug | Sep | Okt | Nov | Dez |
|---|---|---|---|---|---|---|---|---|---|---|---|---|
| Niederschlag (mm) | 15,1 | 7,6 | 9,3 | 3,8 | 3,8 | 2,6 | 9,9 | 10,9 | 6,2 | 2,2 | 1,6 | 5,4 |
| Temp. min (°C) | -14,4 | -10,7 | -4,8 | 1,3 | 5,2 | 10,3 | 14,8 | 14,0 | 8,3 | -0,7 | -7,8 | -11,8 |
| Temp. max (°C) | -0,3 | 2,7 | 8,2 | 14,6 | 18,7 | 24,2 | 28,1 | 27,5 | 22,8 | 15,5 | 9,8 | 4,1 |

*Daten: GERES (unveröffentlicht)*

*Tab. 4: Klimaparameter der Station Leh (Flughafen) für den Zeitraum 1973–2008*

Die thermischen und hygrischen Gegebenheiten bedingen die kurze Vegetations- und Anbauperiode, die auf die Monate zwischen Mai und September begrenzt ist. In Abhängigkeit von der Höhenlage unterscheiden sich die Potentiale und Höhenanbaugrenzen für die verschiedenen Anbaufrüchte und Obstbaumkulturen. Während in der Mehrheit der Oasensiedlungen die klimatischen Bedingungen nur eine Einfachernte erlauben, sind in einigen tiefer gelegenen Ortschaften Doppelernten möglich.

Das Abflussverhalten der Bäche und Flussläufe Ladakhs ist durch ein glazial-nivales Abflussregime charakterisiert, das durch Schnee- und Gletscherschmelzwasser gespeist wird. Messungen in der Ortschaft Gangles im oberen Leh-Tal zeigen ein ausgeprägtes Sommermaximum auf (THAYYEN & GERGAN 2010). Das Einsetzen der Schneeschmelze ist für die Wasserverfügbarkeit zur Kultivierung der Bewässerungsflächen ein kritischer Faktor (Kap. 6.1.1). Für die Ausaperung von Gletschern und Schneedecken ist neben der Temperatur auch die Exposition entscheidend. Eine Variabilität des Abflussgangs birgt unter den ariden Bedingungen ein hohes Anbaurisiko. Besonders in den Ortschaften, die ihr Wasser ausschließlich aus temporären Schneedecken und nicht aus Gletschern erhalten, ist die winterliche Akkumulation entscheidend. Kritisch wirken sich auch Phasen mit anhaltender Wolkenbedeckung und Schlechtwetterperioden mit geringen Temperaturen aus, da sie die Ausaperung und somit die Wasserverfügbarkeit reduzieren.

Im Hochgebirge birgt die hohe tektonische und geomorphologische Aktivität in Interaktion mit klimatischen Prozessen ein spezifisches Naturgefahrenpotential (vgl. z. B. HEWITT 2010). Gravitative Massenbewegungen sind weit verbreitet, wie das vergleichsweise häufige Auftreten von Bergstürzen und resultierenden Schutthalden sowie Hangrutschungen belegt. Die Region ist zudem immer wieder von extremen Niederschlagsereignissen getroffen, die zur Auslösung von Murgängen und Sturzfluten führen können.[12] Solche Schlamm- und Sturzfluten zerstören meist Brücken und Feldflur, wie beispielsweise 2006, als sowohl Leh als auch das Untersuchungsdorf Igu betroffen waren. Zwei Jahre später ereigneten sich Extremniederschläge mit Auswirkungen auf die Ortschaften Rizong und Yangthang, bei denen auch die Straßenbrücke nach Hemis Shukpachan zerstört wur-

12 Über Starkregenereignisse in der Vergangenheit berichtete beispielsweise STEWART (1869: 215): „ (…) *in 1867 a moderate [rain]fall brought down some dozen of houses in the city.*“

de. Zuletzt wurde Ladakh am 5. und 6. August 2010 von Starkregenereignissen überrascht, die zu Überschwemmungen und Murgängen mit katastrophalen Folgen führten. Durch die intensiven Niederschläge wurden große Mengen wenig verfestigter Sedimente und Schuttmaterial mobilisiert. Die Schäden an Personen, Gebäuden, Flurfläche und Infrastruktur erreichten eine in der Region bis dahin nicht gekannte Dimension (DAME 2010). Als ein zunehmendes Risiko werden außerdem *glacial lake outburst floods* (GLOF, ausbrechende Gletscherseen) bewertet (HEWITT 2010). Durch verstärkten Gletscherrückzug können vermehrt Eisstauseen in Zungenbecken und Ablationstälern entstehen, die bei einem Dammbruch ein Gefährdungspotential für die Siedlungen und Überschwemmungsrisiko für die Hauptfluter darstellen.[13]

### 4.1.3 Gletscher als Wasserspeicher

Die hydrologische Bedeutung der Hochgebirge ist sowohl für die Bereitstellung von Trinkwasser als auch von Wasser für die landwirtschaftliche und nichtagrarische Nutzung zentral. In ihrer Funktion als „Wassertürme" sind die Bergregionen nicht nur für die Gebirgsbevölkerung, sondern auch für die Bevölkerung im Tiefland entscheidend (MESSERLI 2004; VIVIROLI et al. 2007). Insbesondere Gletscher sind im regionalen Hochgebirgskontext als Wasserspeicher neben saisonalen und perennierenden Schneefeldern für die Trinkwasserversorgung, die Produktion von Nahrungsmitteln im Bewässerungsfeldbau und weitere Nutzungsformen unerlässlich.[14]

Im Untersuchungsgebiet sind sowohl schuttbedeckte als auch weitgehend schuttfreie Blankeisgletscher anzutreffen. Neben großen Talgletschern (z. B. der Drung Drung- und der Parkachik-Gletscher in Zanskar, die Gletscher im nördlichen Bereich des Kang Yatze-Massivs) dominieren kleine Kargletscher in der Ladakh- und der Zanskar-Kette mit Oberflächen von 0,5 – 2 km² (BURBANK & FORT 1985; SCHMIDT & NÜSSER 2012). Diese sind an nordwest- oder nordostexponierten Hängen in Höhen von über 5.100 m lokalisiert. Nach BURBANK & FORT (1985) liegt die rekonstruierte Schneegrenze (*equilibrium line altitude*, ELA) dieser Gletscher bei 5.200 m bis 5.400 m Höhe. An südexponierten Hängen kommen perennierende Schneedecken, Firn und Eisfelder mit einer Oberfläche von unter 0,5 km² vor. Die Massenakkumulation erfolgt durch Schneefall, aber auch unterhalb der klimatischen Schneegrenze durch Umlagerung in Form von Schneeverwehungen und Lawinen.

Die Dependenz der Bewässerungslandwirtschaft von den Gletschern als hydrologische Ressource erhält im Kontext des globalen Klimawandels weitere Relevanz. Zu den kritischen Auswirkungen des Klimawandels zählen Veränderungen

13 Historische Berichte belegen solche Ereignisse im Nubra- und im Shyok-Tal im 19. Jahrhundert (CUNNINGHAM 1854: 103–108).

14 Die Bedeutung von Permafrostschmelze als Wasserressource ist für Ladakh bislang unerforscht.

der Wasserverfügbarkeit und deren Folgen für die Nutzung der Wasserressourcen, so dass Anpassungen von Landnutzungs- und Ernährungssicherungsstrategien erforderlich werden (z. B. GREGORY et al. 2005; VIVIROLI et al. 2011). Während bisherige Studien auf einen grundsätzlichen Gletscherrückgang im Himalaya-Bogen hinweisen, bestehen nach wie vor Datenlücken für bestimmte Teilregionen (z. B. HEWITT 2005; BHAMBRI & BOLCH 2009).

Das Verhalten der Gletscher im westlichen Himalaya zeigt insgesamt eine differenzierte Reaktion, mit einem generellen Gletscherrückzug, aber auch stabilen sowie einzelnen vorstoßenden Gletschern. Speziell für die Region Ladakh liegen nur wenige Publikationen zur rezenten Gletscherdynamik vor. Die Ergebnisse dieser fernerkundungsbasierten Arbeiten deuten auf einen generellen Trend des Gletscherrückzugs im Untersuchungsgebiet hin, wobei einzelne Gletscher durch Vorstöße von diesem Muster abweichen (KAMP et al. 2011; PANDEY et al. 2011; SCHMIDT & NÜSSER 2012). Anhand von Analysen der Gletscherlängen wurde ein Rückgang seit 1975 aufgezeigt, der vermutlich auf die Auswirkungen eines Niederschlagsrückgangs und erhöhte Temperaturen im Kontext des globalen Klimawandels zurückzuführen ist (KAMP et al. 2011: 386). Allerdings ist besonders in der letzten Dekade an ausgewählten Gletschern auch ein stabiles Verhalten oder ein Gletschervorstoß zu beobachten. In der Diskussion um Stabilität und Veränderung der Gletscher in Ladakh wird daher Bezug auf die im zentralen Karakorum beobachtete Anomalie von Gletschervorstößen genommen (HEWITT 2005; SCHMIDT & NÜSSER 2009).[15]

### 4.1.4 Höhenstufen der Vegetation

Die klimatischen Faktoren sind für das horizontale und vertikale Verbreitungsmuster der Vegetation von wesentlicher Bedeutung.[16] Die Vegetationsverbreitung ist im Hinblick auf die Weidenutzung und die Verfügbarkeit von Wildpflanzen, die als Nahrungsmittel genutzt werden, im Rahmen der vorliegenden Studie von Interesse. Aufgrund der ausgeprägten Trockenheit, die andere naturräumliche Einflussfaktoren überlagert, ist Ladakh durch die artenarme Flora einer Hochgebirgswüste geprägt. Der von SW nach NO verlaufende Niederschlagsgradient im Karakorum und westlichen Himalaya beeinflusst die großräumigen Verteilungsmuster der Vegetation entscheidend, da mit zunehmender Aridität eine generelle Abnahme der Diversität der Flora einhergeht (SCHICKHOFF 1995; HARTMANN 2009). Spezialstandorte stellen die Fluss- und Bachläufe sowie die Feuchtgebiete auf dem Hochplateau von Changthang dar.

15 HEWITT (2005) postuliert, dass durch Klimaveränderungen und die Vertikalität des Niederschlagsregimes im Hochgebirge vermehrt Niederschläge in den höheren Lagen der Gebirgsketten fallen, wodurch im Sommer eine verstärkte Akkumulation induziert wird. Es ist anzunehmen, dass diese klimatischen Prozesse nicht nur für den Karakorum gelten, sondern sich auch auf Ladakh auswirken (KAMP et al. 2011).

16 Eine erste umfassende Darstellung der großräumigen Vegetationsmuster in Hochasien lieferte SCHWEINFURTH (1957) mit einer Karte der Vegetationsverbreitung im Maßstab 1:2.000.000.

Ladakh liegt im Einflussbereich verschiedener phytogeographischer Regionen, die im Indus-Tal aufeinander treffen (DICKORÉ 1995; DICKORÉ & MIEHE 2002; KLIMEŠ & DICKORÉ 2005). Hier überschneiden sich die sino-himalayische und die zentralasiatische Florenregion (tibetanische Subregion).[17] Zusätzlich sind vor allem im westlichen Ladakh (Dras) einzelne Vertreter der irano-turanischen Florenregion vorzufinden. Generell dominieren Arten mit großem Verbreitungsgebiet bei gleichzeitig geringer Anzahl an Endemiten.[18] Hinsichtlich des Artenreichtums nimmt Ladakh eine Übergangsposition zwischen dem Karakorum und dem westlichen Himalaya ein (KLIMEŠ & DICKORÉ 2005).[19]

Aufgrund der ausgeprägten Trockenheit findet man in Ladakh mit Ausnahme von Sonderstandorten keine Waldbestände. Ausnahmen hiervon sind *Salix karelinii*-Gebüsche im Suru- und Dras-Tal (HARTMANN 1983, 1990) sowie strauchförmige Birken (*Betula utilis*) bei Wakha und Mulbekh (HARTMANN 2009). Weiden- (*Salix* ssp., meist *Salix sericocarpa*) und Pappeln (*Populus* ssp.) sind typischerweise an Flussläufen und –auen sowie als Anpflanzungen in Siedlungsgebieten anzutreffen. Eine Besonderheit stellen vereinzelte Bestände von *Juniperus semiglobosa* dar, die auch für Hemis Shukpachan belegt sind (HARTMANN 1995, 2009; KLIMEŠ & DICKORÉ 2005).

Die großräumigen Vegetationsmuster werden durch die Höhenlage, Exposition und Hangneigung sowie edaphische und mikroklimatische Gegebenheiten differenziert. Die kleinräumige Variabilität der Pflanzenbedeckung wird durch lokale thermische und hygrische Verhältnisse geprägt, die die Herausbildung signifikanter Standortunterschiede bedingen. In der Hochgebirgsregion führen der horizontale Niederschlagsgradient und vertikale Veränderungen der klimatischen Verhältnisse zur Ausbildung charakteristischer Höhenstufen. Das Beispiel eines idealisierten Transekts zwischen der Stok-Kette (Stok Kangri, 6.123 m) und der Ladakh-Kette (Khardung La, 5.602 m[20]) verdeutlicht die hypsometrische Gliederung der Vegetation im Untersuchungsgebiet (Abb. 8).

17 DICKORÉ (1995) differenziert an dieser Schnittstelle die Subregion „Leh“ aus.

18 Aufgrund der veränderten Grenzsituation nach der Unabhängigkeit und damit einhergehenden Reiserestriktionen wurden bis in die 1970er Jahre (KACHROO et al. 1977; HARTMANN 1983) keine botanischen Studien durchgeführt. Eine umfassende, wenn auch unvollendete Version, der Artenliste von Klimeš „*Flora of Ladakh – a preliminary checklist*“ kann unter http://www.butbn.cas.cz/klimes/desert.html (letzter Aufruf 05.10.2010) abgerufen werden.

19 Da bislang keine vollständige Flora zu Ladakh vorliegt, schwanken die Angaben zur Gesamtartenzahl. KLIMEŠ (2003) erfasste 404 Gefäßpflanzen für das östliche Ladakh. KLIMEŠ & DICKORÉ (2005) belegen 355 Gefäßpflanzen für das westliche *Lower Ladakh* (Region Dha Hanu) und schätzen die Gesamtartenzahl auf ca. 500 Arten. Sie stimmen mit der Abgrenzung von Diversitätszonen nach DICKORÉ & MIEHE (2002) überein, die das Gebiet zwischen Chitral und der Gesamtregion Ladakh mit Zanskar und Spiti als Übergangszone zwischen Karakorum und der Hauptkette des Himalaya beschreiben.

20 Der Khardung La gilt als höchste befahrbare Straße der Welt. Offiziellen indischen Angaben zu Folge erreicht die Passhöhe 5.602 m. Diese Angabe weicht jedoch von eigenen Messungen des Südasien-Instituts um mehr als 200 m nach oben ab (vgl. auch HARTMANN 1999: 174).

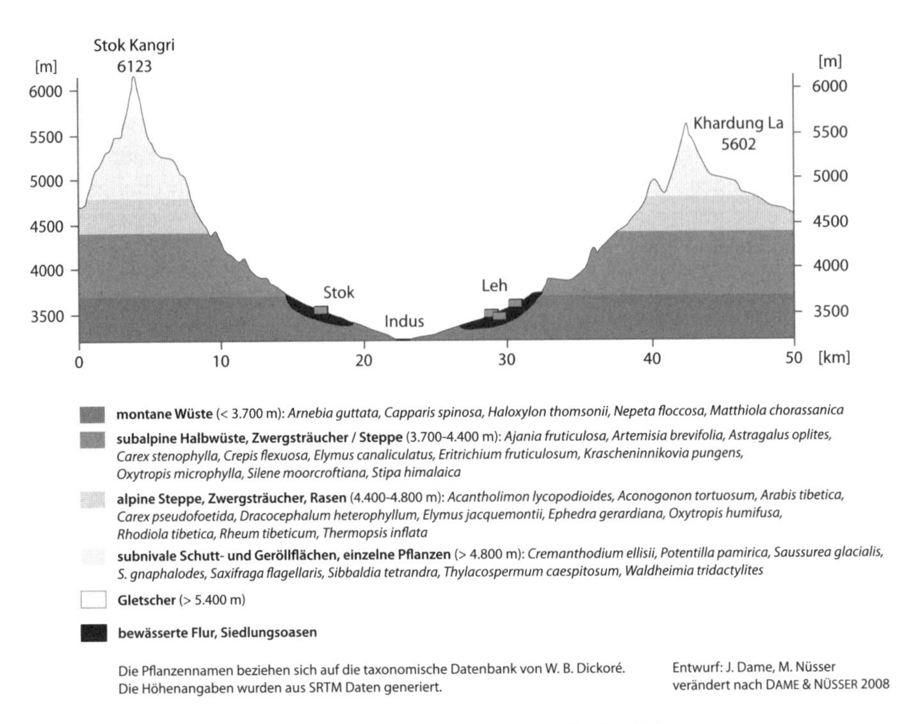


*Abb. 8: Höhenstufen der Vegetation am Beispiel eines Transekts bei Leh*

Bis zu einer Höhe von 3.700 m ist die aride Talstufe durch Wüstenvegetation[21] und das Fehlen einer montanen Waldstufe gekennzeichnet. Die subalpine Stufe (3.700–4.400 m) wird durch subalpine Steppen und Halbwüstengesellschaften dominiert. Charakteristisch sind *Artemisia brevifolia*-Zwergstrauchsteppen. Auch für die alpine Stufe (4.400–4.800 m) sind neben alpinen Rasen Zwergsträucher und Steppen kennzeichnend. Während in dieser Höhenstufe die Rasen zwar lückig, aber großflächig zusammenhängend sind, ist die Vegetation der subnivalen Schutthalden und Geröllflächen (> 4.800 m) durch einzelne Polster, Teppiche oder Horste gekennzeichnet. Blütenpflanzen sind in diesem Bereich nur noch vereinzelt an Spezialstandorten anzutreffen.[22] Im Gebiet von Leh und Stok wird die Schneegrenze bei etwa 5.400 m erreicht (DICKORÉ 1995).

21 Zur Verwendung und Abgrenzung der Begriffe Wüste und Halbwüste siehe HARTMANN (1995:374–376). Er unterscheidet Wüsten von Halbwüsten und Steppen aufgrund des Deckungsgrades. Während Hartmann in seinen frühen Publikationen zunächst den Begriff Halbwüstenvegetation nutzte (HARTMANN 1983), bevorzugt er in späteren Publikationen den Terminus Wüstenvegetation (1995, 1997, 2009).

22 Aufgrund der Reisebestimmungen für Ausländer sowie der Topographie liegen bis heute wenige Kenntnisse zur Flora, v. a. entlang von Straßen sowie in niedrigen und mittleren Höhen, vor (KLIMEŠ & DICKORÉ 2005, HARTMANN 2009).Ein Überblick über die regionale Vegetationsverbreitung unter Vorstellung typischer Pflanzengesellschaften findet sich in den

Die natürliche Vegetation unterliegt dem anthropogenen Einfluss in vielfältiger Weise. In der subalpinen Wüstenstufe finden sich Siedlungsoasen, in denen angelegte Bewässerungsinfrastruktur den Anbau von Kulturpflanzen ermöglicht (Kap. 6). Wichtige Weidegründe sind auch die Hochweiden *(phu)*, so dass besonders die Vegetation der alpinen Stufe Beweidung durch Galtvieh ausgesetzt ist. In der Region Rupshu-Changthang im südöstlichen Ladakh ist die Vegetation durch die Viehwirtschaft nomadischer Gruppen beeinflusst (NAMGAIL et al. 2007). Über die Sammelwirtschaft wird ein Teil des Bedarfs an Brennmaterial und Bauholz gedeckt: Zwergsträucher wie *Artemisia* und *Tanacetum* (HARTMANN 1999) werden als Brennmaterial genutzt. Für den Hausbau finden vor allem Pappeln und Weiden Verwendung sowie der Tibeter Ziest (*Stachys tibetica*), der als Isoliermaterial eingesetzt wird (HARTMANN 1999). Weitere Beispiele sind die Nutzung als Zaunmaterial und die Verwendung stacheliger Äste als Schutz vor Vieheintritt auf Mauern sowie zur Herstellung von Gebrauchsgegenständen wie Körben oder Geräten. Darüber hinaus wird eine Vielzahl von Pflanzen für religiöse Zwecke, als Heilmittel und als Nahrungsmittel genutzt (Kap. 5.3).

## 4.2 POLITISCH-HISTORISCHE EINORDNUNG UND ADMINISTRATIVE ENTWICKLUNG VOR DER INDISCHEN UNABHÄNGIGKEIT

Aufgrund der kulturellen Einflüsse aus Tibet mit der Verbreitung des Buddhismus wird Ladakh heute, wie eingangs erläutert, auch durch die Darstellung als „Klein-Tibet" geprägt. Auch wenn die Region nur bis zum Ende des 9. Jahrhunderts Teil des tibetischen Großreiches war, zeigt die wechselvolle historische Entwicklung bis zur indischen Unabhängigkeit vielfältige politische und ökonomische Beziehungen zwischen Ladakh und Tibet auf. Bis heute zeugen zahlreiche Klosteranlagen und der die Altstadt von Leh überragende ehemalige Königspalast von diesen Einflüssen und der Blütezeit des ladakhischen Königreichs. Nach der Invasion der Dogra-Armee aus Jammu (1834) stand das vormalige Königreich Ladakh bis zur indischen Unabhängigkeit unter Fremdherrschaft. Mit der Einbindung in den *Princely State of Jammu and Kashmir* waren administrative Reformen verbunden, von denen insbesondere die Anlage eines Bodenkatasters zu Beginn des 20. Jahrhunderts, bis heute maßgeblich ist. Zugleich stieg die geostrategische Bedeutung der Region im Zuge der Ausweitung des britischen Einflusses. Neben Sekundärquellen sind Ergebnisse aus qualitativen Interviews, vor allem mit den zuständigen Mitarbeitern der Katasterbehörden *(patwari)* sowie Daten aus den Archivstudien in die Darstellung eingeflossen.

ausführlichen Arbeiten von HARTMANN (1983, 1987, 1990, 1995, 1997, 1999, 2009), der zwischen 1976 und 1997 sechs botanische Exkursionen nach Ladakh durchgeführt hat. Für eine kartographische Übersicht der Aufnahmen siehe HARTMANN (2009: 17).

### 4.2.1 Historische Entwicklung bis 1834: Das Königreich Ladakh als unabhängiger Himalaya-Staat

In der frühen Geschichte Ladakhs wird deutlich, dass die Region bereits vor dem 19. Jahrhundert ein wichtiger Durchgangsort im Transhimalaya-Handel und zugleich an den Großkontinent angebunden war. Da für die vorliegende Fallstudie ausschließlich buddhistische Dörfer ausgewählt wurden, werden an dieser Stelle auch Grundlagen zur Verbreitung des Buddhismus in Ladakh angesprochen. Auch gegenwärtige Territorialansprüche sind das Ergebnis historischer Entwicklungen, die sich bis in diese frühe geschichtliche Phase zurückverfolgen lassen.

*Frühe Geschichte: Verbreitung des tibetischen Buddhismus in Ladakh*

Da die Hauptquelle zur Geschichtsschreibung Ladakhs, die Schrift *la-dvags rgyal-rabs* (Die Chroniken Ladakhs), vermutlich erst im 17. Jahrhundert (PETECH 1977: 2) zusammengestellt und in der Folgezeit bis zum Ende des Königreichs fortgeschrieben wurde, gibt es zur frühen Geschichte nur wenige Quellen und Hinweise.[23] Steininschriften in der Nähe von Khaltse werden auf die Zeit des Kusana-Reichs zurückgeführt und damit dem 1. oder 2. Jahrhundert n. Chr. zugeordnet (PETECH 1977: 6–7).[24] Es wird davon ausgegangen, dass es sich bei den ersten Einwohnern Ladakhs um Darden handelte, eine indo-arische Gesellschaftsgruppe, die bis heute als Minorität (*brogpa*) in den Ortschaften Dha und Hanu anzutreffen ist. Auch die buddhistische Religion soll zuerst zu Beginn des Kusana-Imperiums nach Ladakh gekommen sein. Allerdings konnte sie sich zunächst nicht in der Region etablieren. Stattdessen war Bön (*bon*) verbreitet.[25] Hierbei handelte es sich um verschiedene Kulte, religiöse Praktiken und Glaubensvorstellungen. Bis heute werden in Ladakh unterschiedliche Glaubensvorstellungen praktiziert, die auf eine Assimilation von Ritualen des *bon* zurückgeführt werden und sich beispielsweise in der Verehrung spezifischer Schutzgottheiten zeigen.

Die heutigen Regionen Ladakh und Baltistan wurden im späten 7. oder beginnenden 8. Jahrhundert Teil des tibetischen Großreichs, welches in seiner Hochphase in seiner westlichen Ausdehnung bis Gilgit und im Norden bis Khotan und Kashgar reichte.[26] In dieser Periode erlebte auch der Buddhismus eine Blütezeit

23 Es existieren verschiedene Versionen des Manuskripts der Chroniken. Zudem sind zahlreiche Lücken und Unstimmigkeiten in dieser Geschichtsschreibung enthalten (FRANCKE 1907, 1926; PETECH 1939, 1977; siehe auch BRAY 2005).

24 Weitere Steingravuren bei Mulbekh, Dras und Changspa werden je nach Autor auf das 6.–10. Jahrhundert datiert (FRANCKE 1907; LUCZANTIS 2005).

25 Die Anfänge des auch als Schamanismus bezeichneten *bon* gehen vermutlich bis auf 1000 v. Chr. zurück. *Bon* hat sich in vielfältiger Weise auf die tibetische Kultur ausgewirkt (BESCH 2006: 46). Siehe auch SAMUEL (1993).

26 LUCZANTIS (2005: 66) gibt für die Eroberung der Region durch die Tibeter das Jahr 663 an, basierend auf BECKWITH (1987), während PETECH (1977: 9–10) postuliert, dass die Eroberung erst 720/721 erfolgte.

(KVAERNE 2007: 253). Bis heute verbindet Ladakh eine sprachliche und kulturelle Nähe zu Tibet, auch wenn Ladakh nach dem Mord an dem tibetischen König *Lang Darma* im Jahr 842 und dem folgenden Niedergang des tibetischen Reichs nie wieder direkt der politischen Führung in Lhasa unterstand.[27]

Um 950 n. Chr. wurde das westliche Tibet im Zuge einer Erbfolge in das obere Ladakh (*Mar-yul*), Guge und Purang, sowie Zanskar und Spiti aufgeteilt und damit das ladakhische Königreich gegründet (PETECH 1977; BRAY 2005).[28] Ab dem Ende des 10. Jahrhunderts konnte sich nun in Ladakh die Verbreitung der buddhistischen Lehre durchsetzen (DOLLFUS 1989b: 77). Die Herrschaftsgewalt des Königs *(gyalpo)* als Feudalherrscher über Ladakh wurde mit der Aufgabe legitimiert, den Buddhismus zu schützen und voranzutreiben. Allerdings blieb den Mitgliedern der Adelsfamilie das Privileg vorbehalten, öffentliche Ämter zu bekleiden. Führende Mönche wurden zugleich von den weltlichen Herrschern als Berater eingestellt (BRAY 1991; SCHWIEGER 1997).[29] Auch nach Aufteilung des westlichen Tibets unterhielt Ladakh mit Tibet religiöse und politische Beziehungen, die unter anderem zur Gründung von Klöstern auf ladakhischem Territorium führten (BRAY 2005). So gehen zahlreiche Klöster und Tempelanlagen auf die in diese Zeit fallende „zweiten Ausbreitung der Lehre“ im 10. und 11. Jahrhundert zurück (KVAERNE 2007: 306).[30] In der Folgezeit etablierte sich der Buddhismus in der Region und der gesellschaftliche Einfluss der Mönchsgemeinschaften wuchs. Aufgrund der engen Beziehungen zwischen dem Königshaus und den Klöstern, wurden diese bis zur Invasion der Dogra vorteilhaft behandelt (Kap. 4.2.2).

Zwischen dem 10. und 16. Jahrhundert waren die politischen Strukturen durch wechselnde Territorialansprüche und das Expansionsstreben einzelner Fürstentümer und Stammesfürsten geprägt.[31] Die Grenzen des ladakhischen Königreichs veränderten sich im Verlauf der folgenden Jahrhunderte und schlossen teilweise West-Tibet mit ein. Mehrfach zogen Armeen der benachbarten Fürstentümer durch Ladakh (PETECH 1977). Auch die Beziehungen zum westlichen Nachbarn

27 Neben der tibetischen Sprache gewann bereits ab dem 16. Jahrhundert Persisch als Handelssprache an Bedeutung (BRAY 2005; GHANI SHEIK 2010). Heute werden zudem Urdu (Sprache des Bundesstaates Jammu und Kaschmir), Hindi und Englisch in den Schulen gelehrt.

28 Diese Region wurde unter dem Namen *Nga'ris-skor-gum* zusammengefasst (BRAY 2005: 6). Der Herrschaftssitz war in der Ortschaft Shey. Von den Mogulen wurde Ladakh *Tibet-i-Kalan* („Großes Tibet“) genannt, während Baltistan als *Tibet-i-Khurd* („Klein Tibet“) bezeichnet wurde (GHANI SHEIK 2007; siehe auch SCHMIDT 2004: 20). VIGNE (1844) bezeichnete hingegen Baltistan als *Little Tibet* und Ladakh als *Middle Tibet*.

29 Da die politischen Herrscher als laizistische Personen von den lamaistischen Klöstern unabhängig blieben, konnten sich unterschiedliche buddhistische Schulen in Ladakh verbreiten (DOLLFUS 1989b: 78–79; siehe auch KVAERNE (2007: 260–263) und FREIBERGER & KLEINE (2011: 356–363).

30 Beispielsweise wird die Anlage von Alchi dieser Zeit zugeschrieben (DOLLFUS 1989b: 78; BRAY 2005: 9).

31 In Ladakh hat es vermutlich mehrere lokale Herrscher gegeben, die dem König als Vasallen untergeordnet waren (RIZVI 1996; BRAY 2005).

Baltistan[32] waren einerseits durch wirtschaftliche Austauschbeziehungen, aber andererseits durch wiederkehrende Überfälle und Feldzüge geprägt (GHANI SHEIK 1998, 2010; SCHMIDT 2004).[33]

### *Blütezeit und Niedergang des ladakhischen Königreichs*

Die Blütezeit des ladakhischen Königreichs setzte zu Beginn des 17. Jahrhunderts, der Zeit der Namgyal-Dynastie, ein. Der Wohlstand des Königreichs gründete auf dem florierenden Paschmina-Handel (Kap. 4.2). Unter *gyalpo* Sengge Namgyal (1616–1642) erreichte das Herrschaftsgebiet mit seinem Machtzentrum im oberen Indus-Tal seine maximale Ausdehnung. Sengge Namgyal hatte 1630 das westliche Tibet mit den Regionen Rudok, Guge und Purang erobert und in der Folge Zanskar sowie Lahul annektiert. Während seiner Herrschaft wurden weitere Klöster und der Königspalast in Leh erbaut (Foto 3), der die wachsende Bedeutung Ladakhs als Handelsmacht und seine gefestigte strategische Position symbolisierte (RIZVI 1996: 69).

Doch die intensive Bautätigkeit führte nach PETECH (1977: 79–80) zu einer Schwächung der ökonomischen Situation, die als ein Grund für den Niedergang des Königreichs interpretiert werden kann. Diese wurde verschärft, als König Sengge Namgyal den Durchzug von Handelskarawanen auf seinem Territorium infolge eines gescheiterten Expansionsversuches nach Purig, der von den Mogul-Truppen zurückgeschlagen worden war, unterband (PETECH 1977: 51; GHANI SHEIK 2007).[34] Nach dem Tod Sengge Namgyals war die Vormachtstellung Ladakhs gebrochen. Das Königreich wurde schließlich nach einem Interregnum in drei Gebiete aufgeteilt: Guge, Zangskar mit Spiti sowie das Gebiet des oberen und unteren Ladakh, welches dem Sohn Deldan Namgyal zugesprochen wurde. Um einen weiteren Krieg mit den Moguln unter Aurangzeb zu verhindern, reiste Deldan Namgyal nach Kaschmir, wo er die Oberherrschaft des Moguls und den Islam anerkannte. Der *gyalpo* wurde dabei unter anderem zum Bau einer Moschee und zu jährlichen Tributzahlungen verpflichtet.[35] In diesem Zusammenhang wurde

32 Baltistan stand seit 1637 unter Vorherrschaft des Mogul-Herrschers aus Lahore (PETECH 1977: 50).

33 Erwähnenswert ist die Invasion des baltischen Herrschers aus Skardu Ali Sher Khan (auch: Ali Mir), die in der Chronik *La-dvags rgyal-rabs* als verheerend beschrieben wird (PETECH 1977: 33–34). In Baltistan kam es zur Hochzeit des ladakhischen Königs Jamyang Namgyal mit Gyal Katun, der Tochter Ali Mirs. Ihr Erstgeborener war Sengge Namgyal. Doch bereits unter Ali Sher Khans Nachfolger verlor Baltistan die Vorherrschaft über Ladakh (PETECH 1977: 34).

34 Der Handel erfolgte aufgrund der Handelsblockade über alternative Routen, die über Patna und Nepal nach Lhasa bzw. von Kaschmir über Skardu und Shigar nach Kashgar führten (PETECH 1977: 51).

35 Die erste sunnitische Moschee in Leh wurde daraufhin in den Jahren 1666 bis 1667 errichtet. Der Islam ist seit dieser Zeit in Ladakh verbreitet. Für einen Überblick sei an dieser Stelle auf GHANI SHEIK (2010) verwiesen. Heute ist die Bevölkerungsmehrheit im Distrikt Leh buddhistisch, während im Nachbardistrikt Kargil die Bevölkerungsmehrheit muslimisch ist. Auf die

vermutlich auch die seit 1639 bestehende Handelsblockade aufgehoben (PETECH 1977: 63–66).

Die kurze Epoche des ausgeweiteten ladakhischen Einflusses in der Region endete durch einen Konflikt zwischen Tibet, Ladakh und dem Mogulreich endgültig. Nachdem die Beziehungen zwischen Ladakh und Tibet bereits seit der Regierungszeit Sengge Namgyals geschwächt waren, wurde schließlich eine Allianz zwischen Ladakh und dem mit Lhasa zerstrittenen Bhutan zum Auslöser des Krieges im Jahr 1681. Erst nachdem sich König Deldan Namgyal nach einem mehrjährigen Stellungskrieg entschied, den kaschmirischen Mogulherrscher Ibrahim Khan um Hilfe zu bitten, konnten die ladakhisch-mogulischen Truppen 1683 die Tibeter zurückdrängen (AHMAD 1968: 66–75; siehe auch PETECH 1947, 1977). Im Friedensvertrag von Temisgang (1684) vereinbarten die Kriegsparteien Tributzahlungen der Ladakhis an die Tibeter und den Mogulregenten. Wirtschaftliche Auswirkungen hatte die Vergabe des lukrativen Monopols auf den Export von Paschmina-Wolle und den Transithandel an den Mogulherrscher (Kap. 4.3.2). Der Vertrag beinhaltete außerdem die Rekonvertierung der ladakhischen Könige zum Buddhismus (PETECH 1977: 75–76). Zudem wurden die genauen Austauschbeziehungen zwischen Leh und Tibet im Rahmen der *lopchak*- und *chapa*-Handelsmissionen für die folgenden 160 Jahre festgelegt. Das ladakhische Territorium hatte nunmehr in etwa die heutige Ausdehnung.[36] Die historischen Ereignisse bis zur Invasion der Dogra 1834 hatten keine weitreichenden Auswirkungen (PETECH 1977; GHANI SHEIK 2007).[37]

### 4.2.2 Ladakh unter Fremdherrschaft: Invasion der Dogra und Einbindung in den *Princely State of Jammu and Kashmir*

Mit der Unterwerfung Ladakhs durch die Dogra wurde das Ende der Monarchie besiegelt und die Geschichte der Region fortan eng mit der Geschichte Indiens verknüpft. Nach einer kurzen Zeit unter der direkten Herrschaft der Dogra weiteten die Briten im Zuge des *Great Game* ihren Einfluss in Ladakh aus. Als Teil des *Princely State of Jammu and Kashmir* blieb Ladakh bis zur indischen Unabhängigkeit 1947 unter Fremdherrschaft.

jüngeren Schwierigkeiten zwischen den Religionsgemeinschaften wird in Kap. 4.5.3 eingegangen.

36 Baltistan ging an den Mogulherrscher zurück. West-Tibet (mit Rudok, Guge und Purang) fiel zurück an Lhasa, Kinnaur wurde dem mit Tibet verbündeten Raja von Bashahr zugesprochen und Lahul wurde vom Mogul an Raja Bidhi Singh aus Kulu abgetreten (GHANI SHEIK 2007: 15). Spiti kam zunächst unter die Vorherrschaft Tibets, wurde dann zunächst Kulu und erst im 18. Jahrhundert erneut dem ladakhischen König unterstellt (JAHODA 2009).

37 Zur Geschichte Ladakhs bis zur Invasion der Dogra-Armee siehe PETECH (1977: 81–137).

*Das Ende der Unabhängigkeit: Herrschaft der Dogra*

Als König Tsedpal Namgyal im Sommer 1834 zu einer Pilgerreise nach Tibet aufbrach, wurden die Ladakhis von der Invasion der Dogra[38] nach Suru überrascht. Ihr Anführer war General Zorawar Singh, der von Raja Gulab Singh eine 5.000 Mann starke Armee und den Auftrag zur Eroberung Ladakhs erhalten hatte. Gulab Singh war Machthaber in Jammu unter der Oberhoheit der Sikhs und verdankte diese Position seiner Loyalität gegenüber dem Maharaja von Lahore, Ranjit Singh. Sein Expansionsbestreben zielte auf die Kontrolle über den lukrativen Handel mit Paschmina-Wolle ab (Kap. 4.3.2). Die Dogra drangen zunächst bis nach Pashkyum vor, wo sie überwinterten. Ein von den Invasoren unterbreitetes Friedensangebot wurde von dem ladakhischen König abgelehnt.[39] Doch der Versuch der schlecht ausgebildeten Bauernmiliz, die Dogra-Armee im Frühjahr zurück zu schlagen, misslang. Stattdessen drangen die Invasoren bis nach Leh vor (PETECH 1977; HOWARD 1995; GHANI SHEIK 2007). Nach der Eroberung Lehs wurde König Tsedpal Namgyal zum Vasall des Raja degradiert und zu Reparationen und Tributzahlungen verpflichtet. Noch im selben Jahr wurde ein Aufstand in Leh von den Dogra niedergeschlagen, so dass der König schließlich gezwungen war, ins Exil zu fliehen.[40] Zur Festigung ihrer Macht errichteten die Invasoren ein Fort in Leh[41] und stationierten dort 300 Kämpfer. Zorawar Singh ernannte den *kalon* (Minister/hoher Beamter) von Leh zum „Raja“, verweigerte ihm jedoch den Titel des *gyalpo* und ließ ihn letztlich zu einer Marionette Gulab Singhs werden (PETECH 1977: 140–143).

Bis zum Jahr 1841 eroberten die Dogra Zanskar sowie Skardu und weitere Fürstentümer Baltistans (DATTA 1973; SCHMIDT 2004). Bei ihrem Einmarsch in Tibet 1841, um den Handel mit Paschmina-Wolle vollständig zu kontrollieren, erlitten die infolge des kalten Winters geschwächten Dogra jedoch eine Niederlage, bei der Zorawar Singh fiel. Nachdem die Tibeter in den folgenden Monaten die Dogra zurückdrängen konnten, schöpften die Ladakhis Hoffnung, ihre Unabhängigkeit wiederzuerlangen. Doch trotz großer Mobilisierung wurde auch dieser Aufstand gegen die Besatzer niedergeschlagen.[42] 1842 verlor Ladakh, ebenso wie das benachbarte Baltistan, endgültig seine Unabhängigkeit. Die Dynastie der

38 Die Dogra waren Rajputen aus der Region Jammu. Ihr Name wurde von *Dogirath* (zwei Seen) abgeleitet, da ihr Herkunftsgebiet im Bereich der Seen Mansar und Surinsar liegt (SCHOFIELD 2010: 6–10; DREW 1875: 43; vgl. SCHMIDT 2004: 52).

39 Das Vertragsangebot war ein Zeichen der Schwächung der Dogra-Armee während der Wintermonate. Doch die Königin hatte aufgrund von Familienbesitz in Pashkyum ihre Einwilligung zu dem Friedensangebot verweigert (HOWARD 1995: 353–354).

40 Spätere Aufstände gegen die Dogra in Zanskar und Purig (1839) wurden ebenfalls niedergeschlagen.

41 Das Fort lag zum damaligen Zeitpunkt außerhalb der Siedlung Leh. Heute ist es Teil des Stadtgebiets und wird von der indischen Armee genutzt.

42 Mit der endgültigen Annektierung nach der Absetzung des Königs wurde Ladakh in fünf Distrikte aufgeteilt: Zentral-Ladakh mit Leh sowie Nubra, Zanskar, Kargil und Dras). Sie unterstanden jeweils der Kontrolle durch einen *thanadar*, der militärische und polizeiliche Befehlsrechte hatte und gegenüber Raja Gulab Singh verantwortlich war (DATTA 1973: 38–39).

ladakhischen Könige wurde beendet.[43] Ein Friedensabkommen zwischen Jammu und Tibet von 1842 bestätigte den Grenzverlauf und erkannte somit Gulab Singhs Eroberung von Ladakh an. Es beinhaltete zudem Handelsregelungen, die u. a. die Fortführung der *lopchak*- und *chapa*-Handelsmissionen sowie die Aufrechterhaltung religiöser Verbindungen zwischen Ladakh und Tibet vorsahen (BRAY 2005).

*Ladakhs Zugehörigkeit zum Princely State of Jammu and Kashmir*

Nach dem endgültigen Sieg der Dogra 1842 unterstand die Region zunächst der direkten Herrschaft von Raja Gulab Singh. Nur vier Jahre später, nach dem ersten Krieg der *British East India Company* gegen die Sikhs, wurde der fortan bestehende *Princely State of Jammu and Kashmir,* zu dem nunmehr auch Ladakh zählte, unter britische Oberhoheit gestellt.[44] Der *Princely State of Jammu and Kashmir* erhielt für innere Angelegenheiten weitreichende Autonomie, wurde jedoch in seiner Außenpolitik von den Briten vertreten.[45] Gulab Singh, der sich im Krieg auf die Seite der Briten gestellt hatte, wurde zum ersten Maharaja des neuen Fürstenstaats ernannt (PETECH 1977; BRAY 2005).[46]

Maharaja Gulab Singh übernahm im Wesentlichen die Verwaltungsstrukturen und das Steuersystem der vormaligen Monarchen. Ein *wazir* aus Kaschmir wurde in Leh eingesetzt und mit administrativen Aufgaben, wie der Eintreibung von Steuern, betraut. Zusätzlich wurde dem Buddhismus der Status einer Staatsreligion aberkannt und eine Besteuerung der Klöster veranlasst (DATTA 1973: 39). Die Einnahmen des Staates setzten sich grundsätzlich aus Steuern und Zollabgaben zusammen. Die Grundbesitzabgaben wurden nicht auf die landwirtschaftliche Nutzfläche, sondern auf das Haus *(khang pa)* bezogen und teils als fiskalische Grundsteuer (*malia*, z. B. Silber), teils als Naturalienabgaben (*jinse*, z. B. Gerste) entrichtet.[47] Zwar waren arme Bevölkerungsgruppen von den Steuern befreit, jedoch mussten sie dafür Frondienste übernehmen. (PETECH 1977: 157–160).

Im Vertrag von Amritsar wurde außerdem festgehalten, dass eine gemeinsame Kommission zur Festlegung der chinesisch-kaschmirischen Grenze eingesetzt

43 Das zugeteilte Lehen *(jagir)* der Königsfamilie umfasst Paläste und Kulturflächen in Shey, Stok, Leh, Igu und im Nubra Tal sowie das Dorf Menser in der Nähe des Kailash. Bis 1952 behielt der König die politische Macht über die Ortschaft Stok bei Leh (PETECH 1977: 151–152; STOBDAN 1997: 481–482). Seine Nachfahren wohnen bis heute in dem dortigen Palast. Trotz des Verlusts der politischen Macht behielten der König und seine Angehörigen einen höheren Sozialstatus, was für seine Nachfahren bis heute gilt (Kap. 4.6.2). So spiegelt die Rolle des Königs bei rituellen Festen wie den Neujahrsfeiern die soziale Bedeutung wider.

44 Gleichzeitig erhielten die Briten die Kontrolle über Lahul und Spiti zurück, wie im Vertrag von Lahore (1846) festgehalten worden war (LAMB 1986: 57–58).

45 Gulab Singh und sein Sohn und Nachfolger Ranbir Singh versuchten, unter offizieller Anerkennung der britischen Oberhoheit möglichst unabhängig zu regieren (WARIKOO 1989, 2005).

46 Zugleich wurde er im Friedensvertrag von Amritsar (1846) zu jährlichen Tributzahlungen verpflichtet (BRAY & GONKATSANG 2009: 48).

47 Neben dem Hausbesitz wurden auch Großvieheinheiten besteuert. Außerdem mussten bestimmte Bevölkerungsgruppen (z. B. Eisenschmiede, Händler) Sonderabgaben entrichten.

werden sollte. Wie vorgesehen, wurde bereits 1846 eine erste *boundary commission* unter Leitung von Capt. A. Cunningham und P. A. Vans Agnew für Geländeaufnahmen eingesetzt (CUNNINGHAM 1848, 1854; HOWARD 2005).[48] Neben der Festlegung der neuen Grenzen sollte der einträgliche Paschmina-Handel geregelt werden. Die Briten befürchteten, dass Gulab Singh weiterhin Einfluss in Tibet nehmen und so die Handelsbeziehungen erschweren würde. Die Demarkation der Grenze erfolgte während dieser ersten *boundary commission* jedoch nur unvollständig, so dass 1871/1872 eine zweite Kommission eingesetzt werden musste.[49] An dieser waren Frederic Drew, als *wazir* von Ladakh für den Maharaja von *Jammu and Kashmir*, und Robert Shaw für die britische Kolonialmacht beteiligt (LAMB 1986; HOWARD 2005; WARIKOO 2005).

Die zweite *boundary commission* fiel bereits in die Zeit der ausgeweiteten Einflussnahme der britischen Kolonialmacht, die das Prinzip der indirekten Herrschaft *(indirect rule)* ausbaute. Ladakh nahm im Zuge der machtpolitischen Konstellationen des *Great Game*[50] zwischen Britisch-Indien und Russland eine wichtige strategische Position ein. Großbritannien versuchte, ebenso wie das zaristische Russland, seine Einflusssphäre in Süd- und Zentralasien zu sichern und bemühte sich daher um die Kontrolle des Handels sowie den Ausbau der Infrastruktur und der Verwaltung. Das Interesse der Briten an Ladakh verstärkte sich insbesondere ab den 1860er Jahren nach der Eroberung Turkestans durch die Russen. Die russische Expansion in Zentralasien führte dazu, dass sich Britisch-Indien vermehrt um die Wahrung seiner Einflusssphäre an den nördlichen Grenzen sorgte (WARIKOO 1989; HUTTENBACK 1995; KREUTZMANN 2002a).

Der zunehmende britische Einfluss in Kaschmir wurde auch in Ladakh spürbar. 1867 wurde erstmals ein *British Joint Commissioner* nach Leh beordert, der ab 1870 regelmäßig in den Sommermonaten entsandt wurde. Er war gemeinsam mit dem aus Kaschmir abgeordneten *wazir-i-wazarat* für Handelsfragen zuständig (RAMSAY 1890: 118 & 535).[51] Neben der Überwachung des Handelsabkommens

48 Im Folgejahr übernahmen Cunningham, Thomson und Stratchey diese Aufgabe (CUNNINGHAM 1848; THOMSON 1852; STRACHEY 1853). Eine ausführliche Beschreibung zu seinen Vermessungen am Pangong Tso legte GODWIN-AUSTEN (1884), Assistent beim *Great Trigonometrical Survey*, vor.

49 Dieser Umstand wurde in späteren territorialen Auseinandersetzungen relevant (Kap. 4.5).

50 Die beiden Großmächte Großbritannien und das russische Zarenreich waren die Hauptakteure im *Great Game* um den Einfluss in Zentralasien, Persien und Afghanistan. Aus britischer Perspektive sollten Persien, Afghanistan und Turkestan als eine Pufferzone dem Schutz Britisch-Indiens dienen. Das Zarenreich war hingegen an einer Ausdehnung seiner Einflusssphäre nach Osten und Süden interessiert. Neben Tibet war Ost-Turkestan eine entscheidende Region anglo-russischer Rivalität im Kontext des *Great Game* (KREUTZMANN 2002a, 2006a).

51 Das *wazarat* Ladakh umfasste als administrative Einheiten die *tehsils* Leh, Kargil und Baltistan. Während der Sommermonate residierte der *wazir* in Leh, im Winter in Baltistan. In dieser Zeit übernahm der *tehsildar*, als *Joint Commissioner* des *wazir* in Leh die Amtsaufgaben (I-OL/PS/12/3289). Gilgit war administrativ herausgelöst und unterstand zunächst ab 1877–1881 und erneut ab 1889 als *Gilgit Agency* der gemeinsamen Verwaltung durch einen *wazir* aus Kaschmir und einen britischen *Political Agent* (WARIKOO 1989: 158–164). Ab 1891 wurden auch Hunza und Nager der *Gilgit Agency* angegliedert (KREUTZMANN 1998: 26).

von 1870 und der Zollabgaben sollte sich der *British Joint Commissioner* explizit darum bemühen, Kenntnisse über den Handel zu erwerben und politisch relevante Informationen über Ost-Turkestan[52] einzuholen (HUTTENBACK 1995; WARIKOO 2005: 246–247). Ab 1885 wurde zusätzlich zum Maharaja ein *British Resident* nach Kaschmir berufen, der unter anderem die korrupte und ineffiziente Verwaltung im Staat reformieren sollte. Diese Änderung markierte den Beginn des zunehmenden Eingriffs in die Angelegenheiten des *Princely State of Jammu and Kashmir* (WARIKOO 1989: 146–149; BRAY & GONKATSANG 2009: 50).

Großbritannien verfolgte das Ziel, seinen Führungsanspruch in der Region zu wahren und seinen Anteil am Transhimalaya-Handel zu sichern.[53] Im Kontext konkurrierender Bemühungen um die Loyalität Tibets zwischen Russland und Großbritannien, stellte der britische Vizekönig Lord Curzon weitreichende Überlegungen an, auf Basis derer auch Tibet ein Pufferstaat gegenüber dem zaristischen Russland sein sollte (LAMB 1986: 193–221). Der britische Einfluss auf Tibet konnte jedoch nicht in diesem Umfang ausgeweitet werden.[54] Die Unterzeichnung der sogenannten Asien-Konvention durch Großbritannien und Russland im August 1907 beendete die Hochphase des *Great Game*. Das diplomatische Abkommen bestätigte die bestehenden Grenzziehungen und Einflusssphären in Persien, Afghanistan und Tibet (KREUTZMANN 2002a: 50–51)[55]. Das Prinzip der *indirect rule* im *Princely State of Jammu and Kashmir* wurde bis zur Unabhängigkeit Britisch-Indiens aufrechterhalten.

### 4.2.3 Administrative Reformen: Landvermessung und Steuerveranlagung

Mit dem zunehmenden Einfluss der Briten im *Princely State of Jammu and Kashmir* ging ihr gesteigertes Interesse an einer Landvermessung und Besteue-

52 Ost-Turkestan, das heutige Xinjiang, wird auch als chinesisch Turkestan, Kashgarien und Sinkiang bezeichnet (vgl. KREUTZMANN 2002a).

53 Die Kontrolle über den Handel war ein wesentliches machtpolitisches Element. Hierzu heißt es in der britischen Korrespondenz: „*It is true that the Central Asian Trade* (…) *has not a very high intrinsic value. But it has a political value, if only to give us a locus standi in Chinese Turkestan* (…) “ (*Letter from the Assistant to the Resident in Kashmir for Leh*, T.C. Pears, 17.4.1906; IOL R/2/1066/74).

54 Siehe LAMB (1986: 222–255) zur Younghusband-Mission von 1904 und der Lhasa-Konvention. Trotz des militärischen Vorstoßes verzichtete Großbritannien auf die Besetzung Tibets. In der anglo-chinesischen Konvention von 1906 wurde schließlich festgehalten: „*the Government of Great Britain engages not to annex Tibetan territory or to interfere in the administration of Tibet*“ (zitiert in LAMB 1986: 266).

55 Die Festlegung der Grenzen in der anglo-russischen Konvention hatte langfristige Folgen. So ist in dieser auch „das völkerrechtliche Dilemma begründet, das bis heute in der Debatte um die Souveränität Tibets umstritten bleibt“ (KREUTZMANN 2002a: 50). Denn die Asien-Konvention legte fest, dass „*in conformity with the admitted principle of the suzerainty of China over Tibet, Great Britain and Russia engage not to enter into negotiations with Tibet except through the intermediary of the Chinese government*“ (zitiert nach LAMB 1986: 273).

rung einher. Die Anlage eines Bodenkatasters und die Durchführung der Steuerveranlagung *(settlement)*, mit der A. WINGATE 1887 und W. LAWRENCE 1889 beauftragt wurden, war einer der entscheidenden Schritte im Rahmen der Neugliederung der Verwaltung (LAWRENCE 1895). Die Festsetzung der Steuerabgaben für einen Zeitraum von zunächst zehn Jahren wurde im Kaschmir-Tal begonnen und in den folgenden Jahren auf das Gebiet des *Princely State* ausgeweitet[56]. Für das *wazarat* Ladakh wurde erstmals 1901 ein Bodenkataster vorgesehen, das in den Jahren 1908/1909 von dem *wazir* Chaudhri Khushi Mohammad angelegt wurde (MOHAMMAD 1908, 1909). Es umfasste die Vermessung der Kultur- und Siedlungsflächen sowie die Aufnahme der Besitzverhältnisse, der Anbauprodukte und der Bodenqualität für die Steuerveranlagung. Hierzu wurden Katasterkarten erstellt und korrespondierende Bücher geführt, die bis heute die Grundlagen des Katasters und der Landklassifikation in Ladakh festhalten (VOHRA 2000).

Offiziell verfügte die bergbäuerliche Bevölkerung in Ladakh bis zur Veranlassung des *settlement*, in dessen Rahmen eine Festschreibung der Besitzverhältnisse erfolgte, über keine Eigentumsrechte. Das Land war im Besitz des Maharaja, an den Steuern und Pacht entrichtet wurden. VAN BEEK (1996: 104) weist allerdings auf lokale Niederschriften der Besitzrechte hin, die bei dem Dorfvorsitzenden *(goba)*, im Kloster oder bei Adeligen aufbewahrt wurden.

Die eigentliche Landvermessung umfasste ausschließlich Kulturland und Siedlungsfläche, die als *settled area* zusammengefasst wurden. Mit der Aufnahme der Besitzverhältnisse wurden Landnutzer als Inhaber *(assami)* der von ihnen bestellten Kulturflächen registriert, sobald sie die Steuerveranlagung für diese Feldflächen akzeptierten. Das hiermit vergebene *permanent heriditary occupancy right* (LAWRENCE 1895: 429) behielt seine Gültigkeit, so lange Steuern entrichtet wurden. Es war vererbbar, jedoch nicht durch Verkauf oder Pacht veräußerbar, um eine Landlosigkeit der Bevölkerung zu verhindern. Verkaufs- und Verpfändungsrechte wurden erst 1933 durch einen Erlass des Maharaja an die Landnutzer übertragen. Nach 1933 in Kultur genommenen Flächen wurde nur ein permanentes Pachtrecht zugewiesen (SCHMIDT 2004: 114).

Im Zuge des *settlement* wurden *patwari, tehsildar* und *lambardar* als wichtige Verwaltungsposten eingerichtet.[57] Der *patwari* wurde als Katasterbuchhalter für die Pflege und Kontrolle der Katasterunterlagen ausgebildet. Zur Erntezeit hat er bis heute die Aufgabe, eine Ertragsabschätzung durchzuführen. Darüber hinaus zählen die Erfassung von Landtransfers und Besitzverhältnissen sowie die Landvermessung und –klassifikation zu seinen Aufgaben.[58] Die Aufsicht oblag dem

56 Zur Landvermessung und Steuerveranlagerung in Baltistan siehe SCHMIDT (2004).

57 An dieser Stelle werden lediglich die wichtigsten Posten der Steueradministration erwähnt. Für eine ausführlichere Darstellung der unterschiedlichen Posten siehe SCHMIDT (2004).

58 Für die Landvermessung wird ein spezielles Meßlinial *(pemana)* verwendet, das die Maßeinheit des *karam* darstellt. Fünf Segmente bedeuten die Länge eines *karam*, die für Ladakh nach Auskunft des *patwari* einer Länge von 5 Fuß und 6 Inch entspricht. Die Karten des *settlement* im Archiv in Leh nutzen als Einheit eine Darstellung in Maßquadraten (*muraba bandi*), deren Seitenlänge 200 *karam* darstellt. Allerdings werden diese Angaben teilweise von den zuständigen *patwari* angepasst, so dass Abweichungen entstehen können. Ein Interviewpartner

*tehsildar*, der für kleine Distrikte oder *tehsils* zuständig war und die Funktion des obersten Steuerbeamten erfüllte (YOUNGHUSBAND 1909). Die Aufgabe des vom Maharaja ernannten *lambardar* war es, die Steuerabgaben einzutreiben, von denen er selbst einen Anteil von 5 % erhielt (LAWRENCE 1895: 447).

| Feldbezeichnung (*settlement*) | Sprache (*Transkription*) | Bedeutung |
|---|---|---|
| ***majing*** | Ladakhi (*ma zhing*) | bestes Ackerland |
| ***barjing*** | Ladakhi (*ba zhing*) | gutes Ackerland |
| ***thajing*** | Ladakhi (*tha zhing*) | wenig fruchtbares Ackerland |
| ***bagh-majing*** | Urdu, Ladakhi (*bagh ma zhing*) | Obstbäume, beste Bodenqualität |
| ***bagh-barjing*** | Urdu, Ladakhi (*bagh ba zhing*) | Obstbäume, gute Bodenqualität |
| ***bagh-thajing*** | Urdu, Ladakhi (*bagh tha zhing*) | Obstbäume, wenig fruchtbarer Boden |
| ***chass*** | Ladakhi (*tsas*) | Gemüseanbau (Garten) |
| ***öl thang*** | Ladakhi (*ol thang*) | Wiesen und Weide, Anbau von Winterfutter |
| ***banjar jadit*** | Urdu (*banjar jadid*) | Ödland, weniger als 3 Jahre (*banjar*= Brache, *jadid*= neu) |
| ***banjar kadim*** | Urdu (*banjar qadim*) | Ödland, mehr als 3 Jahre (*qadim* = alt) |
| ***gehr mumkin*** | Urdu (*gher mumkin*) | nicht kultivierbares Ödland, steinig, teilweise bebaut |
| ***sapedahzar banjar kadim*** | Urdu (*safed azar banjar qadim*) | weiße Pappeln |

*Quelle: Patwari-HS, 14.08.2009; Patwari-IG, 18.09.2008*
*siehe auch DOLLFUS & LABBAL (2003a: 102–103)*

*Tab. 5: Landklassifikation auf Basis des settlement*

Innerhalb der Siedlungen wurden zunächst nicht-besteuertes und besteuertes Land unterschieden. Die Steuerfestsetzung teilte die Siedlungsfläche in drei Klassen hinsichtlich ihrer landwirtschaftlichen Produktivität ein (VOHRA 2000; DOLLFUS & LABBAL 2003a). Diese Landklassifikation wird bis heute verwendet (Tab. 5). Die besten Anbauflächen wurden als *ma zhing*, Anbauflächen mittlerer Qualität als *bar zhing* und solche mit geringer Produktivität, die häufig am Rand der Kulturfläche gelegen sind, als *tha zhing* klassifiziert. Das Urdu-Präfix *bagh* (= Garten) weist auf Obstbaumbestand hin und stellt eine Ergänzung zur Produk-

zeichnete beispielsweise Neuland in Maßquadraten von einer Seitenlänge mit 11,7 cm, die 182 *karam* darstellen. Für die Darstellung in Gebieten mit hoher Reliefenergie werden Maßdreiecke verwendet (*chanda bandi*) (Patwari-IG, 18.09.2008).

tivitätsangabe dar (*bagh ma zhing*, *bagh bar zhing*, *bagh tha zhing*; DOLLFUS & LABBAL 2003a). Steuern wurden auf die Kulturfläche erhoben und anhand des durchschnittlichen Ertrags berechnet. Sie wurden außerdem auf Obstgehölze und Weiderechte erhoben (LAWRENCE 1895: 437–438). Ödland und Brachflächen wurden als *khalsa* klassifiziert und verblieben staatliches Eigentum. Von der Steuerveranlagung ausgenommen blieben auch die Hochweiden, für die weiterhin institutionelle Zugangsregelungen der Dorfgemeinschaften fortbestanden. Als unbesteuertes Land wurden Gletscher, Hochweiden und Ödland nicht auf den Karten ausgewiesen (LAWRENCE 1895: 426–427).

Die Originalkarten werden heute im *Office of the Tehsildar* in Leh aufbewahrt. Zusätzlich besitzen die zuständigen *patwari* eine Kopie auf Stoff, die sie bei Änderungen der Besitzverhältnisse aktualisieren oder nach der Gewinnung neuer Flächen ergänzen. Die heute bei jedem *patwari* verwalteten Katasterunterlagen (*basta;* Urdu: im Bündel, Foto 8) umfassen mehrere Bücher und Verzeichnisse[59]:

- Das *jama bandi* (*record of rights*), welches die Besitzverhältnisse aufführt und alle vier Jahre aktualisiert werden muss.
- Das *khasra girdawari* (*crops register*), welches die Anbaufrüchte auf den Feldflächen aufführt und nach den jährlichen Begehungen der Dorfflur aktualisiert wird.
- Das *inti qalat* (*transfer register*), in dem alle Landtransfers (Kauf, Verkauf, Erbe) notiert werden.
- Die *latha*, auf Stoff aufgezeichnete Karten, die die Feldflächen zeigen und Besitzverhältnisse angeben.
  (Patwari-IG, 18.09.2008, Patwari-HS, 14.08.2009)

## 4.3 LADAKH ALS HANDELSKNOTENPUNKT

Manche bis heute populäre Außenperspektive auf Ladakh beschreibt die Region als *Shangri La* (ABERCROMBIE 1978; BISHOP 1989), dessen Bevölkerung abgeschieden von jeglichen externen politischen oder ökonomischen Einflüssen lebte. Mit dieser Zuspitzung wird ein Kontrast geschaffen zwischen einer heutigen, durch „fremde" und „westliche", negative Faktoren beeinflussten Situation auf der einen und einer vergangenen „traditionellen" Lebensweise auf der anderen Seite, welche durch eine glückliche, lokale subsistenzbasierte Lebenssicherung gekennzeichnet gewesen sei (NORBERG-HODGE 1991; CROOK & OSMASTON 1994; KAUL & KAUL 2004). Das Bild des traditionellen, abgeschiedenen *Shangri La* wird bis heute gezielt zur touristischen Vermarkung Ladakhs (Kap. 7.3.2) oder bei der Akquise finanzieller Mittel durch NGOs genutzt (Kap. 8; vgl. VAN BEEK 2000).

Besonders die Bedeutung Ladakhs als historisches Handelszentrum und transmontaner Durchgangsraum verdeutlicht, dass es bereits in der Vergangenheit

59 Kopien werden ebenso wie die Karten im *Office of the Tehsildar*, Leh, aufbewahrt.

zahlreiche nicht-lokale Einflüsse gab. Während die Region heute eher eine „Sackgassenposition" (RIZVI 1999b: 19) einnimmt, war Ladakh mit dem zentralen Handelsplatz Leh vor der indischen Unabhängigkeit ein wichtiger Knotenpunkt, an dem unterschiedliche Handelsströme zusammen trafen. Auf diese Weise gelangten Waren, die nicht in Ladakh produziert werden konnten, in die Region. Die Beispiele des Fernhandels und der Paschmina-Wolle zeigen außerdem den Zusammenhang zwischen politischen und wirtschaftlichen Interessen auf. Während im Fernhandel insbesondere Luxusgüter gehandelt wurden, waren Subsistenzhandel und Tauschgeschäfte für die Existenzsicherung unerlässlich. Diese Einordnung bildet den Ausgangspunkt für die anschließende Dastellung der Lebensicherung in historischer Dimension (Kap. 4.4). Wie im vorangegangenen Abschnitt ergänzen qualitative Interviews und Daten aus den Archivstudien, insbesondere Handelsberichte aus der *India Office Library and Records*, London, die Sekundärdaten.

### 4.3.1 Der Fernhandel mit Luxusgütern entlang der Transkarakorum-Route

Während der Blütezeit des Transhimalaya-Handels war Ladakh weder das Ziel von Karawanen[60] noch ein bedeutender Absatzmarkt, sondern profitierte von seiner günstigen geographischen Lage zwischen dem südasiatischen Tiefland und Zentralasien. Mehrere Haupthandelsrouten trafen in Leh zusammen (Karte 4 im Anhang). Aus dem indischen Tiefland führten zwei Routen nach Ladakh, die in etwa dem Verlauf der heutigen Passstraßen von Manali (Himachal Pradesh) und Srinagar (Kaschmir) folgten (Kap. 4.5.2). Aus dem Punjab führte eine Route über Kulu, den Rohtang-Pass (3.978 m), Lahul, die beiden hohen Pässe Baralacha La (5.029 m) und Taglang La (5.359 m) über Upshi nach Leh. Eine Alternative hierzu war der Weg von Srinagar über Dras, Kargil, Mulbekh, Lamayuru und Khaltse nach Leh, der die drei Pässe Zoji La (3.550 m), Namika La (3.718 m) und Fotu La (4.108 m) querte.[61] Von Baltistan aus konnte Leh entweder über den Chorbat La und entlang der Flüsse Shyok und Hanu sowie Khaltse erreicht werden oder von Skardu dem Verlauf des Indus folgend bis Suru, von wo aus die Reise über Kargil fortgesetzt wurde. Lhasa konnte von Leh aus entweder über den Taglang La, Rupshu und Demchok oder, dem Indus weiter talaufwärts folgend, über Gartok erreicht werden. Aufgrund der insgesamt langen Reisedauer von drei Monaten wurde die Reise stets durch Witterungsbedingungen erschwert. Es gab zudem eine

60 Die Karawanen im Transkarakorum-Handel nutzen vorwiegend Pack-Pferde, die bis zu 91 kg Gewicht transportieren konnten, und baktrische Kamele mit einer fast doppelt so hohen Lastkapazität. Zum Überschreiten von Gletschern kamen Yaks zum Einsatz, die den Pferden an diesen Stellen Gepäck abnahmen und die Überquerung erleichterten. Für den Handel mit Paschmina wurden in der Regel Schafe und Esel eingesetzt. Die *Shamma*-Händler (Kap. 4.3.3) nutzten fast ausschließlich Esel als Tragetiere, die bis zu 50 kg Last transportieren konnten. Auf ihren Wegen nach Zanskar setzten die Changpa-Nomaden *chang-luk*, Changthang-Schafe, die bis zu 15 kg transportierten, ein (RIZVI 1996, 1997).

61 Der Weg wurde erst nach der Eroberung Ladakhs durch die Dogra ausgebaut (RIZVI 1999b).

nördliche Route nach Tibet, die über den Chang La, Chushol und Rudok führte (GAZETTEER OF KÁSHMIR AND LÁDAK 1890: 563–566, RIZVI 1999b: 32–34).

Als wichtige Fernhandelsstrecke fungierte die sogenannte Leh-Route von Leh bis Yarkand und Khotan als Zubringer zur südlichen Seidenstraße, über die sie das indische Tiefland mit den Handelsrouten zwischen Zentralasien, China, Russland und Europa verband (Karte 4 im Anhang).[62] Von Leh führten zwei Strecken über den Karakorum nach Yarkand. Die Sommerroute kreuzte, je nach Wahl der Teiletappen, mehrere über 5.000 m hoch gelegene Pässe, darunter der Khardung La (5.602 m), Saser La (5.330 m), Karakorum-Pass (5.575 m), Suget Dawan (5.346 m) und Kilian Dawan (5.463 m) (KREUTZMANN 1998: 28). Da die Flüsse zu dieser Jahreszeit aufgrund ihres glazial geprägten Abflussregimes viel Wasser führen, bestand keine Alternative zu den beschwerlichen Querungen der teils vergletscherten Pässe. Zusätzlich musste das Depsang-Hochplateau passiert werden, was eine hohe körperliche Belastung bedeutete. Einige Karawanen bevorzugten daher die Winterroute, die zunächst über Sabu und den Digar La nach Nubra führte, bevor auch sie den Karakorum-Pass querte, aber auf weiten Strecken den Flüssen Shyok und Yarkand folgte (RIZVI 1999b: 28–31). Obwohl diese Strecke mit mindestens 50 Tagesetappen zeitaufwendig war und eine logistische Herausforderung darstellte, wurden hier die höchsten Handelsvolumina zwischen dem Tiefland und Zentralasien verzeichnet. Die Vorteile der Leh-Route waren die relativ gute Futterversorgung für Lasttiere,[63] eine relativ stabile politische Situation und ein gutes System an Tragediensten und Transportinfrastruktur (RIZVI 1997: 387, 1999b: 34–35; KREUTZMANN 1998; IOL/L/PS/20/226).

Die Leh-Route mit ihren unterschiedlichen Teilstrecken war jedoch nur eine von mehreren Haupthandelsrouten. Alternative Verbindungen aus dem südasiatischen Tiefland nach Zentralasien führten über Chitral und den Baroghil-Pass (Chitral- bzw. Wakhan-Route) oder Gilgit und Tashkurgan (Gilgit-Route) nach Kashgar.[64] Eine weitere, weniger stark frequentierte Alternative war der Weg über Skardu (Baltistan) nach Yarkand. Im Vergleich zu dem Weg über Ladakh wiesen diese Routen noch schwierigere Bedingungen für die Gletscherüberquerung im Karakorum auf. Das Fehlen von Ortschaften als Wegstationen, Überfälle und hohe Zölle, sowie eine ungünstige Wegesituation, die auf Teilstrecken den Einsatz von Lasttieren verhinderte, erschwerten hier den Karawanen die Gebirgsquerung (KREUTZMANN 1998).

Leh war als Ausgangs- bzw. Endpunkt der Transkarakorum-Route ein wichtiger Ort, an dem die letzten Vorbereitungen für Reisen und Expeditionen getroffen

62 Auch wenn über den Beginn des Transkarakorum-Handels keine detaillierten Informationen vorliegen, wird angenommen, dass die Anfänge bis ins 16. oder 17. Jahrhundert zurückreichen (RIZVI 1999b: 183–186).

63 Hierzu zählten die Weidegründe entlang der Strecke und die Verfügbarkeit von Brennmaterial. Die Regierung von Jammu und Kaschmir erhob einen Teil der Landsteuern in Form von Getreide und Feuerholz *(jinse)*, das in Speichern entlang der Reisewege aufbewahrt und an Karawanen verkauft wurde (RIZVI 1997: 385).

64 Die Gilgit-Route hatte den Nachteil, dass die Teilstrecke von Gilgit nach Hunza bis Ende des 19. Jahrhunderts nicht mit Tragetieren passierbar war (KREUTZMANN 1991; NÜSSER 1998).

werden konnten (siehe z. B.: HAYWARD 1870; BRUCE 1907). So war der Fernhandel im Wesentlichen dafür verantwortlich, dass hier Händler aus Zentralasien, Kaschmir und dem Punjab zusammentrafen und der Ort seine weitreichende Bedeutung erhielt (VIGNE 1844: 343). Die kleine Stadt hatte kurz nach der Besetzung durch die Dogra eine Größe von ca. 400–500 Häusern erreicht (VIGNE 1844: 341). In der Folgezeit wurde der Basar errichtet und Leh als Handelsplatz ausgebaut (DOLLFUS 1997).[65] Der florierende Handel ging mit einem Wachstum der Einwohnerzahl einher, die allerdings starke saisonale Schwankungen aufwies. Ende des 19. Jahrhunderts lag die Einwohnerzahl bei 2.500 Bewohnern, wobei sie während der Sommermonate durch die Anwesenheit von zentralasiatischen und kaschmirischen Händlern auf 3.000 bis 3.500 Personen anstieg. Nach Angaben des *wazir* umfasste Leh 1888 400 Wohnhäuser. Der Basar war auf eine Größe von 130 Läden gewachsen, von denen 50 Geschäfte ganzjährig geöffnet blieben (GAZETTEER OF KÁSHMIR AND LÁDAK 1890: 563). Zu Beginn des 20. Jahrhunderts war die Einwohnerzahl des Ortes auf 4.000 gestiegen (HEDIN 1903: 511; DOLLFUS 1997).

Eine Vielzahl von Waren wurde über die Gebirgsketten transportiert, doch der Großteil der Waren wurde weiter ins Tiefland des Subkontinents bzw. nach Zentralasien geliefert. Nur wenige Produkte, wie z. B. Reis, Speiseöl und ausländische Luxusgüter, fanden – v.a. in der ladakhischen Elite der Kaufleute und Adligen – einen Absatzmarkt und wurden in Geschäften in Leh angeboten (FEWKES 2009: 107). So wurden aus dem Tiefland Stoffe, Leder, Gewürze und Färbemittel (z. B. Indigo) exportiert. Aus Zentralasien wurden Web- und Filzteppiche exportiert, aber auch Rohseide für die Weiterverarbeitung in Indien und *charas (Cannabis sativa)*.[66] Aus Kaschmir wurden hochwertige Schals und Safran vermarktet, aus Baltistan getrocknete Aprikosen und aus Europa Fertigwaren. Tee aus China sowie Edelsteine (Türkise) und Schmuck wurden nach Ladakh importiert (RIZVI 1999b: 124–128).

Direkt profitierten von dem Fernhandel nur etwa 25 bis 30 ladakhische Kaufmannsfamilien aus Leh und Kargil, die über Privilegien (z. B. Steuererleichterungen, Unterkunft in Tibet) verfügten. Die Kaufmannselite der *Arghon*, Nachfahren aus Heiratsverbindungen zwischen zentralasiatischen oder kaschmirischen Händlern und ladakhischen Ehefrauen (RIZVI 1999b: 75–76; GHANI SHEIK 2010), un-

65 In Leh und den umgebenden Ortschaften, besonders in der am Indus gelegenen Ortschaft Chushot, stand Weidegras für die Verpflegung der Lasttiere zur Verfügung. In der Stadt bot ein Reisebungalow Unterkunft für die Karawanen (GAZETTEER OF KÁSHMIR AND LÁDAK 1890). Im Jahr 1901 wurde der Basar nach Dokumenten im Archiv in Leh von den Briten in *Victoria Bazaar* umbenannt. Die Hauptstraße des historischen Basars ist bis heute die zentrale Achse des *Main Bazaar* mit den Verkaufsgeschäften. Das zur Dogra-Zeit errichtete Eingangstor wurde allerdings im 20. Jahrhundert zerstört.

66 Für eine Übersicht zu den Handelsgütern in den 1840er Jahren siehe VIGNE (1844: 344–345). Auch CUNNINGHAM (1853: 241–244) hat eine ausführliche Liste an Waren erstellt, die nach Indien importiert sowie nach Yarkand exportiert wurden. Die Handelsberichte zeigen die Variation der Warenanteile am Gesamthandelsaufkommen im Verlauf der Zeit (IOL L/PS/12/3289 und IOL L/PS/10/980).

terhielt über Verwandtschaftsbeziehungen und Heiratsarrangements Kontakte über nationale Grenzen und Religionsgemeinschaften hinweg. Diese sozialen Netzwerke halfen den Händlern bei der Abwicklung von administrativen Schritten (Zölle, Steuern) und dienten dem Austausch von Informationen. Zudem gab es eine Gruppe spezialisierter Mittelsmänner, die zur Abwicklung von Rechnungen, Versicherungen und Rückzahlungen eingestellt war (FEWKES 2009: 89–93).

Im Transportwesen war größeren Teilen der Bevölkerung die Möglichkeit gegeben, als Träger oder Eseltreiber neben der Subsistenzlandwirtschaft ein monetäres Einkommen zu erzielen, das für die Lebenssicherung und die Bezahlung von Steuern unerlässlich war. Die Händler waren ihrerseits von den Dienstleistungen der Lohnarbeiter im Transportwesen, den *kiraiyakash*[67], abhängig (RIZVI 1997, 2005; FEWKES & KHAN 2005). Zudem wurden sie für die Expeditionen europäischer Entdecker und Forschungsreisender angestellt. Entlang der Reiseroute verdienten Dorfbewohner im Nubra-Tal durch den Anbau und Verkauf von Futtergras und Getreide sowie durch die kostenpflichtige Vergabe von Weiderechten (DREW 1875: 274; RIZVI 1999b: 222–223).

Steigende politische Relevanz erhielt der Transkarakorum-Handel im Zuge des *Great Game*. Ausgehend von der Annahme, dass die bestehenden Handelsrouten eine geeignete Möglichkeit darstellten, den imperialen Einfluss auszudehnen, gewann die britische Krone Interesse am Fernhandel mit Zentralasien. Im Rahmen eines 1870 geschlossenen Handelsabkommens zwischen Britisch-Indien und Jammu und Kaschmir wurde die Route vom Zoji La zum Karakorum-Pass als *free highway* deklariert (RIZVI 1999b; FEWKES 2009). Durch diese Regelung wurden Zölle im Warenhandel zwischen Zentralasien und Britisch-Indien aufgehoben, so dass lediglich für Güter, die für den Verkauf in Jammu und Kaschmir bestimmt waren, Abgaben entrichtet werden mussten.[68] Die ebenfalls in dem Abkommen vorgesehenen Maßnahmen zum Ausbau und zur Instandhaltung des Wegenetzes entlang der *treaty road* wurden jedoch nur in minimalem Umfang umgesetzt (RIZVI 1999b: 44–49). Dennoch wählte eine zunehmende Zahl von Händlern die nun zollfreie Route durch Kaschmir. Der Ausbau des Eisenbahnnetzes bis Amritsar und die Straßenverbindung bis Srinagar begünstigten diese Entwicklung (RIZVI 1999b: 27–28). Der Höhepunkt des Transkarakorum-Handels war in den 1920er und 1930er Jahren erreicht, als das Handelsvolumen zwischen Britisch-Indien und Ost-Turkestan auf über vier Millionen Rupien jährlich anstieg (Abb. 9; KREUTZMANN 1998: 25). Aufgrund der veränderten politischen Situation in Ost-Turkestan sank ab 1937 das Handelsvolumen im Transkarakorum-Handel (Abb. 9). Vereinzelte Karawanen erreichten Leh noch bis 1949, bis schließlich infolge der kommunistischen Revolution in China die Grenze zu Ladakh geschlossen wurde. Erst nach der veränderten Grenzsituation wurde Ladakh als Absatzmarkt relevant (FEWKES & KHAN 2005, FEWKES 2009).

67 Von *kiraiya* (Urdu) = Gebühr, Miete. Die Mehrzahl der *kiraiyakash* stammte aus den Regionen Kargil, Dras, Leh und Nubra (RIZVI 1997).

68 Zuvor hatte die Erhebung von Transitgebühren den Handel erschwert (siehe auch RAWLINSON 1866–1867: 9; CUNNINGHAM 1853: 251).

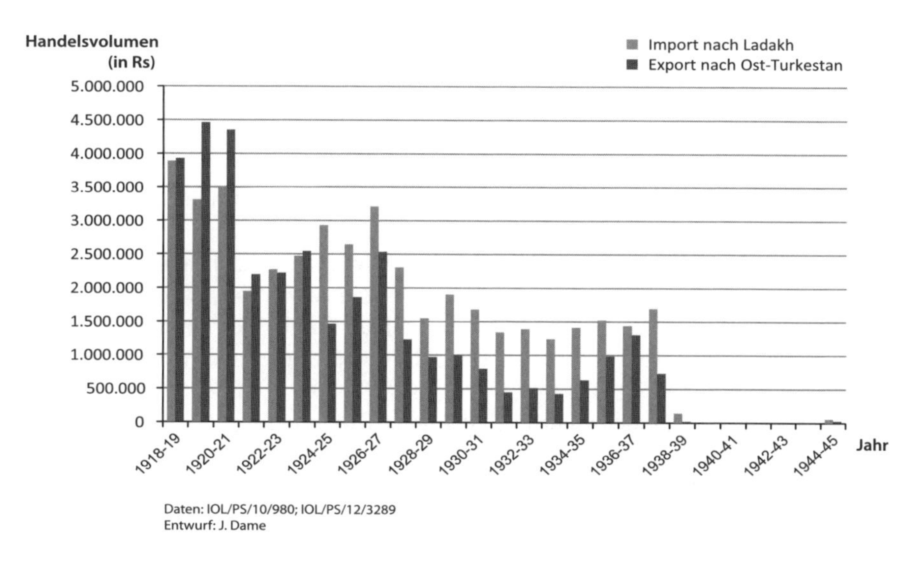


*Abb. 9: Handelsaufkommen zwischen Ladakh und Ost-Turkestan (1918–1945)*

### 4.3.2 Der Handel mit Tibet und Kaschmir und die Besonderheit der Paschmina-Wolle

Zwischen Tibet und Ladakh bestanden enge wirtschaftliche, politische und religiöse Verbindungen, die sich in den historischen Austauschbeziehungen manifestierten. Im Unterschied zum Transkarakorum-Handel, dessen Höhepunkt im 19. und 20. Jahrhundert lag, waren der Handel mit Paschmina-Wolle sowie die etablierten Handelsmissionen mit Tibet bereits seit den Zeiten des ladakhischen Königreichs von herausragender Bedeutung (Kap. 4.2.1; DATTA 1973; RIZVI 1999a, 1999b).

Der Handel mit Paschmina-Wolle (auch: Kaschmirwolle, Urdu: *pashm*) räumte Ladakh eine Sonderstellung gegenüber benachbarten Hochgebirgsräumen im transmontanen Handel ein. Das wertvolle Produkt ist der besonders weiche, vor Kälte schützende Unterflaum der Kaschmir-Ziege *(changra)*.[69] Diese Tiere wer-

69 Die Kaschmir-Ziegen zählen zu den Hausziegen *Capra hircus*. Im Englischen bezeichnet *pashm* die Wolle, während der Begriff *pashmina* für das hieraus gesponnene Garn bzw. Weberzeugnis verwendet wird (RIZVI 2009). In dieser Arbeit wird der deutschsprachige Begriff Paschmina-Wolle zur Bezeichnung der Rohwolle verwendet. Generell ist Paschmina im Deutschen kein geschützter Begriff, sondern bezeichnet auch Mischfaserprodukte. Als noch höherwertigeres Material wurde zusätzlich *tus* (auch: *shahtush)*, das Unterfell der tibetischen Antilope *(Pantholops hodgsonii, chiru)*, gehandelt. Heute ist der internationale Handel mit Wolle von *Pantholops hodgsonii* unter dem Washingtoner Artenschutzabkommen CITES verboten (RIZVI 1999b: 318; RIZVI & AHMED 2009: 22–29).

den bis heute auf dem Hochplateau von Changthang im Südosten Ladakhs in Höhen zwischen 3.600 m und 4.500 m von Changpa-Nomaden gehalten. Außerdem werden Kaschmir-Ziegen im Hochland von Tibet und in Zentralasien aufgezogen. Ihre hochwertige Wolle ist das Rohmaterial für die Schalindustrie Kaschmirs, die einerseits dem Staat hohe Steuereinkünfte einbringt und andererseits vielen Beschäftigten in der Weiterverarbeitung (Spinner, Weber, Färber etc.) den Lebensunterhalt sichert (RIZVI & AHMED 2009).

Bereits der Wohlstand des ladakhischen Königreichs gründete im Wesentlichen auf dem Paschmina-Handel, der einen Großteil der Staatseinnahmen erbrachte und Handelsprivilegien für den König sowie seine höchsten Minister *(kalon)* gestattete.[70] So waren auch das Interesse von Moorcroft, einem Gesandten der *British East India Company*, ebenso wie Gulab Singhs Territorialansprüche in dem Interesse an diesem lukrativen Handelsgeschäft begründet (MOORCROFT & TREBECK 1841: 346–350; DATTA 1973; LAMB 1986: 48–49; RIZVI 1999b: 56–57). Mit Ausnahme der Handelsunterbrechung unter König Sengge Namgyal hatte seit dem Vertrag von Temisgang (1684) ein ladakhisch-kaschmirisches Monopol im Paschmina-Handel Bestand (Kap. 4.2.1). Diese Regelungen sicherten Kaschmir privilegierte Aufkaufrechte der in Ladakh und West-Tibet erzeugten Rohwolle und setzten die Austauschbedingungen fest: Eine definierte Gruppe von vier kaschmirischen Händlern, die in Spituk bei Leh ansässig waren, erhielt die Sondergenehmigung, das Hochplateau zu bereisen, dort *pashm* aufzukaufen und nach Zentral-Ladakh transportieren zu lassen. Von Leh aus wurde die Wolle weiter gehandelt, wobei es den in Ladakh ansässigen Zwischenhändlern nicht gestattet war, den Weitertransport nach Kaschmir zu übernehmen (RIZVI 1999a: 320–321). Deshalb mussten zahlreiche Träger angestellt werden, die auf den nicht ausgebauten Pfaden die Ware zu den Produktionsstätten der Schalindustrie transportierten.[71]

Obwohl das bereits erwähnte Abkommen von 1870 zwischen dem Maharaja und der britischen Regierung die Abschaffung des Handelsmonopols vorsah und zunehmend direkter Handel zwischen Tibet und Punjab[72] über Rudok und Gartok betrieben wurde, veränderten sich die existierenden Strukturen nur unwesentlich. Die Staatseinnahmen aus dem Paschmina-Handel behielten weiterhin ihre Rele-

70 Die Geschäftsabwicklung verblieb in den Händen weniger staatlicher Kaufleute (*khar-tsong*) aus Leh, die sich mutmaßlich als Nachfahren der muslimischen Händler, die im Zuge des Vertrags von Tingmosgang nach Ladakh gekommen waren, in der Stadt angesiedelt hatten. Diesen zur Gruppe der *Arghon* zählenden Händlern wurde gestattet, die Rohwolle aus West-Tibet zu importieren. Sie wurden dabei gezwungen, für den Maharaja stets fast dieselbe Menge zusätzlich mitzuführen (RIZVI 1999b).

71 Die logistischen Herausforderungen beschrieb bereits Ippolito Desideri (RIZVI & AHMED 2009: 37). Erst nach dem Ausbau des Wegenetzes in Folge des oben genannten Abkommens von 1870 kamen verstärkt Lasttiere zum Einsatz.

72 Aufgrund der afghanischen Herrschaft in Kaschmir zwischen 1753 und 1819 waren Weber in die Städte Amritsar, Nurpur und Ludhiana im Punjab geflohen, wo sie mit dem Aufbau der Schalindustrie begannen (RIZVI 1999b: 60). Bereits seit den 1820er und 1830er Jahren führte eine zweite Handelsroute durch das heutige Himachal Pradesh, um diese neuen Produktionsstätten zu beliefern. Vgl. auch SCHLAGINTWEIT-SAKÜNLÜNSKI (1872: 222–223).

vanz. Erst nach Preisanstiegen im Verlauf des 19. Jahrhunderts und dem damit verbundenen Einbruch der Nachfrage in Europa erfuhr der Kaschmirhandel eine Krise (RIZVI 1999a: 333–334).

Neben dem Paschmina-Handel existierten zwischen Tibet und Ladakh etablierte Handelsmissionen. Die größten waren die im Vertrag von Temisgang festgehaltenen *lopchak-* und *chapa*-Missionen. Diese Delegationen verknüpften Handel und religiös-politische Beziehungen und hatten über mehrere Jahrhunderte Bestand.[73] Die *lopchak*-Mission wurde alle drei Jahre von Leh nach Lhasa entsandt, um dem Dalai Lama Gold, Parfüm und Stoffe zu überreichen und weiteren einflussreichen *lama* Geschenke zu übersenden. Auf dem Rückweg wurden 200 Lasttiereinheiten an Handelsgütern auf Kosten der tibetischen Seite nach Ladakh importiert. An der Handelsmission nahmen nur wenige wohlhabende Familien teil, denen sich die Möglichkeit bot, zugleich private Handelsgeschäfte abzuwickeln. Im Unterschied zur *lopchak-* hatte die *chapa* (auch: *zhung-tsong*)-Mission keine politische Relevanz. Die von der tibetischen Regierung zugelassene jährliche Handelsreise diente vor allem dem Export von Ziegeltee[74], der sowohl in Ladakh konsumiert als auch bis nach Kaschmir weiter gehandelt wurde. Zusätzlich wurden im Rahmen der *chapa* Türkise, Räuchermittel und Heilpflanzen nach Ladakh gebracht. Im Gegenzug wurden getrocknete Aprikosen, Safran und Zucker exportiert (RIZVI 1999B; BRAY & GONKATSANG 2009).

Diese offiziellen Handelsreisen genossen jedoch einen Sonderstatus. Die logistischen Schwierigkeiten des Handels mit Tibet waren so groß, dass nur wenige Kaufleute dieses Geschäftsrisiko in unregelmäßigen Abständen auf sich nahmen. Die lange Reisezeit zwischen Leh und Lhasa bedeutete, dass mindestens ein Teil der Reise während der klimatisch ungünstigen Wintermonate stattfinden musste. Ein Großteil der Wegstrecke führte durch unbesiedeltes Gebiet, was besondere Herausforderungen an die Versorgung der Karawanen stellte und zudem die Gefahr von Überfällen erhöhte. Die Wegelagerer verschonten zwar die *lopchak*-Mission aufgrund der zeremoniellen Güter, nicht jedoch private Handelsreisende (RIZVI 1996).

Die wirtschaftlichen Austauschbeziehungen zwischen Leh und Lhasa endeten mit der Besetzung Tibets durch die Chinesen, doch war schon in den 15 Jahren zuvor ein Rückgang des Handels zu verzeichnen (Abb. 10). Bereits nach 1930 hatte keine private Karawane mehr aus Leh kommend Lhasa erreicht. Die letzten *lopchak*-Missionen fanden 1942 und 1945 statt. Auch der Paschmina-Handel endete in der beschriebenen Form in den 1950er Jahren als Folge der politischen Ereignisse in Tibet. Er kam nach dem Grenzkonflikt an der indisch-tibetischen Grenze 1962 (Kap. 4.5) endgültig zum Erliegen, so dass heute die Schalprodukti-

73 Neben *lopchak* und *chapa* gab es weitere etablierte Austauschbeziehungen zwischen Klöstern, aber auch einige private Missionen (IOL/R/2/1065/57). Ähnliche Verbindungen, wenngleich mit geringerer wirtschaftlicher Bedeutung, bestanden zwischen Klöstern in Ladakh und Baltistan sowie zu Fürsten in Lahul und Bashahr (BRAY 1991: 117).

74 Ziegeltee erhielt seine Bezeichnung aufgrund der Verpackungsform, die es ermöglichte, die Teeblätter komprimiert in Form von Ziegeln gut zu transportieren.

on in Kaschmir gänzlich von ladakhischer Paschmina abhängig ist (RIZVI 1999b).[75]

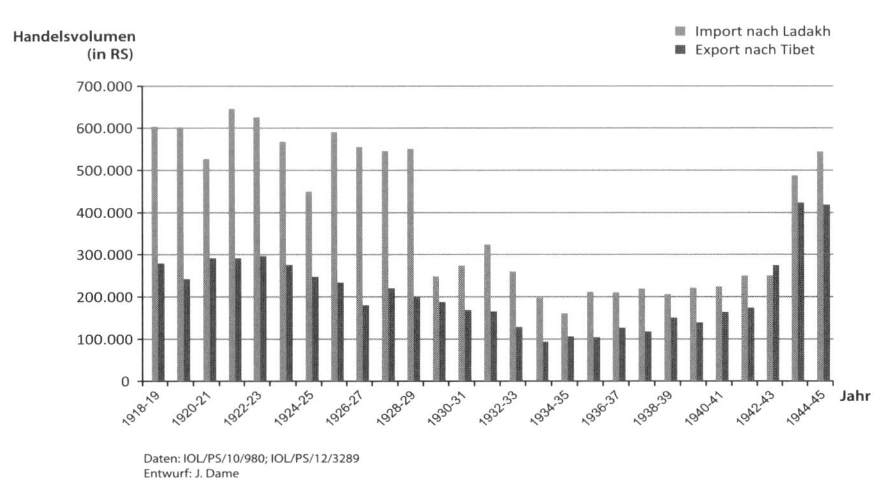


*Abb. 10: Handelsbeziehungen zwischen Ladakh und Tibet*

Der Handel wirkte sich nicht nur über die Steuereinnahmen und politischen Ansprüche auf die Lebensbedingungen in Ladakh aus. Neben der Landwirtschaft leisteten Austauschbeziehungen zwischen den Bevölkerungsgruppen auf regionaler Ebene einen entscheidenden Beitrag zum Ausgleich von Versorgungsdefiziten. Der Tausch von Nahrungsmitteln wie Butter, Salz und Gerste war ein zentrales Element der Lebenssicherung vieler bergbäuerlicher Gemeinschaften im Karakorum und Himalaya. Überschüsse wurden gegen solche Produkte getauscht, die nicht selbst produziert werden konnten und dienten der Erwirtschaftung kleinerer Geldbeträge. Monetäre Transaktionen waren eine Ausnahme (RIZVI 1999b).

### 4.3.3 Subsistenzhandel und Tausch als Grundlage der Lebenssicherung

Generell war der Subsistenzhandel durch komplexe Austauschmuster und ein vielfältiges Wegenetz charakterisiert. Die Routen führten von einer Teilregion Ladakhs über den Gebirgskamm zur nächsten – zwischen Zentral-Ladakh, Sham, Nubra, Changthang, Zanskar, Suru und Kargil – und in die benachbarten Regionen Kulu, Kinnaur, Kaschmir, Kishtwar sowie (bis zur Grenzschließung) nach Baltistan. Die Kleinhändler verließen sich dabei auf ihre sozialen Netzwerke und etablierte Vertrauensverhältnisse (RIZVI 1999b). Einige Beispiele und Besonder-

75 Zur heutigen Lebensweise der Nomaden in Rupshu und dem gegenwärtigen Paschmina-Handel siehe AHMED (2002, 2004).

heiten werden im Folgenden vorgestellt, um einen Eindruck von der Relevanz dieser Handels- und Tauschgeschäfte für die Lebenssicherung zu vermitteln.

Zwischen den Oasenbewohnern und den nomadischen Gruppen in Changthang und West-Tibet wurde vor allem Gerste aus den Dauersiedlungen gegen Wolle und gegen Salz, das auf dem Hochplateau gewonnen werden konnte, getauscht (RIZVI 1999b: 71–72). Von großer Bedeutung war der jährlich im Oktober in Ladakh stattfindende Salzmarkt von Chemre und Sakti. Für die Bewohner der Oasensiedlungen Zentral-Ladakhs war diese Talschaft ein günstig erreichbarer Handelsplatz, um ihren Eigenbedarf zu decken. Die Changpa-Nomaden brachten Salz, das für die Tierhaltung und das Würzen von Speisen benötigt wurde, und erhielten im Tausch Gerste und getrocknete Aprikosen. Auch mit Zanskar unterhielten die Changpa Austauschbeziehungen. Hierher brachten Nomaden aus der Region Rupshu Salz im Tausch gegen Getreide, das sie benötigten, da sie abseits der Handelsrouten der ladakhischen Händler lebten. In den Monaten Juni und Juli sowie im September und Oktober kamen sie zum zentralen Markt nach Padum und reisten von dort in die einzelnen Dörfer, um ihre Waren zu tauschen. Von Zanskar aus erstreckten sich die Handelsbeziehungen weiter bis Kulu, Kaschmir, Kishtwar und über Suru nach Baltistan (RIZVI 1999b, 2005).

Der Warenwert war stark von der Verfügbarkeit abhängig, was zu interannuellen Schwankungen des Handelsvolumens und der Preise führte (IOL/PS/12/3289; IOL/PS/10/980). Um den Export von Gerste zu ermöglichen, wurde zusätzlich Getreide aus Britisch-Indien und Kaschmir nach Ladakh eingeführt. Sobald Engpässe in der Grundnahrungsmittelversorgung in Ladakh entstanden, wurde der Export nach Tibet reduziert. Hierzu heißt es in einer Anmerkung in der Korrespondenz zu einer tibetisch-ladakhischen Grenzfrage vom 18.9.1920:

> „The export of grain was prohibited except in exchange for wool, salt or articles in kind, as Ladakh does not grow enough grain to be self-supporting and the Durbar prohibited their Ladakhi inhabitants from obtaining grain fully from Kashmir" (IOL/R/2/1066/87a).

In den Handelsberichten wurde auch zu den Schwankungen Stellung genommen. Zum Beispiel kam es im Jahr 1935–36 zu Engpässen, so dass der Export von Gerste gegenüber dem Vorjahr reduziert wurde:

> „The barley crop in Ladakh was insufficient for local grain needs and there was practically no export of the grain." (IOL/PS/12/3289).

Im Folgejahr war die Tendenz umgekehrt:

> „Owing to the scarcity of grain in Tibet there was heavy demand for barley in Changthang which accounts for an increase in quantity and in value." (IOL/PS/12/3289).

Während für die bergbäuerlichen Gemeinschaften aus den Oasensiedlungen die Tauschgeschäfte wesentlich zur Ergänzung der agrarwirtschaftlichen Subsistenzproduktion beitrugen, kam der Händlergruppe der *Shamma* eine Sonderstellung zu. Diese Gruppe bergbäuerlicher Kleinhändler aus dem Bezirk (*ilaqa*) Sham tauschte mit den nomadischen Bevölkerungsgruppen vor allem Getreide aus den Dauersiedlungen, aber auch Tabak und Aprikosen aus Baltistan, und andere Lebensmittel gegen Schafswolle, Salz sowie Butter und Fleischprodukte (GRIST

1985; RIZVI 2005). Ihre herausgehobene Position gegenüber anderen bergbäuerlichen Subsistenzhändlern lag allerdings in der Kopplung des Tauschgeschäfts mit dem Handel eines Luxusgutes – in diesem Fall der Paschmina-Wolle – begründet. Die Mitglieder der aus Hunderten von Kleinbauern bestehenden Händlergruppe waren neben der Kaufmannselite in Leh die einzigen, die bis nach Tibet reisten.[76] Für einige Familien aus der Region Sham war dieses Geschäft bedeutender als die landwirtschaftliche Nutzung.[77] Die Dörfer, aus denen diese Familien stammten– darunter Nimmu, Nurla, Temisgang und Khaltse – profitierten von der erhöhten Kaufkraft. Während von den *Shamma* zunächst nur vergleichsweise geringe Mengen Paschmina gehandelt wurden und sie sich stattdessen auf das Geschäft mit Schafswolle, Salz und Schafen konzentrierten, durchbrachen sie zu Beginn des 20. Jahrhunderts die Dominanz der *Arghon*-Kaufmannselite, als sie begannen, ebenfalls größere Mengen an Paschmina zu handeln sowie ihre Handelsgebiete bis nach West-Tibet auszuweiten (RIZVI 1999b).[78]

Die veränderten Grenzziehungen nach 1947 erforderten die Anpassung des Handels an die neuen politischen Gegebenheiten. Trotz der zunehmenden Militärpräsenz setzten nach der Besetzung Tibets die *Arghon* und auch die *Shamma* ihre Handelsgeschäfte mit dem tibetischen Changthang bis 1950 fort. Auch der Salzmarkt in Chemre und Sakti fand bis zum indisch-chinesischen Krieg 1962 statt (RIZVI 1999b: 115).

## 4.4 VERSORGUNGSSTRUKTUREN UND LEBENSSICHERUNG IN HISTORISCHER DIMENSION

Bereits in der Darstellung der historischen Austausch- und Handelsbeziehungen hat sich ein vielschichtiges Bild der politisch-ökonomischen Situation abgezeichnet. Zeitgenössische Quellen, insbesondere aus dem Archiv der Herrnhuter Brüdergemeinde in Sachsen, ermöglichen es, einen Eindruck der historischen Versorgungssituation zu skizzieren. Auch wenn der Handel zu einem relativen Wohlstand in der Region beitrug, war das Leben der lokalen Bevölkerung durch große Schwierigkeiten gekennzeichnet. Hierzu zählten insbesondere Frondienste, eine hohe Steuerlast und Versorgungsengpässe. Die historische Perspektive dient als Grundlage für die Darstellung der gegenwärtigen Ernährungssicherung und ihrer aktuellen Problemfelder.

76 Im Gegensatz zu den großen Handelsfamilien unterhielten sie keine unabhängigen Karawanen, sondern reisten in Händlergruppen. Erste Beschreibungen dieses Tauschhandels aus der Zeit vor der Dogra-Invasion finden sich in den unveröffentlichten Aufzeichnungen von Moorcroft (RIZVI 1999b: 70).

77 In polyandrischen Ehen widmete sich häufig einer der Ehemänner dem Handelsgeschäft und übernahm keine Aufgaben in der Landwirtschaft.

78 Die Ausdehnung ihrer Aktivitäten variierte und reichte bis West-Tibet sowie bis Kargil und Suru. Einige der *Shamma* reisten bis Skardu (Baltistan), um Getreide gegen getrocknete Aprikosen einzutauschen, die sie wiederum in Leh und Srinagar an zentralasiatische Händler weiterverkauften (RIZVI 1999b: 75–90).

### 4.4.1 Gemüse, Medizin und Bildung: Das Wirken der Herrnhuter Missionare

Ab Ende des 19. Jahrhunderts führte die Niederlassung von Missionaren der Herrnhuter Brüdergemeinde *(Moravian Mission)*[79] zu Veränderungen in verschiedenen Lebensbereichen. Eine erste Reise der Herrnhuter Brüder PAGELL und HEYDE führte 1855 nach Ladakh, von wo aus sie nach Zentralasien reisen wollten (PAGELL & HEYDE 1860). Nachdem bereits eine Missionsstation in Keylong (Lahul) und eine weitere in Poo (Kinnaur) unterhalten wurden, sollte nunmehr die Missionstätigkeit nach Norden ausgedehnt werden. Zunächst hatten Bedenken Gulab Singhs die Niederlassung der Herrnhuter Brüdergemeinde in Ladakh (1855) verhindert, bevor 1885 der Sitz der Mission in Leh gegründet und 1899 eine Zweigstelle in Khaltse geschaffen wurden. Die Missionsarbeit im engeren Sinne blieb wenig erfolgreich.[80] Da die Herrnhuter Brüder zugleich einen weltlichen Beruf erlernt hatten, lag ihr Ziel neben der Missionierung in der Vermittlung neuer Kenntnisse und Fertigkeiten.[81] In diesem Bereich waren ihre Aktivitäten deutlich einflussreicher.

Sowohl die Einführung von Kartoffeln[82] (FRIEDL 1984: 452; MEIER 1997b) und weiterer, bis dahin in Ladakh unbekannter Gemüsesorten wie Spinat, Blumenkohl, Tomaten und Rettich, als auch die Verbesserung der Lagerungsmöglichkeiten von Wurzelgemüse sind auf die Herrnhuter Brüder zurückzuführen (RIZVI 1996: 88). Kurz nach dem Aufbau der Mission wurden sie von den Briten gebeten, die Leitung für eine Krankenstation zu übernehmen. Da die Missionare die Arzttätigkeit als einen geeigneten Ansatzpunkt ihrer Missionsbestrebungen erachteten, bauten sie die Krankenstation in den folgenden Jahren zu einem kleinen Krankenhaus aus, in dem auch Operationen durchgeführt wurden (MD 1573, R15 U a 3). Die Patientenzahl war erheblich: Im Berichtszeitraum von Oktober 1929 bis September 1930 wurden insgesamt 11.445 Patienten behandelt (MD 1573). Der Herrnhuter A. H. Francke berichtete, basierend auf seinen Eindrücken in Khaltse, vor allem von ernährungsbedingten und rheumatischen Erkrankungen:

79 Die evangelische Brüder-Unität ging ursprünglich im 15. Jahrhundert aus der böhmischen Reformation hervor. Im 18. Jahrhundert wurde sie in Herrnhut (Sachsen) neu gegründet, so dass seither der Name „Herrnhuter Brüdergemeinde“ gebräuchlich ist (MEIER 1997a).

80 Basierend auf den ersten Erfahrungen in Ladakh hielten die dortigen Missionare bereits 1891 fest: „(…)Wir dürfen auf keinen großen Zuwachs zur Christengemeinde rechnen. Handwerte gibt es hier eigentlich nicht. Es wird also ein Mensch, dadurch daß er Christ wird und darum Haus und Feld einbüßt, mittellos“ (R15 U a 3).

81 Für einen Überblick über die vielfältige Wirkungsweise der Missionare der Herrnhuter Brüdergemeinde siehe MEIER (1997a). Eine historische Ethnographie legte FRIEDL (1984) vor.

82 Erste Versuche zum Kartoffelanbau in Keylong und später in Ladakh gehen auf Wilhelm Heyde (1825–1907) zurück (FRIEDL 1984: 409; MEIER 1997a: 180). Der derzeitige Leiter der Missionstation in Leh und Schuldirektor der *Moravian School,* erläuterte: *„[The Moravians] started to share the potatoes with the villagers which was an immediate success. But the people were scared, because the potato was only eaten by the Christians. It was like a taboo“* (MM, 05.08.2009).

> „Einmal neigen besonders die Armen zu einer Hartleibigkeit, die in Erstaunen setzt. Das hat darin seine Ursache, daß diese Leute außer geröstetem Mehl fast kein Nahrungsmittel besitzen. Das andere Übel ist der Rheumatismus, der sich oft ganz unerwartet schnell in Wassersucht verwandelt" (MD 1569).

Zu den vielfältigen Aktivitäten der Herrnhuter zählten auch die Arbeiten im Bildungssektor. Bedeutend war die Gründung der *Moravian Mission School* im Jahr 1886 in Leh und darauf in Shey sowie Khaltse. Die Missionsschwestern leiteten Strickschulen für ladakhische Frauen. Um die Jahrhundertwende wurde eine erste öffentliche Grundschule in Leh eröffnet, die ab 1908 als *middle school* fungierte (GHANI SHEIK 1999: 342). Heute sind die *Moravian Mission School* in Leh und ihre Dependancen angesehene Privatschulen. Nach RIZVI (1996: 89) ist auch die Einrichtung einer ersten Radiostation in den 1940er Jahren auf die Herrnhuter Missionare zurückzuführen.

### 4.4.2 Frondienste und hohe Steuerabgaben

Die alltägliche Lebenssituation blieb jedoch durch Unterdrückung, Frondienste und eine hohe Steuerlast gekennzeichnet. Unter dem Begriff *kar-i-begar* (kurz: *begar*)[83] werden verschiedene Frondienste zusammengefasst, die sowohl allgemeine Arbeiten als auch Trägerdienste beschreiben, welche für führende Politiker oder Geistliche übernommen wurden. Diese Art der Frondienste stammte aus der Zeit der ladakhischen Monarchie.[84] Der König oder ein hoher Bediensteter stellten sogenannte „Pässe" (Tibetisch: *lam-yig* bzw. Urdu: *parwana*) aus, die dem Begünstigten die Nutzung einer festgelegten Zahl an Transport- und Reittieren sowie den Aufkauf von Vorräten in Dörfern ermöglichten. Auf der Ebene der Dorfgemeinschaft musste jedes Haupthaus *(khang pa)* Arbeitskraft zur Verfügung stellen (BRAY 2008).

Bereits Moorcroft berichtete zu Beginn des 19. Jahrhunderts von dem Missbrauch dieser Frondienste und der Ausbeutung der Dorfbewohner durch Adelige und Dorfvorsteher. Nach der Invasion der Dogra-Armee und der Einbindung Ladakhs in den *Princely State of Jammu and Kashmir* übernahm Maharaja Gulab Singh im Wesentlichen das unter dem König geltende System, indem er persönliche Handelsrechte definierte und das *begar*-System fortführte. Er hatte vor allem Interesse, ökonomischen Nutzen aus der territorialen Expansion und besonders aus dem lukrativen Handel mit Paschmina-Wolle zu ziehen (GHANI SHEIK 1999; BRAY 2008). Einen Eindruck vermögen historische Zeitzeugenberichte zu vermitteln. Die Herrnhuter Missionare Eduard Pagell und August Wilhelm Heyde be-

83 *Kar-i-begar* ist der Urdu-Begriff, während der ladakhische Terminus für solche Trägerdienste *'u-lag* ist. *Khral* ist ein ladakhischer Sammelbegriff für Abgaben, Steuern, Tributzahlungen, Zölle und Trägerdienste. Auch der Begriff *res* (ladakhisch/tibetisch für Turnus) findet Verwendung und bezieht sich auf die turnusmäßige Bereitstellung von *begar*-Diensten durch die Dorfgemeinschaften (BRAY 2008: 43 & 61).

84 Noch nach dem Verlust der Unabhängigkeit behielt die Königsfamilie Zugriff auf *begar*-Transportdienste (BRAY 2008: 49).

richten über die regen Handelsaktivitäten Gulab Singhs und seine Anordnungen zu Frondiensten und Zwangsarbeit:

> „Gulab Singh ist der erste Handelsmann im Lande, und die Bauern und Viehbesitzer sind gezwungen, 2 bis 3 mal des Jahres mit ihrem Vieh das Salz oder andere Handelsartikel gewisse Strecken weit fortzuschaffen was theils eine Frohne, theils aber auch ein ungerechter Zwang von Seiten der Regierung sein mag, denn die Leute klagen oft, ohne daß wir sie darum fragen, über die großen Lasten die Gulab Singhs Handel ihnen verursacht. Man begegnet nicht selten Mann und Frau, die einen Esel oder eine Kuh, vielleicht ihr ganzes Besitzthum an Vieh, mit Salz beladen vor sich hertreiben, und so wochenlange Frohndienste zu leisten gezwungen sind" (PAGELL & HEYDE 1860: 131).

Britische Reisende und Verwaltungsbeamte machten sich das *begar*-System zu Nutze und erbaten kostenfrei Proviant von den Dorfbewohnern. Frederic Drew schreibt hierzu:

> „As coolies, for carrying loads, they are admirable – not only the men but the women too. I have had women employed to carry my baggage, according to the custom of the country, who have done twenty-three or twenty-four miles with sixty pounds on their back, and have come in at the end singing cheerfully" (DREW 1875: 248).

Auch PAGELL und HEYDE heben den reibungslosen Transport während ihrer ersten Reise nach Ladakh im Jahr 1855 hervor:

> „Die Beförderung Europäischer Reisender ist hier in Gulab Singhs Gebiet sehr geordnet; so wie der Reisende auf einer Station ankommt, schickt der Gopa oder Schulze des Dorfes augenblicklich einen Boten auf die nächste Station, so daß das Wechseln der Kuli und der Yaks keinen Aufenthalt hervorbringt" (PAGELL & HEYDE 1860: 114–115).

Trotz zunehmender Kritik an den Frondiensten wurden sie während der Kolonialzeit beibehalten. Nach seiner Ernennung übernahm der britische *Joint Commissioner* in Leh das *begar*-System als Teil des Transportwesens. Ein Versuch von Frederic Drew während seiner Zeit als *wazir*, die *begar*-Transportdienste im Rahmen der *lopchak-* und *chapa*-Missionen im Jahr 1871 abzuschaffen, misslang. Wenige Jahre später beabsichtigten die Briten im Zuge ihrer verstärkten Einflussname auf den *Princely State* nach dem Tode des Maharajas Ranbir Singh (1885), die korrupte und ineffiziente Verwaltung neu zu gliedern. Captain H. L. RAMSAY, der von 1885–1891 als *Joint Commisioner* in Ladakh eingesetzt war, kritisierte erstmals das *begar*-System für seine Willkürlichkeit (RAMSAY 1890). Wenig später musste Chaudhri Khushi Mohammad, zu diesem Zeitpunkt *wazir* von Ladakh, seine Überlegungen zur Abschaffung von *begar* aufgrund der hohen Kosten verwerfen. Allerdings führte er eine Umstrukturierung durch, in deren Zuge feste Raten für die Zahlung der *begaris* festgeschrieben wurden. In dieser Form hatte das System bis kurz nach der indischen Unabhängigkeit 1947 Bestand (BRAY 2008; BRAY & GONKATSANG 2009).[85]

Nicht nur die Frondienste, sondern auch hohe Steuerabgaben belasteten die lokale Bevölkerung. Nach der Eingliederung Ladakhs in den *Princely State of Jammu and Kashmir* bestand die Einteilung der Steuern in Sachabgaben *(jinse)* und mo-

85 In Baltistan wurde *begar* bereits 1911 abgeschafft (SCHMIDT 2004: 111).

netäre Abgaben *(malia)* fort. Mit Ausnahme von Zanskar wurden die Sachabgaben in Form von Getreide und Feuerholz geleistet. Diese wurden einerseits genutzt, um Vorräte für Jahre mit weitreichender Missernte anzulegen, die in Notzeiten an bedürftige Haushalte verkauft werden konnten. Andererseits wurden die Abgaben im Normalfall an die staatlich betriebenen *serais* und *dak bungalows*[86] entlang der Handelsrouten geliefert, wo sie an durchziehende Karawanen weiter verkauft wurden (RIZVI 2005; Kap. 4.3).

Für einige Haushalte bedeuteten die Abgaben eine derartige Belastung, dass sie sich verschulden mussten, wie der Herrnhuter A. H. FRANCKE 1899 berichtet:

> „Die meisten kamen, da jetzt im Winter die Steuern mit dem Stock eingetrieben werden, in große Verlegenheit. Da wurden wir täglich überlaufen von Leuten, welche uns ihre Ziegen, Schafe, Bäume und Schmucksachen zum Verkauf anboten und Geld geliehen haben wollten. Wir haben soweit wie möglich Arbeit verschafft und von den Tieren gekauft, nur um ein wenig zu helfen" (MD 1569).

Darüber hinaus wurde die Steuereintreibung von den eingesetzten Beamten ausgenutzt, um den eigenen Profit durch die Dorfbesuche zu steigern und Dorfbewohner zu misshandeln. Auch die Erhebung von Zöllen wurde von korrupten Beamten zur Maximierung ihres Einkommens genutzt (GHANI SHEIK 1999: 342–343). Teilweise war die Furcht der Bevölkerung vor Repressalien so groß, dass sie aus Angst vor den hohen Abgaben aus den Dörfern flohen (BRAY 1991: 119).[87] Die Missionare beschrieben auch von Durchreisenden ausgeübte Repressalien (PAGELL & HEYDE 1860: 127), wie beispielsweise Francke nach einem Besuch der Ortschaft Hanu (1899):

> „Die armen Leute waren nämlich von Durchreisenden zudem unmenschlich geplündert u. gemißbraucht worden u. ich wurde von ihnen auf den Knien angefleht, sie vor den Gewaltthätigkeiten kommender Karawanen zu schützen" (R 15 U b 18).

Um die Steuerabgaben entrichten zu können, nahmen die meisten Haushalte neben der landwirtschaftlichen Subsistenzwirtschaft eine außeragrarische Tätigkeit zur Sicherung der Existenz, zum Beispiel im Handel, auf (DREW 1875: 245). Seit Mitte des 19. Jahrhunderts wurde auch über Wanderarbeit berichtet (RIZVI 2005: 311–315). Wanderarbeiter übernahmen Tragedienste und andere Aufgaben im Basar von Leh. Außerhalb von Ladakh führten sie Bauarbeiten an Straßen und Brücken durch oder boten sich als Träger und Eseltreiber für Expeditionen an. Diese Form der Wanderarbeit war vor allem während der Wintermonate relevant und bestand bis in die 1970er Jahre fort.

Die existenzielle Notwendigkeit, zusätzliches Einkommen zu erwirtschaften, wird auch in einem Briefauszug von A. H. FRANCKE aus Khaltse (1900) deutlich:

> „Von Kleidern ist thatsächlich schon alles weggegeben, sodaß wir nur noch das notdürftigste haben, aber die äußere Not ist hier groß u. wir suchen Arbeit zu schaffen, soviel wir können. Weil wir vom Gehalt kein Geld erübrigen können, waren die kleinen Beiträge für bittereri-

86 Nach HEDIN (1903: 511) ein „Gasthaus, Hotel, das die in Leh weilenden Engländer zu besuchen pflegen."

87 Ähnlich war die Situation am Nanga Parbat, Nordwest-Himalaya (NÜSSER 1998: 85).

> sche Arbeiten sehr erwünschte Hülfsquellen, denn für 10 M. z. B. können wir hier einen Mann ganz gut einen Monat lang beschäftigen. Wir haben schon wieder mehreren Arbeit versprochen beim Bau einer Mauer u. wollen später verfallene Felder (ohne sie uns zu eigen zu nehmen) in Stand setzen lassen“ (R 15 U b 18).

Die Lebensbedingungen auf den Dörfern waren aufgrund der Frondienste und hohen Steuerabgaben durch Schwierigkeiten geprägt. Einmal verschuldete Dorfbewohner konnten aufgrund der hohen Zinsen in Höhe von 25–50 %, die die Geldverleiher erhoben, Zeit ihres Lebens nicht mehr aus der Schuldenfalle entkommen. Staatliche Stellen verlangten auf Getreide einen Zins von 25 %, der erst Anfang des 20. Jahrhunderts auf 12 % und in den 1940er Jahren auf 6 % gesenkt (ASBOE 1947; GHANI SHEIK 1999: 345).

### 4.4.3 Versorgungsengpässe und Ernährungsweise

Neben Frondiensten und Steuerabgaben erschwerten schlechte Ernten, geringe Vorräte und damit einhergehende Preissteigerungen die Ernährungssicherung, wie beispielsweise der Bericht aus Leh 1897 unterstreicht:

> „Der Winter 1896/97 war ungewöhnlich kalt und schneereich, selten brach einmal die Sonne durch das Gewölk. In einem so strengen Winter haben unsere Ladakher bei der Holzarmut des Landes viel unter der Kälte zu leiden. Die Preise der Lebensmittel stiegen bedeutend + an Winterfutter für das Vieh trat Mangel ein“ (MD 1572).

Nahrungsmittelengpässe entstanden besonders im Juli, wenn die Vorräte sich zum Ende neigten und die Ernte noch ausstand. Die Ernährungsweise basierte vor allem auf Gerste als Grundnahrungsmittel sowie Weizen und einer begrenzten Auswahl an Gemüse. Zusätzlich zum Anbau in der Region wurden Nahrungsmittel bereits im 19. Jahrhundert importiert. Schlagintweit-Sakünlünski fasst die wenig vielfältige Ernährungsweise zusammen:

> „Das vorherrschende Getreide ist Gerste. Zu der gewöhnlichen Kost der Bevölkerung gehören noch die Bohnenspecies Dal (Phaseolus auricus), Rüben, ferner Reis, sowie Mehl aus Weizen; Schmelzbutter wird beim Kochen solcher Substanzen weniger gebraucht, als bei der (…) Theebereitung. Unter den Milchsorten ist Ziegenmilch die beliebteste“ (SCHLAGINTWEIT-SAKÜNLÜNSKI 1872: 290).

Einen ähnlichen Eindruck der Ernährungsgewohnheiten vermittelt eine unbekannte Quelle:

> „A few handfuls of parched grain flower mixed with water or tea made up their usual diet; a pinch of salt, a few vegetables were a luxury and, as far as a little rice, it would be heaven itself“ (zitiert in GHANI SHEIK 1999: 345).

Dieses eintönige Bild wird auch in den Berichten der Herrnhuter Missionare wiedergegeben:

> „Und wenn einem Mann, der sich von nichts als Mehl nährte, einmal Reis mit etwas Fleisch geschenkt wurde, machte ihn das in Kürze zu einem ganz anderen Menschen“ (MD 1569).

Ergänzt wurde die Ernährung durch Obst, vor allem Aprikosen und Äpfel, aber auch Birnen, Pflaumen und Pfirsiche (PAGELL 1860: 131; SCHLAGINTWEIT-SAKÜNLÜNSKI 1872: 293; DREW 1875: 247). Die alltägliche Ernährung setzte sich aus drei Mahlzeiten zusammen, von denen in der Regel mindestens zwei ausschließlich aus Buttertee und geröstetem Gerstenmehl *(tsampa)* bestanden. Zudem waren Weizenbrotfladen, Suppen und Teigtaschen *(mokmok)* typische Gerichte. Mahlzeiten mit Reis, Fleisch und Wildgemüse oder Rüben waren wohlhabenden Haushalten vorbehalten (MOORCROFT & TREBECK 1841; RIBBACH 1940: 121). Abgesehen von dem Verzehr von Trockenfleisch war der Konsum von Fleisch vor allem auf Feste und Feierlichkeiten beschränkt. Als tierische Lebensmittel wurden zudem Buttermilch, Joghurt und Trockenkäse konsumiert (FRIEDL 1984: 462–463). Die Haltung von Hühnern wurde nach SCHLAGINTWEIT-SAKÜNLÜNSKI erst Mitte des 19. Jahrhunderts eingeführt:

> „Erst Gulab Singh, durch europäische Reisende darauf aufmerksam gemacht, hat sie [die Hühner] zu verbreiten gesucht, und zwar mit bestem Erfolge, in Bálti, in Ládak und selbst in Núbra. Eier zu essen, war dabei für die ersten Jahre überall, wo Hühner neu eingeführt wurden, streng verboten“ (1872: 304).

Der Druck auf die Lebensmittelversorgung wurde zusätzlich durch Durchreisende erhöht.[88] Die in Leh ansässigen Missionare halten dazu in ihrem Jahresbericht von 1896 fest:

> „Besonders die großen Expeditionen, davon in diesem Jahre alleine 3 aus Central-Asien, teils zur Jagd, teils zu wissenschaftlichen Zwecken von Leh aufbrachen, und die sich alle hier auf Monate verproviantieren fangen an, zu einer Last für das Land zu werden, die den gemeinen Mann schwer drückt. Lebensmittel, Futter und Holz werden verteuert und nur wenige haben einen pekuniären Vorteil von dem Fremdenverkehr. Daneben wird die zwangsweise Lieferung von Lebensmitteln, Futter und Holz und die Leistung von Transportdiensten (…) häufig als ein schwerer Druck empfunden. In diesem Jahr war der Handelsverkehr ein bedeutend geringerer als im vorigen. (…) Und doch trat Mangel an Getreide ein, zumal da die Ernte im vorigen Jahr (`95) eine geringere war“ (MD 1572).

Einen ähnlichen Eindruck vermittelt der Jahresbericht aus Khaltse:

> „Als wir hier ankamen, waren fast keine Hühner oder Eier zu bekommen. Es waren von den Reisenden so viele von diesen Artikeln gefordert und nicht bezahlt worden, daß den Dorfleuten der Mut, Hühner zu halten, entfallen war. Das führte aber nur zu noch schlimmeren Zuständen, da die Reisenden das Recht haben, gegen Bezahlung Hühner und Eier zu fordern. Nun mußte man auf die Nachbardörfer laufen und Hühner für meist 5 Annas[89] erhandeln. Bezahlte dann der Reisende das ihm gebotene Tier doch noch, so gab er dem Tarif gemäß nur 4 Annas. Also im besten Fall wurde ein Anna bei jedem Huhn eingebüßt“ (MD 1569).

Zusammenfassend ist festzuhalten, dass die Versorgungssituation aus historischer Perspektive durch wiederkehrende Engpässe sowie eine karge Ernährung gekennzeichnet war. Wichtigstes Standbein der Versorgung war die Subsistenzwirtschaft.

88 Auf die Schwierigkeiten, die besonders Winterbesucher für die lokale Bevölkerung im Nordwest-Himalaya bedeuteten, verweist NÜSSER (1998: 85).

89 Gegenwert des Anna = 1/16 Rupie (RIZVI 1999b).

## 4.5 POLITISCHE ENTWICKLUNG NACH 1947: DIE EINBINDUNG LADAKHS IN DEN INDISCHEN NATIONALSTAAT

Entscheidende politische und sozioökonomische Veränderungen gingen mit der indischen Unabhängigkeit 1947 einher. Im Zeichen der militärischen Auseinandersetzungen mit den Nachbarstaaten Pakistan und China wurde Ladakh – nunmehr Teil des Bundesstaates Jammu und Kaschmir – zu einer Grenzregion mit hoher geostrategischer Bedeutung. Die weitreichenden Konsequenzen wirken sich bis heute auf unterschiedliche Bereiche des alltäglichen Lebens in der Region aus. Hiermit sind die Einbindung der Region in die administrativen und ökonomischen Strukturen des indischen Staates, die Verkehrserschließung des Hochgebirgsraumes und eine insgesamt stärkere Ausrichtung zum indischen Tiefland verbunden. Die Auswirkungen werden insbesondere im Hinblick auf Handel und Versorgungsstrukturen sowie außeragrarische Erwerbsmöglichkeiten durch die Truppenstationierung und spätere Öffnung der Region für Touristen deutlich (Kap. 7.3.2). Die jüngste politische Entwicklung ist durch eine zunehmende Dezentralisierung und das Streben nach Autonomie geprägt.

### 4.5.1 Ladakh als Grenzregion von geostrategischem Interesse

Die Unabhängigkeit Britisch-Indiens 1947 markierte einen entscheidenden Einschnitt mit vielfältigen Auswirkungen nicht nur auf die politische, sondern auch auf die sozioökonomische Entwicklung Ladakhs. Für das Verständnis aktueller Prozesse sind daher der größere regionale Kontext des Kaschmir-Konflikts, die Grenzkonflikte mit China sowie die nationalstaatlichen und internationalen Interessen von Bedeutung. Auch die Verkehrserschließung der Region steht mit der geopolitischen Entwicklung im Zusammenhang.

#### *Ungeklärte Teilung*

Die Unabhängigkeit von der britischen Kolonialmacht markiert den Ausgangspunkt des bis heute ungeklärten Kaschmir-Konflikts, dessen Beginn der Historiker LAMB (1994) als „*Birth of a Tragedy*“ charakterisiert hat. Die vorgesehene Teilung Britisch-Indiens in die Staaten Indien und Pakistan folgte der „Zwei-Nationen-Theorie“ (KREUTZMANN 2003: 4). Hierfür sah der im Mai 1947 angenommene Plan des letzten Vizeregenten Lord Louis Mountbatten die Einsetzung von zwei *boundary commissions* unter dem Vorsitz von Sir Cyril Radcliffe vor. Diesen Plänen folgend, sollten die Provinzen auf Basis der Religionszugehörigkeit ihrer jeweiligen Mehrheitsbevölkerung den neuen Staaten Indien bzw. Pakistan zugeordnet werden. Die Grundlage für die Aufgliederung stellten die Angaben aus dem Zensus von 1941 als aktuellste statistische Datenbasis dar. Distrikte mit einer muslimischen Bevölkerungsmehrheit wurden Pakistan zugeordnet, während

Distrikte mit einer muslimischen Minderheit indisches Gebiet wurden (LAMB 1994; KREUTZMANN 2002b).

Im Hinblick auf die Zukunft der *princely states*, die der britischen Oberhoheit unterlagen, wurde den jeweiligen Machthabenden die Entscheidungsbefugnis zugesprochen. Diese lag für Jammu und Kaschmir bei Maharaja Hari Singh (LAMB 1994, 1997; KREUTZMANN 2002b; SCHOFIELD 2010).[90] Während nach Angaben des Zensus von 1941 ein Bevölkerungsanteil von 77,1 % im *Princely State of Jammu and Kashmir* muslimischen Glaubens war[91], gehörte Maharaja Hari Singh der hinduistischen Dogra-Herrscherfamilie an (LAMB 1994; KREUTZMANN 2002b, 2008). Bereits im Vorjahr der Unabhängigkeit gab es in Jammu und Kaschmir drei politische Lager, die unterschiedliche Perspektiven für den Fürstenstaat präferierten: Das erste Lager bildeten die Unterstützer der Dogra-Dynastie des Maharaja, die einen Anschluss an die Indische Union befürworteten. Dem gegenüber standen die Vertreter der *Muslim Conference*, die eine Anbindung an Pakistan anstrebten. Eine dritte Gruppe bildeten schließlich die Anhänger der von Sheikh Abdullah angeführten *National Conference*, die bereits 1944 ein Manifest für ein „Neues Kaschmir" verfasst hatten, das einen unabhängigen Staat vorsah (LAMB 1994: 44–45). Der Maharaja zögerte jedoch mit seiner Entscheidung, so dass die Zugehörigkeit des Fürstenstaates bis zum Zeitpunkt der Unabhängigkeit am 14./15. August 1947 ungeklärt blieb. Jammu und Kaschmir befand sich in einem Zustand, den LAMB beschreibt als ein

> „(...) strange limbo, notionally independent, actively thought after by India, and menaced by no less than two internal civil conflicts, in Gilgit and Poonch, in which one party would inevitably call upon Pakistan for help" (LAMB 1994: 168).

In den Wochen nach der Teilung Britisch-Indiens folgte eine Zeit politischer Schachzüge, denn sowohl Indien als auch Pakistan waren aufgrund der geostrategischen Lage und dem Zugang zu Zentralasien an dem Fürstentum interessiert und bemühten sich um die Gunst Hari Singhs (SCHOFIELD 2010: 43).[92] LAMB (1994, 1997) hebt die Vorgehensweise der britischen Kolonialmacht bei der

90 Zu diesem Zeitpunkt gab es drei drängende Probleme: 1. Die Grenze würde dicht an dem Heiligtum der Sikhs, dem Goldenen Schrein von Amritsar, vorbeiführen, was zur Verwerfung mit dieser Gemeinschaft führen könnte. 2. Die Teilung des Punjab bedeutete eine Durchtrennung des Bewässerungsnetzes, auf dem die landwirtschaftliche Nutzung der gesamten Region basierte. 3. Der Grenzverlauf sollte klar definiert und administrativ handhabbar sein (LAMB 1994: 24–25).

91 Die muslimische Bevölkerung konzentrierte sich im Kaschmir-Tal und den umliegenden Gebieten sowie in der Region Jammu (LAMB 1994; KREUTZMANN 2002b).

92 LAMB (1994) diskutiert unterschiedliche Szenarien, die zu einer Teilung des Fürstenstaates und letztlich zu einer Verhinderung des bis heute anhaltenden Kaschmir-Konflikts hätten führen können. Dabei schreibt er Lord Mountbatton eine Schlüsselrolle zu. Aus indischer Perspektive wird in der Regel die Version, dass erst nach der Entscheidung Hari Singhs für die Anbindung seines Fürstenstaates an Indien, Truppen eingegriffen hätten, als Argument für die Zugehörigkeit Jammu und Kaschmirs zur Indischen Union genutzt (LAMB 1994: 172–174).

Machtübergabe als einen zentralen Faktor der Konfliktentstehung hervor.[93] Er bewertet es als entscheidend, dass gegenüber den ursprünglichen Planungen, die eine Unabhängigkeit erst im Jahr 1948 vorgesehen hatten, der Termin für den Machttransfer durch Lord Mountbatten auf August 1947 vorgezogen wurde, so dass administrative Entscheidungen ungeklärt blieben.[94]

Die Landung der indischen Armee auf dem Flughafen in Srinagar am 27.10.1947 markierte den Beginn des ersten indo-pakistanischen Krieges.[95] Pakistanische Truppen drangen im Mai 1948 bis auf 30 km vor Leh vor. Erst der Bau eines Flugplatzes in Leh im selben Monat brachte eine Wende im Kriegsgeschehen, da die indische Armee durch Truppen, Munition und weitere Logistik verstärkt werden konnte. Ab Juli folgte eine Truppenverstärkung auf dem Landweg über Manali, so dass schließlich im Oktober der strategisch bedeutsame Zoji La und im November die Ortschaft Kargil zurückerobert wurden (GUTSCHOW 2004: 25).

Nach erfolglosen bilateralen Gesprächen zwischen den Konfliktparteien wurde der Streit um Kaschmir schließlich am 1. Januar 1948 vor den Sicherheitsrat der Vereinten Nationen gebracht.[96] Bereits am 21. April 1948 verabschiedete dieser eine erste Resolution zur Durchführung eines Plebiszits, auf dessen Grundlage eine Entscheidung über die Zukunft des ehemaligen *Princely State* getroffen werden sollte. Im Juni beschloss der Sicherheitsrat die Einrichtung der *United Nations Commission for India and Pakistan* (UNCIP). Auch die abschließende Resolution, die am 5. Januar 1949 als letzte einer Reihe von UN-Resolutionen aus den Jahren 1948 und 1949 verabschiedet wurde, bekräftigte die Durchführung einer Volksabstimmung auf deren Basis eine Zuordnung des gesamten Staates entweder an Indien oder Pakistan erfolgen sollte (LAMB 1997: 275).[97]

Da jedoch aufgrund der territorialen Interessen beider Konfliktparteien bis heute kein Plebiszit abgehalten wurde, war mit Inkrafttreten des Waffenstillstands am 1. Januar 1949 und der Festlegung der Waffenstillstandslinie letztlich *de facto* eine Teilung des Gebiets des vormaligen *Princely State of Jammu and Kashmir* vollzogen. Die vormalige *Gilgit Agency* und Baltistan wurden unter pakistanische

93 Über die Details zu Genese und Verlauf des Kaschmir-Konflikts gibt es divergierende Auffassungen. Einen Überblick zur Fülle von teilweise umfangreichen Darstellungen aus unterschiedlichen Perspektiven bieten KREUTZMANN (2002b: 58) und LAMB (1994: 104).

94 Politisch motivierte Unruhen im Vorjahr in Kalkutta (heute Kolkata) sowie im Punjab 1947 hatten dazu geführt, dass sich die britische Kolonialmacht um eine vorzeitige Entscheidung bemühte (SCHOFIELD 2010).

95 Derart kurz nach der Unabhängigkeit unterstanden die Armeen beider Kriegsparteien noch dem Kommando britischer Offiziere (LAMB 1994: 104; KREUTZMANN 2002b: 58).

96 LAMB (1997: 249–253) nennt verschiedene Möglichkeiten der Konfliktlösung zu diesem Zeitpunkt.

97 Eine solche Entscheidung ermöglichte jedoch keine Teilung des Territoriums Jammu und Kaschmirs, die als Lösungskompromiss Ende der 1940er diskutiert wurde und nach Meinung britischer Beobachter durchführbar gewesen wäre. Diesem Teilungsmodell folgend wären Ladakh und Jammu in der Indischen Union verblieben und das restliche Gebiet Pakistan zugesprochen worden. Der Vorschlag wurde zu Beginn der 1950er Jahre erneut vorgebracht, doch wiederum verworfen (LAMB 1997: 290–292).

Verwaltung gestellt. Der östliche Teil mit Jammu, dem Kaschmir-Tal und Ladakh wurde unter indische Verwaltung gestellt. Das Gebiet von *Azad Kashmir* wurde unter einer autonomen, aber von Pakistan abhängigen Regierung ausgegliedert (LAMB 1997: 292–313). Für Ladakh bedeutete diese Entscheidung die Zugehörigkeit zum Bundesstaat Jammu und Kaschmir und die Einbindung in die Indische Union. Mit der Grenzschließung zu Baltistan und dem von China besetzten Tibet waren aber auch das Ende ökonomischer Austauschbeziehungen und die Trennung von Familien verbunden. Ladakh wurde zur Grenzregion und *Inner Line*, die nur mit Sondergenehmigungen zu bereisen war.[98]

### *Indisch-pakistanische Grenzkonflikte (1965, 1971, 1999)*

Nach der ausgebliebenen Umsetzung der UN-Resolutionen und einer Phase der erneuten intensiven, jedoch erfolglosen diplomatischen Bemühungen zur Lösung der Kaschmir-Frage zu Beginn der 1960er Jahre, kam es im September 1965 zum zweiten indisch-pakistanischen Krieg (SCHOFIELD 2010: 99–111). Dieser führte zu keinen territorialen Veränderungen, so dass die Waffenstillstandslinie im Abkommen von Taschkent 1966 bestätigt wurde.

In Ladakh wurde der Verlauf der Waffenstillstandslinie nach dem dritten indisch-pakistanischen Krieg 1971, in dem Kaschmir zunächst nur eine Nebenrolle gespielt hatte, modifiziert.[99] Die indische Armee hatte im Nubra-Tal Territorialgewinne verzeichnet, so dass das westliche Tal mit den Ortschaften Turtuk, Thaksi und Tang an Indien angeschlossen wurde. Die Verschiebung der alten Waffenstillstandslinie wurde als neue „*Line of Control*“ (*LoC*) festgelegt und im Juli 1972 in dem von Indira Gandhi und dem pakistanischen Präsidenten Zulfikar Ali Bhutto unterzeichneten Abkommen von Shimla bestätigt (LAMB 1997; KHOSA 1999; Karte 2). Hierin heißt es in Bezug auf Kaschmir ohne Erwähnung eines Plebiszits:

> „In Jammu and Kashmir, the line of control resulting from the cease-fire of December 17, 1971 shall be respected by both sides without prejudice to the recognised position of either side. Neither side shall seek to alter it unilaterally, irrespective of mutual differences and legal interpretation. Both sides further undertake to refrain from threat or the use of force in violation of this line“ (zitiert in SCHOFIELD 2010: 117).

98 Die sogenannten *Inner Line Permits* wurden nur in Ausnahmefällen an Zivilpersonen vergeben. Hierzu zählten Journalisten, die beispielsweise über den indo-chinesischen Konflikt zu Beginn der 1960er Jahre berichteten (siehe z. B. Die Zeit, 16.3.1963: „Wacht im Himalaya, Bei den indischen Truppen an Tibets Grenze“). Eine Lockerung der Einreisebedingungen für Inder aus anderen Bundesstaaten und Ausländer erfolgte erstmals 1974.

99 Dieser Konlikt mündete 1971 in der Aufspaltung des Staates, der zuvor aus zwei getrennten Landesteilen, Ost- und Westpakistan, bestanden hatte. In der Folge wurde Ostpakistan als Bangladesh von West-Pakistan (dann: Pakistan) unabhängig. Zu der „doppelten Teilung“ siehe KREUTZMANN (2003).

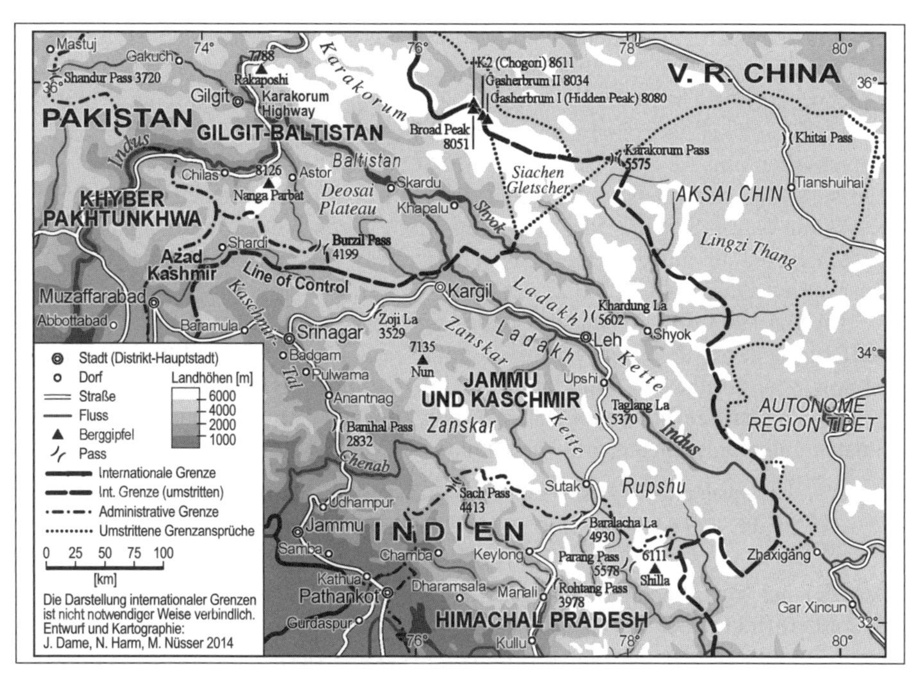


*Karte 2: Der Bundesstaat Jammu und Kaschmir als Grenzregion im Kontext territorialer Ansprüche*

Seit 1984 erhält die Auseinandersetzung um Kaschmir aufgrund von Territorialansprüchen über das vergletscherte Siachen-Gebiet, das im Übergang von Karakorum und Saltoro-Kette gelegen ist, eine weitere Komponente. Dieses Gebiet wurde in dem Waffenstillstandsabkommen von 1949 ausgespart. Die Demarkationslinie erhielt ihren Endpunkt (NJ 9842) 65 km südlich der Grenze mit China, so dass der nördlich anschließende Verlauf nicht definiert wurde (KHOSA 1999; ALI 2002). Doch die Entsendung von Expeditionen in das Siachen-Gebiet löste territoriale Machtansprüche um das Areal aus. Seit der ersten Stationierung von Truppen im April 1984 finden alljährlich während der Sommermonate militärische Auseinandersetzungen statt. Die Gefechte verursachen für beide Konfliktparteien hohe Kosten, da ein enormer Aufwand erforderlich ist, um die Truppenstellungen in der Höhe (zwischen 3.700 m und 6.700 m) bei unwirtlichen klimatischen und schwierigsten topographischen Bedingungen zu halten (ALI 2002).[100]

100 KHOSA (1999: 188) beziffert die Kosten auf 30 Mio. INR (etwa 600.000 US$) täglich. Bis Ende der 1990er Jahre hatten bereits über 3.000 Soldaten ihr Leben verloren – 90% davon nicht in Kampfhandlungen. Nach ALI (2002: 318) belaufen sich die täglichen Kosten auf 1 Mio. US$ (indische Seite). Er gibt eine Zahl von 15.000 Todesfällen an, von denen mehr als 97% auf extreme Wetterbedingungen und Höhenkrankheit zurückzuführen sind (ALI 2002: 316).

Zusätzlich zu den Auseinandersetzungen entlang der Waffenstillstandslinie wurde die Situation seit 1989 durch gewalttätige Unruhen im indisch-kontrollierten Teil Kaschmirs massiv verschärft. Den Aufständen für ein „freies Kaschmir“ trat die Regierung mit militärischen und paramilitärischen Einheiten entgegen. Es kam zu Repressalien und Ausgangssperren (SCHOFIELD 2010: 143–162). In Ladakh wirkten sich die angespannte Situation und bürgerkriegsähnlichen Zustände im Kaschmir-Tal, in Srinagar und in Jammu durch wiederholte Sperrungen der wichtigen Verbindung aus dem indischen Tiefland sowie einen temporären Rückgang der Touristenzahlen (Kap. 7.3.2) aus.

Im Mai 1998 führten zunächst Indien und kurz danach auch Pakistan Nuklearwaffentests durch und trugen damit zu einer Verschärfung der politischen Situation sowie zu politischen Sanktionen der internationalen Gemeinschaft gegenüber beiden Staaten bei. In der folgenden Deklaration von Lahore einigten sich beide Staaten unter anderem auf folgende Punkte:

> „to identify their efforts to resolve all issues, including the issue of Jammu and Kashmir“ und „refrain from intervention and interference in each other's internal affairs“ (SCHOFIELD 2010: 207).

Als Zeichen der Annäherung wurde eine Busverbindung zwischen Delhi und Lahore eröffnet. Doch nur drei Monate später kam es im Mai 1999 zum Ausbruch von Kämpfen entlang der *Line of Control*, als ersten Berichten zufolge von Pakistan aus operierende paramilitärische Einheiten die *LoC* in den Gebirgsketten oberhalb von Kargil überschritten. Der Konflikt eskalierte, als die pakistanische Armee Ziele in Kargil mit Artillerie beschoss. Der auch als „Kargil-Krise“ bezeichnete kurze Krieg hielt bis Juli 1999 an (VAN BEEK 1999a). Beide Staaten stellten den Ausgang des Konflikts vorteilhaft für ihr Land dar (SCHOFIELD 2010: 222–224).

Auch wenn die „Kargil-Krise“ im Gesamtkontext des Kaschmirkonflikts eher eine untergeordnete Rolle einnimmt, sind die Auswirkungen auf Ladakh bedeutsam. Der Konflikt führte in der Region einerseits zu Todesopfern, Vertreibungen sowie Zerstörungen von Häusern und Flurflächen (VAN BEEK 1999a, 2004; SCHOFIELD 2010). Andererseits unterstützten ladakhische Familien die Armeetruppen – in denen teilweise Familienmitglieder kämpften – mit Lebensmittellieferungen.[101] Bis heute haben die anschließende Erhöhung des Truppenkontingents und die Einrichtung der *Operation Sadbhavana (Operation Goodwill)* als Entwicklungs- und Wohlfahrtsinitiative des Militärs weitreichende Folgen für die Bewohner der Grenzregion. Zudem wurden die Zuwendungen aus staatlichen Fördermitteln erhöht (VAN BEEK 2004; AGGARWAL & BHAN 2009, Kap. 8.1.1).
Das vergangene Jahrzehnt war durch Phasen der Annäherung aber auch Herausforderungen der diplomatischen Beziehungen zwischen Indien und Pakistan charakterisiert. Hierzu zählten die Wiederaufnahme von bilateralen Gesprächen und

101 In Alltagsgesprächen erscheint der Kargil-Krieg als verbindendes Element. Die Elitetruppe der *Ladakh Scouts* wurde mit Auszeichnungen geehrt. Hier wird vor allem auf die *Operation Vijay* und den Kampf um den nahe Dras gelegenen *Tiger Hill* im Juli 1999, die als Wendepunkt gelten, Bezug genommen (AGGARWAL & BHAN 2009).

vertrauensbildende Maßnahmen wie die Aufnahme einer direkten Flugverbindung zwischen Indien und Pakistan (2004), die Einrichtung einer Busverbindung zwischen Srinagar und Muzzafarabad (2005) und das Versenden von Hilfslieferungen aus Indien nach Muzzafarabad nach dem katastrophalen Erdbeben im Oktober 2005 (SCHOFIELD 2010: 247–251). Die bilateralen Gespräche führten jedoch wegen weiterer Unruhen in Jammu und Srinagar[102], politischer Instabilität in Pakistan und Terroranschlägen zu keiner Einigung. Schließlich führten die Terroranschläge von Mumbai im November 2008 zu einem abrupten Ende der Friedensverhandlungen. Erst im März 2011 trafen die Regierenden beider Länder bei einem Sportereignis wieder aufeinander.[103] Zuletzt wurde die Anwesenheit des pakitanischen Ministerpräsidenten Nawaz Sharif bei der Amtseinführung von Premierminister Narendra Modi (Mai 2014) positiv bewertet, doch nur wenige Monate sagte Indien Verhandlungen auf Ebene der Staatssekretäre für auswärtige Angelegenheiten ab und sorgte für eine erneute Verschlechterung der diplomatischen Beziehungen.[104]

So bleibt auch mehr als 65 Jahre nach der Unabhängigkeit beider Staaten der umstrittene Status von Kaschmir bestehen. Der ehemalige *Princely State of Jammu and Kashmir* ist entlang der *LoC* in das von Pakistan verwaltete Gebiet Gilgit-Baltistan (vormals: *Northern Areas*), Azad Kashmir und den der indischen Administration zugeordneten Bundesstaat Jammu und Kaschmir unterteilt (Karte 2). Bis heute kommt es alljährlich zu Auseinandersetzungen und Schusswechseln entlang der *Line of Control*. Seit mehr als zwei Jahrzehnten werden das Kaschmir-Tal, Jammu und andere Regionen von Unruhen geprägt.[105]

Diese politische Situation begründet die Sonderstellung des Bundesstaates Jammu und Kaschmir innerhalb der Indischen Union, die in Artikel 370 der indischen Verfassung festgeschrieben ist. Er garantiert dem Bundesstaat innere Autonomie (SCHOFIELD 2010).[106] Ladakh ist von der politischen Situation in verschiedener Hinsicht geprägt. Sie bedingt eine hohe Militärpräsenz und die strategisch motivierte infrastrukturelle Erschließung. Außerdem führen die Unruhen im Kaschmir-Tal und in Jammu immer wieder zu Ausgangs- und Straßensperrungen und damit zur temporären Schließung einer der beiden Straßenverbindungen nach Ladakh, die während der Sommermonate für die Lieferung von Verbrauchs- und

102 Hierbei handelte es sich um anti-indische Aufstände, die von Landvergabepolitiken und der Einrichtung einer Hindu-Pilgerstätte am Amarnath-Schrein ausgelöst wurden. Siehe z. B. http://news.bbc.co.uk/2/hi/southasia/7553531.stm (letzter Zugriff 09.09.2011).

103 Der indische Premierminister Manmohan Singh hatte den pakistanischen Premier Gilani zum Halbfinale der Cricket-WM nach Indien eingeladen. Siehe z. B.: http://www.nzz.ch/nachrichten/sport/aktuell/wiederbelebte_cricket-diplomatie_1.10064461. html sowie http://www.nytimes.com/2011/03/30/world/asia/30india.html (letzter Zugriff 05.07.2011).

104 Siehe z. B. http://www.bbc.com/news/world-asia-27554193 sowie http://www.dw.de/modi-und-sharif-senden-signale-der-ann%C3%A4herung/a-17664943 (letzter Zugriff 18.11.2014).

105 Die fast tägliche Radioberichterstattung führt auch in den ladakhischen Ortschaften zu einer starken Präsenz des Konflikts.

106 Jammu und Kaschmir ist der einzige indische Bundesstaat, der eine eigene Verfassung besitzt (MITRA 2011: 90). Für weitere Informationen siehe SCHOFIELD (2010: 78–80, 122–124).

Konsumgütern essentiell sind. Ladakhis mit Verwandtschaftsbeziehungen nach Baltistan wünschen sich eine Annäherung, um familiäre Beziehungen intensivieren zu können. Zugleich gilt die Zugehörigkeit des Distrikts Leh mit seiner buddhistischen Bevölkerungsmehrheit zu Indien als politisch unumstritten. Dies zeigte zuletzt auch die Aufnahme nationaler Symbole in das Logo des semiautonomen *Hill Development Council*.[107]

### *Indisch-chinesischer Grenzkonflikt (1962)*

Die geostrategische Situation in Ladakh ist nicht nur durch den Kaschmir-Konflikt geprägt, sondern auch durch das angespannte Verhältnis zwischen Indien und China. Hierbei geht es unter anderem um territoriale Ansprüche an das Aksai Chin-Gebiet, das eine entscheidende Bedeutung im indisch-chinesischen Grenzkonflikt 1962 hatte und bis heute von Indien beansprucht wird (Karte 2). Die militärischen Auseinandersetzungen werden in Ladakh als einschneidende Veränderung der politischen Situation wahrgenommen.[108]

Seit den 1950er Jahren konzentrierten sich die Grenzstreitigkeiten neben Aksai Chin und Ladakh noch auf die Region zwischen Sutlej und nepalesischer Grenze sowie auf das östliche Gebiet entlang der MacMahon-Linie und *North-East Frontier Agency* (NEFA, seit 1982 Arunachal Pradesh).[109] Zwar gibt es viele und komplexe Begründungen für die Spannungen in den indisch-chinesischen Beziehungen, aber als Ausgangspunkt gilt der umstrittene Grenzverlauf, der während der britischen Kolonialzeit nicht festgelegt wurde (LAMB 1964, 1968, 1973; Kap. 4.2.2).[110]

107 „*LAHDC Leh logo to have national emblem*", Artikel vom 22. Februar 2011, abrufbar unter: http://news.reachladakh.com/news-details.php?&3413158922068516572888098 26&page =&pID=567&rID=0&cPath=5 (letzter Zugriff 2.3.2011).

108 Ladakhis nehmen häufig Bezug auf die Situation „vor 1962" und „nach 1962". Das Jahr gilt als Einschnitt in der regionalen Entwicklung (SINGH 1998).

109 Das an Bhutan angrenzende Tawang-Gebiet war ein wichtiger Handelskorridor zwischen Tibet und Assam. Auf Basis der MacMahon-Linie, die von den Kolonialherrschern einseitig als nordöstliche Grenze Britisch-Indiens definiert wurde, war Tawang Teil der NEFA. China hatte diese Grenzziehung jedoch nicht akzeptiert (LAMB 1973; KREUTZMANN 2007).

110 Die kartographischen Informationen zur Aksai Chin-Region basierten auf einer Aufnahme von Johnson (1865). Obwohl seine Kartierungsarbeiten unter schwierigen Bedingungen durchgeführt wurden und fehlerhaft waren, wurde keine trigonometrische Erfassung durchgeführt. Seine Angaben behielten daher bis ins 20. Jahrhundert Gültigkeit (LAMB 1973: 8–9), wobei die Vorstellung der britischen Kolonialmacht zur Grenzziehung im Verlauf des *Great Game* variierte (LAMB 1973; ISPAHANI 1989). In den 1950er Jahren zeigte die indische Regierung einen neuen Grenzverlauf, der ein größeres Gebiet als die 1899 von Sir Claude MacDonald den Chinesen vorgeschlagene Grenze einschloss, aber hinter den oben genannten Vorstellungen der Kolonialmacht zurückblieb (LAMB 1968). Die Volksrepublik China vertrat hingegen das Argument, dass das Kunlun-Gebirge stets zu Tibet gehört habe und damit seit dem Einmarsch der Roten Armee in Tibet 1951 ein Teil Chinas sei. Chinesische Offizielle argumentierten im Zuge der Grenzstreitigkeiten 1961, dass die *lopchak*-Mission von Ladakh

In den Jahren 1956 und 1957 hatte China mit dem Bau einer Straße durch das Aksai Chin-Gebiet begonnen, die entlang einer ehemaligen Karawanenroute die Städte Kashgar und Gartok verbinden sollte. Diese führte durch unbesiedeltes Hochland, weshalb Indien erst 1958 den Straßenbau wahrnahm (POCHHAMMER 1964; LAMB 1968). Darüber hinaus trugen Grenzstreitigkeiten in der NEFA und das dem aus Tibet geflohenen Dalai Lama gewährte Asyl (1959) zum Ausbruch der militärischen Eskalation bei.[111] Ab dem Sommer 1959 erhöhte Indien die militärische Präsenz in Ladakh, um ein weiteres Vordringen der Chinesen zu verhindern. Nach Jahren politischer Verhandlungen eskalierten die Grenzstreitigkeiten dennoch und führten zum Kriegsausbruch im Oktober 1962. Der kurze, aber heftige Krieg endete mit Waffenstillstandsverhandlungen im November 1962. In den Verhandlungen bot die Volksrepublik China, die sowohl Aksai Chin als auch NEFA kontrollierte, an, dem unterlegenen Indien die NEFA mit Tawang zu überlassen, um im Gegenzug das flächenmäßig kleinere Aksai Chin-Gebiet zugesprochen zu bekommen (KREUTZMANN 2007, 2010).

Dieser Grenzkonflikt hatte einschneidende Auswirkungen auf Ladakh, da der Bundesstaat Jammu und Kaschmir seit diesem Zeitpunkt umstrittene Grenzen zu beiden Nachbarstaaten besitzt. Als Konsequenz wurden das indische Truppenkontingent deutlich erhöht und militärisch-strategische Straßenbauprojekte in der Region vorangetrieben. Bis auf Schmuggleraktivitäten bedeutete der Konflikt das endgültige Ende des Handels mit Tibet. Eine vorsichtige Annäherung zwischen den beiden Staaten in jüngerer Zeit beinhaltet die Diskussion um eine Grenzöffnung für wirtschaftliche Austauschbeziehungen, wie dies bereits im Nordosten Indiens umgesetzt wurde (KREUTZMANN 2007). Trotz der Annäherung und Grenzöffnungen für den Handel erhebt Indien weiterhin Anspruch auf Aksai Chin. Bis heute ist das Verhältnis der beiden Staaten angespannt (SCOTT 2008).

### 4.5.2 Verkehrsinfrastrukturelle Erschließung

Mit den geopolitischen Veränderungen ist die verkehrsinfrastrukturelle Erschließung der Region verbunden. Aufgrund der Topographie gibt es nur wenige geeignete Möglichkeiten, die verschiedenen Gebirgsketten der Region zu queren. Daher folgt die postkoloniale Verkehrserschließung im zentral- und südasiatischen Hochgebirgsraum von Karakorum, Himalaya und Pamir meist den alten Handelsrouten. Der Straßenbau wird dabei häufig als Symbol für Modernisierung und Mobilität gesehen und ist mit der Erwartung auf ökonomische Entwicklung verbunden (ISPAHANI 1989; KREUTZMANN 1991, 2004). Jedoch sind in Ladakh, wie

nach Tibet gezeigt hätte, dass auch Ladakh zu Tibet gehörte (POCHHAMMER 1964; BRAY 1991; Kap. 4.3.2).

111 Acht Jahre nach dem Einmarsch der Roten Armee in Tibet (1950/51) floh der Dalai Lama aus Tibet. Indien gewährte ihm Asyl und unterstützte die Gründung einer Exilregierung in Dharamsala im indischen Bundesstaat Himachal Pradesh.

in den benachbarten Hochgebirgsregionen, geopolitische Aspekte die entscheidenden Beweggründe für den Ausbau des Straßennetzes.

Die verkehrsinfrastrukturelle Erschließung Ladakhs wurde nach 1947 vom indischen Staat mit unterschiedlicher Intensität verfolgt. Die wichtigsten Projekte sind dabei eng mit dem geopolitischen Spannungsfeld verknüpft. Noch zur Zeit der Unabhängigkeit war Ladakh ausschließlich über Maultierpfade erreichbar. Als 1948 während des ersten Kaschmir-Krieges die Ortschaft Kargil von Pakistan eingenommen und damit die Route von Srinagar über den Zoji La nach Leh unterbrochen wurde, errichtete die indische Armee eine Landepiste in Leh für militärische Operationen. Diese wurde später zum Militärflughafen ausgebaut und wird seit 1979 auch für die zivile Luftfahrt genutzt (BHASIN 1999a).

Aufgrund der politischen Spannungen zwischen Indien und China in den 1960er Jahren wurden die erste Straßenverbindung aus dem Tiefland via Srinagar nach Ladakh sowie der Verkehrsweg von Leh an den Pangong Tso zur Unterstützung der Streitkräfte gebaut (Tab. 6). Nach dem verlorenen indisch-chinesischen Krieg wurde die Erschließung Ladakhs und der nordöstlichen Grenzregionen zur nationalstaatlichen Priorität erklärt. Auch die infrastrukturelle Anbindung des Nubra-Tals und eine zweite Route aus dem Tiefland über Manali nach Leh folgten primär geostrategischen Überlegungen (ISPAHANI 1989: 172).

Ladakh ist heute über zwei Straßen an das indische Tiefland angeschlossen (Karte 2; Foto 6). Nach dem Ausbau der Strecke zwischen Jammu und Srinagar (1955–1960, vgl. KREUTZMANN 2004), folgte die Fortführung von Srinagar nach Leh, die 1962 eröffnet wurde.[112] Eine Alternativroute stellt seit 1984 die Verbindung über Manali im Bundesstaat Himachal Pradesh dar, die seit 1989 auch für ausländische Reisende geöffnet ist.[113] Weitere Hauptverkehrsstraßen sind die Strecke von Leh über den Khardung La ins Nubra-Tal, die am 27.8.1973 eröffnet wurde, und die 1980 geöffnete Straße von Kargil nach Padum in Zanskar (CROOK & OSMASTON 1994). Eine alternative Anbindung von Nimmu nach Padum entlang des Zanskar-Flusses wurde bereits in den 1970er Jahren begonnen (DEMENGE 2009), doch das ambitionierte Projekt ist nach wie vor unvollendet. Das Changthang-Gebiet wird durch eine Verbindung über den Chang La an den Pangong Tso sowie die Fortführung der am Indus verlaufenden Straße nach Mahe und Nyoma und an den Tso Moriri erschlossen. Von allen Hauptrouten führen oft nicht asphaltierte Straßen zu den in Seitentälern gelegenen Ortschaften.[114]

112 Die Angaben zur Straßenöffnung variieren in den verschiedenen Quellen. Hier wird der Argumentation der meisten Autoren gefolgt, die das Jahr 1962 angeben (z. B. VAN BEEK & PIRIE 2008: 11; DEMENGE 2009).

113 Die Zeitangaben für diese Straßenverbindung sind ebenfalls vielfältig. DEMENGE (pers. Mitteilung) gibt als Baubeginn das Jahr 1960 und als wahrscheinlichsten Zeitpunkt der Straßenöffnung das Jahr 1973 an, wobei die Nutzung zunächst auf militärischen Verkehr beschränkt war. Angaben staatlicher Behörden in Leh zufolge wurde die Straße 1984 eröffnet. VAN BEEK & PIRIE (2008: 13) nennen 1989 als Jahr für die Öffnung der Verbindung für Touristen.

114 Derzeit hat das Gesamtstraßennetz in Ladakh eine Länge von 2.934 km (Stand: März 2008; LAHDC 2008). Bis auf 31 Siedlungen sind alle Ortschaften an das Straßennetz angeschlossen (GJK 2007).

| Strecke | Jahr der Eröffnung | Pässe (*la*) und Passhöhen* |
|---|---|---|
| Srinagar-Leh | 1962 | Zoji La (3.550 m), Namika La (3.718 m), Fotu La (4.108 m) |
| Manali-Leh | 1984 | Rohtang Pass (3.978 m), Baralacha La (5.029 m), Lachulung La (5.065 m), Taglang La (5.359 m) |
| Leh-Nubra | 1973 | Khardung La (5.602 m) |
| Leh-Pangong | 1962 | Chang La (5.360 m) |
| Kargil-Padum | 1980 | Pensi La (4.267 m) |
| Nimmu-Padum | im Bau (seit den 1970er Jahren) | --- |
| Manali-Leh (Tunnel) | im Bau (seit 2010) | --- |

**Die Höhenabgaben basieren auf den offiziellen Angaben der Border Roads Organisation an den Passhöhen (umgerechnet in m) und weichen daher teilweise von Angaben in Karten ab*

*Quelle: eigene Zusammenstellung*

*Tab. 6: Verkehrsinfrastrukturelle Erschließung*

Wie in anderen Hochgebirgsregionen erhoffen sich die Bewohner der peripheren Ortschaften Ladakhs Vorteile durch die Anbindung an das Straßennetz. Hierzu zählen erleichterter Marktzugang und ökonomische Potentiale, aber auch die Erreichbarkeit von Bildungs- und Gesundheitseinrichtungen. Zugleich werden jedoch regionale Disparitäten durch eine zunehmend ungleiche Erreichbarkeit verstärkt. In Grenzregionen wie Ladakh ist die Verkehrserschließung prinzipiell auch Teil des *nation-building* (Foto 5). So erläutert der Generaldirektor der indischen *Border Roads Organisation* (BRO), Lt. Gen. Ravi Shankar:

> „The Border Roads Organisation is a symbol of Nation Building and National Integration and has become an inescapable component in maintaining the security and integrity of the Nation. Its pivotal role in constructing and maintaining operational road infrastructure for the armed forces in inhospitable, far flung border areas and contribution to the socio-economic development of the region has been legendry. Its ability during war has been repeatedly proven" (BRO Homepage.)[115]

Aufgrund der schwierigen topographischen Gegebenheiten ist der Ausbau des Straßennetzes im Hochgebirge besonderen technischen Herausforderungen ausgesetzt. Die Anforderungen an Material, Transportlogistik und die Organisation von Arbeitskräften, die unter höchst gefährlichen Bedingungen tätig sind (DEMENGE 2009), verursachen hohe Kosten. Für die *Border Roads Organisation* symbolisiert die Entwicklung des Straßennetzes die „Zähmung" der „wilden" Gebirgswelt. So ist auf Straßenbegrenzungssteinen und am Hauptquartier der BRO und des zugeordneten, nach Beginn des Siachen-Konflikts gegründeten *Project Himank* in Choglamsar bei Leh zu lesen: *„Tough and Free – the Mountain Tamers"*. Neben

115 Siehe: http://www.bro.nic.in/indexab.asp?lang=1, letzter Zugriff: 12.01.2011.

dem Straßenbau ist BRO/*Himank* auch für die Schneeräumung auf den Zugangspässen im Frühjahr und für die Instandhaltung der generell extremen Witterungsbedingungen und Massenbewegungen (Lawinen, Hangrutschungen) ausgesetzten Straßen verantwortlich.[116]

Heute stellen die beiden Hauptverbindungen zwischen Ladakh und den Zentren des indischen Tieflands die „Lebensadern" der Region dar. Während der Sommermonate werden sämtliche benötigten Waren über die Passstraßen nach Leh transportiert. Hierzu gehören neben der Vielzahl von Verbrauchs- und Konsumgütern sowie Baumaterialien (Bauholz, Glas), Treibstoffe (insbesondere Kerosin) und Nahrungsmittel. Dadurch wird versucht, die Nachfrage der lokalen Bevölkerung sowie einer steigenden Zahl an stationierten Streitkräften und Touristen zu decken. Heute sind die Pässe, die die Hauptkette des Himalaya queren, in der Regel von April (Srinagar-Leh) bzw. Mai (Manali-Leh) bis November für den Straßenverkehr geöffnet.[117] Doch auch während dieser Zeit kommt es immer wieder zu temporären Straßensperrungen (FoodDept, 04.04.2009; Kap. 8.2.3).[118] Aufgrund der durch die saisonale Schließung der Verbindungsrouten bedingten Versorgungsengpässe wird bereits seit knapp zwei Jahrzehnten das Ziel verfolgt, eine „Allwetter-Straßenverbindung" aus dem indischen Tiefland nach Ladakh zu realisieren. Die Projektplanungen für eine Untertunnelung des Rohtang-Passes nahe Manali reichen bis in das Jahr 1983 zurück. Nach dem Baubeginn im Juni 2010 sollen die Arbeiten nun in den kommenden fünf Jahren vollendet werden.[119] Zusammenfassend ist festzuhalten, dass sich seit der indischen Unabhängigkeit nicht nur wesentliche Veränderungen der politischen Konstellationen ergeben haben, sondern damit verbundene sozioökonomische Entwicklungen die Handlungsbedingungen der Akteure verändert haben (Abb. 11).

116 Die Arbeitskräfte sind in der Regel Wanderarbeiter, die mehrheitlich aus Nepal und Jharkand nach Ladakh kommen (DEMENGE 2009).

117 Die innerregionale Verbindung nach Zanskar ist nur für ca. vier Monate im Jahr geöffnet. Die militärstrategisch bedeutsamen Routen über den Khardung La und den Chang La sind dagegen fast ganzjährig befahrbar.

118 In Zanskar gibt es während der Wintermonate in begrenztem Umfang Helikoptereinsätze. Im Winter ist die Region zudem über den mehrtägigen *chaddar*-Trek, der über den gefrorenen Zanskar-Fluß führt, für einige Wochen von Nimmu aus erreichbar.

119 Online Ausgabe der *Times of India*: IANS, June 28, 2010 *„Rohtang Tunnel work launched*", letzter Zugriff: 21.07.2010: http://timesofindia.indiatimes.com/articleshow/6101013.cms. Weitere Informationen sind auf der BRO-Homepage abrufbar: http://www.bro.nic.in/ indexmain.asp?projectid=29&lang=1, letzter Zugriff: 14.01.2011.

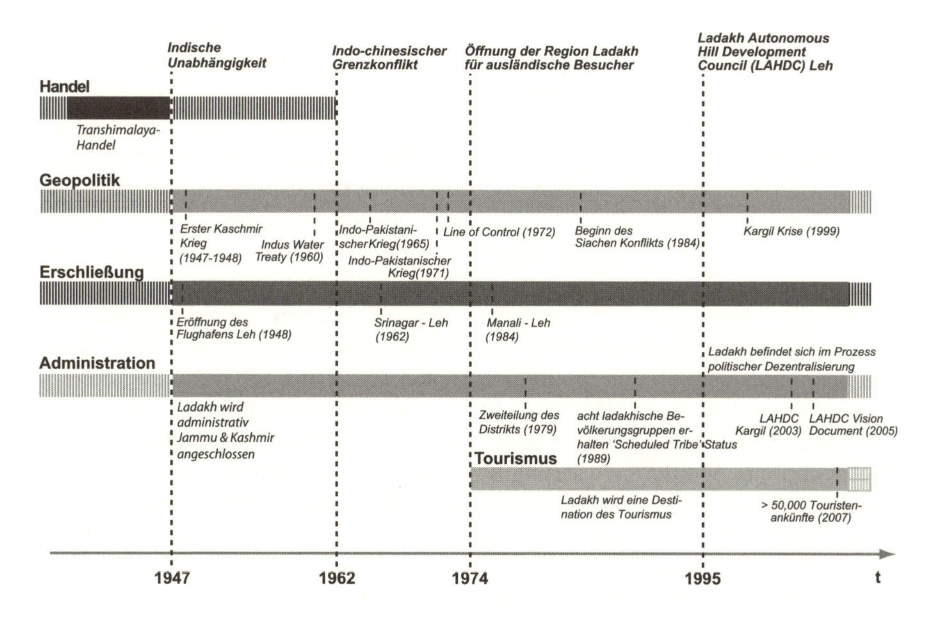


*Abb. 11: Phasen der postkolonialen Entwicklung in Ladakh*

### 4.5.3 Jüngere politische Entwicklung: Streben nach Autonomie

Die jüngeren politischen Prozesse in Ladakh sind insbesondere im Hinblick auf national- und bundesstaatliche Entwicklungsinterventionen von Interesse. Die Konstruktion des Bildes einer „rückständigen" und marginalisierten sowie zugleich kulturell einzigartigen Gebirgsregion bildet die Basis für staatliche Maßnahmen in der Grenzregion nach 1947 und wird seitdem genutzt, um Förderprogramme und Entwicklungsinterventionen einzufordern. Dieses Bild war zugleich Teil einer Argumentationslinie für das Streben nach stärkerer Unabhängigkeit in der Region und die Erlangung des *Scheduled Tribe*-Status. Seit der Einrichtung einer dezentralen Regierung ist diese als neuer Akteur in die entwicklungspolitischen Planungen involviert.

#### *Die Anerkennung des Scheduled Tribe-Status und die Forderung nach Union Territory-Status*

Zwar wurden bereits nach der Unabhängigkeit ein *Special Office for Ladakh Affairs* gegründet und verschiedene Entwicklungsprogramme aufgelegt, doch der von der ladakhischen Elite erhoffte Impuls blieb aus (VAN BEEK 1996). In den 1960er Jahren formierte sich in Ladakh erstmals das öffentliche Bestreben nach Autonomie. Hierbei standen zwei Forderungen im Vordergrund: Die Anerkennung als

*Scheduled Tribe* (ST) und das Bemühen um politische Autonomie auf regionaler Ebene.[120] Die Klassifikation von Bevölkerungsgruppen als *Scheduled Caste* und *Scheduled Tribe* ist eine ursprünglich aus der Kolonialzeit stammende Kategorisierung, die nach der Unabhängigkeit in Indien fortgeführt wurde. Diese als benachteiligt identifizierten Gruppen erhalten über die Klassifikation einen Status positiver Diskriminierung. Infolge der Protektion erhalten sie Anrecht auf bevorzugte Behandlungen im Rahmen von Quotenregelungen, zum Beispiel im Bildungssektor und in staatlichen Beschäftigungsverhältnissen (VAN BEEK 1996, 2001).[121]

Weitergehende regionale Autonomie sollte über den Status eines *Union Territory* (UT) erreicht werden. Dieser Status würde Ladakh vom Bundesstaat Jammu und Kaschmir loslösen und die Region stattdessen direkt der Zentralregierung in Delhi unterstellen. Auch das Finanzbudget für Entwicklungsprogramme würde direkt von der Zentralregierung vergeben, so dass die Mittlerposition des Bundesstaates entfiele. Mit der Gewährung des UT-Status entfielen jedoch zugleich die Anwendung des Artikels 370 der indischen Verfassung auf Ladakh und die dort verbrieften Sonderregelungen. Dies wird von vielen abgelehnt, da so das dort verankerte Recht auf alleinigen Landbesitz für Bewohner des Bundesstaates verloren ginge (AGGARWAL 2004: 233; VAN BEEK 2006: 124).

Politisch motivierte Proteste und Ausschreitungen im Jahr 1969 zeigten erstmals eine Aufsplitterung der Gesellschaft aufgrund von Religionszugehörigkeiten.[122] Im Zuge dieser Proteste wurden die Vergabe des ST-Status an Ladakhis und die Anerkennung der Region als *Union Territory* gefordert (BRAY 1991; VAN BEEK 1996; VAN BEEK & BERTELSEN 1997).[123] Diese Forderungen wurden jedoch nicht erfüllt. Um die Bestrebungen erneut voran zu treiben, wurde 1980 schließlich das *All Ladakh Action Committee for Declaring Ladakh as Scheduled Tribe* (LAC), bestehend aus Vertretern mit buddhistischer als auch muslimischer Religionsangehörigkeit, gegründet. Gewaltsame Auseinandersetzungen zwischen Demonstranten und Sicherheitskräften in Leh und Khaltse gegen Ende desselben Jahres führten zu Verhandlungen mit der Regierung von Jammu und Kaschmir, die schließlich zustimmte, Ladakh bei der Zentralregierung für die Anerkennung als ST vorzuschlagen. Doch die Umsetzung verzögerte sich trotz mündlicher Zu-

120 Mündlichen Überlieferungen zu Folge soll Nehru dem Direktor des *Office for Ladakh Affairs,* Kushok Bakula Rinpoche, bereits in den 1950er Jahren das Angebot gemacht haben, der ladakhischen Bevölkerung den ST-Status zu verleihen. Bakula Rinpoche habe jedoch abgelehnt, da er die Vorteile eines solchen Status nicht erkannte und nicht mit anderen Gruppen mit niedrigem Sozialstatus zusammengefasst werden wollte (VAN BEEK 1997: 30; 2001: 373).

121 Dieser Schutz von *Scheduled Tribes* ist in Artikel 46 der indischen Verfassung sowie in der *Constitution of Jammu and Kashmir, Scheduled Tribes Order* von 1989 (GoI) festgehalten, siehe VAN BEEK (1997: 28).

122 In diesem Jahr kam es zu einer Agitation in Leh, die durch eine Streitigkeit innerhalb einer buddhistisch-muslimischen Familie in Sabu bei Leh ausgelöst wurde (VAN BEEK 1996: 228–232).

123 Zur politischen Situation vor 1969 siehe VAN BEEK (1996, 2004) und VAN BEEK & BERTELSEN (1997).

sagen zunächst noch einige Jahre, weil ein für die Anerkennung erforderlicher Mikrozensus erst 1986/1987 durchgeführt wurde (VAN BEEK 1996, 1997). Erst nach Unruhen 1988/1989, die mit der Auflösung des LAC einhergingen, wurden am 7. Oktober 1989 acht Bevölkerungsgruppen als *Scheduled Tribes* anerkannt.[124] Heute besitzen mehr als 95 % der Bevölkerung Sonderrechte als ST. Im Fall Ladakhs werden jedoch weniger die Vorteile durch *Tribal Subplans* und andere Sonderprogramme genutzt, so dass nach wie vor der Großteil der Entwicklungsgelder über staatliche Förderlinien läuft (Kap. 8). Von größerer Bedeutung sind vielmehr individuelle Vergünstigungen, wie zum Beispiel der Zugang zu Studienplätzen und vergünstigten Krediten (VAN BEEK 2006).

Das Streben nach größerer politischer Autonomie war der Hintergrund für erneute gewalttätige Unruhen in Leh im Sommer 1989. Die Autonomieforderungen verdeutlichten den Wunsch nach vermehrter politischer Partizipation, da Ladakh im nationalen Parlament *(Lok Sabha)* lediglich einen Sitz inne hatte und auch auf bundesstaatlicher Ebene nur über drei Vertreter als *Member of the Legislative Assembly* (MLA) verfügte.[125] Die von der *Ladakh Buddhist Association* (LBA) angeführte Agitation begann mit gewalttätigen Auseinandersetzungen, die in dreijährige Boykottmaßnahmen gegen muslimische Bevölkerungsgruppen mündeten (VAN BEEK 2004).[126]

Dieser „soziale Boykott“ umfasste Sanktionen gegenüber Geschäften, hatte Auswirkungen auf persönliche und familiäre Beziehungen zwischen Buddhisten und Muslimen und zwang einige muslimische Familien zum Verlassen ihrer Dörfer (AGGARWAL 2004; VAN BEEK & BERTELSEN 1995, 1997). Die Agitation verfolgte eine „*communalist strategy*“[127] (VAN BEEK 2001: 367; VAN BEEK 2004: 197), die auf dem Argument basierte, dass das buddhistisch geprägte Ladakh durch die politische Bevorzugung muslimischer Bevölkerungsgruppen benachteiligt werde. Obwohl zuvor kaum Spannungen zwischen den Religionsgruppen

124 Hierbei handelt es sich um folgende Gruppen: Balti, Beda, Bot/Boto, Brokpa/Drokpa/Dard/Shin, Changpa, Garra, Purigpa (VAN BEEK 1997: 35, VAN BEEK 2001: 375). Zunächst erhielten knapp 88,7 % (VAN BEEK 1997: 35) der Bevölkerung den ST-Status, wobei Hindus, Sikhs und *Arghon* ausgeschlossen waren.

125 Die Distrikte Leh und Kargil machen zwar ca. 58 % der Fläche des Bundesstaates aus, umfassen aber nur 2,3 % der Bevölkerung (GUTSCHOW 2006: 470). Mittlerweile verfügt Ladakh über vier MLA-Sitze.

126 Zwar ging die Agitation zunächst von der *Ladakh People's Movement for Union Territory Status* aus, doch übernahm die LBA die Führungsrolle. Erst in der Endphase 1995 wurde die Bewegung wieder unter der Dachorganisation der *Ladakh People's Movement for Autonomous Hill Council* zusammen geführt (VAN BEEK & BERTELSEN 1997).

127 Das Oxford Concised Dictionary of Politics (MCLEAN 2009: 96) definiert den Begriff *communalism* im südasiatischen Kontext als „antagonistic polarization of politics between religious and ethnic groups, particularly conflict between Hindus and Muslims“. Auf den vorgebrachten *communalism* und die Einteilung der ladakhischen Bevölkerung in *Scheduled Tribes* nehmen besonders Bürokraten oder Politiker Bezug. Allerdings spiegeln diese vermeintlich klaren Abgrenzungen nicht die alltäglichen Lebenssituationen in Ladakh wider, die viel stärker durch Interaktionen und Reziprozität der sozialen Beziehungen gekennzeichnet sind (VAN BEEK 2001: 367).

bestanden hatten, wurde nun die Dichotomisierung von buddhistisch und nicht-buddhistisch propagiert. Die Politisierung von Religionszugehörigkeiten wurde dabei von den Anführern der Agitation bewusst eingesetzt, um die Diskriminierung durch die bundesstaatliche Regierung im „muslimischen Kaschmir" aufzuzeigen. Auf diese Weise sollten Aufmerksamkeit auf die Belange der Region gelenkt, Buddhisten zur Unterstützung der Autonomiebestrebungen bewogen und interne Differenzen innerhalb der Religionsgemeinschaften überdeckt werden.[128] Erst nach dem Ende des Boykotts 1992 kamen Vertreter der LBA, der muslimischen und der christlichen Gemeinschaften in einem sogenannten Koordinationskomitee zusammen, um gemeinsam mit der zentralstaatlichen und bundesstaatlichen Regierung über die Schaffung eines semiautonomen *Hill Council* zu verhandeln, wobei sie nun wiederum eine gemeinsame „ladakhische Identität" in den Vordergrund stellten. Im Oktober 1993 einigten sich schließlich die ladakhischen Vertreter und die indische Regierung auf die Einrichtung eines *Hill Council* (VAN BEEK & BERTELSEN 1995; AGGARWAL 2004; VAN BEEK 2008).

### *Semiautonome Distriktregierung: Die Einrichtung des Hill Council 1995*

Erste Wahlen zum *Ladakh Autonomous Hill Development Council* (LAHDC, auch: *Hill Council*) im Distrikt Leh wurden im August 1995 abgehalten, so dass am 3. September die Mitglieder des LAHDC ins Amt eingeführt wurden (Foto 7).[129] Der Entwurf des *Ladakh Autonomous Hill Development Councils Act* (GOI/MLJCA 1995) folgt dem Modell des *Darjeeling Gorkha Hill Council*. Im Abschnitt *Reasons for Enactment* wird auf die Besonderheit der Region Ladakh hingewiesen und die Abgrenzung gegenüber Kaschmir festgeschrieben (VAN BEEK 2001: 366). So heißt es:

> „Ladakh region is geographically isolated with a sparse population, a vast area and inhospitable terrain which remains landlocked for nearly six months in a year. Consequently, the people of the area have had a distinct regional identity and special problems distinct from those of the other areas of the State of Jammu and Kashmir" (GoI/MLJCA 1995: 21).

Der *Ladakh Autonomous Hill Development Council* setzt sich aus 30 Mitgliedern zusammen, die mindestens einmal jährlich im Plenum zusammenkommen. Je ein

128 Während mit Differenzen zwischen den Religionsgruppen argumentiert wurde, versuchten die Agitatoren zugleich ihr Bedauern über diese religiös bedingten Differenzen zu erklären, um die gesellschaftliche Harmonie zu bewahren (VAN BEEK 2001: 382).

129 Der 1995 in Kraft getretene LAHDC *Act* ist für beide Distrikte Ladakhs, Leh und Kargil, gültig. Doch die Einrichtung eines LAHDC in Kargil verzögerte sich (zu den Gründen siehe BHAN 2006: 134–137). Im Frühjahr 2003 wurden Wahlen zum *Hill Council* Kargil durchgeführt und damit eine zweite ladakhische semiautonome Distriktregierung eingesetzt. Die Ziele gleichen denen des Nachbardistrikts: politische Dezentralisierung und die Weitergabe von Machtzugeständnissen an die lokale Ebene, um Partizipation und Entwicklungsprogramme voranzutreiben (AGGARWAL & BHAN 2009).

Delegierter wird in jedem der 26 Wahlbezirke gewählt.[130] Weitere vier Mitglieder werden als Repräsentanten der religiösen Minderheiten und der Frauen nominiert. Aus dem Plenum wählen die Vertreter einen *Chief Executive Councillor* (CEC), der vier *Executive Councillors* benennt, von denen wiederum einer Angehöriger einer religiösen Minderheit sein muss (Abb. 12). Diese fünf Mitglieder bilden das Exekutivorgan für die täglichen Geschäfte und Belange der Distriktregierung. Durch den semiautonomen Status des *Hill Council* sind weitreichende Kompetenzen im Bereich der Planung und Verwaltung an die Distriktregierung übergeben worden. Rechtsgewalt (Polizei) und Justiz bleiben aber auf bundesstaatlicher Ebene verankert (GoI/MLJCA 1995).[131]

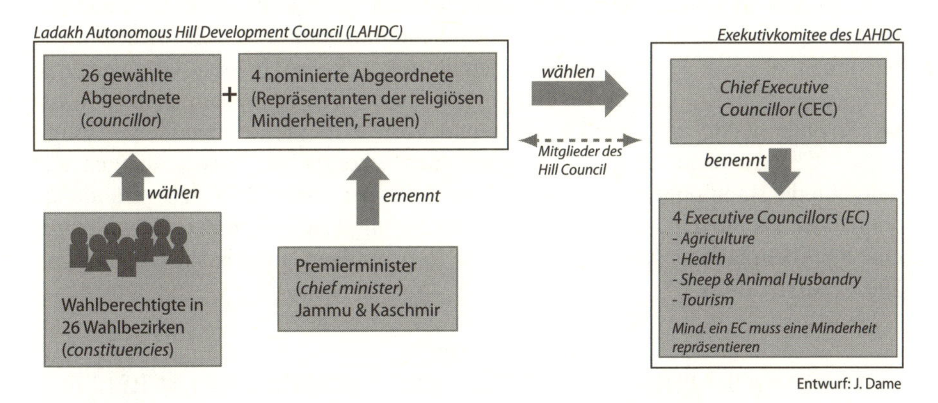


*Abb. 12: Zusammensetzung der Distriktregierung (Ladakh Autonomous Hill Development Council)*

Das langfristige Ziel, einen *Union Territory*-Status für Ladakh zu erlangen, konnte bislang nicht erreicht werden und wird daher – wenn auch mit wechselnder Intensität – weiterverfolgt.[132] Die Zugehörigkeit zu Indien wird grundsätzlich nicht in Frage gestellt. Mittlerweile wird auch die Allianz mit radikalen hinduistischen Kräften in Indien als strategische Position zur Wahrung lokaler Interessen genutzt. Nach dem Wahlerfolg der *Bharatiya Janata Party* (BJP) auf nationaler Ebene 1998 und der Kargil-Krise wurde die Forderung nach UT-Status von der LBA wieder verstärkt geäußert. Dabei wurde die *communalism*-Strategie erneut aufgegriffen: *„Free Ladakh from Kashmir"* – lautete ein Slogan (VAN BEEK 2004: 196).

130 Zu parteipolitischen Entwicklungen in Ladakh siehe VAN BEEK & BERTELSEN (1997), VAN BEEK (2006).

131 Zu den Aufgaben des LAHDC zählt auch der Entwurf von Entwicklungsplänen und Finanzbudgets, die allerdings nach wie vor auf bundesstaatlicher Ebene genehmigt werden müssen (Kap. 8).

132 Aufgrund der ungeklärten Kaschmir-Frage gehen Beobachter davon aus, dass dieses Ziel vorerst nicht erreicht werden kann, da eine Loslösung Ladakhs den Bundesstaat schwächen würde (VAN BEEK 2004: 216). Zu der unterschiedlichen Intensität der Bemühungen um UT-Status und die Divergenzen innerhalb der politischen Elite Ladakhs siehe GHOSAL (2006).

Die Folgen der Verbindungen zwischen der LBA und radikalen Hindutva-Kräften werden im Hinblick auf die lokale politische Stabilität kritisch gesehen (VAN BEEK 2004; 2008).[133] Bei den Wahlen in Indien 2014 ging die hindunationalistische BJP mit absoluter Mehrheit als Wahlsieger hervor. Bei den ersten Treffen von Thupstan Chewang (MP Ladakh, ebenfalls BJP) mit Premierminister Narendra Modi brachte er unter anderem die Forderung nach UT-Status vor.[134] Es bleibt zum derzeitigen Zeitpunkt offen, welche Auswirkungen die Anbindung an hinduistische Nationalisten haben wird und ob das gemeinsame Ziel (ein autonomes Ladakh) erreicht werden kann (siehe auch VAN BEEK 2004).

Diese jüngeren politischen Entwicklungen haben auch die gesellschaftlichen Beziehungen in Ladakh verändert. Insbesondere hat die zunächst im Zuge der *communalism*-Strategie vorangetriebene Dichotomisierung von Buddhisten und Muslimen zu einer veränderten Wahrnehmung von Religions- und Gruppenzugehörigkeiten geführt, die sich im alltäglichen Zusammenleben manifestiert. So haben Sozialkontakte zwischen Freunden und Verwandten unterschiedlicher Religion seit dem „sozialen Boykott" abgenommen. Persönliche Entscheidungen und individuelle Handlungen werden in Gesprächen zunehmend in den veränderten politischen Kontext gestellt. Selbst private Belange, wie Heiratsentscheidungen und Familienplanung, werden mit neuen Bedeutungen aufgeladen (AGGARWAL 2007, SMITH 2013).[135]

## 4.6 DEMOGRAPHISCHE ENTWICKLUNG UND SOZIOKULTURELLE SITUATION

Bereits zu Beginn des 20. Jahrhunderts wurde in Berichten des *Census of India* auf die steigende Bevölkerungszahl und die schwierige Versorgungslage in Jammu und Kaschmir hingewiesen. Im CENSUS OF INDIA (1943: 39–43) wird ein eigener Absatz dem *„population problem"* gewidmet, in dem vor dem Hintergrund malthusianischer Denkweise die Möglichkeiten der Geburtenkontrolle diskutiert werden. Im Kontext einer subsistenzbasierten Wirtschaftsweise, in der die Nahrungsverfügbarkeit aus der eigenen Produktion definitionsgemäß der zentrale

133 Bei den Wahlen zum *Hill Council* im September 2010 trat nicht mehr LUTF, sondern BJP als Gegenkandidat für den *Indian National Congress* (INC) an. BJP konnte jedoch nur vier Sitze gewinnen, während der Rest an INC vergeben wurde (http://leh.nic.in/election-leh.htm, letzter Zugriff: 12.01.2011). Bei den Wahlen zur Lok Sabha 2014 wurde Thupstan Chewang (BJP, vormals LUIF) zum MP gewählt (siehe http://www.reachladakh.com/a-new-hopebjp-wins-in-ladakh/2392.html, letzter Zugriff: 01.10.2014).

134 Siehe: http://www.reachladakh.com/thupstan-chewand-meets-pm-narenda-modi-and-put-certain-demand/2437.html, letzter Zugriff: 01.10.2014.

135 Zuletzt wurden buddhistische Frauen aufgefordert, mehr Kinder zu bekommen, um ein befürchtetes überproportionales Bevölkerungswachstum muslimischer Ladakhis zu verhindern. In diesem Kontext forderte die LBA 2007 das Distriktkrankenhaus in Leh auf, Sterilisation nicht mehr anzubieten (GUTSCHOW 2006; SMITH 2009).

Faktor für die Versorgung ist, bedeutet eine Bevölkerungszunahme eine Herausforderung für die landwirtschaftliche Produktion.

Anhand der Auswertung vorhandener Zensusdaten wird zunächst die demographische Entwicklung in Ladakh seit Beginn des 20. Jahrhunderts dargestellt. Für ein Verständnis der Haushaltsstrategien und Handlungsentscheidungen zur Ernährungssicherung sind grundlegende Kenntnisse der gesellschaftlichen Strukturen wichtig. In diesem Zusammenhang sind der Haushalt als soziale und wirtschaftliche Einheit und seine Einbindung in gesellschaftliche Institutionen von Interesse.

### 4.6.1 Anhaltendes Bevölkerungswachstum

Ladakh hat seit dem 20. Jahrhundert einen raschen und anhaltenden Bevölkerungszuwachs zu verzeichnen.[136] Die verfügbaren Daten zur demographischen Entwicklung sind aufgrund der politischen und administrativen Veränderungen (Kap. 4.2) nicht einheitlich. Nachdem die *Gilgit Agency* im Jahr 1889 endgültig aus dem *wazarat* Ladakh herausgelöst worden war, wurde der *Ladakh District*, der die drei *tehsils* Leh, Kargil und Skardu umfasste, separat erfasst. Allerdings wurde diese politisch-administrative Veränderung noch nicht in der Präsentation der Zensusdaten von 1901 umgesetzt (Tab. 7 und Tab. 8).[137]

1979 erfolgte die Aufteilung des Distrikts Ladakh in die zwei Distrikte Leh und Kargil. Die Zensus-Vergleichsdaten des heutigen Distrikts Leh beziehen sich daher vor 1981 auf die administrative Einheit Leh *tehsil*. Heute ist er in weitere sechs Verwaltungseinheiten (*blocks*) gegliedert: Leh, Kharu, Nyoma, Durbuk, Nubra und Khaltse. Der grundsätzlich im Abstand von je einer Dekade durchgeführte Zensus weist seit der indischen Unabhängigkeit für Jammu und Kaschmir zwei Lücken auf: Während der erste Zensus im postkolonialen Indien bereits 1951 durchgeführt wurde, konnte dieser aufgrund der politischen Situation in Kaschmir und Ladakh nicht durchgesetzt werden.[138] Wegen politischer Unruhen wurde 1991 die Zensuserhebung in dem Bundesstaat erneut ausgesetzt (Tab. 8).

136 Seit dem Jahr 1891 wurden Zensuserhebungen in der Region durchgeführt. Im Jahr 1873 erhobene Daten wurden bereits im CENSUS OF INDIA (1901) als *„far from reliable"* zurückgewiesen. Diese erste Erhebung wurde zeitgleich mit dem britischen Zensus in Indien durchgeführt, aber unter der Aufsicht des Maharaja eigenständig umgesetzt. Die Eingliederung der Zensuserhebungen in Jammu und Kaschmir in den britischen *Census of India* ab 1911 kann als Zeichen des steigenden Interesses der Kolonialmacht an der Region gewertet werden (VAN BEEK 1996).

137 So findet sich lediglich dieser Hinweis zu den *frontier districts*: „The frontier of His Highness formerly consisted only of one district, as stated in the Introduction to this Report, but has recently been split up into two districts of Ladakh and Gilgit." (CENSUS OF INDIA 1901) Die Distrikte Ladakh und Gilgit wurden erstmals 1911 als zwei *frontier districts* separat im Zensus aufgeführt.

138 Der erste reguläre Zensus nach der Unabhängigkeit für den Bundesstaat Jammu und Kaschmir datiert folglich aus dem Jahr 1961.

| Jahr | Administrative Einheit | Gesamt-bevölkerung | Bevölkerung Leh *tehsil* |
|---|---|---|---|
| **1891** | Ladakh *wazarat* | 155.368 | 28.274 |
| **1901** | Ladakh *wazarat* | 226.877 | 31.620 |
| **1911** | Ladakh *District* | 186.656 | k.A. |
| **1921** | Ladakh *District* | 183.476 | k.A. |
| **1931** | Ladakh *District* | 192.138 | 34.423 |
| **1941** | Ladakh *District* | 195.431 | 36.307 |

*Quellen:* CENSUS OF INDIA *(1901, 1911, 1921, 1931, 1941)*

*Tab. 7: Bevölkerungsentwicklung in Ladakh vor der indischen Unabhängigkeit*

Im Verlauf des 20. Jahrhunderts (1901–2001) stieg die Bevölkerung des Leh *tehsils*, der mit dem heutigen Distrikt Leh vergleichbar ist, von 31.620 auf 117.232 Personen an, was einen durchschnittlichen jährlichen Zuwachs von 2,7 % über den Gesamtzeitraum bedeutet. Die aktuellen Angaben des CENSUS OF INDIA (2011) verzeichnen ein kontinuierliches demographisches Wachstum auf 147.104 Einwohner. Während in der ersten Hälfte des 20. Jahrhunderts noch teilweise ein Rückgang der Einwohnerzahlen festgestellt wurde (Tab. 7), sind stetige und überdurchschnittliche Bevölkerungsgewinne nach der Unabhängigkeit zu verzeichnen (Tab. 8). Neben dem Auftreten von Krankheiten (darunter Typhus- und Grippeepidemien) werden vor allem das Erbrecht des Erstgeborenen und die Heiratsform der Polyandrie, die zu Beginn der 1940er Jahre offiziell abgeschafft wurde, als Gründe für das geringe Bevölkerungswachstum in den ersten Dekaden des 20. Jahrhunderts angegeben (z. B. BHASIN 1999a, b).[139]

Insgesamt ist der Distrikt Leh, der nach offiziellen Angaben eine Gesamtfläche von 45.110 km² umfasst (LAHDC 2008: 8),[140] bis heute dünn besiedelt. Es gibt im Distrikt 112 Ortschaften, mit einer Bevölkerungskonzentration in Leh und den nahe gelegenen Dörfern. Im östlichen Ladakh sind in der Changthang-Region nomadische Bevölkerungsgruppen beheimatet, so dass sich dort nur wenige permanente Siedlungen entwickelt haben.

Die postkoloniale demographische Entwicklung ist durch ein überproportionales Wachstum im urbanen Raum der heutigen Stadt Leh gekennzeichnet (Tab. 9).[141] Im Erfassungszeitraum zwischen 1981 bis 2001 hat sich die Stadtbevölkerung verdreifacht. In der letzten Dekade bis 2011 ist die Bevölkerung in der Distrikthauptstadt von 28.639 auf 63.203 Personen gestiegen und liegt damit zugleich deutlich über dem Bevölkerungszuwachs in den ländlichen Siedlungen (vgl. auch

139 Um die landwirtschaftliche Nutzfläche vor Fragmentierung zu schützen, wurde der gesamte Besitz auf den ältesten Sohn übertragen. Dessen jüngere Brüder traten in ein Kloster ein, gingen eine polyandrische Verbindung mit der Ehefrau des älteren Bruders ein oder entschieden sich dafür, ohne elterliches Vermögen eine Existenz aufzubauen.

140 Weitere 37.555 km² werden von Indien beansprucht und sind als „*under illegal occupation of China*" deklariert (LAHDC 2008: 8, vgl. Kap. 4.5).

141 Für Kargil siehe auch GRIST (2008).

GOODALL 2004; Kap. 7.4). Darüber hinaus unterschätzen diese hohen Zahlen jedoch noch die Entwicklungstendenz, da Armeeangehörige und Personen, deren Aufenthalt zwischen Leh und ihrem Heimatdorf wechselt, nicht in der Stadt gemeldet sind. Während der Sommermonate erhöht sich die Zahl der Stadtbewohner deutlich aufgrund von Touristen und saisonalen Wanderarbeitern, die überwiegend aus Kaschmir, anderen indischen Bundesstaaten oder Nepal stammen (ALEXANDER 2007; Kap. 7.3).

| Jahr | Bevölkerung Ladakh* | Distrikt (*tehsil*) Leh: Bevölkerung | Distrikt (*tehsil*) Leh: Wachstum pro Dekade (in %) | Distrikt (*tehsil*) Leh: jährliches Wachstum pro Dekade (in %) |
|---|---|---|---|---|
| **1951** | 82.340 | 40.484** | 11,5 | 1,1 |
| **1961** | 88.651 | 43.587 | 7,7 | 0,7 |
| **1971** | 105.291 | 51.891 | 19,1 | 1,8 |
| **1981** | 134.372 | 68.380 | 31,7 | 2,8 |
| **1991** | k.A. | 90.200** | 31,9 | 2,8 |
| **2001** | 236.539 | 117.232 | 30,0 | 2,6 |
| **2011** | 290.492 | 147.104 | 25,5 | 2,3 |

** Bis 1979 Ladakh District, dann Trennung in Leh und Kargil District. Der ab 1981 genannte Wert ist die Gesamtbevölkerung beider Distrikte.*

*** Interpolierte Werte (Census of India 1961 und LAHDC 2008)*

*Quellen: CENSUS OF INDIA (1961, 1971, 1981, 2001, 2011), LAHDC (2008)*

*Tab. 8: Bevölkerungsentwicklung in Ladakh nach der indischen Unabhängigkeit*

Der Bevölkerungsanstieg der Stadt Leh ist mit ihrer Funktion als administratives Zentrum verbunden. Zudem ist ihre infrastrukturelle Ausstattung von regionaler Bedeutung: Hier konzentrieren sich Einrichtungen der Gesundheitsversorgung (z. B. Krankenhäuser), Märkte und Einkaufsmöglichkeiten, aber auch Bildungseinrichtungen. Die Stadt ist mit ihrem zentralen Busbahnhof und dem einzigen zivilen Flughafen der wichtigste Verkehrsknotenpunkt in der Region. Zudem ist Leh zu einem touristischen Ausgangsort geworden, so dass das Stadtbild durch zahlreiche Hotels, Restaurants, Reiseagenturen und Souvenirläden geprägt ist (Foto 4).

Leh ist seit den 1970er Jahren durch ein unkontrolliertes Wachstum und die Entstehung neuer Stadtviertel gekennzeichnet.[142] Als Hauptgründe für die Land-Stadt-Migration sind vor allem verbesserte Bildungs- und Arbeitsmöglichkeiten zu nennen. Dies trifft besonders auf junge Ladakhis mit einem relativ hohen Bil-

142 So stieg beispielsweise in dem Stadtteil *Housing Colony*, wo 1978 nur wenige Familien ansässig waren, die Einwohnerzahl bis 1999 auf 550 Familien an (BHASIN 1999a). Derzeit expandieren die benachbarten Stadtteile, wie z. B. Skalzangling oder Ibex Colony.

dungsabschluss zu (Kap. 7.4.1).[143] Das starke Wachstum der permanenten und temporären Bevölkerung in Leh führt zudem zu einer Expansion der Siedlungsfläche in die landwirtschaftlich genutzte Flur. Die rasante Stadtentwicklung bringt neue, stadtplanerische Herausforderungen mit sich.[144] Erst 2005 wurde Leh offiziell der Status einer Stadt *(municipality)* anerkannt – zuvor stand das Gebiet unter dem Verwaltungsstatus einer *notified area* (ALEXANDER 2007).

| Jahr | Bevölkerung | Durchschnittliches Wachstum pro Dekade (in %) | Jährliches Wachstum in Dekade (in %) |
|---|---|---|---|
| **1911** | 2.895 | | |
| **1921** | 2.401 | -17,1 | - 1,1 |
| **1931** | 3.093 | 28,8 | 2,6 |
| **1941** | 3.372 | 9,0 | 0,9 |
| **1951*** | 3.546 | 5,2 | 0,5 |
| **1961** | 3.720 | 4,9 | 0,5 |
| **1971** | 5.519 | 48,4 | 4,0 |
| **1981** | 8.718 | 58,0 | 4,7 |
| **1991** | k.A. | k.A. | k.A. |
| **2001** | 28.639 | k.A. | 6,1** |
| **2011** | 63.203 | 120,7 | 8,2 |

* *geschätzter Wert (CENSUS OF INDIA 1961)*
** *durchschnittliches jährliches Wachstum über zwei Dekaden*

*Quellen: CENSUS OF INDIA (1911, 1921, 1931, 1941,1961, 1971, 1981, 2001, 2011)*

*Tab. 9: Bevölkerungsentwicklung von Leh (städtische Bevölkerung)*

### 4.6.2 Gesellschaftsstrukturen

Grundsätzlich zeichnet sich die ladakhische Gesellschaft durch Heterogenität und Komplexität der Sozialstrukturen aus. Da die empirischen Arbeiten auf Fallbeispielen buddhistischer Gemeinschaften beruhen, ist die folgende Darstellung auf die hier relevanten gesellschaftsstrukturellen Aspekte fokussiert. Die Gruppenzugehörigkeit kann sich dabei auf unterschiedliche Ebenen beziehen: die eines

143 Am Beispiel nomadischer Bevölkerungsgruppen aus Changthang hat GOODALL (2004) belegt, dass die Hauptmotivation für die Migration nach Leh eine erhoffte Verbesserung der Bildungsmöglichkeiten für die Kinder ist. Zusätzlich haben sich in der benachbarten Ortschaft Choglamsar Nomaden aus dem ladakhischen Changthang (Ortsteil Kharnakling), aber auch tibetische Flüchtlinge und Bewohner aus anderen ländlichen Siedlungen Ladakhs, angesiedelt.

144 Die Anforderungen an die Infrastruktur, besonders die Wasserver- und -entsorgung, das Abfallmanagement und die Stromversorgung steigen. Die Nichtregierungsorganisation *Tibet Heritage Fund* (THF) führt mit der lokalen NGO *Leh Old Town Initiative* (LOTI) Stadtentwicklungs- und Restaurationsprojekte durch (ALEXANDER & CATANESE 2014).

Haushalts, einer gesellschaftlichen Institution, eines Dorfes[145], einer Religion, oder aber durch eine Abgrenzung nach außen, z. B. gegenüber Ausländern oder anderen Gruppen. Für die Zugehörigkeit zu einer Region werden meistens nicht die administrativen *blocks* benannt, sondern die geläufigen regionalen Bezeichnungen (z. B. Nubra, Sham). Teilweise wird auch die ST-Zugehörigkeit als Identifikationsmerkmal genutzt (z. B. *brogpa*; VAN BEEK 1996). Im Folgenden wird zunächst auf die soziale Stratifikation eingegangen. Anschließend werden der Haushalt und seine Einbindung in gesellschaftliche Institutionen dargestellt.

### *Soziale Schichten*

Die buddhistische Laienbevölkerung Ladakhs gehört einer von vier sozialen Schichten *(rigs)* an. Die oberste Schicht ist die der Königsfamilien *(rgyal-rigs)*, welche die Angehörigen der Königsfamilie *(gyalpo)* und Fürsten *(jo)* umfasst. Sie unterscheidet sich von der Schicht der Noblen *(rigs-ldan,* auch: *sku-drag*) vor allem aufgrund historischer Zuordnungen. Heute werden beide häufig unter dem Begriff *sku-drag* subsummiert. Die Mehrheit der Bevölkerung gehört der Schicht der *dmans-rigs* („Gewöhnlichen") an, zu denen neben Bergbauern oder Handwerkern auch Personen mit einer Sonderstellung, darunter tibetische Heiler *(amchi)*, Astrologen *(onpo)* und Orakel (männl.: *lhaba*/weibl.: *lhamo*) zählen (BRAUEN 1980; ERDMANN 1983; DOLLFUS 1989b).

Sie grenzen sich von der untersten Schicht, den *rigs ngan* („Niedrigen") ab. Deren Mitglieder sind aufgrund ihrer Berufsausübung dieser sozialen Schicht zuzuordnen – auch wenn sie heute andere berufliche Tätigkeiten ausführen können. Als *rigs ngan* mit niedriger Stellung gelten (in ebenfalls hierarchischer Reihenfolge) Eisenschmiede *(mgar-ba)*, Schreiner, die teilweise auch als Musikanten tätig sind *(mon)*, und wandernde Musikanten *(beda)*. Letztere sind ohne Besitz von Land oder Haus und werden von Systemen wechselseitiger sozialer Beziehungen ausgeschlossen (DOLLFUS 1989b; KAPLANIAN 2008). Die Zurückhaltung der anderen Gesellschaftsschichten gegenüber Angehörigen der *rigs ngan* ist mit Vorstellungen von „Unreinheit" und „Verschmutzung" verbunden. Hieraus leiten sich bestimmte Verhaltensweisen ab, wie beispielsweise die Vermeidung von Körperkontakt und die Ablehnung von gemeinsamem Tischgeschirr und des Verzehrs von Speisen, die von Angehörigen der *rigs ngan* zubereitet wurden. Die soziale Hierarchie zeigt sich in alltäglichen Begegnungsformen in nonverbaler und verbaler Kommunikation (DOLLFUS 1989b; AGGARWAL 1994). Zugleich leisten die *rigs ngan* im Dorf unerlässliche Dienstleistungen, z. B. die Instandhaltung landwirtschaftlicher Geräte oder das Musizieren bei Festen. Am deutlichsten werden die

145 Die Einheit des Dorfes *(yul)* ist namensgebend für seine Bewohner, die beispielsweise aufgrund ihrer Herkunft im Fall der Untersuchungsdörfer als *Igupa* oder *Hemis Shukpachanpa* bezeichnet werden. Die soziale Einheit des Dorfes beschränkt sich dabei nicht auf die räumliche Einheit der Dorfgemarkung bzw. der Talschaft (DOLLFUS 1989b).

Unterschiede durch die Sitzordnung in Reihen *(dral)* bei Festen (PIRIE 2007: 48–50).[146]

Neben der Laienbevölkerung nehmen die buddhistischen Klostergemeinschaften eine wichtige Position ein.[147] Klöster *(gonpa)* sind in nahezu allen buddhistischen Ortschaften zu finden. Die Gebäude sind auf Anhöhen errichtet, um die Distanz zwischen klösterlicher und laizistischer Welt zu symbolisieren. Zugleich bestehen zwischen Kloster- und Dorfgemeinschaft enge Beziehungen.[148] Auf politischer Ebene werden den ranghohen Oberhäuptern der buddhistischen Gemeinschaft wichtige Positionen zugeteilt, wie beispielsweise dem Vorsitzenden der *Gelugpa*, Kushok Bakula Rinpoche (vgl. Kap. 4.5.3). Die Mönche sind für die religiöse Ausbildung der Novizen verantwortlich, aber ebenso für die Durchführung von regelmäßigen Ritualen und besonderen Zeremonien (z. B. Beerdigungszeremonien) in der Dorfgemeinschaft. Mit Ausnahme von Jungen der *rigs ngan*, steht der Eintritt ins Kloster jedem offen. Wer sich für ein Leben in der Klostergemeinschaft entscheidet, wird allerdings vom Erbe ausgenommen (DOLLFUS 1989b: 89–97, GUTSCHOW 2004).

Neben dem klösterlichen Buddhismus, der sich durch die Präsenz und Bedeutung der *gonpa* zeigt, sind lokale Gottheiten *(lha)*[149] sowie andere *supernatural entities* für die religiösen Praktiken relevant.[150] Hierbei handelt es sich um Rituale und Kulte, die mit lokalen Gottheiten in Verbindung gebracht werden und während wichtiger Ereignisse der Produktion und Reproduktion sowie im jährlichen landwirtschaftlichen Kalender von Bedeutung sind. Hierzu zählen verschiedene Gottheiten, denen jeder z. B. vor dem Pflügen oder nach der Ernte Opfer erbringt (DOLLUS 1989b: 109–114).

146 Die höchsten Sitze werden an Mönche vergeben, gefolgt von der Laienbevölkerung nach ihrer Angehörigkeit zu einer Gesellschaftsschicht. Anschließend wird die Sitzordnung nach dem Alter absteigend strukturiert, wobei Männer und Frauen in getrennten Reihen sitzen. Auch in der Küche entspricht die Sitzordnung der Gäste einer Reihe, die durch sozialen Rang, Alter und Geschlecht bestimmt ist (vgl. PHYLACTOU 1989: 72; AGGARWAL 1994: 90–91).

147 Der Buddhismus nimmt als grundlegende Vorstellung an, dass jeder einen für sich individuell geeigneten Weg zur Erlösung finden kann. In Ladakh ist die Mahāyāna-Philosophie, der „Buddhismus des Großen Fahrzeugs", verbreitet. Eine Übersicht zum tibetischen Buddhismus gibt KVAERNE (2007). Für eine ausführliche Einführung zum Mahāyāna-Buddhismus siehe SCHUMANN (2008).

148 Bereits nach der Invasion der Dogra (Kap. 4.2.2) wurden die Klöster stärker von der Unterstützung durch die Dorfgemeinschaften und durch die tibetischen Nachbarn, besonders den Dalai Lama, abhängig.

149 Zur Problematik der Übersetzung des Begriffs *lha* siehe MILLS (1997: 324). Hierzu zählen beispielsweise Gottheiten der Ortschaft *(yul lha)*, des Herdes *(thab lha)*, aber auch in Gewässern wie Bachläufen und Kanälen wohnende *klu* (MILLS 1997: 313–320).

150 MILLS beschreibt den Buddhismus in Ladakh als *„highly 'ecclesial' Buddhism"* (1997: 324), da zölibatär lebende Mönche stark in die Ausübung von laizistischen Ritualen eingebunden werden. Neben der von MILLS als *„Buddhist hegemony"* (1997: 324) bezeichneten Dominanz des klösterlichen Buddhismus ist die Einbindung lokaler Gottheiten ein entscheidendes Charakteristikum, das in alltäglichen Ritualen Bedeutung erlangt.

*Der Haushalt als soziale und ökonomische Gemeinschaft*

In Ladakh ist der Haushalt als Lebens- und zugleich Wirtschaftsgemeinschaft die grundlegende soziale Einheit. Das „Haus" definiert dabei traditionell die Gemeinschaft aller Personen, die an einem gemeinsamen Ort wohnen und die Feuerstelle teilen, wobei es heute eine zunehmende Anzahl multilokaler Haushalte gibt (Kap. 7.4). Meist stehen die Haushaltsmitglieder in enger verwandtschaftlicher Beziehung zueinander, so dass „Haushalt" und „Familie" nur schlecht voneinander zu differenzieren sind und daher im Folgenden synonym verwendet werden. Zusätzlich werden mitunter Personen als Haushaltshilfen in die Gemeinschaft aufgenommen. Sie bilden eine soziale und wirtschaftliche Einheit und tragen gemeinsam die Verantwortung für Haus, Dreschplatz, Felder, Ställe und – falls vorhanden – Wassermühle *(rantak)*. Der Hausname, der den Familiennamen ersetzt, ist dabei die Grundlage der gemeinsamen Identifikation. Der Hausname wird neben dem individuellen Personennamen, der innerhalb des ersten Lebensjahres von einem ranghohen Mönch an das Kind vergeben wird, für die Vorstellung und Zuordnung in der Öffentlichkeit verwendet (DOLLFUS 1989b).[151]

Unter einem gemeinsamen Namen gliedern sich das *khang pa* (Haupthaus), das auch als *khang chen* („großes Haus") benannt wird, sowie eines oder mehrere zugehörige Nebenhäuser, die als *khang chun* („kleines Haus") oder *khang bu* („Kind des Hauses") bezeichnet werden (DOLLFUS 1989b; PHYLACTOU 1989). In der Regel befinden sich die Nebenhäuser in der Nähe des *khang chen* und werden dann ausgegliedert, wenn die ältere Generation das Haupthaus verlässt.[152] Das Nebenhaus, das den identischen Namen trägt und damit die Zugehörigkeit zum erweiterten Haushalt aufzeigt, wird in der Regel von den Großeltern sowie unverheiratet gebliebenen Schwestern bewohnt, denen ein kleiner Teil der Felder und ein Anteil des Viehs zur Verfügung gestellt werden.[153] Abweichungen von diesem generellen Muster entstehen vor allem dann, wenn ein Sohn in einem *khang chun* eine neue Familie begründet und die Feldflächen im Falle des Todes nicht mehr an das Haupthaus zurückgegeben werden (DOLLFUS 1989b; PHYLACTOU 1989).[154]

151 Die Hausnamen sind unterschiedlicher Herkunft und beruhen beispielsweise auf Attributen der Familie („die Religiösen" – *chospa*), der Lage des Hauses („bei den Aprikosenbäumen" – *chuli chanpa*), oder auf historischen Zuschreibungen („Berater des Ministers" – *lonpo*) (DOLLFUS 1989b: 150–152; siehe auch PHYLACTOU 1989). Hausnamen können auch geändert werden. So hat beispielsweise in Hemis Shukpachan der *khang chun*-Haushalt „*gachospa*" (die Glücklichen") seinen Namen in „*mentok demo*" („schöne Blumen") umbenannt.

152 DOLLFUS (1989b) gibt als Zeitpunkt des Auszugs die Heirat des Erstgeborenen (bzw. der Erstgeborenen) sowie die Geburt eines männlichen Enkels an.

153 Hierbei kann es sich auch um andere Geschwister handeln, die aus religiösen oder persönlichen Gründen ein vom Haupthaus unabhängiges Leben bevorzugen.

154 So gibt es durchaus auch *khang chen*-Haushalte, die aufgrund des Ausbleibens von Erben eine geringe Haushaltsgröße aufweisen, während *khang chun*-Haushalte diesen Status zwar aufgrund historischer Entwicklungen besitzen, jedoch von den Personenstrukturen denen eines *khang chen* entsprechen. Das Erbrecht bei muslimischen Haushalten sieht eine Aufteilung des Besitzes vor, die mit der Errichtung eines neuen Hauses und der Gründung eines neuen Haushalts verbunden ist.

Der Unterschied im Status zwischen *khang chen* und *khang chun* zeigt sich jedoch nicht nur in Anzahl und Größe der Feldflächen und in den Viehzahlen, sondern auch in dem unterschiedlichen Ausmaß, in dem soziale und religiöse Pflichten wahrgenommen werden müssen, die auch als Dorfsteuern *(tral)* bezeichnet werden (PIRIE 2007: 45). Hierzu zählen die Bereitstellung von Arbeitskräften und finanziellen Mitteln für Aufgaben zu Gunsten der Dorfgemeinschaft durch die *khang chen*-Haushalte. Zu diesen gehören beispielsweise Tätigkeiten in der Landwirtschaft, die Ausrichtung von Ritualen im Jahresgang oder die Gestaltung des Neujahrsfestes *(losar)*. Auch wenn die *khang chun*-Haushalte in zunehmendem Maße in Dorfaktivitäten und –verpflichtungen eingebunden werden, bestehen Statusunterschiede gegenüber den *khang chen*-Haushalten bis heute fort (DOLLFUS 1989b; PHYLACTOU 1989; LABBAL 2001; PIRIE 2007).[155]

In Abhängigkeit von den Heiratsmustern und dem familiären Hintergrund variiert die Haushaltsgröße stark, bei einer durchschnittlichen Anzahl von fünf Haushaltsmitgliedern (LAHDC 2008). Da die Hausgemeinschaft als wirtschaftliche und soziale Einheit definiert ist, werden in Ladakh auch unverheiratete Migranten und alle Haushaltsmitglieder, die aufgrund ihrer Arbeitstätigkeit oder Ausbildung nicht permanent im Dorf wohnhaft sind, zum Haus gezählt (Kap. 7). Sie tragen durch finanzielle Rückflüsse zum Haushaltseinkommen bei oder belasten dieses durch am Zielort entstehende Kosten. Darüber hinaus helfen sie in Zeiten erhöhten Arbeitskräftebedarfs in der Landwirtschaft und werden bei der Vergabe (staatlicher) Fördergelder als dem Haushalt zugehörig berücksichtigt.

Die bis heute bestehende Untergliederung in *khang chen*- und *khang chun*-Haushalte ist mit historischen und gegenwärtigen Heiratsmustern verbunden. Grundsätzlich sind patrilineare Strukturen vorherrschend, bei denen das Eigentum – also das *khang pa* mit zugehörigem Besitz und sozialen Verpflichtungen – an den ältesten Sohn übertragen wird. In solchen *bagma*-Ehen wird der Erstgeborene mit der Hochzeit zum neuen Haushaltsvorstand. Gibt es in einer Familie keine männlichen Nachkommen, übernimmt die älteste Tochter Besitz und Haushaltsvorstand und geht eine *magpa*-Ehe ein.[156] In diesem Fall siedelt der Schwiegersohn in den neuen Haushalt um. Als Ehepartner werden Personen aus gleicher Gesellschaftsschicht und mit vergleichbarem sozialem Status gesucht (PHYLACTOU 1989).[157]

In beiden Fällen konnten Heiratsverbindungen bis zum *Buddhist Polyandrous Marriages Prohibition Act* von 1941 offiziell polygam sein. Wenn sich die jüngeren Söhne im Fall einer virilokalen Ehe nicht für eine polyandrische Ehe oder ein Leben im Kloster (*gonpa*) entschieden, siedelten sie als *magpa* in das Haus der Frau. In dieser letztgenannten, uxorilokalen Verbindung entfiel auf den Schwie-

155 Im Folgenden werden daher *khang chen*- und *khang chun*-Haushalte unterschieden.

156 Eine *magpa*-Heirat wird in Einzelfällen auch unter besonderen Gegebenheiten gewählt, z. B. wenn der Sohn zu jung ist, um die Haushaltsaufgaben und die Arbeitsbelastung zu übernehmen (AGGARWAL 1994).

157 Bis heute ist es noch häufige Praxis, dass die Eltern die Ehepartner ihrer Kinder aussuchen. Hierbei sind sozialer Status, Ausbildung, Besitz und Religiosität genauso von Bedeutung wie das bisherige persönliche Verhalten des potentiellen Partners.

gersohn kein Erbrecht. Ohne finanzielle Absicherung war die Entscheidung eines nicht-erstgeborenen, männlichen Nachkommens für ein unabhängiges Leben mit einem entsprechenden ökonomischen Risiko verbunden. Im Fall mehrerer weiblicher Nachfahren verblieben die jüngeren Schwestern im Haupthaus, entschieden sich für ein Leben als buddhistische Nonne oder siedelten mit den Eltern in ein Nebenhaus (PHYLACTOU 1989).[158]

Die Polyandrie blieb, auch aufgrund der damit verbundenen ökonomischen Vorteile, noch nach der indischen Unabhängigkeit ein gängiges Heiratsmuster. Dem Gesetz zum Verbot der Polyandrie folgte 1949 die Verabschiedung des *Equal Inheritance Act* (PHYLACTOU 1989; HAY 1999), der eine Verteilung des Erbes auf alle Söhne zu gleichen Teilen vorsah. Trotz dieser gesetzlichen Bestimmungen ist die Vergabe des gesamten oder zumindest des Großteils des Besitzes an den Erstgeborenen oder die Erstgeborene als Gewohnheitsrecht noch immer weit verbreitet. Dagegen gelten polyandrische Verbindungen heute jedoch als „beschämend" (HAY 1999). Das veränderte Erbrecht und vor allem der steigende Zugang zu außeragrarischen Erwerbstätigkeiten ermöglichen zunehmend die Aufspaltung des Haushalts und daraus resultierende steigende Anzahl von selbstständigen *khang chun*-Haushalten (Kap. 7.4; vgl. PIRIE 2007).[159]

Innerhalb des Haushalts haben meist Männer die Position des Vorstands inne. Die Position der Frau in der Haushaltsgemeinschaft verändert sich im Lebensverlauf. Besonders im Fall einer *bagma*-Heirat werden von der jungen Frau zunächst eine untergeordnete Stellung und ein arbeitsames Verhalten erwartet. Ihre Autorität wächst durch die Geburt von Kindern und schließlich, wenn ein eigener Sohn eine neue Ehefrau in den Haushalt einbringt (WILEY 2004). Im Fall von *magpa*-Heiraten ist die Stellung der Frau von Beginn an durch ihren Besitz und familiären Rückhalt gestärkt (HAY 1999).[160] Bei der Aufgabenverteilung innerhalb des Haushalts steht die Lebenssicherung der Gemeinschaft im Vordergrund, so dass Tätigkeiten in Abhängigkeit von der Haushaltszusammensetzung, -größe und letztlich der Arbeitskräfteverfügbarkeit verteilt werden. Sie unterliegt daher in vielen Bereichen keinen strengen Regeln (Kap. 6.7).

158 Der Fall einer polygenen Verbindung stellte eine Ausnahme dar (PHYLACTOU 1989).

159 Auch wenn es gegenwärtig eine zunehmende Zahl sogenannter *love marriages* gibt, werden Brautleute nach wie vor einander über ihre Familien vermittelt. Junge Frauen favorisieren dieses Heiratsmuster als eine „sichere Variante", da die wirtschaftliche Situation und der familiäre Rückhalt solche Verbindungen als dauerhafter erscheinen lassen; siehe hierzu auch SMITH (2009).

160 Die Position der ladakhischen Frauen ist vor allem im Hinblick auf Polyandrie kontrovers diskutiert worden. Die polyandrische Ehegemeinschaft ist dabei sowohl als Grund für eine Marginalisierung weiblicher Haushaltsmitglieder, als auch als eine Stärkung der Stellung von Frauen interpretiert worden (WILEY 2004: 51).

### *Die Einbindung des Haushalts in gesellschaftliche Institutionen*

Der familiäre Haushalt ist in verschiedene gesellschaftliche Gruppen eingebunden, die wechselseitig Aufgaben bei religiösen Festen und Ritualen, landwirtschaftlichen Tätigkeiten und gesellschaftlichen Ereignissen übernehmen. Hierzu zählen die *pha-spun*-Gemeinschaften und die sogenannten „Zehner-Gruppen" *(bcu-cho)*.[161] Hinzu kommen Nachbarschafts- und Verwandtschaftsbeziehungen zur Arbeitsteilung *(las-bes)*, die ausschließlich wirtschaftlicher Art und nicht mit religiösen Vorstellungen verbunden sind (Abb. 13). Die Einbindung aller Haushalte in soziale Netzwerke ist ein wesentliches Element der lokalen Identität und wirkt der Entstehung ausgeprägter Hierarchien auf der Dorfebene entgegen.

Innerhalb der sogenannten *pha-spun*-Gemeinschaften bestehen wechselseitige Rechte und Pflichten. In der wörtlichen Übersetzung kann *pha* (Vater)-*spun* (Brüder) als „Brüder des Vaters", aber auch als „Väter und Cousins" aufgefasst werden.[162] Die Angliederung eines Haushalts zu einem *pha-spun* basiert auf dem Wohnsitz, so dass die Zugehörigkeit einer Person zu der Gemeinschaft durch Geburt oder Heirat in einen Haushalt definiert ist (BRAUEN 1980; KAPLANIAN 2008).[163] Einem *pha-spun* gehören drei bis zehn *khang pa*-Häuser und die entsprechenden Nebenhäuser an (DOLLFUS 1989b: 173).[164] Jeder *pha-spun* hat eine ihm zugeordnete Schutzgottheit *(pha lha)*, die mit Gebeten und Ritualen bedacht wird.[165] Zentral ist die Rolle des *pha-spun* bei den wichtigsten Ereignissen im Lebenszyklus: Geburt, Hochzeit und Tod. So sind beispielsweise die Mitglieder des *pha-spun* nach einer Geburt, die Einfluss auf die verschiedenen Gottheiten des Haushalts nimmt, für die Versorgung der Familie mit Speisen, Wasser und die Übernahme landwirtschaftlicher Tätigkeiten verantwortlich (Kap. 5.3.2; DOLLFUS 1989b)

Neben den *pha-spun* sind *bcu-cho* („Zehner-Gruppen", auch *bcu-tsho*, von *bcu* = zehn) wesentliche gesellschaftliche Institutionen (BRAUEN 1980; DOLLFUS 1989b).[166] Sie umfassen ursprünglich benachbarte Haushalte und erhalten ihren

161 Religionsgeschwister *(chos spun)* bezeichnen eine Verbindung zwischen Individuen. Da diese für die vorliegende Arbeit nicht von Bedeutung sind, wird auf die Ausführungen von BRAUEN (1980: 31) und DOLLFUS (1989b: 183–185) verwiesen.

162 Dabei liegt entgegen früheren Auffassungen und der etymologischen Bedeutung keine Blutsverwandtschaft vor (DOLLFUS 1989b: 171).

163 Die Zugehörigkeit zu einem *pha-spun* hat Auswirkungen auf die Heiratsmöglichkeiten. Da die Gemeinschaft als exogamische Gruppe definiert ist, ist die Heirat zwischen Mitgliedern eines *pha-spun* nicht erlaubt (BRAUEN 1980: 26–27; DOLLFUS 1989b: 180–181).

164 *Khang chun*-Haushalte gehören zu dem *pha-spun* ihres gleichnamigen *khang chen*. In den *pha-spun* Gemeinschaften manifestiert sich die hierarchische Gesellschaftsordnung, da alle Mitglieder derselben Schicht angehören. *Pha-spun*-Gemeinschaften der *rigs ngan* sind über mehrere Ortschaften verteilt (DOLLFUS 1989b).

165 Für ausführliche Darstellungen siehe BRAUEN (1980); DOLLFUS (1989b) und AGGARWAL (1994).

166 AGGARWAL (1994: 122) beschreibt die als *khor-khor-po* benannten Gemeinschaften in der Ortschaft Achinathang als einen den Zehner-Gruppen sehr ähnlichen Zusammenschluss. Im oberen Ladakh werden die aufgrund der territorialen Zuordnung zusammengefassten sozialen

Namen meist aufgrund der territorialen Zuordnung. Bei den gemeinsamen Aufgaben handelt es sich unter anderem um die Wartung von Wasserstellen und Wegen sowie die Organisation und teilweise auch die Durchführung von Zeremonien.[167] Für jedes *bcu-cho* und damit für jedes „Wohnviertel" wird ein *membar* bestimmt. Dieser nimmt eine Position zwischen dem *goba* (Dorfvorsitzenden) und den Bewohnern ein und ist unter anderem für die Eintreibung von Abgaben und die Einladung zu Dorftreffen verantwortlich (PIRIE 2007: 47). Der Posten des *membar* wird im jährlichen Wechsel zwischen den *khang chen*-Haushalten eines *bcu-cho* vergeben.

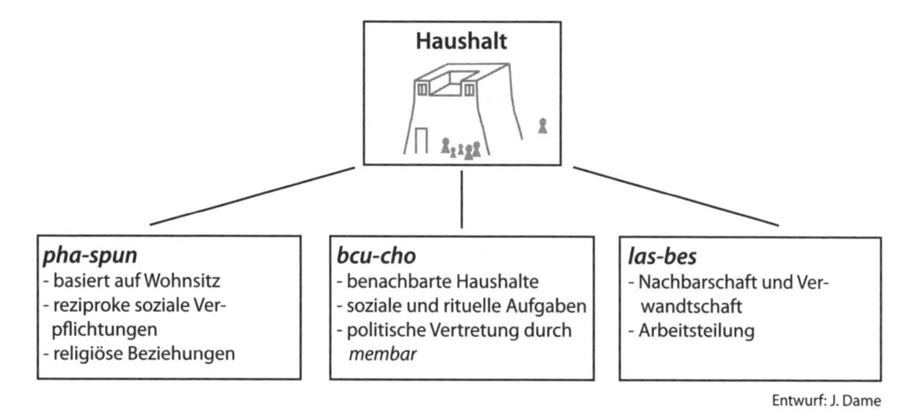


*Abb. 13.: Der familiäre Haushalt und seine institutionelle Einbindung*

Der offizielle Dorfvorstand und Repräsentant in Dorfangelegenheiten ist der *goba*. Der Posten wird meist auf Basis jährlicher Rotation an ein männliches Haushaltsmitglied vergeben.[168] Der *goba* ist für die Organisation von Dorfversammlungen verantwortlich, vertritt Belange der Dorfgemeinschaft in Leh, empfängt Vertreter staatlicher Behörden bei ihren Besuchen im Dorf, begleitet den *patwari* bei seinen Erhebungen und ist in die Organisation von Dorffesten involviert. Gemeinsam mit den *membar* ist er für Streitschlichtung verantwortlich (Goba-IG1, 25.8.2007). Wichtige Entscheidungen, darunter Vereinbarungen zu den Verpflichtungen bei Feiern und die Vergabe gemeinschaftlicher Aufgaben, werden auf den

Gruppen als *srang cho* bezeichnet und schließen üblicherweise eine größere Zahl an Haushalten ein (LABBAL 2001: 122–124).

167 Hierzu zählen beispielsweise gemeinsame Rezitationen buddhistischer Texte, das Weißen religiöser Stätten und die Neujahrsfeierlichkeiten.

168 Die Dauer der Rotation variiert jedoch. So wird der Posten des *goba* in Sabu in der Regel für fünf Jahre vergeben (LABBAL 2001: 58), in Igu-Langkor für die Dauer von zwei Jahren. Auch aufgrund der Arbeitsbelastung kommt es zu Anpassungen der Vergabe dieses Postens. Heute gibt es vermehrt die Möglichkeit, dass der *goba* mehrfach gewählt wird, wenn er die Aufgaben zur Zufriedenheit der Dorfbewohner erfüllt hat (z. B. Igu-Langkor, Goba-IG2, 22.8.2007; siehe auch LABBAL 2001: 58 für Sabu).

Dorfversammlungen getroffen.[169] Als weitere Posten werden auf Rotationsbasis Wasserwärter *(chudpon)* und Erntewächter *(lorapa)* bestimmt (Kap. 6; LABBAL 2001; PIRIE 2006b, 2007).

Zusätzlich pflegen familiäre Haushalte enge Bindungen zur Nachbarschaft und Verwandtschaft, mit denen Arbeitsteilung (*las-bes*, wörtlich: „Arbeit machen", Kap. 6.7) abgesprochen, gemeinsame Hütearrangements getroffen und Geräte für den Ackerbau, Kochutensilien und Lebensmittel ausgetauscht werden. Die wechselseitige Unterstützung ist vielseitiger Art – jedoch stets mit wirtschaftlichem Nutzen verbunden – und erfolgt generell ohne monetäre Vergütung. Jedes Haus kann frei entscheiden, mit wem eine solche Allianz eingegangen wird. Sie kann jederzeit verändert werden und ist dabei vom Status des Hauses *(khang chen* oder *khang chun)* unabhängig. In der Regel werden Haushalte mit einer vergleichbaren Anzahl an Tieren und Arbeitskräften gewählt (DOLLFUS 1989b).

Obwohl diesen unterschiedlichen Formen der Kooperation ein hoher Stellenwert eingeräumt wird, sind die Verbindungen auch Konflikten unterworfen und müssen stets neu ausgehandelt werden. Statusungleichheiten bestehen in Bezug auf die Zugehörigkeit zu einer sozialen Schicht oder zu einem *khang chen* bzw. *khang chun* und damit verbundenen Besitzverhältnissen.[170] Während solche Ungleichheiten im alltäglichen Zusammenleben der Dorfgemeinschaft – in Gesprächen und Wortwahl – durchaus aufscheinen, werden sie zugleich egalisiert. Dies zeigt sich beispielsweise in der Sitzordnung, wo Alter und Geschlecht, nicht jedoch Reichtum oder Bildungsgrad, die entscheidenden Kriterien für die Rangfolge bilden. Wichtige Entscheidungen sind stets auf der Ebene der Dorfgemeinschaft *(yulpa)* zu treffen. Dem Dorfvorsitzenden *(goba)* und seinen *membar* kommt bei diesen Treffen die Moderatorenrolle zu (PIRIE 2006a, 2007).[171]

169 Auch wenn ausschließlich Männer an diesen Treffen teilnehmen, werden auch die Frauen über die Diskussionen und Ergebnisse informiert. Für eine ausführliche Darstellung zu den Entscheidungen der *yulpa* siehe PIRIE (2007: 50–58).

170 Allerdings hat sich im Zuge der Befragungen gezeigt, dass Angaben zum Einkommen von wohlhabenderen Haushalten in der Regel bewusst unterschätzt bzw. nach unten korrigiert wurden.

171 PIRIE (2007: 64–65) zeigt anschaulich auf, wie das Prinzip des Gemeinwohls und die egalitäre Struktur der Dorfgemeinschaft den Vorstellungen von Mitarbeitern von ausländischen Hilfsorganisationen widersprechen kann.

# 5 ERNÄHRUNG IN LADAKH: HERAUSFORDERUNGEN UND ALLTÄGLICHE GEWOHNHEITEN

Nach der Darstellung des regionalen Kontextes werden in den folgenden Kapiteln die Ergebnisse der empirischen Forschungsarbeiten zur Analyse der Handlungsstrategien zur Ernährungs- und Lebenssicherung in Ladakh präsentiert. Hierfür wird zunächst die gegenwärtige Ernährungssituation untersucht, um aktuelle Problemfelder zu identifizieren, die den zentralen Ausgangspunkt für die weitere Analyse bilden. Die Charakterisierung der gegenwärtigen Situation erfolgt aus der Bewertungsperspektive von Experten und wird mit quantitativen Indikatoren zur Erfassung der Ernährungssituation kombiniert. Im nächsten Schritt werden die lokalen Verzehrsgewohnheiten in alltäglichen Zusammenhängen wie auch in besonderen Lebensabschnitten dargestellt sowie spezifische Präferenzen und lokale Normen der Ernährung aufgezeigt.

## 5.1 DIE GEGENWÄRTIGE ERNÄHRUNGSSITUATION

Hochgebirgsbewohner gelten generell als verwundbar gegenüber Ernährungsunsicherheit und einer unzureichenden Deckung des Nahrungsbedarfs. Ein besonderes Risiko besteht in einer defizitären Mikronährstoffversorgung, die sich als sogenannter verborgener Hunger manifestiert (JENNY & EGAL 2002; HUDDLESTON et al. 2003; NIERMEYER et al. 2009; BIESALSKI 2013). Um die Ernährungssituation in Ladakh zu klären, wurden zum einen qualitative Experteninterviews eingesetzt und zum anderen gängige anthropometrische Indikatoren zur Erfassung von Mangel- und Fehlernährung analysiert.

### 5.1.1 Bewertung durch Experten: Mikronährstoffdefizite und ernährungsbezogene Erkrankungen

Es ist bekannt, dass alle lebenswichtigen Körperfunktionen nur aufrechterhalten werden können, wenn dem menschlichen Organismus ausreichend Energie über die Hauptnährstoffe Kohlenhydrate, Eiweiße und Fette zugeführt wird. Andernfalls können verschiedene ernährungsbedingte Mangelerscheinungen auftreten, die unter dem Begriff der Fehlernährung zusammengefasst werden. Der tägliche Energiebedarf des Menschen variiert in Abhängigkeit von Geschlecht, Alter, Arbeitsbelastung oder körperlicher Bewegung, aber auch von besonderen Anforderungen, beispielsweise während der Schwangerschaft oder Stillzeit.[1] Im Fall einer unzureichenden Energiezufuhr, die den kalorischen Bedarf nicht deckt, wird der Begriff der Unterernährung *(undernutrition)* verwendet (HERBERS 1998: 214–218; KASPER & BURGHARDT 2009: 540).[2]

Neben einer kalorisch ausreichenden Ernährung ist auch die Nährstoffzusammensetzung für den menschlichen Organismus entscheidend. Krankheitsbedingter Gewichtsverlust, ernährungsbedingter Eiweißmangel oder ein Defizit an spezifischen, essentiellen Nährstoffen kann Mangelernährung *(malnutrition)* bedingen (KASPER & BURGHARDT 2009: 540). Wenn der Körper nicht ausreichend mit eiweißreicher Nahrung (Fleisch, Fisch, Milchprodukten, Eiern, Kartoffeln und Hülsenfrüchten) versorgt wird und dieser Mangel mit einer generell zu niedrigen Nährstoffversorgung verbunden ist, kommt es zu einer sogenannten Protein-Energie-Mangelernährung (PEM). Von diesem kombinierten Eiweiß- und Energiemangel sind besonders Kinder betroffen (HERBERS 1998: 214–217).

Neben der ausgewogenen Versorgung mit Hauptnährstoffen ist besonders der Bedarf an Vitaminen, Mineralstoffen und Spurenelementen zu decken (Tab. 10). Insgesamt 19 verschiedene Vitamine, Mineralien und Spurenelemente werden als essentiell für die menschliche Entwicklung erachtet. Da eine defizitäre Zufuhr von Mikronährstoffen auch im Fall adäquater Energieversorgung gegeben sein kann, wird die Prävalenz von Mikronährstoff-Defiziten als verborgener Hunger *(hidden hunger)* bezeichnet. Eine unzureichende Versorgung mit diesen Mikronährstoffen hat unterschiedliche Auswirkungen auf die Gesundheit, mentale Leistung und Produktivität des menschlichen Organismus (Tab. 10; HERBERS 1998; JENNY & EGAL 2002; BIESALSKI 2013).[3] Hierzu zählen eine verringerte Leistungsfähigkeit, Verzögerungen der geistigen Entwicklung, Erblindung, die Schwächung des Immunsystems und eine daraus resultierende höhere Krankheitsanfälligkeit, sowie eine erhöhte Kinder- und Müttersterblichkeit. Defizite in der Versorgung sind am häufigsten bei den drei essentiellen Nährstoffen Eisen, Jod und Vitamin A bekannt, die zu den wichtigsten Ernährungsproblemen weltweit zählen und vielfach in Entwicklungsprogrammen berücksichtigt werden (KENNEDY et al. 2003; BURCHI et al. 2011).[4]

1 Als „Faustregel" geben HUCH & JÜRGENS (2007: 380) einen täglichen Energiebedarf von 2.400 kcal für Menschen ohne schwere körperliche Arbeit an. Dieser Wert erhöht sich beispielsweise bei Schwangeren im letzten Trimenon auf 2.600 kcal, bei stillenden Müttern auf 2.800 kcal und bei Bauarbeitern, die Schwerstarbeit leisten, auf bis zu 4.000 kcal.

2 So basieren die Schätzungen der Zahl der Hungerleidenden weltweit durch die FAO auf solchen kalorienbasierten quantitativen Angaben. Qualitative Aspekte der Nahrungsversorgung werden dabei vernachlässigt (BURCHI et al. 2011).

3 Neben der Aufnahme der Mikronährstoffe ist auch die Resorptionsfähigkeit des menschlichen Organismus relevant.

4 KENNEDY et al. (2003) betonen die Auswirkungen auf den öffentlichen Gesundheitssektor in Entwicklungsländern. Letztlich kommen auch in Industrieländern Mangelerscheinungen vor. Als Ansatzpunkte für die Praxis werden eine größere Nahrungsmitteldiversität, die Anreicherung von Nahrungsmitteln (Biofortifikation) und die Vergabe von Nahrungsergänzungsmitteln propagiert (BIESALSKI & GRIMM 2011: 308–311).

| Vitamine und Spuren-elemente | Funktion | Mangelerscheinung | Vorkommen in Nahrung |
|---|---|---|---|
| | | *Fettlösliche Vitamine* | |
| Vitamin A (Retinole) | Sehvorgang, Zell-wachstum | Nachtblindheit, Ver-lust der Sehschärfe, Hautschäden | Kohl, Spinat, Karotten, Fleisch, Leber, Butter, Milch, Eier, Käse |
| Vitamin D (Calciferole) | Knochenaufbau, Immunregulation | Rachitis (Kinder), Osteomalazie (Er-wachsene) | Fischleberöle, Fleisch, Pilze |
| | | *Wasserlösliche Vitamine* | |
| Vitamin B1 (Thiamin, Aneurin) | Kohlenhydratstoff-wechsel, Nerventä-tigkeit | Leistungsschwäche, Gewichtsabnahme, Muskelschwund | Vollkornmehl, Hefe, Gemüse, Kartoffeln, Innereien, Eidotter |
| Vitamin B2 (Riboflavin) | Stoffwechsel, Hor-monproduktion | Anämie, Entzün-dungsneigung | Hefe, Getreidekeime, Leber, Niere, Milch, Käse |
| Vitamin B6 (Pyridoxin) | Aminosäurestoff-wechsel | Nervenschäden, Hautentzündungen | Hefe, Körnerfrüchten, grünes Gemüse, Innereien, Milchpro-dukte |
| Vitamin B12 (Cobalamin) | Nukleinsäure-synthese | (perniziöse) Anämie | Tierische Nahrungsmittel, Milchprodukte, Fisch |
| Vitamin C (Ascorbinsäu-re) | Kollagensynthese, Antioxidans | Skorbut | Frische Früchte, Kartoffeln, Hagebutten, grüner Pfeffer, Kohlgewächse, Paprika, Spi-nat, Tomaten, Beerenobst |
| Folsäure | Nukleinsäure-synthese, Erythro-zyten-bildung | Anämie, fetale Neu-ralrohrdefekte | Grünes Blattgemüse, Leber, Hefe, Hülsenfrüchte, Zitrus-früchte |
| | | *Spurenelemente* | |
| Eisen | Bestandteil von Hämoglobin und Faktoren der Atmungskette | Anämie | Eigelb, Fleisch, Hülsenfrüch-te, Vollkornmehl |
| Jod | Bestandteil der Schilddrüsen-hormone | Kropf, Schilddrüsen-unter-funktion, Kreti-nismus | Seefische, Eier, Milch, Trink-wasser |
| Zink | Aktivität von En-zymen | Wachstums-, Wund-heilungsstörungen, Haarausfall | Fleisch, Fisch, Getreidepro-dukte |
| | | *Mengenelemente* | |
| Calcium | Knochenbildung | Rachitis (Kinder), Osteoporose (Er-wachsene) | Milchprodukte, Fisch, Blatt- und Wurzelgemüse |

*Quellen: eigene Zusammenstellung aus HERBERS (1998: 217–218); HUCH & JÜRGENS (2007: 389–392); BIESALSKI & GRIMM (2011); EBERMANN & ELMADFA (2011: 123–188, 741–744)*

*Tab. 10: Bedeutung ausgewählter Vitamine und Mineralstoffe*

### *Verborgener Hunger*

Um die Ernährungssituation in Ladakh einschätzen zu können, wurden aufgrund der fehlenden offiziellen statistischen Angaben Experten aus dem Gesundheitssektor in Leh zur Bewertung und ihrer Wahrnehmung der Situation befragt. Hierbei handelt es sich um praktizierende Ärzte, die am *Sonam Norboo Memorial Hospital* (SNMH) tätig sind sowie um Mitarbeiter des *Chief Medical Office* (CMO) in Leh (Foto 10).[5] Grundsätzlich beschreiben alle Interviewpartner Defizite in der Mikronährstoffversorgung und damit einhergehende Mangelerscheinungen in der ladakhischen Bevölkerung. So ist die skizzierte Situation nicht durch chronische Unterernährung oder akuten Hunger geprägt, sondern durch Mangelernährung und subklinische Unterernährung. Alle Experten begründen die Prävalenz eines solchen verborgenen Hungers mit einer unausgewogenen Ernährungsweise, die durch einen erhöhten Anteil an Kohlenhydraten und ein Defizit an Obst, Gemüse und proteinhaltigen Nahrungsmitteln gekennzeichnet ist.[6]

Da den zuständigen Gesundheitsbehörden in Ladakh keine umfangreichen Erhebungen vorliegen, bleiben auch die den staatlichen Behörden zur Verfügung stehenden Informationen Einzelaufnahmen (CMO-1, 19.05.2008). Das CMO verweist hierbei auf Beispiele aus zwei Regionen Ladakhs: Die Ernährungsweise im nomadisch geprägten Changthang ist durch einen höheren Fleischkonsum als in Zentral-Ladakh und ein deutliches Defizit an Obst und Gemüse charakterisiert. Nach Aussage eines Mitarbeiters treten hierdurch Fälle von Skorbut auf. Umgekehrt verhält es sich hingegen in der Region um Hanu. Dort wird aufgrund von gesellschaftlichen Tabus auf den Konsum von Fleisch und Kuhmilch verzichtet, so dass sowohl PEM als auch Vitamin A-Defizite erkennbar sind. Zusammenfassend hält er fest:

> „It is rather mild malnutrition (…). My observation from all blocks in Leh district is that nutritional deficiencies are not as much here as in other parts of India. This is also true for protein deficiency“ (CMO-1, 19.05.2008).

Das Risiko von Vitamin A-Mangel ist in Hochgebirgsregionen wegen einer begrenzten Verfügbarkeit und hoher Preise von Lebensmitteln mit hohem Vitamin A-Gehalt beträchtlich (Jenny & Egal 2002; vgl. auch Herbers 1998). Das lebenswichtige Vitamin ist für Körpergewebe und Zellwachstum, für die Sehkraft und für das Immunsystem relevant (Biesalski & Grimm 2011: 130). Als Retinol ist Vitamin A vor allem in Fisch, Eiern und Milch enthalten sowie als Carotin (Provitamin A) in Obst und Gemüse. Kinder haben einen höheren Bedarf an die-

5 Innerhalb des hierarchischen Systems staatlicher medizinischer Grundversorgung im Distrikt Leh ist das *Sonam Norboo Memorial Hospital* (SNMH) die wichtigste schulmedizinische Einrichtung (Kap. 8.) Zu den befragten Experten zählen zwei Schulmediziner, die bereits in den 1960er Jahren ihr Medizinstudium in Indien abgeschlossen haben. Sie waren über Jahrzehnte im SNMH tätig und betreiben heute nach ihrer Pensionierung Privatpraxen in Leh. Zusätzlich wurden zwei Ärztinnen der gynäkologischen Abteilung sowie ein Kinderarzt des SNMH interviewt (Anhang 1).

6 Zu Nährwerten ladakhischer Lebensmittel siehe Attenborough et al. (1994: 399).

sem Mikronährstoff und geringere Speichermöglichkeiten, so dass ein Vitamin A-Mangel mit einer gesteigerten Infektionsanfälligkeit und letztlich mit einer erhöhten Mortalität im Kindesalter in Verbindung steht. Insgesamt gibt es in Ladakh – entgegen dem sonst typischen Auftreten in Hochgebirgsregionen – keine weite Verbreitung des Vitamin A-Mangels (PHYS, 19.08.2009; SURG, 26.07.2009, vgl. auch Stobdan 1990). Dieses Risiko ist durch die Ausgabe von Nahrungsergänzungsmitteln im Rahmen des *Universal Immunization Programme* seit den 1990er Jahren (CMO-1, 19.05.2008) und über das *Integrated Child Development Scheme* (ICDS, vgl. Kap. 8.2.2) reduziert worden.

Grundsätzlich gelten Gebirgsbewohner auch als Risikogruppe für das Auftreten von Jodmangelerscheinungen, da der Jodgehalt von Lebensmitteln, besonders von grünem Blattgemüse, von Umwelteinflüssen wie der Konzentration des Spurenelements im Boden abhängt und diese in Gebirgsregionen generell gering ist (JENNY & EGAL 2002). Eine ausreichende Aufnahme des Spurenelements ist für die Regulation der Schilddrüsenfunktion und die Synthese der Schilddrüsenhormone relevant (BIESALSKI & GRIMM 2011: 228–232). Ein klinischer Jodmangel begünstigt die Entstehung von Kropf (Struma der Schilddrüse). Zudem kann ein Mangel an diesem Spurenelement während der Schwangerschaft irreversible Gehirnschädigungen beim Neugeborenen verursachen und erhöht das Risiko für Fehlgeburten. Im Kindesalter kann ein chronischer Mangel des Spurenelements zu verzögerter oder ausbleibender geistiger Entwicklung (Retardierung) führen. Eine ausgeprägte Mangelerscheinung kann in Kretinismus resultieren (Taubstummheit, verzögerte geistige und physische Entwicklung, Zwergwuchs) (KENNEDY et al. 2003).

Jodmangel wird für Ladakh von den Experten nicht beschrieben und auf Nachfrage explizit verneint. Als Begründung wies bereits STOBDAN (1990) darauf hin, dass das in Ladakh genutzte Salz seit der Grenzschließung zu Tibet aus dem indischen Tiefland stammt. Das generell jodarme Himalaya-Salz wurde substituiert, so dass die in der Vergangenheit bekannten Kropfbildungen zurückgegangen sind. Allerdings verweist ein Interviewpartner auf Jodmangel in der Region von Turtuk, Nubra (PHYS, 19.08.2009). Im Distriktkrankenhaus sind einige Fälle von Hypothyreose diagnostiziert worden (GYN-1, 12.8.2010), wobei unklar bleibt, in wie vielen Fällen die Schilddrüsenunterfunktion auf Jodmangel zurückzuführen ist.

Zusätzlich verweist ein befragter Allgemeinmediziner (PHYS, 19.08.2009) auf Anämien, die sich besonders bei Frauen mit hoher Arbeitsbelastung in der Landwirtschaft zeigen. Die Hauptursache für eine Anämie ist eine unzureichende Eisenversorgung (KENNEDY et al. 2003).[7] Durch eine verringerte Zahl roter Blutkörperchen (Erythrozyten) ist die Sauerstoffkapazität im Blut reduziert. Eisenhaltige Lebensmittel sind Hühnerfleisch und Fisch, sowie Getreide, Hülsenfrüchte, Obst und Gemüse (Tab. 10). Die Eisenmangelanämie führt zu allgemeiner Leis-

7 Eine Anämie wird häufig durch Eisenmangel bedingt; kann aber auch durch andere Ursachen wie einen Mangel an Vitamin B12 oder Folat, Blutverlust, Infektionen, hormonelle Störungen oder Erkrankungen des Knochenmarks hervorgerufen werden.

tungsminderung und zu einem erhöhten Risiko an Totgeburten. Zudem wirkt sie sich auf die physische und kognitive Entwicklung von Kindern ungünstig aus (KENNEDY et al. 2003).[8]

Im staatlichen Distrikt-Krankenhaus in Leh werden Schwangere, die zu Vorsorgeuntersuchungen kommen, routinemäßig auf Anämie untersucht. Die befragten Gynäkologinnen berichten, dass sie einen hohen Patientinnenanteil mit dieser Mangelerscheinung beobachten. Im Rahmen von Vorsorgeuntersuchungen stellen sie häufig eine Anämie mit hypochromen, mikrozytären Erythrozyten fest, die auf Defizite in der Versorgung mit Eisen, Vitaminen der B-Gruppe und Folsäure zurückzuführen sind (GYN-1, 18.08.2007; GYN-2, 07.08.2009). Defizite in der Versorgung mit Folsäure sind nicht nur durch eine unzureichende Aufnahme bedingt, sondern auch mit einer schlechten Absorption aufgrund gastrointestinaler Erkrankungen oder Mangel von Vitamin B6, B12 oder Eisen korreliert. Aus einem Mangel an Folsäure im ersten Schwangerschaftstrimenon können fetale Neuralrohrdefekte resultieren. Ein Defizit an Vitamin B6, das für den Eiweißstoffwechsel benötigt wird, tritt meistens gemeinsam mit anderen Mangelerscheinungen auf. Eine unzureichende Versorgung mit Vitamin B12 zeigt sich in einer Anämie (KENNEDY et al. 2003; BLACK et al. 2008).

Über das Distriktkrankenhaus in Leh werden IFA-Tabletten *(iron folic acid)*, einem Kombinationspräparat zur Ergänzung von Eisen und Folsäure, an Schwangere abgegeben. Nach offiziellen Angaben werden über diese Maßnahme 58,7 % der Zielpersonen erreicht (GJK 2007: 43). Wenn der Vorrat dieser ansonsten kostenfreien Nahrungsergänzungstabletten in den Wintermonaten im Krankenhaus verbraucht ist, müssen Patientinnen ihren Bedarf jedoch aus eigenen finanziellen Mitteln decken (GYN-2, 07.08.2009). Außerdem raten die zuständigen Gynäkologinnen grundsätzlich zu einer Ernährung, die während der Schwangerschaft mehr Obst, Gemüse und proteinhaltige Nahrungsmittel (Milch, Eier) umfasst (GYN-1, 18.08.2007; GYN-2, 07.08.2009).[9] Ein anerkannter Allgemeinmediziner konstatiert einen Mangel an den Vitaminen B6 und B12, sowie an Folsäure über diese Bevölkerungsgruppe hinausgehend. Dieses Defizit ist ebenfalls auf eine unzureichenden Konsum von Obst und Gemüse zurückzuführen (PHYS, 19.08.2009).[10]

8 Aufgrund ihres höheren physiolo¬gischen Bedarfs in Folge zyklusbedingter Blutverluste haben Frauen im gebär¬fähigen Alter ein größeres Risiko für Eisenmangel.

9 Da keine weiteren diagnostischen Möglichkeiten gegeben sind, können andere Mikronährstoffdefizite nur vermutet werden. Auf globaler Ebene hat die Verbreitung einer defizitären Versorgung mit dem Spurenelement Zink in den letzten zwei Jahrzehnten zugenommen. Als besonders risikoanfällig gelten Bevölkerungsgruppen, deren Ernährungsweise primär auf Grundnahrungsmitteln und Hülsenfrüchten und kaum auf tierischen Nahrungsmitteln basiert. Auf eine unzureichende Versorgung mit Zink kann ein geringes Größenwachstum von Kindern hinweisen. Zudem gelten Kinder mit Zinkdefiziten als infektionsanfälliger, z. B. gegenüber Durchfallerkrankungen und Pneumonie (KENNEDY et al. 2003; BLACK et al. 2008).

10 Anhand einer Studie in der Ortschaft Dhomkar hat er bei über 75 % der insgesamt 300 Studienteilnehmer einen Mangel an diesen beiden Vitaminen festgestellt (PHYS, 19.08.2009).

Die Interviewpartner beschreiben eine generelle Verbesserung der Ernährungssituation in den vergangenen Jahren. Diese Entwicklung wird auf die beschriebene Vergabe von Nahrungsergänzungsmitteln, aber auch auf den zunehmenden Anbau von Gemüse in Hausgärten sowie die verbesserte ökonomische Situation ladakhischer Haushalte zurückgeführt (CMO-2, 07.08.2009; PHYS, 19.08.2009). Ein Interviewpartner fasst zusammen:

> „A new trend has been there over the last 20 to 30 years: there is more awareness; horticulture and vegetable as well as fruit production have increased and socio-economic conditions have changed“ (CMO-1, 19.05.2008).

Die Experteneinschätzung zur Situation in den 1970er und 1980er Jahren wird durch Studien aus dieser Zeit unterstützt. Berichte weisen eindeutig auf eine defizitäre Energie- und Nährstoffzufuhr hin. Bereits Ende der 1970er Jahre hat die internationale NGO *Save the Children Fund* (SCF) über die ladakhische Organisation *Leh Nutrition Project* (LNP) ernährungsbezogene Programme in Ladakh umgesetzt. Der ehemalige Leiter von *Save the Children* erinnert sich an diese Zeit:

> „Under this [supplementary nutrition] scheme, we used to take dry vegetables to the mountains and to remote villages, and we took fresh vegetables, also to places like Chushot. At that time, children didn't even eat enough tsampa. Still, there was no acute malnutrition unless there was another sickness prevalent. (…) However, moderate malnutrition has been revealed from studies using anthropometric surveys“ (SCF, 27.07.2009).

Zwar beurteilten ATTENBOROUGH et al. (1994) die Ernährungssituation in Zanskar zu Beginn der 1980er Jahre als ausreichend. Allerdings errechneten die Autoren eine tägliche Kalorienaufnahme von lediglich 1.545 kcal (ATTENBOROUGH et al. 1994: 401), was deutlich unter dem Energiebedarf eines Erwachsenen liegt (siehe auch WILEY 2004: 61). Sie identifizierten zudem die Versorgung mit den Mineralstoffen Eisen und Calcium sowie mit Vitamin B12 und möglicherweise auch mit Vitamin A als unzureichend. Ein Jahrzehnt später bewerteten Mediziner am SNMH die kalorische Versorgung generell als weniger problematisch, wobei jedoch Mangelerscheinungen und quantitative Unterversorgung bei Risikogruppen auftraten. So zeigt WILEY (2004: 60, 289) auf Basis ihrer Untersuchungen zu Beginn der 1990er Jahre, dass Ernährungsprobleme, z. B. eine unzureichende Energieaufnahme bei Schwangeren, vorlagen.[11] Das häufige Auftreten von Anämien in dieser Bevölkerungsgruppe wurde auf einen zu geringen Konsum von Fleisch und grünem Blattgemüse zurückgeführt (WILEY 2004: 90).

Neben Problemen in der Nährstoffversorgung beobachten die befragten Experten das gehäufte Auftreten von Krankheiten, die mit Veränderungen in der Ernährungsweise in Verbindung gebracht wurden. Einer der befragten Ärzte hebt in diesem Zusammenhang besonders Erkrankungen der Verdauungsorgane, Stoffwechselerkrankungen und Bluthochdruck hervor:

> „… it [the changing disease pattern, JD] really coincides with the opening of the road between Kashmir and Ladakh. (…) After 1974, the full diet completely changed here in Ladakh.

11 WILEY beobachtete zudem, dass die Angaben von Experten aus dem Gesundheitssektor die Prävalenz von Protein-Energie-Mangelernährung unterschätzten (2004:60, 289).

Rice and fine atta used to be very rare in using. This would come from Cashmere on horseback. So it was really precious. After the opening of the road, rice came to Ladakh, fine atta came to Ladakh, and all these oils. (...) The diet has completely changed. Everybody eats meat daily, and eggs; many things... The amount of eggs, butter and oil consumed in Ladakh is so much. This, I think, is the reason for the changes in the disease pattern. These are particularly gall bladder diseases, gall stones, hypertension, diabetes (...)" (SURG, 26.07.2009).

Das verstärkte Auftreten von Bluthochdruckerkrankungen wird mit dem erhöhten Salz- und Butterkonsum, vor allem durch die ladakhischen Teekonsumgewohnheiten, begründet.[12] Bluthochdruck wird ebenfalls bei Schwangeren diagnostiziert, was das Risiko von Schwangerschaftskomplikationen wie Ödemen, Proteinurie und Eklampsie erhöht (SURG, 26.07.2009; PHYS, 19.08.2009; CMO-1, 19.05.2008).

Ein weiterer Risikofaktor sind gastroenteritische Erkrankungen, welche die Resorption von Nährstoffen im menschlichen Körper einschränken und damit Mangelerscheinungen bedingen. Im *District Health Action Plan* von 2007 wird auf das häufige Auftreten von Diarrhö verwiesen, ohne jedoch konkrete Fallzahlen zu nennen. Fehlernährung bei Kindern wird durch das wiederholte Auftreten von Durchfallerkrankungen, ungeeignete Stillpraktiken, schlechte Hygienebedingungen und Wurminfektionen gefördert (GJK 2007: 67). In Leh und den umgebenden Ortschaften ist das Auftreten von Durchfallerkrankungen im Sommer zusätzlich erhöht. Aufgrund der saisonal höheren Bevölkerungszahl steigt der Druck auf die Wasserressourcen, weshalb die Krankheitsübertragung durch verunreinigtes Trinkwasser, Lebensmittel und unzureichende Hygienebedingungen erleichtert wird (SURG, 26.07.2009; PHYS, 19.08.2009).

Generell verweisen die Experten auf veränderte Krankheitsmuster im Zusammenhang mit dem gegenwärtigen sozioökonomischen Wandel und zeigen damit eine neue Facette der Gesundheitsproblematik auf. Während einerseits Infektionskrankheiten, beispielsweise aufgrund von Impfkampagnen, zurückgehen, treten andererseits neue Krankheiten auf. Die Mediziner begründen diese mit veränderten Ernährungsgewohnheiten, Arbeitsmöglichkeiten mit geringerer körperlicher Inanspruchnahme und neuen Lebensgewohnheiten (z. B. Rauchen), besonders in Leh (SURG, 26.07.2009; PHYS, 19.08.2009).[13] Von mehreren Experten aus dem Gesundheitssektor wird das zunehmende Auftreten von Tumorerkrankungen mit dem Ernährungsverhalten der Bevölkerung in Verbindung gebracht (SURG, 26.07.2009; PHYS, 19.08.2009; CMO-1, 19.05.2008).[14] Nach Auskunft eines Arztes (PHYS, 19.08.2009) sind 61 % aller Krebserkrankungen in der Region Malignome des Gastrointestinaltrakts, mit einer besonderen Häufung

12 Siehe auch STOBDAN (1990) und OTSUKA et al. (2005) zur Prävalenz von Bluthochdruck in Ladakh.

13 Krankheiten mit hoher Prävalenz in Ladakh sind außerdem gastroenteritische Erkrankungen, Rheuma, Augen- und Atemwegserkrankungen (STOBDAN 1990; NORBOO et al. 2004).

14 Allerdings wurde auf Rückfrage bestätigt, dass die Häufung von Krebsfällen vor allem mit verbesserten diagnostischen Möglichkeiten in Verbindung steht. Der Interviewpartner betonte trotz dieser Einschränkung das gehäufte Auftreten von Tumorerkrankungen des Gastrointestinaltrakts (SURG, 26.07.2009)

von Magentumoren. Als Begründung werden fehlende Antioxidantien in der Nahrung und der Befall des menschlichen Organismus mit dem Bakterium *Helicobacter pylori* genannt (PHYS, 19.08.2009). Eine Infektion mit diesem Bakterium erfolgt unter ungünstigen Hygienebedingungen über Trinkwasser, Lebensmittel oder von Mensch zu Mensch. Nach derzeitigen Erkenntnissen und epidemiologischen Studien gibt es Hinweise, „dass die Kombination einer *Helicobacter pylori*-Infektion mit einer hohen Kochsalzkonzentration im Magen die Karzinogenese begünstigt" (KASPER & BURGHARDT 2009: 522). Zugleich weisen Studien auf protektive Auswirkungen eines hohen Verzehrs von Obst und Gemüse mit hoher Konzentrationen an Vitamin C und Carotinplasma hin. Die ladakhische Ernährungsweise kann daher nach diesem Kenntnisstand die Inzidenz von Magenkarzinomen begünstigen. Der Mediziner erläutert:

> „Our diet has a lack of antioxidants, which would be protective against this [cancer]. And we have some high risk food, e.g. roasted raw meat which is consumed in Changthang area. (…) Then, two Australians found in the 1980s, that 95 % of the population has H. pylori bacteria. This destroys acid producing cells. It is acquired (…) because hygiene is not improved" (PHYS, 19.08.2009).

Zusammenfassend ist festzuhalten, dass neben dem Auftreten neuer Gesundheitsrisiken insbesondere Mikronährstoffdefizite erkennbar sind. Diese Grundproblematik ist trotz einer wahrgenommenen Verbesserung bis heute bestehen geblieben.

### 5.1.2 Anthropometrische Indikatoren

Grundsätzlich gelten besonders Kinder in Hochgebirgsregionen als verwundbar gegenüber einer defizitären Mikronährstoffversorgung, die sich in einem geringen Geburtsgewicht, einem auffälligen anthropometrischen Status und auf Mangelernährung zurückzuführenden Gesundheitsproblemen zeigt. Im Folgenden wird deshalb der Indikator eines geringen Geburtsgewichts genutzt und durch publizierte Angaben zu den Indikatoren *stunting* und *wasting* erweitert.

#### *Stunting und wasting: Ernährungsdefizite bei Kindern*

Die wenigen zu Ladakh publizierten Studien, die anthropometrische Daten nutzen, untermauern die Einschätzung der Ernährungssituation durch die Experten. Zu den gängigen Indikatoren zählen eine geringe Größe in Relation zum Alter („Kleinwüchsigkeit", *stunting*) und ein geringes Gewicht im Vergleich zur Größe („Magerkeit", *wasting*; Kap. 3.3.2). Dabei ist *wasting* ein typisches Zeichen für eine akute Hungerkrise, die beispielsweise während einer Dürre oder einer Überschwemmungskatastrophe auftritt, und/oder eine schwere Erkrankung. Dagegen weist *stunting* auf eine Wachstumsverzögerung und damit eine längerfristige Mangelernährung und/oder Gesundheitsprobleme hin. Diese längerfristigen Defizite können häufig im weiteren Lebensverlauf nicht mehr ausgeglichen werden, so dass auch im Erwachsenenalter eine kleine Körpergröße bleibt. Beide Indikatoren werden nicht nur durch Ernährung, sondern auch durch den Gesundheitsstatus beeinflusst (BLACK et al. 2008: 6).

In den 1980er Jahren wurden einzelne Studien zur Erfassung von Ernährungsdefiziten auf Basis von anthropometrischen Daten in Ladakh durchgeführt. Im Rahmen einer Erhebung von anthropometrischen Messgrößen bei insgesamt 477 Kindern im Alter von sechs Monaten bis acht Jahren in den Ortschaften Gya, Miru, Igu, Lamayuru und Wanla im Jahr 1983, identifizierten WILSON et al. (1990: 271) 20 % der Probanden als *wasted*, d. h. mit einem geringen Gewicht im Vergleich zur Körpergröße. Als Grund für die Magerkeit gaben die Autoren Ernährungsdefizite an, wohingegen sie den Einfluss von Wurmparasiten als irrelevant einstuften. Eine Studie von PADFIELD (1995) erfasste im Jahr 1981 in acht ladakhischen Ortschaften Angaben zu Größe und Gewicht von Kindern im Alter zwischen 24 und 95 Monaten. Während lediglich 2 % von 248 untersuchten Kindern zu leicht für ihr Alter waren, waren längerfristige Ernährungsdefizite deutlich ausgeprägt. So zeigten PADFIELDs Untersuchungen bei 108 Kindern, dass 60,2 % zu klein für ihr Alter waren (*stunting*). Zu einem ähnlichen Ergebnis kamen CVEJIC et al. (1997), die auf Basis von Messungen von 152 bzw. 198 Kindern in zwölf Dörfern der Region um Wanla einen Anteil von 53 % der Kinder unter 12 Monaten sowie von über 80 % der Kinder im Alter zwischen einem und acht Jahren als *stunted* klassifizierten. In allen drei Studien wurde gezeigt, dass der Antcil von Kindern mit einem kritischen Nahrungsdefizit bis zum Alter von drei Jahren anstieg.

Aktuelle Studien zur Erfassung von Ernährungsdefiziten auf Basis dieser Indikatoren liegen für Ladakh nicht vor. In der Situationsanalyse des *District Health Action Plan* 2007 sind lediglich allgemeine Angaben zur Ernährungssituation von Kindern zu finden unter Verweis darauf, dass Unterernährung bei Kindern von bis zu sechs Jahren ein Problem darstellt. Der Bericht zitiert Angaben des ICDS, wonach ein Drittel der am Programm teilnehmenden Kinder unter Fehlernährung litt, bewertet diese Angaben jedoch als nicht valide (GJK 2007: 67).

### *Geringes Geburtsgewicht (LBW) als Indikator*

Neben den Indikatoren *stunting* und *wasting* stellt der Indikator des geringen Geburtsgewichts (*low birth weight*, LBW) eine geeignete Kenngröße zur Einschätzung der Ernährungs- und Gesundheitssituation von Schwangeren dar (BLACK et al. 2008: 10; WEINGÄRTNER 2009: 56).[15] Er gibt die Anzahl von lebenden Neuge-

15 Der Indikator LBW ist in vielen Fällen auch aus Praktikabilitätsgründen geeignet, da das Geburtsgewicht häufig bis auf Distriktebene über amtliche Statistiken erhoben wird. In Ladakh ist diese Datenverfügbarkeit bisher nicht gegeben (siehe auch GJK 2007: 11). Zwar zählen *child malnutrition* und *low birth weight* zu den vorgesehenen Indikatoren, allerdings liegen keine amtlichen Statistiken vor (GJK 2007: 43).

borenen mit einem Geburtsgewicht von weniger als 2.500 g im Vergleich zur Gesamtgeburtenzahl wieder (GERSTER-BENTAYA 2009: 116). Ein geringes Geburtsgewicht weist auf intrauterine Wachstumsverzögerungen hin und ist auf Mangel- und Fehlernährung sowie Gesundheitsprobleme der Mutter zurückzuführen. Weitere Einflussfaktoren sind Hypoxie und die sozioökonomische Haushaltssituation. Dieser Indikator gilt darüber hinaus als Hinweis auf die gesundheitliche Entwicklung des Neugeborenen. In vielen Fällen weisen LBW-Neugeborene Verzögerungen in der physischen und mentalen Entwicklung, eine höhere Infektionsanfälligkeit und ein erhöhtes Sterberisiko auf.[16] Unterernährung bei Müttern und Kindern führt nicht nur zu einer geringen Körpergröße im Erwachsenenalter, sondern auch das Risiko von LBW-Neugeborenen wird in die nächste Generation weitergegeben (VICTORA et al. 2008).

Die Analyse von Angaben aus den Geburtsregistern des *Sonam Norboo Memorial Hospital* in Leh ermöglicht die Nutzung des LBW-Indikators zur Einschätzung der gegenwärtigen Ernährungssituation. Als einziges staatliches Distriktkrankenhaus ist das SNMH ein Oberzentrum der medizinischen Versorgung (Kap. 8.2.2). Seine Geburtenbücher decken über die Hälfte aller Geburten im Distrikt Leh ab und zeigen, dass die Anzahl der Krankenhaus-Geburten bis heute stetig gestiegen ist.[17] Während 1980 lediglich 114 Geburten im SNMH verzeichnet wurden, stieg diese Zahl bis 1990 auf 600 an. Ende der 1990er Jahre wurden bereits knapp 1.000 Geburten registriert. Diese Zahl stieg bis zum Jahr 2008/2009 auf 1.504 an (Tab. 11, siehe auch WILEY 2002; GUTSCHOW 2011).[18] Die offiziellen Angaben gehen davon aus, dass der Anteil der Krankenhausgeburten bei 60–90 % liegt[19], wovon die Mehrheit auf die staatliche Klinik entfällt. Als weitere Einrichtung wird das private Mahabodhi-Krankenhaus bei Leh genutzt, in dem sich die Kosten pro Geburt auf 1.500 INR belaufen (BAERNREUTHER 2008: 13). Das Militärkrankenhaus in Leh steht grundsätzlich auch Zivilpersonen zur Verfü-

16 Ein geringes Geburtsgewicht ist mit einer erhöhten neonatalen Sterblichkeit (während der ersten 28 Lebenstage) korreliert. Nach Angaben zur NRHM (GJK 2007: 49) wird die neonatale Sterberate (*neonatal mortality rate*, NMR) im Distrikt auf 40 % geschätzt. Dieser Wert muss allerdings auf Basis der im Rahmen dieser Studie durchgeführten Analyse der Geburtenbücher als unrealistisch hoch beurteilt werden. WILEY (2002: 1094) gibt für ihre Untersuchungen im Jahr 1990 eine neonatale Sterberate von 109/1000 Geburten an, wobei die neonatalen Sterbefälle 60 % der Kindersterblichkeit ausmachten. Die Totgeburtenrate lag bei 90/1000 (VITZTHUM & WILEY & 2003: 132).

17 Bereits 1990 wurden 25 % der Geburten in Ladakh, und mehr als 50 % aller Geburten im Distrikt Leh im SNMH durchgeführt (WILEY 2002: 1092).

18 Die Krankenhausregister wurden auf die Berichtszeiträume der amtlichen Statistiken angepasst. Jüngere Jahrgänge beziehen sich daher auf das sogenannte *financial year*, vom 1. April eines Jahres bis zum 31. März des Folgejahres.

19 Allerdings finden sich in dem offiziellen Dokument (GJK 2007) abweichende Angaben zu den sogenannten *institutional deliveries*, von denen die überwältigende Mehrheit auf das SNMH entfällt. Die Angaben benennen Werte von 89,6 % (S. 19), 60 % (S. 41), 74 % (S. 49) und 60,5 % (S. 59). Diese Differenzen können nach GUTSCHOW (2011) durch den Bezug auf die Lebendgeburten erklärt werden. GUTSCHOW (2011: 189) bewertet einen Anteil von 74 % als realistisch.

gung, wird von diesen aber nur selten in Anspruch genommen. Andere medizinische Angebote (*amchi*, muslimische Heiler, ayurvedische und homöopathische Medizin) sind im Kontext von Schwangerschaft und Geburt von untergeordneter Bedeutung (Kap. 8.2.2; vgl. auch WILEY 2002: 1091).

Die Entscheidung der Schwangeren für eine Entbindung im SNMH wird durch verschiedene Gründe motiviert (GYN-2, 7.8.2009). Im Rahmen der ersten Phase der *National Rural Health Mission* (NRHM; 2005–2012) wird ein finanzieller Anreiz von 1.400 INR für Schwangere über das *Janani Suraksha Yojna* -Instrument vergeben, wenn sie sich für eine Entbindung in einer schulmedizinisch ausgerichteten Einrichtung entscheiden.[20] Neben dem finanziellen Anreiz sind als Gründe für Entbindungen im Krankenhaus die Senkung des Komplikationsrisikos, das Angebot medizinischer Betreuung (z. B. die Vergabe von Schmerzmitteln), die Möglichkeit von Vorsorgeuntersuchungen während der Schwangerschaft und die Empfehlung der Ärztinnen zu einer Krankenhausgeburt zu nennen.[21] Weitere Gründe sind die steigende gesellschaftliche Akzeptanz von Krankenhausgeburten, gute Erfahrungen mit den praktizierenden Gynäkologinnen, die Wahrnehmung des Krankenhauses als „sauber" und die Vereinbarkeit buddhistischer Vorstellungen von Geburt mit der Niederkunft im SNMH (WILEY 2002; BAERNREUTHER 2008; GUTSCHOW 2011).

Das durchschnittliche Geburtsgewicht aller Lebendgeborenen des Jahrgangs 2008/2009 im SNMH beträgt 3.100 g für männliche Neugeborene bzw. 3.000 g für weibliche Neugeborene und ist damit gegenüber den Erhebungen aus dem Jahr 1990 mehr als 200 g höher (Tab. 11).[22] Die Analyse der Geburtenbücher weist einen Anteil Neugeborener mit LBW an allen Geburten von 10,9 % in den Jahren 2007/2008 auf. Im aktuellsten verfügbaren Zeitraum für das statistische Jahr 2008/2009 gelten 11,8 % aller Neugeborenen im SNMH als gering gewichtig. Ein Vergleich mit vorangegangenen Zeiträumen zeigt, dass sich der Anteil Neugebo-

20 Dieser Trend der zunehmenden Hinwendung zu schulmedizinischer Versorgung für Schwangerschaft und Geburt in Ladakh ist gegenläufig zu Entwicklungen im indischen und südasiatischen Kontext (WILEY 2002). So ist zu erklären, dass bereits vor der Umsetzung der NRHM die Geburtenzahl im SNMH kontinuierlich angestiegen ist.

21 Es kann daher zu Datenverzerrungen kommen. Einerseits haben Frauen, die sich für eine Entbindung im SNMH entscheiden, möglicherweise häufiger vorangegangene Schwangerschaftskomplikationen und Fehlgeburten erfahren. Andererseits haben Frauen, die im Krankenhaus entbinden, generell einen höheren Bildungsabschluss und aufgrund des Wohnortes Leh und Umgebung besseren Zugang zu Nahrung, besonders während des Winters (siehe hierzu auch WILEY 1997).

22 In den Geburtenbüchern weisen die Angaben der 500 g-Schritte (2.500 g, 3.000 g, 3.500 g) eine höhere Nennung auf (vgl. Tab. 11). Diese statistische Auffälligkeit ist durch großzügiges Runden bei den Messungen zu erklären und deutet darauf hin, dass in manchen Fällen ein Einheitswert in das Register eingetragen wurde. Die Durchschnittswerte des Gewichts der nicht überlebenden Neugeborenen liegen deutlich darunter (Abb. 14). Nur ein geringer Anteil der Neugeborenen kann aufgrund eines sehr geringen Geburtsgewichts (*very low birth weight*, VLBW) von unter 1.500 g als Frühgeburt gelten (vgl. BLACK et al. 2008: 10). Für die Jahrgänge 1999 und 2007/08 betrug dieser Anteil jeweils 1,3 %, im Jahrgang 2008/09 lag der Anteil bei 1,2 %.

rener mit einem Geburtsgewicht von unter 2.500 g gegenüber den 1990er Jahren deutlich reduziert hat (Tab. 11). In einer Untersuchung von 145 Krankenhausgeburten in Leh wurden im Jahr 1990 17 % der männlichen und 37 % der weiblichen Babys als LBW klassifiziert (WILEY 2004: 84). Für das Jahr 2006 gibt WAHLFELD (2008: 90) bei einer Studie mit 188 Krankenhausgeburten Anteile von 12,9 % (männliche Neugeborene) und 20,7 % (weibliche Neugeborene) an. Da der Rückgang des Anteils der LBW-Babys mit einem vergrößerten Oberarmumfang der Mütter einhergeht, schließt WAHLFELD (2008: 92) auf eine Veränderung der Ernährungsweise und Arbeitsbelastung während der Schwangerschaft.

| | 1990<br>Wiley 2004 | 1999<br>SNMH Geburtsregister | 2006<br>Wahlfeld 2008 | 2007/2008<br>SNMH Geburtsregister | 2008/2009<br>SNMH Geburtsregister |
|---|---|---|---|---|---|
| *n* | 168 | 969 | 1.073 | 1.496 | 1.504 |
| **Durchschnittliches Geburtsgewicht (g)** | | | | | |
| Gesamtdurchschnitt | 2.764 | 3.000 | 2.950 | 3.000 | 3.000 |
| Männlich | 2.853 | 3.000 | 3.002 | 3.100 | 3.100 |
| Weiblich | 2.678 | 2.900 | 2.894 | 3.000 | 3.000 |
| **Durchschnittliche Größe (cm)** | | | | | |
| Gesamtdurchschnitt | 48,0 | k.A. | 49,8* | 48,3 | 48,2 |
| Männlich | 48,6 | k.A. | 50,4* | 48,7 | 48,6 |
| Weiblich | 47,8 | k.A. | 49,1* | 48,1 | 47,9 |
| **% LBW (Low Birth Weight)** | | | | | |
| *n* | 168 | 933 | 1.073 | 1.491 | 1.495 |
| **Anteil LBW aller Neugeborenen (%)** | 27 | 13,1 | 13,9 | 10,9 | 11,8 |

*(*n=188)*

*Quellen: SNMH Geburtsregister, WILEY 2004: 82, WAHLFELD 2008: 54*

*Tab. 11: Angaben zum Geburtsgewicht von Neugeborenen in Ladakh zwischen 1990 und 2009*

Neben dem Geburtsgewicht als absolute Messgröße kann der *Ponderal Index* nach Rohrer (RPI) als Parameter zur Abschätzung des Ernährungszustands bei der Geburt genutzt werden.[23] Ein Index-Wert unter 2,25 weist auf akute Mangelernährung der Mutter hin. In diesem Fall lässt sich ableiten, dass ein erhöhter Energiebedarf durch die Arbeitsbelastung der Mutter nicht der einzige zugrunde liegende Faktor für ein Neugeborenes mit LBW sein kann (WILEY 2004: 84–85). Die Analyse der aktuellen Geburtsjahrgänge im SNMH zeigt, dass in Ladakh häufiger eine chronische intrauterine Mangelernährung auftritt. Mehr als jedes fünfte Neugebo-

23 Dieser Gewichtsindex wird als geeigneter Parameter zur postpartalen Diagnose einer intrauterinen Mangelernährung bewertet (WILEY 2004: 85–86). Er berechnet sich: RPI = Gewicht (g) * 100/ Größe (cm)³.

rene (2007/2008: 23,3 % und 2008/2009: 21,6 %) hat einen Index-Wert von unter 2,25.[24]

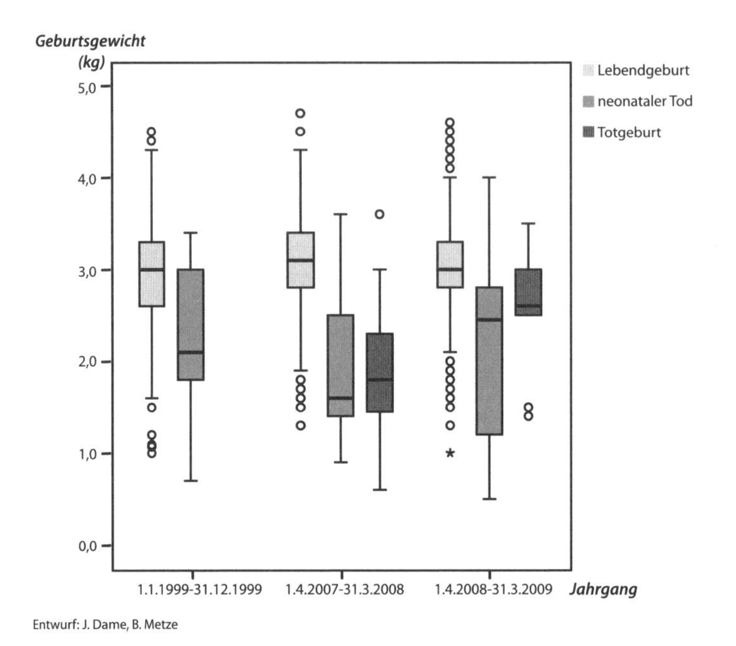


*Abb. 14: Geburtsgewicht von Neugeborenen im Sonam Norboo Memorial Hospital, Leh*

Ein geringes Geburtsgewicht ladakhischer Babys wird auch durch die hypoxischen Bedingungen, d. h. den reduzierten Sauerstoffpartialdruck der Luft, beeinflusst (WILEY 2002, 2004). Es wird angegeben, dass das Geburtsgewicht bei reifen Neugeborenen im Hochgebirge generell um ca. 10 % geringer ist als bei Tieflandbewohnern.[25] Dieses Phänomen ist durch intrauterine Wachstumsverzögerungen im letzten Trimenon der Schwangerschaft unter chronischer Hypoxie begründet (MOORE 2003; VITZTHUM & WILEY 2003). Hypoxie kann daher als *„broad background risk factor"* (WILEY 2002: 1095) bezeichnet werden. Auch treten im Hochgebirge durch die Schwangerschaft indizierte Hypertonie (Bluthochdruck) und Präeklampsie[26] vermehrt auf (WILEY 2002; MOORE 2003). GONZALES & SALIRROSAS (2005) zeigen anhand einer Studie von Neugeborenen in Peru, dass die LBW-Inzidenz dort nicht signifikant von den Raten der Tieflandbewohner abweicht. Der LBW-Indikator kann daher auch im Hochgebirge für die Bewertung der Ernährungssituation genutzt werden. Außerdem ist in Hochge-

24 Auch die Daten von WILEY (2004) zeigen einen hohen Anteil Neugeborener unterhalb des kritischen Index-Wertes.

25 MOORE (2003) gibt eine durchschnittliche Verringerung des Geburtsgewichts um 100 g pro 1.000 Höhenmeter an. Zu ähnlichen Ergebnissen gelangen GONZALES & SALIROSSAS (2005).

26 Diese Komplikation äußert sich in den Symptomen Hypertonie, Ödemen und Proteinurie.

birgsregionen ein gehäuftes Auftreten von Fehlgeburten, Totgeburten und neonataler Sterblichkeit als *„all-too-common reproductive tragedies“* (WILEY 2002: 1093; vgl. NIERMEYER et al. 1995) zu verzeichnen (Abb. 14).[27]

Im Folgenden werden die Ernährungsweise, die Arbeitsbelastung der Mutter wie auch weitere sozioökonomische Faktoren mit Einfluss auf das Geburtsgewicht ladakhischer Neugeborener erörtert. Die Ärztinnen im SNMH raten Schwangeren explizit zu mehr Mahlzeiten, um den gestiegenen Kalorienbedarf zu decken. Außerdem empfehlen sie besonders kalorienreiche Speisen sowie die Erhöhung des Anteils von frischem Gemüse und proteinhaltigen tierischen Produkten während Schwangerschaft und Stillzeit. Trotz dieser Empfehlungen durch das medizinische Personal und der generellen gesellschaftlichen Befürwortung einer veränderten Ernährung (Kap. 5.3.2) passt nur eine Minderheit der Betroffenen ihre Verzehrgewohnheiten an (GYN-2, 07.08.2009; GYN-1, 18.08. 2007).[28] Eine Ärztin beschreibt die alltägliche Situation:

> „I advise them to have natural food, which means fruit and vegetables. I have seen that they don't consume much because they have to purchase it. And also they should have a more protein rich diet. We advise them to take milk, but in the villages the people are not used to take milk, and also to take yoghurt and water. We particularly encourage the women to take naturally available food and discourage tinned and packed food. Especially apricots and others, because these locally produced items are cheaper. But most stick to their routine diet and do not give much importance to the advice“ (GYN-2, 07.08.2009).

Besonders während der Wintermonate haben die Patientinnen oft keine Möglichkeit, ihren Speiseplan entsprechend den Empfehlungen zu verändern. Gründe hierfür sind die hohen Marktpreise für die wenigen angebotenen frischen Waren, Schamgefühle, um bei der Armee um die Abgabe von Eiern oder anderen Erzeugnissen zu bitten, sowie eine zu große Entfernung zu den Märkten (GYN-2, 07.08.2009; GYN-1, 18.08.2007).

Neben der Anpassung der Ernährungsweise hat eine geringere Arbeitsbelastung während der Schwangerschaft positive Auswirkungen auf das Geburtsgewicht und damit auf die Gesundheit des Neugeborenen. Deshalb wird Schwangeren in der Region von den Medizinern dazu geraten, ihren Arbeitsaufwand zu reduzieren.[29] Allerdings können nur wenige Frauen tatsächlich diesen Empfehlungen nachkommen. Die Gründe hierfür liegen in den Sozialstrukturen und in der Arbeitskräfteverfügbarkeit des jeweiligen Haushalts, vor allem zur Zeit einer ho-

27 Es bleibt offen, ob Schwangerschaften von ladakhischen Frauen als besonders risikoreich bewertet werden müssen. Allerdings wird bei Geburten nach wiederholten Fehl- und Totgeburten in den Registern der Fall als *„precious baby“* vermerkt.

28 Befragungen von Schwangeren in den 1990er Jahren zeigten ebenfalls, dass die Ernährungsweise während der Schwangerschaft kaum verändert wurde (WILEY 2004: 96). Weniger als die Hälfte der Befragten erhöhte ihre tägliche Kalorienzufuhr, wobei Fleisch und Eier kaum konsumiert wurden. Ungefähr 40 % der Schwangeren, die im Rahmen von WILEYs Untersuchung befragt wurden, tranken täglich Milch, die Mehrheit zumindest gelegentlich.

29 In subsistenzorientierten Gesellschaften kann sich die unterschiedliche Arbeitsbelastung im Jahresgang im Geburtsgewicht niederschlagen. Diese vergleichsweise einfache Korrelation bestätigt sich jedoch nicht in den untersuchten Geburtsstatistiken.

hen Arbeitsbelastung durch agrarwirtschaftliche Tätigkeiten (Kap. 6.7.). Gerade in Abwesenheit männlicher Haushaltsmitglieder haben werdende Mütter keine Möglichkeit, die Arbeitsbelastung im Haushalt und in der Landwirtschaft zu reduzieren.[30] Besonders Erstgebärende, die erst mit der Heirat in einen neuen Haushalt gewechselt sind, haben wenig Spielraum, ihren Nahrungskonsum zu erhöhen (WILEY 2004: 88–96).[31]

Hierin unterscheidet sich die Situation in den ländlichen Siedlungen deutlich von der im urban geprägten Leh, wo mehr Frauen außerlandwirtschaftlichen Tätigkeiten mit geringer körperlicher Belastung nachgehen. Eine am Distriktkrankenhaus tätige Gynäkologin erläutert:

> „In the city, this is very different. Here, they rather make the ladies obese. But in the villages, the ladies still work very hard; they continue to work until the last day. Now the young ladies in Leh are pampered and spoiled" (GYN-2, 07.08.2009).

Es gestaltet sich generell schwierig, den sozioökonomischen Status eines Haushalts und seine Einkünfte aus außerlandwirtschaftlichem Erwerb direkt mit Auswirkungen auf den Indikator LBW zu korrelieren. Einerseits verfügen Haushalte mit solchen Einkommensquellen über mehr finanzielle Ressourcen, die beispielsweise für den Zukauf von Nahrungsmitteln oder die Einstellung von Lohnarbeitern eingesetzt werden können. Wenn andererseits die fehlende Arbeitskraft nicht ersetzt wird, erhöht sich die Arbeitsbelastung der Frau. WILEY (2004) stellt einen Zusammenhang zwischen dem Bildungsgrad der Mutter und dem Geburtsgewicht des Kindes fest. Frauen mit höherem Bildungsgrad gehen verstärkt außerlandwirtschaftlichen Berufen nach, was in der Regel mit einer verbesserten ökonomischen Situation des Haushalts einher geht. Dadurch haben sie mehr Möglichkeiten, die körperliche Belastung während der Schwangerschaft zu reduzieren.

Die Analyse der Geburtsregister hat gezeigt, dass sich Unterschiede beim Geburtsgewicht nicht nur zwischen der Bevölkerung in der Distrikthauptstadt und den ländlichen Siedlungen manifestieren, sondern besonders zwischen ladakhischen und nicht-ladakhischen Neugeborenen deutlich werden. In den drei untersuchten Jahrgängen wurden 11 % der Babys von nicht-ladakhischen Frauen entbunden. Dies sind vor allem Arbeitsmigrantinnen, die durch ihre spezifischen Lebensbedingungen in besonderer Weise gesundheitlichen Risiken ausgesetzt sind. Das durchschnittliche Geburtsgewicht von Neugeborenen indischer (aber nicht-ladakhischer) sowie nepalesischer Frauen im staatlichen Distriktkrankenhaus ist

30 WILEY zeigte einen deutlichen Zusammenhang zwischen Arbeitsbelastung und niedrigem Geburtsgewicht (2004: 92). 72 % der Befragten in ihrer Studie veränderten die Arbeitsbelastung nicht.

31 Einige Frauen haben die Möglichkeit, im letzten Abschnitt der Schwangerschaft (besonders bei einer Erstgeburt) zu ihrer Herkunftsfamilie zurückzukehren, wo sie Arbeitserleichterungen erfahren. Diese Regelung reicht bis kurz vor den Geburtstermin, da eine Geburt im Elternhaus der Frau als unheilvoll gilt. So zeigt WILEY (2004), dass bei Geschwisterkindern das Geburtsgewicht höher war.

signifikant niedriger als das der ladakhischen Neugeborenen.[32] Diese Unterschiede können durch mehrere Faktoren begründet sein. Die meist saisonalen Arbeitsmigranten stammen häufig aus Regionen mit einem hohen Anteil an Armutsbevölkerung aus Nepal, Bihar und weiteren Teilen Indiens. Sie sind vorwiegend als Lohnarbeiter im Straßenbau oder in der Armee tätig, so dass sie neben teilweise fehlender Anpassung an die hypoxischen Bedingungen einer hohen Arbeitsbelastung, gesundheitlichen Risiken und einer unausgewogenen Ernährung ausgesetzt sind.

## 5.2 ERNÄHRUNGSGEWOHNHEITEN UND PRÄFERENZEN

Die Schwierigkeiten der Ernährungssituation hängen mit Verzehrsgewohnheiten im Alltag und in besonderen Lebenssituationen zusammen. Zur Unterversorgung mit Mikronährstoffen trägt insbesondere die bereits von den Experten beschriebene ausgeprägte Saisonalität der alltäglichen Ernährungsweise bei, auf die im Folgenden eingegangen wird. Deshalb wird der Blick auf die Untersuchungsdörfer Hemis Shukpachan und Igu gerichtet, um zunächst die Ernährungsgewohnheiten, basierend auf den Ergebnissen der Haushaltsbefragungen, *dietary recalls* und qualitativen Interviews, darzustellen. Dabei wird aufgezeigt, inwiefern die Ernährungsweise durch persönliche und gesellschaftliche Werte sowie Präferenzen von Lebensmitteln bestimmt wird.

### 5.2.1 Alltägliche Ernährungsweise

Die Ernährungsweise der ladakhischen Bevölkerung ist, wie in der Darstellung der historischen Ernährungsweise skizziert wurde (Kap. 4.4), im Ausgangspunkt durch die Nahrungsverfügbarkeit aus der subsistenzorientierten Landnutzung geprägt. Aufgrund der Limitierungen der landwirtschaftlichen Produktion (Kap. 6) ist die Ernährungsweise in Ladakh durch eine geringe Vielfalt an Nahrungsmitteln und Speisen und insgesamt wenig Abwechslung charakterisiert. Sie ist durch tibetische Einflüsse geprägt, was sich in den gängigen Zubereitungsformen zeigt (Tab. 12).[33] Typische Gerichte basieren auf Gerste und Weizen als energieliefernde Grundnahrungsmittel, die mit Erbsen, Kartoffeln, Rüben und grünem Blattgemüse kombiniert werden. Hinsichtlich der Mengenanteile ist festzustellen, dass das sättigende Grundnahrungsmittel den überwiegenden Anteil der jeweiligen Mahlzeit ausmacht. Je nach Verfügbarkeit werden die Gerichte mit einem oft

32 Das durchschnittliche Geburtsgewicht von indischen, nicht-ladakhischen weiblichen Neugeborenen liegt bei 2,5 kg, bei männlichen Neugeborenen dieser Gruppe bei 2,7 kg. Neugeborene nepalesischer Mütter beiden Geschlechts haben ein durchschnittliches Gewicht von 2,7 kg.

33 Zu den tibetisch beeinflussten Speisen und Zubereitungsformen zählen z. B. *mokmok, tsampa, thukpa, paba, kolakh* und die Getränke Buttertee und *chang*.

spärlichen Anteil an Beilagen ergänzt. Teilweise erweitern Milchprodukte und Fleisch den täglichen Speiseplan.[34]

| Speise | Beschreibung | Bestandteile |
|---|---|---|
| *tsampa* | geröstete und gemahlene Gerste | Gerstenmehl |
| *tagi (shrabmo)* | flache, ungesäuerte Brotfladen | Weizenvollkornmehl, Wasser, Salz |
| *tagi khambir* | braun gebackenes Sauerteigbrot | Weizenvollkornmehl, Backpulver, Joghurt/Buttermilch mit Wasser verdünnt |
| *kholak* | *tsampa* in Buttertee gemischt | *tsampa*, Buttertee/gesalzener schwarzer Tee |
| *paba* | geröstetes Gersten-, Weizen- und Erbsenmehl als gekochter Brei | *paba*-Mehl (kann Gerste, Weizen, Erbsen oder Buchweizen enthalten), Wasser, Salz |
| *marzan (auch: marsen)* | *tsampa* Brei | *tsampa*, Butter, Wasser, Salz |
| *mokmok* | Teigtaschen mit Gemüse- oder Fleischfüllung, Dampfgarung | Weizenmehl, Wasser, Gemüse oder Fleisch, Gewürze |
| *skyu/ chutagi* | „Nudeleintopf" mit Nudeln in Deckel- bzw. Fliegenform | Weizenmehl, Wasser, Gemüse, Gewürze |
| *thukpa* | Suppe, häufig mit *tsampa* oder hausgemachten Nudeln (Gersten- oder Weizenmehl), Gemüse, z.T. Fleisch, Trockenkäse | Gersten- bzw. Weizenmehl oder *tsampa*, Gemüse, wenn verfügbar: Fleisch, getrockneter Käse oder Gewürze |

*Quelle: zusammengestellt nach* R*EIFENBERG (1998)*

*Tab. 12: Charakteristische ladakhische Speisen*

Weizen- und Gerstenprodukte werden für die Zubereitung von verschiedenen Nudelgerichten und Brotsorten verwendet. Die Grundlage vieler Gerichte ist das aus Gerste hergestellte *tsampa.*[35] Zur Herstellung von *tsampa* werden die Gerstenkörner nach der Ernte zunächst geröstet und dann gemahlen. Die Zubereitungsformen von *tsampa* sind vielfältig. Es kann in seinem Ausgangszustand zu Tee konsumiert werden und steht daher stets in einem Behälter in der Küche zur Verfügung. Üblicherweise wird das geröstete Gerstenmehl mit gesalzenem (Butter-) Tee vermischt, zu einem Teig verrührt und als *kholak* gegessen. Als Beilagen stehen Gemüse mit ausreichend Sauce, Buttermilch oder Joghurt, gegebenenfalls mit grünem Blattgemüse oder Wildgemüse angereichert *(thangthur)*, oder Linsen *(dal)* zur Verfügung. Ohne Beilagen wird *tsampa* meist mit reichlich Butter als *marzan* verzehrt. Weitere Darreichungsformen sind Mischungen mit Erbsenmehl *(shan-*

34 Die Ernährungsweise der nomadischen Bevölkerung in Changthang unterscheidet sich von dem Verhalten der Oasenbewohner durch einen erhöhten Konsum tierischer Lebensmittel (CASIMIR 2003).

35 Die tibetische Bezeichnung *tsampa* wird üblicherweise auch in Ladakh genutzt. Das ladakhische Wort ist *ngamphe*.

*phe)*, Gerstenbier *(sbangphe)*, oder mit Zucker und viel Butter als *phemar*.[36] Die Zubereitungsform kann auch suppenartig sein, beispielsweise als *chukitik*, für das *tsampa* mit heißem Wasser und Salz vermengt und gegebenenfalls mit getrocknetem Buttermilch-Käse *(churpe)* oder Fleisch angereichert wird.[37] Neben *tsampa* wird auch *paba* für die Zubereitung von brei- und teigartigen Mehlspeisen verwendet.[38] Im Unterschied zum Gerstenmehl *tsampa* werden für *paba* neben Gerste auch Erbsen, Weizen und Buchweizen in unterschiedlichen Zusammenstellungen geröstet und gemahlen. Ähnlich wie *kholak* wird es mit Gemüse oder *thangthur* verzehrt.

Nudelgerichte werden in der Regel aus Weizenmehl zubereitet. Die Namensgebung unterscheidet sich je nach Nudelform, wobei die geläufigsten die daumengroßen, deckelförmigen Nudeln *(skyu)* und die in der Zubereitung etwas aufwendigeren, fliegenförmigen Nudeln *(chutagi)* sind. Beide Nudelgerichte werden mit Zwiebeln, Gewürzen und – je nach Vorhandensein – unterschiedlichem Gemüse (z. B. Kartoffeln, Rettich, Rüben, Karotten oder grünem Blattgemüse) serviert. Während Haushalte mit eigenem Gemüseanbau im Spätsommer recht vielfältige Beilagen hinzufügen, sind *skyu* und *chutagi* in den Wintermonaten recht karge, einfache Nudelgerichte, die lediglich mit Zwiebeln und Kartoffeln zubereitet werden.

Nudeln aus Weizen- oder Gerstenmehl sind auch unerlässlicher Bestandteil verschiedener Suppen und Eintöpfe *(thukpa)*. Diese Eintöpfe sind meist reichhaltig und enthalten neben Nudeln Blattgemüse, Erbsen, *churpe* und teilweise Fleisch (Foto 12). Die verschiedenen Suppengerichte erhalten ihre Namen aufgrund der Nudelform *(bakthuk, tenthuk, timthuk)*, während sich die verwendeten Zutaten von *thukpa* ähneln und nach der Verfügbarkeit richten. Ein aufwendigeres Gericht, das meist zu besonderen Anlässen, beispielsweise für Gäste, gekocht wird, sind mit Gemüse oder Fleisch gefüllte Teigtaschen *(mokmok)*, die meist mit einer klaren Brühe serviert werden.[39] Ebenfalls aus Weizenmehl oder Mischmehl werden verschiedene Brotsorten *(tagi)* zubereitet (z. B. *tagi shrabmo* und *tagi khambir*, Tab. 12). In der Vergangenheit war Reis als Luxusgut Personen mit hohem sozialem Status vorbehalten. Heute wird Reis neben den verschiedenen Mehlspeisen, Eintöpfen, Nudelgerichten und Brotsorten häufig serviert und in der Regel mit Gemüse, Hülsenfrüchten oder Fleisch als Beilage gereicht (Tab. 13).

Tierische Eiweiße und Fette werden in ebenfalls eher geringen Mengen über Milch von Boviden und Kleintieren und diverse Milchprodukte konsumiert

36 Besondere Zubereitungsformen gibt es anlässlich von Familienfesten (z. B. Hochzeiten), zu denen getrocknetes Aprikosenpulver, getrocknetes Apfelpulver, geriebene Aprikosenkerne oder verschiedene Erbsenvarietäten (z. B. schwarze Erbsen, *nakshan*), teilweise auch gesüßt, mit vermischt werden.

37 REIFENBERG (1998: 29) bezeichnet diese Zubereitungsform als *ngamthuk*. Zur Herstellung von *churpe* siehe Kap. 6.6.1.

38 Als *paba* werden sowohl die Speise als auch das hierfür verwendete *paba*-Mehl *(yotches)* bezeichnet.

39 Zudem gibt es *dimok*, Teigschnecken, die ebenfalls zur Garung gedämpft werden. Sie sind allerdings nicht gefüllt und werden mit Fleisch oder Gemüse als Beilage serviert.

(Kap. 6.6.1). Milch wird bei der Zubereitung von Buttertee und im *cha ngarmo* verwendet. Butter wird für ihren Kaloriengehalt geschätzt und nicht nur im Buttertee großzügig verwendet, sondern auch dem salzigen Schwarztee zugegeben. Aufgrund seines Buttergehalts wird Tee als „gut“ bewertet.[40] Außerdem wird Milch zu Buttermilch, getrocknetem Hartkäse *(churpe)* und Joghurt weiter verarbeitet.

| Wochentag | September (Sommer) | April (Winter) |
|---|---|---|
| Montag | *tagi shrabmo* + Gartengemüse | *tagi shrabmo* + Kartoffeln, Zwiebeln |
| | Reis + Gartengemüse + *salat* | Reis + *dal* + Joghurt |
| | *kholak* + Gartengemüse | Reis + *dal* |
| Dienstag | *tsampa* + Buttermilch | *tagi shrabmo* + *dal* |
| | Reis + Gartengemüse + *salat* | Reis + Kartoffeln, Zwiebeln |
| | *chutagi* + Gartengemüse | Reis + Kartoffeln, Zwiebeln |
| Mittwoch | *thukpa* mit Blattgemüse | *khambir* + Buttertee |
| | Reis + Gartengemüse + *salat* | Reis + Kartoffeln, Zwiebeln |
| | *tagi shrabmo* + Gartengemüse | *skyu* + Kartoffeln |
| Donnerstag | *kholak* + Kartoffeln, Zwiebeln | *tsampa*-Suppe *(chukitik)* |
| | Reis + *dal* + Kartoffeln, Zwiebeln | Reis + *dal* |
| | *skyu* + Kartoffeln, Zwiebeln | *thukpa* + getrockn. Blattgemüse+ *churpe* |
| Freitag | *kholak* + Kartoffeln, Zwiebeln | *thukpa* + getrockn. Blattgemüse |
| | Reis + Kartoffeln, Zwiebeln | Reis + *dal* |
| | *thukpa* mit Blattgemüse | *thukpa* + getrockn. Blattgemüse |
| Samstag | *thukpa* mit Blattgemüse | *tsampa*-Suppe *(chukitik)* |
| | Reis + Kohl | Reis + *dal* |
| | Reis + Gartengemüse + *salat* | *thukpa* + getrockn. Blattgemüse+ *churpe* |
| Sonntag | *tagi shrabmo* + Kohl | *kholak* + getrockn. Blattgemüse |
| | *skyu* + Gartengemüse | *paba* + Zwiebeln |
| | *thukpa* mit Blattgemüse | *chutagi* + Fleisch |

*Quelle: eigene Erhebungen (2008, 2009)*

*Tab. 13: Typischer Wochenspeiseplan eines Haushaltes mit eigenem Gemüsegarten im September und April*

Die Zubereitung sämtlicher Speisen wird durch einige typische Gewürze ergänzt. Besonders beliebt ist die Gewürzmischung des indischen Fertigprodukts *Garam Masala*, die fast allen Reis- und Nudelgerichten eine charakteristische gelbe Färbung und ihren typischen Geschmack gibt. Durch die in manchen Haushalten fast

40 Hierbei unterscheiden Haushalte jedoch zwischen Fertigprodukten und der hausgemachten Butter, die eine höhere Wertschätzung erfährt.

ausschließliche Verwendung von *Garam Masala* wird der Eindruck einer eintönigen Küche verstärkt. Hinzu kommen Wildgemüse (*tsatsod, sholo,* Kap. 6.3), Zwiebeln, Chili, Koriander (*usu*), Pfeffer und Salz als wichtigste Würzmittel.

Der charakteristische Speiseplan im Wochenverlauf (Tab. 13) während des Sommers und Winters zeigt, dass in der Regel drei Hauptmahlzeiten im Tagesverlauf eingenommen werden. Diese werden durch kleinere Zwischenmahlzeiten (z. B. *tsampa, kholak*, Tee) ergänzt. Die nutritive Bedeutung des Buttertees *(gur gur cha)* ist nicht zu unterschätzen. Für seine Zubereitung wird Ziegeltee lange gekocht, anschließend mit Wasser verdünnt und dann in einem speziellen hohen Stoßbutterfass *(gur gur)* mit Salz und Butter vermischt. Die Zubereitung erfolgt in größeren Mengen, so dass stets eine mit Buttertee gefüllte Thermoskanne zur Verfügung steht. In manchen Haushalten wird gesalzener Schwarztee *(khunak)* bevorzugt, dem zu jeder Tasse meist ein Teelöffel Butter beigegeben wird. Morgens und nach der Feldarbeit wird mit Zucker gesüßter Tee mit Milch *(cha ngarmo)* konsumiert.[41] Wasser wird hingegen selten getrunken. Im Winter wird es erhitzt und als *chu skol* bei gastrointestinalen und Grippe-Erkrankungen getrunken. Ein zentraler Bestandteil der ladakhischen Ernährung ist *chang*, fermentiertes Gerstenbier, das von den Haushalten selbst zubereitet wird und ein wesentliches Element der Konsumgewohnheiten darstellt (DOLLFUS 1989a; RIPLEY 1995).

Die Ernährungsweise in den Untersuchungsdörfern ist vorwiegend durch vegetarische Kost charakterisiert. Allerdings wird Fleisch als Beilage zu verschiedenen Suppen, Reis- und Nudelgerichten zubereitet. Bei der Wahl der Speisen ist die Frage des Fleischverzehrs von religiösen Konzepten begleitet. Die Bevölkerung beruft sich hierbei auf buddhistische Wertvorstellungen, wonach tugendhafte Aktivitäten erstrebenswert sind, die eine Stärkung des *karma* bedeuten (GUTSCHOW 2004). Die Tötung von Lebewesen wird im Sinne eines einwandfreien Verhaltens abgelehnt (SCHUMANN 2008: 91–97).[42] Allerdings ist nur in der strikteren Auslegung strenggläubiger Buddhisten der Fleischkonsum mit einem vollständigen Verbot belegt. Dabei beziehen sich die Textstellen der buddhistischen Lehre vor allem auf das „gewohnheitsmäßige Töten größerer Tiere" (SCHMITHAUSEN 2000: 4) und die zugehörigen Erwerbstätigkeiten (z. B. Jäger, Metzger, Schlachter). Das Schlachten der Tiere wird meist von nicht-buddhistischen Personen übernommen. Die Metzger in Leh sind in der Regel muslimischen Glaubens, nach dessen Vorschriften die Tötung von Schafen, Ziegen, Rindern und Hühnern nicht mit einem Verbot belegt ist. Auch in den dörflichen Gemeinschaften wird möglichst versucht, einen nicht-buddhistischen Mann für diese Aufgabe zu gewinnen.[43]

41 In manchen Haushalten wird dieser Tee, wie in Kaschmir üblich, mit Kardamom verfeinert.

42 Grundsätzlich zählen hierzu alle Tiere, z. B. auch Insekten. Die Handlung des Tötens zählt zu den zehn nicht-tugendhaften Tätigkeiten, die *karma* schwächen. Nicht-tugendhafte Tätigkeiten können jedoch durch Opfergaben als eine Art der Gegenleistung ausgeglichen werden (GUTSCHOW 2004: 14). Aufgrund der religiösen Bedeutung des 10. Tages im Monat, an dem buddhistische Lehren rezitiert werden, befolgen religiöse Haushalte an diesem Tag einen Verzicht von *chang* und Fleisch (AGGARWAL 1994: 139).

43 SCHUMANN (2008: 91) hebt hervor, dass zwar aus „praktischen Gründen" eine Übersicht „der zu vermeidenden Verhaltensweisen" erstellt wurde, in der buddhistischen Lehre allerdings

Da die strikte Einhaltung dieser Selbstverpflichtung besonders in ländlichen Regionen nur bedingt praktikabel ist, werden der buddhistischen Laien-bevölkerung keine konkreteren Verbote auferlegt. Die Umsetzung der religiösen Vorstellungen variiert auch in Abhängigkeit der agrarwirtschaftlichen Nutzungformen. So gilt ein regelmäßiger Fleischverzehr für die buddhistischen Bewohner des Changthang-Hochplateaus, die als nomadische Gruppen vorwiegend über Viehhaltung ihren Lebensunterhalt sichern, als akzeptabel. Einige Dorfbewohner der Oasensiedlungen verzichten hingegen gänzlich auf Fleisch.[44] Andere betonen, dass der Anstieg des Fleischkonsums während der Wintermonate ethisch eher zu akzeptieren sei als zu Zeiten großer Gemüseverfügbarkeit (Kap. 5.2.2). Generell ist der Verzehr von Schweinefleisch mit einem Verbot belegt, während Ziegen, Schafe, *dzo* und Yak geeignet sind.[45] Einige Speisevorschriften werden unterschiedlich interpretiert. So gilt der Verzehr von Hühnerfleisch grundsätzlich als weniger geeignet. Für diese Empfehlung gibt es verschiedene Erklärungen. Einerseits werden Haltungsprobleme des Geflügels genannt, das im Winter zu erfrieren droht und ein einfaches Raubgut für Wölfe und Schneeleoparden ist. Andererseits werden religiöse Gründe angegeben, zu der die Eigenschaft des Huhns zählt, durch Aufpicken viele Insekten zu töten.[46] Zusätzlich geben gläubige Buddhisten als Grund an, dass das Töten eines Huhns zu vermeiden sei, weil es nur wenige Menschen ernähre.

Weil in Hemis Shukpachan und Igu nahezu keine Hühner gehalten werden, werden Fleisch und Eier bei muslimischen Händlern in Leh zugekauft (Kap. 7.1). Da ein Großteil der in Ladakh konsumierten Eier nicht in der Region produziert wird, decken Haushalte vor Beginn des Winters ihren Bedarf für die kommenden Monate durch den Aufkauf mehrerer Paletten, die über den Winter gelagert werden. Die Bewertung dieser Praxis schwankt. Während manche Haushalte diese Vorgehensweise für völlig unbedenklich halten,[47] zweifeln andere und verzichten daher auf den Konsum von Eiern bis zur Öffnung der Passstraßen im Frühjahr.

nicht explizit von Ge- und Verboten gesprochen wird. Für ein Geburtsfest in der Ortschaft Igu wurde beispielsweise ein dzo (Kaufpreis 16.000 INR) für die Bewirtung der Festgesellschaft geschlachtet. Hierfür wurde ein Gastarbeiter (*kuli*) mit 500 INR sowie einem Fleischanteil entlohnt. HEPE (2009: 76) zeigt für die buddhistisch-muslimische Ortschaft Sapi, dass die Aufgabenverteilung gemäß der Religionszugehörigkeit übernommen wurde.

44 Eine Aufwertung religiöser Beschränkungen des Fleischkonsums wird auch auf die Agitationen gegenüber muslimischen Gruppen und die Öffentlichkeitsarbeit der *Ladakh Buddhist Association* zurückgeführt (WILEY 2002: 1095).

45 Der Verzehr von Fleisch wird auch von der Herdengröße bestimmt (OSMASTON 1995: 135). Manche Haushalte bevorzugen das Schlachten von männlichen Tieren, da der Nutzen weiblicher Tiere durch die Milchproduktion erhöht ist. In wenigen Einzelfällen berichteten ältere Bewohner über die Jagd von Rebhühnern und Murmeltieren.

46 HEPE (2009: 77) weist darauf hin, dass Hühner besonders in der Nähe von Wasserquellen den Wohnort des *klu* verschmutzen und dort Insekten mit Geist des *klu* aufpicken.

47 Ein Informant aus Leh erläutert: „There is a bulk-culture in Ladakh, Ladakhis store everything. For example I always buy a full tray of eggs. I buy 600 to 800 eggs in November and it lasts until May and they don't get bad. Due to the cold climate there are no mayor issues.“

### 5.2.2 Nahrungsmittelpräferenzen im Jahresverlauf

Die Präferenz für bestimmte Speisen im Tages- und Jahresverlauf wird nicht nur durch die Verfügbarkeit, sondern auch durch die Zubereitungszeit und gesellschaftliche Vorstellungen von Speisen geprägt. Für die Essenszubereitung sind in der Regel der weibliche Haushaltsvorstand (die Mutter, *ama-le*) sowie die anderen weiblichen Haushaltsmitglieder zuständig. Die Speisen werden an einem mit Brennholz und Viehdung befeuerten Ofen in der Küche zubereitet. Brot, das vor allem morgens gegessen wird, wird meist am offenen Feuer, z. B. auf dem Hausdach oder vor dem Haus, gebacken. Zur Mittagszeit und auch zwischen den Hauptmahlzeiten wird häufig auf das schnell zubereitete *kholak* zurückgegriffen. So erläutert eine Landnutzerin: „*In the summer, we mostly eat kholak and tara, there is no time to prepare food*" (H24). In einem anderen Fall musste der weibliche Haushaltsvorstand keine weiteren Haushaltsmitglieder versorgen und entschied sich aus diesem Grund für diese schnell zuzubereitende Speise: „*Today, I was eating lunch on my own, so I only had kholak*" (H25). Abends werden hingegen häufiger Speisen mit einer längeren Zubereitungszeit angeboten. Hierzu zählen die Nudelgerichte (*skyu*, *chutagi*) sowie *thukpa* und *paba*. Letzteren wird eine stärkende Wirkung zugesprochen, die besonders nach der Feldarbeit geschätzt wird.

Die Präferenz für unterschiedliche Grundnahrungsmittel und Zubereitungsformen variiert deutlich im Jahresgang (Tab. 13).[48] Die Fragebogenerhebungen in den Untersuchungsdörfern Hemis Shukpachan und Igu zeigen, dass während der Sommermonate Reis, *kholak* und Brot *(tagi)* die wichtigsten Grundnahrungsmittel sind (Abb. 15). Brot und *kholak* gelten zudem als „leichte Speisen". Wie *kholak* wird auch Reis aufgrund der einfachen und schnellen Zubereitung geschätzt. Allerdings haben viele Dorfbewohner eine ambivalente Einstellung zum Reis. Während dieses Grundnahrungsmittel in der Vergangenheit als teures Handelsgut Haushalten mit hohem sozialem Status vorbehalten war, ist es heute über das staatliche Verteilungssystem (Kap. 8.2.3) in den Ortschaften kostengünstig verfügbar. In der Vergangenheit war die Zubereitung von Reis auf Feste wie das Neujahrsfest *(losar)* und Familienfeste (Hochzeiten, Geburtsfeste) beschränkt. Auch wenn Reisgerichte nach wie vor bei Festen und Feierlichkeiten angeboten werden, sind sie mittlerweile fester Bestandteil des alltäglichen Speiseplans. Neben der schnellen Zubereitung wird Reis besonders wegen des Geschmacks bevorzugt: „*Rice is not healthy, it's only for the taste*" (H39). Wie aus dieser Aussage hervorgeht, werden ihm allerdings negative Auswirkungen auf die Gesundheit und die Arbeitsleistung zugeschrieben:

> „Rice is not healthy; you just get fatter from it. The younger people eat a lot of rice and they get tired from work easily. (…) You see, the younger people are always ill, but we reached here, only having eaten *paba and kholak*" (H25).

48 Im folgenden Abschnitt wird vor allem zwischen „Sommer" und „Winter" unterschieden. Die Übergangsjahreszeiten Frühling und Herbst nehmen nur wenige Wochen des Jahres ein.

Interessant ist der Vergleich dieser Aussagen von Landnutzern in den Untersuchungsdörfern mit den Beobachtungen und Ergebnissen des *dietary recalls*: Obwohl die Gersten- und Weizen-basierten Speisen grundsätzlich positiver bewertet und daher auch häufiger genannt werden (Abb. 15), werden Reisgerichte in der Praxis häufiger zubereitet. Trotz der ambivalenten Bewertung von Reis hat sich dieser als wichtigstes Grundnahrungsmittel während der Sommermonate etabliert. In beiden Ortschaften wird er am häufigsten (18,6 % der Befragten in Hemis Shukpachan und 29,4 % der Befragten in Igu) als typisches Grundnahrungsmittel für diese Jahreszeit genannt. Die Ergebnisse der 24h-Protokolle im September 2008 belegen für die Ortschaft Hemis Shukpachan sogar einen noch höheren Anteil. Basierend auf diesen Umfragewerten, wird Reis bei 34 % der Mahlzeiten aller Haushalte an einem Septembertag als Grundnahrungsmittel verwendet.

Wie die Befragungsergebnisse zeigen, werden im Winter am häufigsten Cerealien, als *paba* und *thukpa* zubereitet, konsumiert. Das Suppengericht *thukpa* wird von über einem Drittel der Haushalte (36,1 %) in Hemis Shukpachan und fast der Hälfte der Haushalte in Igu (48,5 %) als typische Speise im Winter angegeben. *Paba* wird von 28,6 % (Hemis Shukpachan) bzw. 33,2 % (Igu) der Befragten genannt. Beide Gerichte werden aufgrund ihrer als stärkend wahrgenommenen Wirkung geschätzt: „*Nutritious food is good for health, like paba and thukpa*“, so die Aussage eines Dorfbewohners (H59). Eintöpfe werden besonders für ihre wärmende Wirkung empfohlen *(„heating the body“). Thukpa* kann im Winter durch verschiedene getrocknete pflanzliche Kost (Blattgemüse, Wildgemüse, Hülsenfrüchte) und tierische Lebensmittel (Fleisch, *churpe*) ergänzt werden und wird deshalb auch als nahrhafte Speise positiv bewertet. So hält eine Bewohnerin fest:

> „In our *thukpa*, we get almost all vitamins from A to Z. It is especially good in the winter. For our nutrition, it is good to have *thukpa. Paba and kholak* are also good. Having rice is less nutritious and less healthy; rice is only good for the taste“ (H101).

Während der Sommermonate und in den Übergangsjahreszeiten sind neben den kohlenhydratreichen Hauptnahrungsmitteln häufiger pflanzliche und tierische Lebensmittel mit hoher Nährstoffdichte und hohem Mikronährstoffgehalt auf dem Speiseplan zu finden. Auch die Befragungsergebnisse verdeutlichen den signifikanten jahreszeitlichen Unterschied: 42,8 % (Hemis Shukpachan) bzw. 27,9 % (Igu) aller befragten Haushalte geben an, im Sommer frisches Gemüse – vorwiegend aus dem eigenen Anbau in Hausgärten – als Beilage zu verzehren. Im Sommer und Herbst ist das Angebot an frischem Gemüse aus Hausgärten, der Sammelwirtschaft und auf den Märkten groß. In dieser Zeit des Jahres wird Gemüse (z. B. Gurken, Tomaten, Möhren) auch als Rohkost *(salat)* gereicht. Im August und September trägt frisches Obst (vor allem Aprikosen und Äpfel) zur größeren Vielfalt der Ernährung bei. Ebenso steigt zwischen Frühling und Herbst die Verzehrshäufigkeit von Milchprodukten, besonders von Buttermilch und Joghurt.

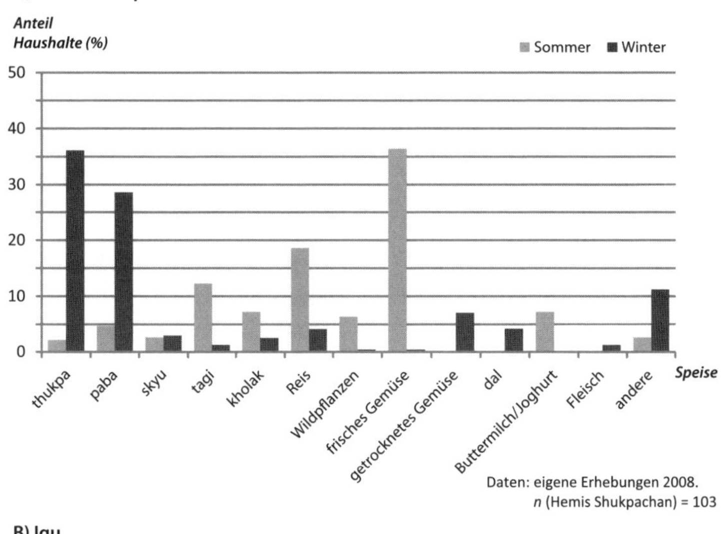


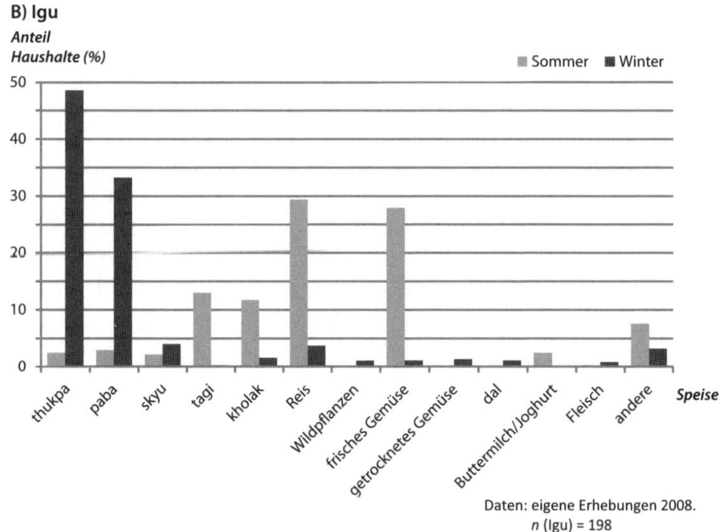


*Abb. 15: Saisonalität der Ernährungsweise in Hemis Shukpachan und Igu*

Mit der jahreszeitlichen Abkühlung der Lufttemperatur und dem Einsetzen der Bodenfröste werden warme Zubereitungsformen bevorzugt.[49] Während der kalten Jahreszeit werden getrocknetes Blattgemüse, Hülsenfrüchte (*dal*, getrocknete Erbsen) und eingelagertes Frischgemüse konsumiert. Zum Ende des Winters gehen

49 Allgemeine Verzehrsempfehlungen raten von kalt zubereiteten Speisen ab. So wird beispielsweise begründet, dass am Abend keine frischen Äpfel konsumiert werden sollen, da dies Erkältungskrankheiten hervorrufe.

auch die Vorräte der Ladenbesitzer zur Neige. Nur wenige Haushalte können sich die hohen Lebensmittelpreise leisten oder über Familienmitglieder in der Armee frische Lebensmittel beziehen (Kap. 7).

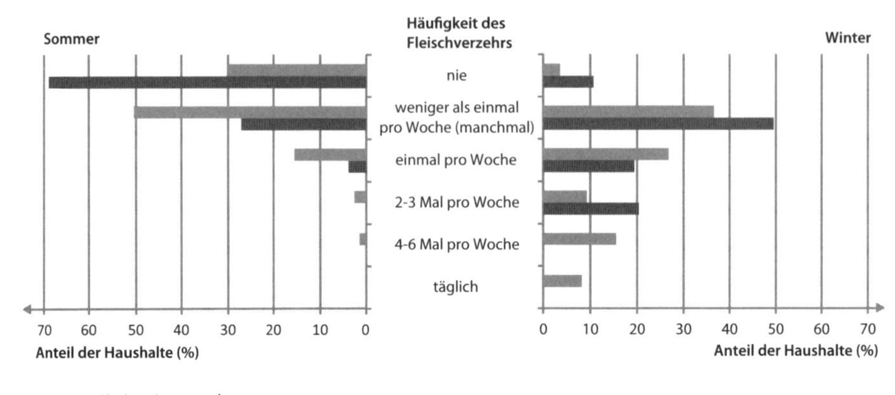


*Abb. 16: Häufigkeit des Fleischverzehrs in Hemis Shukpachan und Igu*

Der Verzehr von Fleisch unterliegt ebenfalls ausgeprägten saisonalen Schwankungen (Abb. 16). Während der Sommermonate ist besonders die schnelle Verderblichkeit ein kritischer Faktor. Der seltene Fleischverzehr beschränkt sich während dieser Jahreszeit auf geringe Mengen an Ziegen- und Hammelfleisch, die bei Metzgern in Leh erworben und recht zügig zubereitet werden. Während der Wintermonate sind die Lagerungsmöglichkeiten hingegen günstiger. Weil weniger Milchprodukte und Gemüse verfügbar sind, werden vermehrt tierische Fette und Eiweiße konsumiert (Abb. 16).[50] Auch werden die großen familiären Feste (Hochzeiten, Geburt), bei denen der Festgesellschaft *dzo*- oder Yakfleisch angeboten wird, vorwiegend in diesen Monaten ausgerichtet.

Diese ausgeprägte Saisonalität wird auch von offizieller Seite als zentrales Ernährungsproblem wahrgenommen. Hierzu führt ein Mitarbeiter des *Chief Medical Office* aus (CMO-1, 19.05.2008):

> „During summer time, no nutritional problems exist, everything is available.(…) During the winter, main problems occur. Sometimes food items are brought by air, but in limited quantity and at high costs. Thus, only dried vegetables are available, no fresh milk. (…) We try to educate the people where to get a balanced diet, also during the winter. In remote areas, there is a real problem in the winter.“

In Hemis Shukpachan und Igu beschreibt fast jeder fünfte Haushalt das Auftreten von Nahrungsmittelknappheit im Winter und vor allem im Frühjahr. Ein besonde-

50 Der generell höhere Fleischkonsum in Igu ist vermutlich auf die Nähe zu Changthang und die historisch engeren Austauschbeziehungen mit nomadischen Bevölkerungsgruppen zurückzuführen.

res Problem sind sowohl die geringe Vielfalt als auch der Mangel an einzelnen Lebensmitteln, was insgesamt zu einer monotonen Ernährung führt. Eine existentielle Nahrungsmittelknappheit, die als Unterversorgung wahrgenommen wird, wird jedoch kaum genannt.[51]

| | Situation „in der Vergangenheit“ | Gegenwärtige Situation | Abgrenzung der Situation in Ladakh gegenüber dem indischen Tiefland |
|---|---|---|---|
| **Allgemeine Situation der Nahrungsverfügbarkeit im Haushalt** | *„When I was young, there were poor families and people were hungry. Now, it is better than during the times when I was young.“*<br>*„When I was young, we sometimes skipped a meal in the winter. “* | *„We get enough food from our own production.“*<br>*„There is no problem to get food, because of the rations.“*<br>*„It is good that the government is giving rations to us.“* | *„Just see, in India, there are problems. But we don't have these problems, whether rich or not.“*<br>*„We don't have hunger like in the rest of India, but we have deficiencies in the diet.“* |
| **Engpässe bestimmter Nahrungsmittel** | *„When I was young, rice and sugar were rare. We got a spoonful of sugar on Sundays. “* | *„No eggs are available during the winter.“*<br>*„Now we grow more in terms of quantity and diversity.“* | *„There is a real problem in the winter. But still, compared to other parts of India, there is not much problem here.“* |
| **Gemüse** | *„When I was young, only turnip, potato and radish were available.“* | *„If you have a greenhouse, the winter is no problem.“* | --- |

*Quelle: eigene Erhebungen (Haushaltsbefragungen 2008)*

*Tab. 14: Charakteristische Aussagen zur Bewertung der gegenwärtigen Ernährungssituation*

In der Bewertung der gegenwärtigen Situation grenzen die Interviewpartner die Gegebenheiten in der Hochgebirgsregion deshalb deutlich von denen im indischen Tiefland ab (Tab. 14). Die Befragungen zeigen außerdem, dass die Bewohner der Oasensiedlungen eine Verbesserung der Ernährungssituation in den vergangenen Jahrzehnten wahrgenommen haben, die mit der Verfügbarkeit subventionierter Grundnahrungsmittel (*rations*, Kap. 8.2.3) in Verbindung gebracht wird. In Erinnerungen[52] werden häufigere Nahrungsmittelengpässe, die zu Hunger und zum Auslassen von Mahlzeiten als gewählte Krisenbewältigung geführt haben, berichtet. Zucker und Reis werden als besonders luxuriöse Nahrungsmittel und die geringe Vielfalt verfügbarer Gemüsesorten hervorgehoben (Tab. 14).

51 Insgesamt geben lediglich 2 % der Haushalte in Igu an, dass sie oft eine Nahrungsmittelknappheit erfahren. Insgesamt werden Engpässe in Igu stärker wahrgenommen als in Hemis Shukpachan.

52 Die Interviewpartner geben keine spezifischen Zeitabschnitte an, sondern beziehen sich in den Aussagen auf ihre Jugend und damit auf eine drei bis vier Jahrzehnte zurückliegende Vergangenheit.

Studien in der Ortschaft Stongde, Zanskar, aus dem Jahr 1980 (ATTENBOROUGH et al. 1994) bestätigen diese Befunde und ermöglichen eine Einordnung.[53] Die Ernährungsweise in Stongde war durch eine insgesamt geringe Diversität und die zentrale Bedeutung von Cerealien als Grundnahrungsmittel charakterisiert und zeichnete sich damals wie heute durch signifikante saisonale Unterschiede des Speiseplans aus. Frisches Gemüse wurde insgesamt deutlich weniger verwendet als heute. Zu Beginn der 1980er Jahre waren die meisten Ladakhis zur Sicherung ihrer Ernährung auf die eigene Subsistenzproduktion angewiesen. Im Fall von Missernten mussten die Haushalte Grundnahrungsmittel von Klöstern oder wohlhabenden Haushalten leihen und verzinst zurückzahlen. Die Mahlzeiten basierten fast ausschließlich auf Grundnahrungsmitteln, die im Sommer durch kleine Anteile von Gemüsebeilagen sowie einige Wildpflanzen, etwas Obst und manchmal Fleisch ergänzt wurden. Im Winter reduzierte sich die Nahrungsvielfalt weiter, da in dieser Zeit nur noch getrocknetes Gemüse, eingelagerte Kartoffeln, Rüben und Hülsenfrüchte die Ernährung ergänzten (ATTENBOROUGH et al. 1994). Die Situation ähnelte den historischen Beschreibungen (Kap. 4.4.3).

Auch wenn die Problematik der starken Saisonalität weiterhin als die größte Herausforderung der Ernährungssicherungsstrategien wahrgenommen wird, ist in den letzten drei Jahrzehnten eine klare Veränderung der Ernährungsgewohnheiten zu beobachten. Der deutlichste Trend in Hemis Shukpachan und Igu ist der Anstieg des Konsums von (frischem) Gemüse und Reis. Die steigende Präferenz von Reis reflektiert zugleich die Wahrnehmung dieses Nahrungsmittels als Zeichen von „Modernität“.[54] Neben diesen neuen Präferenzen wird die Ernährungsweise durch indigene Konzepte, auf die im Folgenden eingegangen wird, beeinflusst.

## 5.3 SOZIO-KULTURELLE KONZEPTE UND VORSTELLUNGEN ZUR ERNÄHRUNG

Die Vorstellungen einer adäquaten Ernährung werden auch durch gesellschaftliche Werte und Normen geprägt. In den buddhistischen Ortschaften Ladakhs spie-

53 Vor dem Hintergrund von Interviews mit Dorfbewohnern in den Beispielsiedlungen der aktuellen Studie wird deutlich, dass die Beschreibung der Ernährungsweise durch ATTENBOROUGH et al. (1994) eine charakteristische Situation für Ladakh vor drei Jahrzehnten skizzierte, bei der die subsistenzorientierte Landnutzung die Hauptquelle für Nahrungsmittel darstellte. In den betrachteten Ortschaften wurden zu dieser Zeit ähnliche Anbaufrüchte kultiviert. Stongde ist, ebenso wie Igu und Hemis Shukpachan, ein Einfacherntegebiet. Auch wenn die Ortschaften in Zentral-Ladakh eine bessere Verkehrsanbindung an Leh im Vergleich zu der Region Zanskar während der Wintermonate hatten, scheint dieser Unterschied vor drei Jahrzehnten keinen signifikanten Einfluss auf die Ernährungsmuster gehabt zu haben. Im Kontext des sozioökonomischen Wandels der vergangenen Jahrzehnte unterscheiden sich allerdings die heutigen Strategien der Ernährungs- und Lebenssicherung (vgl. auch DAME & MANKELOW 2010).

54 Der Konsum von Gerste und *chang* wird besonders von der jüngeren Bevölkerung als Teil der bergbäuerlichen Identität wahrgenommen, die von vielen als unproduktive Wirtschaftsweise negativ bewertet wird (AGGARWAL 1994:132–133).

len die Empfehlungen der tibetischen Medizin eine grundlegende Rolle. Besonders deutlich wird dies hinsichtlich der Ernährung in unterschiedlichen Lebensphasen, beispielsweise während einer Schwangerschaft oder im Krankheitsfall.

### 5.3.1 Ernährungsempfehlungen der *amchi*-Medizin

Die Ernährungsphysiologie des Menschen steht mit dem Gesundheitsstatus in wechselseitiger Beziehung, welcher nicht nur durch den Zugang zu kurativer medizinischer Versorgung (Kap. 8.2.2), sondern auch durch die ernährungs- und hygienebezogene Beratung durch Mediziner beeinflusst wird. Der soziokulturelle Hintergrund zeichnet dabei die Vorstellungen über krankheitsverursachende Faktoren vor. In Ladakh existieren als parallele medizinische Systeme die „traditionelle" tibetische Heillehre, deren Grundlagen in der buddhistischen Religionsphilosophie liegen, und die westlich geprägte Schulmedizin, die in den vergangenen Jahrzehnten expandierte. Von besonderem Interesse sind an dieser Stelle die Verzehrsempfehlungen der tibetischen Medizin, die ihre Ernährungshinweise in die Heilmethoden integriert.

Die tibetische Medizin wird nach dem *amchi*, dem Praktiker dieser Heilkunde, auch *amchi*-Medizin genannt.[55] Sie basiert auf dem zentralen Text der vier medizinischen Tantras *(rgyud bzhi)* (Samuel 1993; Besch 2006), wobei die alltägliche Praxis des *amchi* nicht in allen Punkten mit dem Schrifttext identisch ist (Pordié 2003).[56] Das zweite Buch (*bshad rgyud*, Erklärungs-Tantra) der vier Tantras enthält sämtliche Angaben zur Ernährung (Amchi-HS1, 21.10.2008).[57] Dieses Buch behandelt die körperlichen Grundlagen (Anatomie, Physiologie) sowie die Entstehung und Symptomatik von Krankheiten und beschreibt zudem Ernährungsvorschriften und Verhaltensweisen, welche die Erhaltung der Gesundheit fördern und Erkrankungen bekämpfen (Donden 1986).

Gemäß der tibetischen Medizin sind Krankheiten durch Unstimmigkeiten und fehlende Balance der drei sogenannten Geistesgifte oder Grundübel *(doshas)* begründet: Begierde, Hass und Verblendung (Amchi-HS1, 21.10.2008; Amchi-HS-2, 15.05.2008). Sie korrespondieren, der humoralen Lehre folgend, mit den drei

55 Viele der Praktizierenden verfolgen die Tradition einer *amchi*-Familie. Der *amchi* ist in der Dorfgemeinschaft sehr angesehen. Zugleich geht sein Haushalt bergbäuerlichen Tätigkeiten nach. Für seine Dienstleistungen haben *amchis* in der Vergangenheit besonders Hilfen bei der Feldarbeit erhalten. In neuerer Zeit erhalten sie zunehmend auch Geld. Für eine Einführung zu *amchi* in Ladakh siehe Pordié (2003). Auf die muslimische *Yunani*-Medizin wird in dieser Arbeit aufgrund der ausschließlich buddhistisch geprägten Untersuchungsdörfer nicht eingegangen.

56 Die medizinische Heillehre zählt zu den fünf Wissenschaften in der tibetischen Epistemologie. In Anlehnung an den tibetischen Terminus *gso ba rig pa* wird sie (vor allem im englischen Sprachgebrauch) auch als *sowa rigpa* bezeichnet (Besch 2006: 45, Pordié 2003: 11).

57 Die Abhandlungen nutzen die Metapher eines Baumes mit drei Wurzeln und insgesamt neun verschiedenen Stämmen, die einzelne zentrale Aspekte des Systems der Heilkunde darstellen. Eine vollständige Darstellung gibt Finckh (1975, 1985).

Prinzipien im Körper: Wind *(rlung)*, Galle *(mkhris pa)* und Schleim *(bad kan)*, die die Grundlage von Krankheiten sind (FINCKH 1975; BESCH 2006). Zu den weiteren, vielfältigen Einflüssen auf die Inhalte der tibetischen Medizin zählen mündliche Überlieferungen und animistische Vorstellungen des *bon* (Kap. 4.2.1), sowie die chinesische und indische Medizin.[58]

Die Diagnostik beruht auf drei Arten der Anamnese, dem Beschauen von Zunge und Urin, dem Pulsfühlen und der Befragung, die sich explizit mit der Ernährung des Patienten befasst. Die Therapiemöglichkeiten des tibetischen Heilers unterscheiden sich je nach Schweregrad der Erkrankung. Bei leichteren Erkrankungen gibt der *amchi* seinem Patienten Hinweise zur Ernährung und zur Lebensweise. Das Ziel ist hierbei, das Gleichgewicht der Elemente wieder herzustellen.[59] Bei schwereren Krankheitsfällen wird eine pharmakologische Therapie angewendet (v. a. Heilpflanzen) und in besonders gravierenden Fällen mechanische oder andere äußere Behandlungsmethoden, beispielsweise Akupunktur oder Moxibustion (Brennen) (Amchi-HS1, 21.10.2008; FINCKH 1975: 34; BESCH 2006: 125).

Im Sinne einer ausgewogenen Ernährung werden in der tibetischen Heilkunde Nahrungsmittel anhand ihrer sogenannten Potenz klassifiziert. Das Konzept unterscheidet zunächst zwischen heißer oder kalter Potenz[60] (Tab. 15) und nutzt zudem die Unterscheidung zwischen schweren und leichten Nahrungsmitteln. Zur Vermeidung von Krankheiten wird eine ausbalancierte Ernährungsweise empfohlen. Wird ein Überschuss von Speisen einer bestimmten Potenz konsumiert, kann die Balance der Elemente gestört werden.[61] Als generelle Empfehlung gilt daher, Nahrungsmittel unterschiedlicher Potenz zu kombinieren. Ein überhöhter Verzehr von „kalten" Speisen kann sogenannte Wind-Krankheiten hervorrufen: Schmerzen in den Knien und im Rücken, Husten und Nierenprobleme zählen nach Angaben eines ladakhischen *amchi* dabei zu den häufigsten Erkrankungen. Im umgekehrten Fall fördert ein zu hoher Konsum von heißen, sehr scharfen Gerichten die Anhäufung von Galle. Erkrankungen des Blutes und Magenprobleme durch Übersäuerung sind typische Krankheiten, die auf „heiße" Speisen zurückzuführen sind (Amchi-HS1, 21.10.2008, Amchi-IG, 23.08.2007).

58 Vgl. BESCH (2006) und PORDIÉ (2003) für eine Einführung in die tibetische Medizin.

59 Wenn eine spezielle Ernährungsweise zur Heilung von Erkrankungen empfohlen wird, richtet sich die Auswahl der empfohlenen Lebensmittel und Getränke auch nach den drei Prinzipien von Wind, Galle und Schleim. Einzelnen Lebensmitteln werden bestimmte Wirkungsmechanismen zugeschrieben, so gilt Reis als geeignet gegen Erbrechen und Magenbeschwerden und Weizen gegen Magenübersäuerung (Amchi-HS1, 21.10.2008).

60 Auch sämtliche Krankheiten können „Hitze" und „Kälte" als den wichtigsten zwei Prinzipien zugeteilt werden (FINCKH 1975: 63). Die Klassifikation stützt sich nicht auf die thermische Eigenschaft, sondern auf die Wirkung der Nahrungsmittel. Zu ähnlichen Konzepten siehe HERBERS (1998: 202–206) zur Heiß-Kalt-Klassifikation der Speisen in der Talschaft Yasin in Nordpakistan, einem muslimischen Siedlungsgebiet.

61 Das Gleichgewicht von Wind, Galle und Schleim im Körper wird nicht ausschließlich durch Speisen, sondern auch durch individuelle Verhaltensweisen, beeinflusst (vgl. DONDEN 1986).

Die Nahrungsempfehlungen der tibetischen Medizin verändern sich in Abhängigkeit von den Jahreszeiten: ab der Mitte des Winters verliert der menschliche Körper an Kraft, so dass der Nahrungskonsum erhöht und heiße Nahrungsmittel bevorzugt werden sollen. Als empfehlenswert gelten Lebensmittel mit saurem, salzigem oder süßem Geschmack sowie fettreiches Fleisch, ölige Speisen, Butter und Fleischbrühe. Im Frühling gelten vor allem heiße Speisen mit bitterem oder beißendem Geschmack als empfehlenswert, wie beispielsweise scharfe Gewürze oder ein Teeaufguss mit Ingwer. Während der Sommermonate ist der Nahrungsbedarf geringer. Aufgrund der starken Insolation sollen in dieser Jahreszeit kalte Speisen, die leicht, ölig und von süßem Geschmack sind, bevorzugt werden. Entsprechend gilt es, heiße, salzige und saure Nahrungsmittel zu meiden (DONDEN 1986: 144–148).

Während es als generelle Regel gelten kann, dass kalte Speisen im Sommer und heiße Speisen in den Wintermonaten bevorzugt werden sollen (Tab. 15), lassen sich innerhalb dieser beiden Typen weitere Unterscheidungen feststellen. Zusätzlich können Speisen aufgrund der Zubereitungsart und der Einlagerung differenziert werden. Die Beispiele einzelner gängiger, ladakhischer Lebensmittel zeigen, wie die Perspektive der tibetischen Medizin die Präferenzen der Haushalte bei der Auswahl von Speisen beeinflusst. Hierbei handelt es sich um spezifische Entscheidungen im Krankheitsfall sowie um alltägliche Praktiken.

| Heiße Speisen | Kalte Speisen |
|---|---|
| Erbsen | Reis |
| Linsen | Weizen |
| Kohl | Gerste |
| Rettich, frisch | Kartoffeln |
| Fisch | Rettich, getrocknet |
| Lattich | Milch/Käse von der Kuh |
| Mangold | Milch/Käse von der Ziege |
| Wildgemüse (*ritsod*) | Ziegenfleisch |
| Knoblauch | Rindfleisch |
| Ingwer | Wild |
| Apfel | Buchweizen |
| Milch/Käse vom *rimo* | |
| Milch/Käse vom Schaf | |
| Schafsfleisch | |
| Yakfleisch | |
| Eier | |
| Schwarzer Pfeffer | |

*Quelle: Amchi-HS1, 21.20.2008*[62]

*Tab. 15: Klassifikation von „heißen" und „kalten" Speisen in der amchi-Medizin*

62 Die Darstellung wurde mit Informationen der anderen *amchi* abgeglichen.

Die Grundnahrungsmittel Reis, Weizen und Gerste werden als kalte Speisen klassifiziert. Innerhalb dieser Gruppe kann man sie jedoch unterschiedlicher Schwere zuordnen, wobei Reis als leichte, Gerste dagegen als schwere Speise gelten. Weizen nimmt eine mittlere Position ein. Gerste gilt als besonders gesundheitsfördernd. Dem Getreide werden gute Eigenschaften hinsichtlich des Wachstums, des Knochenaufbaus, des Kreislaufs und des Verdauungstrakts zugesprochen. Allerdings hängen die Eigenschaften der Gerste auch von ihrer Zubereitungsform ab: Das geröstete Gerstenmehl *tsampa* gilt als günstiger für den physiologischen Status als gekochte Gerstenspeisen. Generell gelten Lebensmittel, die über ein Jahr gelagert wurden, als leichter verdaulich als frische Produkte:

> „Newly grown food is difficult to digest, like fresh dal and rice. (...) Stocked food is good. Because of the altitude and the cold climate, it is easy for us to stock food (...) because no disease affects the stocks. But if the same food is not well grown and stocked, it is not good for health" (Amchi-HS1, 21.10.2008).

Generell wird empfohlen, den Verzehr von rohem Gemüse zu vermeiden. Ein *amchi* erläuterte die unterschiedlichen Empfehlungen der tibetischen Medizin gegenüber der Schulmedizin:

> „When you cook vegetables, according to the physician, you lose vitamins. But according to the amchi, it is better to be cooked as it is easier to digest and thus easier for the body to take up the vitamins. It is also better for the circulation and body functioning" (Amchi-HS1, 21.10.2008).

Auch die Empfehlungen zum Konsum tierischer Lebensmittel unterscheiden sich aus der *amchi*- und der schulmedizinischen Perspektive. Während in der tibetischen Heilkunde das Fleisch von Schafen gegenüber Ziegenfleisch als besser für den Gesundheitsstatus gilt, wird diese Unterscheidung von Schulmedizinern in Ladakh nicht getroffen. Auch werden in der *amchi*-Medizin Unterschiede zwischen weiblichen und männlichen Tieren getroffen, die sich in der Klassifikation niederschlagen. Bei vierfüßigen Tieren gelten beispielsweise weibliche im Vergleich zu männlichen Tieren als „leichter", im Fall eines trächtigen Tieres jedoch als „schwer". Kopf und Innereien gelten ebenfalls als „schwer". Generell wird getrocknetes und mit Salz konserviertes Fleisch (Dörrfleisch) aus *amchi*-Perspektive ernährungsphysiologisch höher bewertet als frisches Fleisch (Amchi-HS1, 21.10.2008).

Getränke erfahren in der tibetischen Heilkunde ebenfalls eine Bewertung. Bei der Zubereitung des Biergebräus *chang* wird die die Verwendung von Buchweizen höher bewertet als die von Gerste.[63] *Chang* zählt zu den neutralen Lebensmitteln, die weder als heiß noch als kalt eingeordnet werden. Vom Konsum größerer Mengen an *chang* rät der *amchi* jedoch ab. Auch Wasser wird je nach Herkunft in

63 In der tibetischen Medizin werden Biersorten *(chang)* auf Basis von Weizen, Reis, und Gerste unterschieden (Amchi-HS1, 21.10.2008). Diese Differenzierung wird jedoch in der Praxis kaum relevant, da jeder Haushalt nach eigener Zubereitungsart *chang* braut. Generell wird Gerste bevorzugt.

der *amchi*-Medizin bestimmte Eigenschaften zugeordnet, wobei die entsprechenden Hinweise in der Praxis kaum Relevanz besitzen (Amchi-HS1, 21.10.2008).[64]

Die Ernährungsempfehlungen des *amchi* zielen vorwiegend auf eine ausgewogene Diät mit einer möglichst hohen Diversität unter ausreichender Verwendung von Gemüse. Auch wenn das Grundlagenwerk der vier Tantras zur Praxis des *amchi* einheitlich ist, unterscheiden sich die Empfehlungen im regionalen Kontext. So wurden in der Ortschaft Hemis Shukpachan ladakhische Speisen wie *paba* und *thukpa* generell positiv bewertet. Ebenso wird Dorfbewohnern zu dem Verzehr von Fleisch geraten, allerdings mit der Einschränkung, dass Gemüse noch höher zu bewerten sei (Amchi-HS1, 21.10.2008). In Igu teilte ein *amchi* mit, dass er besonders den Verzehr von Gemüse befürwortet und sich für maßvollen Konsum von *chang* ausspricht (Amchi-IG, 18.05.2008).

In der Praxis folgen die Dorfbewohner den Ernährungsempfehlungen der *amchi* nur teilweise. Auf die Frage „*Do people follow these rules* [*dietary recommendation of amchi medicine, JD*]?" antwortet der *amchi*: „*No they don't, even us amchi ourselves, who say to do so, don't do that.*" Nicht nur die Ernährungsweise, sondern auch andere alltägliche Praktiken weichen von den Handlungsempfehlungen ab. Zur Illustration führt der *amchi* zwei Beispiele aus seinem Haushalt an. Zum einen zeigt er auf, wie Präferenzen für bestimmte Nahrungsmittel (hier für Buttertee) die Handlungsmuster beeinflussen:

> „Ama Angmo got sick and I found that she has high blood pressure and asked her not to drink too much Ladakhi tea. But she drinks even more butter tea these days. It is true that our people are not taking any precautions" (Amchi-HS1, 21.10.2008).

Zum anderen werden Entscheidungen zur Nahrungsmittelwahl in Abhängigkeit von der Arbeitsorganisation und der zeitlichen Verfügbarkeit getroffen:

> „That knee pain, lungs and other illnesses... people are very busy with their work and are not eating properly and on time. I tell my wife to eat food on time while working, but she always keeps working. Yesterday, she went out for work and she didn't come back until the evening, she was not eating anything. Like that – everyone does this" (Amchi-HS1, 21.10.2008).

In manchen Fällen unterscheiden sich die Ernährungsempfehlungen auf Basis der tibetischen Heilkunde von der gesellschaftlichen Bewertung, die beispielsweise Reis eher negativ einschätzt. In der *amchi*-Medizin wird er als kalte und leichte Speise mit positiven Gesundheitsauswirkungen klassifiziert:

> „Actually it is said that rice is not good here [in Ladakh] as it is very light and cold. But according to the amchi system it is good for all kinds of sicknesses. It is good for digestion, good for the stomach and for the lungs. These organs need light food" (Amchi-HS1, 21.10.2008).

Trotz der teilweise nicht umgesetzten Handlungsempfehlungen halten sich viele Familien grundsätzlich an diese Einteilung. Der Einfluss der tibetischen Medizin

64 Generell gilt nach den Angaben des *amchi* kaltes, nicht abgekochtes Wasser als besonders geeignet. Zu bevorzugen sei Regenwasser, an zweiter Stelle Gletscherschmelzwasser vor Wasser, das aus Quellen gewonnen wird. Erst an letzter Stelle wird Wasser aus Pumpen und Brunnen genannt.

zeigt sich außerdem bei den gesellschaftlichen Vorstellungen zu Gesundheit und Ernährung in nicht-alltäglichen Situationen.

### 5.3.2 Gesundheit und Ernährung in unterschiedlichen Lebensphasen

Der ernährungsphysiologische Bedarf verändert sich im Lebensverlauf und damit auch die gesundheitsbezogenen Empfehlungen (HERBERS 1998: 206). Im Folgenden wird auf die Gewohnheiten, Präferenzen und Besonderheiten der Ernährung in unterschiedlichen Lebensphasen und bestimmten Risikogruppen eingegangen.[65] Weil neben der *amchi*-Medizin auch die Schulmedizin für die Gesundheitsversorgung der Bevölkerung relevant ist, mischen sich in den Vorstellungen zu Gesundheit und Ernährung unterschiedliche Konzepte.

#### *Schwangerschaft*

Ladakhis erkennen generell den erhöhten Bedarf an Nahrung während einer Schwangerschaft an, weshalb es in dieser Zeit keine Tabus für bestimmte Speisen gibt. So wird von Interviewpartnern aus den Untersuchungsdörfern ausgeführt, dass Frauen während der Schwangerschaft mehr und besonders von Interviewpartnern als *„heavy food"* bezeichnete gehaltvolle Nahrung (z. B. Milchprodukte, Fleisch und Eier) verzehren sollen.[66] Die Befragungen in Igu und Hemis Shukpachan zeigen, dass die Mehrzahl der Haushalte eine freie Speisenwahl während der Schwangerschaft als geeignet erachtet und besonders zum Konsum von Fleisch und Milch rät. Häufig wird auch allgemein auf den Verzehr von *„healthy food"* oder *„nutritious food"* verwiesen. Neben tierischen Produkten werden *thukpa* und *paba* als empfehlenswert eingeschätzt. Da eine Schwangerschaft in der tibetischen Heilkunde als Zustand „heiß" beschrieben wird, wird dieser Lehre folgend ein reduzierter Konsum von kalten Speisen empfohlen[67]. Die Gynäkologinnen am Distriktkrankenhaus empfehlen, wie oben erwähnt, eine proteinreiche Ernährung, den Verzehr von größeren Mengen an frischem Obst und Gemüse und die Reduzierung der Arbeitsbelastung (Kap. 5.1.2).

Nach der Entbindung wird ladakhischen Frauen der Verzehr von *marzan* sowie von Eintöpfen mit Fleisch (*thukpa*) empfohlen. Zusätzlich sollen Milch und Butter zur Stärkung der Wöchnerin dienen.[68] Da die Geburt mit der Vorstellung

65 Eine ausführliche Darstellung für das nordpakistanische Yasin gibt HERBERS (1998: 206–211).

66 Diese Ergebnisse widersprechen der Darstellung von BRAUEN (1980: 33), dass Fleisch und Eier nach einer Geburt als wenig empfehlenswert erachtet werden.

67 Vergleiche hierzu auch WILEY (2002: 1097). Eine Schwangerschaft zählt zu den insgesamt 40 spezifischen „Frauenleiden", die durch ein Ungleichgewicht der Elemente begründet sind (DONDEN 1986: 111).

68 In der Ortschaft Igu verweisen nur wenige Haushalte auf den Verzehr von *marzan*. Es kann daher vermutet werden, dass diese traditionelle Verzehrempfehlung in manchen Ortschaften

von Unreinheit *(grib)* verbunden ist, haben Frauen und ihre Familie während und nach der Geburt bestimmte Verhaltensvorschriften zu beachten. Bei einer Hausgeburt ist es zum Beispiel nicht gestattet, dass die Entbindung in Räumlichkeiten stattfindet, die Gottheiten als Wohnsitz dienen (z. B. Kultraum, Küche).[69] Es gilt besonders, den Herdgott *(thab lha)* und *klu*[70] nicht zu erzürnen. Da sich die Eltern des Neugeborenen deren Wohnstätten nicht nähern sollen, erstrecken sich die mit der Geburt assoziierten Verhaltensvorschriften auch auf die Nutzung der Küche, das Bearbeiten der Felder, das Wasserholen und das Überqueren von Bewässerungskanälen. So ist in der Zeit nach der Geburt die Benutzung des Herdes untersagt. Bei Verlassen des Hauses müssen Orte vermieden werden, an denen *lha* und *klu* beheimatet sind, so dass beispielsweise keine Überquerungen von Wasserstellen zulässig sind. Die Versorgung des Haushalts wird in dieser Zeit durch die *pha-spun*-Gemeinschaft gewährleistet (Kap. 4.3.2).

*Säuglinge und Kleinkinder*

Die frühkindliche Ernährung in den ersten Lebensmonaten hängt vom Stillverhalten und damit direkt von der Ernährungsweise der Mutter ab. Während der Laktationsphase wirken sich Mikronährstoffdefizite der Mutter auf das Neugeborene aus. Besonders ein Mangel an Vitamin A wird an das Baby weiter gegeben (BLACK et al. 2008: 7). Üblicherweise stillen ladakhische Frauen ihre Kinder, sofern keine Stillhindernisse vorliegen. Der überwiegende Anteil der Mütter (nach Angaben einer Ärztin ungefähr 90 %) stillt ihr Kind für mindestens 12 bis 18 Monate. Die Gabe von Flaschennahrung ist unüblich, was von den Gynäkologinnen aufgrund der problematischen Hygiene der Saugflaschen positiv bewertet wird. Im Alter von vier bis fünf Monaten erhalten Säuglinge in der Regel die erste Beikost. Hierbei handelt es sich vorwiegend um *tsampa*, ladakhischen Tee und Kuhmilch. Nur in Leh werden Fertigprodukte und spezielle Babynahrung als Beikost gefüttert. Der Zeitpunkt des Beginns der Fütterung des Säuglings ist nicht irrelevant: Eine verfrühte Gabe von Beikost erhöht das Infektionsrisiko, wohingegen langes, ausschließliches Stillen häufig den Energiebedarf des Säuglings bzw. Kleinkindes nicht mehr zu decken vermag (GYN-2, 07.08.2009).

weniger Beachtung findet. Möglicherweise hängt dieses Ergebnis auch mit dem generell höheren Fleischkonsum in Igu im Vergleich zu Hemis Shukpachan zusammen, so dass nach der Geburt Fleischeintöpfe und andere tierische Lebensmittel bevorzugt werden.

69 Die Küche ist der zentrale Ort des Soziallebens und hat zugleich in der buddhistischen Glaubensvorstellung eine besondere Position. Hier befindet sich die zentrale Säule, die *Mount Meru* symbolisiert und die Verbindungsachse zum buddhistischen Universum darstellt. Am Herd wird bei der Nahrungszubereitung ein kleiner Teil der Speisen für die Gottheit der Feuerstelle *(thab la)* bereitgestellt (AGGARWAL 1994: 88; DOLLFUS 1989b: 142–143).

70 *Klu* wachen über Haus und Herd, Boden und Wasser. Krankheiten können resultieren, falls *klu* verärgert werden. Dies geschieht durch das Verschmutzen von Wasserstellen oder des Herds (DOLLFUS 1989b: 144).

Die ärztlichen Empfehlungen zur Kleinkinderernährung raten zum Verzehr von Joghurt und frischem oder getrocknetem Obst (v. a. Aprikosen) als Ergänzung zu den Grundnahrungsmitteln (z. B. *tsampa*), um so die Mikronährstoffversorgung zu gewährleisten. In den Dorfgemeinschaften wird ebenfalls betont, dass die Kinder früh an den familiären Mahlzeiten teilhaben, allerdings teilweise ladakhische Gerichte ablehnen: „*Our own food is good food, but the children only want to eat rice and tagi [bread] so if we prepare paba, the children go to sleep*" (H46). In der Praxis werden daher in manchen Haushalten unterschiedliche Speisen zu einer Mahlzeit zubereitet, um den individuellen Präferenzen aller Haushaltsmitglieder nachzukommen. Besonders Reis wird für Kinder als ein geeignetes und beliebtes Lebensmittel geschätzt.[71]

*Kranke und alte Menschen*

Im Fall von Erkrankungen werden bevorzugt Suppengerichte zubereitet; oft mit Fleischbrühe und Fleischeinlage.[72] Je nach Erkrankung werden Speisen ohne Gewürze, mit weniger Salz oder generell „*light food*" bevorzugt. Die tibetische Medizin empfiehlt spezielle Ernährungsweisen, um zu einer Wiederherstellung der Balance der Elemente und damit des Gesundheitszustandes zu gelangen. Für ältere Menschen werden in den ländlichen Siedlungen die Gerichte *paba* und *thukpa*, sowohl als vegetarischer als auch fleischhaltiger Eintopf, empfohlen. Grundsätzlich betonen die Bewohner der Untersuchungsdörfer, dass ladakhische Speisen zu bevorzugen und Reis für ältere Menschen weniger geeignet sei. Nach Auskunft eines *amchi* ist *kholak* für alte Menschen nicht geeignet und *paba* leichter bekömmlich (Amchi-HS1, 21.10.2008).

### 5.3.3 Gesellschaftliche und rituelle Bedeutung von Nahrung

Wie auch in anderen Gesellschaften ist das Anbieten von Speisen und Getränken ein grundlegendes Element der ladakhischen Gesellschaft und Gastfreundschaft. Ripley (1995: 166) argumentiert, dass Nahrung in Ladakh nicht nur Ausdruck buddhistischer Ethik und gesellschaftliche Norm der Gastfreundlichkeit ist, sondern vielmehr ein wichtiger „*point of reference in Ladakhi culture*". Nahrung steht als Symbol für Gesundheit, Glück und Reichtum. Basierend auf der buddhistischen Philosophie ist das Geben ein bewusstes Handeln, um Gutes zu tun, das

71 Zusätzlich erhalten Kinder, sofern möglich, Kekse, süßen Tee und Milch. Hierzu führt eine Interviewpartnerin (H31) aus: „Rice is only good for the taste and for the children. Young children prefer to take rice and light food. But they get less sicknesses if you do not give rice and biscuits to them but our food instead, e .g. *paba*, milk, *sholo*." Aggarwal (1994: 133–134) berichtet von der Gabe von *chang* und *tsampa*, welche von Müttern als nahrhaft für Kinder bewertet wurden.

72 Neben *thukpa* werden je nach Erkrankung andere Zusammenstellungen gewählt, besonders häufig *chukitik*.

einem an anderer Stelle zurückgegeben wird. Diese hohe Bedeutung zeigt sich auch in der speziellen Wortgebung, die für Gäste offerierte Speisen und Getränke ehrenhafte Begriffe vorsieht. Beispielsweise unterscheidet sich der eigens konsumierte Tee *(cha)* begrifflich von dem Tee, welcher einem Gast oder einer respektierten Person angeboten wird *(solja)*. Auch die Aufforderung zum Essen nutzt die Höflichkeitsform *(don)*. Gäste eines Haushalts werden stets bewirtet, was mit alltäglichen Ritualen verbunden ist. Mit Ausnahme von süßem Tee werden Tassen permanent gefüllt, so dass ein Gast nie eine leere Tasse vor sich hat. Es gilt als Zeichen der Höflichkeit, nur dann zu trinken, wenn der Gastgeber das Nachschenken anbietet. Die Einladung zum Verzehr von Tee oder Speisen wird stets von einer expliziten Aufforderung zu Essen oder zu Trinken begleitet. Diese muss immer erst verbal ausgeschlagen werden *(dzangs)*, um eine erneute Aufforderung zu provozieren. Neben Tee wurde Gästen in der Vergangenheit besonders häufig *phemar* angeboten, der heute oft durch Kekse oder getrocknete Aprikosen ersetzt wird. Gäste werden auch mit aufwendigeren Gerichten wie Reis mit verschiedenen Beilagen, hausgemachten Nudelgerichten *(skyu, chutagi)* sowie Teigtaschen *(mokmok)* bewirtet. Falls vorhanden, wird *khambir* Brot angeboten.[73]

Auch als Gegenleistung für Arbeitskraft hat Nahrung eine wichtige Bedeutung. Bei engen Bezugspersonen ersetzt sie die finanzielle Entschädigung oder wird als zusätzlicher Dank angeboten. Bei gemeinschaftlichen Tätigkeiten im Ackerbau, wie dem Ausbringen des Düngers im Frühjahr, hat derjenige Haushalt, dessen Felder bearbeitet werden, für die Versorgung während und nach der Arbeit zu sorgen. In all diesen Fällen gilt es als angemessen, vielseitige Speisen anzubieten. Selbst bei saisonaler Verknappung im Frühjahr wurde – je nach Kapitalausstattung des Haushalts – darauf geachtet, Reis mit *dal*, Joghurt und frischem Gemüse, das in Leh zu hohen Preisen eingekauft wurde, zu servieren. Während der Arbeit werden große Mengen *chang*, Tee und *kholak* mit getrocknetem Wildgemüse als Zwischenmahlzeit gereicht. Auch die übliche Praxis, dass nach der Heirat in einen neuen Haushalt die sozialen Verbindungen zur Herkunftsfamilie im regelmäßigen Austausch von Speisen reifiziert werden (siehe auch PHYLACTOU 1989) verdeutlichen den Stellenwert von Nahrung im alltäglichen gesellschaftlichen Kontext.

Darüber hinaus ist die rituelle Bedeutung von Speisen, die als religiöse Objekte im Kloster oder bei Zeremonien Verwendung finden, zu berücksichtigen. Religiöse Opfergaben werden im Rahmen alltäglicher oder periodisch wiederkehrender Rituale verwendet, zu denen beispielsweise die Essensgaben an den Herdgott *(thab lha)* zählen. Auch bei Festen spielt Nahrung eine zentrale Rolle: Hierzu gehört ein großzügiges Angebot an Speisen. Zudem werden häufig Essensgeschenke gemacht. Als Beispiele können die Gabe von *marzan* und Reisgerichten nach der

73 *Paba* wird hingegen weder Gästen angeboten noch bei Festlichkeiten, sondern stellte stets das alltägliche Gericht in der Haushaltsgemeinschaft dar (vgl. auch PHYLACTOU 1989: 268). Daher wird diese Speise von allen, die einen „modernen Lebensstil" verfolgen wollen, zunehmend abgelehnt. Auch ausländischen Gästen wird *paba* in der Regel zunächst nicht angeboten.

Geburt sowie Essensgeschenke im Rahmen des Neujahrsfests (*losar*) genannt werden (Ripley 1995).[74]

Bei Hochzeitsfeiern *(bagston)* stellen Mehl, Butter und *chang* wichtige Elemente dar.[75] Bereits zur Verlobung finden mehrere „Biertreffen" der Familien des künftigen Brautpaares statt. Während der Zeremonien zur Eheschließung wird Nahrung genutzt, um den Bund der Ehe zu besiegeln.[76] Bei dem Fest sind Nahrungsgeschenke ein zentraler Bestandteil: Bei einer Hochzeitsfeier in Hemis Shukpachen im Oktober 2008 schenkten Haushalte mit enger verwandtschaftlicher oder *pha-spun*-Beziehung dem Brautpaar neben einem Geldbetrag[77] einen aus *tsampa* geformten und mit Butter verzierten Mehlberg (Foto 11b) sowie *chang*. Am folgenden Tag der Zeremonien brachten Mitglieder des *bcu-cho* neben *chang* auch Buttertee, *chapati* und Gemüse zur Versorgung der Gäste. Die großzügige Bewirtung der Gäste sah einerseits die Zubereitung verschiedener Sorten *phemar*, sowie ein großes Speisenangebot mit Yakfleisch, Reis, *paneer* (gekochtem Frischkäse), Spinat, Gemüse und einer Süßspeise als Dessert vor. Neben großen Mengen *chang* wurden auch *arak* und Rum gereicht. Eine ähnliche Vielfalt in der Bewirtung findet sich bei Geburtsfesten (Foto 11a).

Auch im Rahmen der Feiern des Neujahrsfestes am Ende des zehnten tibetischen Monats[78] spielt Nahrung eine zentrale Rolle (Ripley 1995: 170). Typischerweise werden dann rituelle Objekte aus Gerstenmehl mit Wasser, Tee, *chang* und Butter zu Mehltieren, z. B. dem Steinbock als Fruchtbarkeitssymbol, geformt. Auch werden Butter und *chang* als Opfergaben an Gottheiten wie *thab lha* geleistet und rituelle Speisen als Opfer an die Verstorbenen gegeben. Als besondere Speisen für das Fest nannten die Befragten in den Untersuchungsdörfern vor allem *mokmok*, *chutagi* sowie Reis und Fleisch. Ripley (1995) kam auf Basis ihrer Arbeiten vor zwei Jahrzehnten zu dem Schluß, dass aufgrund des hohen Stellenwerts von Speisen bei Festen und Ritualen Nahrungsengpässe wenig verwunderlich seien.

74 Geschenke und Opfergaben werden hierfür meist mit einem Klecks Butter *(yar)* versehen.

75 *Chang* hat in muslimischen Haushalten keine derart zentrale Stellung, siehe Aggarwal (1994: 143–144).

76 Für ausführliche Darstellungen von Hochzeitszeremonien wird auf Brauen (1980), Ripley (1995) und Phylactou (1989) verwiesen.

77 Alle Geschenke werden notiert, so dass Haushalte bei der „Rückeinladung" einen identischen Betrag verschenken können. Übliche Geschenke sind zu einem großen Teil Nahrungsmittel (Reis, Butter) sowie für die Aussteuer Tassen, Decken oder Küchengeräte.

78 Das Neujahrsfest ist Teil des agrarischen Kalenders (Kap. 6.2) und stellt eine „rituelle Erneuerung" von Haus und Feldern dar, die mit vor-buddhistischen Ritualen, wie z. B. dem Austausch des *lha to*, verbunden ist (Gutschow 2004: 64). Für eine ausführliche Darstellung der Neujahrsfeiern vgl. Dollfus (1989b); Phylactou (1989).

# 6 SUBSISTENZORIENTIERTE LANDNUTZUNG ALS GRUNDLAGE DER NAHRUNGSPRODUKTION

Ausgehend von den dargestellten Problemfeldern der Mangel- und Fehlernährung sowie der ausgeprägten Saisonalität, steht in diesem und im folgenden Kapitel die Analyse lokaler Handlungsstrategien zur Ernährungssicherung im Vordergrund. In diesem Kontext ist die eingangs formulierte Frage nach den Strategien der Ernährungs- und Lebenssicherung lokaler Bevölkerungsgruppen im Kontext politisch-historischer, sozioökonomischer und ökologischer Veränderungen Gegenstand der Untersuchung.

In diesem Kapitel wird der Fokus auf die integrierte Hochgebirgslandwirtschaft und ihre Bedeutung für die Nahrungsmittelproduktion gelegt und am Beispiel der Ortschaften Hemis Shukpachan und Igu illustriert. Auf diese Weise sollen sowohl Persistenz und Wandel in der „traditionellen" Landwirtschaft aufgezeigt als auch die Unterschiede zwischen den Siedlungen Ladakhs exemplarisch veranschaulicht werden. In der Dynamik der Landnutzung spiegeln sich ebenfalls die im vorangegangenen Kapitel dargestellten Veränderungen der Ernährungsweise wider. Das Spektrum der agrarwirtschaftlichen Nutzung umfasst den Ackerbau und die Viehhaltung. Aufgrund der Prävalenz von Mangel- und Fehlernährung sowie neuer Vermarktungsmöglichkeiten wird auf den Bereich der Hortikultur gesondert eingegangen. Die rezenten Veränderungen in der Landnutzung gehen mit Modifikationen der Arbeitsorganisation einher, die anschließend aufgezeigt werden. Die Darstellung der landwirtschaftlichen Produktion basiert auf qualitativen Interviews und Beobachtungen, Kartierungsarbeiten sowie Ergebnissen aus den standardisierten Erhebungen in den Untersuchungsdörfern. Ergänzend kommen Angaben aus der Literatur sowie Informationen und statistische Angaben staatlicher Behörden hinzu.

## 6.1 GRUNDZÜGE DER INTEGRIERTEN HOCHGEBIRGSLANDWIRTSCHAFT

In Ladakh basiert die Landnutzung auf der interdependenten Verknüpfung von Ackerbau und pastoraler Nutzung, die auch als *combined mountain agriculture* (EHLERS & KREUTZMANN 2000a)[1] bezeichnet wird. Diese Form der Landnutzung wird auch in den benachbarten Hochgebirgsregionen praktiziert (NÜSSER 1998; EHLERS & KREUTZMANN 2000b; SCHMIDT 2004; KREUTZMANN 2006a). Unter den gegebenen ariden Bedingungen ist die Agrarwirtschaft nur durch autochthone Bewässerungssysteme möglich (Kap. 4.1). Die Kombination von Feldbau und

1 Diese Nutzungsform wurde zunächst als *mixed mountain agriculture* beschrieben (RHOADES & THOMPSON 1975).

Viehzucht ermöglicht die Nutzung verschiedener ökologischer Zonen und Höhenstufen. Zwischen beiden Teilbereichen bestehen wechselseitige Abhängigkeitsverhältnisse (Abb. 17). Während in den Oasen Viehfutter für die Wintermonate gewonnen wird, stellt die Tierhaltung Zug- und Transportkraft bereit und dient der Gewinnung von Wolle, Fellen und Viehdung, der als Düngemittel und Heizmaterial verwendet wird. Aufgrund der Interdependenz der Stoff- und Energieflüsse innerhalb der *combined mountain agriculture* wirken sich Veränderungen in einem Teilbereich auf den anderen Produktionsbereich aus (EHLERS & KREUTZMANN 2000a).

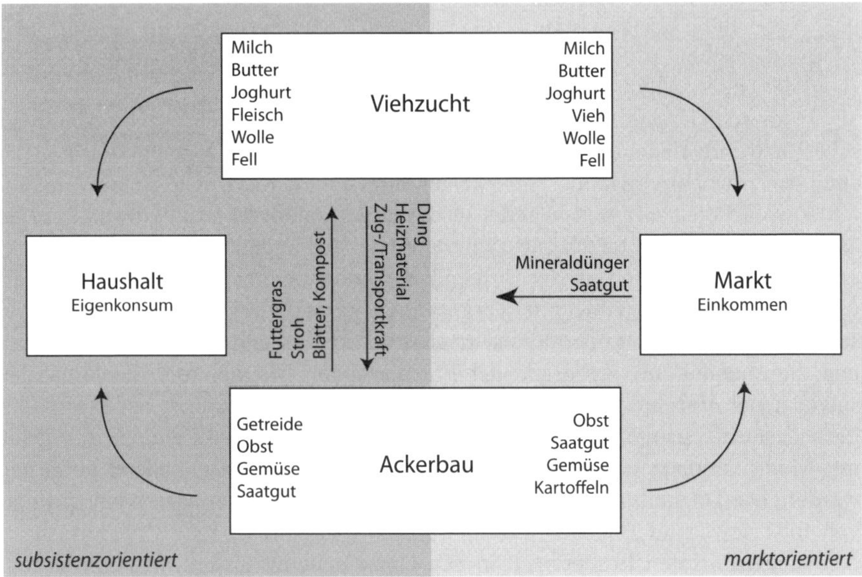


*Abb. 17 : Integrierte Hochgebirgslandwirtschaft*

Diese Praxis der Landnutzung wird in den Oasensiedlungen Ladakhs seit Jahrhunderten betrieben.[2] Besonders die hiermit verbundene autarke Versorgung wird hervorgehoben:

> „The people have developed an agricultural system enabling them to attain almost complete self-sufficiency in food; indeed until recently the only significant foods imported were salt, tea and spices“ (OSMASTON 1994: 139).

2 Auch wenn über das Alter der Siedlungen in Ladakh keine genauen Erkenntnisse vorliegen (Kap. 4.2) halten die Angaben der Chroniken *la-dvags rgyal rabs* fest, dass bereits im 12. Jahrhundert Ackerbau in Oasensiedlungen betrieben wurde (DOLLFUS 1989b: 24, DOLLFUS et al. 2009: 282–285). Eine ausführliche Darstellung geben MOORCROFT & TREBECK (1841: 267–314).

Die selbst erzeugten Nahrungsmittel sind allerdings von begrenzter Vielfalt. Ihre Verfügbarkeit unterliegt saisonalen Engpässen, die sich in der lokalen Ernährungsweise widerspiegeln. Neben der Erwirtschaftung von Erzeugnissen für den Eigenkonsum, wird das System der integrierten Hochgebirgslandwirtschaft durch nicht-landwirtschaftliche Einkommensquellen ergänzt, um die Anfälligkeit der Haushaltsgemeinschaft gegenüber Risiken[3] zu reduzieren (Abb. 17). Im Kontext politischer und sozioökonomischer Veränderungen gewinnt eine solche Diversifizierung der *livelihood*-Strategien an Bedeutung.

### 6.1.1 Bewässerungswirtschaft in den Oasensiedlungen

Aufgrund der vorherrschenden klimatischen Bedingungen mit Niederschlagssummen unterhalb der agronomischen Trockengrenze ist in der Region ausschließlich Bewässerungsfeldbau möglich.[4] Grundsätzlich können zwei Typen unterschieden werden (Abb. 18): die Bewässerung durch Flusswasser oder die Bewässerung durch Gletscher- und Schneeschmelzwasser. Die Nutzung von Flusswasser des Indus ist in Ladakh ausschließlich auf den Sedimentflächen der Talsohle möglich, die hinsichtlich des Bewässerungssystems Sonderstandorte darstellen. Dieses System wird als *rgya-shod* („den Oasen in den niedrigen und weiten Ebenen") bezeichnet (LABBAL 2000: 165). Hierzu zählen beispielsweise die Ortschaften Stakna, Thikse, Shey, Chushot und Spituk. Zur Gewährleistung der ganzjährigen Nutzung der Wassermengen ist eine stabile Konstruktion der Ableitungsstelle mit einem Überlauf erforderlich. Da keine Wasserhebetechniken verwendet werden, muss der Hauptkanal aufgrund des tief eingeschnittenen Flussbetts bereits mehrere Kilometer vor der zu bewässernden Flur abgezweigt werden. Aufgrund des ganzjährigen Wasserdargebots ist die Verfügbarkeit in den am Indus gelegenen Siedlungsoasen gesichert, so dass in diesen Ortschaften kein institutionalisiertes Wassermanagement notwendig ist.

Der größte Anteil der Oasensiedlungen nutzt jedoch ausschließlich das Wasserdargebot aus der Schnee- und Gletscherschmelze (Kap. 4.1.3). Diese Siedlungen in den Seitentälern des Indus werden als *phu lags*, die „hohen und kalten Ortschaften", bezeichnet (LABBAL 2000: 165). Das Bewässerungssystem beruht dort auf dem natürlichen Abfluss des Schmelzwassers, das über perennierende Bäche und Kanalnetze zu den Kulturflächen geleitet wird.[5] Aufgrund der topographi-

3 Hierzu zählen Engpässe in der Wasserversorgung, Schädlingsbefall oder klimatische Extremereignisse.

4 Diese Form der Bewässerungswirtschaft ist nicht nur im ariden und semi-ariden Hochgebirge des Indus-Einzugsgebietes charakteristisch (KREUTZMANN 2011), sondern in der gesamten Hochgebirgsregion des Hindukush, Karakorum und Himalaya. Für Fallstudien siehe beispielsweise KREUTZMANN (1989); NÜSSER (1998); SCHMIDT (2004).

5 Nicht alle Ortschaften verfügen zusätzlich über eine Quelle (*chu mig*), die für die landwirtschaftliche Nutzung zur Verfügung steht. In Hemis Shukpachan wird die Qualität der Felder von den Landnutzern zwischen Parzellen mit Quellwasser und solchen mit ausschließlicher Schmelzwasserverfügbarkeit unterschieden. Die Nutzung von Grundwasser, das über Pumpen

schen Gegebenheiten ist der Anteil ebener Flächen, die für die landwirtschaftliche Nutzung in Wert gesetzt werden können, gering (Kartenbeilagen 1 & 2). Daher sind die Feldparzellen auf Stufenterrassen angelegt, die in der Regel mit Steinmauern befestigt sind und einen Ausgleich von Hangunterschieden ermöglichen. Nur auf wenigen Flächen, z. B. in einigen Ortschaften der Indus-Ebene, kann auf die Terrassierung verzichtet werden.

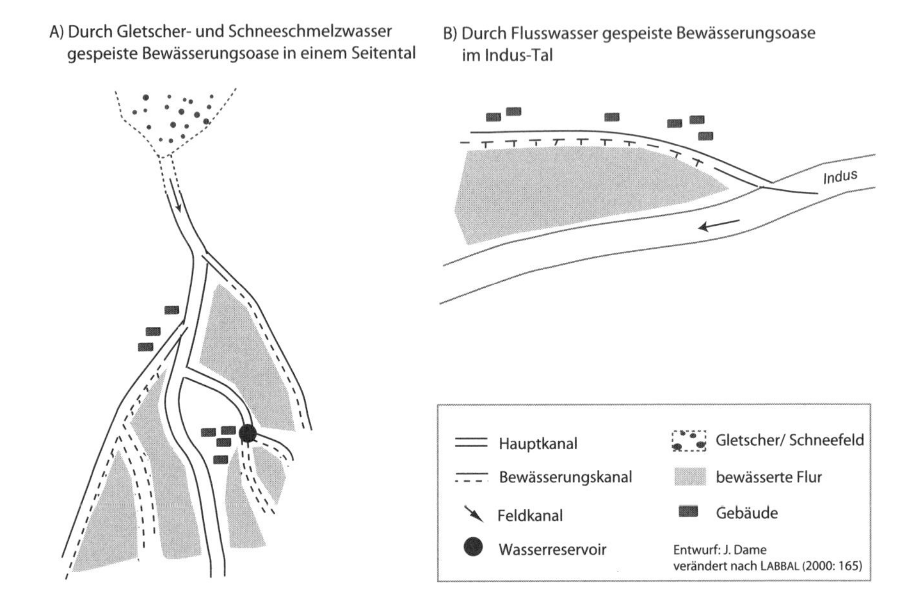


*Abb. 18: Typen der Bewässerungslandwirtschaft in Ladakh*

Das gesamte Kanalsystem macht sich das Prinzip der Schwerkraft zu Nutze. Das Wasser wird über ein hierarchisches System mit einem Hauptkanal (*mayur*, „Mutterkanal"), der oberhalb der Flur abgeleitet wird, Nebenkanälen (*yura*) und Feldkanälen (*nang yur*) auf die terrassierten Parzellen geleitet.[6] Bei den Haupt- und Nebenkanälen handelt es sich um offene Rinnen, die teilweise mit Steinen und Beton befestigt werden. Reservoirs (*zing*) dienen der Zwischenspeicherung von ungenutztem Schmelzwasser während des Sommers. Sie werden meist nachts aufgefüllt, um im Tagesverlauf das Wasserdargebot zu erhöhen.[7] Im Frühjahr ist bereits vor der ersten Aussaat die Bewässerung der Feldparzellen erforderlich, um für eine verbesserte Bodenfeuchte vor dem ersten Pflügen im April zu sorgen.

verfügbar gemacht wird, ist eine neue Tendenz, die vor allem in Leh aufgrund der dort vorherrschenden Konkurrenz um Nutzwasser während der Sommermonate betrieben wird.

6 Für detaillierte Beschreibungen der Bewässerung in Ladakh siehe LABBAL (2001); DOLLFUS & LABBAL (2003b); GUTSCHOW & GUTSCHOW (2003); ANGCHOK & SINGH (2006).

7 Bei einsetzendem Frost werden die Reservoirs geöffnet, um das Zufrieren von Kanälen zu verhindern.

Anschließend werden Landstreifen oder Furchen angelegt, die dem leichten Gefälle folgen, um so die gravitativen Kräfte nutzen zu können (Foto 14). Durch die Flutung des Feldes vor der Aussaat ist eine Nivellierung der Beete möglich. Die Regulierung der Wasserzufuhr erfolgt auf den einzelnen Beeten über das Eindämmen der Feldkanäle mit Steinen und Stoff.

Wasserbedarf besteht ebenfalls bereits vor der eigentlichen Flurbewässerung für die Setzlingsaufzucht und Gewächshauskulturen. Das Datum für den Beginn des Agrarzyklus unterscheidet sich in Abhängigkeit von den thermischen Bedingungen. Aufgrund der kurzen Anbauperiode von Mai bis September in den Ortschaften mit Einfachernte ist die Wasserverfügbarkeit im Frühjahr zumeist kritisch. Das Risiko von Engpässen ist in den Seitentaloasen durch eine spät einsetzende Schneeschmelze oder deren Unterbrechung bei anhaltender Bewölkung gegeben. Die „Kunst des Bewässerns“ richtet sich nach dem Zeitpunkt der Aussaat und dem Bedarf der unterschiedlichen Feldfrüchte.[8] Generell ist die Frequenz der Irrigationszyklen jedoch am Anfang der Anbauperiode höher. Dieser Zeitraum überschneidet sich mit der Periode häufigen Wassermangels. Ein Beispiel aus dem Frühjahr 2008 in Hemis Shukpachan veranschaulicht diese Situation. Nach der Aussaat sollte im Mai mit der Bewässerung der Feldfrüchte begonnen werden. Obwohl die Ortschaft zusätzlich über Quellwasser verfügt, welches für die Bewässerung der Gemüsegärten genutzt werden kann, sorgten sich die Bewohner aufgrund eines länger andauernden hohen Bewölkungsgrades um die erforderliche Wasserverfügbarkeit. Sie wiesen darauf hin, dass der nivale und glaziale Abfluss zwischen dem 15. und 20. Mai einsetzen müsse, um eine ertragreiche Ernte zu ermöglichen. Aufgrund der unzureichenden Insolation fand am 16. Mai eine spezielle Zeremonie unter Leitung eines Mönchs an der rituellen Stätte des *lhato* statt, um für die Kraft der Sonne zu beten.[9] Während zwischen Juni und August in den meisten Siedlungen ausreichend Wasser verfügbar ist, stellt erst das Ende der Vegetationsperiode erneut eine kritische Phase dar, sofern nur Schneefelder das Einzugsgebiet im Seitental speisen.[10]

Das Ressourcenmanagement basiert auf institutionellen Regelungen zur Wassernutzung. Die Dorfgemeinschaften treffen Absprachen zu den Bewässerungszeiten und zur Wasserverteilung und tragen gemeinsam die Verantwortung für die Instandhaltung der Kanäle. Insbesondere zu Beginn des Agrarzyklus fallen Arbeiten an den Bewässerungskanälen, darunter die Reinigung nach Sedimentation und

8 Die lokalen Anbaufrüchte sind an die klimatischen Gegebenheiten angepasst und haben eine vergleichsweise kurze Reifeperiode und einen relativ geringen Wasserbedarf.

9 Die beschriebene Praxis existiert auch in Igu.

10 Eine Verknappung tritt bei frühzeitigem, vollständigem Abschmelzen der Schneefelder ein (siehe auch GUTSCHOW & MANKELOW 2001). Für vergleichende Studien sei auf LABBAL (2000) zu der Ortschaft Sabu, sowie auf GUTSCHOW (1998) und GUTSCHOW & GUTSCHOW (2003) zu Zanskar verwiesen. Während Ortschaften mit glazialen Einzugsgebieten eine freie Wassernutzung während der Sommermonate erlauben, bleiben Restriktionen in Ortschaften ohne Gletscherabfluss während der gesamten Anbauperiode erhalten (z. B. Stongde, DAME & MANKELOW 2010). Sowohl in Igu als auch in Hemis Shukpachan ist jedoch glazialer Abfluss vorhanden.

Reparaturarbeiten, an. In den letzten Jahren wurden Dorfbewohner teilweise für die Instandhaltung und Verbesserung der Kanäle, beispielsweise die Auskleidung von Kanälen mit Beton, im Rahmen von zentralstaatlichen Programmen monetär entlohnt (Kap. 8). In Hemis Shukpachan wurde beispielsweise die Auskleidung eines Hauptkanals an nepalesische Gastarbeiter vergeben.[11]

Für die Wasserverteilung ist der Wasserwärter *(chudpon)* zuständig, dessen Posten innerhalb der Dorfgemeinschaft rotierend vergeben wird. Die Aufgaben des *chudpon* werden vor allem in der Periode des Wassermangels bedeutend. Zu seinen Zuständigkeiten zählen die Aufsicht über das Rotationsprinzip der Wasservergabe zwischen Ober- und Unterliegern, die Kontrolle der Reservoirs *(zing)* sowie die Schlichtung von Disputen. Auch die Verantwortung für das Kanalsystem und den *lhato* samt der Durchführung eines Rituals im Fall des ausbleibenden Wassers im Frühjahr zählen zu seinen Aufgaben (Chudpon-IG1, 24.08.2007; Chudpon-IG2, 21.08.2007).[12] Die Anzahl der *chudpon* richtet sich nach der Dorfgröße und der Wasserverfügbarkeit. In Igu amtieren aufgrund der langgezogenen Talschaft drei Wasserwärter, die sich im Fall von Streitigkeiten gemeinsam beraten. In Hemis Shukpachan wird das Amt des *chudpon* wegen der größeren Wasserverfügbarkeit nicht vergeben.

In beiden Untersuchungsdörfern werden die einzelnen Feldstreifen während der Anbauperiode je nach Feldfrucht im Durchschnitt in einem sechs- bis zehntägigen Turnus geflutet. Grundsätzlich erhalten *khang chen*-Haushalte mehr Wasser als *khang chun*-Haushalte. Das Rotationsprinzip variiert jedoch zwischen den Siedlungen, da diese sich hinsichtlich periodisch oder episodisch auftretenden Wassermangels unterscheiden. Für die Bewässerung der Siedlungsoase Hemis Shukpachan wird Schmelzwasser oberhalb der Ortschaft aus dem Tributär *Hemis tokpo* abgezweigt, der von zwei Gletschern gespeist wird. Zusätzliches Wasser ist über Quellen (*chu mig*) verfügbar, die eine relativ gesicherte Wasserzufuhr im Frühjahr für einen Teil der Felder gewährleisten. Auch das Bewässerungssystem in Igu wird von Schmelzwasser aus drei oberhalb der Ortschaft gelegenen Gletschern gespeist. Diese entwässern über den Tributär *Igu tokpo* direkt in den Indus.

Das Beispiel der Ortschaft Igu zeigt, wie die Irrigationshäufigkeit von Schwankungen im Abflussgang, dem Bedarf der Feldfrüchte und sozialen Gewohnheiten abhängt. Zu Beginn der Bewässerungsperiode Mitte Mai erfolgt die Wasserzuteilung zunächst in den oberen Siedlungsbereichen und wird sukzessive talabwärts fortgesetzt. In dieser Zeit erfolgt eine Bewässerung im Abstand von zehn bis fünfzehn Tagen (Chudpon-IG1, 24.08.2007; Chudpon-IG2, 21.08.2007). Bedingt durch den Jahresgang des glazialen Abflussregimes gibt es in den Sommermonaten ein Abflussmaximum, das die Aussetzung des festgeschriebenen

11 Der ausgezahlte Tageslohn beträgt 150 INR.

12 Die Wahl zum *chudpon* und seine Aufgaben erläutern TIWARI & GUPTA (2008) ausführlich am Beispiel von Leh. In der Stadt wird die Übernahme dieser Aufgabe in steigendem Umfang finanziell entlohnt.

Rotationsprinzips erlaubt.[13] Im Sommer 2008 erhöhte sich der Turnus der Bewässerung von Gerstenfeldern auf Abstände von lediglich fünf bis sechs Tagen. Hier konnte jedoch auch beobachtet werden, dass die vermehrte Bewässerung nicht nur bedarfsabhängig, sondern auch darin begründet war, dass die Nachbarn ihrerseits die Bewässerung intensivierten. Besonders in tiefer gelegenen Flurbereichen konnten während der Anbauperiode verbale Auseinandersetzungen um das Bewässerungsrecht beobachtet werden, die auf Wassermangelsituationen zurückgeführt werden können.

### 6.1.2 Persistenz der Siedlungs- und Feldstrukturen

Die Siedlungen Hemis Shukpachan und Igu sind durch eine hohe Persistenz der Siedlungs- und Flurflächen charakterisiert. Nach Auskunft des für die Ortschaft Igu zuständigen *patwari* (Patwari-IG, 18.09.2008) und der Einsicht der Katasterkarten von 1908 zeigt sich, dass diese Stabilität in der Flurentwicklung weit zurückreicht. Trotz des generellen Bevölkerungswachstums in Ladakh hat sich die Gesamtflurfläche im dargestellten Zeitraum augenscheinlich kaum verändert. Die bemerkenswerte Persistenz der Feldstrukturen ist durch ein begrenztes Wasserdargebot begründet. Zusätzlich limitieren die topographischen Bedingungen eine Expansion der Anbaufläche. Neben der unwesentlichen Veränderung der Gesamtflur fällt auch die Persistenz der einzelnen Feldstrukturen auf.

Entsprechend ist die Anlage von neuen Ackerflächen und Kanälen in den Siedlungsoasen selten zu finden.[14] In Hemis Shukpachan haben in den vergangenen zehn Jahren zwei Haushalte neue Parzellen angelegt. Ein weiterer berichtet über den Zukauf von Flächen. In allen Fällen handelt es sich um *khang chun*-Haushalte, die ausgegliedert wurden. In Igu legten im selben Zeitraum neun Haushalte neue Feldparzellen an und machten auf diese Weise Brachland kultivierbar. Ein Haushalt hat durch Zukauf neue Feldparzellen erworben, ein weiterer Haushalt durch Pacht. In diesen insgesamt elf Fällen handelt es sich bei sieben Haushalten um *khang chun*. Ein auffälliges Beispiel ist ein am östlichen Rand der Ortschaft Hemis Shukpachan gelegener *khang chun*-Haushalt, der neu gegründet wurde (Kartenbeilage 1). Hier wurden nicht nur das Wohnhaus gebaut und neue Feldparzellen angelegt, sondern auch neue Bewässerungskanäle errichtet, was eine Neuaushandlung der Wasserverteilung notwendig machte.

Für die Neulandkultivierung werden zunächst die Terrassen befestigt und mit Material verfüllt. Nach der Kultivierung von Ödland werden die Parzellen beim zuständigen *patwari* registriert.[15] Die gewonnenen Flächen werden nach Angaben der Interviewpartner üblicherweise zunächst mit Alfalfa oder mit Bäumen be-

13 Der Abflussgang ist auch im Tagesverlauf ausgeprägten Schwankungen mit einem abendlichen Maximum unterworfen.

14 Siehe auch Dame & Mankelow (2010) für die Ortschaft Stongde in Zanskar sowie Gutschow & Gutschow (2003) für die Ortschaft Rinam, Zanskar.

15 Diese Regelung unterscheidet sich in Leh, wo Neuland zunehmend verkauft wird (Kap 6.1.2).

pflanzt. Auf diese Weise können auf den kargen Flächen bodenbildende Prozesse einsetzen, bevor das Neuland mit anspruchsvolleren Ackerfrüchten bestellt werden kann. Die Anlage dieser Flächen bedeutet einen hohen Arbeitskrafteinsatz, was neben der Wasserverfügbarkeit ein kritischer Faktor ist. Dies verdeutlicht ein weiteres Beispiel aus den Untersuchungsdörfern: Nachdem im August 2006 ein Murgang in der Ortschaft Igu mehrere Feldparzellen unterhalb der Burgruine und der benachbarten Weidefläche zerstörte, fielen diese auch in den Folgejahren brach. Den Besitzern fehlen die personellen Ressourcen, um die terrassierten Flächen wieder Instand zu setzen. Zugleich verfügen sie nicht über ausreichend finanzielle Mittel, um Lohnarbeiter für diese Aufgaben einzustellen.

Während die Feldstrukturen eine hohe Persistenz aufweisen, zeigen sich Veränderungen in der Siedlungsstruktur. In der Vergangenheit wurden Wohnhäuser ausschließlich an Standorten errichtet, die außerhalb des Kulturlandes am Rand der Nutzflächen lagen. Die Siedlungsschwerpunkte befanden sich bevorzugt an Standorten, die aufgrund der Topographie einen größeren Schutz vor Murgängen und Fluten bieten können (Kap. 4.1.1). Im Unterschied dazu ist gegenwärtig ein Prozess zunehmender Zersiedlung zu beobachten. Wie am Beispiel des Flurausschnitts von Igu deutlich wird (vgl. Kartenbeilage 2) und in beiden Untersuchungsdörfern beobachtet werden konnte, findet eine generelle Ausweitung der Siedlungsfläche statt, die vor allem mit der Gründung einer steigenden Zahl von *khang chun*-Haushalten erklärt werden kann.

Zudem ist eine steigende Konkurrenz um landwirtschaftliche Nutzflächen festzustellen, da Wohnhäuser auch auf Feldparzellen in der offenen Feldflur errichtet werden. So sehen einige Haushalte aufgrund der Verfügbarkeit von monetären Einkommensquellen (Kap. 7) von der Bewirtschaftung ihrer Feldparzellen ab und entscheiden sich, teilweise ohne Haushaltsrestrukturierung, für die Errichtung eines neuen Gebäudes. Der Vorstand einer befragten Familie in Hemis Shukpachan begründet beispielsweise seine Entscheidung für die Investition in ein neues Wohnhaus mit den anfallenden Instandsetzungsmaßnahmen im Haus seiner Vorfahren. Die charakteristischen Gebäude sind in traditioneller Bauweise errichtet worden, für die sonnengetrocknete Lehmziegel sowie Holzbalken und Pappeläste für die Deckenkonstruktion als wesentliche Materialien genutzt werden (Foto 9). Er traf die Entscheidung, anstelle von Renovierungsarbeiten ein neues eingeschossiges Gebäude unter Verwendung von neuen Baustoffen (Steinbauweise) zu errichten.[16] Dieses befindet sich auf einer ehemaligen Feldparzelle, die für den Anbau nicht benötigt wird, aber die Einrichtung eines Hausgartens in unmittelbarer Gebäudenähe zulässt. Das alte Wohnhaus wird lediglich als Lager-

16 In zunehmendem Maße wird die traditionelle Bauweise durch neue Materialien wie Stein und Beton ersetzt, die als Ausdruck von Modernität empfunden werden. Heute sind nur wenige Gebäude in ihrer ursprünglichen Erscheinungsform erhalten. In Hemis Shukpachan finden sich nach einem NGO-Projekt aus den 1980er Jahren viele Glasfensterräume, die die Insolation nutzen. Auch wird für die Dachkonstruktion teilweise auf Wellblech zurückgegriffen, um einen verbesserten Schutz gegen Niederschläge zu erhalten. Während die traditionellen Bauernhäuser mehrgeschossige Gebäude waren, werden Neubauten aus Stein und Beton als eingeschossige Gebäude errichtet.

raum weiter genutzt. Auch in Igu wurden die meisten Gebäude in der oben beschriebenen traditionellen Bauweise errichtet. Noch häufiger als in Hemis Shukpachan wird hier die traditionelle Bauweise unter Verwendung neuer Materialien modifiziert oder ersetzt.

### 6.1.3 Landbesitz und Erbrecht

Für die Persistenz der Parzellenstrukturen sind die limitierte Wasserverfügbarkeit sowie die Topographie wichtige Gründe. Darüber hinaus ist das Erbrecht ein entscheidender Faktor, auf den im Folgenden im Zusammenhang mit den Landbesitzregelungen eingegangen wird. In der Vergangenheit wurden das Land und die zugehörigen Regelungen zum Bewässerungswasser grundsätzlich nicht geteilt und nur in seltenen Ausnahmefällen verkauft. Üblicherweise haben der älteste Sohn, oder – für den Fall, dass es keine männlichen Nachkommen gab – die älteste Tochter das Haus sowie sämtliche Feldparzellen ebenso wie alle gesellschaftlichen Rechte und Pflichten übernommen.[17] Heute sieht das staatliche Erbrecht die Aufteilung gleicher Anteile an alle Kinder, unabhängig von deren Geschlecht, vor. Aufgrund der veränderten Heiratsmuster, neuen Erwerbsmöglichkeiten und einer daraus resultierenden geringeren Abhängigkeit von der ackerbaulichen Produktion sowie der zunehmenden Gründung und Ausgliederung von *khang chun*-Haushalten ist zugleich die Notwendigkeit, das Gesamterbe zusammen zu halten, gesunken (Patwari-HS, 14.08.2009; Patwari-IG, 18.09.2008).

Obwohl das Erbrecht die gleiche Berücksichtigung von männlichen und weiblichen Nachkommen vorsieht, wird diese Regelung vielfach in der Praxis modifiziert. Die lokale Umsetzung führt in den meisten Fällen dazu, dass Söhne einen vollen, Töchter dagegen nur die Hälfte eines Erbanteils erhalten. In einigen Haushalten erkennen Brüder den Erstgeborenen als bevorzugten Erbberechtigten an, dem das *khang pa* samt der ertragreichen landwirtschaftlichen Nutzflächen und den zugehörigen Wasserrechten zugesprochen wird. Die Modifizierung des staatlichen Erbgesetzes kann durch ein Testament, das beim *patwari* hinterlegt wird, festgehalten werden (Patwari-HS, 14.08.2009; Patwari-IG, 18.09.2008). Darüber hinaus werden Parzellen bei einer Erbteilung nicht notwendigerweise physisch getrennt, um die verfügbare Kulturfläche nicht durch den Neuzuschnitt zu verkleinern.

In Ladakh ist die Mehrheit der Haushalte Eigentümer von Feldparzellen, während es nur eine sehr geringe Anzahl Landloser gibt.[18] Ein Faktor für diese Situation waren die Landbesitzreformen von 1950 und 1972 (ASLAM 1977). Die erste wichtige Reform war der *Big Land Estates Abolition Act* (1950), der eine Ober-

17 Die Erbschaftsregelungen muslimischer Haushalte unterscheiden sich davon grundsätzlich, da eine Aufteilung des Anwesens vorgenommen wird.

18 Von den im Rahmen der standardisierten Erhebungen erfassten Haushalten sind lediglich vier *khang chun*-Haushalte in Hemis Shukpachan ohne Landbesitz.

grenze für Privateigentümer von 182 *kanal*[19] Ackerland festlegte. Obstgärten, Wiesen und Ödland wurden nicht auf den Besitz angerechnet. Ackerflächen, die nicht vom Eigentümer selbst bearbeitet wurden, gingen in den Besitz der Nutzer über. Ungenutztes Land oberhalb der Richtgrenze wurde in staatlichen Besitz überführt. Klostereigentum blieb von dieser Regelung ausgenommen (ASLAM 1977). Allerdings gab es nur wenige Privateigentümer, deren Besitz oberhalb der Bemessungsgrenze lag. Nach Angaben des *Census of India* 1961 (GOVERNMENT OF INDIA 1967: 31) wurden aufgrund der Gesetzesänderung 4.500.000 *kanal* Landfläche im Distrikt Ladakh enteignet. Im Jahr 1972 wurde als weitere Landreform der *Jammu and Kashmir Agrarian Reforms Act* verabschiedet, der die Obergrenze für Privateigentum auf nunmehr 100 *kanal* reduzierte. Obstgärten waren weiterhin von der Regelung ausgenommen, wurden allerdings ab einer Größe von 100 *kanal* mit Abgaben belegt. Die Landbesitzreformen wirkten sich im heutigen Distrikt Leh nur auf wenige Großgrundbesitzer aus, darunter die Nachfahren der Königsfamilie (Tab. 16). Erneut betrafen die Reformen die buddhistischen Klöster Ladakhs nicht (ASLAM 1977).

| | 1908 | 1968/69 | 1999/2000 |
|---|---|---|---|
| Königsfamilie | 338 ka, 4 ma | 44 ka, 3 ma | 32 ka, 7 ma |
| Rani Jigmet Angmo (Adoptivtochter des Königs) | - | 187 ka, 3 ma | 78 ka, 3 ma |
| *Lonpo*-(Minister)Familie | 299 ka, 19 ma | 282 ka, 6 ma | 242 ka, 5 ma |

*1 kanal (ka) – 20 marla (ma) = 506m²*
*Quelle: Patwari-IG, 18.09.2008*

*Tab. 16: Veränderung der Besitzverhältnisse privater Großgrundbesitzer*

Heute ist der Landbesitz in den Untersuchungsdörfern relativ gleichmäßig verteilt, wobei *khang chen*-Haushalte grundsätzlich über mehr landwirtschaftliche Nutzflächen verfügen.[20] Auch nach den Landbesitzreformen gibt es weiterhin einige größere Landeigentümer, die Flächen verpachten (Tab. 17). Hierbei handelt es sich vor allem um Klöster, deren Pächter in der Regel ein permanentes Pachtrecht haben, das sie zu sogenannten *protected tenants* macht. Dieses Pachtverhältnis wird in den Katasterbüchern vermerkt. Die jährlichen Pachtgebühren werden direkt an den Eigentümer entrichtet (Patwari-HS, 14.08.2009).

Die Klöster haben neben der religiösen auch eine wirtschaftliche Relevanz. Allein das Kloster Thikse besitzt circa 1.300 ha Nutzfläche und das Kloster Hemis fast 200 ha Kulturland (DOLLFUS 1989b: 88). Sonderfälle sind einzelne Ortschaften, die vollständig Klöstern zugeordnet sind. So ist beispielsweise die gesamte Kulturfläche der Ortschaft Yangthang im Besitz des benachbarten Klosters

19 Ein *kanal* entspricht 506 m² (OSMASTON & RABGYAS 1994: 128). Die Einheit untergliedert sich in 20 *marla*.
20 Die durchschnittliche Feldgröße beträgt nach Auskunft des *patwari* 20–30 *kanal*.

Rizong (HERDICK 1999). Die Nutzflächen der Ortschaft Markha befinden sich im Besitz des Klosters Hemis (GRIST 1990).[21] Neben der Versorgung der Klostergemeinschaft aus den Pachterträgen erhalten die *gonpa* Spenden und Opfergaben, mit denen die Spender ihr *karma* aufbessern wollen. Die Klöster vergeben Finanzdarlehen, die gegen einen Zins von 25 % zurückerstattet werden müssen (Patwari-HS, 14.08.2009; Patwari-IG, 18.09.2008). Auch Getreidekörner für die Aussaat werden, wenn auch in zunehmend geringerem Maße, durch Klöster vergeben. Verleih und Vergabe von Nahrungsmitteln sind in Zeiten von Engpässen von entscheidender Bedeutung.

| Nutzung durch... | Hemis Shukpachan (*kanal*) | Igu (*kanal*) |
|---|---|---|
| Privatpersonen und Klöster | 5.210 | 24.449 |
| Pächter | 1.495 | 181 |
| Staat | 2.778 | 48.077 |
| *Tehsildar* | 347 | 18 |
| Armee* | --- | 77.763 |
| *Public Works Department* (PWD) | --- | 18 |
| Registrierte Gesamtfläche | 9.839 | 150.506 |

*1 kanal (ka) = 506m²*

*Quelle: Patwari-HS, 14.08.2009; Patwari-IG, 18.09.2008*

**Hinweis Igu: Aufgrund der Truppenstationierung sind weite Areale (Ödland) in der Umgebung der Ortschaft als staatliche und militärische Flächen markiert, so dass sich ein insgesamt viel höherer Anteil ergibt*

*Tab. 17: Besitzstrukturen und registrierte Landflächen in Hemis Shukpachan und Igu im Jahr 2007–2008*

In der Ortschaft Hemis Shukpachan sind 19 *khang chun*-Haushalte (18,45 %) Pächter von Parzellen, die im Klosterbesitz sind. Diese gehören mit einer Ausnahme Rizong *gonpa*.[22] Die Pachthöhe für die Bewirtschaftung unterscheidet sich je nach Lage der Parzellen, die aufgrund der Verfügbarkeit von Quellwasser differenziert und üblicherweise in Naturalien entrichtet wird. Nach Angabe der Dorfbewohner ist bei einer durchschnittlichen Parzellengröße eine Abgabe von 1,5 *khal*[23] des Ertrags für Flächen oberhalb der Quelle zu entrichten. Bei fruchtba-

21 Außer Landflächen zählt auch Viehbestand zum Besitz der Klostergemeinschaften.

22 In Hemis Shukpachan war die Familie des *lonpo* ebenfalls ein Großeigentümer von Land. Nach Auskunft der Dorfbewohner wurde das Erbe jedoch aufgrund fehlender Nachkommen vollständig an das Kloster Rizong gegeben.

23 Die lokale Volumeneinheit *khal* kann nicht in standardisierte metrische Einheiten konvertiert werden. Als Richtwert wird angegeben, dass 1 *khal* ca. 20 ladakhischen Tassen entspricht. Zum Vergleich: Der Ertrag eines guten Anbaujahres liegt bei 7 *khal*. Ein *khal* entspricht um-

ren Parzellen mit gesicherter Wasserverfügbarkeit im unteren Teil der Flur erhöht sich die Abgabe auf 2 *khal*. Zum Teil werden die Felder direkt für das Kloster bewirtschaftet, um so im Sinne der buddhistischen Philosophie Verdienst zu erlangen. Weitere Pachtverhältnisse bestehen zwischen den Bewohnern der Ortschaft. Insgesamt neun Familien haben Land von anderen Eigentümern gepachtet. In Igu sind 35 Haushalte (17,7 %), darunter mehrheitlich *khang chung*-Haushalte (24), Pächter von Flurparzellen im Klosterbesitz. Dieser gehört drei Klostergemeinschaften: Thikse *gonpa*, Chemre *gonpa* und Matho *gonpa*. Einen Überblick über die Flächenanteile vermittelt Tab. 18. Weitere 12 Haushalte haben Pachtverhältnisse mit der Königsfamilie sowie mit anderen Dorfbewohnern.[24]

| Hemis Shukpachan (1970/1971*) | | Igu (1999/2000) | |
|---|---|---|---|
| Chemre *gonpa* | 12 ka, 16 ma | Chemre *gonpa* | 168 ka |
| Likir *gonpa* | 66 ka | Matho *gonpa* | 169 ka |
| Rizong *gonpa* | 839 ka | Thikse *gonpa* | 167 ka |
| Summe | 917 ka, 16 ma | Summe | 505 ka |

*1 kanal (ka) = 20 marla (ma) = 506m²*
*Quelle: Patwari-HS, 14.08.2009; Patwari-IG, 18.09.2008*

**Nach Auskunft der patwari haben sich diese Besitzverhältnisse bis heute nicht verändert. Die Angaben für Hemis Shukpachan umfassen auch die benachbarte Siedlung Yangthang.*

*Tab. 18: Landbesitz der Klostergemeinschaften in den Ortschaften Hemis Shukpachan und Igu*

Eine Verpachtung ungenutzter Agrarflächen ist vielfach nicht möglich, da die Nachfrage nach Land aufgrund neuer Erwerbsmöglichkeiten gesunken ist. Das Beispiel eines Haushalts aus Igu veranschaulicht diese Entwicklung: Ein Großeigentümer besitzt wegen der privilegierten Stellung seiner Vorfahren bei der Königsfamilie einen überdurchschnittlich hohen Kulturlandanteil. Aufgrund fehlender familiärer Arbeitskraft wurden im Jahr 2008 Lohnarbeiter zur Bewirtschaftung seiner 75 *kanal* Ackerland (31 Parzellen) eingestellt. Weitere 10 *kanal* Ackerland fielen brach. Da es sich hierbei um Grenzertragsstandorte handelte, wurden diese Flächen auch nicht verpachtet: „*These plots are not under lease as they are close to the mountain and nobody needs to use those fields*“, so die Erklärung des Eigentümers (IA 79).

Die Veräußerung von Grundbesitz ist in den dörflichen Siedlungen ungewöhnlich. In den Untersuchungsdörfern kam es in den vergangenen zehn Jahren

gerechnet ungefähr 9–10 kg, wobei die Festsetzung der Maßeinheit *khal* für Trockenvolumen variiert (OSMASTON & RABGYAS 1994: 122–126).

24 Nach Angaben des für Igu zuständigen *patwari* ist eine typische Pachtsumme eine Zahlung von 50 kg Getreide bei einer Fläche von 14 *kanal*. Auch wenn kein enges Familienmitglied der ehemaligen Herrschaftsfamilie in der Ortschaft wohnt, erwirtschaftet diese neben den Einnahmen aus der Pacht weitere Einkünfte aus der Holzvermarktung (Patwari-IG, 18.09.2008).

nur in wenigen Fällen zum Landverkauf. In Leh finden hingegen häufig Landtransaktionen statt, was zu einem Preisanstieg für Grunderwerb geführt hat (Tab. 19). Für den Kauf muss aufgrund der gesetzlichen Bestimmungen des Bundesstaates Jammu und Kaschmir ein *permanent resident certificate* (PRC) vorliegen.[25] Der Erwerb von Landbesitz ist damit exklusiv den Bewohnern des Bundesstaates vorbehalten.

| Ortschaft | Nutzfläche, Eigentümer | Preis (INR/*kanal*) |
|---|---|---|
| Hemis Shukpachan | Kulturland | 30.000 |
| Hemis Shukpachan | Brachland | 25.000 |
| Igu | Kulturland, staatlicher Besitz | 25.000 |
| Igu | Brachland, staatlicher Besitz | 20.000 |
| Igu | Kulturland, Privatbesitz | 50.000–70.000 |
| Leh | Staatlicher Besitz | 350.000 |
| Leh | Privatbesitz | 700.000–1.800.000 |

*1 kanal (ka) = 506m²*

*Quelle: Patwari-HS, 14.08.2009; Patwari-IG, 18.09.2008*

*Tab. 19: Preisbeispiele für den Verkauf von Land*

## 6.2 ACKERBAU IN DEN OASENSIEDLUNGEN: NAHRUNGSMITTELPRODUKTION ALS STANDBEIN DER ERNÄHRUNGSSICHERUNG

Die Veränderungen in der Ernährungsweise (Kap. 5.2) spiegeln sich in den Entscheidungen der Landnutzer zur Nahrungsmittelproduktion wider. Dabei leistet der Ackerbau einen wichtigen Beitrag zur Versorgung der lokalen Bevölkerung mit Getreide, Hülsenfrüchten und Gemüse. Obst und Wildpflanzen ergänzen das Nahrungsangebot. Die Anbaustrukturen in den Untersuchungsdörfern veranschaulichen exemplarisch die gegenwärtige Landnutzung und zeigen in der Analyse der quantitativen und qualitativen Befragungen aktuelle Veränderungen auf.

### 6.2.1 Landnutzungsmuster: Feldfrüchte und Anbaustrukturen

Zu den üblichen Anbauprodukten in Ladakh zählen Gerste *(Hordeum vulgare; nas)* und Weizen *(Triticum aestivum; to)*[26], die häufig in Fruchtwechselfolge mit

25 Nach Auskunft des *patwari* werden für die Ausstellung der PRC ebenso wie der ST-Zertifikate Gebühren erhoben, die den Verlust an Einnahmen durch den Steuererlass ausgleichen sollen. Eine solche Steuerbefreiung existiert seit 2003/2004 (Patwari-HS, 14.08.2009).

26 Ab einer Höhe von ungefähr 3.000 m sind Einfacherntegebiete vorzufinden. Die Anbaugrenze für Weizen liegt bei ca. 3.600 m (LABBAL 2001 für die Ortschaft Sabu) bis 3.800 m Höhe

Erbsen *(Pisum sativum; shanma)* kultiviert werden (Abb. 19). Weitere typische Feldfrüchte sind Senf *(Brassica campestris; nyunskar)* und Kartoffeln *(Solanum tuberosum; alu)*. In Hausgärten und auf kleinen Feldparzellen wird Gemüse angebaut, vor allem Speiserüben *(Brassica rapa; nyungma)*, Rettich *(Raphanus sativus; labuk)*, Möhren *(Daucus carota* subsp. *Sativus; sarak turman)* und grüne Blattgemüse (z. B. Spinat, Mangold). Zusätzlich werden Futtergras und in klimatisch günstigen Lagen Obstbäume kultiviert (Kartenbeilagen 1 & 2). In einigen Ortschaften werden in begrenztem Umfang Feldparzellen in den Hochweidesiedlungen für den Getreideanbau zur Viehfuttergewinnung genutzt (Kap. 6.6.3).

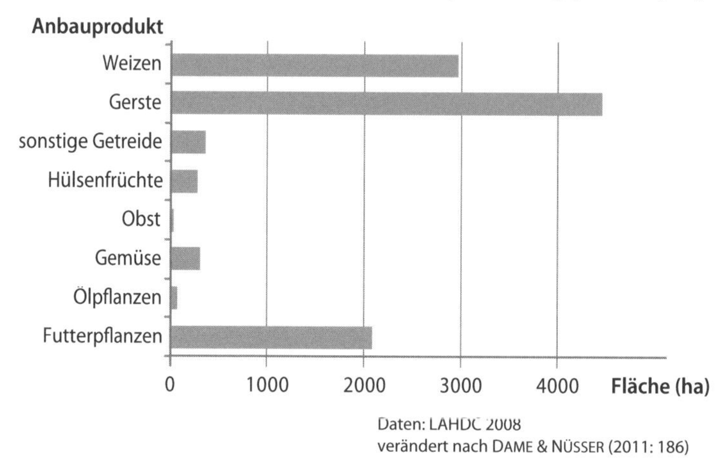


*Abb. 19: Flächennutzung in Bewässerungsoasen im Distrikt Leh (2007/2008)*

Auf Basis der in den Untersuchungsdörfern durchgeführten Kartierungen können Äcker, Gemüsegärten, Obstplantagen, bewässerte Wiesen und Weiden, Ödland und Gehölze[27] unterschieden werden (Kartenbeilagen 1 & 2). In beiden Untersuchungsdörfern stellt Gerste die Hauptanbaufrucht dar, die auf fast der Hälfte der Parzellen kultiviert wird (Tab. 20).[28] Gerste ist neben Weizen nicht nur als wichtiger Kohlenhydratlieferant von unerlässlicher Bedeutung, sondern auch für das Brauen von *chang* – mit seiner wichtigen kulturellen und religiösen Funktion – unverzichtbar.[29] Im Vergleich zur Gerste hat Weizen eine untergeordnete Bedeu-

(OSMASTON 1994 für die Ortschaft Stongde). Für Gerste gibt OSMASTON (1994) eine Obergrenze von ca. 4.400 m an.

27 Hierbei handelt es sich vor allem um Pappeln (*Populus* spp.) und Weiden (*Salix* spp.), die als Bau- und Brennholz Verwendung finden.

28 Für eine Übersicht der lokaltypischen Varietäten siehe OSMASTON (1994).

29 Es ist schwer abzuschätzen, wieviel Gerste durchschnittlich von den Haushalten hierfür benötigt wird. Für Stongde wird geschätzt, dass ein Anteil von 8–10 % der Gerstenproduktion für *chang* verwendet wird (DAME & MANKELOW 2010: 362). In Hemis Shukpachan gaben Landnutzer an, dass ein Vierfaches der Menge, die als *tsampa* von einer Familie konsumiert wird, für das Brauen von *chang* benötigt wird.

tung als Ackerfrucht. Dies trifft besonders auf Einfacherntegebiete zu, da der Weizenanbau aufgrund seiner längeren Reifezeit risikoreicher ist. Seit zusätzlich feines Weizenmehl *(atta)* nicht nur auf dem Markt und in den Geschäften, sondern auch als subventioniertes Grundnahrungsmittel verfügbar ist (Kap. 8.2.3), entscheiden sich viele Landnutzer gegen den Anbau. Lediglich 5,4 % der Flächen in Hemis Shukpachan werden mit Weizen bestellt. Diese liegen vor allem in den unteren Flurabschnitten, die nach Angaben der Bewohner aufgrund des Mikroklimas und der früheren Wasserverfügbarkeit begünstigt sind. In Igu ist der Anteil des Weizenanbaus mit 0,16 % noch niedriger (Tab. 20). Nur noch wenige Haushalte kultivieren Weizen zur Deckung des Viehfutterbedarfs.

| Anteil der Flur (%) | Hemis Shukpachan | Igu |
|---|---|---|
| Gerste | 43,42 | 49,75 |
| Weizen* | 5,40 | 0,16 |
| Erbsen | 0,87 | 1,90 |
| Erbsen/Gerste | 1,05 | 4,04 |
| Luzerne | 17,85 | 8,53 |
| Linsen | 0,27 | -- |
| Senf | 6,21 | 12,05 |
| Gemüse | 1,06 | 1,29 |
| Kartoffeln | 1,21 | 3,93 |
| Wiese | 0,15 | 5,42 |
| Brache | 22,51 | 12,93 |

*Quelle: eigene Erhebungen (2009)*
* *auch Gerste und Weizen in Mischkultur*

*Tab. 20: Flächenanteile im Ackerbau in Hemis Shukpachan und Igu*

Gerste wird häufig im Fruchtwechsel oder in Mischkultur mit Erbsen ausgesät, die aufgrund ihrer stickstoffbindenden Eigenschaften zur Verbesserung der Bodenqualität beitragen. Aufgrund der zunehmenden Verfügbarkeit von Mineraldünger erachten viele Landnutzer einen jährlichen Fruchtwechsel allerdings nicht mehr für erforderlich. Die frühere Rotationsfolge (Erbsen – Getreide – Senf) wird fast nur noch auf Parzellen mit unzureichender Düngung praktiziert.[30] Zugleich werden Erbsen für die Zubereitung von *paba* und bestimmter *tsampa*-Variationen geschätzt und als frisches Gemüse verwendet. Ihr Anteil an der Kulturfläche ist mit 0,87 % (Hemis Shukpachan) bzw. 1,90 % (Igu) jedoch niedriger als der von Senf. In beiden Ortschaften hat die Kultivierung von Senf als Ölpflanze einen

30 Es ist eine gängige Praxis, Dünger zunächst auf die größeren Parzellen mit guter Bodenqualität auszubringen. Die Rotation wird daher besonders auf kleinen Flächen praktiziert.

vergleichsweise hohen Stellenwert, was sich in den entsprechenden Flächenanteilen zeigt (Tab. 20). Das gewonnene Öl dient der Zubereitung von Speisen und wird darüber hinaus für Öllampen verwendet. Weitere Hülsenfrüchte werden nur in geringem Umfang kultiviert. In Hemis Shukpachan werden einzelne Parzellen neuerdings mit Linsen (*kerse*) bestellt. Allerdings reifen Linsen in der kurzen Anbauperiode oftmals nicht und können dann nur als Viehfutter verwendet werden. Daher werden bislang nur sehr kleine Parzellen oder Teilsegmente für die Aussaat genutzt. Vereinzelt wird auch der Anbau von Bohnen in Hausgärten getestet. Da Hülsenfrüchte jedoch als *dal*-Gericht einen festen Bestandteil im Speiseplan bilden, müssen diese meist zugekauft werden.

Im Unterschied zu den anderen Hackfrüchten und Gemüsesorten, die vor allem in Hausgärten kultiviert werden, hat sich die Kartoffel als Ackerfrucht etabliert. Ebenso wie andere Gemüse, wird die Kartoffel zunehmend als *cash crop* vermarktet (Kap. 7.1). Neben Gerste entscheiden sich die meisten Haushalte für den Anbau der Knolle, die vor allem auf kleinen Flurparzellen angebaut wird. Außer den Feldfrüchten wird Gemüse in der Regel in kleinen Küchen- oder Hausgärten *(tsas)* kultiviert, die in der Nähe des Wohnhauses liegen. Einige Familien haben zu diesem Zweck alternativ kleine Parzellen ausgewählt, die zum Schutz eingezäunt oder eingemauert werden. Zu den wichtigsten Gemüsesorten zählen, neben den oben genannten Rüben, Rettich, Möhren und grünen Blattgemüse wie Spinat *(Spinacia oleracea; palak)* und Mangold *(Beta vulgaris; mongol)*, auch Kohl *(Brassica oleracea capitata; ban gobi)* und Zwiebeln *(Allium cepa; tsong)*. Einige Hausgärten sind mit Obstbäumen (Aprikosen, Äpfel) bestanden (Kap. 6.4).

Als Futterpflanze wird vor allem Alfalfa *(Medicago sativa; ol)* auf bewässerten Feldparzellen angebaut. Dies sind vorwiegend Grenzertragsstandorte am Rand der Flur oder weniger fruchtbare Parzellen (Kartenbeilagen 1 & 2). Außerdem wird Luzerne auf Neuland kultiviert, um die Fruchtbarkeit der kargen Rohböden zu verbessern. Weiteres Viehfutter wird auf den Grasstreifen zwischen Feldparzellen, Rainen entlang von Wegen und Kanälen sowie auf Brachflächen, die Überschusswasser erhalten, gewonnen. Der relativ hohe Anteil von Brachflächen in den Untersuchungsdörfern (Tab. 20) ist auf einen Mangel an Arbeitskräften, der vor allem aus neuen Erwerbsmöglichkeiten resultiert, zurückzuführen. Dies trifft besonders dann zu, wenn nicht nur Grenzertragsstandorte, sondern auch fruchtbare Felder innerhalb der Flur (Kartenbeilagen 1 & 2) aufgelassen werden.

Die Auswahl der Anbaufrüchte machen die Haushalte von mehreren Faktoren abhängig. Unterschiede ergeben sich zunächst aus der Größe der verfügbaren Kulturfläche. Die höchste Priorität hat, wie gezeigt wurde, der Anbau von Getreide, gefolgt von Kartoffeln und Senf. Der Vergleich des Anbauspektrums (Abb. 20) und der Flächenanteile (Tab. 20) zeigt zunächst die herausragende Bedeutung von Gerste. Kartoffeln erfreuen sich ebenfalls großer Beliebtheit und werden von über 87 % der Haushalte in beiden Ortschaften angebaut. Da sie jedoch meist auf kleinen Feldparzellen kultiviert werden, wird dieser Trend in der Flächenberechnung weniger deutlich. Falls weitere Flächen verfügbar sind, werden neue Feldfrüchte kultiviert. So werden beispielsweise derzeit in Hemis Shukpachan von fast einem Drittel der Haushalte Linsen ausgebracht. Neben der Anzahl der Flächen ist die

Entscheidung für ein bestimmtes Anbauspektrum auch von der Größe der Parzellen, der Bodenqualität und der Wasserverfügbarkeit an den einzelnen Standorten abhängig.

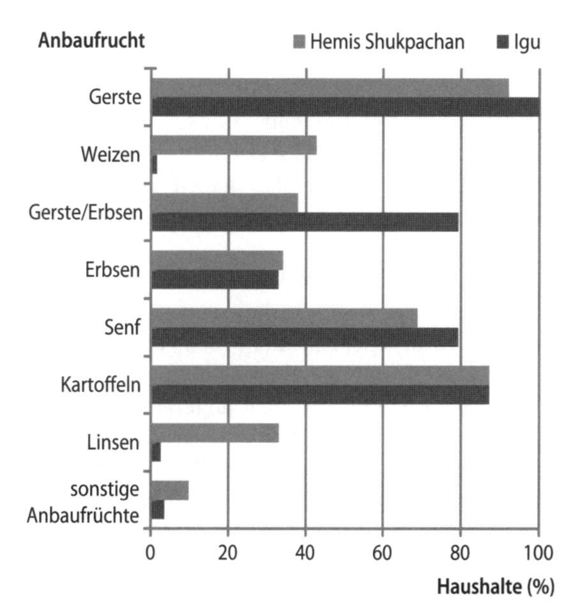


*Abb. 20: Anbauspektrum der Feldfrüchte in den Ortschaften Hemis Shukpachan und Igu*

## 6.2.2 Veränderungen in der ackerbaulichen Produktion

In den vergangenen Jahren haben sich entscheidende Neuerungen in der Anbaupraxis eingestellt. Die Befragungen zeigen einige charakteristische Trends in der Auswahl der Anbauprodukte auf, die mit sozioökonomischen Veränderungen und neuen Nahrungspräferenzen einhergehen. Wie oben dargestellt, konzentriert sich der vorwiegend für den Haushaltskonsum bestimmte Getreideanbau gegenwärtig auf Gerste, wobei die Flächenanteile reduziert werden. Die Landnutzer entscheiden sich aus mehreren Gründen jedoch nicht für eine Aufgabe des Getreideanbaus. Der „Verlust" eines Gerstenfeldes ebenso wie die vollständige Aufgabe des Ackerbaus gelten in den ländlichen Siedlungen als Tabu. Weitere wichtige Faktoren für die Fortführung des Getreideanbaus sind das Brauen von *chang,* hohe Kaufpreise für Gemüse, Saatgut und Setzlinge sowie der hohe Zeitaufwand für die tägliche Pflege der Gärten. Darüber hinaus ist für viele Haushalte die Produktion von Viehfutter ausschlaggebend, das andernfalls zugekauft werden müsste. Der Anbau von Buchweizen *(Fagopyrum tataricum, F, esculentum; tao)*, der sowohl aufgrund seines Geschmacks als auch aufgrund der niedrigeren Strohproduktion eine geringere Wertschätzung als Weizen erfährt, ist ebenfalls weitgehend aufgegeben worden.[31]

Auch bei Hülsenfrüchten wird eine veränderte Priorität erkennbar. Die Anzahl der lokaltypischen Erbsensorten[32] verringert sich und eine Bevorzugung von „*green peas*" wird erkennbar. Diese ist nicht nur mit einer veränderten Nahrungsmittelpräferenz zu begründen, sondern erklärt sich auch aus dem Vermarktungspotential (Kap. 7.1). Der steigende Konsum von *dal*-Gerichten hat zur Förderung des Linsenanbaus durch das *Agriculture Department* in Leh geführt, das Saatgut subventioniert. Dieses Angebot haben vor allem Landnutzer in Hemis Shukpachan wahrgenommen, wodurch der höhere Flächenanteil im Vergleich zu Igu erklärt werden kann.

Während Senf im traditionellen Anbaumuster fest verankert war, wurde diese Kulturpflanze aufgrund der Verfügbarkeit von maschinell produzierten Ölen vor einigen Jahrzehnten vorübergehend nicht mehr ausgesät.[33] Erst seit der Nutzung von maschinellen Pressen zur Ölgewinnung kam es zur Wiederaufnahme des Senfanbaus. Zur Weiterverarbeitung sind seit ungefähr zehn Jahren Maschinen in Leh und in Khaltse verfügbar, die den arbeitsintensiven Vorgang mit einer traditionellen Steinpresse ersetzen. Heute wird das selbst produzierte Öl vor allem wegen seiner höheren Qualität geschätzt. Einige Familien gaben zudem an, dass steigende Preise für Fertigprodukte ihre Entscheidung für die Wiederaufnahme des Senfanbaus beeinflusst haben.

Die Veränderung der Ernährungsgewohnheiten drückt sich vor allem während des Sommers im höheren Gemüseverzehr aus, der sich in den Anbaumustern widerspiegelt. Eine zunehmende Anzahl von Haushalten entscheidet sich – unterstützt durch Programme der staatlichen und nicht-staatlichen Organisationen – für einen verstärkten Gemüseanbau mit einer größeren Vielfalt sowie für die Nutzung von Gewächshäusern. Eine ähnliche Entwicklung vollzieht sich im Obstbau durch die Kultivierung neuer Obstgehölze und die Anpflanzung von Bäumen an Neulandstandorten (Kap. 6.4.2).

Das *Agriculture Department* und weitere staatliche Behörden haben mit der Subventionierung von Saatgut, Dünger und Pestiziden sowie landwirtschaftlichen Maschinen diese Agrarinnovationen forciert (Kap. 8.2.1). Die Verfügbarkeit von subventioniertem Saatgut fördert nicht nur die beschriebenen Anbauveränderungen, sondern hat auch zur Aufgabe der bisherigen Tauschpraxis geführt. Traditionell wurde das Saatgut aus vorangegangenen Ernten zurückgehalten und zwischen Haushalten innerhalb einer Siedlung oder auch zwischen verschiedenen Siedlungen ausgetauscht, um auf diese Weise seine Qualität zu verbessern. Allerdings

31 In Doppelerntegebieten findet Buchweizen teilweise noch als zweite Anbaufrucht Verwendung.

32 In der Vergangenheit wurden in den Ortschaften drei unterschiedliche indigene Sorten angebaut: *karas*, eine dreikantige Erbse, *nakshan*, eine schwarze Erbse und *shranmo*, eine lokale grüne Erbsenvarietät.

33 Siehe auch OSMASTON (1994) für Zanskar.

konstatieren Bewohner in beiden Siedlungen einen Rückgang dieser Praxis. In Hemis Shukpachan tauschen 22,2 % aller befragten Haushalte Saatgut innerhalb der Dorfgemeinschaft. Etwa ebenso viele (22,3 %) berichten, dass sie ihr Saatgut mit Haushalten aus anderen Siedlungen (v. a. Uleh, Yangthang, Tharu und Matho) tauschen. In Igu liegen diese Werte mit 4,5 % und 15,7 % aller Haushalte deutlich niedriger. Neben der Verfügbarkeit von Saatgut über das *Agriculture Department* wird als weitere Begründung für die Aufgabe der Tauschpraxis angegeben, dass die Qualität der Getreidekörner durch das maschinelle Dreschen sinkt.

Neben der Vergabe von verbessertem Saatgut werden Hochertragssorten getestet. Im Jahr 2005/2006 wurden nach Angaben des *Agriculture Department* Flächen von insgesamt 11.040 ha unter diesem Programm bewirtschaftet. Außerdem werden Mineraldünger und Pestizide zu vergünstigten Konditionen an die Landnutzer in der Region ausgegeben (AgriDept-1, 25.07.2009). Sie sind seit den 1970er Jahren in Ladakh verfügbar und heute weit verbreitet.[34] Lediglich 5,8 % (Hemis Shukpachan) bzw. 9,1 % (Igu) der befragten Haushalte haben vollständig auf den Einsatz von Mineraldünger verzichtet. Das *Cooperative Department* übernimmt die Transportkosten von Jammu nach Ladakh und kann so den anorganischen Dünger zu günstigen Großhandelskonditionen vertreiben. Die zwischenzeitliche zusätzliche Subventionierung des Verkaufspreises wurde allerdings eingestellt. Im Jahr 2005/2006 wurden im Distrikt Leh nach Angaben des *Cooperative Department* 682 Tonnen Mineraldünger (stickstoffhaltige Phosphatdünger, Kaliumchlorid) mit einem Gesamtwert von 5,4 Mio. INR vertrieben (CoopDept, 27.07.2009). Das *Cooperative Department* mit seinen Vertriebsstellen ist entsprechend für die Landnutzer in den Untersuchungsdörfern die Hauptbezugsquelle für Düngemittel.[35]

In der Praxis werden unterschiedliche Strategien des Düngemitteleinsatzes miteinander kombiniert. So verwenden einige Nutzer für den Gemüseanbau ausschließlich den traditionellen Hausdünger *(lut)*. Dieser setzt sich aus einer Mischung tierischer und menschlicher Exkremente[36], die mit Sand und Kompost vermengt werden, zusammen. Aufgrund der zunehmenden Verknappung von Hausdünger, besonders durch einen Rückgang der Tierzahlen, wird verstärkt auf Mineraldünger (im lokalen Sprachgebrauch auch als *„government lut"* bezeichnet) zurückgegriffen. Ein Landnutzer aus Hemis Shukpachan führt aus:

> „In the old times, there was so much manure available, from the animals and from the people. Now, we have to use fertilizer. Land is left barren, because there is not enough manure and not enough fertilizer" (H83).

34 Nach MANKELOW (2008: 19) war die Einführung von Mineraldünger auch mit der Idee verbunden, dass auf diese Weise mehr Viehdung als Brennstoff zur Verfügung steht. Seit 2008/2009 hat sich der Einsatz von Stickstoff- und Phosphatdünger im Distrikt Leh nochmals mehr als verdoppelt (LAHDC 2013: 25).

35 84,5 % (Hemis Shukpachan) bzw. 98,3 % (Igu) der Haushalte, die Mineraldünger verwenden, beziehen diesenüber das *Cooperative Department*. Das *Agriculture Department* ist in allen übrigen Fällen die alternative Bezugsquelle.

36 Diese werden über die in Ladakh genutzten Trockentoiletten dem Stoffkreislauf zugänglich gemacht.

Doch auch die persönliche Einstellung zur Verwendung von Mineraldünger[37] und das Finanzkapital eines Haushalts wirken sich auf die Entscheidung über das Düngeverhalten aus. Außerdem wird die Verwendung von *government lut* von Haushalten im Kontext der Verknappung landwirtschaftlicher Arbeitskräfte als schneller, leichter und flexibler empfunden als das Ausbringen des Hausdüngers, das als gemeinschaftliche Aufgabe im Frühjahr erfolgt.

Zu den Agrarinnovationen zählt ebenfalls der wachsende Einsatz von Maschinen im Ackerbau. Besonders häufig wird von Dreschmaschinen Gebrauch gemacht (Foto 18). Die Drescher werden von vermögenden Haushalten mit ausreichend Finanzkapital gekauft, wobei die Geräte zusätzlich durch das *Agriculture Department* mit einem Anteil von 50 % der Kosten subventioniert werden. Gegen Bezahlung von 500 INR pro Tag werden die Dreschmaschinen an andere Haushalte vermietet. In Hemis Shukpachan verfügen 8,7 % der befragten Haushalte über eine eigene Dreschmaschine, weitere 73,8 % der Haushalte nutzen eine solche auf Leihbasis. In Igu wird das Getreide noch häufiger ausschließlich durch Viehtritt gedroschen. Hier verfügen lediglich zwei der befragten Haushalte über eine eigene Maschine, weitere 26,3 % der Befragten mieten einen Drescher.[38] Der Vorteil von Dreschmaschinen wird vor allem in der Arbeitserleichterung und Zeitersparnis gegenüber dem Dreschen mit Vieh gesehen.[39] Der Einsatz von Maschinen wird von lokalen Landnutzern außerdem als Frage des Prestiges wahrgenommen und in der persönlichen Außendarstellung als *„progressive farmer"* interpretiert:

> „Today, there are more tensions, because the people are busier and there is more competition. I give you one example: Today, if one person uses a thresher, everybody has to copy and do the same" (H46).

Allerdings wird sowohl die Beschädigung des Saatguts bemängelt, als auch, dass die verbleibende Strohmenge nach dem maschinellen Dreschen geringer ist. Durch diese beiden Faktoren wird die Entscheidung begründet, einen Teil des Ertrags weiterhin durch Viehtritt zu dreschen.

Nur sehr wenige Landnutzer setzen einen Traktor ein, was neben den hohen Anschaffungskosten auch auf das terrassierte Gelände und die sehr geringe Größe der Feldparzellen zurückzuführen ist.[40] Das Pflügen wird daher weiterhin von

37 Vor allem einige lokale NGOs in Leh bewerten den Einsatz von anorganischen Düngemitteln als negativ (siehe auch MANKELOW 2008).

38 Nach Angaben der Landnutzer werden Dreschmaschinen in Igu erst seit wenigen Jahren eingesetzt. Weil in der Ortschaft kaum Maschinen im Privatbesitz vorhanden sind, werden sie aus dem benachbarten Tal Chemre/Sakti entliehen.

39 Das zeitaufwendige Dreschen mit Vieh bedeutet beispielsweise, dass die Familien die Nacht auf den Feldern verbringen, um die Ernte vor Viehfraß zu schützen. Außerdem ist die Gefahr von Schädigungen durch Niederschlag über mehrere Tage gegeben.

40 Bei den wenigen auf den kleinen Parzellen verwendeten Maschinen handelt es sich um Superleicht-Traktoren, die auch im Reisanbau verwendet werden. Dennoch nutzten in Igu lediglich zwei Haushalte im untersten Flurabschnitt einen Leihtraktor aus dem benachbarten Chemre-Tal zum Pflügen. In Hemis Shukpachan verfügen zwei Haushalte über einen Superleicht-

Tieren – üblicherweise einem *dzo*-Gespann – übernommen. Insgesamt ist festzuhalten, dass der zunehmende Einsatz von Maschinen im Ackerbau mit einer Verringerung des Arbeitskräftebedarfs einhergeht. Allerdings ist die Verfügbarkeit von finanziellen Mitteln wegen der anfallenden Kosten – trotz der Subventionen durch das *Agriculture Department* – eine unerlässliche Voraussetzung bzw. eine Limitation für die Verbreitung dieser Agrarinnovationen.

Eine ähnliche Veränderung spiegelt sich in der Verwendung der Wassermühlen wider. In den Siedlungen besitzen *khang pa*-Haushalte entlang des Flusses oder eines Hauptbewässerungskanals wasserbetriebene Mühlen *(rantak)* zur Herstellung von Getreide- und Erbsenmehl. Während in Hemis Shukpachan noch der Großteil der Haushalte (92,2 %) eine *rantak* für das Mahlen nutzt, ist dieser Anteil in Igu deutlich zurückgegangen. Seit 15 Jahren ist ein elektrisches Mahlwerk in der Ortschaft Kharu nahe Igu vorhanden, in dem Landnutzer ihr Getreide gegen ein Entgelt von fünf bis sieben INR/kg mahlen können. Nur noch 26,8 % der befragten Haushalte verwenden ausschließlich die Wassermühlen in der Ortschaft. Weitere 11,1 % nutzen diese neben der maschinellen Mehlproduktion. Die Präferenz der Wassermühle wird durch verbesserten Geschmack des *tsampa* begründet, wohingegen Nutzer des Mahlwerks die Zeitersparnis schätzen.[41] Folglich ist in Igu zu beobachten, dass zahlreiche Mühlen nicht mehr Instand gehalten werden.[42]

Die Ergebnisse verdeutlichen, dass Entscheidungen im Ackerbau, wie die Nutzung von Agrarinnovationen und die Diversifizierung des Anbauspektrums, von einer Vielzahl unterschiedlicher Faktoren beeinflusst werden. Hierzu zählen die Anzahl und Größe der Feldflächen, die Verfügbarkeit von Arbeitskräften, finanzielle Mittel und der Zugang zu Informationen und neuen Technologien. Impulse werden dabei von staatlichen Akteuren gegeben (Kap. 8). Die Haushaltsentscheidungen werden auch von der Arbeit der Nichtregierungsorganisationen und insbesondere den Erfahrungen von Verwandten und Bekannten abhängig gemacht. Die Strategie der Landnutzer kann dabei generell als eine Strategie des Ausprobierens umschrieben werden: Neuerungen werden zunächst erprobt und gegebenenfalls ausgeweitet oder von Nachbarn und Verwandten übernommen. Vielfach werden bewährte Methoden durch Innovationen ergänzt, aber nicht vollständig ersetzt.

## 6.3 SAMMELWIRTSCHAFT: WILDPFLANZEN ZUR ERGÄNZUNG DER NAHRUNGSMITTELVERSORGUNG

Die Sammelwirtschaft stellt eine Ergänzung zur Nahrungsproduktion im Ackerbau dar. Ethnobotanische Kenntnisse ermöglichen es den Bewohnern der Oasen-

Traktor. Das *Agriculture Department* subventioniert die Anschaffung dieser Maschinen zu einem Drittel (AgriDept-1, 25.07.2009).

41 Die Nutzung der *rantak* erfordert das Übernachten am Mahlstein, um einen geregelten Mahlprozess zu überwachen.

42 Viele dieser Wassermühlen waren bei dem Flutereignis im Sommer 2006 zerstört worden.

siedlungen die natürliche Vegetation innerhalb und außerhalb der Siedlungsflur, wie auch in unterschiedlichen Höhenstufen zu nutzen (Kap. 4.1.4). Für die Ernährungssicherung sind Wildpflanzen von besonderem Interesse, die als Garten- und Ackerunkraut *(zhingtsod)* auf brachliegenden Feldern, Rainen und Wiesen entlang der Kanäle und Wege *(spangtsod)* und außerhalb der Siedlungen *(ritsod)* gesammelt werden.

| Botanische Bezeichnung | Ladakhische Bezeichnung | Deutschsprachige Bezeichnung | Nutzungsweise |
|---|---|---|---|
| **Standort an Wiesen, Kanälen und Wegen, *spangtsod & zhingtsod*** | | | |
| *Carum carvi* | *kumbu* | Wiesenkümmel | Gewürz (Samen) |
| *Chenopodium album* | *nying* | Weißer Gänsefuß | Blattgemüse |
| *Lactuca dissecta* | *kuru chun (ldum)* | Lattich | Blattgemüse |
| *Lactuca tatarica* | *khala (ldum)* | Lattich | Blattgemüse |
| *Mentha longifolia* | *phololing* | Rossminze | Tee, Gewürz |
| *Nepeta floccosa* | *shamasgo* | Katzenminze | Blattgemüse |
| *Potentilla anserina* | *troma* | Gänse-Fingerkraut | Tee |
| *Taraxacum* cf. *stenolepium* | *kororo-kormo* | Löwenzahn | Blattgemüse |
| **Standort außerhalb der Siedlungen, *ritsod*** | | | |
| *Allium przewalskianum* | *skotse** | Lauch | Blattgemüse |
| *Capparis spinosa* | *cabra* | Kapernstrauch | Blattgemüse |
| *Lepidium latifolium* | *shangsho* | Pfefferkraut | Blattgemüse |
| *Rhodiola heterodonta* | *sholo** | Rosenwurz | Blattgemüse |
| *Rumex nepalensis* | *ladju* | Sauerampfer | Blattgemüse |
| *Urtica hyperborea* | *tsatsod** | Nessel | Blattgemüse |
| **Standort Hausgarten** | | | |
| *Brassica rapa* | *nyuskar-kyampo* | Senf (junge Blätter) | Blattgemüse |
| *Fagopyrum* sp. | *tao* | Buchweizen | Blattgemüse |
| *Malva* cf. *pamirolaica* | *sotchilik* | Malve | Blattgemüse |
| *Saussurea gossypiphora* | *ldum** | Alpenscharte | Blattgemüse |

** Kein eigener Herbarbeleg verfügbar, die botanische Bezeichnung wurde aus der Literatur (Murugan et al. 2010, Chaurasia et al. 2007) übernommen*[43]

*Quelle: eigene Erhebungen*

*Tab. 21: Nahrungspflanzen aus der Sammelwirtschaft am Beispiel von Hemis Shukpachan*

Eine Übersicht der verschiedenen Wildpflanzen, die zur Nahrungsergänzung gesammelt werden, zeigt Tab. 21. Diese Zusammenstellung basiert auf Herbarbelegen, die im Frühjahr 2008 in der Ortschaft Hemis Shukpachan gesammelt wurden,

43 Die Liste dient der Veranschaulichung und erhebt keinen Anspruch auf Vollständigkeit. Für eine umfassende Übersicht von verzehrbaren Wildpflanzen wird auf CHAURASIA et al. (2007) verwiesen.

und ergänzenden Angaben aus den Interviews.[44] Am häufigsten werden Wildpflanzen als gekochtes grünes Blattgemüse in Suppen, Eintöpfen und den Gerichten *skyu* und *chutagi*, aber auch mit Joghurt oder Buttermilch (Kap. 5.2). Ebenso werden die Blätter junger Ackerpflanzen (z. B. von Senf) in Gerichten verwendet. Teilweise können diese Nichtkulturpflanzen nur durch Kochen verzehrbar gemacht werden, wie beispielsweise die Blätter des Kapernstrauches *(Capparis spinosa)*.

Auf diese Weise erfüllt das Blattgemüse aus der Sammelwirtschaft im Jahresverlauf, und dabei vor allem im Frühjahr, eine wichtige Ernährungsfunktion. Denn diese Pflanzen sind bereits zu Beginn der Vegetationsperiode verfügbar, noch bevor das erste Ackergemüse geerntet werden kann. Die Blätter eignen sich zudem als Wintervorrat, da sie durch Trocknung konserviert werden können.

Neben der Verwendung von Wildpflanzen als Blattgemüse werden unterschiedliche Nichtkulturpflanzen als Gewürze (z. B. *Carum carvi*) oder zur Zubereitung von Tee (z. B. *Nepeta floccosa*) eingesetzt. Die natürliche Vegetation wird darüber hinaus in vielfältiger Hinsicht genutzt. Für den Einsatz als Medizinalpflanzen (MURUGAN et al. 2010) besitzen die *amchi* spezifisches ethnobotanisches Wissen (PORDIÉ 2003; KALA 2005; EMMER 2006). Wildpflanzen werden zudem für rituelle Zwecke gepflückt. Hierzu zählen beispielsweise die Zweige des Wacholderbaumes *(Juniperus* spp., *shukpa)* sowie *Waldheimia* sp. *(palu)*, die als Räuchermittel eingesetzt werden. Die in Ladakh gesammelten Wildpflanzen dienen außerdem zur Gewinnung von Ölessenzen, als Brennmaterial, Viehfutter oder für das Erstellen von Körben (BHATTACHARYYA 1991; MURUGAN et al. 2010).

Die zunehmende Aufgabe der Sammelwirtschaft in Ladakh ähnelt den Prozessen in benachbarten Hochgebirgsregionen (HERBERS 1998). Die Befragungsergebnisse verdeutlichen den Bedeutungsrückgang von Wildpflanzen als Speisenbeilage und Lieferant von Mikronährstoffen. In beiden Ortschaften dieser Fallstudie geht nur noch in weniger als der Hälfte der Haushalte eine Person dieser Tätigkeit nach. Während in Hemis Shukpachan noch 38,8 % der befragten Haushalte angeben, dass mindestens ein Mitglied Nichtkulturpflanzen sammelt, liegt dieser Anteil in Igu nur noch bei 31,3 %. In Hemis Shukpachan gaben 53,4 % der Haushalte an, dass die Sammelwirtschaft in der Vergangenheit zur üblichen Praxis zählte, während dieser Anteil in Igu 36,9 % beträgt. Dieser Rückgang ist im Kontext der gegenwärtigen Veränderungen der integrierten Hochgebirgslandwirtschaft zu betrachten. Da heute vermehrt Gemüse angebaut wird und Gewürze als Fertigprodukte in Leh und in den kleinen Läden im Dorf verfügbar sind, ist die Notwendigkeit der Sammelwirtschaft zur Nahrungsergänzung im Winter und Frühjahr für viele Bewohner nicht mehr gegeben. Bedingt durch die veränderten Arbeitsstrukturen (Kap. 7.4) wird auf diese arbeitsintensive Tätigkeit verzichtet. Heute werden Wildpflanzen vor allem für ihren Geschmack geschätzt und stellen eine aromatische Abwechslung zu den gängigen *masala*-Gewürzmischungen dar.

44 Die Bestimmung der Herbarbelege übernahm freundlicherweise Dr. B. Dickoré, LMU München. Die ladakhischen Namen wurden mit Hilfe von T. T. Namgial (Hemis Shukpachan) festgehalten.

Das Spektrum der genutzten Wildpflanzen wurde jedoch reduziert.[45] In Hemis Shukpachan sind besonders *sholo*, *skotse*, *tsatsod* und *cabra* geschätzt, während in Igu *tsatsod* noch vergleichsweise häufig verzehrt wird.

## 6.4 HORTIKULTUR: DIE RELEVANZ VON HAUSGÄRTEN FÜR DIE ERNÄHRUNGSSICHERUNG

Während in der Vergangenheit vor allem Produkte aus der Sammelwirtschaft die lokale Küche ergänzten, verfügt heute die Mehrheit der Haushalte während der Sommermonate über ein erweitertes Angebot an frischem Gemüse für den eigenen Konsum. In diesem Teilkapitel wird auf die Aufwertung des Gartenbaus in den vergangenen Jahren eingegangen, die in Verbindung mit landwirtschaftlichen Fördermaßnahmen steht. Zusätzlich wird die Ausweitung des Obstbaumbestands dargestellt.

### 6.4.1 Bedeutungsgewinn des Gemüseanbaus

Die meisten Haushalte in den Untersuchungsdörfern besitzen einen Hausgarten oder eine kleine Feldparzelle für den Gemüseanbau (Foto 19). In der Ortschaft Hemis Shukpachan nutzen heute 92,2 % der Haushalte einen Hausgarten. In Igu liegt der Anteil bei 73,2 %. Bei sämtlichen Haushalten, die in diesen beiden Siedlungen auf die Kultivierung von Gemüse verzichten, handelt es sich um *khang chun*-Haushalte. Diese verfügen in der Regel über weniger Flächen, eine geringere Zahl von Arbeitskräften und erhalten teilweise Gemüse von den zugehörigen *khang chen*-Haushalten.

Nicht nur die Anzahl an Hausgärten, sondern auch die Vielfalt der dort kultivierten Arten (Tab. 22) hat in den vergangenen Jahren beträchtlich zugenommen. So haben 42,1 % der Haushalte in Hemis Shukpachen, die einen Gemüsegarten besitzen (*n*=95), sowie 92,4 % solcher Haushalte in Igu (*n*=145), in den vergangenen zehn Jahren mit dem Anbau neuer Gemüsearten begonnen. Das Anbauspektrum auf den kleinen Flächen wurde um verschiedene Arten ergänzt, zu denen Blumenkohl, Tomaten und Gurken zählen. Die Ausweitung erfolgt grundsätzlich im Zuge eigenem Experimentierens, wie dieses Zitat einer Landnutzerin zeigt:

> „You can learn about the vegetables from your own experience. If you get seeds from downside India, then you will get to know if it works. I tried to grow watermelon, but I was not successful. But generally, it is possible to grow everything here, also tomatoes and cauliflower“ (H 42).

Die Impulse zum Austesten neuer Gemüsearten gehen von Nachbarn und Verwandten sowie von Kampagnen des *Agriculture Department* aus. Wenn eine neue

45 Räuchermittel (darunter vor allem *palu*) sind von dem Rückgang der Sammelwirtschaft weniger betroffen. HERBERS (1998: 96) verweist auf den Verlust des ethnobotanischen Wissens durch die Aufgabe der Sammelwirtschaft.

Anbaufrucht keinen Ertrag bringt, testen die meisten Landnutzer im kommenden Jahr ein alternatives Gemüse. Je nach Anbauerfolg und verfügbarem Saatgut verändert sich die Auswahl neuer Gemüsesorten:

> „I think that it is good to grow more vegetables. Especially, I want to grow more tomatoes and cucumber. Last year, I also grew red onions and red cabbage… but this year I didn't get any seeds for it" (H78).

Das in den Ortschaften verwendete Saatgut stammt vorwiegend von den Pflanzen des vorangegangenen Jahres oder wird über das *Agriculture Department* erworben.[46] Die Subventionen betragen 50 % für frei abblühende Arten und 100 % für neue Hybride (AgriDept, 25.07.2009). Der Bezug von Pflanzensamen über Händler in Leh ist hingegen eine Ausnahme. Die Gemüsepflanzen erfordern einen hohen Arbeitsaufwand für das regelmäßige Bewässern, Unkraut jäten und das Ausbringen von Dünger. Für die Düngung des Hausgartens präferieren einige Haushalte den traditionellen *lut* und Herdasche (Kap. 6.1). Andere setzen sowohl Kunstdünger als auch zusätzlich Insektizide zur Bekämpfung von Schädlingen ein.

| Anteil der Haushalte (%), die die jeweilige Gemüseart kultivieren | Hemis Shukpachan | Igu |
|---|---|---|
| Blumenkohl, *phul gobi* | 33,0 % | 53,5 % |
| Chinakohl, *salat* | 20,4 % | 41,4 % |
| Gurke, *kira* | 9,7 % | 0 % |
| Lattich, *ldums* | 65,0 % | 5,5 % |
| Mangold, *mongol* | 61,2 % | 38,4 % |
| Möhren, *sarak turman* | 79,6 % | 63,6 % |
| Rettich, *labuk* | 60,0 % | 61,6 % |
| Rüben, *nyungma* | 67,0 % | 71,2 % |
| Spinat, *palak* | 15,5 % | 36,9 % |
| Tomate, *tamatar* | 29,1 % | 21,7 % |
| Weißkohl, *ban gobi* | 71,8 % | 69,2 % |
| Zwiebeln, *tsong* | 34,0 % | 63,6 % |
| Andere | 12,6 % | 11,6 % |

*Quelle: eigene Erhebungen (2008)*
*n (Hemis Skukpachan) = 103; n (Igu) = 198*
*Mehrfachnennungen möglich*

*Tab. 22: Anbauspektrum in den Gemüsegärten von Hemis Shukpachan und Igu*

46 Über das *Department of Agriculture* in Leh werden vor allem folgende Sämlinge vertrieben: Zwiebeln, Weißkohl, Blumenkohl, Tomaten, Spinat, Aubergine, Paprika, Kohlrabi (Reihenfolge in abnehmender Anzahl).

Trotz dieser Innovationen erfolgt nach wie vor eine deutliche Konzentration auf wenige Arten, die fester Bestandteil der ladakhischen Küche sind und für die gute Lagerungsmöglichkeiten (Kap. 6.5) bestehen. Diese Gemüse, vor allem die oben genannten Rettich, Rüben, Weißkohl, Möhren und Zwiebeln, machen daher einen Großteil der Eigenproduktion aus. Verschiedene grüne Blattgemüse, zu denen Spinat, Mangold, Lattich und die jungen Blätter von Rettich und Rüben zählen, sind ebenfalls zu nennen. Die Ausweitung der Hortikultur wurde in den vergangenen Jahren von verschiedenen Akteuren vorangetrieben. Hierzu zählen die zuständigen staatlichen Behörden *(Agriculture Department, Horticulture Department)* und Nichtregierungsorganisationen (Kap. 8.2). Sie zielen auf Produktionssteigerungen und zusätzliche Vermarktungsmöglichkeiten von Gemüse ab. Die hierfür eingesetzten Maßnahmen reichen von Informationskampagnen bis zur Subvention von Saatgut und Gewächshäusern.

Ein wichtiger Ansatzpunkt der Förderprogramme der staatlichen und nichtstaatlichen Organisationen ist die Ausweitung der Anbauperiode. Die damit verbundene längere Verfügbarkeit von frischem Gemüse soll sowohl den Konsum innerhalb des Haushalts fördern als auch Vermarktungsmöglichkeiten eröffnen. Ein gängiges Instrument ist seit Mitte der 1990er Jahre die Subvention von Gewächshäusern, die in steigendem Umfang erfolgt. Hierbei gibt es zwei unterschiedliche Programmtypen: einerseits die Förderung von individuellen Gewächshäusern für einzelne Haushalte und andererseits die Unterstützung von *community greenhouses*. Bei den NGOs ist die französische Organisation GERES (*Groupe Energies Renouvelables, Environnement et Solidarités*) federführend, die in Ladakh mit mehreren lokalen NGOs (LEHO, LEDEG, LNP, Skarchen) kooperiert (Kap. 8.1.2).[47]

Die Konstruktion von Gewächshäusern für den familiären Haushalt nutzt kostengünstige, lokal verfügbare Baumaterialien und subventionierte Plastikfolien aus Polyäthylen. Nach Angaben des *Horticulture Department* beträgt die Subvention derzeit ca. 6.500 INR, was der Kostenübernahme für eine Folie der Größe 32x18 *feet* entspricht (HortiDept-2, 28.07.2009).[48] Ähnlich ist der Ansatz der NGOs: Die Gesamtkosten für ein Gewächshaus werden von GERES auf 30.000 INR beziffert, wobei auf die kostenfrei zur Verfügung gestellte Plastikfolie zur Abdeckung des Gewächshauses ein Anteil von 25 % dieser Kosten entfällt (GERES-1, 10.08.2009; siehe auch STAUFFER 2009). Zur Isolation werden an drei Seiten des Gewächshauses Doppelwände aus Lehmziegeln errichtet und die südexponierte Seite mit der Plastikfolie überdeckt. Für die Luftventilation werden an den ost- und westexponierten Seiten Türen und Fenster eingebaut. Eine Decken-

47 Im Bereich der Hortikultur ist zusätzlich das *Defence Institute of High Altitude Research* (DIHAR, vormals *Field Research Laboratory*, FRL), in Forschung und Entwicklung aktiv. Sie erproben neue Sorten, verbessertes Saatgut und neue Technologien zur Lagerung und Gewächshauskultur. Ihr Engagement zielt auf die Reduzierung der hohen Kosten, die durch Versorgung der Truppen mit Gemüse aus dem Tiefland verursacht werden.

48 Dies entspricht 9,75 m x 5,49 m.

lüftung dient ebenfalls der Luftzirkulation.[49] Zwar ist die Bauweise kostengünstig, aber es ergeben sich bei längeren Kälte- oder Hitzeperioden Nutzungslimitationen, da keine aktive Heizung oder Kühlung möglich ist. Die Gewächshäuser ermöglichen die Kultivierung neuer Arten wie beispielsweise Tomaten, Auberginen, Chili, Kürbis und Paprika. Darüber hinaus kann auf diese Weise die Ernte von Rüben, Weißkohl und Sellerie bis in den Dezember verschoben werden. Unter Gewächshausbedingungen können verschiedene grüne Blattgemüse auch während des Winters kultiviert werden (Abb. 21). Zusätzlich können dort auch Setzlinge aufgezogen werden, die im Frühjahr genutzt werden um eine frühere Ernte im Sommer zu erzielen (GERES-1, 10.08.2009; LEHO, 30.03.2009).

In Hemis Shukpachan und Igu besitzen insgesamt 45 Haushalte ein Gewächshaus für die familiäre Nutzung, was Anteilen von 20,6 % (*n*=97) bzw. 17,2 % (*n*=145) aller Landnutzer, die Hortikultur betreiben, entspricht. Nur drei Befragte gaben an, dass sie schon länger als zehn Jahre ein Gewächshaus nutzen. In Igu-Langkor wurde zusätzlich mit externer Förderung ein *community greenhouse* aus Glas errichtet, das seit 2008 in Betrieb ist.[50] Hier werden Tomaten und Möhren von den Frauen der Ortschaft angebaut, die als Frauen-Selbsthilfegruppe von einer NGO unterstützt werden. Zusätzlich zu den Gewächshäusern oder als Alternative nutzen einzelne Landnutzer (je acht Haushalte in Igu und Hemis Shukpachan) seit wenigen Jahren eine Setzlingszucht im Frühjahr.

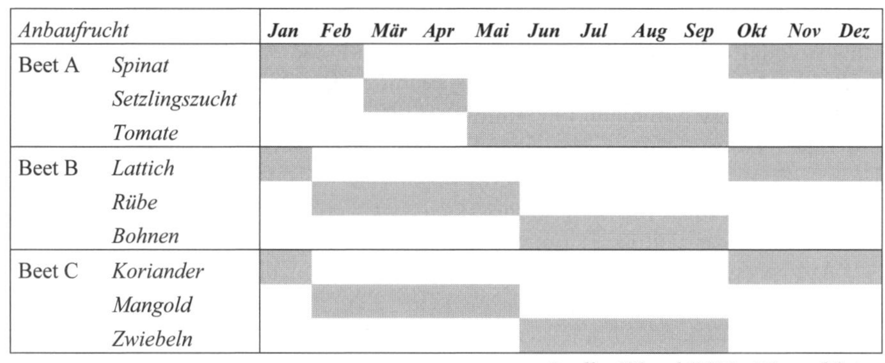


*Quelle: Viltard (2003: 18), modifiziert*

*Abb. 21: Mögliche Ausweitung der Anbauperiode bei Gewächshausnutzung*

Die Neuerungen im Gemüseanbau werden unterschiedlich bewertet. Während einige Haushalte deutlich von der Ausweitung der Anbauperiode für den eigenen Konsum, aber auch für Vermarktungszwecke, profitieren, geben andere Landnut-

49 Diese Bauweise wird auch in Gebirgsregionen Afghanistans, Nepals und Chinas verwendet. Für eine detaillierte Beschreibung der von den NGOs in Ladakh geförderten Bauweise siehe VILTARD (2003); STAUFFER (2009).

50 Nach Angaben der Dorfbewohner handelt es sich bei dem Gewächshaus um eine Gemeinschaftsförderung einer NGO und dem Programm *Operation Sadbhavana* der indischen Armee.

zer bei Misserfolg diese Neuerung auf. Hier zeigt sich, dass fehlende Erfahrung und Kenntnisse eine Rolle spielen[51] und die meist ohnehin geringe Bereitschaft, finanzielle Mittel oder viel Arbeitszeit für die Pflege der Gemüsezucht zu investieren, erlischt. Die agrarischen Innovationen in der Hortikultur werden von vielen Haushalten nur dann angenommen, wenn die Eigenleistung gering bleibt. Entsprechend beklagen einige der Befragten, dass sie die Nutzung des Gewächshauses aufgegeben haben, als die Anschaffung einer neuen Plastikfolie notwendig wurde. So erklärt ein Gesprächspartner in Hemis Shukpachan:

> „Every farmer has received plastic polysheets plus 3000 rupees for the construction of greenhouses. This was supplied by the Agriculture Department in all villages. Now, many greenhouses are destroyed and the farmers must purchase the polysheets on a 50 % subsidy base. Yet, many of them don't want to pay for it" (H21).

### 6.4.2 Ausweitung der Obstbaumbestände

Seit Mitte der 1990er Jahre haben auch die Obstkulturen eine Aufwertung erfahren. Dabei kommt den Obsterträgen, neben der Bedeutung für die Ernährungssicherung, ein wachsender wirtschaftlicher Wert zu. Im ariden Hochgebirgsklima Ladakhs sind die wichtigsten Baumfrüchte die Aprikose *(Prunus armeniaca; chuli)*, die in einer Vielzahl von verschiedenen Sorten vorzufinden ist, Äpfel *(Malus* spp., *kushu)* und schließlich Walnüsse *(Juglans regia; starga)* (Tab. 23). Die Obstbaumkulturen gedeihen in den vergleichsweise niedrigeren Höhenlagen Ladakhs. Im Distrikt Leh werden in insgesamt 54 Ortschaften Obstgehölze kultiviert, die vor allem in Sham (Verwaltungseinheit Khaltse), Nubra und der Region um Leh lokalisiert sind (HortiDept-1, 25.07.2009). Weitere Baumkulturen wie Birnen, Pfirsiche, Pflaumen, Kirschen und Mandeln sowie die Rebkultur Weintrauben sind lediglich an den aufgrund ihrer Höhenlage begünstigten Standorten um Dha Hanu und Turtuk zu finden.

Aprikosen sind die wichtigste Anbaufrucht und machen über die Hälfte der Obst-anbauflächen im Distrikt Leh aus (Tab. 23). Sie zeichnen sich durch einen hohen Gehalt an Vitamin A und weiterer Nährstoffe aus und werden als Frischobst oder als getrocknete Frucht *(phating)* ganzjährig verzehrt. Die Konservierung für die Wintermonate erfolgt durch Trocknung der Früchte auf den Flachdächern der Wohnhäuser oder anderen geeigneten Flächen in der Umgebung des Wohnhauses (Foto 20). Aufgrund der leichten Verderblichkeit werden große Erntemengen getrocknet, da in den Oasensiedlungen in der Regel kein Einkochen von Obst als Marmelade oder Kompott praktiziert wird.[52] Die getrockneten Aprikosen

51 So wurde von Fällen berichtet, in denen bei der Errichtung des Gewächshauses nicht ausreichend auf die Ausrichtung geachtet wurde und der Schattenwurf der benachbarten Obstbäume die Produktion beeinträchtigte.

52 Eine Ausnahme sind Initiativen, wie die der Nichtregierungsorganisation *Dzomsa*, die Aprikosenmarmelade in Leh an Touristen verkauft. In der Stadt Leh gibt es einige Haushalte, die über die erforderlichen Kenntnisse, Zutaten und Materialien (Gläser, Zucker) verfügen, um Marmelade einzukochen.

gewinnen zugleich als Verkaufsgut an wirtschaftlicher Bedeutung.[53] Auch aufgrund ihrer Vielseitigkeit ist die Aprikose beliebt. Neben der Frucht können die mandelartigen süßen Kerne verzehrt werden. Von diesen werden die bitteren Kerne unterschieden, aus denen wegen ihres hohen Fettgehalts Aprikosenkernöl gewonnen wird. Das hochwertige Öl wird für unterschiedliche Zwecke genutzt, zu denen kosmetische Anwendungen (z. B. als Haaröl), rituelle Funktionen (z. B. für Öllampen) und medizinische Zwecke (z. B. bei Rheumabehandlungen) zählen (siehe auch MIR 2007). Die zweitwichtigste Baumfrucht sind Äpfel mit einem Flächenanteil von 42 % des Obstbestands im Distrikt (Tab. 23). Auch Äpfel werden als Frischobst konsumiert sowie für die Wintermonate getrocknet. Sie lassen sich an geeigneten kühlen Lagerorten einige Wochen bis Monate aufbewahren.

| | Anzahl Gehölze | Fläche (ha) |
|---|---|---|
| **Apfel** | 160.140 | 579,0 |
| **Aprikose** | 187.380 | 740,0 |
| **Birne** | 582 | 2,4 |
| **Kirsche** | 130 | 0,5 |
| **Mandel** | 540 | 2,1 |
| **Pfirsich** | 1.030 | 4,2 |
| **Pflaume** | 56 | 0,3 |
| **Walnuss** | 4.820 | 48,7 |
| **Weintraube** | 1.110 | 2,0 |
| **Total** | 355.788 | 1379,1 |

*Quelle: Horticulture Department, Leh*

*Tab. 23: Obstbestand im Distrikt Leh im Jahr 2007–2008*

Hinsichtlich des Obstanbaus unterscheiden sich die Untersuchungsdörfer. Weil die Region Sham klimatisch begünstigt ist, besitzt die Mehrzahl der Haushalte (68,9 %) in Hemis Shukpachan fruchttragende Bäume. Die Obstgehölze werden nicht nur in der Ortsflur entlang von Kanälen und in den Hausgärten angepflanzt, sondern zusätzlich in dem unterhalb der Flur gelegenen Talabschnitt Rong (Kartenbeilage 1). Entlang des Weges, der zur am Indus gelegenen Ortschaft Hemis Chu und der dortigen Straßenanbindung führt, und des parallel verlaufenden Flusses erstrecken sich Gärten mit Aprikosen- und Apfelbäumen. In den letzten Jahren haben sich einige Haushalte für die Errichtung neuer Obstbaumparzellen entschieden, um Einkommen aus der Vermarktung von Aprikosen zu erzielen. Andere Landnutzer beklagen einen Mangel an Arbeitskräften, so dass der Überfluss an Aprikosen zur Erntezeit dann zum Verderben der Früchte führt, da das Entkernen

53 Die hohe Bedeutung als Handelsgut, die getrocknete Aprikosen aus Baltistan in der kolonialen Zeit inne hatten (SCHMIDT 2004), haben die ladakhischen *phating* jedoch noch nicht erreicht.

und die Weiterverarbeitung nicht gewährleistet werden können.[54] In Igu gibt es hingegen nur wenige Obstbäume im unteren Abschnitt der Flur. Die Nutzung von Obstbäumen stellt in dieser Teilregion Ladakhs eine neue Entwicklung dar. Es gibt keine separaten Obstgärten, sondern die wenigen Gehölze sind in Hausgärten oder entlang von Kanälen angepflanzt. Insgesamt besitzen dennoch bereits 21,7 % der befragten Haushalte in Igu Aprikosen- und Apfelbäume.

Diese Entwicklung wird, ebenso wie der Gemüseanbau, durch staatliche Förderprogramme vorangetrieben. So hat sich der Obstanbau im Distrikt Leh zwischen 1995/1996 und 2006/2007 von 863 ha auf 1.344 ha ausgeweitet (HortiDept-1, 25.07.2009). Der wichtigste Akteur zur Förderung der Obstgehölze ist das *Horticulture Department*, das 1994 aus dem *Agriculture Department* ausgegliedert wurde. Zu seinen zentralen Aktivitäten zählen die Einführung neuer Obst- und Gemüsesorten sowie die Weiterverarbeitung und Obstveredelung. Um eine höhere Produktion zu erreichen, werden außerdem eine Ausweitung der Anbaufläche und eine Steigerung des Flächenertrags angestrebt. Wie auch im Bereich des Gemüsebaus werden mittels Subventionen finanzielle Anreize gesetzt. Ein besonderes Augenmerk wird derzeit auf Apfelbäume gelegt, die mit Subventionen von 50–100 % bedacht werden. Im Februar und März werden Setzlinge und junge Bäume auf dem Luftweg aus Kaschmir nach Ladakh gebracht. Weitere Subventionen werden für Leitern zum Obstpflücken (75 % der Anschaffungskosten) und Pestizide vergeben. Das *Horticulture Department* vergibt Pflanzenschutzmittel gegen den Befall von Apfelmotten kostenfrei und subventioniert alle weiteren Pestizide zu 50 %. Im Bereich der Veredelung werden eine qualitativ hochwertige Trocknung sowie die Herstellung von Säften und Marmelade unterstützt. Auch in diesem Bereich betragen Subventionen 50 %, beispielsweise für Saftpressen und eine Verbesserung der Solartrocknung. Um Anreize zu schaffen, die Qualität zu erhöhen, findet seit wenigen Jahren im Herbst eine jährliche *Annual Vegetable cum-Fruit Expo* statt, die gemeinsam vom *Agriculture* und *Horticulture Department* organisiert wird und Preise für besonders gelungene Produkte vergibt. Hier werden beispielsweise im Obstsektor die besten *phating* ausgezeichnet (HortiDept-1, 25.07.2009).

Neben den genannten Organisationen ist mit der *Sher-e-Kashmir University of Agricultural Sciences and Technology* (SKUAST) ein weiterer Akteur im Obstsektor von Bedeutung. SKUAST betreibt eine Forschungsstation in Ladakh, die zur Kultivierung und zur Weiterverarbeitung von Obsterzeugnissen forscht. Die Arbeiten konzentrieren sich auf die Obstveredelung sowie das Anheben der Höhengrenze, verbunden mit einer Ausweitung des Anbauspektrums. So ist es in Testkampagnen gelungen, Himbeeren, schwarze Johannisbeeren, Erdbeeren, Nektarinen, Pfirsiche, Haselnüsse und Quitten in Ladakh zu kultivieren.[55]

54 Die Früchte werden häufig von Kindern gepflückt, die hierfür aufgrund des Schulbesuchs keine Zeit mehr finden.

55 Mir (2007) weist in diesem Zusammenhang auf die Gefahr der Verdrängung lokaler Varietäten hin. Einige Haushalte erhalten von SKUAST Saatgut erhalten. Einzelne Testversuche mit Erdbeerpflanzen in Hemis Shukpachan blieben bislang ohne nennenswerten Ertrag.

## 6.5 SAISONALE ENGPÄSSE: LAGERUNG UND VORRATSHALTUNG

Die Möglichkeiten der Lagerung agrarischer Erzeugnisse und die Methoden der Vorratshaltung sind wichtige Aspekte der Selbstversorgung. Hierfür besitzen die ladakhischen Wohnhäuser gesonderte Zimmer, die nur als Vorratsspeicher dienen. Diese befinden sich üblicher Weise in der Nähe der Küche, im Untergeschoss des Hauses. Ihrer Nutzung entsprechend erhalten die Vorratskammern großer Wohnhäuser spezifische Namen: So dient der *changkhan* zur Aufbewahrung von *chang* und Butter, der *phekhan* zur Lagerung von Mehl und – falls vorhanden – der *shakhan* zur Lagerung von Fleisch (DOLLFUS 1989b: 133).

Die Einlagerung von Getreide erfolgt in einem *banga*, einem geschlossenen, hüfthohen Silo, das aus Steinen oder Holz gebaut wird und über eine Deckelöffnung zugänglich ist. Getreidekörner und Mehl werden in separaten Speichern aufbewahrt. Vor der Einlagerung wird das Getreide gewaschen, in der Sonne getrocknet, geröstet und gegebenenfalls gemahlen.[56] Das auf diese Weise bevorratete Getreide ist mehrere Jahre für den Verzehr haltbar. Die genauen Angaben der Haushalte schwanken, wobei mehrere Bewohner mögliche Lagerungszeiten von über zehn Jahren nannten.[57] Die lange Haltbarkeit des Getreides ist lediglich bei auftretender Feuchte gefährdet. Viele Haushalte verfügen heute über einen sehr großen Vorrat an Gerste, was mit der Bevorzugung von Reis und Weizenmehl und deren Verfügbarkeit als staatlich subventionierte Lebensmittel einhergeht (Kap. 8.2.3; Abb. 22). Dieser Gerstenvorrat dient als Puffer für etwaige Engpässe, auf den aber im Allgemeinen nicht zurückgegriffen wird. Da es keine Vermarktungsmöglichkeiten für die Überschussproduktion von Gerste gibt, wird dieses Getreide deutlich über den Eigenbedarf hinausgehend aufbewahrt.

Für die Einlagerung von Gemüse gibt es unterschiedliche Methoden. Je nach Gemüseart können die Erträge durch Lagerung in Gruben, in kühlen Vorratsräumen des Hauses oder durch Trocknung über die Erntezeit hinaus konserviert werden. Für einen kürzeren Zeitraum wird Gemüse in Säcken *(bori)*, die aus Ziegenleder, Tierfell oder Baumwolle gefertigt sind, in einem kühlen Raum des Hauses aufbewahrt. Diese Art der Lagerung bietet sich vor allem für Rettich, Rüben, Möhren, Zwiebeln, Kohl und Kartoffeln an. Gruben *(alu dong)*, die auf einem Acker in der Nähe des Hauses angelegt werden, dienen der Konservierung von Kartoffeln bis zum Ende des Winters.[58] Allerdings besteht bei dieser Bevorratung in Erdlöchern die Gefahr von Frostbrand.

Als weitere Konservierungsmethode für die Wintermonate eignet sich die Trocknung von Kultur- und auch Nichtkulturpflanzen, die mit dieser Methode bis

56 Ein kleiner Teil des Korns wird geröstet. Diese von einer Gastfamilie als „*Ladakhi popcorn*“ bezeichnete Getreidezubereitung ist relativ lange für den direkten Verzehr geeignet. Während des Röstvorgangs wird in der Glut auch ein besonderes Brot gebacken, das *thalthag*.

57 Für die Nutzung als Saatgut ist das Getreide nach Auskunft der Interviewpartner bis zu drei Jahre lagerungsfähig.

58 Das Einlagern in circa ein Meter tiefen Gruben geht auf die Herrnhuter Missionare zurück, die nicht nur die Kartoffel, sondern auch diese Methode der Vorratshaltung nach Ladakh brachten (MM, 05.08.2009).

zur Verfügbarkeit der ersten frischen Blätter im Frühjahr gelagert werden können. Den größten Anteil nehmen grüne Blattgemüse und Wildpflanzen ein. Auch Rüben und Erbsen werden auf diese Weise konserviert. Für die Trocknung durch Insolation werden die Pflanzen auf dem Hausdach, der Terrasse oder einer vergleichbaren Oberfläche ausgebreitet. Einige Haushalte bereiten in begrenztem Umfang *anchar*, eingelegtes Gemüse (Möhren, Kohl, Rettich) zu, das, während die Vorräte in den Wintermonaten zur Neige gehen, eine Abwechslung der Speisen bietet.

Trotz der hier angeführten Konservierungsmethoden ist die Ernährungsweise im Winter durch zunehmende Verknappung und steigende Monotonie geprägt (Kap. 5.2). Die Engpässe, die aus der unzureichenden Selbstversorgung entstehen, müssen durch Zukäufe oder Transferleistungen ausgeglichen werden. Gerade in dieser Zeit der Verknappung sinkt jedoch auch das Marktangebot in Leh und die Preise steigen (Kap. 7.1). Die Mehrheit der Haushalte verzichtet deshalb auf den Zukauf von frischem Gemüse und beschränkt ihre Ernährung zu überwiegenden Teilen auf kohlenhydratreiche Grundnahrungsmittel. Die Zeit vor der nächsten Ernte ist daher die Zeit des saisonalen Mangels und stellt für die Haushalte eine kritische Periode der Ernährungssicherung dar.

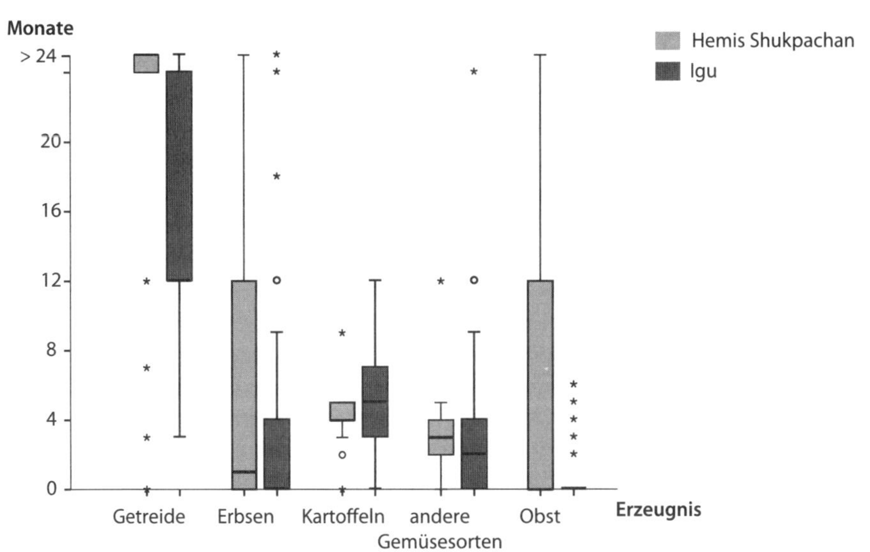


*Abb. 22: Dauer der Vorratshaltung in Hemis Shukpachan und Igu*

Die Dauer der Vorratshaltung und die damit verbundene Verknappung bestimmter Produkte im Frühjahr sind letztlich von den Anbauerträgen und der Produktionsmenge abhängig. Abb. 22 verdeutlicht die Schwankungen des Selbstversorgungsgrades zwischen unterschiedlichen Erzeugnissen in den Ortschaften Hemis Shukpachan und Igu. Generell ist Getreide aus der eigenen Produktion in beiden Ortschaften für fast alle Haushalte ganzjährig in ausreichendem Maße verfügbar. Die regelmäßigen Zukäufe von subventioniertem Weizenmehl und Reis erlauben eine lange Lagerungsdauer des selbsterzeugten Getreides. Die Vorratshaltung von Erbsen und Obst unterscheidet sich hingegen deutlich zwischen sowie innerhalb der Ortschaften. Kartoffeln und andere Gemüsesorten sind nur wenige Monate nach der Ernte verfügbar und unterliegen im Frühjahr einer deutlichen Verknappung, was auf geringe Produktionsmengen und kleine Anbauflächen zurückzuführen ist.

In Igu geben 30 % der Haushalte auftretende Schwierigkeiten der Nahrungsmittelversorgung im Frühjahr an. Ein geringerer Teil der Haushalte nennt das Auftreten von Schwierigkeiten im Winter. In zeitlicher Perspektive konstatieren die Befragten entweder keine Veränderung dieser Zeit des Mangels oder äußern, dass sie häufiger solchen Problemen ausgesetzt seien als früher. Die Wahrnehmung der Nahrungsmittelverfügbarkeit unterscheidet sich: in Hemis Shukpachan nannten zunächst weniger als 5 % der Gesprächspartner Schwierigkeiten bei der Nahrungsversorgung. Allerdings zeigt sich in den qualitativen Interviews, dass stets eine Verknappung bestimmter Lebensmittel auftritt, was mit den Angaben zur Lagerhaltung korrespondiert. Diese saisonal reduzierte Nahrungsverfügbarkeit wird hier jedoch weniger stark als Engpass wahrgenommen, sondern betont, dass ausreichend kohlenhydratreiche Grundnahrungsmittel vorhanden sind und die entsprechende Vorratshaltung über mehrere Jahre ausreicht. Besonders deutlich wird die Engpasssituation im Hinblick auf die Selbstversorgung mit Gemüse. Die durchschnittliche Vorratsdauer von Kartoffeln beträgt in Hemis Shukpachan 3,9 Monate, die anderer Gemüsesorten 3,2 Monate. In Igu ist die Produktion von Kartoffeln höher, so dass die durchschnittliche Vorratsdauer von 5,5 Monaten beträgt. Für andere Gemüsesorten liegt dieser Wert mit 2,7 Monaten jedoch noch niedriger als in Hemis Shukpachan. Haushalte, die kein Gemüse anbauen und keine Vorratshaltung praktizieren, werden zusätzlich über autochthone Austauschmechanismen versorgt. Hier ist insbesondere die Versorgung von *khang chun*-Haushalten über das zugehörige Haupthaus zu nennen.

Auch beeinflusst die Ertragsmenge den Selbstversorgungsgrad. Aufgrund von Unterschieden in der Bodenqualität (Tab. 24; vgl. Kap. 4.2.3), der Wasserverfügbarkeit, des Düngemitteleinsatzes und interannueller Klimavariabilität variiert der Flächenertrag, der in Ladakh generell als ein Vielfaches der ausgesäten Menge angegeben wird. Die Angaben schwanken stark innerhalb der Siedlungen: In Hemis Shukpachan erzielen Landnutzer Gerstenerträge mit Faktoren zwischen 1,5 und 6 gegenüber der ausgesäten Menge, bei einem Durchschnittswert von 3,4. In Igu liegt der Durchschnittsertrag mit 3,2 geringfügig niedriger, jedoch wird hier die Spanne zwischen 2-fach bis 8-fach angegeben.[59] Bei Kartoffeln zeichnet sich ein vergleichbares Bild ab. In Hemis Shukpachan wird ein Durchschnittsertrag von 4,0 erreicht, in Igu von 3,7. Auch bei Kartoffeln ist der Schwankungsbereich

59 Diese Werte sind niedriger als die Angaben zum Getreideertrag von OSMASTON (1994: 164) und den Angaben von CUNNINGHAM (1854) und DAINIELLI (1924, zitiert in OSMASTON 1994: 162). ASBOE (1947: 191) schätzt einen 7-fachen Ertrag für Gerste.

in Hemis Shukpachan etwas geringer (zwischen 1,0 und 7,0) als in Igu (zwischen 0,5 und 8,0). Ähnlich verhält es sich bei den weiteren Anbaufrüchten.

| Klasse | Bodenbewertung | Hemis Shukpachan 2005 | Igu 2005 |
|---|---|---|---|
| ***Ma zhing*** | *bestes Ackerland* | 81 ka | 114 ka |
| ***Bagh ma zhing*** | *Obstbäume, beste Bodenqualität* | 0 ka | 0 ka |
| ***Ba zhing*** | *gutes Ackerland* | 1.996 ka | 2.167 ka |
| ***Bagh ba zhing*** | *Obstbäume, gute Bodenqualität* | 640 ka | 2 ka |
| ***Tha zhing*** | *wenig fruchtbares Ackerland* | 19 ka | 524 ka |
| ***Bagh tha zhing*** | *Obstbäume, wenig fruchtbarer Boden* | 0 ka | 0 ka |
| ***Tsas*** | *Gemüsegarten* | 13 ka | 1 ka |
| ***Tsa tsik*** | *schlechte Bodenqualität, steinig* | 15 ka | 36 ka |
| ***Ol thang*** | *Wiesen und Weide* | 529 ka | 264 ka |
| **Summe** | | 3.293 ka | 3.108 ka |

*1 kanal (ka)= 506m²*

*Quelle: Patwari-HS, 14.08.2009; Patwari-IG, 18.09.2008*

*Tab. 24: Bodenqualität der Feldparzellen in den Ortschaften Hemis Shukpachan und Igu*

## 6.6 DER BEITRAG DER TIERHALTUNG ZUR ERNÄHRUNGSSICHERUNG

Neben dem Ackerbau ist die Viehzucht die zweite Komponente der integrierten Hochgebirgslandwirtschaft. Sie leistet über die Versorgung mit Milchprodukten und Fleisch einen unverzichtbaren Beitrag für die Ernährung der Hochgebirgsbevölkerung. Dabei wird die Futterversorgung als kritischer Faktor angesprochen, bevor aktuelle Entwicklungen in der Tierhaltung erläutert werden.

### 6.6.1 Viehzucht und Milchwirtschaft in den ländlichen Siedlungen

Der Viehbestand in den Oasensiedlungen setzt sich aus Boviden, Schafen, Ziegen und Equiden zusammen. Den wichtigsten Anteil haben Boviden, deren Herden Yaks, Hausrinder und Hybride umfassen. Das männliche domestizierte Yak (*Bos grunniens*, *yak*) wird in Ladakh nicht, wie in Tibet üblich, als Zugtier für Pflug- und Drescharbeiten oder als Transporttier eingesetzt, sondern wird vor allem als Zuchtbulle gehalten.[60] Aus der Kreuzung der Yaks mit Hausrindern gehen verschiedene Hybride hervor. Das weibliche Yak *(drimo)* wird ebenfalls für Zuchtzwecke gehalten. Seine Milch zeichnet sich durch einen besonders hohen Fettgehalt aus (OSMASTON et al. 1994). Auch das Fleisch der Yaks wird geschätzt und

60 In diesem Fall gleichen die Praktiken der Tierhaltung in Baltistan (SCHMIDT 2004) und am Nanga Parbat (NÜSSER 1998). OSMASTON et al. (1994) beschreiben für Zanskar die Nutzung von Yaks als Zug- und Transporttiere.

insbesondere bei Festlichkeiten verzehrt, so dass mit dem Verkauf von Yakfleisch hohe Preise erzielt werden können.

Als Hausrind wird üblicherweise eine tibetische Rasse des europäischen Hausrindes *(Bos taurus)* mit relativ kleiner Körpergröße und dunklem Fell gehalten. Erst in jüngerer Zeit besitzen einige Haushalte zusätzlich Jersey-Rinder.[61] Da weibliche Hausrinder *(balang)* für die Milchproduktion bedeutsam sind, übersteigt ihre Anzahl deutlich die der Bullen *(langto)*. Auch weil männliche Hybride gegenüber Hausrindern eine höhere Wertschätzung erfahren, ist die Anzahl von *langto* eher gering.

Besonderen Wert haben Hybride der ersten Generation von Yak und Hausrind.[62] Die männlichen Tiere *(dzo)* dieser Kreuzung sind größer und kräftiger als das Hausrind und zeichnen sich durch ihre besonders hohe Zugkraft aus, weshalb sie als Gespann für Pflug- und Drescharbeiten gegenüber anderen Tieren favorisiert werden (Foto 16). Ähnlich wie das Yak wird auch das *dzo* für den Fleischverzehr, besonders für Festtage, geschlachtet (Kap. 5.3). Im Unterschied zum sterilen *dzo* sind weibliche Hybride *(dzomo)* fortpflanzungsfähig. Wie auch das *drimo* zeichnen sich diese Tiere durch eine gute Milchproduktion mit hohem Fettanteil aus. Der Viehdung aller domestizierten Boviden dient als wichtiges Brennmaterial. Die getrockneten Fladen werden von den Frauen gesammelt und zum Kochen und Heizen verwendet.

Die Haltung von Ziegen *(Capra hircus; rama)* und Schafen *(Ovies aries; luk)* dient vielfältigen Nutzungsmöglichkeiten. Neben der Gewinnung von Milch und Fleisch für Ernährungszwecke werden die Tiere zur Fell- und Wollproduktion[63] sowie zur Gewinnung von Leder gehalten. Der Dung der Kleintiere wird als wichtiger Bestandteil des traditionellen *lut* geschätzt. Esel *(Equus asinus; bungbu)* und Pferde *(Equus caballus; sta)* werden als Transport- und Reittiere genutzt.[64] Durch die zunehmende Verkehrserschließung haben sie daher an Bedeutung verloren. Erst durch den aufkommenden Trekking-Tourismus hat sich in den Ortschaften die Haltung von Equiden als Tragtiere wieder etabliert (Kap. 7.3.2). Esel werden außerdem für das Ausbringen des Hausdüngers im Frühjahr (Foto 15) und als Lasttiere für den Transport von Getreide und Mehl eingesetzt. Die eher prestigeträchtige Pferdehaltung wird nur noch von wenigen aufrecht erhalten.[65] Die Haltung von Geflügel ist in den buddhistisch geprägten Ortschaften Ladakhs nicht üblich. Wie bereits in Kap. 5.3.3 erörtert, wird aus religiösen Gründen kein Hühnerfleisch konsumiert, so dass Haushalte von der Haltung dieser Tiere absehen.

61 Ihre Verbreitung wird durch staatliche Programme gefördert (OSMASTON et al. 1994: 202).

62 Die verschiedenen Hybrid-Generationen werden hier als *dzo* und *dzomo* zusammengefasst. Für die Nomenklatur der unterschiedlichen Yak-Hybriden in Zanskar und Ladakh wird auf OSMASTON et al. (1994) verwiesen.

63 Das traditionelle Spinnen und Weben verliert aufgrund des größeren Angebots industriell gefertigter Kleidung im Basar von Leh an Bedeutung. Alternativ wird außerdem für die Eigenproduktion vermehrt Wolle von Pastoralisten aus Changthang erworben.

64 In Zanskar werden auch Pferde als Zugtiere eingesetzt.

65 Diese Situation ist mit der Nanga Parbat-Region (NÜSSER 1998) und Hunza (KREUTZMANN 1989, 2006b) vergleichbar.

Staatliche Programme zur Förderung von Geflügelfarmen wurden bereits seit den 1960er Jahren initiiert, aber haben bisher keinen wegweisenden Erfolg gezeigt.

Die Tierzahlen und Herdenzusammensetzung in den Untersuchungsdörfern spiegeln den Bedarf der unterschiedlichen Nutzungsmöglichkeiten wider. Dabei zeigt sich, dass Veränderungen der Viehhaltung mit sozioökonomischen Entwicklungen verknüpft sind. Um ihren Bedarf an tierischer Arbeitskraft, Dung, Brennmaterial und Nahrungsmitteln zu decken, besitzen Haushalte in Hemis Shukpachan und Igu gemischte Viehherden. In der Zusammensetzung der insgesamt kleinen Herden sind Boviden die häufigsten Tiere (Tab. 25). Das Yak bevorzugt Höhen von über 3.800 m und wird nur von einzelnen Haushalten in den Siedlungen zur Zucht gehalten.[66] Auf diese Weise verfügt der Besitzer über ein Einkommen, das er aus dem Entgelt für die Deckung einer *dzomo* oder *balang* erzielt. In beiden Ortschaften liegt dieser Betrag derzeit bei 500 INR. Weibliche Yaks *(drimo)* sind in Ladakh generell selten und in den Untersuchungsdörfern nicht vorhanden.

| | | | Hemis Shukpachan (Viehbestand pro Haushalt 2008) | | Igu (Viehbestand pro Haushalt 2008) | |
|---|---|---|---|---|---|---|
| **Boviden** | | | | | | |
| **Hausrinder** | | | **3,4** | | **3,6** | |
| | *davon* | männl. *(langto)* | | 0,3 | | 0,4 |
| | | weibl. *(balang)* | | 1,9 | | 2,2 |
| | | Kalb | | 1,2 | | 1,0 |
| **Hybride** | | | **1,7** | | **1,0** | |
| | *davon* | männl. *(dzo)* | | 1,0 | | 0,6 |
| | | weibl. *(dzomo)* | | 0,6 | | 0,3 |
| | | Kalb *(dzobi)* | | 0,1 | | 0,1 |
| **Yaks** | | | **0,1** | | **0,02** | |
| | *davon* | männl. *(yak)* | | 0,1 | | 0,02 |
| | | weibl. *(drimo)* | | -- | | -- |
| **Ziegen** | | | **0,1** | | **1,0** | |
| | *davon* | Hausziegen | | 0,1 | | 0,1 |
| | | Pashmina-Ziegen | | -- | | 0,9 |
| **Schafe** | | | **1,5** | | **0,3** | |
| **Pferde** | | | **0,3** | | **--** | |
| **Esel** | | | **0,6** | | **1,2** | |
| **Geflügel** | | | **0,1** | | **--** | |

*Qelle: eigene Erhebungen (2008)*
*n (Hemis Skukpachan) = 103; n (Igu) = 198*

*Tab. 25: Durchschnittlicher Viehbestand pro Haushalt in Hemis Shukpachan und Igu*

66 Die Yaks der Bewohner aus Hemis Shukpachan werden in der etwas höher gelegenen Nachbarsiedlung Uleh aufgezogen. In manchen Ortschaften sind Yaks im Gemeindebesitz (z. B. Sabu, LABBAL 2001: 152).

In beiden Siedlungen besitzt fast jeder Haushalt ein *dzo* als Zugtier für die Feldarbeit. Früher hatten Haushalte üblicherweise zwei Tiere als Pfluggespann. Heute gibt es durchschnittlich weniger *dzo*, da in steigendem Umfang Maschinen eingesetzt oder *dzo* von anderen Haushalten entliehen werden. Für die Gewinnung von Milchprodukten verfügen die Haushalte über durchschnittlich ein bis zwei *balang* und *dzomo*. Weil die Boviden aufgrund ihrer vergleichsweise geringen Fertilität nur etwa jedes zweite Jahr kalben (OSMASTON et al. 1994), kann auf diese Weise ganzjährig ein laktierendes Tier die Milchversorgung sichern.[67]

Die Herdenzusammensetzung wird auch durch die ökonomische Situation beeinflusst. Equiden werden in Hemis Shukpachan und Igu als Last- und Transporttiere entsprechend der obigen Beschreibung für das Ausbringen des Düngers, den Transport von Stroh und Heu und zur Erntezeit eingesetzt. In beiden Ortschaften erreichen die Ziegen- und Schafherden keinen nennenswerten Umfang (Kap. 6.6.3). Allerdings fällt auf, dass in Hemis Shukpachan vergleichsweise mehr Schafe vorhanden sind. Dies lässt sich darauf zurückführen, dass in dieser Ortschaft die Tradition des Spinnens und Webens noch stärker erhalten ist und deshalb mehr Wolle produziert wird. Ebenfalls entgegen dem Trend abnehmender Kleintierhaltung haben sich in Igu-Langkor einige Haushalte in den vergangenen Jahren für die Aufzucht von Paschmina-Ziegen entschieden, da die hochwertige Wolle der Tiere eine neue und lukrative Einnahmequelle bietet (Foto 22). Ein Grund, Equiden zu halten, sind auch die monetären Verdienstmöglichkeiten, zum Beispiel als Eseltreiber.

In den Untersuchungsdörfern decken die Bewohner ihren Bedarf an Milchprodukten fast ausschließlich aus der Eigenproduktion. Diese kann aufgrund eines begrenzten Marktangebots nur in unzureichendem Maße über den Handel ergänzt werden. So ist in den Ortschaften lediglich der Zukauf von Milchpulver möglich. Auch in Leh verkaufen nur wenige Frauen Rohmilch auf dem Markt. In der Stadt ist zwar haltbare Milch erhältlich, aber auch hier bestehen Engpässe am Ende des Winters, da erst nach der Öffnung der Straßen im April/Mai neue Ware aus dem Tiefland geliefert werden kann.

Die Milch von *dzomo* und *balang* wird für den Konsum und die Weiterverarbeitung gegenüber der Milch von Kleinvieh präferiert.[68] Die Boviden weisen eine geringe Milchproduktion auf, was auf die Ernährung des Kalbs, die Futterverfügbarkeit und die klimatischen Bedingungen im Hochgebirge zurückgeführt werden kann. Die laktierenden Tiere werden täglich morgens und abends gemolken. Nach OSMASTON et al. (1994: 215) erzielt ein *dzomo* durchschnittlich 0,5–0,6 l pro Melkvorgang, was mit den eigenen Schätzungen einer Milchproduktion von ca. 1–1,5 l pro Tag übereinstimmt. Rückgänge der Milchleistung sind im Winter aufgrund des schlechteren Futterangebots zu verzeichnen. Die Milchleistung sinkt im zweiten Jahr nach Geburt des Kalbes.

67 Diese Angabe für Zanskar deckt sich mit den Beobachtungen in den Beispielsiedlungen. Das Verhältnis von adulten Tieren zu Kälbern unterstreicht diese Annahme.

68 Grundsätzlich wird auch die Ziegen- und Schafmilch konsumiert. Sie ist jedoch von untergeordneter Bedeutung (siehe auch REIFENBERG 1998).

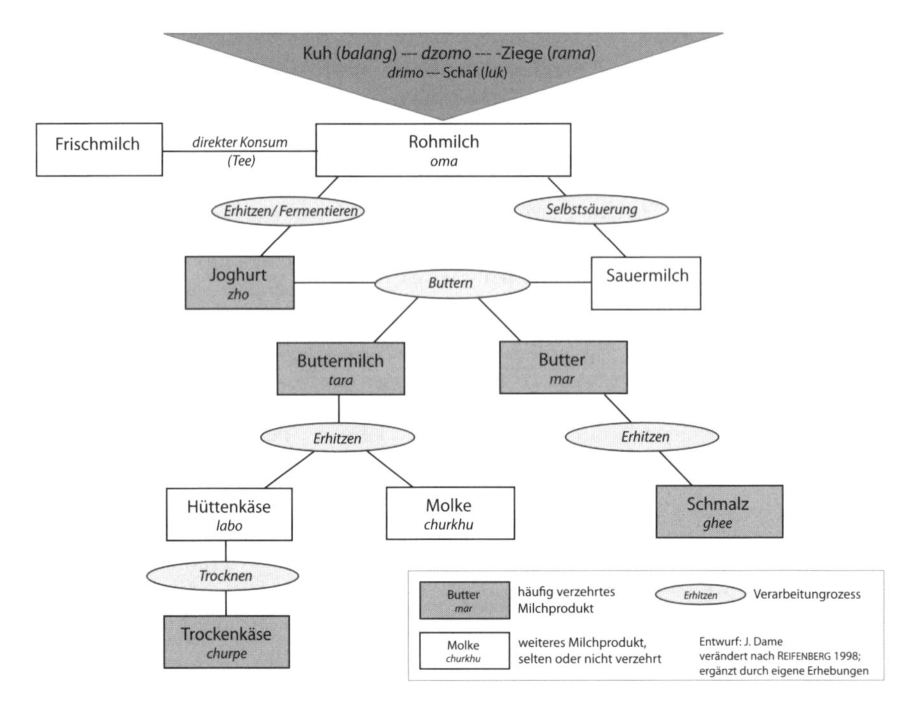


*Abb. 23: Milchprodukte zur alimentären Versorgung*

Die Rohmilch wird zu verschiedenen Produkten verarbeitet, die für die Versorgung der lokalen Bevölkerung mit Proteinen von Bedeutung sind (Abb. 23).[69] Frischmilch wird lediglich in Tee konsumiert, wohingegen die über einige Tage gesammelte Rohmilch zur Produktion von Joghurt erhitzt und fermentiert wird. Alternativ wird die Rohmilch der Selbstsäuerung überlassen. Aus den Zwischenprodukten Sauermilch oder Joghurt wird Butter hergestellt. Das Buttern in einem Holzfass mit einem hölzernen Quirl ist Aufgabe der Frau (Foto 21).[70] Hierbei entstehen Butter und Buttermilch, die wichtige Bestandteile der alltäglichen Ernährung sind. Eine besonders hohe Wertschätzung erfährt die hauseigene Butter, die unerlässlicher Bestandteil von Tee und verschiedenen Mehlspeisen ist. Der hohe Fettgehalt dieser Butter führt zu einer deutlichen Präferenz gegenüber den käuflichen Fertigprodukten.[71] Butter wird traditionell in Tiermägen aufbewahrt und über Monate hinweg eingelagert. Es werden aber auch Tongefäße, Metalldosen und andere Behälter verwendet. Teilweise wird Butter zur Herstellung von Schmalz geschmolzen, obwohl viele Haushalte auch fertig produziertes Butter-

69 Zur Milchverarbeitung in Yasin siehe HERBERS (1998), für Hunza siehe KREUTZMANN (1989).

70 Die Herstellung von Butter aus Frischmilch, wie sie in Ladakh praktiziert wird, ist deutlich arbeitsintensiver als die Butterherstellung aus Rahm.

71 Dennoch kaufen die meisten Haushalte industrielle Butter hinzu. Auch bei großen Festen (Hochzeit, Geburt) wird gekaufte Butter verschenkt.

schmalz *(ghee)* verwenden. Buttermilch wird insbesondere in einer Zubereitung mit Wildgemüse als Beilage zu Mehlspeisen verzehrt. Für die Bevorratung im Winter ist außerdem die Herstellung von Trockenkäse *(churpe)* aus Buttermilch unerlässlich. Dieser ist sehr gut konservierbar und wird besonders als Ergänzung von *thukpa* geschätzt. Zur Herstellung von *churpe* wird zunächst Frischkäse aus Buttermilch gewonnen. Dieser wird in der Sonne getrocknet und kann dann für die Wintermonate eingelagert werden. In dieser Jahreszeit ist er eine wichtige Eiweißquelle.

Die Schlachtung von Großvieh findet im Winter statt, da zu dieser Jahreszeit bessere Möglichkeiten der Vorratshaltung gegeben sind. Zugleich erhöhen Haushalte in dieser Zeit des Mangels an Frischgemüse ihren Fleischkonsum (Kap. 5.2.2). Fleisch von Kleinvieh (v. a. Schafen) wird von einigen Haushalten bei Metzgern in Leh erworben. Da im gesamten Distrikt vergleichsweise wenig Geflügel gehalten wird, werden Eier aus Kaschmir nach Leh importiert und in der Stadt in größeren Mengen vermarktet. Weil der Nachschub mit der Straßenschließung im November ausbleibt, lagern manche Haushalte Eier für die Winterzeit ein. Insgesamt ist festzuhalten, dass die Verfügbarkeit von Milch- und Fleischprodukten ebenso wie die von Gemüse durch eine ausgeprägte Saisonalität gekennzeichnet und durch Schwankungen der haushaltseigenen Produktion und des Marktangebots bedingt ist.

### 6.6.2 Futterversorgung und mobile Tierhaltung

Die Futterversorgung gilt als kritischer Faktor in der Viehhaltung und unterliegt ausgeprägten saisonalen Schwankungen. Unter Berücksichtigung der ackerbaulichen Aktivitäten und der Vegetationsperiode wird daher die optimale Nutzung unterschiedlicher Futterquellen und Weidegründe im Jahresverlauf angestrebt. Hierbei haben sich differenzierte Mobilitätsmuster ausgebildet, die an den Bedarf an tierischer Arbeitskraft zu Arbeitsspitzen in der Landwirtschaft sowie die Nutzung der natürlichen Vegetation angepasst sind. In Ladakh hat sich wie in den benachbarten Hochgebirgsregionen eine Vielfalt pastoraler Systeme herausgebildet (EHLERS & KREUTZMANN 2000a, KREUTZMANN 2012). Die folgenden Beispiele aus den beiden Untersuchungsdörfern veranschaulichen eine für die Oasensiedlungen Ladakhs typische Situation.[72]

Die Tierhaltung und Weidenutzung in den Dorfsiedlungen ist an den agrarischen Jahreskalender angepasst, um Schädigungen der Ackerfrüchte durch Viehverbiss zu vermeiden. Zugleich ist die Zug- und Transportkraft der Tiere für Feld-

72 In beiden Ortschaften wird keine mehrstufige Staffelwirtschaft betrieben, die OSMASTON et al. (1994) für Zanskar beschrieben hat und in einigen Regionen Nordpakistans praktiziert wird (KREUTZMANN 1989; HERBERS 1998; NÜSSER 1998). Das Nutzungsmuster in den Untersuchungsdörfern ähnelt dem Staffeldiagramm der Weidenutzung in Baltistan (SCHMIDT 2004: 95). Nomadische Formen der mobilen Tierhaltung sind in anderen Regionen Ladakhs bekannt (CASIMIR 2003).

arbeiten in den Einfacherntegebieten Hemis Shukpachan und Igu in den Monaten April, Mai und September notwendig. Milchvieh und Jungtiere bleiben ganzjährig in der Siedlung, wo sie im Sommer reichlich Futter vorfinden. Sie grasen angepflockt und unter Aufsicht entlang von Kanälen und Feldrainen. Auch Esel und Pferde verbleiben in den Ortschaften, um sie für kurzfristig anfallenden Transportbedarf einsetzen zu können. Zusätzlich werden bewässerte Wiesen *(spang)* als kommunales Weideland in der Flur für laktierende Tiere und Equiden genutzt.[73] Die Tiere werden abends eingestallt und erhalten dort eine Zufütterung, z. B. durch Speisereste und Residuen aus der *chang*-Herstellung. Nach der Ernte im Herbst bleibt auch das Galtvieh bis zur Bereitung der Felder im Frühjahr in der Flur. In dieser Zeit werden neben der noch vorhandenen Vegetation auch die Stoppelfelder zur Beweidung genutzt. Da sich die Tiere frei in der Flur bewegen, sind die Haushalte darauf bedacht, zügig die Ernte einzuholen und zu dreschen, um den Ertrag vor dem Vieh zu schützen. Felder und besonders Gärten werden teilweise mit Mauern und Dornenzweigen des Sanddorn *(Hippophae rhamnoides)* geschützt. In einigen Ortschaften erfüllt zu dieser Zeit ein Erntewächter *(lorapa)* die Aufsichtsfunktion.

Für Ziegen und Schafe werden selten die Hochweiden, sondern die Hänge der Seitentäler und andere, in der Nähe der Ortschaft gelegene, Areale genutzt. Hierfür erfolgt ein täglicher Auf- und Abtrieb des Kleinviehs. Für die Beaufsichtigung der Weidegänge werden Hütearrangements getroffen, die im traditionellen Nutzungssystem auf Rotationsbasis erfolgen. Die Hirten werden aus allen Haushalten turnusmäßig zur Verfügung gestellt. Da männliche Haushaltsmitglieder zunehmend einer außerlandwirtschaftlichen Erwerbstätigkeit nachgehen und für Kinder Schulpflicht besteht, werden vermehrt Hirten gegen Lohn eingestellt.

Aufgrund der Wintereinstallung ist die Tierhaltung in dieser Jahreszeit ausschließlich auf Stallfütterung angewiesen. Besonders nahrhaft ist Alfalfa *(ol)*, das nach der Ernte getrocknet wird. Auch Gräser der Feldraine und Kanäle werden in den Ortschaften geschnitten und zu Heu gemacht. Wie im Sommer dienen Speisereste und Reste aus der *chang*-Produktion als weitere Futterquellen.[74] Der Winter und das Frühjahr sind allerdings durch regelmäßig auftretende Futterengpässe charakterisiert, die bereits für die Vergangenheit in historischen Berichten erwähnt wurden (Kap. 4.2). Die Futterengpässe bedingen eine erhöhte Sterblichkeit der Tiere, eine Reduktion der Fertilität und einen Rückgang der Milchproduktion.[75] Die Verfügbarkeit von Winterfutter aus der eigenen Produktion ist daher ein limitierender Faktor für die Herdengröße. Gleichzeitig bedeutet der Mangel an Viehfutter lukrative Preise für etwaige Heuüberschüsse.

73 Innerhalb der Dorfgemeinschaft gibt es Regelungen zur Nutzung des *spang*. So hat beispielsweise in Hemis Shukpachan jede Zehnergruppe *(bcu-cho)* die Nutzungsrechte an einer *spang*.

74 Die Schneitelung von Bäumen spielt eine untergeordnete Rolle.

75 In besonderen Notlagen versuchen staatliche Organisationen die Futterengpässe zu lindern. Als im besonders harten Winter 2007/2008 die Viehherden der Nomaden Changthangs von Futterengpässen betroffen waren, kaufte der *Hill Council* in Leh und Umgebung größere Mengen an Heu auf und verteilte es an die Nomaden.

Ein wichtiger Bestandteil der integrierten Hochgebirgslandwirtschaft sind die almwirtschaftlichen Weidesysteme. Die Nutzung unterschiedlicher Vegetationshöhenstufen (Kap. 4.1.4) ermöglicht die optimale Ausschöpfung des Futterpotentials. Die Nutzungsrechte der Weidegründe beruhen auf institutionellen Regelungen und ergeben sich in der Regel durch die Dorfzugehörigkeit. In den Sommermonaten wird die Vegetation der Hochweiden *(phu)* mit Boviden bestoßen. Der Auftrieb erfolgt nach Abschluss der Feldvorbereitung und Aussaat im Frühjahr. Während der folgenden vier Monate werden die Yaks und *dzo* sich selbst überlassen, so dass diese extensive Nutzung einen generell niedrigen Arbeitsaufwand bedeutet. Lediglich für Salz, das in die Hochweidegebiete gebracht werden muss, um die Versorgung der Tiere mit ausreichend Mineralstoffen zu sichern, erfolgt alle paar Tage der Aufstieg eines Bewohners. Diese Tätigkeit wird in Hemis Shukpachan und Igu üblicherweise mit dem Sammeln von Wildpflanzen oder pflanzlichem Brennmaterial *(Artemisia* sp., *burtse)* verbunden.

### 6.6.3 Jüngere Entwicklung in der Viehwirtschaft: Rückgang der Tierzahlen

In den vergangenen zehn Jahren wurde die Herdengröße in den untersuchten Dörfern deutlich reduziert. In Igu verringerten 46 % der Haushalte ihren Viehbestand, in Hemis Shukpachan sogar 78 % (Abb. 24). Für diese Veränderung ist die zurückgehende Arbeitskräfteverfügbarkeit aufgrund der bereits erwähnten Zunahme an außeragrarischen Erwerbsmöglichkeiten sowie der Schulbildung der Kinder ausschlaggebend.

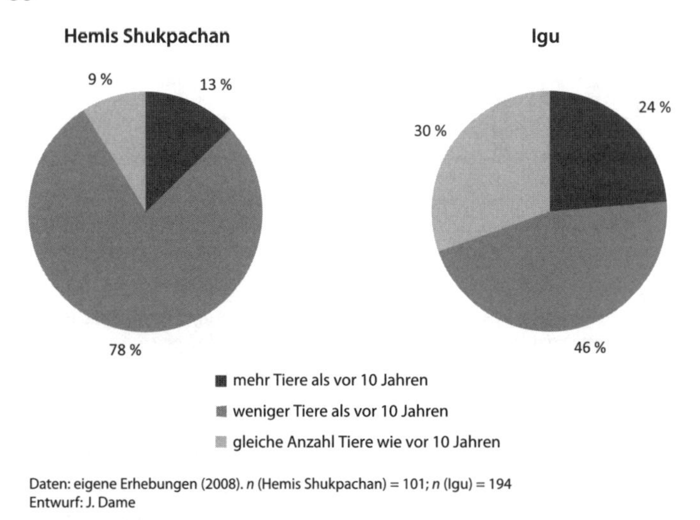


Daten: eigene Erhebungen (2008). *n* (Hemis Shukpachan) = 101; *n* (Igu) = 194
Entwurf: J. Dame

*Abb. 24: Veränderung der Tierzahlen in Hemis Shukpachan und Igu*

Der Rückgang des Viehbestands ist besonders auf die Aufgabe der Haltung von Kleinvieh, das in der Vergangenheit aufgrund der vielseitigen Nutzbarkeit wichtig war, zurückzuführen. Ziegen wurden geschätzt, da sie relativ anspruchslos sind und ihr Futter selbst an den Hängen außerhalb der Flur suchen. Wegen der geringen Wertschätzung ihrer Milch wird die Ziegenhaltung allerdings zunehmend aufgegeben. Die Bedeutung der Schafzucht nimmt besonders aufgrund des Angebots an industriell gefertigter Bekleidung in den Läden von Leh ab. Ein weiterer Grund für die sinkenden Viehzahlen ist der Rückgang des Bedarfs an Zugkraft. Die Aufgabe von Feldflächen, die Ausweitung des extensiven Anbaus von Alfalfa und Baumkulturen und der Maschineneinsatz reflektieren sich in den Bovidenzahlen.[76] Darüber hinaus wird die vormals unerlässliche Verknüpfung zwischen Feldgröße und Bedarf an Viehdung durch die Verfügbarkeit von Mineraldünger aufgehoben.

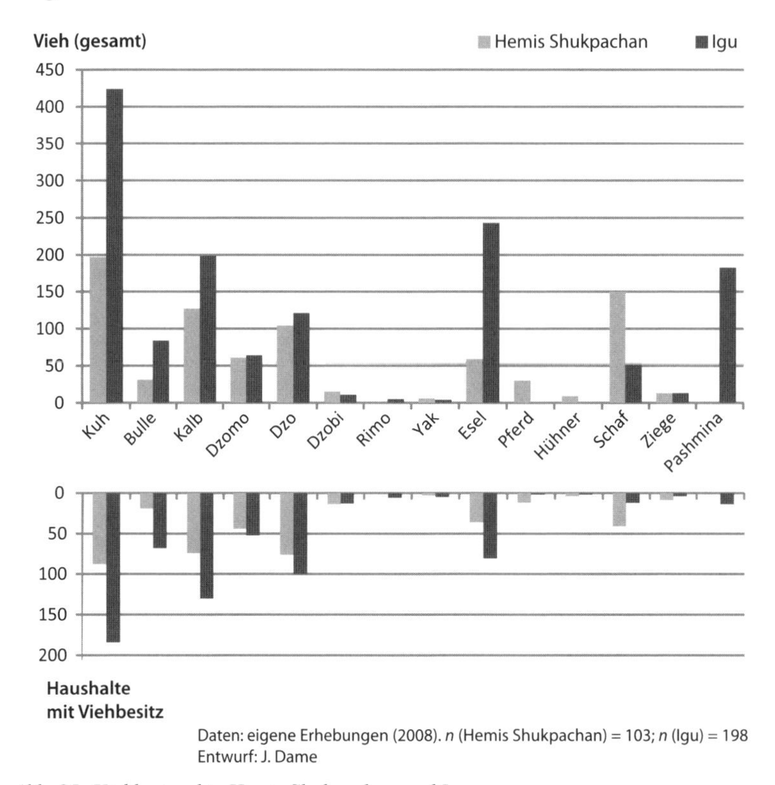


*Abb. 25: Viehbestand in Hemis Shukpachan und Igu*

Gegenüber dem allgemeinen Trend schrumpfender Herdengrößen sind zwei Besonderheiten zu nennen. Zum einen ist zu beobachten, dass nach wie vor Milchvieh besonders stark in den Herden vertreten ist, was deren gehobene Bedeutung

76 Neben dem reziproken Austausch von menschlicher und tierischer Arbeitskraft etabliert sich die monetäre Aufwandsentschädigung. Das Ausleihen eines *dzo* zum Pflügen kostet nach Angaben der Landnutzer 200 INR pro Tag.

für die alimentäre Versorgung der Bevölkerung unterstreicht (Abb. 25). Zum anderen entscheiden sich einige Haushalte entgegen dem allgemeinen Trend für eine Vergrößerung ihrer Herden, um Verkaufsoptionen zu nutzen. Ein anschauliches Beispiel ist die erwähnte Aufnahme der Paschmina-Ziegenhaltung in Igu. Hierauf haben sich 14 Haushalte spezialisiert, die bei einer Gesamtherdengröße von 183 Stück durchschnittlich 13,1 Tiere besitzen (Abb. 25; Foto 22).

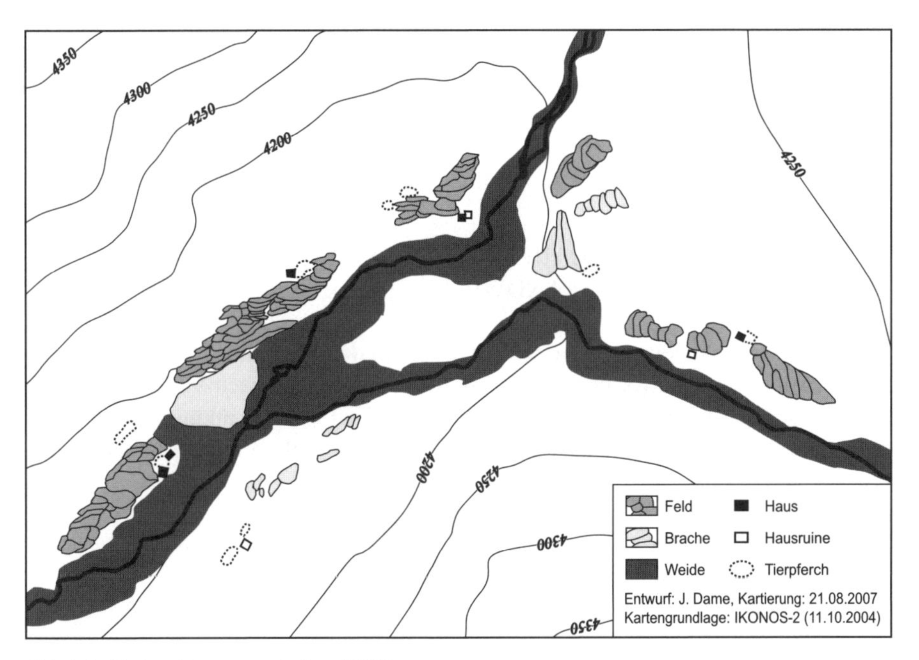


*Abb. 26: Hochweidenutzung in Igu (2007)*

Verbunden mit der Reduzierung der Viehzahlen ist auch ein Rückgang der Almwirtschaft zu konstatieren. Zentrales Element dieser Nutzungsform in den Sommersiedlungen *(doksa)*, die in unmittelbarer Nähe der Hochweiden *(phu)* oberhalb der Flur vorzufinden sind, ist die Viehhaltung von Boviden. Zusätzlich werden hier Wildpflanzen gesammelt und in manchen Sommersiedlungen Tierfutter angebaut. Im oberen Einzugsbereich des Igu *tokpo* befindet sich in einer Höhe von 4.200 m eine kleine Sommersiedlung *(doksa)*, auf die hier exemplarisch eingegangen wird.[77] Sie besteht aus einigen Schutzhütten für Hirten und wenigen Sommerhäusern mit einem einfachen Wohnraum (Abb. 26). Diese Häuser sind, ebenso wie die zugehörigen Feldparzellen und Tierpferche, im Privateigentum von vier Haushalten aus Igu, die über entsprechende Nutzungsrechte verfügen.

77 In Hemis Shukpachan gibt es lediglich ein paar Schutzhütten außerhalb der Flur, jedoch keine Almsiedlung. Die Ruinen saisonal bewohnter Sommerhäuser befinden sich am nördlichen Ortsrand in Flussnähe.

Zwischen Mai und August werden Getreide und Alfalfa auf den wenigen Parzellen angebaut. Diese müssen bereits vor Beginn der Ernteperiode im Dorf geerntet werden, damit anschließend der Viehabtrieb erfolgen kann.[78] Für die Bewirtschaftung der Hochweide verbringt ein Teil der Haushaltsmitglieder (meist die Großeltern) vier Monate des Jahres im Sommerhaus. Allerdings sind in den vergangenen Jahren die Häuser nach dem Tod der Großeltern verlassen worden, da die jüngere Generation auf die Nutzung der Hochweide verzichtet. Die Aussage einer Interviewpartnerin unterstreicht, dass die Aufrechterhaltung der Hochweidenutzung nicht mehr zur Sicherung der Versorgung, sondern aus gesellschaftlichen Gründen erfolgt (IB76):

> „We continue coming here due to cultural reasons. Otherwise, our neighbours will start talking."

## 6.7 ARBEITSBEDARF UND -ORGANISATION IN DER LANDWIRTSCHAFT

Die jüngeren Veränderungen im Ackerbau und in der Tierhaltung sind, wie bereits angesprochen, mit Anpassungen der Arbeitskräfteverfügbarkeit verbunden. Nach einer zusammenfassenden Darstellung der Praktiken in der Landnutzung im Jahreszyklus, wird auf die Arbeitsorganisation und aktuelle Veränderungen eingegangen.

### 6.7.1 Jahresgang der landwirtschaftlichen Aktivitäten

Die landwirtschaftliche Nutzung und damit verbundene Tätigkeiten beschränken sich auf sechs Monate des Jahres (Abb. 27)[79]. Die klimatischen Gegebenheiten erlauben den Anbau von Feldfrüchten mit einer kurzen Reifeperiode, weshalb in Ladakh Getreidesorten kultiviert werden, die von der Aussaat bis zur Ernte nur drei (Gerste) bis vier Monate (Weizen) benötigen. Das landwirtschaftliche Jahr beginnt mit dem Ende des Winters im zweiten tibetischen Monat, der dem Monat März entspricht (OSMASTON & RABGYAS 1994), mit einem Ritual zur „Öffnung der Erde" (DOLLFUS 1997).[80] Der Beginn des neuen Agrarzyklus wird von einem Astrologen *(onpo)* bestimmt.[81] Die Monate März und April dienen vor allem den Vorbereitungen. In dieser Zeit werden die Mauern der Terrassen und Einfriedungen repariert und die Bewässerungskanäle und Reservoirs instand gesetzt. Zu Beginn des Agrarzyklus werden Holz zerkleinert und gegebenenfalls Bäume ge-

78 Heute wird die auf der Hochweide kultivierte Gerste vor allem für die *chang*-Produktion verwendet. Die Interviewpartnerin sagte, dass in der Vergangenheit der Ertrag auch für *tsampa* genutzt wurde. Außerdem wird Viehfutter angebaut.

79 Zum Jahresgang in der Landwirtschaft siehe auch DOLLFUS (1989b) und LABBAL (2001).

80 Zu den weiteren Ritualen im Agrarzyklus siehe DOLLFUS (1989b: 27–33).

81 In Igu gibt es die Vorhersage des Astrologen nicht mehr.

schneitelt. Baumkulturen werden gepflegt und Setzlinge gepflanzt. Auch erfolgt jetzt, etwa einen Monat vor der Aussaat und bevor der Dünger auf den Feldern verteilt ist, die erste Bewässerung *(skya chu)* der Feldparzelle, um den Boden besser aufbrechen zu können. In manchen Ortschaften entfällt diese erste Bewässerung, sofern Schneeschmelze auf den Feldern für ausreichende Bodenfeuchte gesorgt hat. Die Anlage der Gartenbeete erfolgt im März und April, bevor die erste Arbeitsspitze im Ackerbau erreicht wird. Wenige Pflanzen gedeihen im Gewächshaus oder werden in der Setzlingszucht unter Folie gezogen und bereits bewässert. Im April und Mai können auch die ersten Wildpflanzen gesammelt werden und das frühe Blattgemüse reift unter Folien. Zwischen April und Anfang Mai beginnen die Vorbereitungen für die Aussaat der Ackerfrüchte. Zunächst wird hierfür der Hausdünger *(lut)* auf die Felder[82] gebracht. Für diese Gemeinschaftsaufgabe *(las-bes)* ist eine größere Anzahl an Arbeitskräften und an Eseln als Transporttiere notwendig. Für das Ausbringen des Düngers sind jeweils Gruppen von circa fünfzehn Personen und einem Dutzend Tiere beschäftigt, um an aufeinander folgenden Tagen die Parzellen aller teilnehmenden Haushalte zu versorgen (Foto 15).

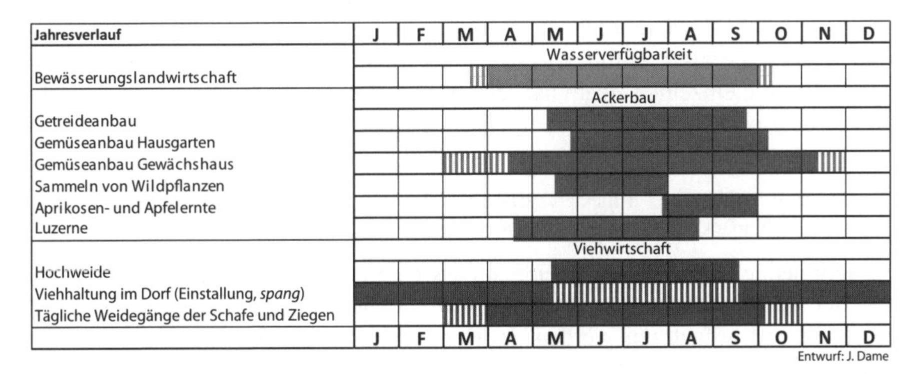


*Abb. 27: Der landwirtschaftliche Kalender in den Einfacherntegebieten von Ladakh*

Das Pflügen und die Aussaat der Feldfrüchte erfolgen je nach klimatischer Variabilität, Höhenlage und Anbaufrucht zwischen April und Mitte Mai. Aufgrund seiner längeren Reifeperiode wird Weizen vor der Gerste ausgesät. Für das Pflügen – üblicherweise mit einem *dzo*-Gespann, das den aus Holz gefertigten Sohlenpflug zieht – und die Aussaat sind mehrere Personen notwendig. Während meist Kinder oder Frauen die Tiere antreiben, wird der Pflug von männlichen Haushaltsmitgliedern geführt (Foto 16).

Für die Anlage der Feldkanäle zur Bewässerung werden zunächst mit dem Pflug die Linien der Beete *(nang)* vorgezeichnet. Anschließend erfolgt das Eggen der einzelnen Beete mit einem zargenlosen Holzrechen *(rbat)*, um die Fläche für die Bewässerung zu nivellieren. Die einzelnen Feldkanäle werden mit einer

82 In Zanskar und Suru wird der Stallmist bereits im Herbst auf die Felder gebracht OSMASTON (1994). Diese Praxis beschreibt auch SCHMIDT (2004) für Baltistan.

Krummschippe aus den tiefen Pflugfurchen manuell ausgehoben und zugleich die Hierarchie der Feldkanäle angelegt (Foto 14). Unkraut und Wurzeln werden gejätet und größere Steine von den Feldparzellen entfernt. Nach der Aussaat des Getreides werden die Beete mit dem Holzrechen *(rbat)* erneut bearbeitet. Für das Ausbringen der Kartoffeln wird der Boden mit dem Pflug aufgebrochen und anschließend ebenfalls mit Hilfe des *rbat* geglättet. Nach dem Ende der Pflugarbeiten findet der Almauftrieb statt. Lediglich laktierendes Milchvieh und neugeborene Kälber verbleiben in der Flur.

Die ersten Zyklen der nun einsetzenden Bewässerung sind besonders kritisch und folgen einem festgelegten Rhythmus. In Hemis Shukpachan geschieht dies generell fünfzehn bis zwanzig Tage nach dem Auskeimen der Getreidepflanzen. Kartoffeln werden bereits nach zehn Tagen erstmals bewässert. Zwei weitere Bewässerungen folgen im Abstand von zwei und drei Wochen. Bis zu diesem Zeitpunkt sind die Jungpflanzen besonders empfindlich. Danach erfolgt die turnusmäßige Bewässerung im Abstand von einer Woche bis zehn Tagen bis zum Ende der Reifezeit (Kap. 6.1.1). In den Monaten nach der Aussaat fallen zeitintensive, aber etwas weniger kräftezehrende Tätigkeiten an. Üblicherweise ist es Aufgabe der Frauen, die Felder während der Reifeperiode zu pflegen. Regelmäßig werden Unkraut gejätet, das als Viehfutter Verwendung findet, und die Feldparzellen bewässert, indem die einzelnen Beete nacheinander geflutet werden. Diese Zeit des Jahres (ab dem sechsten Monat des tibetischen Kalenders) wird von Bewohnern in Gruppendiskussionen als die angenehmste Zeit des Jahres bewertet:

> „It's warm and we get a lot of vegetables." „These weeks are resting time. Everything is good, for humans and for animals. It's nice weather."

Im Sommer setzt die Obstreife ein, so dass bereits im August die ersten Früchte geerntet werden können. Dies ist eine arbeitsintensive Tätigkeit, da sie von Hand gepflückt und aufgelesen werden. In Hemis Shukpachan kommt zusätzlich der beschwerliche Weg mit vollen Körben aus Rong hinauf zur Siedlung dazu. In den Ortschaften ist es die Aufgabe der Frauen, die Früchte zu entkernen, zu trocknen und die Kerne mit Steinen aufzubrechen. Bereits ab Ende Juli und Anfang August werden Gras und Luzerne geschnitten. Diese Aktivität wird gemeinschaftlich übernommen. Anschließend werden die Grasbündel auf den Flachdächern der Häuser zum Trocknen ausgelegt und zu Heu gemacht, das als wichtigstes Winterfutter dient. Ab Mitte August beginnt die Ernteperiode der Feldfrüchte, die von den Befragten aufgrund der hohen Arbeitsintensität als schwerste Zeit des Jahres bezeichnet wird. In Abhängigkeit von der unterschiedlichen Reifezeit werden zunächst Senf, Erbsen und anschließend Getreide geerntet. An der Getreideernte, Anfang September, sind alle Haushaltsmitglieder beteiligt. Zu dieser Arbeitsspitze kehren auch diejenigen Haushaltsmitglieder in die Ortschaft zurück, die zu anderen Jahreszeiten abwesend sind, um Engpässe zu minimieren. Die Ernte wird per Hand eingebracht. Hierfür werden die Pflanzen mit einer kleinen Rundsichel geschnitten oder mit ihren Wurzeln aus der Erde gerissen, was das Futtervolumen erhöht. Das Getreide wird auf den Feldern zum Trocknen ausgelegt und anschließend in Bündeln so aufgestellt, dass die Ähren zum Schutz nach innen gekehrt sind. Jetzt werden auch die Tiere von der Hochweide ins Tal gebracht, da sie zum Dreschen benötigt werden. Nach dem Abschluss der Getreideernte wird auf einem kreisrunden Dreschplatz am Haus oder einem abgeernteten, in der Nähe des Wohnhauses gelegenen Feld durch Viehtritt gedroschen. Hierzu werden ein *dzo*-Gespann und im Bedarfsfall auch Equiden eingesetzt, die durch ihren Tritt das Korn von der Ähre trennen. Zum Trennen der leichteren Spreu von den Körnern wird gegen den Wind geworfelt. Anschließend waschen die Frauen die Getreidekörner in den Kanälen und trocknen sie in der Sonne. Das Rösten ist ebenfalls eine Aufgabe der Frauen, die sie meist im Verbund mit mehreren Nachbarinnen übernehmen.

Der Herbst ist die Zeit des Einlagerns und der Vorbereitungen für den Winter. Teilweise erfolgt ein erneutes Pflügen zur Auflockerung des Bodens vor Beginn des Winters. Die Getreidekörner werden in den Getreidemühlen *(rantak)* gemahlen oder zu den Mahlwerken in Leh und Kharu gebracht. Im November werden die Verbindungsstraßen nach den ersten größeren Schneefällen geschlossen.

Im Winter beschränken sich die landwirtschaftlichen Aktivitäten auf das Füttern und Melken der Stalltiere.[83] Diese Jahreszeit ist daher auch die Zeit für Handarbeiten wie Spinnen und Weben und die Pflege sozialer Beziehungen. In diesen Monaten findet die Mehrzahl der gesellschaftlichen und religiösen Feste statt, zu denen Hochzeiten, Geburts- und Klosterfeste *(cham)* zählen.[84] Den Höhepunkt des Jahres bildet das Neujahrsfest *(losar)* als wichtigstes Fest im Jahresverlauf, das Ende des zehnten Monats des tibetischen Kalenders (Dezember) begangen wird. Das neue Jahr beginnt mit einer Zeit der Gebete und rituellen Praktiken, bevor der nächste Agrarzyklus anfängt.

### 6.7.2 Arbeitsorganisation und Aufgabenverteilung

In der traditionellen Subsistenzwirtschaft waren alle Haushaltsmitglieder in die landwirtschaftlichen Aktivitäten zur Sicherung Nahrungsmittelproduktion eingebunden. In Ladakh ist nur für wenige Aufgaben eine typische geschlechtsspezifische Arbeitsteilung vorgesehen (Tab. 26; vgl. DOLLFUS 1989b: 146–150). Stattdessen ist eine gewisse Flexibilität gegeben, um die unterschiedlichen Aufgaben und Belastungsspitzen zu bewältigen. Lediglich das Pflügen sowie das Melken und Buttern unterliegen einer festen geschlechtsspezifischen Aufteilung. Während ersteres ausschließlich von männlichen Haushaltsmitgliedern übernommen wird, sind das Melken und Buttern Aufgaben der weiblichen Haushaltsmitglieder. Weibliche Haushaltsmitglieder sind vorwiegend für Aufgaben im Haus und der näheren Umgebung zuständig. Neben der Zubereitung der Speisen und der Verantwortung für den Unterhalt des Hofes zählen hierzu das Wasserholen, das

83 Die Haushaltsmitglieder verbringen viel Zeit am wärmenden Ofen, für den als Brennmaterial getrockneter Viehdung verwendet wird. Tagsüber wird die Wärme der Sonne genutzt.

84 Einige Klosterfeste sind mittlerweile in den Sommer verlegt worden, damit sie auch als touristische Attraktion Wirkung erzielen.

Sammeln von Brennmaterial, die Produktion von Butter und Joghurt und das Rösten der Gerste. Sie übernehmen häufig die täglichen landwirtschaftlichen Tätigkeiten wie das Jäten und Bewässern sowie die Versorgung der Tiere (Futter sammeln, Melken etc.). Sofern es die Situation erlaubt, wird dabei die mögliche physische Belastung in bestimmten Lebensabschnitten (Alter, Schwangerschaft) berücksichtigt (Kap. 5.3.2). Es gibt keine spezifischen Tätigkeiten, die explizit für Kinder vorgesehen sind. Sie helfen daher in den verschiedensten Bereichen mit und sind in der Regel für das Wasserholen, das Sammeln von Brennmaterial und Viehfutter oder das Ein- und Austreiben des Viehs zur Weide zuständig.

| Aufgabe | Männl. Haushalts-mitglieder | Weibl. Haushalts-mitglieder | Lohn-arbeiter/ Maschine | Arbeits-teilung *(las-bes)* |
|---|---|---|---|---|
| Pflügen | | | | |
| Düngen *(lut)* | | | | |
| Düngen (chem.) | | | | |
| Aussaat | | | | |
| Bewässerung | | | | |
| Unkraut jäten | | | | |
| Wildpflanzen sammeln | | | | |
| Viehhaltung *(phu)* | | | | |
| Viehhaltung | | | | |
| Melken | | | | |
| Buttern | | | | |
| Ernte | | | | |
| Dreschen | | | | |
| Mahlen | | | | |
| Lagerung Getreide | | | | |
| Brennholz/Viehdung sammeln | | | | |
| Wasser holen | | | | |
| Nahrung zubereiten | | | | |
| Haushaltsarbeiten | | | | |
| Spinnen | | | | |
| Weben | | | | |

*Quelle: DOLLFUS 1989b: 149; modifiziert und ergänzt*

*Tab. 26: Arbeitsorganisation in der subsistenzorientierten Wirtschaftsweise*

Diese bisherige Arbeitsorganisation (Tab. 26) ist derzeit im Umbruch. Hierfür sind mehrere Gründe zu nennen: Veränderte Wirtschaftsstrukturen sowie die Schulbildung von Kindern und Jugendlichen führen zu konkurrierenden Tätigkeiten während der Agrarsaison, die in vielen Fällen mit Migration verbunden sind (Kap. 7.4). Weitere Faktoren sind die genannten Agrarinnovationen, durch die der Arbeitsaufwand modifiziert wird, wie auch eine geringere Wertschätzung landwirtschaftlicher Aktivitäten. Dieses fehlende Interesse wird von den Dorfbewohnern insbesondere der jüngeren Generation mit höherer Schulbindung attestiert.

In Zeiten besonders hoher Arbeitsbelastung ist die Organisation der Landwirtschaft durch reziproke Beziehungen zwischen den Haushalten zum Austausch von

Arbeitskräften, Zug- und Transporttieren und Gerätschaften gekennzeichnet (Kap. 4.6.2). Die Arbeitsteilung *(las-bes)* erfolgt besonders für das Ausbringen des Düngers im Frühjahr, das Pflügen und, in geringerem Umfang, während der Ernte. In Abhängigkeit von unterschiedlichen Faktoren wie der Verfügbarkeit von Arbeitskräften und Zeit, aber auch persönlichen Präferenzen, werden *las-bes*-Beziehungen sowohl mit Nachbarn als auch mit Verwandten eingegangen. Der Aufwand unterscheidet sich je nach Tätigkeit: Für das Ausbringen des heimischen Düngers *(lut)* wird eine größere Anzahl von Arbeitskräften und Transporttieren benötigt[85], während für das Pflügen meist ein zusätzliches *dzo* und eine weitere männliche Arbeitskraft ausreichen (Foto 16).[86] Hierfür existieren oft institutionalisierte Absprachen zwischen relationalen *khang chen*- und *khang chun*-Haushalten, die häufig dadurch gekennzeichnet sind, dass *khang chen*-Haushalte über mehr Materialien und Tiere verfügen, die sie einbringen, während *khang chun*-Haushalte verstärkt Arbeitskraft beisteuern. Zur Ernte ist der Einsatz aller Haushaltsmitglieder nötig. Auch verwandtschaftliche Beziehungen sind während der kurzen Anbauperiode für die Übernahme arbeitsintensiver landwirtschaftlicher Aktivitäten relevant (Fotos 15, 17). Die Kompensation wird auch durch Speisen oder eine Einladung zum Essen erbracht. Der gemeinsame Konsum von *chang* und Tee ist fester Bestandteil der *las-bes*.[87] Wenn Familien nicht über ausreichend Arbeitskräfte aber über die notwendigen finanziellen Mittel verfügen, stellen sie Lohnarbeiter ein. Haushalte, die mit weniger Ressourcen ausgestattet sind, können ihre Arbeitskraft anbieten und erhalten als Gegenleistung einen Teil der Ernte.[88]

Die Befragungsergebnisse aus den beiden Untersuchungsdörfern verdeutlichen Verschiebungen in der geschlechts- und altersspezifischen Arbeitsbelastung. In zahlreichen Haushalten ist nur noch eine Person ausschließlich in der Landwirtschaft tätig (Abb. 28). Während dieser Anteil in Hemis Shukpachan bei 27 % liegt, verfügen in Igu bereits 40 % der Haushalte über nur noch eine Vollzeit-Arbeitskraft für die Landwirtschaft. Die Analyse zeigt zudem auf, dass die Arbeitsbelastung besonders für weibliche Haushaltsmitglieder steigt. Neben den Tätigkeiten im Haushalt übernehmen sie eine Mehrarbeit in der Landwirtschaft. Da besonders Männer außeragrarischen Erwerbstätigkeiten nachgehen, ist bereits bei 33 % der befragten Haushalte in Hemis Shukpachan sowie bei 48,5 % der Haushalte in Igu keine männliche Arbeitskraft mehr ausschließlich in der Land-

85 Das Leeren der Komposttoiletten und Ausmisten der Ställe werden ausschließlich von Haushaltsmitgliedern übernommen. Nur der anschließende Transport zu den Feldparzellen ist eine Gemeinschaftsaufgabe, für die jeder Haushalt Esel und Arbeitskräfte zur Verfügung stellt.

86 Siehe hierzu auch die Arbeiten von DOLLFUS (1989b) und LABBAL (2001).

87 Während es bei der Arbeit *chang*, Tee und leicht zubereitende Speisen wie *kholak* mit *sholo* gibt, werden die Arbeitskräfte am Ende des Tages mit möglichst reichhaltigen Speisen versorgt. Am Ende eines langen Arbeitstages während des Ausbringens von Dünger in Hemis Shukpachan (Mai 2008) wurde Reis mit umfangreichen Beilagen angeboten. Der Haushalt hat für diese Verköstigung Lebensmittel (z. B. frisches Gemüse) in Leh einkaufen müssen.

88 Bereits in der Vergangenheit konnten sich Landlose und Personen mit wenig Landbesitz als Erntehelfer betätigen und erhielten hierfür einen Anteil des eingebrachten Ertrags (LABBAL 2001).

wirtschaft tätig. Zugleich hat nur je ein Haushalt keine Vollzeit-Arbeitskraft zur Verfügung, was wiederum die Arbeitsbelastung, die Frauen auf sich nehmen, unterstreicht. Viele Männer entscheiden sich für eine zeitlich begrenzte Rückkehr in die Ortschaften. Somit ist eine vollständige Aufgabe der Landwirtschaft nicht zu beobachten.

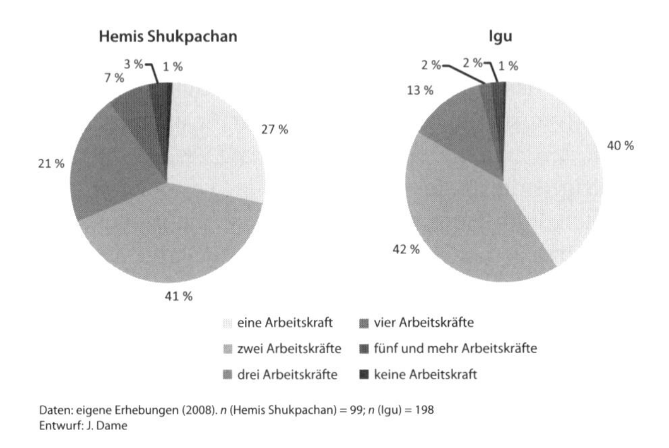


*Abb. 28: Arbeitskräfteverfügbarkeit in der Landwirtschaft in Hemis Shukpachan und Igu*

Aufgrund dieser sozioökonomischen Veränderungen wird in steigendem Umfang auf außerbetriebliche Lohnarbeiter (*kuli*) zur Unterstützung zurückgegriffen. Sie werden vorwiegend in Zeiten höchster Arbeitsbelastung und geringer zwischenbetrieblicher Kooperation eingestellt, das heißt für das Schneiden und Transportieren von Futtergras sowie für die Ernte. Ihr Arbeitsumfang in der Landwirtschaft beschränkt sich meist auf wenige Tage im Jahr. In Hemis Shukpachan setzen 45,5 % der Haushalte Lohnarbeiter ein, während dies in Igu nur auf 22,2 % der Haushalte zutrifft. Bei einer Arbeitszeit von 8 bis 16 Stunden erhält ein *kuli* einen Tageslohn von 150 INR sowie zusätzlich ein Mittagessen.[89] Für mehrmonatige Bewässerungs- oder Hüteaufgaben werden keine externen Lohnarbeiter beschäftigt, sondern Verwandte und Personen aus Haushalten ohne Erwerb eingestellt.[90]

Die aufgezeigten Veränderungen in der Arbeitsorganisation sind eng mit der Aufnahme außeragrarischer Tätigkeiten verknüpft. Diese Einkommensmöglichkeiten sind für das Finanzkapitel der Haushalte wichtig. Zunehmend spielt auch die Vermarktung von Erzeugnissen aus Ackerbau und Viehzucht eine Rolle. Auf diese neuen Strategien zur Diversifizierung der Lebenssicherung wird im folgenden Kapitel eingegangen.

89 Neben diesen landwirtschaftlichen Aktivitäten werden *kulis* auch für das Anfertigen von Lehmziegeln, das Errichten von Mauern und andere Baumaßnahmen engagiert.

90 Einen besonderen Fall stellen außereheliche Töchter dar, die als Erwachsene unverheiratet geblieben sind und keinen Besitz haben. Sie sind auf die Einstellung, beispielsweise für die Bewässerung von Feldflächen anderer Haushalte, angewiesen.

# 7 NEUE STRATEGIEN: HANDEL UND AUSSERAGRARISCHE ERWERBSTÄTIGKEITEN

In den letzten Jahren verfolgen Haushalte eine zunehmend diversifizierte Lebenssicherung, die im Kontext veränderter politischer und sozioökonomischer Gegebenheiten steht. Ausgehend von den im vorangehenden Kapitel dargestellten Neuerungen in der Landnutzung wird zunächst auf die Vermarktung agrarischer Erzeugnisse eingegangen. Eine weitere Strategie besteht in der Aufnahme außerlandwirtschaftlicher Erwerbstätigkeiten, die nicht nur zu einem erhöhten Haushaltseinkommen, sondern auch zu veränderten Sozialstrukturen führt. Als empirische Grundlagen sind vor allem Haushaltsbefragungen, qualitative Interviews sowie Marktstudien in Leh verwendet worden.

## 7.1 VERMARKTUNG LANDWIRTSCHAFTLICHER ERZEUGNISSE

Erst seit wenigen Jahren sehen lokale Akteure in den Untersuchungsdörfern die Produktion von *cash crops* und den Verkauf von Ernteüberschüssen als geeignete Handlungsoption. Dementsprechend unterliegt auch das Marktangebot, wie das Beispiel des Gemüsemarkts in Leh verdeutlicht, einer starken saisonalen Variabilität. Eine neue Möglichkeit ist der Vertragsanbau, der erst seit kurzem eingeführt ist und bislang einen Sonderfall darstellt.

### 7.1.1 Verkauf von Gemüse und Obst

Besonders die Förderung der Hortikultur durch externe Akteure hat dazu geführt, dass eine steigende Zahl von Haushalten ihr Einkommen durch die Vermarktung von Überschussproduktion oder eine gezielte Produktion von *cash crops* diversifiziert.[1] Allerdings bestehen zwischen den Ortschaften Ladakhs deutliche Unterschiede in der Vermarktung landwirtschaftlicher Produkte, die auf verschiedene Absatzmärkte und Zugangsoptionen zurückzuführen sind und sich in unterschiedlichen Verkaufsstrategien widerspiegeln. Hierzu zählen persönliche Kontakte zu Zwischenhändlern und Netzwerken sowie die Möglichkeit, am Vertragsanbau teilzunehmen.

1 Haushalte nutzen die Vermarktung als bewusste Strategie, um ihre Lebenssicherung zu diversifizieren. Sie gefährden dadurch nicht ihre eigene Versorgungssituation.

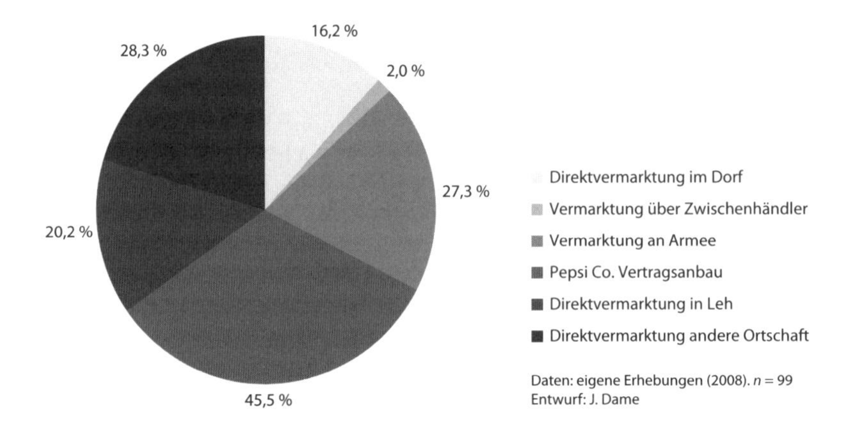


*Abb. 29: Absatzmärkte für landwirtschaftliche Erzeugnisse aus Hemis Shukpachan und Igu*

Insgesamt ist der Umfang der marktorientierten Produktion noch gering. Allerdings zeichnet sich in den beiden Untersuchungsdörfern ein divergierendes Bild ab. Während in Igu im Jahr 2008 fast die Hälfte aller befragten Haushalte (46,9 %) ein Einkommen aus der Vermarktung von Gemüse, Obst und tierischen Lebensmitteln erzielt hat, liegt dieser Anteil in Hemis Shukpachan bei lediglich 7,8 %. Abb. 29 zeigt die unterschiedlichen Absatzmärkte der insgesamt 99 Haushalte aus beiden Untersuchungsdörfern, die landwirtschaftliche Erzeugnisse verkaufen.[2] Die wichtigsten Produkte sind Gemüse und Obst. Darüber hinaus werden aber auch Tiere und Erzeugnisse aus der Viehwirtschaft vermarktet (Tab. 27).

| Vieh | Preis (INR) pro Tier |
|---|---|
| *Dzo* | 10.000–14.000 |
| Ziege | 2.000–4.000 |
| Schaf | 2.000–4.000 |
| Kuh | 3.000 |
| Lamm | 2.000 |
| **Produkte aus Viehwirtschaft** | **Preis (INR)** |
| Butter (im Dorf) | 60–120 INR pro 250g |
| Paschmina (in Leh) | 1.400–3.000 INR/kg |

*Quelle: eigene Erhebungen (2008–2009)*

*Tab. 27: Verkaufspreise für Produkte aus der Viehwirtschaft am Beispiel von Igu*

Einige Landnutzer kombinieren unterschiedliche Wege der Vermarktung. Weil die dörflichen Gemeinschaften grundsätzlich den fehlenden Zugang zu Märkten

2 Mehrfachnennungen waren möglich.

und Informationen beklagen, werden feste Verkaufsabsprachen von den Haushalten als besonders vorteilhaft bewertet. In Igu bestand 2008 erstmals die Möglichkeit, Kartoffeln im Rahmen eines Vertragsanbauprogramms für das internationale Unternehmen Pepsi Co. anzubauen. Sie war in dem Jahr die am häufigsten gewählte Marktstrategie und wurde von 45,5 % der Haushalte genutzt (Abb. 29).

Auch die umfangreiche Stationierung von Streitkräften hat den Bewohnern in einigen Ortschaften neue Vermarktungsoptionen eröffnet. Teilweise werden Abnahmeregelungen zwischen der Armee und den Dorfgemeinschaften festgelegt. So können aufgrund der Nähe zum Truppen-Stützpunkt in Kharu die Bewohner von Igu Erzeugnisse an die Armee verkaufen.[3] Hier wurden 2008 erstmals in einem Jahresvertrag zwischen einem neu gegründeten *marketing committee* und Armeevertretern feste Preisregelungen vereinbart. Die Landnutzer haben in den Verhandlungen mit der Armee nach eigenen Angaben bessere Verkaufskonditionen erreicht, als bei einer Direktvermarktung in Leh zu erwarten gewesen wären (Tab. 28). Einen wesentlichen Vorteil dieser Abnahmeregelungen sehen die Bewohner Igus darin, dass die Abholung der Erzeugnisse direkt durch die Armee erfolgt, wodurch der finanzielle und zeitliche Aufwand für die Produzenten deutlich sinkt (Councillor-IG, 27.07.2008). Dieser Vorteil ergibt sich indes auch beim Verkauf an Zwischenhändler. Beispielsweise hat der Kontakt von Bewohnern des zu Igu gehörenden Ortsteils Langkor zu Händlern aus Manali dazu geführt, dass in den letzten Jahren nahezu sämtliche Haushalte den Anbau einer in Ladakh neu eingeführten Erbsenvarietät aufgenommen haben.[4]

| Verkaufspreis (INR/kg) | | | | | |
|---|---|---|---|---|---|
| Produkt | im Dorf | ...in Leh | ...in andere Ortschaft | ...an Armee | ...an Händler |
| Blumenkohl | -- | 6-20 | 15 | 15 | 15 |
| Erbsen | -- | 12–20 | 10 | -- | 10–15 |
| Kartoffeln | 10 | 12–15 | 12 | 7–15 | -- |
| Möhren | 15 | 15 | 15 | 8–15 | 12 |
| Rettich | -- | -- | 10 | 4–10 | 6 |
| Rüben | -- | -- | 5 | 4–8 | 4 |
| Weißkohl | 15 | 7–10 | 15 | 10 | 8 |
| Zwiebeln | -- | -- | 15 | 12–15 | -- |

*Quelle: eigene Erhebungen (2008–2009)*

*Tab. 28: Verkaufspreise für Gemüse aus Igu*

Die Alternative zu diesen vertraglich geregelten Absatzbedingungen besteht in der unabhängigen Direktvermarktung eigener Produkte, die von mehr als der Hälfte

3 Es wurde auch von der Möglichkeit des Tauschgeschäfts von Gemüse (Blumenkohl, Kohl) gegen Zucker, Butter und Marmelade berichtet (IB75).

4 Ein weiteres Beispiel ist die Aufzucht von Paschmina-Ziegen im Ortsteil Langkor im oberen Igu-Tal.

der Haushalte betrieben wird. Als Absatzmärkte kommen die eigene Ortschaft (16,2 % der Befragten), die Vermarktung in nahegelegenen Orten an der Hauptstraße (28,3 %) und der Verkauf in Leh (20,2 %) in Frage (Abb. 29). Für die Bewohner von Hemis Shukpachan ist die Direktvermarktung derzeit die einzige Option, da weder Kontakte zu Zwischenhändlern etabliert sind, noch Absprachen mit der Armee bestehen. Im Gegensatz zu Hemis Shukpachan verfügt Igu über Vorteile durch räumliche Nähe zum Markt. Sowohl die Hauptstraße als auch die nahe gelegenen größeren Ortschaften Upshi und Kharu sind verkehrsinfrastrukturell gut angeschlossen. Aufgrund der günstigen Busanbindung kann die Hin- und Rückreise von Igu nach Leh am gleichen Tag erfolgen.

### 7.1.2 Direktvermarktung: Das Beispiel des Gemüsemarkts in Leh

Eine weitere Möglichkeit zum Verkauf landwirtschaftlicher Erzeugnisse ist der Gemüsemarkt am zentral gelegenen *Main Bazaar*, dem ältesten in Leh. In der Stadt erfolgt die Direktvermarktung von Gemüse an unterschiedlichen Standorten. Weitere Verkaufsstände gibt es in neueren Abschnitten des *Bazaar*, beispielsweise in der Nähe des zentralen Busbahnhofs und an der *Airport Road.* Außerdem existiert im Zentrum von Leh ein überdachter Markt, der aufgrund der Herkunft seiner Verkäufer als *kashmiri market* (Foto 23a) bezeichnet wird.

Der Gemüsemarkt des *Main Bazaar* ist eine Domäne der Frauen. Täglich am frühen Morgen kommen sie mit ihren gefüllten Weidenflechtkörben zur Hauptstraße des *Main Bazaar*, wo sie auf dem Bürgersteig ihre Waren feil bieten. Entsprechend den Erntezeiten in der Landwirtschaft und den Lagerungsmöglichkeiten erfolgt die Vermarktung zwar ganzjährig, weist aber im Hinblick auf die Anzahl der Verkäuferinnen und die Vielfalt des Produktangebots ausgeprägte saisonale Schwankungen auf (Abb. 30; Fotos 23b, 24). Die meisten Verkäuferinnen sind im August anzutreffen, wenn eine ertragreiche Gemüseernte den Verkauf von Produktionsüberschüssen ermöglicht.[5] Die Hochsaison des Tourismus, die ebenfalls in diese Zeit fällt, und der Bedarf der zahlreichen Restaurants tragen zur Minderung des Überangebots bei.[6]

Wiederholte Markterhebungen zwischen 2007 und 2009 zeigen, dass nur wenige Haushalte versuchen, ihre Produktion gezielt auf eine höhere Produktvielfalt hin auszurichten oder ihr Angebot auch in die Zeiten saisonaler Engpässe auszuweiten. Die größten Gewinnmargen können vor der Öffnung der Passstraßen erzielt werden, da in dieser Zeit ein Vorteil gegenüber den Verkäufern auf dem *kashmiri market* besteht. Denn letztere sind auf die Lieferung aus Srinagar angewiesen, so dass im Winter nur einzelne Händler Frischwaren anbieten (Foto 25).

5 Nach Angaben einer 70-jährige Marktverkäuferin wurden in der Vergangenheit auch Viehdung und Holz als Brennmaterial verkauft. An Gemüse wurden lediglich Rüben, Kartoffeln und grüne Blattgemüse angeboten. Im erweiterten Angebot spiegeln sich die Veränderungen in der Landnutzung deutlich wider.

6 Einige Verkäuferinnen beliefern gastronomische Einrichtungen direkt.

Mit der Öffnung der Straßen sinken die Preise für Gemüse rapide, um erst in Zeiten zunehmender Verknappung im Winter erneut anzusteigen. Doch nur wenige Verkäuferinnen nutzen gezielt die Aufzucht von Gemüse im Gewächshaus, um bereits vor den Sommermonaten Waren anbieten zu können (Tab. 29).[7]

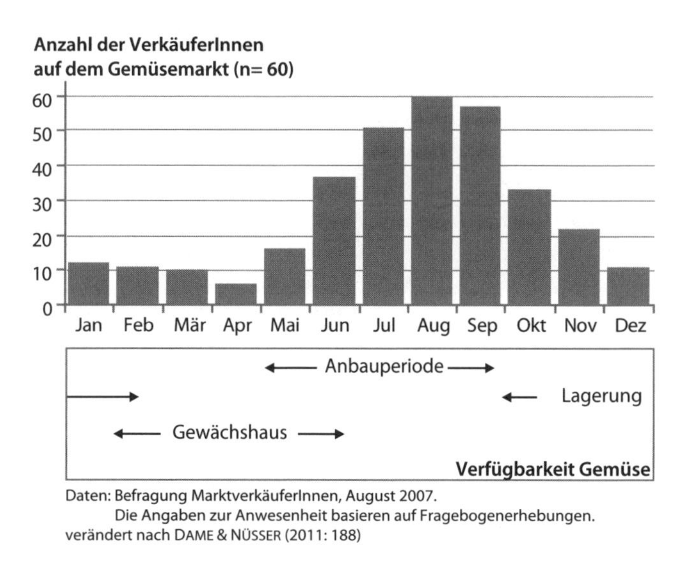


*Abb. 30: Die Saisonalität des Gemüsemarktes auf dem Main Bazaar, Leh*

Die erzielten Einkünfte für einen Weidenkorb voll Gemüse werden auf durchschnittlich 1.000 INR beziffert. Nach Auskunft der Verkäuferinnen unterliegen die Einkünfte Schwankungen und sinken an wenig erfolgreichen Markttagen auf Minimalbeträge: „*Sometimes, we do not even get 10 rupees a day.*“ Eine erfolgreiche Geschäftsfrau kann in der Zwischensaison Tageseinnahmen zwischen 500 und 1.000 INR erzielen. Während der Sommersaison sinken die Höchsteinnahmen wegen des größeren Angebots auf 500 bis 600 INR. Die größten Gewinne können im Winter mit Einkünften zwischen 2.000 und 3.000 INR erzielt werden. Solche Verdienstspitzen werden nur von denjenigen Frauen erreicht, die ihre Anbaustrategien auf die marktorientierte Produktion ausgerichtet haben, über Gewächshäuser und Lagerungsmöglichkeiten verfügen und außerdem in der Lage sind, größere Mengen Gemüse, z. B. mit einem Auto, zu ihrem Verkaufsplatz zu liefern (DAME & NÜSSER 2011: 187–188).

7 Die im Rahmen der Markterhebungen befragten Verkäuferinnen bewerteten die Nutzung von Gewächshäusern zur Verlängerung der Anbauperiode und die Erweiterung der Gemüsevielfalt ausschließlich positiv.

| Angebotenes Produkt | Anzahl Verkäuferinnen |
|---|---|
| Grünes Blattgemüse (ohne Spinat, Mangold) | 10 |
| Koriander | 9 |
| Spinat | 9 |
| Kartoffeln | 8 |
| Mangold | 8 |
| Rüben | 7 |
| Zwiebeln | 6 |
| Rettich | 4 |
| Setzlinge | 4 |
| Milch | 3 |
| Saatgut (Gemüse) | 3 |
| Erbsen | 1 |
| Tomaten | 1 |

*Quelle: eigene Erhebungen (2009)*

*Tab. 29: Marktangebot im Main Bazaar im Frühjahr vor Öffnung der Passstraßen*

Die Interviews mit den Verkäuferinnen auf dem Gemüsemarkt zeigen zudem, dass die Frauen unterschiedliche Marktstrategien verfolgen. Während einige nur episodisch und insbesondere während der Sommermonate Überschussproduktion aus ihren Herkunftsdörfern verkaufen, haben andere Verkäuferinnen Netzwerke etabliert und arbeiten zusätzlich oder ausschließlich als Zwischenhändlerinnen.[8] Nach Auskunft der Befragten ist die Anzahl der Verkäuferinnen in den letzten fünf bis zehn Jahren deutlich angestiegen.

### 7.1.3 Vertragsanbau: Das Beispiel der Kartoffelproduktion für Pepsi Co.

Eine neue Möglichkeit der marktorientierten Ressourcennutzung hat sich für die Bewohner in ausgewählten Siedlungen Zentral-Ladakhs seit der Einführung eines Vertragsanbauprogramms durch das multinationale Unternehmen Pepsi Co. India ergeben. Im Jahr 2007 initiierte Pepsi Co. eine Testphase für den Anbau von Kartoffeln für die indische Nahrungsmittelindustrie mit vertraglich geregelten Abnahmegarantien.[9] Das Unternehmen verfolgt das Ziel, die während der Monsun-

8 Diese Aufgabe übernehmen sie teilweise für Nachbarn und Verwandte und als Ergänzung zu ihren eigenen Verkaufsaktivitäten. Im Mai 2008 gaben fast die Hälfte der Frauen (10 von 21 Interviews) an, dass sie Produkte anbieten, die ausschließlich oder teilweise von anderen Familien produziert wurden. Die Verkäuferinnen handeln während des Markttages auch untereinander, um ihre Gewinne zu maximieren.

9 Pepsi Co. India hatte zuvor bereits seit 2001 Kartoffelanbau-Verträge mit Produzenten aus den Bundesstaaten Punjab, Karnataka, Jharkand, West Bengalen, Maharashtra und Jammu und Kaschmir geschlossen (Dame 2009).

monate im Tiefland häufig auftretenden Lieferengpässe der Fabriken im indischen Punjab für die Produktion von Kartoffelchips zu reduzieren und nimmt dafür die hohen Transportkosten für die Kartoffeln aus dem Hochgebirge in Kauf (DAME 2009). Nach der ersten, räumlich begrenzten Testphase mit einer Hochertragssorte in der Ortschaft Sabu, die von einer Informationskampagne begleitet wurde, wurden in der folgenden Saison (2008) fünfzehn Ortschaften mit guter Straßenanbindung in das Programm aufgenommen. Eine zusätzliche Voraussetzung für die Teilnahme einer Ortschaft war, dass eine vorgegebene Mindestmenge des Saatguts von der Dorfgemeinschaft aufgekauft und ausgesät wurde (Pepsi, 13.10.2008). Diese Bedingung wurde von den Landnutzern in Hemis Shukpachan abgelehnt. Sie befürchteten, der vermehrte Kartoffelanbau würde zu einem zu geringen Ertrag an Gerste für den Haushaltskonsum und winterlichen Futterengpässen führen. Andere begründeten ihre Ablehnung mit fehlender Arbeitskraft und mangelnden finanziellen Ressourcen, um die notwendigen Investitionen in Saatgut und Düngemittel zu tätigen.

In Igu erklärte sich eine ausreichende Zahl von Haushalten zur Teilnahme am Vertragsanbau bereit. Diese Konditionen können als Teilvereinbarung typologisiert werden. Das Saatgut der Kartoffeln von Pepsi Co., die lokal als *Pepsi alu* bezeichnet werden, wurde zu einem Preis von 15 INR/kg an die Landnutzer abgegeben. Als weitere Kosten kamen Aufwendungen für Mineraldünger hinzu. Das Unternehmen garantiert dafür die Abnahme des gesamten Ernteertrags zum Preis von 9,75 INR/kg, der knapp unter dem durchschnittlichen Marktpreis für Speisekartoffeln von 10 INR/kg lag. Zugleich übernahm Pepsi Co. kostenfrei die Transportlogistik (DAME 2009).

Im Jahr 2008 nahmen in Igu 45 der 198 befragten Haushalte (22,7 %) an der Testphase teil. Mit Ausnahme von zwei Haushalten verfügten die Befragten über zusätzliches, außeragrarisches Einkommen und konnten sich auf diese Weise den Kauf von Saatgut und chemischer Düngemittel leisten. Insgesamt war zu beobachten, dass die Landnutzer sich für eine eher vorsichtige Strategie entschieden, indem sie nur eine geringe Menge an Saatgut ankauften und so ihr Ertragsrisiko minderten. Über die Hälfte der Haushalte (27 Befragte) gab an, nur ein bis zwei Säcke *(bori)*[10] Saatgut von Pepsi Co. erworben zu haben. Lediglich sechs Haushalte entschieden sich für einen großflächigeren Anbau der neuen Kartoffel und kauften fünf oder mehr Säcke Saatgut.

Die Analyse zeigt, dass 68,9 % der 45 teilnehmenden Haushalte zuvor keine landwirtschaftlichen Produkte vermarktet hatten. Das Möglichkeit der Produktion unter Vertragsbedingungen bietet für viele Haushalte einen Anreiz zur Teilnahme an diesem Programm. Es zeigt sich, dass umfangreiche Verbreitung von Informationen durch Pepsi-Mitarbeiter über Werbekampagnen und Broschüren sowie die

10 Ein Sack entspricht circa 50 kg Kartoffeln.

gemeinschaftliche Entscheidung[11] für die Teilnahme am Programm neue Haushalte zu einer marktorientierten Produktion bewegt hat (DAME 2009).

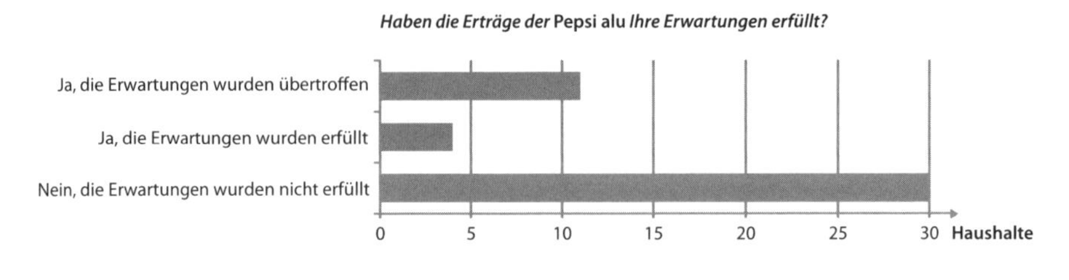


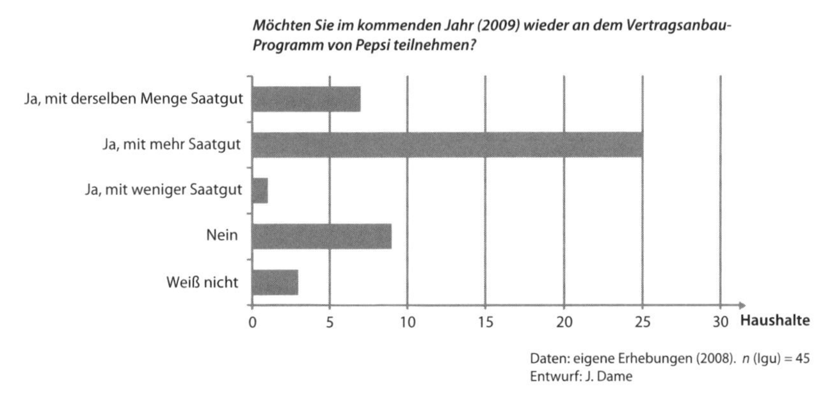


*Abb. 31: Erfahrungen mit dem Vertragsanbauprogramm von Pepsi Co. in Igu (2008)*

Allerdings blieb das Ernteergebnis der Hochertragskartoffel *Pepsi alu* in Igu mit durchschnittlich 2,7 –fachem Ertrag der ausgesäten Menge hinter den Erwartungen der Teilnehmer zurück (Abb. 31).[12] Dennoch äußerten nur 20% der Teilnehmer, dass sie im folgenden Jahr nicht mehr am Vertragsanbauprogramm partizipieren würden. Allerdings reduzierte Pepsi Co. die Anzahl der teilnehmenden Ortschaften im Jahr 2009, da das Unternehmen die Ertragsleistung ebenfalls als nicht zufriedenstellend bewertete (Pepsi, 23.07.2009). Als gewinnorientiertes Unternehmen beabsichtigte Pepsi Co. den Vertragsanbau mittelfristig nur in ausgewählten Talschaften mit hohen Ertrags- und Partizipationsquoten fortzusetzen.[13] Bereits im Oktober 2008 wurden deutliche Ertragsunterschiede zwischen den teilnehmenden Ortschaften erkennbar, wobei teilweise ein bis zu neunfacher Ertrag

11 Ein Grund für den intensiven Austausch zwischen Nachbarn war die erforderliche Mindestanzahl teilnehmender Haushalte. Alle beteiligten Haushalte stammten aus drei Ortsteilen des Tals.

12 Der durchschnittliche Ertrag an anderen Speisekartoffeln liegt nach Angaben aus den Haushaltsbefragungen in Igu beim 3,7-fachen ($n$=166).

13 Allerdings wurde das Programm nach der Testphase in Ladakh eingestellt (pers. Mitteilung Agriculture Department an Judith Müller, SAI, 11.11.2014).

erreicht werden konnte.[14] Das Beispiel der Kartoffelproduktion unter Vertragsanbaubedingungen zeigt deutlich, dass die Produktion von *cash crops* von den Bergbauern zunehmend als gewinnbringende Handlungsstrategie wahrgenommen wird.[15]

## 7.2 MARKTANGEBOT ZUR ERGÄNZUNG DER NAHRUNGSVERSORGUNG

Der Zugang zu Märkten ist für die Gebirgsbewohner nicht nur für die Vermarktung von Erzeugnissen, sondern auch hinsichtlich ihrer Haushaltsversorgung bedeutend (DAME & NÜSSER 2011). Heute ist die Region durch hohe Warenimporte aus dem indischen Tiefland gekennzeichnet, (Abb. 32; Kap. 4.5.2). In den Oasensiedlungen gibt es einzelne Gemischtwarenläden, die ein Grundangebot an Waren anbieten (Foto 26). Das Warensortiment ist je nach Lage der Siedlungen und des Standorts innerhalb der Siedlungen auf spezielle Nachfrage ausgerichtet. In Hemis Shukpachan liegen die Gemischtwarenläden an den Campingplätzen für Trekkinggruppen (Kap. 7.3.2) und in Schulnähe. In Igu ist die Mehrzahl der Läden ebenfalls in der Nähe der Schule oder direkt an der Durchgangsstraße im untersten Talabschnitt gelegen.

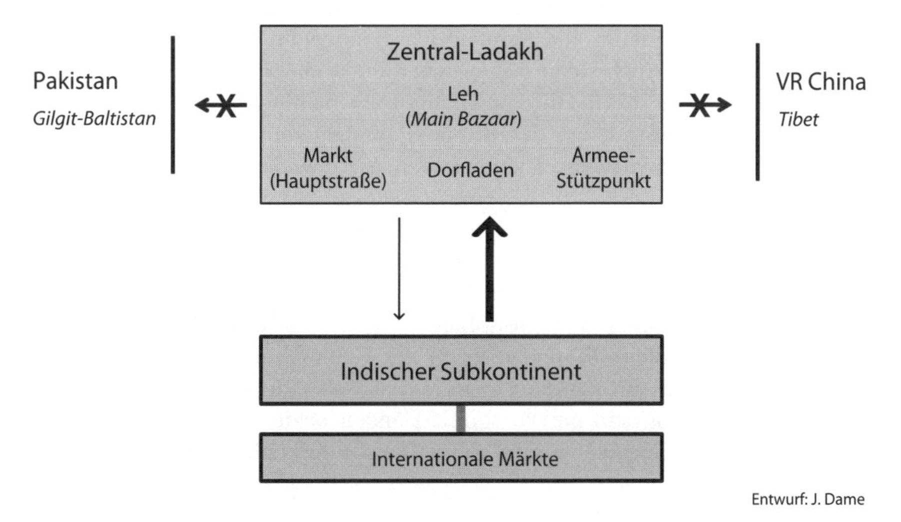


*Abb. 32: Handelsbeziehungen und Absatzmärkte*

14 Nach Angaben von Pepsi Co. soll das Programm auf Ortschaften mit einem 5-fachen Mindestertrag reduziert werden. Über diese Kriterien waren die Bewohner von Igu zum Zeitpunkt der Befragung nicht informiert.

15 Ähnlich verhielt es sich mit einem Versuch in den 1990er Jahren, Gladiolen nach Delhi zu vermarkten (AgriDept-1, 25.07.2009).

Im Unterschied zu den Dorfläden verfügt der *bazaar* in Leh über ein breites Waren- und Dienstleistungsangebot, das in den vergangenen Jahrzehnten stark ausgeweitet wurde. Die zentrale Achse des historischen *bazaar*, der heutige *Main Bazaar*, ist mit seinen Souvenirläden, Outdoor-Bekleidung, Restaurants, Internetanbietern sowie touristischen Dienstleistern (Reisebüros und -agenturen) deutlich auf das Geschäft mit nationalen und internationalen Touristen ausgerichtet. Aufgrund der veränderten Einkommensstrukturen und zunehmenden Kommerzialisierung hat sich Leh nach dem Niedergang des Transhimalaya-Handels (Kap. 4.3.1) erneut als zentraler Handelsplatz und Warenumschlagsort etabliert.[16]

Das Geschäft mit Touristen ist zu großen Teilen in den Händen von kaschmirischen und nepalesischen Händlern. Darüber hinaus gibt es zahlreiche tibetische Flüchtlinge, die Schmuck an Straßenständen verkaufen (AGGARWAL 1995). Im Zentrum des *bazaar* sind auch Schreibwaren- und Buchläden, Bekleidungsgeschäfte und *general stores* sowie Banken und die Post zu finden. Die weniger von Touristen frequentierten Geschäfte sind aufgrund der hohen Mietpreise nicht in der Hauptstraße anzutreffen. Dort ist eine gewisse räumliche und funktionale Differenzierung erkennbar. Hierzu zählen die Bäckerstraße am Rand der Altstadt und die Agglomeration von Metzgereien an der *Main Road*. In den Seitenstraßen und Einkaufgassen in der Nähe des Busbahnhofs finden sich Waren des episodischen und periodischen Bedarfs. Hierzu zählen Elektronik, Bekleidung und Schuhe, Waren für religiöse Zeremonien, Haushaltswaren, Schmuck, Stoffe und Teppiche. Außerdem gibt es Friseure und Schneider, Kopiergeräte und Telekommunikationsdienstleistungen. Auch wenn sich Schwerpunkte innerhalb des *bazaar* ausgebildet haben, ist keine strikte Differenzierung nach Warengruppen vorhanden. Das kontinuierliche Wachstum des *bazaar* fand in jüngerer Zeit entlang wichtiger Verkehrsachsen, beispielsweise Richtung *New Bus Stand* und entlang der *Airport Road*, statt.[17]

Die Bewohner aus den Untersuchungsdörfern kaufen in Leh besonders Tee, Gewürze, Fertigsuppen und Eier ein. Darüber hinaus ist die Ergänzung der eigenen Produktion durch Zukauf von frischem Gemüse und Fleisch für Haushalte mit ausreichenden finanziellen Mitteln üblich.[18] Allerdings ist während des Winters nicht nur das angebotene Warenspektrum der Gemüseverkäuferinnen des *Main Bazaar*, sondern auch im *kashmiri market* drastisch reduziert. Vor der Öffnung der Pässe im Frühjahr sind nur vereinzelt Händler anzutreffen, die das mit dem Flugzeug gebrachte Gemüse zu sehr hohen Preisen verkaufen. Die Kosten für ein

16 Der Boom des Tourismus und die Möglichkeit der Deviseneinnahmen hat zu einem Abriss der historischen Lehmbauten und der Errichtung von Einkaufspassagen beigetragen. Nur noch wenige Gebäude des historischen *bazaar* sind erhalten.

17 Nach Westen und Südwesten haben sich außerhalb des historischen Siedlungskerns an der *Chanspa Road* und im oberen Teil von *Old Road* und *Fort Road* ausschließlich Angebote für Touristen angesiedelt.

18 Weil generell kein Tauschgeschäft besteht, sind monetäre Mittel für den Warenerwerb unerlässlich. Wie in benachbarten Gebirgsregionen (DITTMANN & EHLERS 2004) hat in Ladakh der Übergang von einer Agrargesellschaft zu einer Marktwirtschaft stattgefunden.

Kilogramm frisches Gemüse sind im Frühjahr um das Fünffache gegenüber dem Preis im Sommer erhöht (Foto 25).[19]

Der Einkauf in der Distrikthauptstadt ist für den überwiegenden Teil der Bevölkerung in den Untersuchungsdörfern von Bedeutung: 89,9 % der befragten Haushalte in Igu kaufen in Leh ein. Die Entfernung zur Distrikthauptstadt und die Verfügbarkeit öffentlicher Verkehrsmittel sind wichtige Faktoren für das Einkaufsverhalten (DAME & NÜSSER 2011). Doch auch in der weiter entlegenen Ortschaft Hemis Shukpachan, von der aus der Markt in Leh mit dem öffentlichen Bus nicht innerhalb eines Tages erreicht werden kann, tätigen 89,3 % der befragten Haushalte regelmäßig Einkäufe in Leh.[20] Die Befragten kombinieren aufgrund der langen Anreisezeiten den Einkauf möglichst mit einem anderen, ohnehin notwendigen Besuch in der Stadt, z. B. für Behördengänge oder Besuche bei Verwandten. Ein entscheidender Faktor für das Kaufverhalten ist das breite Warenangebot in Leh. So sind Lebensmittel wie Fleisch, Eier, frisches Gemüse ebenso wie Gasflaschen nicht in den Dörfern erhältlich. Sämtliche Waren des periodischen oder episodischen Bedarfs werden ausschließlich in der Distrikthauptstadt angeboten. Zusätzlich spielen soziale Netzwerken wie Nachbarschafts- und Verwandtschaftsbeziehungen zu Ladenbesitzern, die beispielsweise Preisnachlässe gewähren oder die Stundung von Geldbeträgen ermöglichen, eine wichtige Rolle für das Einkaufsverhalten.

Obwohl die Vermarktung agrarischer Produkte in den vergangenen Jahren an Bedeutung gewonnen hat, sind die Erlöse eher gering. Zwar ist das monetäre Einkommen aus der Landwirtschaft eine willkommene Ergänzung, doch bleibt es bislang von deutlich geringerer Bedeutung als Einkommen aus nichtlandwirtschaftlichen Erwerbstätigkeiten, auf die im folgenden Kapitel eingegangen wird.

## 7.3 AUSSERAGRARISCHE ERWERBSMÖGLICHKEITEN

Im Zuge der Diversifizierung ihrer Lebenssicherungsstrategien gehen in einer wachsenden Zahl von Haushalten einzelne Mitglieder einer nichtlandwirtschaftlichen Beschäftigung nach. Das finanzielle Einkommen wird für den Zukauf von Nahrungsmitteln, aber auch für Investitionen in Agrarinnovationen, Konsumgüter oder Bildung benötigt. Ein Interviewpartner sagt in diesem Kontext: „*Today, everything is money, money, money*" (H54). Neue Erwerbsmöglichkeiten bieten sich vor allem in der expandierenden Tourismusbranche, der Armee und in der staatlichen Verwaltung. Die Aufnahme außeragrarischer Be-

19 So kostet Blumenkohl im Winter 100 INR pro kg, während der Preis im Sommer bei ca. 20 INR liegt. Auch die Preise für Strom und Kerosin steigen während der kalten Jahreszeit rapide an.

20 Zum Vergleich: der Dorfladen wird von fast ebenso vielen Haushalten genutzt (84,5 % in Hemis Shukpachan bzw. 90,0 % in Igu).

schäftigung hat unmittelbare Auswirkungen auf die Haushaltsstrukturen und Arbeitsorganisation in den dörflichen Gemeinschaften.

### 7.3.1 Wirtschaftliche Bedeutung des indischen Militärs

Die Konflikte mit den Nachbarstaaten Pakistan und China hatten neben Investitionen in die Infrastruktur eine Ausweitung der Truppenstationierung zur Folge (Kap. 4.5.1). Die wirtschaftliche Bedeutung der Armee ist für Ladakh, auch wenn kaum offizielle Angaben verfügbar sind, nicht zu unterschätzen. Nach Angaben von RIGZIN (2005: 24) entspricht die Anzahl der stationierten Soldaten einem Drittel der ladakhischen Bevölkerung. Zunächst wurden in Folge des indisch-chinesischen Krieges größere Truppenkontingente permanent in der Region stationiert. Zuletzt hat die Kargil-Krise zu einem Anstieg der indischen Truppen in der Region von 3.000 auf 20.000 Soldaten geführt (AGGARWAL & BHAN 2009: 526).

Neben neuen Absatzmärkten für landwirtschaftliche Produkte entstanden hierdurch unterschiedliche Beschäftigungsmöglichkeiten. Hierzu zählen lukrative Tätigkeiten bei den Elitetruppen der *Ladakh Scouts*[21] oder der paramilitärischen *Indo-Tibetan Border Police* (ITBP) ebenso wie Verdienstmöglichkeiten als Lohnarbeiter, vor allem als Lastenträger. Für den Eintritt in die Elitetruppen der Armee wird in erster Linie auf eine hohe körperliche Belastbarkeit und Höhenadaptation Wert gelegt, wobei ein niedrigeres Bildungsniveau akzeptiert wird. Eine Sonderregelung ermöglicht den Einstieg in den Dienst der *Ladakh Scouts* schon mit einem Schulabschluss der 8. Klasse.[22] Die Verdienstmöglichkeiten und Pensionszahlungen variieren je nach Aufgabe. In der Ortschaft Igu wurde der Einstiegssold eines jungen Soldaten mit 6.000 INR im Monat beziffert. Die Pensionszahlungen der Veteranen liegen nach Auskunft der Dorfbewohner zwischen 5.000 und 10.000 INR im Monat.[23] Soldaten, Veteranen und ihre Familien beziehen vergünstigte Lebensmittel über die Läden des *Canteen Stores Department* (CSD) der indischen Armee. Lohnarbeiter aus Igu erhalten am Armeestützpunkt im benachbarten Kharu einen Tageslohn von 100 INR sowie zusätzliche Lebensmittelrationen. Auch diese informellen Beschäftigungsmöglichkeiten bei der Armee sind von der Nähe zu einem Stützpunkt bzw. Außenposten abhängig. Hieraus erklärt sich, dass in Igu von einem Drittel der befragten Haushalte Mitglieder als Lohnarbeiter tätig sind.

21 Die *Ladakh Scouts* wurden in Folge des indisch-chinesischen Krieges gebildet (AGGARWAL & BHAN 2009). Das Regiment umfasst heute ca. 6.000 Soldaten (RIGZIN 2005: 28)

22 Diese Regelung geht auf die Kargil-Krise (Kap. 4.5) zurück. Zu dieser Zeit bedurfte die Aufnahme von Ladakhis einer Sonderregelung, da nicht genügend Rekruten eine höhere Schulbildung besaßen (RIGZIN 2005).

23 An Sonderstandorten kann der Verdienst deutlich höher liegen. Träger am Siachen-Gletscher erhalten für ihre gefährlichen Tätigkeiten bis zu 20.000 INR im Monat. Die Verdienstmöglichkeiten sind zugleich ein Anreiz, die Schule früh zu verlassen. Insbesondere in dem grenznahen Ort Turtuk (Nubra) konnten aufgrund der lukrativen Verdienstmöglichkeiten am Siachen-Gletscher hohe Schulabgangsquoten beobachtet werden (RIGZIN 2005).

### 7.3.2 Aufschwung im Tourismussektor

Vom Zeitpunkt der indischen Unabhängigkeit bis zur Öffnung 1974 war Ladakh aufgrund militärischer Interessen nicht für ausländische Reisende zugänglich. Die indische Regierung beabsichtigte mit der Aufhebung der Reiserestriktionen das wirtschaftliche Wachstum in der Bergregion zu fördern und damit einer steigenden Abwanderung von Ladakhis entgegenzuwirken (MICHAUD 1991). Seitdem hat sich Ladakh zu einem beliebten Reiseziel entwickelt. Touristen besuchen die Region auf der Suche nach einem letzten *Shangri La*, sie dient als Destination des Kulturtourismus mit einem Schwerpunkt auf buddhistischen Klöstern oder als Trekking-Ziel, da der Naturraum als faszinierende Hochgebirgswüste wahrgenommen wird (z. B. ABERCROMBIE 1978; J & K TOURISM 2002). Während die Region in den ersten Jahren nur auf dem Straßenweg erreichbar war, gibt es seit 1979 Linienflüge nach Leh (MICHAUD 1991: 610). Die Zahl der Touristenankünfte stieg bereits bis zum Ende der 1980er Jahre auf über 20.000 in- und ausländische Besucher im Jahr an (Abb. 33).

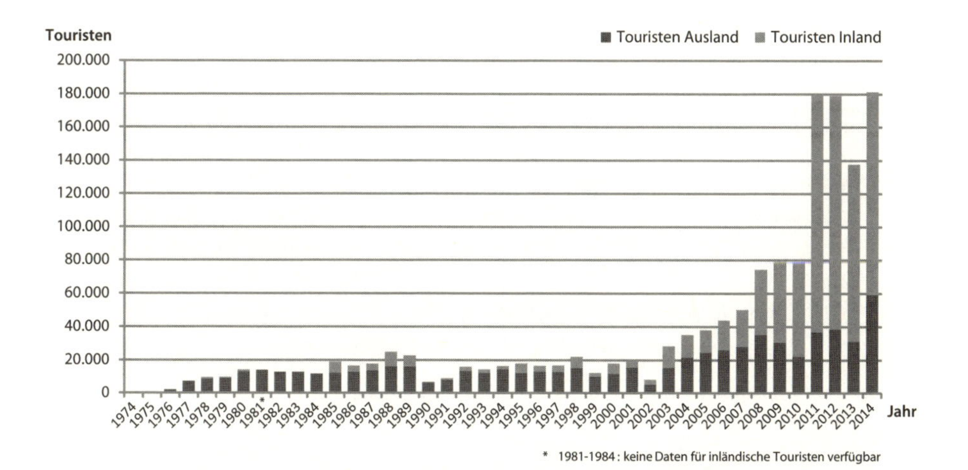


*Abb. 33: Touristenankünfte im Distrikt Leh (1974–2014)*

Die Agitationen in Leh im Sommer 1989 (Kap. 4.5.3) führten zu einem plötzlichen Rückgang der Touristenzahlen im Folgejahr. Weitere Einbrüche im Tourismussektor waren durch die Kargil-Krise 1999 bedingt sowie 2002 als Folge der Ereignisse des 11. September 2001 zu verzeichnen. Ab 2003 setzte allerdings ein regelrechter Boom ein (Abb. 33). Die offiziellen Statistiken belegen für den Distrikt Leh einen Anstieg der Touristenzahlen von 28.393 im Jahr 2003 auf 79.087 Besucher im Jahr 2009. Seit 2011 haben sich die Zahlen nochmals mehr als verdoppelt. Die stets neuen Rekordmarken sind besonders auf die Ausweitung des Inlandstourismus, der durch gezielte Marketing-Aktivitäten gefördert wird, zurückzuführen. Erklärtes Ziel der staatlichen Akteure ist es, den Tourismus als wichtigen Erwerbssektor zu förden und als entscheidendes Standbein der ladakhischen Wirtschaft zu etablieren. Strategisches Interesse führte auch zu der Entscheidung, das hinduistische *Sindhu Darshan Festival,* das seit 1997 jeden Juni in der Ortschaft Shey stattfindet (AGGARWAL 2004: 223), öffentlichkeitswirksam zu vermarkten. Das Interesse der indischen Touristen ist, nachdem Ladakh zur Kulisse in Bollywood-Filmen wurde, weiter gestiegen.[24] Zusätzlich hat die Einrichtung neuer, kostengünstiger Flugverbindungen von Delhi (und Srinagar) nach Leh seit 2007 die Attraktivität für Inlandstouristen, insbesondere der aufstrebenden Mittelschicht, erhöht.

Der Tourismus in der Region konzentriert sich aufgrund der besseren Erreichbarkeit und der angenehmeren klimatischen Bedingungen vorwiegend auf die Sommermonate. Im Jahr 2009 bereisten 68,7 % der in- und ausländischen Touristen die Region in den Monaten Juni bis August (TouriDept., 04.08.2010). Dementsprechend konzentrieren sich auch die Erwerbsmöglichkeiten in diesem Wirtschaftssektor auf den Sommer. Allerdings werden Anstrengungen unternommen, um die Saison zu verlängern. So wird seit einigen Jahren das sogenannte *Ladakh festival* veranstaltet, das in den ersten zwei Wochen des Monats September zahlreiche kulturelle Angebot in Leh umfasst. [25]

| | **Tagesverdienst (INR)** |
|---|---|
| Fremdenführer | 1.000–1.500 |
| Bergführer | 500 1.000 |
| Eseltreiber (*pro Esel*) | 250–300 |
| Koch | 500–700 |
| Helfer | 250–300 |
| *Zum Vergleich:* Tagelöhner (Landwirtschaft) | 150 |

*Quelle: pers. Info. All Ladakh Tour Operators Association, 2009*

*Tab. 30: Durchschnittliche Tagesverdienste im Trekkingtourismus*

Die wirtschaftlichen Möglichkeiten im Tourismussektor zogen bereits in den 1970er Jahren Arbeitsmigranten an, insbesondere aus Kaschmir.[26] In Leh gab es zunächst nur wenige Hotels, die meist von Personen aus Kaschmir, Punjab oder Delhi geleitet wurden. Für die ladakhische Bevölkerung boten sich Arbeitsmöglichkeiten vor allem als frei angestellte Kultur- oder Trekkingführer, Koch oder Fahrer bei Agenturen (MICHAUD 1991). Als Unterkunftsmöglichkeiten vermieteten einige ladakhische Familien Privatzimmer oder eröffneten ein *guesthouse.*

24 Zuletzt hat der erfolgreiche Bollywood-Blockbuster „*3 Idiots*“, der teilweise in Ladakh gedreht wurde, das Interesse an der Region erhöht.

25 Die starke Konzentration auf die Sommermonate bleibt bislang bestehen. 2014 bereisten 77,5 % aller Besucher Ladakh zwischen Juni und August (Department of Tourism, Februar 2015).

26 Wanderarbeiter aus Nepal und dem indischen Tiefland sind seit Beginn der 1990er Jahre in Ladakh (VAN BEEK 1996: 195).

Dieses Muster hat sich teilweise bis heute erhalten. Besonders im Souvenirverkauf und in der Gastronomie sind nach wie vor Migranten aus dem indischen Teil Kaschmirs und Nepal sowie tibetische Bevölkerungsgruppen in Leh tätig.[27]

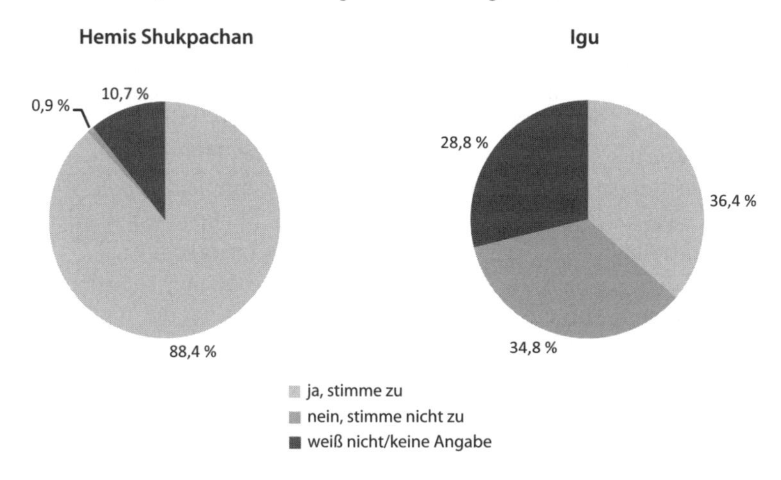


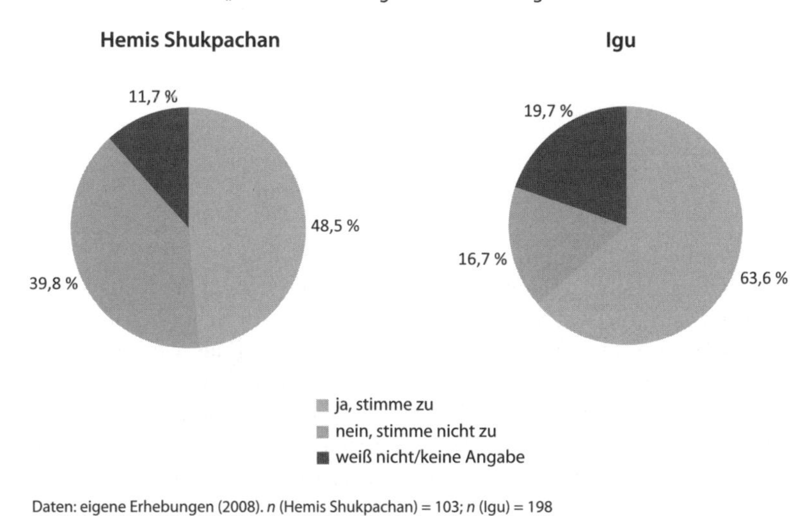


Daten: eigene Erhebungen (2008). *n* (Hemis Shukpachan) = 103; *n* (Igu) = 198
Entwurf: J. Dame

*Abb. 34: Bewertung von Einkommensmöglichkeiten im Armee- und Tourismussektor*

27 Hierbei handelt es sich um saisonale Arbeitsmigranten, die während des Winters in Goa und anderen südindischen Destinationen arbeiten.

In Abhängigkeit von der Lage der Siedlung ist die Möglichkeit zur Aufnahme von Beschäftigungsmöglichkeiten sehr heterogen. Während Leh ein ausgeprägtes touristisches Zentrum ist, wirkt sich der Tourismus auf die Dorfsiedlungen indes sehr unterschiedlich aus. Beschäftigungsmöglichkeiten bestehen nur in Ortschaften mit Attraktivität für Kulturreisende (z. B. die buddhistischen Klöster in Alchi, Thikse, Chemre) sowie entlang wichtiger Trekking-Routen. Diese Unterscheidung wird im Fall der Beispielsiedlungen deutlich. Hemis Shukpachan liegt an einer viertägigen Trekking-Route, die von ca. 1.000 Touristen und Trägern pro Saison (GENELETTI & DAWA 2009: 232) begangen wird.[28] In dieser Ortschaft haben 35,9 % der Haushalte Einkommen aus dem Tourismussektor. Hierzu zählt das Angebot von Übernachtungsmöglichkeiten in privaten Gästezimmern *(homestay)* und auf kleineren Zeltplätzen. Einige Haushalte in Hemis Shukpachen werden in ihren *homestay*-Aktivitäten von der NGO *Snow Leopard Conservancy* (SLC) unterstützt (SLC, 31.07.2009). Auch die Ladenbesitzer in der Siedlung profitieren während der Sommermonate von einem etwas höheren Absatz durch die Wanderer. Außerdem werden einige Dorfbewohner für Trekking-Touren engagiert, wobei hier der Schwerpunkt auf niedrig bezahlten Tätigkeiten als Eseltreiber oder Helfer liegt (Tab. 30).[29] Die Ortschaft Igu liegt abseits der üblichen Touristenpfade, so dass es hier weder touristische Infrastruktur noch Verdienstmöglichkeiten gibt. Lediglich die in einem Seitental gelegene Klostereinsiedelei Khaspang wird von einzelnen Besuchern aufgesucht. Der Wunsch der Ortsbewohner, ein Gästehaus zu eröffnen, wurde von den zuständigen Behörden in Leh bislang abgelehnt. Die unterschiedliche Ausrichtung der beiden Ortschaften – Igu in der Nähe eines Armeestützpunktes und Hemis Shukpachan an einer Trekking-Route gelegen – spiegelt sich in der Bewertung der verschiedenen Einkommensmöglichkeiten wider (Abb. 34).

### 7.3.3 Ausbau der staatlichen Verwaltung und weitere Beschäftigungsmöglichkeiten

Weitere formelle Beschäftigungsmöglichkeiten bestehen vor allem in der staatlichen Verwaltung. Hierzu zählen Anstellungen in den bundesstaatlichen Behörden sowie in der Distriktverwaltung. Weitere Stellen sind im Schuldienst und im Gesundheitssektor verfügbar. Der Bildungsgrad erweist sich als wesentliches Kriterium für den Zugang zu diesen Erwerbstätigkeiten. Aufgrund ihres gesicherten Einkommens und der vergleichsweise hohen Pensionszahlungen werden sie vor allem von höher Qualifizierten geschätzt. Innerhalb des Distrikts konzentriert sich das Angebot solcher Arbeitsplätze auf Leh, da dort alle Hauptdienststellen der

28 Zum Vergleich: Das höchste Aufkommen an Trekkern im Jahr 2006 verzeichnete der sogenannte Markha-Trek mit über 6.000 Touristen und Trägern (GENELETTI & DAWA 2009: 232).

29 Der Verdienst eines *guesthouse* in Leh wird auf durchschnittlich 43.000 INR pro Jahr geschätzt (LAHDC 2005: 21). Andere Haushalte profitieren indirekt: So liegt beispielsweise der Verkaufspreis für Viehfutter in Hemis Shukpachan für Trekking-Touristen bei 150 INR statt des üblichen Preises von 100 INR innerhalb der Ortschaft.

staatlichen Behörden, Nichtregierungsorganisationen und die Mehrheit der Schulen angesiedelt sind. Die Monatsgehälter in Organisationen und Behörden betragen zwischen 8.000 INR und 12.000 INR. Lehrer können je nach Qualifikation bis zu 15.000 INR verdienen.

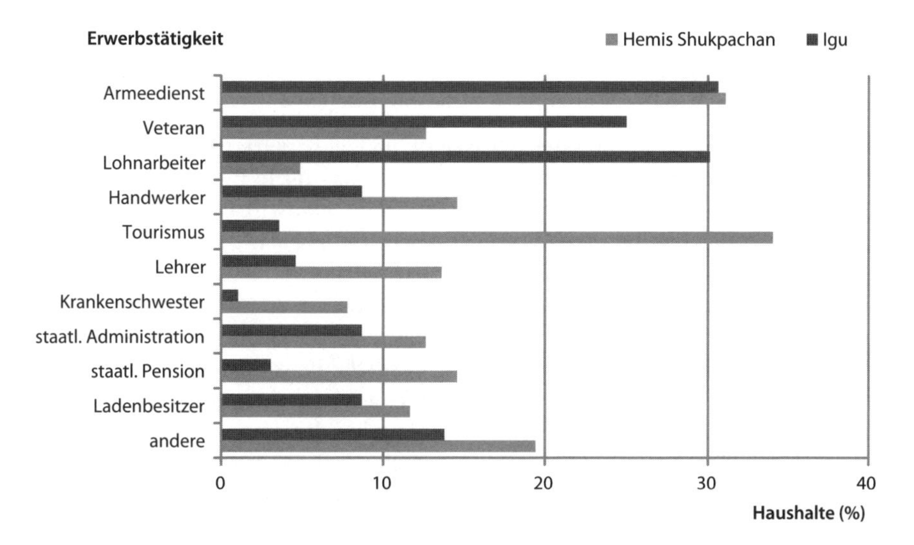


*Abb. 35: Außerlandwirtschaftliche Erwerbstätigkeiten der Bewohner aus Hemis Shukpachan und Igu*

Mehrere Bewohner aus Hemis Shukpachan und Igu nutzen die Beschäftigungsmöglichkeiten in Leh. Dabei ist im Vergleich zu Igu ein größerer Teil der Bevölkerung aus Hemis Shukpachan in sogenannten *government jobs* tätig (Abb. 35). Der ebenfalls höhere Anteil an Personen, die staatliche Pensionszahlungen erhalten, verdeutlicht, dass dieser Unterschied bereits seit längerer Zeit besteht. Sie lässt sich durch unterschiedliche Bildungschancen in der Vergangenheit erklären: Die Bewohner aus Hemis Shukpachan konnten schon in den 1960er Jahren eine Mittelschule in der benachbarten Ortschaft Temisgang und seit vielen Jahren auch im Ort selbst besuchen. In Igu hingegen ist die Mittelschulreife erst seit wenigen Jahren vor Ort erwerbbar.

Neben den bisher genannten Sektoren gibt es eine Reihe weiterer Erwerbsmöglichkeiten, zu denen Handwerkstätigkeiten und das Betreiben von Läden zählen. Hinzu kommen Beschäftigungen verschiedener Art als Lohnarbeiter z. B. im Baugewerbe oder im Straßenbau. Ungelernte Tagelöhner erhalten durchschnittlich 150 INR für ihre Tätigkeit. Allerdings sinkt die Nachfrage nach Lohnarbeitern während der Wintermonate. Einige dieser Tätigkeiten werden als wenig attraktiv bewertet, so dass z. B. Straßenbauarbeiten überwiegend von Arbeitsmigranten aus Nepal oder dem indischen Tiefland übernommen werden (DEMENGE 2009).

Die Kombination unterschiedlicher wirtschaftlicher Aktivitäten und die Diversifizierung der Einkommen innerhalb eines Haushalts wird zur Verbesserung der Gesamtsituation verfolgt. In diesem Kontext verweisen die Bewohner auf den steigenden Bedarf an monetären Einkommen zur Deckung der Ausgaben in der Lebenshaltung und insbesondere auch für die Ernährung:

> „Today, you need money for everything, especially for household purposes. We see much inflation: now I am going to Leh with 1000 rupees and nothing I can buy. Before, I could go to Leh with 20 rupees and have my bags full on the way back“ (H42).

Diese Kombination aus Subsistenzwirtschaft und außeragrarischem Erwerb ist mittlerweile für die Mehrzahl der Haushalte charakteristisch. Eine Spezialisierung innerhalb des Haushalts – z. B. Handwerkerfamilien, landwirtschaftliche Spezialisierung, Kaufmannsfamilien – ist hingegen kaum zu beobachten. In beiden Untersuchungsdörfern verfügen insgesamt 91,5 % (*n*=301) der Haushalte über außerlandwirtschaftliches Einkommen. Dabei umfasst dieser Anteil neben regulären, ganzjährigen Beschäftigungsverhältnissen auch saisonale Tätigkeiten als Lohnarbeiter oder im Tourismussektor und bezieht staatliche Pensionen ein (Abb. 35). In Hemis Shukpachan ist Einkommen aus dem Tourismussektor die häufigste Einkommensquelle, gefolgt von einer Beschäftigung bei der Armee. In Igu sind eine Anstellung bei der Armee sowie eine Tätigkeit als Lohnarbeiter, die ebenfalls häufig für Hilfsarbeiten am Truppenstützpunkt im benachbarten Kharu engagiert werden, die häufigsten Erwerbsformen.

## 7.4 MULTILOKALE HAUSHALTE: NEUE MOBILITÄT UND AUFLÖSUNG DER KERNFAMILIE

Die neuen Beschäftigungsmöglichkeiten bieten der jüngeren Generation größere Unabhängigkeit von der Großfamilie, die zusammen mit der Aufgabe der polyandrischen Heiratspraxis neue Optionen eröffnet. Häufig ist mit der Ausübung einer Berufstätigkeit eine (saisonale) Migration verbunden, die eine zunehmende Individualisierung von Handlungsweisen nach sich zieht. Zusätzlich führt sie zu einer Fragmentierung der Haushalte und hat daher maßgeblichen Einfluss auf die Sozialstrukturen in den dörflichen Gemeinschaften. Während in der Vergangenheit familiäre Haushalte als klar abgrenzbare lokale Produktions-, Konsumptions- und Reproduktionsgemeinschaft definiert wurden, ist heute eine Auflösung der „traditionellen“ Haushaltsstrukturen zu beobachten. Anschließend werden die Auswirkungen in den dörflichen Gemeinschaften dargestellt. Die Vorstellungen von Haushalten werden im Folgenden aus der Perspektive der Befragten erörtert und das Verständnis des Haushalts als Lebens- und Wirtschaftsgemeinschaft im lokalen gesellschaftlichen Kontext berücksichtigt.

### 7.4.1 Berufstätigkeit und Bildung: Migrationsentscheidungen der Dorfbewohner

Eine Aufnahme außerlandwirtschaftlicher Erwerbsmöglichkeiten außerhalb der Dörfer macht in vielen Fällen zumindest temporäre Migration notwendig. Im Rahmen der Befragungen wurde daher explizit die Anzahl derjenigen Haushaltsmitglieder erfragt, die mehr als sechs Monate im Jahr außerhalb der Ortschaft verbringen. Die Ergebnisse zeigen eine klare Tendenz zu einer zunehmenden Fragmentierung der Haushalte. In Hemis Shukpachan wohnen lediglich in 24 Haushalten (23,3 %) alle Personen mehr als sechs Monate im Jahr in der Ortschaft. In Igu trifft dies auf 52 Haushalte (26,3 %) zu. Insgesamt verbringen 259 Bewohner Hemis Shukpachans sowie 328 Bewohner Igus weniger als die Hälfte des Jahres in ihrer Herkunftsortschaft. Die Zahl der Dorfbewohner, die ihren Lebensmittelpunkt in den Ortschaften haben, ist daher deutlich niedriger als die Zahl der angegebenen Haushaltsmitglieder (Abb. 36).[30] Dabei wurde die saisonale kurzfristige Abwesenheit, z. B. bei einer Anstellung im Trekking-Tourismus, nicht mit erfasst.

Die Befragten führen unterschiedliche Gründe für die Abwesenheit einzelner Haushaltsmitglieder an, die sich in vier Kategorien unterteilen lassen: auswärtige Berufstätigkeit, Bildung, Begleitung von Familienmitgliedern und Eintritt in ein Kloster (Abb. 37).[31] Der anteilsmäßig wichtigste Beweggrund für eine (meist temporäre) Migration ist in beiden Untersuchungsdörfern die Aufnahme einer außeragrarischen Beschäftigungsmöglichkeit. Eine Aufschlüsselung der Angaben zur berufsbedingten Mobilität zeigt, dass besonders die Aufnahme einer Beschäftigung in Leh zu einer Verlagerung des Wohnsitzes führt (Kap. 4.6.1). Außer Leh sind jedoch auch andere Ortschaften des Distrikts Ziel der Migration. Hiervon sind insbesondere Lehrer aufgrund einer staatlichen Regelung zur Stellenrotation betroffen. Üblicherweise sind Lehrer im staatlichen Schuldienst turnusmäßig drei Jahre an ihrem Herkunftsort angestellt, bevor sie für drei Jahre an eine andere Schule des Distrikts versetzt werden.

Der zweitwichtigste Migrationsgrund ist Bildung (Abb. 38).[32] In beiden untersuchten Ortschaften gibt es staatliche Schulen, die einen Abschluss nach der 10. Klasse ermöglichen. Wer einen höheren Bildungsabschluss anstrebt, muss die Ortschaft verlassen. Zusätzlich ist die Qualität der Ausbildung ein wichtiger Faktor für die Migrationsentscheidung. Die staatlichen Schulen im Distrikt haben generell einen schlechten Ruf[33], so dass sich Haushalte mit ausreichendem Fi-

30 Die verfügbaren Zensusdaten treffen diese Differenzierung nicht.

31 Da eine Heirat das Verlassen einer Haushaltsgemeinschaft bedeutet (Kap. 4.6.1), entfällt dieser Grund in der hier dargestellten Abbildung.

32 Die Alphabetisierungsquote ist nach Angaben des CENSUS OF INDIA (2001, 2011) im Distrikt Leh im letzten Jahrzehnt von 65,34 % (2001) auf 80,48 % (2011) gestiegen.

33 Dieser ist in der häufigen Abwesenheit von Lehrern und Unterrichtsausfall an staatlichen Schulen sowie einer oftmals geringeren Qualifikation der Lehrer begründet. Die ungleich höhere Erfolgsquote der Schulabgänger an privaten Schulen unterstützt diese gesellschaftliche Wahrnehmung. Mit dieser Situation entspricht Ladakh einer generellen Tendenz im indischen Schulwesen (vgl. MOOIJ 2007).

nanzkapital dafür entscheiden, einen oft erheblichen Teil ihres Einkommens zu verwenden, um ihren Kindern den Besuch einer Privatschule zu ermöglichen.

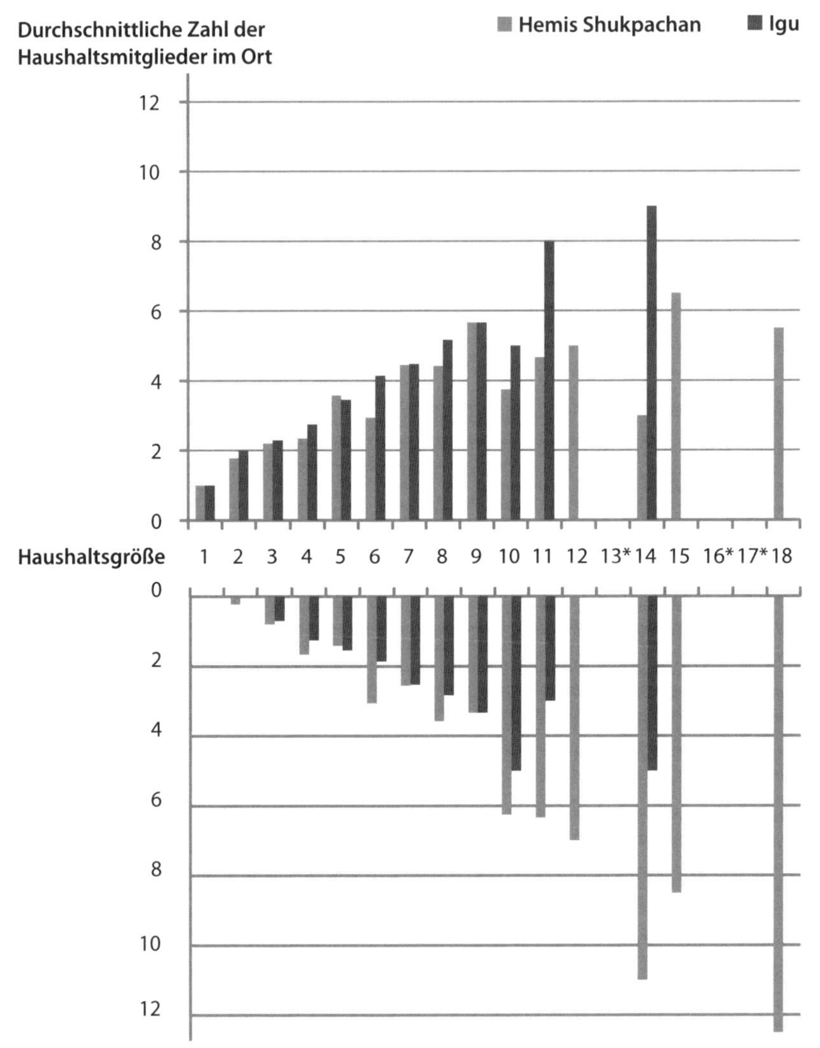


*Abb. 36: Haushaltsgrößen und Mitglieder mit Hauptwohnsitz in Hemis Shukpachan und Igu*

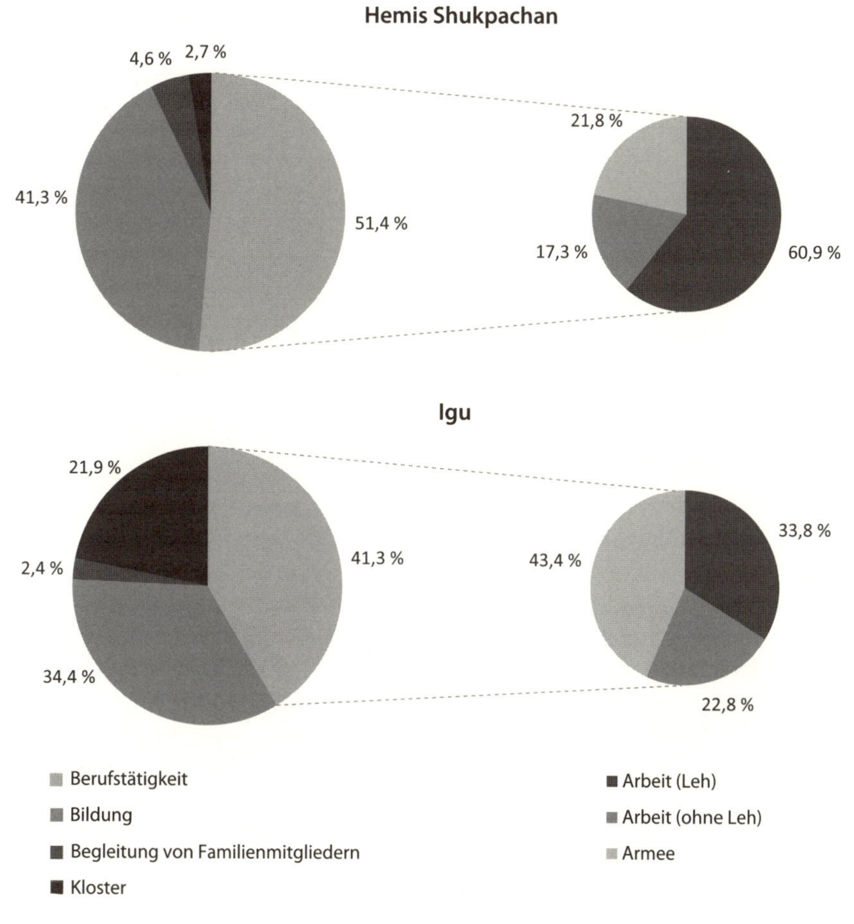


*Abb. 37: Migrationsgründe von Bewohnern aus Hemis Shukpachan und Igu*

Hiermit ist die Hoffnung auf eine bessere Ausbildung verbunden, die zum späteren Besuch einer Hochschule befähigen soll. Viele Kinder verlassen daher bereits vor dem Abschluss der 10. Klasse ihre Herkunftsdörfer. Die Ergebnisse der Haushaltsbefragungen verdeutlichen dieses Entscheidungsmuster: In der Ortschaft Hemis Shukpachan gibt es eine Grundschule und eine staatliche Mittelschule, die von 65 Kindern aus der Ortschaft besucht werden.[34] Weitere 57 Kinder besuchen eine private Bildungseinrichtung außerhalb von Hemis Shukpachan. Mit

34 Die Gesamtschülerzahl der Schulen in Hemis Shukpachan und Igu ist etwas höher, da sie auch von Kindern aus dem Nachbarort besucht werden.

46 Schülern ist Leh das meistgenannte Ziel dieser Bildungsmigration, obwohl sich eine weitere Privatschule im näher gelegenen Khaltse befindet.

Ein ähnliches Bild ergibt sich in Igu. Diese Ortschaft besitzt zwei Grundschulen sowie eine staatliche Mittelschule, die von insgesamt 126 Kindern besucht werden. Gleichzeitig gehen 74 Kinder aus Igu in eine private Bildungseinrichtung außerhalb der Ortschaft. Hierbei ist Leh das bevorzugte Ziel der Bildungsmigration, wo 33 Kinder aus dem Dorf eine Privatschule besuchen. Als weitere Einrichtungen werden Schulen in Shey, Choglamsar und Phyang sowie die Armee-Schule in Kharu besucht. An diesen Standorten können Internatsschüler aufgenommen werden. Schüler, die nach Leh migrieren, wohnen bei Verwandten oder werden von einem Elternteil begleitet (siehe auch Abb. 37). Hier zeigt sich die Bedeutung von sozialen Netzwerken, die neben den finanziellen Ressourcen eine wichtige Rolle bei der Migrationsentscheidung darstellen.

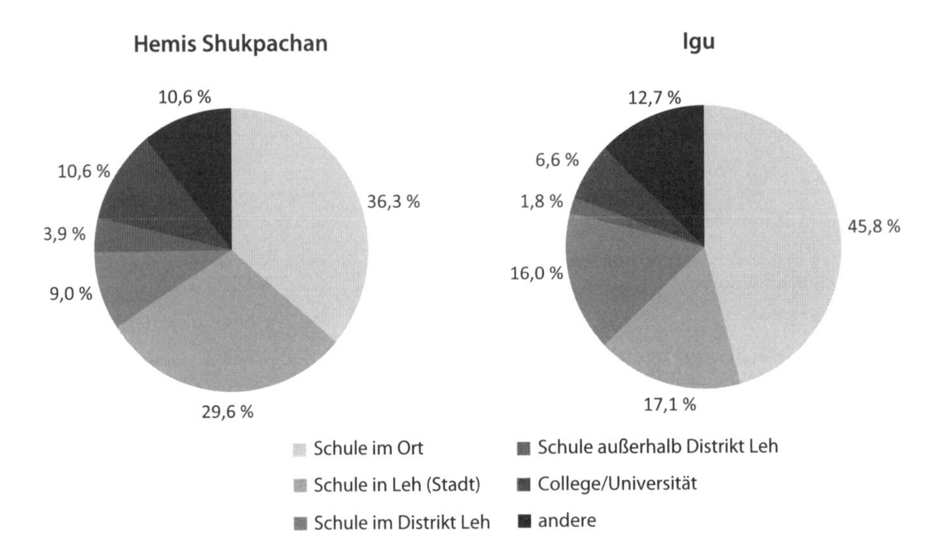


*Abb. 38: Besuch von Bildungseinrichtungen von Schülern aus Hemis Shukpachan und Igu*

Auch bei der Wahl der Universitäten spielen soziale Netzwerke hinsichtlich der Standortentscheidung eine wichtige Rolle. Die Universität in Jammu ist in beiden Untersuchungsdörfern mit Abstand die am häufigsten gewählte Bildungseinrichtung. Darüber hinaus sind Srinagar, Chandigarh und Delhi beliebte Studienorte und Ziele der Bildungsmigration. In diesen Städten gibt es beispielsweise ladakhische Studierendenvereinigungen, die den Austausch von Informationen ermöglichen.

Die Besonderheit eines großen Anteils von Klostereintritten in Igu erklärt sich ebenfalls aus sozialen Verbindungen. Aufgrund enger Kontakte zwischen dem nahe gelegenen Kloster Hemis, das für die Bewohner der Ortschaft ein wichtiger kultureller Bezugspunkt ist, und einem buddhistischen Nonnenkloster in Nepal ist die Zahl der Klostereintritte hoch. Für Familien bedeutet es eine große Ehre, wenn ihre Töchter eine finanzielle Förderung für den Eintritt in das Kloster in Nepal erhalten. Während in der Vergangenheit Novizen von ihren Eltern für eine Schulausbildung und für die Versorgung durch die Klostergemeinschaft in das *gonpa* geschickt wurden, erfolgt der Eintritt ins Kloster meist nicht mehr aufgrund der wirtschaftlichen Notwendigkeit, sondern ist religiös motiviert oder dient der Verbesserung des sozialen Status.

Diese neue Mobiliät führt zu einer Auflösung der „traditionellen" Haushaltsstrukturen. Wie oben angesprochen, verbringt in drei von vier Haushalten mindestens eine Person mehr als sechs Monate außerhalb der Ortschaft (Tab. 31). Zwischen den Mitgliedern dieser multilokalen Haushalte bestehen reziproke ökonomische und soziale Verbindungen. Hierzu zählen nicht nur Geldrücksendungen, sondern ebenso die Teilnahme an Festen als symbolische Repräsentation der Zugehörigkeit zur Dorfgemeinschaft oder die Anwesenheit im Dorf zu Zeiten von Arbeitsspitzen in der Landwirtschaft.

| | Hemis Shukpachan | Igu |
|---|---|---|
| Haushalte* (*N*) / Befragte Haushalte (*n*) | 127 / 103 | 223 / 198 |
| Gesamtzahl der Haushaltsmitglieder der Stichprobe (*n*) | 630 | 1019 |
| Anteil der Haushalte, in denen alle Haushaltsmitglieder im Ort wohnen (%) | 23,3 | 26,3 |
| Zahl der Dorfbewohner, die mehr als 6 Monate außerhalb des Dorfes wohnen (Stichprobe *n*) | 286 | 329 |
| Gesamtanteil der Dorfbewohner, die mehr als 6 Monate außerhalb des Dorfes wohnen (%) | 45,4 | 32,3 |

*Quelle: eigene Erhebungen (2008)*
**TISS (2006)*

*Tab. 31: Haushaltsstrukturdaten für Hemis Shukpachan und Igu*

Zusätzlich ist der Austausch von Nahrung ein Zeichen der wechselseitigen Verflechtungen zwischen Haushaltsmitgliedern. Diese soziale Praxis wird besonders zwischen Haushaltsmitgliedern in Leh und in den Untersuchungsdörfern deutlich. So werden landwirtschaftliche Erzeugnisse aus den Ortschaften – darunter *tsampa*, Aprikosen oder Gemüse – in die Stadt gebracht oder anderen Reisenden mitgegeben. Umgekehrt werden die nicht in den Ortschaften erhältlichen Güter (z. B. Gasflaschen) mit den öffentlichen Bussen in die Ortschaft verschickt. Andere Dorfbewohner oder Ladenbesitzer in Leh fungieren hierbei als Vermittler.

Einige abwesende Kernfamilien entscheiden sich für die Beschäftigung von Verwandten oder anderen Dorfbewohnern, um die Bewirtschaftung der eigenen

Flächen aufrecht zu erhalten. Durch die Einstellung von Arbeitskräften für die Pflege und Bewässerung landwirtschaftlicher Flächen kann, trotz beruflich bedingter Abwesenheit, weiterhin Nahrung im Ort produziert werden. Zugleich wird hierdurch der gesellschaftlichen Inakzeptanz des Brachfallens von Kulturland begegnet und durch die Aufrechterhaltung der Landnutzung die Verwurzelung in der Dorfgemeinschaft symbolisiert. Damit wird eine mögliche spätere Rückkehr in die Ortsgemeinschaft, z. B. nach der Pensionierung, gewährleistet. Die Entscheidung, wer die Ortschaft verlässt, ist auch eine Frage von Macht und Aushandlungsprozessen. Hierbei handelt es sich um strategische Überlegungen, die sowohl mit dem Ziel, die Lebenssicherung und das Wohlergehen des gesamten Haushaltes zu gewährleisten, als auch mit individueller Motivation gekoppelt sind. Obwohl diejenigen, die die Ortschaft verlassen, vielfache Beziehungen zu ihrem Herkunftsort pflegen, bauen sie zugleich an den Zielorten neue soziale Netzwerke auf.

Die Analyse der Haushaltsstrukturen zeigt, dass die meisten Personen sich für eine Migration innerhalb der Region Ladakh entschieden haben. Eine Abwanderung aus den Untersuchungsdörfern in das indische Tiefland oder ins Ausland ist hingegen selten. Im Vordergrund steht die Land-Stadt-Migration nach Leh. In diesen Fällen ist die Lebenssicherung der Haushalte sowohl von den städtischen Einkommen als auch der Produktion in den ländlichen Siedlungen abhängig. Der Haushalt als soziale Einheit ist damit nicht auf die lokale Ebene der Siedlungsoase beschränkt, sondern wirkt auf unterschiedlichen räumlichen Bezugsebenen.

In diesen multilokalen Haushalten ist zu beobachten, dass, trotz der engen sozialen Beziehungen, das Einkommen nicht mehr in allen Fällen vollständig geteilt wird, sondern lediglich ein Anteil der finanziellen Einkünfte an den Herkunftsort gesendet wird. Dieses Handlungsmuster verdeutlicht ein Zitat aus einem Gespräch mit einem Bewohner aus Hemis Shukpachan:

> „Now, our children have left the house, so we totally depend on the tourism and my income from it. And the children also send money to us [Verdienst als Soldat, JD]. You see, today, we need more money, but now we are less people. For the agricultural work, we also employ kulis. And we need to use machines, because otherwise we would have to pay for more kulis. The power-tiller for ploughing is also important, because otherwise we would have to pay more. After our children have left, only we, the parents, stay in the house so the income is less, but the expenses are higher" (H11).

In diesem Kontext wird auch eine zunehmende Individualisierung von Strategien deutlich, die von einigen Bewohnern aufgrund einer wahrgenommenen Erosion des sozialen Zusammenhalts kritisch bewertet wird, wie das folgende Gesprächszitat aus der Ortschaft Hemis Shukpachan unterstreicht:

> „Today, the people are more concerned about money. What was the value of 100 rupees before, is now of the value of 1000 rupees. And more money is spent and not kept in the house. From agriculture, we can only earn more money if we have more people and more fields. I am alone, so I cannot do this. (…) Today, there are more tensions, people are busier and there is more competition. I will give you one example: Today, if one person uses a thresher, everyone has to copy that. Before it was not like this. People were happier" (H29).

Eine alleinstehende Frau aus Igu, die vollständig auf die Geldzuwendungen ihres Sohnes angewiesen ist, betont jedoch die generell verbesserte Lebenssituation:

> „Earlier, nothing was here. When I was young, we did not get food three times a day and we prayed to god all the time. But two times in a day, we had food. Now, the people are richer, with the help from the government and from big lamas like Bakula Rinpoche. (...) Igu only started to change recently, when the children have already been older" (IA35).

### 7.4.2 Veränderungen in den dörflichen Gemeinschaften

Die Entwicklung hin zu multilokalen Haushaltsgemeinschaften wirkt sich entscheidend auf die Handlungsbedingungen und -muster der Bewohner in den Siedlungen aus, was besonders in Verschiebungen der Arbeitsorganisation in der Landwirtschaft deutlich wird. Für die Lebenssicherung und die Nahrungsmittelversorgung der Haushaltsmitglieder an verschiedenen Orten sind ihre reziproken Beziehungen von Bedeutung. Auch diejenigen, die die meiste Zeit außerhalb ihrer Herkunftssiedlung verbringen, gewährleisten durch ihre Unterstützung die Selbstversorgung mit Nahrungsmitteln und erfüllen gleichzeitig die gesellschaftliche Norm, die die Ausübung landwirtschaftlicher Tätigkeiten vorsieht.

Da Veränderungen der Heiratsmuster, außeragrarische Beschäftigungsmöglichkeiten und die Schulausbildung der Kinder zu einer Reduzierung der Arbeitskräfteverfügbarkeit führen, sind diejenigen, die in der Ortschaft verbleiben, einer hohen Arbeitsbelastung in der Landwirtschaft ausgesetzt und müssen zusätzliche Aufgaben im Haushalt und die Kindererziehung übernehmen. Selbst in großen Haushalten, die bis zu vier Generationen vereinen und in denen Eltern bzw. Großeltern noch in polyandrischen Eheverhältnissen leben, ist in vielen Fällen die Zahl der Haushaltsmitglieder, welche vorwiegend in der Siedlung leben, gering. Besonders deutlich wird dies am Beispiel von Hemis Shukpachan (Abb. 36), wo im Fall aller Haushalte mit zehn oder mehr Mitgliedern jeweils über die Hälfte der Personen außerhalb der Ortschaft lebt. Insbesondere die Position und die Aufgaben der Frauen verändern sich durch die neuen Familienstrukturen und die Arbeitsmigration. Trotz verbesserter Bildungsmöglichkeiten tragen weibliche Haushaltsmitglieder in der Regel in geringerem Umfang zum monetären Familieneinkommen bei, so dass Männern zunehmend die Entscheidungsbefugnis über finanzielle Mittel zugesprochen wird.[35] In jüngster Zeit zeigt sich jedoch auch, dass durch eine zunehmende Fragmentierung von Haushalten und die Arbeitsmigration des männlichen Haushaltsvorstands Frauen neue Autorität innerhalb der familiären Strukturen erhalten und an Mobilität gewinnen.[36]

35 Diese Entwicklungen beeinflussen das gesellschaftliche Rollenverständnis in Ladakh. HAY (1999) spricht in diesem Kontext die geringe Wertschätzung von unbezahlten Tätigkeiten im Haushalt und der Subsistenzwirtschaft an. WILEY (2004) argumentiert jedoch, dass ladakhische Frauen durch ihre Autorität im Haushalt und ihre Autonomie – z. B. durch den Verkauf von *cash crops* – im südasiatischen Kontext eine vergleichsweise hohe Stellung haben.

36 Die Abwesenheit des Mannes zwingt Frauen beispielsweise bei Erkrankung eines Kindes, für dessen medizinische Versorgung ins Krankenhaus nach Leh zu reisen sowie vermehrt Ent-

Folgendes Beispiel veranschaulicht die neuen Herausforderungen, die entstehen, weil besonders junge und besser ausgebildete Personen migrieren, während besonders Frauen und ältere Personen in der Ortschaft zurückbleiben: Eine ältere Frau aus Igu ist aufgrund der Trennung von ihrem Mann, der als Handwerker in Leh tätig ist, von ihren eigenen Erträgen und den Rimessen ihres Mannes abhängig. Beide Töchter haben Beschäftigungen als Haushaltshilfen in benachbarten Ortschaften aufgenommen:

> „My daughters are working in other households as service personnel. One is staying in Stakna and one in Sakti. I face problems during winter, as my husband is not coming to the village and he is the one who usually brings money, so no money reaches here in winter“ (IA87).

Es gibt eine wachsende Zahl von Ein- und Zweipersonenhaushalten, die vor besonderen Herausforderungen stehen. Hierbei handelt es sich überwiegend um *khang chun*-Haushalte, die von ihrem *khang chen* oder von Verwandten mitversorgt werden. Ihre Anzahl nimmt aufgrund veränderter gesellschaftlicher Vorstellungen zur Lebensform, welche die Tendenz zu kleineren Haushalten und der Auflösung der Großfamilie umfasst, zu (Kap. 4.6.2). Hierbei handelt es sich vor allem um Ältere oder Alleinstehende, die das Haupthaus verlassen oder zurückbleiben. Diese Personen werden damit mehr als zuvor von Verwandten und Lebensmittelsubventionen (Kap. 8.2.3) abhängig.

Schwierigkeiten werden besonders dann beschrieben, wenn zusätzliche Risikofaktoren (z. B. Gesundheit) eine Einschränkung der Arbeitsfähigkeit bedeuten, wie das Beispiel einer alleinstehenden Frau aus Hemis Shukpachan verdeutlicht: Wegen einer Erkrankung hatte die Frau innerhalb eines Jahres mehrfach Krankenhausaufenthalte in Leh, so dass sie Ausgaben im Zusammenhang mit ihrer medizinischen Behandlung hatte und nicht für die Kultivierung ihrer Felder sorgen konnte. Sie verfügt über keine monetären Einkünfte und erhält daher Geld von ihrem Bruder.

> „For me, it’s very difficult to buy things. I depend on my brother who sends money to me. For me it’s very costly to buy anything. (…) Before, tourists came here to see the old kitchen room and then I get some money for it“ (H36).

Weil dieser Frau über Jahre keine finanziellen Ressourcen für Renovierungsmaßnahmen zur Verfügung standen, nutzt sie ihre „traditionelle“ Küche. Das Angebot, diese zu besichtigen, hatte sie als kreative Handlungsstrategie zur Erwirtschaftung kleinerer Geldbeträge genutzt. Allerdings muss sie wegen der Baufälligkeit des Hauses auch hierauf zunehmend verzichten.

Durch die *de facto* sinkenden Bevölkerungszahlen in den Dörfern und die Veränderungen in der Landwirtschaft verlieren die reziproken Institutionen an Bedeutung. Dieser Verlust an Sozialkapital bedingt insbesondere Schwierigkeiten für Haushalte, die nicht das notwendige Finanzkapital haben, um sich Investitionen in Maschinen oder die Beschäftigung von *kulis* zu leisten.

scheidungen im Haushalt zu übernehmen. Die Haushaltsfragmentierung führt in diesen Fällen zu größeren Handlungsspielräumen.

# 8 VISIONEN UND INTERVENTIONEN

Nachdem die Handlungsstrategien lokaler Akteure zur Ernährungssicherung umfangreich beleuchtet wurden, werden in diesem Kapitel die nicht-lokalen Akteure in den Fokus des Interesses gestellt. Dabei ist die Frage zentral, welche externen Akteure durch Entwicklungsprogramme auf die Handlungsbedingungen der lokalen Bevölkerungsgruppen in Ladakh Einfluss nehmen und inwiefern sie dadurch die Möglichkeiten der Ernährungssicherung beeinflussen. Hier können politische Akteure und NGOs differenziert werden, die in den Themenfeldern Agrarwirtschaft, Ernährung und Gesundheit Interventionen umsetzen. In diesem Zusammenhang soll außerdem beleuchtet werden, wie sich die Aushandlungsprozesse zwischen den beteiligten Akteuren in einer „Entwicklungsarena" gestalten, in der sie ihre jeweiligen Interessen und Machtpositionen vertreten. Für die Analyse wurden insbesondere die Daten der qualitativen Interviews und sogenannte graue Literatur genutzt.

## 8.1 DIE ENTWICKLUNGSARENA: DAS AKTEURSGEFÜGE IN LADAKH

Die unterschiedlichen Akteure, die in Ladakh entwicklungspolitisch aktiv sind, vertreten teils kongruente, teils divergierende Vorstellungen von „Entwicklung" und „Modernisierung". National- und bundesstaatliche Akteure setzen die Politikstrategien der Unionsregierung zur Armutsbekämpfung und landwirtschaftlichen Entwicklung um, die Ansätze zu einer Produktivitätssteigerung der Agrarwirtschaft, einem verbessertem Zugang zur Gesundheitsversorgung und Subventionspolitiken verfolgen. Außerdem sind im Zuge einer zunehmenden Dezentralisierung der *Ladakh Autonomous Hill Development Council* und Dorfräte als Teil des Sytems der lokalen Selbstverwaltung *(Panchayati Raj)*[1] als neue Akteure auf der regionalen und lokalen Ebene involviert.

In der politischen und zivilgesellschaftlichen Öffentlichkeit in Ladakh werden besonders infrastrukturelle Maßnahmen favorisiert, beispielsweise der Ausbau der Verkehrserschließung, der Energieversorgung, von Schulen und medizinischer Infrastruktur (siehe auch VAN BEEK 1999b). Die öffentlichen Diskurse vermitteln das Bild, dass die gegenwärtigen Entwicklungsprozesse jedoch gleichzeitig mit der Gefahr des Verfalls kultureller Werte und sozialer Gemeinschaft assoziiert sind. In jüngeren Debatten wird besonders die Bewahrung von „Tradition" im Kontext rapider Veränderungen angemahnt. Diese Vorstellungen treffen mit den

1 Hierbei handelt es sich um eine dezentrale Regierungsform, die einen Schwerpunkt auf die lokale Ebene legt (WAGNER 2006). Der Name leitet sich von der Bezeichnung für Dorfräte (*panchayat*) – von *panch* (wörtlich „fünf") und *yat* (wörtlich „Versammlung") – ab.

Visionen von Ausländern zusammen, die einen wesentlichen Einfluss auf die Entstehung der Nichtregierungorganisationen (NGOs) in Ladakh hatten. Extern entwickelte Leitbilder prägen bis heute die Arbeit dieser zahlreichen, in der Region aktiven Organisationen. Im Folgenden werden die verschiedenen Akteure in der Entwicklungsarena näher vorgestellt.

### 8.1.1 Politische Akteure: Implementierung von staatlichen Förderprogrammen

Seit der indischen Unabhängigkeit werden die neue geopolitische Situation und die Marginalität Ladakhs im Diskurs um das Streben nach Autonomie und die Zuteilung von Fördergeldern argumentativ eingesetzt (Kap. 4.5.3). Hierbei instrumentalisieren regionale Akteure bis heute das Bild Ladakhs als einer „rückständigen" Hochgebirgsregion für ihre Forderungen (VAN BEEK 2006: 118–119).[2] Bereits als Jawaharlal Nehru im Juli 1949, gemeinsam mit dem Premierminister von Jammu und Kaschmir, Sheik Mohammad Abdullah, erstmals Ladakh besuchte (Amrita Bazar Patrika, 4. Juli 1949 und 7. Juli 1949; vgl. VAN BEEK 1996: 155; 2000: 256), sicherte er der Region Unterstützung durch nationalstaatliche Programme zu und hielt fest:

> „In Ladakh you are backward (…). We have great things to do in Ladakh. Poverty must be eradicated, cloth must be provided, new forms of employment created, hospitals and schools must be established and trade must be expanded" (Amrita Bazar Patrika, 9. Juli 1949).

Zugleich betonte er die Zugehörigkeit zur Indischen Union: „*Our troops came to Ladakh, because we consider Ladakh an integral part of India*" (Amrita Bazar Patrika, 9. Juli 1949). Die politische Einbindung Ladakhs in die Indische Union führte dazu, dass seit den 1950er Jahren staatliche Förderprogramme in der Hochgebirgsregion umgesetzt werden (VAN BEEK 2000: 256). Als Teil einer zunächst stark regulierten staatlichen Wirtschafts- und Entwicklungspolitik werden diese Programme im Rahmen der nationalen Fünfjahrespläne implementiert. Seit Beginn der 1990er Jahre verfolgt Indien im Zuge neoliberaler Reformen die Umsetzung wirtschaftlicher und marktorientierter Instrumente (z. B. MOOIJ 2007). Eine Übersicht der wichtigsten aktuellen Entwicklungsprogramme der indischen Regierung im erweiterten Kontext der Lebenssicherung vermittelt Tab. 32. Die Maßnahmen werden für die gesamte Indische Union entworfen und sind nicht an die spezifischen Gegebenheiten einzelner Regionen angepasst.

Die Interventionen können aufgrund ihrer Finanzierungsmechanismen unterschieden werden. Vollständig vom Nationalstaat finanzierte Programme sind von solchen zu differenzieren, die auf einer Mischfinanzierung aus national- und bundesstaatlichen Mitteln basieren. Letztere werden unter der Bezeichnung *centrally*

2 Dies ist mit der Konstruktion einer „ladakhischen Identität" verbunden (VAN BEEK 2008: 369). Auch wird Bezug auf die Zeit des unabhängigen Königreichs vor der Dogra-Invasion genommen (Kap. 4.2.2), um Ladakh von der Bevölkerungsmehrheit des Bundesstaates und des Nationalstaates abzugrenzen.

*sponsored scheme* (CSS) geführt und weisen eine mindestens 50 %-ige Kofinanzierung durch die Zentralregierung in Delhi auf (LDO-1, 29.07.2009). Hierbei handelt es sich neben Wirtschaftsförderungsprogrammen auch um Wohlfahrts- und Gesundheitsinitiativen, zu denen beispielsweise das *Integrated Child Development Scheme* (ICDS) und die *National Rural Health Mission* (NRHM) zählen (Kap. 8.2.2). Neben den CSS erhält Ladakh als geopolitisch bedeutsame Grenzregion Zuwendungen aus dem *Border Area Development Fund*, die zu 100 % von der Union getragen werden. Dieses Sonderprogramm vergibt Fördergelder unter anderem für Straßenbau, Bildungsmaßnahmen, Wasserversorgung und auch sicherheitspolitische Maßnahmen.

| Programm-akronym | Programmbezeichnung | Inhalt |
|---|---|---|
| BADP | *Border Area Development Programme* | Lebenssicherung und Sicherheit in Grenzregionen |
| CDAP | *Comprehensive District Agricultural Plan* | Zusätzliches Programm zur Förderung der Agrarwirtschaft |
| IAY | *Indira Awaas Yojana* | Förderung des Hausbaus in ländlichen Siedlungen |
| ICDS | *Integrated Child Development Scheme* | Förderung der Ernährung und Gesundheit von Kleinkindern und Schwangeren |
| MLA CDF | *Member of Legislative Assembly Consolidated Development Fund* | durch MLA initiierte Entwicklungsprojekte |
| MP LADS | *Member of Parliament Local Area Development Scheme* | durch MP initiierte Entwicklungsprojekte |
| NREGA | *National Rural Employment Guarantee Act* | Mindestbeschäftigung von 100 Tagen im ländlichen Raum |
| NRHM | *National Rural Health Mission* | Gesundheitsprogramm im ländlichen Raum |
| (T)PDS | *(Targeted) Public Distribution System* | Verteilungssystem für Grundnahrungsmittel, Subventionierung von Reis, Weizen, Zucker |
| PMGSY | *Pradhan Mantri Gram Sadak Yojana* | Förderung des Straßenbaus in ländlichen Regionen |
| SGRY | *Swarna Jayanti Gram Rozgar Yojana* | Förderung von selbstständigen Handwerkern und Kleinunternehmern |
| TSP | *Total Sanitation Programme* | Trinkwasser, Hygiene und Abwasser |
| WSD/*Hariyali* | *Watershed Development Programme/Hariyali („Greening“)* | Bewässerungswirtschaft und Wassermanagement |

*Quelle: LDO-1, 29.07.2009; LAHDC-Agri, 30.03.2009; LAHDC-Health, 30.03.2009*

*Tab. 32: Implementierung staatlicher Programme in Ladakh*

In der Ausgestaltung der Entwicklungsprogramme bleiben die Bundesstaaten, trotz der grundsätzlich föderalen Struktur des politischen Systems, in ihren Strategien an die Leitlinien und die Gestaltung der Agenda durch nationalstaatliche Ministerien in Delhi gebunden. Die Umsetzung der Programme erfolgt in Jammu und Kaschmir über die zuständigen bundesstaatlichen Ministerien und schließlich im Distrikt Leh über die entsprechenden Regierungsbehörden an die Dorfgemeinschaft (Abb. 39).

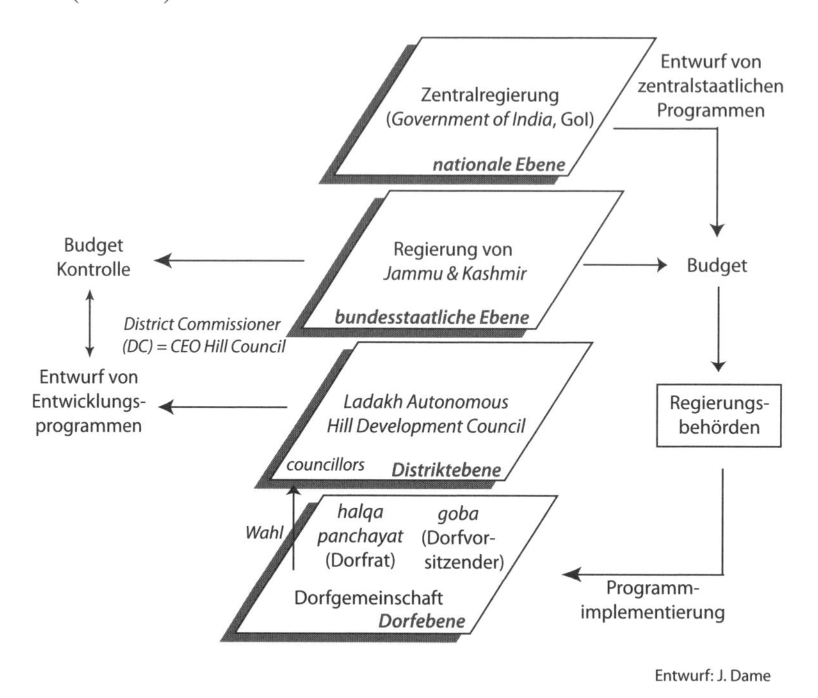


*Abb. 39: Implementierung von staatlichen Entwicklungsprogrammen in Ladakh*

Aufgrund des in Artikel 370 der indischen Verfassung begründeten Sonderstatus von Jammu und Kaschmir müssen – mit Ausnahme von Maßnahmen in den Sektoren Verteidigung, Außenpolitik und Kommunikation – alle zentralstaatlichen Programme nochmals auf bundesstaatlicher Ebene verabschiedet werden. In den national- als auch den bundesstaatlichen Abgeordentenhäusern werden ladakhische Interessen aufgrund der geringen Bevölkerungsanteile der Distrikte Leh und Kargil kaum repräsentiert: Die Region wird über einen Vertreter im indischen Abgeordenetenhaus *Lok Sabha*[3] sowie über vier gewählte *Member of the Legislative Assembly* (MLA) im Bundesstaat vertreten. Diese geringe politische Repräsentanz wird in Ladakh als „stiefmütterliche" Behandlung wahrgenommen. Ein ungenannter Interviewpartner erläutert:

> „Here is a state government which is totally ignorant and fails to see the necessities. The central government sees the need, but they cannot really interfere at the district level and skip J&K government".

3 Die 15. *Lok Sabha* hat 545 Abgeordnete, wobei insgesamt sechs Sitze auf Jammu und Kaschmir entfallen (Siehe auch: http://loksabha.nic.in/, letzter Zugriff: 04.01.2012).

Entsprechend sind mit der Einrichtung des *Ladakh Autonomous Hill Development Council* (LAHDC, kurz: *Hill Council*; Kap. 4.5.3) im Jahr 1995 neue Erwartungen verbunden gewesen. Diese Neuerung weckte bei den politischen Akteuren und der Bevölkerung die Hoffnung, nun eigenständig die Entwicklung gestalten zu können und damit bessere Zukunftsperspektiven zu erreichen (VAN BEEK 1999b, 2000). Im Gesetz zur Einsetzung des LAHDC heißt es:

> „It is felt that decentralisation of powers by formation of Hill Councils for the Ladakh region would give boost to the developmental activities in Ladakh and meet the aspirations of the people of the said region. The present measure is enacted to achieve the above object" (GoI/MLJCA 1995: 3; siehe VAN BEEK 1999b).

Mit seinem semiautonomen Status hat der LAHDC weitreichende Befugnisse in den Bereichen Planung und Verwaltung, zu denen Entwürfe zur Umsetzung von Jahres- und Fünf-Jahresplänen, Finanzbudgets, Landzuteilung und die Steuererhebung zählen, erhalten (GoI/MLJCA 1995). Bereits die Erfahrung der ersten Jahre des *Hill Council* hat gezeigt, dass die großen Hoffnungen, die mit der Dezentralisierung und Teilautonomie verbunden waren, zunächst nicht erfüllt werden konnten. Stattdessen kam es kurz nach der Gründung des LAHDC zu Unstimmigkeiten (VAN BEEK 1999b).

Ein wichtiger Aspekt ist, dass die Stärkung der lokaler Entscheidungsbefugnisse durch die Einrichtung des *Hill Council* in der Praxis nur eingeschränkt erfolgt. So zählen zu den Aufgaben und Zuständigkeiten des LAHDC der Entwurf und die Formulierung von Entwicklungsprogrammen für den Distrikt, zum Beispiel in den Bereichen Wassermanagement, Tourismus, Umweltschutz. Zwar liegt der Entwurf von Entwicklungsplänen und der Budgetvorschlag in der Zuständigkeit des LAHDC, jedoch muss dieser auf bundesstaatlicher Ebene ratifiziert werden. Neben einer möglichen Ablehnung auf bundesstaatlicher Ebene kann es zu zeitlichen Verzögerungen und Behinderungen in der Umsetzung von Programmen kommen (LDO-1, 29.07.2009).

Diese Situation wird durch die in der Praxis weiterhin neben dem neuen *Hill Council* parallel bestehenden bürokratischen Strukturen und das zugehörige Machtgefüge verstärkt. Die Umsetzung der staatlichen Programme erfolgt über die *government departments*, welche dem *Deputy Commissioner* (DC) unterstehen (Abb. 39). Seine Machtbefugnis innerhalb der Verwaltung verdeutlicht das folgende Interviewzitat:

> „People have to rearrange with every DC. What does the new DC, how does he work, what are his priorities and the whole machinery has to adjust to him."

Innerhalb der Distriktregierung hat der DC als höchster Administrativbeamter des Bundesstaates zugleich die Position des *Chief Executive Officer* im LAHDC inne. Auf diese Weise sind die Entscheidungen der Distriktregierung unmittelbar durch den Bundesstaat beeinflusst. Hierzu führt ein Interviewpartner aus:

> „The DC is the eyes, ears and nose of the state government in the district. He has to keep an eye on everything and has to report to the state."

Zugleich hat der DC als *District Magistrate* die höchste richterliche Funktion auf der Ebene des Distrikts und die Position des *District Development Commissioner* inne (LDO-1, 29.07.2009). Durch diese Bündelung von Zuständigkeiten erhält der DC eine enorme Machtbefugnis, die er gezielt für seine Interessen nutzen kann. Diese Machtfülle des DC beschreibt ein Interviewpartner anschaulich:

> „So it's like this: when you look at him you look at a four-headed monster. So people get really confused which role is speaking to you."

Aufgrund der Besetzung des DC durch die Regierung des Bundesstaates und des genannten Ratifizierungsvorbehalts auf bundesstaatlicher Ebene erfolgt keine vollständige Machtübertragung an die Distriktebene. Zugleich werden auf diese Weise die Position des *Hill Council* und des CEC geschwächt.[4] Außerdem wird von einigen Interviewpartnern die unzureichende Kompetenz der gewählten *councillors* bemängelt, die aufgrund fehlender Kapazität und Kenntnisse nicht zu einer Stärkung der politischen Funktion des *Hill Councils* beitragen, wie dieses Zitat ausführt:

> „After every election [to the Hill Council, JD] we always have at least 50% new people on posts. You have to update the newly elected councillors at least with a basic level of information and raise the awareness of the new councillors to act effectively for the people" (LDO-1, 29.07.2009).

Als weiterer Problembereich gilt die begrenzte Übertragung von Handlungsbefugnissen und finanziellen Ressourcen auf die Distriktebene. Einer Studie der ladakhischen NGO *Ladakh Development Organisation* (LDO) und *The Hunger Project* (THP) zufolge wird insgesamt ein jährliches Budget von etwa 450 Mio. INR über staatliche Programme an die zuständige administrative Behörde, das *Department of Rural Development*, vergeben. Hiervon erhält der *Hill Council* lediglich einen Anteil von 65 Mio. INR.[5] Hinzu kommen finanzielle Mittel aus CSS und dem *Border Area Development Programme* (LDO-1, 29.07.2009). In diesem Kontext wird von lokalen politischen Akteuren der fehlende Wille zur Umsetzung der Dezentralisierung aufgrund der Sondersituation von Jammu und Kaschmir beklagt. Ein anonymisierter Interviewpartner hält fest:

> „The Government of India also doesn't want to have many breakups. There is the problem of J&K: what if Kashmir gets the chance for a referendum (…)? So they don't support village level power and the district level (…)."

Als zusätzliches Problem wird Korruption benannt:

4 Dies trifft insbesondere zu, wenn der von allen Abgeordneten gewählte CEC wenig Durchsetzungsvermögen hat, wie ein Interviewpartner erläutert: *„But then, this council has the power. It depends on the man (CEC) to be effective. If he is indecisive, it's difficult, because you have two wives – the DC and the Hill Council.*" Von entscheidender Bedeutung ist auch die persönliche Beziehung zwischen den jeweiligen Amtsinhabern.

5 Siehe den Bericht von *The Hunger Project*/LDO *„Overview of Local Governance in the State of Jammu and Kashmir", abrufbar unter:* http://www.thp.org/resources/speeches_reports/research/overview_local_governance_jammu_and_kashmir, letzter Zugriff: 19.02.2012.

„Here is one problem: of each one rupee spent for the village, only 5 pesa reach. Somehow the rest disappears. But these kinds of things are things that you cannot say loud, because you cannot proof it".

Neben der Einrichtung des *Hill Council* stellt die Stärkung des *Panchayati Raj*-Systems eine wichtige Entwicklung im Zuge der politischen Dezentralisierung dar. Bereits vor der Einrichtung des LAHDC wurde 1989 auf bundesstaatlicher Ebene der *Jammu and Kashmir Panchayat Act* verabschiedet.[6] Auf nationaler Ebene ist die Aufwertung des *Panchayati Raj* seit 1993 im Zusatzartikel 73 der indischen Verfassung festgeschrieben, um die politische Partizipation lokaler Bevölkerungsgruppen, insbesondere bei der Gestaltung von Entwicklungsplänen und der Umsetzung von CSS, zu stärken.[7] Dieses System der lokalen Selbstverwaltung sieht eine dreigliedrige Regierungsform vor (Abb. 40): Auf Ebene der Dorfgemeinschaft werden Räte *(halqa panchayat)* gewählt, die aus mehreren Vertretern *(panch)* und einem Vorsitzenden *(sarpanch)* bestehen. Auf der nächsthöheren administrativen Einheit ist das sogenannte *Block Development Council* (BDC) vorgesehen, das eine Vermittlerposition zwischen Distriktebene und Dorfgemeinschaft einnimmt. Auf der Distriktebene wird das *District Planning and Development Board* (DPDB) aus allen Vorsitzenden der BDC, Parlamentsvertretern in den Kammern der bundesstaatlichen Regierung (*Member of Legislative Assembly*, MLA, und *Member of Legislative Council*, MLC) und dem ladakhischen Abgeordneten in der *Lok Sabha* (*Member of Parliament*, MP) gebildet. Als Vorsitzender des DPDB ist der DC vorgesehen, was die Kompetenz des *Hill Council* weiter einschränkt (LDO-1, 29.07.2009).

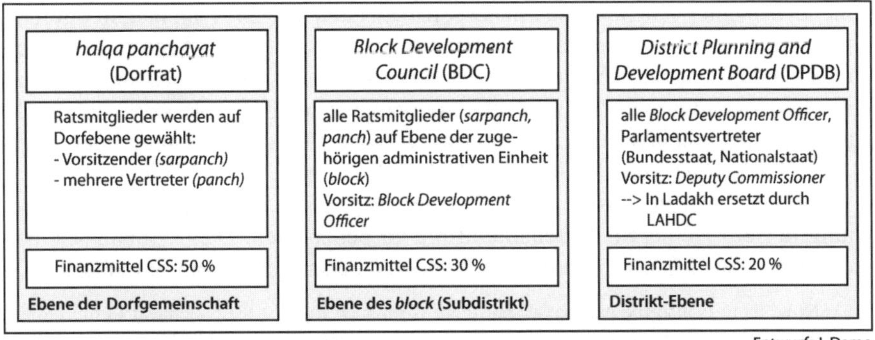


*Abb. 40: Dezentrale Implementierung von Centrally Sponsored Schemes (CSS) über das Panchayat-System*

In Ladakh wurden Dorfräte erst im Jahr 2001 bestimmt, nachdem die Wahlen der *panchayats* im Bundesstaat zuvor mehrfach aufgrund von Sicherheitsbedenken

6 Siehe http://jkrd.nic.in/J&K%20Panchayati%20Raj%20Act%201989%20and%20Rules%201996.pdf (letzter Zugriff: 10.02.2012).

7 Zu den Anfängen des *Panchayati Raj* siehe einführend WAGNER (2006); MITRA (2011).

verschoben worden waren. In der praktischen Umsetzung hat sich daraus für den Distrikt Leh die Sondersituation ergeben, dass das *District Planning and Development Board* durch den LAHDC ersetzt wird. Durch diese Zusammenführung der Zuständigkeiten sollen die verschiedenen Dezentralisierungsbemühungen gebündelt werden. Es ist beabsichtigt, dass *halqa panchayat* auf Ebene der Dorfgemeinschaft Entwicklungspläne entwerfen und dass das LAHDC zentral- und bundesstaatliche Fördergelder für die Umsetzung von Programmen erhält (LDO-2, 04.08.2009).

Diese geplanten Implementierungsprozesse sind jedoch zunächst gescheitert, da das *Panchayat*-System in der Praxis nur in Teilen umgesetzt wurde; im gesamten Bundesstaat Jammu und Kaschmir wurden keine BDCs eingerichtet. Die Finanzmittel standen den *panchayats* in der ersten fünfjährigen Periode nur im Rahmen von drei CSS (SGRY, IAY und TSP, siehe Tab. 32) zur Verfügung. Die Umsetzung der weiteren Programme erfolgte über das zuständige *Department for Rural Development*, wobei die Dorfräte eher als eine Art Beratungskomitee fungierten.[8] Weil sie zudem eine neue, parallele Institution neben den etablierten Dorfvorsitzenden *(goba)* und den religiösen Ämtern in der Dorfgemeinschaft bilden, sind nunmehr zusätzliche Dorfversammlungen von den *sarpanch* einberufen worden. Eine Evaluation der ersten Periode (2001–2006) des *Panchayati Raj*-Systems in Ladakh hat aufgezeigt, dass die Beteiligung an den vom *sarpanch* einberufenen Treffen deutlich unter der Teilnahme an Dorfversammlungen des *goba* lag (LDO-1, 29.07.2009; LDO-2, 04.08.2009).

Die Dezentralisierungsbemühungen wurden weiter geschwächt als nach dem Ablauf der ersten Fünfjahresperiode (2006) die vorgesehenen Neuwahlen der *panchayats* unter Angabe von Sicherheitsbedenken bis 2011 nicht durchgeführt wurden. Deshalb übernahm die Administration auf der *block*-Ebene in der Übergangszeit die Zuständigkeiten der *panchayats*. In diesem Zusammenhang verweist ein Interviewpartner auf die politische Sondersituation im Bundesstaat, die mögliche Sorge des Machtverlusts der bundesstaatlichen Administration und den ungeklärten Status Kaschmirs (LDO-2, 04.08.2009).

Die geschwächte Position dieser neuen Institution ist auch in den Untersuchungsdörfern Hemis Shukpachan und Igu zu beobachten. Dies symbolisiert beispielsweise die Umnutzung des neu errichteten Versammlungsraumes in Igu:

> „Now, there is also the panchayat, but there is no such rule for the panchayat in the village. The community hall is used for parties and festivals in the village“ (Goba-IG1, 24.8.2007).

*De facto* ist der *goba* der wichtigste Ansprechpartner geblieben, der unter anderem die Aufgabe hat, Probleme mit staatlichen Behörden in Leh abzuklären. Weil zusätzlich die gewählten *councillors* des LAHDC die Entwicklungspläne in ihren Wahlbezirken mitgestalten, werden auch sie gezielt für die Umsetzung von Belangen und Interessen der Dorfgemeinschaft angesprochen. Diese Überlagerung

8 Siehe http://www.thp.org/resources/speeches_reports/re search/ overview_local_governance _jammu_and_kashmir, letzter Zugriff: 19.02.2012.

von Zuständigkeiten auf der lokalen Ebene birgt Konfliktpotential, wie ein Mitarbeiter von LDO bemerkt:

> „Some councillors also don't accept the sarpanch. Roles have to establish. In the future, more conflicts may arise between the sarpanch and the councillors. People have to learn to find a way between collective responsibility and competition" (LDO-2, 04.08.2009).

Trotz einer formellen Stärkung der *Panchayat*-Strukturen im 11. zentralstaatlichen Fünf-Jahresplan (2007–2012) wurden erst im Herbst 2011 Wahlen der *halqa panchayat* im gesamten Bundesstaat durchgeführt.[9] Es bleibt abzuwarten, inwiefern die nach wie vor bedeutenden Akteure (DC, MLA, MP) einen Teil ihrer Aufgaben und politischen Macht an die lokale Ebene abgeben.

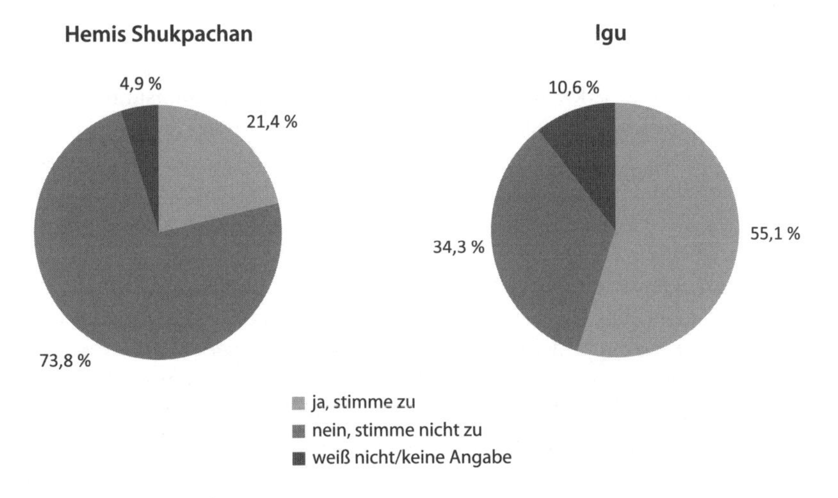


*Abb. 41: Bewertung der Arbeit von staatlichen Behörden in den Ortschaften Hemis Shukpachan und Igu*

Auf Ebene der Dorfgemeinschaften haben die politischen Neuerungen entgegen den hohen Erwartungen zu vergleichsweise wenigen Änderungen im Alltag geführt. Dabei wurden die Auswirkungen der staatlichen Entwicklungsinterventionen in den Untersuchungsdörfern Hemis Shukpachan und Igu insgesamt recht

9 2001 hatten zwar Wahlen in Ladakh, nicht aber in allen Teilen des Bundesstaates stattgefunden. Siehe: http://jkrd.nic.in/govtOrders/sro163.pdf_(letzter Zugriff: 18.12.2011). Zur neuesten Entwicklung siehe auch: „*Ladakh to decentralize power to the panchayats*" (15.10.2011), abrufbar unter: http://news.reachladakh.com/news-details.php?&624377167192472259 21106483381 &page=1&pID=717&rID=0&cPath=4). Bis zum 31.3.2012 wurden 93 *panchayats* im Distrikt Leh eingerichtet (LAHDC 2013: 77).

unterschiedlich bewertet (Abb. 41). Die Zufriedenheit mit der Arbeit der staatlichen Akteure ist in Igu deutlich größer, was insbesondere auf den Ausbau der Schule sowie die Verfügbarkeit des PDS (Kap. 8.2.3) zurückzuführen ist. Zugleich wird jedoch von manchen Bewohnern ein fehlendes Engagement im Hinblick auf die ökonomische Entwicklung der Region bemängelt, was stellvertretend in diesem Zitat zum Ausdruck kommt: *„They [the government, JD] give the ration card, but nothing else. Nobody is earning money"* (H56).

Die wichtigsten lokalen Akteure in beiden Ortschaften sind nach wie vor der Dorfvorsitzende *goba* sowie die direkt gewählten Abgeordneten des *Hill Council*. Die neuen *panchayat*-Strukturen spielen bislang für die Belange der Dorfbewohner nur eine untergeordnete Rolle.

### 8.1.2 Nichtregierungsorganisationen: Entstehung, Typologie und Arbeitsweise

Neben den staatlichen Akteuren nehmen Nichtregierungsorganisationen (*non-governmental organisations*, NGOs) Einfluss auf den Entwicklungsdiskurs. Als neue Akteure setzen sie Interventionen in verschiedenen sozialen, ökologischen und wirtschaftlichen Themenfeldern um und verändern bestehende Machtverhältnisse.

Die ersten beiden NGOs in Ladakh wurden bereits Ende der 1970er Jahre, nach der vorangegangenen Aufhebung von Reiserestriktionen, auf Initiative von Europäern gegründet. Die hieraus hervorgehenden Organisationen *Ladakh Ecological Development Group* (LEDeG) und *Leh Nutrition Project* (LNP) werden bis heute als die *„elephants*" (GERES-1, 10.08.2009) der Entwicklungs-NGOs in der Region bezeichnet. In den 1980er Jahren setzten sich die ersten Nichtregierungsorganisationen für Verbesserungen im Gesundheits- und Bildungssektor ein. Insbesondere in abgelegenen Ortschaften organisierten sie Aktivitäten wie Impfkampagnen und förderten den Bau von Schulen. Der ehemalige Leiter des britischen *Save the Children Fund* (SCF) in Ladakh erinnert sich:

> „One advantage of us was that we could go to the remote villages. The district administration had so little money and their guidelines for spending money did not include transportation costs. So the NGOs were those who went to the remote villages" (SCF, 27.07.2009).

Im Jahr 1978 rief die schwedische Linguistin Helena Norberg-Hodge das *Ladakh Project* ins Leben, aus dem kurze Zeit später die von ihr gegründete NGO *International Society for Ecology and Culture* (ISEC) hervorging. Sie gilt bis heute als die bekannteste und einflussreichste Ausländerin in der Region. In ihrem Buch *„Ancient Futures – Learning from Ladakh*" (NORBERG-HODGE 1991, 2004) beschreibt sie die rapiden gesellschaftlichen und wirtschaftlichen Veränderungen in Ladakh, die aus ihrer Perspektive negativ bewertet und insbesondere auf den einsetzenden Tourismus zurückgeführt werden: „In den zurückliegenden Jahren aber sind Kräfte von außen wie Lawinen über die Ladakhis hineingebrochen und haben rasch zu massiven Störungen geführt" (NORBERG-HODGE 2004: 113). Ihre Thesen sind sowohl in der Forschung (z.B. VAN BEEK 2000; siehe auch DAME & NÜSSER

2008) als auch in der ladakhischen Elite umstritten geblieben. In einer Rezension ihres Buches (NORBERG-HODGE 1991) schreibt NAWANG TSERING:

> „Old Ladakh is painted as a shangrila par excellence. (…) A Ladakhi reader may even get an inflated ego from the author's flattering description of the wonderful qualities that she attributes to our people" (1994: 46; siehe auch VAN BEEK 2000: 254).

1981 ging aus dem *Ladakh Project* die *Ladakh Ecological Development Group* (LEDeG) als zweite NGO hervor[10], die schwerpunktmäßig in den Bereichen ländliche Entwicklung, Energie, Wasser und Umweltschutz arbeitet. Die Vorstellungen von LEDeG waren insbesondere in den ersten Jahren eng an ISEC angelehnt. Heute definiert die NGO ihre Arbeitsziele folgendermaßen:

> „(…) (W)e are exploring ways of guiding the direction of change in order to strengthen the local economy and raise the standards of living of our communities, while addressing ecological and environmental concerns. (..) (O)ur primary mission [is] (..) the promotion of ecologically and socially sustainable development which harmonises with and builds upon traditional Ladakhi culture" (Homepage LEDeG).[11]

Ebenfalls auf eine europäische Initiative ist die NGO *Leh Nutrition Project* (LNP) zurückzuführen. LNP wurde 1978 zunächst als Durchführungsorganisation für *Save the Children Fund* gegründet. Nach einer Flutkatastrophe am Indus begann SCF seine Arbeit in Ladakh mit Nahrungsmittellieferungen in die betroffenen Dörfer. Bis 1984 lag der Schwerpunkt der Tätigkeiten auf einem verbesserten Zugang zu Nahrung (SCF, 27.07.2009). Seit 1992 ist auch LNP als eigenständige NGO registriert. Die Organisation hat in der Folge ihr Portfolio erweitert und ist in den Themenfeldern Gesundheit, Bildung, Wasser und, wenngleich heute nur noch in geringem Umfang, direkt im Bereich Ernährung aktiv (LNP-1, 2.8.2007).

Zu einem regelrechten Boom an NGO-Neugründungen kam es Mitte der 1990er Jahre mit der Initiierung des *Watershed Devlopment Programme* (WDP 2009). Seit 1995 werden im Rahmen dieses Programms Maßnahmen der ländlichen Entwicklung – insbesondere Bewässerungsinfrastruktur- und Aufforstungsmaßnahmen – unterstützt (NÜSSER et al. 2012). In dem Programm ist eine Umsetzung der Maßnahmen durch zivilgesellschaftliche Organisationen vorgesehen, was die große Zahl von Neugründungen motivierte. Einige Organisationen sind beispielsweise von Universitätsabsolventen eingerichtet worden, die auf diese Weise eine Beschäftigungsmöglichkeit erhalten haben. Diese NGOs werden oft negativ bewertet, wozu ein Interviewpartner ausführt:

> „When the watershed programme came, many jumped on it without a clear mission. (…) Some smaller NGOs don't have a mandate but they jump from wife to wife."

Die Arbeit der heute zahlreichen NGOs und deren enge Vernetzung mit internationalen Organisationen, ausländischen Geldgebern und der lokalen Politik[12]

10 Auch die NGO *Women's Alliance of Ladakh* (WAL) wurde 1994 mit Unterstützung von ISEC gegründet und ist durch gemeinsame Projekte weiterhin eng an ISEC gebunden.

11 Abrufbar unter: http://ledeg.org//pages/about-us/our-mission.php, letzter Zugriff: 29.12.2011.

12 Die enge Vernetzung der NGOs mit politischen Belangen war besonders in den 1990er Jahren gegeben. Etliche der frühen Mitarbeiter und Führungspersonen in beiden NGOs wurden spä-

haben einen starken Einfluss auf die in Ladakh vorherrschenden Entwicklungsdiskurse. Andere Stimmen, wie dieser NGO-Mitarbeiter, merken in diesem Zusammenhang eine bisweilen unkritische Haltung von vielen Mitgliedern der Nichtregierungsorganisationen und deren fehlende Weiterentwicklung an:

> „And Ladakhis have been taught to feel to be so much of wisdom, by people like ache[13] Helena. People think they know everything and that there is nothing they have to learn.“

Ein Mitglied einer weiteren NGO bestätigt dies:

> „The NGOs think that they are the best of the world – half of this arises from innocence and half of it from arrogance (…). So many people tell them that they are 'unique'“.

Mittlerweile kann die Region als „*development hotspot*“ (BEBBINGTON 2004: 728) gelten. Dabei kann die Vielzahl an Nichtregierungsorganisationen aufgrund ihrer Struktur und Funktionsweise in drei Typen untergliedert werden (Tab. 33). Die Typologie verdeutlicht die heterogenen Machtstrukturen und die verschiedenen Grade der finanziellen Abhängigkeit von unterschiedlichen Gebern. Manche NGOs haben gemischte Portfolios. Den ersten Typ bilden internationale NGOs (wie beispielsweise SCF, ISEC), die teilweise über Durchführungsorganisationen vor Ort operieren. Hierzu zählen auch private Initiativen von Ausländern. Einen zweiten Typ bilden indische NGOs, die in Ladakh mit einer regionalen Niederlassung vertreten sind. Zum dritten Typ zählen lokale (ladakhische) NGOs, die sich nach unterschiedlichen Funktionsweisen aufgliedern lassen.

| Typ | Struktur und Funktionsweise |
|---|---|
| Internationale NGOs | - in verschiedenen Ländern aktiv, Zweigstelle in Ladakh<br>- Kooperation mit ausführender NGO in Ladakh<br>- private Initiativen von Ausländern |
| Nationale NGOs | - Hauptsitz im Tiefland, Zweigstelle in Ladakh |
| Lokale NGOs | - mit thematischem Fokus<br>- ausführende Organisation („verlängerter Arm“) für internationale NGOs<br>- Projektdurchführung staatlicher Programme<br>- Schein-Selbstständigkeit, Einzelpersonen<br>- Initiativen von ladakhischen Persönlichkeiten |

*Quelle: eigener Entwurf*

*Tab. 33: Typen und Funktionsweise von Nichtregierungsorganisationen in Ladakh*

Aufgrund ihrer unterschiedlichen Struktur sind die Nichtregierungsorganisationen durch divergierende Interessen und ungleiche Machtpositionen gekennzeichnet. Sie unterscheiden sich auch im Hinblick auf ihre Größe und Verwaltungsstruktur und stehen im Wettbewerb um Fördergelder. Nur wenige Organisationen haben

ter zu wichtigen politischen Entscheidungsträgern. Beispielsweise waren die Leiter von LEDeG in den Anfängen des LAHDC und in die Bemühungen um Autonomie involviert (VAN BEEK 1999b).

13 *Ache* bedeutet wörtlich „ältere Schwester“ und wird hier als Anrede für Helena NORBERG-HODGE als respektierte Personen verwendet.

einen klaren thematischen Fokus. Das Zitat eines NGO-Direktors verdeutlicht den Opportunismus: *„I do not have a favourite project; it all depends where you get money from"*. Manche sind nach wie vor Durchführungsorganisationen für internationale Akteure und haben deshalb kein eigenes Leitbild.[14] Zusätzlich arbeiten NGOs als Durchführungsorganisationen für nationalstaatliche Programme, beispielsweise im Rahmen der Implementierung des *Watershed Development Programme* (WDP; Kap. 8.2.1) oder der *National Rural Health Mission* (NRHM; Kap. 8.2.2). Diesen NGOs wird oft vorgeworfen, dass sie in erster Linie an der Generierung von Einkommen für ihre Projektmitarbeiter interessiert sind.

Um Konkurrenz und Überschneidungen zu verhindern, unterteilen NGOs ihre Einsatzgebiete in der Praxis regional. Dies gilt vor allem für die Umsetzung von CSS (WDP, NRHM). Zwischen den einzelnen Ortschaften variiert das Engagement der NGOs stark. Dies gilt insbesondere für private oder Einzelinitiativen, die oft bestimmte Ortschaften favorisieren. Um die Aktivitäten der einzelnen Organisationen besser abzustimmen, wurde das *Ladakh Voluntary Network* (LVN) als ein informelles Netzwerk der in Leh ansässigen NGOs gegründet. Der Direktor einer der Organisationen hält jedoch fest: *„The Ladakh Voluntary Network only works in case that there is a need to solve problems."* Ein kleines Netzwerk wird zudem von der französischen NGO *Groupe Energies Renouvelables, Environnement et Solidarités* (GERES) koordiniert.[15]

Auch in beiden Untersuchungsdörfern sind verschiedene NGOs tätig. In Igu werden vor allem CSS-Maßnahmen von der Organisation *Leh Nutrition Project* (LNP) umgesetzt. Hemis Shukpachan fällt aufgrund der regionalen Aufteilung in der Umsetzung von CSS in den Arbeitsbereich der *Ladakh Development Organisation* (LDO). Im Unterschied zu Igu finden hier außerdem Aktivitäten ausländischer Geber statt. Hierzu zählen Initiativen zur Förderung sogenannter *glassrooms* (Fensterbauweise), die Unterstützung der Grundschule im Ort und die Entsendung von *volunteers* über das *Farm Project* der Organisation ISEC während der Sommermonate.[16] Da Hemis Shukpachan im Habitat des Schneeleoparden und zugleich an einer Trekking-Route liegt, nehmen einzelne Haushalte am sogenannten *homestay*-Programm der NGO *Snow Leopard Conservancy* teil. Ähnlich wie bei den staatlichen Behörden erhalten die Aktivitäten der NGOs in beiden Untersuchungsdörfern unterschiedlichen Zuspruch (Abb. 42). Die Zustimmung zur Arbeit der NGOs in Igu gilt vor allem für aktuelle Maßnahmen im Bereich des Wassermanagements. Bei einer größeren Vielfalt der Programme ist die Zufriedenheit

14 Weil es aufgrund des Sonderstatus von Jammu und Kaschmir Ausländern nicht gestattet ist, in diesem Bundesstaat eine NGO registrieren zu lassen, kann diese Lösung für die Operationalisierung von Programmen genutzt werden.

15 Das Netzwerk ist für die Umsetzung von EU-Projekten eingerichtet worden und umfasst fünf NGOs aus Ladakh (LEDeG, LEHO, LNP, Skarchen, SECMOL), eine aus Lahaul/Spiti und zwei europäische NGOs.

16 Das *Farm Project*, bei dem Volontäre bei Aufgaben in der Landwirtschaft helfen, wird in der Ortschaft aufgrund der fehlenden finanziellen Attraktivität kritisiert. Das Programm wird seit 2010 in Hemis Shukpachan ausgesetzt.

mit der Arbeit der NGOs in Hemis Shukpachan insgesamt deutlich höher als in Igu.

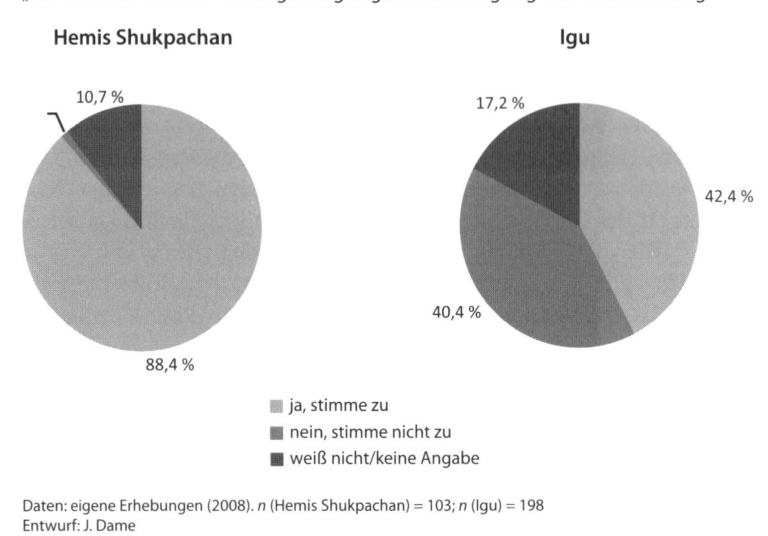


*Abb. 42: Bewertung der Arbeit von NGOs in den Ortschaften Hemis Shukpachan und Igu*

Insgesamt sind auf lokaler Ebene viele der befragten Haushalte mit dem Engagement der staatlichen und nicht-staatlichen Organisationen generell wenig zufrieden. Dabei spielt die zunehmende Anzahl von Komitees, Versammlungen und Programmevaluationen eine wichtige Rolle. Die steigende Zahl der Gruppen, die für diverse Förderprogramme gebildet werden, und die Vergabe zahlreicher Zuständigkeiten sorgen für Unzufriedenheit. So bestehen beispielsweise in Hemis Shukpachan neben *goba* und *panchayat*, eine Selbsthilfegruppe der Frauen *(ama tsogspa)*, ein *Watershed Development Committee* für Projekte in der Bewässerungswirtschaft, die *Wildlife Management Community* zum Schutz des Schneeleoparden und das *Village Health Water and Sanitation Committee* für Gesundheitsmaßnahmen.

Als Beispiel für Koordinationsprobleme und Machtstrukturen können die Ereignisse nach der Überschwemmungskatastrophe im Sommer 2010 dienen. Nachdem die Soforthilfe zunächst von der indischen Armee und freiwilligen Helfer übernommen worden war[17], fanden nach zwei Tagen erste Koordinationstreffen der staatlichen Behörden und Nichtregierungsorganisationen statt. Vertreter loka-

17 Im Rahmen der Soforthilfe wurden Notunterkünfte errichtet und insgesamt 6 Tonnen an Hilfsgütern (Lebensmittel, Decken, Sanitärbedarf, Zelte) zur Verfügung gestellt (vgl. http://www.ladakhflood.org; letzter Zugriff: 20.01.2011).

ler Organisationen bemängelten jedoch die Durchsetzung von Partikularinteressen einiger NGOs (Übernahme von Tätigkeiten als „Prestige"), Probleme bei der Zuteilung von Geldern sowie Engpässe bei der Materialbeschaffung. In der Sofort- und Katastrophenhilfe waren offiziell 40 internationale, nationale und lokale NGOs aktiv (Foto 28). Eine besonders schnelle Handlungsfähigkeit haben nicht-lokale Organisationen mit Erfahrungen im Katastrophenmanagement, die mit lokalen Organisationen zusammen arbeiten, bewiesen. Aufgrund der großen Anzahl in Ladakh tätiger NGOs äußern einige Akteure die Befürchtung, dass bereits bestehende Kohärenzprobleme und mangelnde Kooperationsbereitschaft weiter verstärkt werden könnten.

Trotz der generell eher negativen Bewertung der staatlichen und nicht-staatlichen Akteure, die möglicherweise auf die Konfliktlinien und Unstimmigkeiten im politischen und gesellschaftlichen Diskurs zurückzuführen sind, nutzen viele Haushalte die einzelnen Programme und Maßnahmen, wie im Folgenden gezeigt wird.

## 8.2 ENTWICKLUNGSINTERVENTIONEN

Nach der Darstellung der unterschiedlichen Akteure werden die wichtigsten Programme, die im Bezug zur Ernährungssicherung in Ladakh stehen, vorgestellt. Anhand dieser ausgewählten Maßnahmen aus den Bereichen Landwirtschaft, Gesundheit und Ernährung werden das Zusammenspiel der unterschiedlichen staatlichen und nicht-staatlichen Akteure und ihre Machtverhältnisse in der Entwicklungsarena deutlich.

### 8.2.1 Landwirtschaftliche Produktionssteigerung

Aufgrund der Bedeutung der landwirtschaftlichen Ressourcennutzung für die Ernährungssicherheit in Ladakh wird zunächst auf die verschiedenen Programme, die als Ziele die Produktionssteigerung und „Modernisierung" der Agrarwirtschaft verfolgen, eingegangen. Hierbei lassen sich zwei wesentliche Grundsätze ausmachen: Durch agrartechnische Innovationen soll eine größere Produktionsmenge erreicht werden; außerdem wird die Erschließung neuer Nutzflächen vorangetrieben.

Wie in Kap. 6 dargestellt, unterstützen staatliche Behörden *(Agriculture Department, Cooperative Department, Horticulture Department)* unterschiedliche agrarische Innovationen und zielen primär auf Ertragssteigerungen ab. Sie greifen damit Bewertungen auf, die Ladakh als unproduktive und „rückständige" Region charakterisieren (KAUL & KAUL 2004: 314–315). Die Maßnahmen basieren vor allem auf finanziellen Anreizen, wie Subventionen für die Verwendung von Mineraldünger, neuem Saatgut und Hochertragssorten sowie von landwirtschaftlichen Maschinen. Auch werden in der Tierhaltung verschiedene Initiativen unterstützt, zu denen beispielsweise Zuchtstationen und die Bereitstellung von Viehfutter zählen. Integraler Bestandteil sind außerdem Informationskampagnen, z. B. über das Radio und im Rahmen von Workshops (AgriDept-1. 25.07.2009; HortiDept-1, 25.07.2009).

| Aussagen zum Themenfeld... | Aussagen staatlicher Akteure | Aussagen nicht-staatlicher Akteure |
|---|---|---|
| Kompetenz | *They don't have a better technology than we do. But they get much more published and much more publicity.* | *For example...if LEHO is promoting greenhouses but the government sees it as a threat? Although the Agriculture Department could have reacted differently.*<br>*As far as the departments are concerned – whether they perform or not, they will be there. The need to perform is not incorporated in the departments. The NGOs cannot work like this.* |
| Zugang zu lokalen Gemeinschaften | *What they [international NGOs] lack instead is local knowledge.* (HortiDept-1, 25.07.2009) | *And we also have a social part. This is different from the Horticulture Department, they only give the material and do not have a social part. (...) The training [on greenhouse construction] is needed, and this is not done by the government.* |
| Kooperation | *Once, we have been sitting together to discuss, but now everybody is doing his things.*<br>*Between NGOs and Government Departments there is no cooperation. They are doing their job. We are doing our job. And then sometimes, we talk.* | *There is a need of cooperation, but there is a problem of communication in the bureaucracy. They have not been created to cooperate; each runs its way, the departments are made to function this way by the system.*<br>*In these departments, people have a feeling of complexion or feeling inferior. They feel slightly uncertain or uncomfortable working with NGOs.* |

*Quelle: eigene Erhebungen*

*Tab. 34: Förderung der Landwirtschaft: Wechselseitige Einschätzung von staatlichen und nicht-staatlichen Akteuren*

Neuere Tätigkeitsfelder sind die Förderung der Hortikultur und der Vermarktung landwirtschaftlicher Erzeugnisse. Neben den bereits in Kap. 6.4 dargestellten Maßnahmen sind hier als weitere Initiativen Solartrocknungstechniken und die Veredelung von Erzeugnissen, zum Beispiel eine maschinelle Fruchtmarkgewinnung, zu nennen (AgriDept, 25.07.2009).[18] Zuletzt hat der Distrikt Leh den Zuschlag für die Umsetzung des *Comprehensive District Agricultural Plan* (CDAP), einem Sonderförderprogramm der indischen Regierung, das jährliche Mittel von 150 Mio. INR für Wachstum im landwirtschaftlichen Sektor vorsieht, erhalten. Das Fünfjahresprojekt soll die Mechanisierung der Landwirtschaft weiter voran-

18 Ähnliche Aktivitäten zur Nutzung von Wildpflanzen (z. B. Sanddorn) werden auch von den Armee-Forschungseinrichtungen vorgeschlagen (siehe auch BALLABH et al. 2007).

treiben und wird über das LAHDC sowie die staatlichen Behörden implementiert (LAHDC-Agri, 30.03.2009). In diesem Zusammenhang ist auch die Förderung von Kühlhäusern vorgesehen, um die Vermarktungsmöglichkeiten außerhalb der Sommermonate zu verbessern und mögliche Verkaufsoptionen ins indische Tiefland zu erschließen (AgriDept, 25.07.2009; LNP-2, 02.08.2007).

In der Förderung der Landwirtschaft engagieren sich nicht nur staatliche Akteure, sondern auch zahlreiche Nichtregierungsorganisationen, die unter anderem die Verbreitung von Gewächshäusern unterstützen.[19] Anhand dieses Beispiels lassen sich Erkenntnisse zum Machtgefüge der Akteure und den Aushandlungsprozessen in der entwicklungspolitischen Arena aufzeigen. Interviews mit verschiedenen Organisationen zeigen, dass hier eine Überschneidung von Initiativen vorliegt, die sich zwar nicht im Ziel, jedoch in ihrer Herangehensweise unterscheiden. In der Umsetzung der Programme entsteht daraus eine Konkurrenzsituation zwischen staatlichen und nicht-staatlichen Akteuren.

Wie in der Gegenüberstellung der Aussagen verschiedener Akteure in Tab. 34 deutlich wird, lehnen sowohl staatliche Akteure als auch NGOs in vielen Fällen die Aktivitäten der jeweils anderen Seite ab und werfen sich gegenseitig mangelnde Kompetenz vor. Mitarbeiter von NGOs kritisieren staatliche Behörden für eine fehlende Weitergabe von technischem Wissen und Informationen, eine geringe Partizipation der Dorfbewohner an Entscheidungsprozessen sowie eine geringe Präsenz in den Ortschaften. Die interviewten Mitarbeiter staatlicher Behörden kritisieren NGOs im Gegenzug für fehlende Kenntnisse des lokalen Kontexts, wobei sie sich vor allem auf die Interventionen von nicht-ladakhischen Organisationen beziehen. Die Möglichkeiten der Kooperation werden unterschiedlich eingeschätzt (Tab. 34).

Grundsätzlich wird von vielen Akteuren das geringe Interesse an gegenseitiger Informations- und Wissensteilhabe kritisiert. Diese Äußerung bezieht sich nicht nur auf das Verhältnis zwischen staatlichen und nicht-staatlichen Akteuren, sondern zeigt auch Divergenzen innerhalb der Gruppen auf. Um mögliche Konflikte zwischen den NGOs zu minimieren, werden beispielsweise die Zuständigkeiten für die Umsetzung zentralstaatlicher Programme regional aufgeteilt um so die Arbeit in Verbundprojekten zu erleichtern (GERES-2, 22.07.2009). Eine Bündelung von Initiativen und eine engere Kooperation werden zwar von NGO-Mitarbeitern teilweise als sinnvoll erachtet, doch werden administrative, bürokratische und persönliche Hürden benannt. Die staatlichen Behörden sehen derzeit keine Notwendigkeit für eine engere Kooperation untereinander, da die Zuständigkeiten klar abgesprochen seien. Hierzu hält beispielsweise ein Mitarbeiter des *Agriculture Department* für seinen Arbeitsbereich fest:

> „Currently, there is no cooperation between the departments. There is no need for something like this.“

19 Hierzu zählen z. B. GERES, *Ladakh Environment and Health Organisation* (LEHO), LNP, LEDeG, und *Rural Development and You* (RDY).

Auch wenn zukünftig in einzelnen Projekten Kooperationen vorgesehen sind, könne die Vergabe von gemeinsamen Projekten neue Konflikte schüren, so der Interviewpartner weiter. Die von manchen Akteuren erwartete Vermittlerposition des *Hill Council* hinsichtlich einer Kooperation wird bislang nicht erfüllt. So führt ein NGO-Mitarbeiter aus, dass den staatlichen Behörden eine größere Machtposition zukommt:

„... They are jealous of the qualities of the NGOs, for example the flexibility. So for them [the departments, JD], the best thing to do is not to work with them [NGOs] ... And the NGOs must realize that unless how good their work is, the departments might take over, even if maybe the benefits are lost. (...) It is the councillor's concern to bring the NGOs and departments together. But the councillors are not playing that role."

Neben der Intensivierung der Landwirtschaft bildet die Ausweitung der bewässerten Nutzflächen die zweite wichtige Strategie in Ladakh. Hierbei können großmaßstäbige nationalstaatliche Vorhaben und Maßnahmen auf Basis lokaler Einzugsgebiete unterschieden werden. Am Beispiel der Bewässerungswirtschaft zeigen sich die Herausforderungen, die sich durch eine Vermischung von Zuständigkeiten staatlicher und nicht-staatlicher Akteure in der Implementierung von Entwicklungsprogrammen ergeben können, besonders deutlich.

Die größte Entwicklungsintervention zur Ausdehnung der bewässerten Nutzfläche ist das staatlich finanzierte Igu-Phey-Bewässerungsprojekt (NÜSSER et al. 2012, Foto 13). Dieses bereits 1979 begonnene Projekt hat zum Ziel, zwischen den Ortschaften Martselang und Phey in der Indus-Ebene 4.373 ha zusätzliche Nutzfläche zu erschließen.[20] Hierfür wurde bei Igu ein Hauptkanal mit einer Gesamtlänge von 43,1 km vom Indus abgeleitet und ein System von Nebenkanälen konstruiert. Aufgrund von mehrfachen Verzögerungen wurde der Bau des Hauptkanals jedoch erst im Jahr 2000 abgeschlossen. Bis heute werden weniger als 200 ha zusätzlicher Nutzfläche nahe der Ortschaft Stakna bewässert (NÜSSER et al. 2012: 56–57). Dieses Areal wird von der Forschungsstation SKUAST sowie dem *Department of Animal Husbandry* genutzt. Die verbleibenden Neuerschließungsflächen sollen als Gemeinschaftsland ohne individuelle Eigentumsrechte vergeben werden. Laut der zuständigen Behörde haben insbesondere Probleme mit dieser Landvergabe dazu geführt, dass das Projekt bis heute nicht die erwartete Wirkung erzielt hat (PWD, 08.04.2009).[21] In Igu werden außerdem neue Konflikte bei der Vergabe von Wasserrechten infolge des Großprojekts befürchtet. Während die Ortschaft keinen Nutzen aus dem Projekt ziehen kann, verweist der amtierende Wasserwärter auf die Erwartungen der Kanalunterlieger:

„The Igu-Phey channel starts from the bridge. The water from Igu is going to Chushot, Stakna, Thikse...These villagers say that the water cannot be used in Igu, because there would be less water available" (Chudpon-IG2, 21.08.2007).

20 Zugleich wird eine Hydroenergiegewinnung in Martselang errichtet, die eine Kapazität von 3 MW erhalten soll. Die Gesamtkosten haben bereits eine Höhe von 516,4 Mio. INR erreicht (Stand: März 2009; PWD, 04.08.2009).

21 Weitere Probleme resultieren aus wiederkehrenden Zerstörungen von Teilabschnitten des Kanalssystems, beispielsweise nach Flutereignissen im Sommer 2006.

Einen direkten Nutzen versprechen sich die Dorfbewohner hingegen von Interventionen in der Ortschaft selbst. Auf Ebene der Wassereinzugsgebiete werden seit 1995 Maßnahmen über das *Watershed Development Programme* (WDP) über NGOs als *Project Implementing Agencies* (PIA) implementiert.[22] Diese haben die Aufgabe, die lokalen Gemeinschaften im Hinblick auf die Projektumsetzung und das Finanzmanagement zu beraten, entsprechende Kapazitäten aufzubauen und die Implementierung der Einzelmaßnahmen zu überwachen. Hierfür werden den PIAs Finanzmittel der zentral- und bundesstaatlichen Ebene zur Verfügung gestellt (Abb. 43). Die Umsetzung des WDP unterliegt zwei Kontrollinstitutionen: dem übergeordneten *District Watershed Development Committee* sowie der *District Rural Development Agency* (DRDA), bei welcher der von der PIA formulierte *Watershed Devlopment Plan* genehmigt werden muss.

Über die konkrete Verwendung der Fördergelder mit jeweils einer Laufzeit von bis zu fünf Jahren entscheiden *Watershed Development Committees*, die auf lokaler Ebene gewählt werden, an der Ausarbeitung von konkreten Projektvorschlägen beteiligt sind und den überwiegenden Teil der staatlichen Mittel direkt erhalten. Diese Gelder werden v.a. für die Finanzierung von Instandsetzungsarbeiten an bestehenden Wasserkanälen, die Befestigung von Hauptkanälen durch Steinnetze oder Zement sowie die Errichtung von zusätzlichen Wasserreservoirs *(zing)* zur Zwischenspeicherung eingesetzt. Ebenfalls auf lokaler Ebene relevant sind die *Watershed Associations*, zu der alle Projektteilnehmer zählen. Diese Vergabe von Zuständigkeiten an die Dorfbewohner ist ein wichtiger Apsekt zur Umsetzung von Partizipation und Teilhabe gemäß der Ausgestaltung des WDP (DRDA, 06.08.2009, LEDeG, 30.03.2009).[23]

Das WDP veranschaulicht einige Schwierigkeiten, die sich bei der Umsetzung von Entwicklungsinterventionen in Ladakh ergeben. Obwohl ein hohes Maß an Mitsprache angestrebt wird, findet diese in der Praxis kaum im gewünschten Umfang statt. In beiden untersuchten Dorfgemeinschaften bekunden Bewohner nur vereinzelt ihre Einbindung in die Aktivitäten von NGO-Programmen. Die Deutungsmacht und die Entscheidung für bestimmte Projekte liegen nach wie vor stark im Einflussbereich der NGOs. Darüber hinaus kam es vor einigen Jahren zu Konflikten zwischen NGOs und dem zuständigen DC, die durch die Vorwürfe geringer Glaubwürdigkeit und mangelnder Transparenz in der Vergabe der Fördermittel geprägt waren (LDO-2, 04.08.2009; MANKELOW 2003).

Bereits 2003 wurde das WDP in das *Hariyali* (Hindi, wörtl.: Begrünung)-*Programme* mit neuen Richtlinien überführt. Wie im WDP werden auch im *Hariyali-Programme* verschiedene kleinmaßstäbige Projekte, die auf der Dorfebene geplant werden, umgesetzt. Dabei wurde im Rahmen der *Hariyali*-Reform die

22 In den Umsetzungsrichtlinien des WDP wird die Involvierung von NGOs explizit gefordert. Grundsätzlich können sowohl staatliche als auch nicht-staatliche Organisationen als PIA eingesetzt werden. Zur Umsetzung des WDP siehe auch MANKELOW (2003).

23 Weitere Fördermöglichkeiten, die jedoch in Ladakh eine untergeordnete Rolle spielen, sind Maßnahmen zur Landneugewinnung, Aufforstung und Trinkwasserversorgung. Zusätzlich profitieren die Dorfbewohner von der Arbeit als Tagelöhner im Rahmen des WDP.

Zuständigkeit einiger Akteure neu geregelt. Grundsätzlich ist nun eine engere Einbindung der *Panchayat*-Institutionen vorgesehen. Allerdings werden zum Zeitpunkt dieser Studie beide Förderlinien parallel umgesetzt. Dies hat zur Folge, dass die politische Teilhabe der lokalen Bevölkerung durch die parallel existierenden lokalen Komitees und Institutionen, entgegen der offiziellen Bemühungen, eher geschwächt ist. Denn je nach Ortschaft werden Maßnahmen der Bewässerungswirtschaft derzeit über *panchayat*, *goba* oder ein *Watershed Development Comittee* umgesetzt (LEDeG, 30.03.2009).

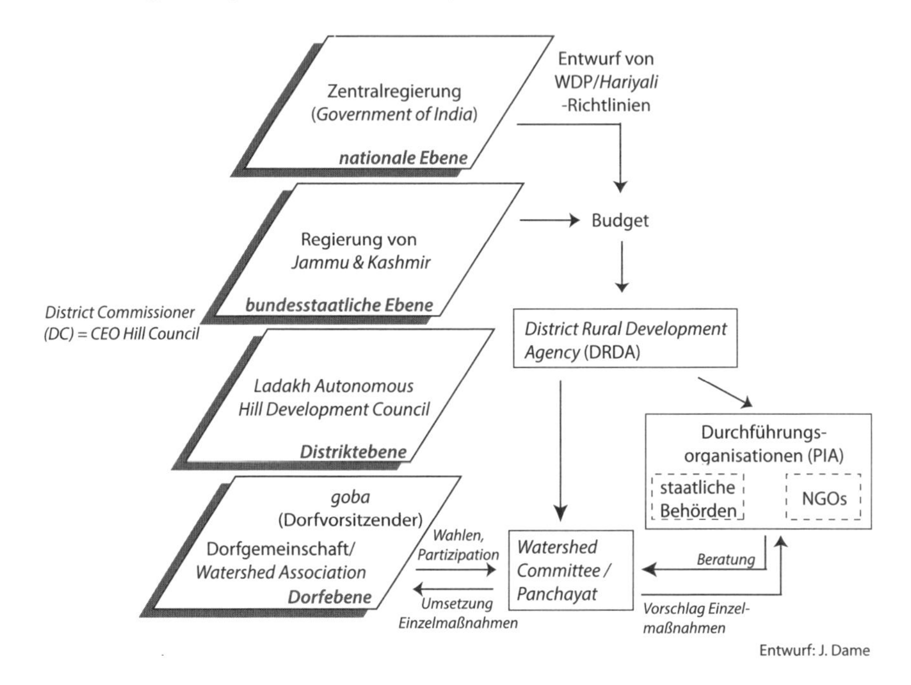


*Abb. 43: Implementierung von Wassermanagement-Projekten in Ladakh*

Auch die Zuständigkeit für die Beratungsaufgaben und die Verantwortung für die Programmdurchführung wurde an staatliche Organisationen übergeben – in Ladakh an die sogenannten *line departments (Agriculture, Horticulture, Forest, Common Area Development, Soil Conservation, DDA/DRDA, Rural Development).*[24] Diese Neuordnung der Durchführungsorganisationen hat die Diskussion um Zuständigkeiten und damit letztlich um Fördergelder verstärkt:

> „We tried to (…) convince the others of the success of the WDP, because the government has a shortage of staff and they have other things to do. (…) The government agencies have not

24 Hierüber entscheidet DRDA, die der Supervision durch Bundes- und Zentralstaat unterliegt (DRDA 06.08.2009).

been able to carry out tasks under the WDP, and suggested to hand it back to the NGOs" (LDO-1, 29.07.2009).

Das Durchsetzungsvermögen der NGOs, das sie durch ihre Rolle als PIA erhalten, kann am Beispiel der sogenannten „künstlichen Gletscher" *(artificial glacier)* veranschaulicht werden. Weil die Ausgestaltung der einzelnen Projekte im Rahmen des WDP trotz der zentralen Richtlinien in der Zuständigkeit der NGOs liegt, konnte die Organisation *Leh Nutrition Project* (LNP) die Konstruktion von künstlichen Gletschern als Maßnahme vorantreiben. Hierbei handelt es sich um Auffangstrukturen für Abflusswasser, die in Seitentaloasen als Steinmauern im Oberlauf des Vorfluters errichtet werden. Diese Strukturen werden in einer Höhe von 3.900 bis 4.600 m gebaut, so dass das Wasser bereits im Monat November aufgrund der geringen Abflussgeschwindigkeit gefriert (NORPHEL 2007). Der Vorteil solcher „künstlichen Gletscher" gegenüber Schneefeldern und Gletschern liegt darin, dass sie aufgrund der niedrigeren Höhenlage bereits im März abschmelzen. Auf diese Weise sollen Wasserengpässe zu Beginn der Anbauperiode und damit einhergehende Ernterisiken verringert werden (LNP-1, 05.05.2008).

Die *artificial glaciers* sind ein Prestige-Projekt von LNP und erfahren mediale Aufmerksamkeit.[25] Im Jahr 2009 waren nach Auskunft von LNP sieben künstliche Gletscher in Ladakh installiert.[26] Allerdings sind mehrere dieser Anlagen nicht in Benutzung, da sie bei Starkregenereignissen 2006 beschädigt und nicht in allen Ortschaften ausreichend Arbeitskräfte und Gelder für notwendige Instandsetzungsmaßnahmen zur Verfügung stehen. Durch die Verschiebung der Zuständigkeiten mit der *Hariyali*-Reform musste LNP neue Finanzierungsmöglichkeiten für die Errichtung der künstlichen Gletscher finden. In Kooperation mit der *Operation Sadbhavana* der Armee wurde 2008 ein solches Projekt im Wert von 900.000 INR in der Ortschaft Igu begonnen. Das in diesem Zusammenhang errichtete Wasserreservoir mit einem Volumen von 56,5 Mio. Litern soll das größte dieser Art im Distrikt werden (LNP-1, 30.03.2009).[27]

Das Fallbeispiel zeigt, dass sich auch bei zentralstaatlich geplanten Maßnahmen regionale Unterschiede in der konkreten Umsetzung ergeben können. Diese sind nicht durch Entscheidungen auf der Dorfebene erklärbar, sondern in der Praxis in erster Linie von den Interessen der involvierten NGOs, z. B. zur Umsetzung der von ihnen favorisierten Maßnahmen, geprägt. Über Planungsworkshops und Beratungstätigkeiten nehmen die NGOs entscheidenden Einfluss auf die Auswahl der Projekte.

25 Siehe z. B. http://www.time.com/time/world/article/0,8599,1717149,00.html, http://news.nationalgeographic.com/news/2001/08/0830_artglacier_2.html, http://www.sciencemag.org/content/326/5953/659.full letzter Zugriff: 15.10.2011

26 Andere lokale NGOs entschieden sich nur vereinzelt für die Umsetzung einer solchen Maßnahme. Sie bevorzugen andere Wassermanagement-Projekte wie Reservoirs zur Wasserspeicherung und Schneefang (z. B. RDY, 28.07.2009; LEDeG-1, 30.03.2009).

27 Die Auswirkungen der Errichtung eines *artificial glacier* in der Ortschaft Igu können noch nicht abschließend bewertet werden. Zum Zeitpunkt der Forschungsarbeiten bewerteten die Bewohner sowohl die Einkommensmöglichkeiten als Lohnarbeiter für die Baumaßnahmen als auch den Ausbau der Straße im oberen Talabschnitt im Rahmen des Projekts.

Auch hier wird das Konfliktpotential deutlich. Wegen der großen Anzahl an Organisationen, die auf die Fördergelder im Bereich der Bewässerungswirtschaft angewiesen sind, entsteht ein hoher Konkurrenzdruck. Ähnlich wie bei der Förderung der Hortikultur unterstellen sich die Akteure gegenseitig mangelnde Kompetenz. Ein NGO-Mitarbeiter erläutert:

> „One important thing is that the villages should be working with us, not with contractors such as the government agencies do."

Ebenso wird betont:

> „More government departments should be PIA, but the NGOs blame them for no being functional and for having weak ties to the villages as opposed to the NGOs."

Ein Mitarbeiter von LEDeG beklagt zudem, dass der Bundesstaat die Arbeit der NGOs durch eine verzögerte Bereitstellung der Finanzmittel behindere (LEDeG-2, 19.05.2008).

Zusammenfassend lässt sich festhalten, dass in den Ortschaften die verschiedenen Förderprogramme im landwirtschaftlichen Sektor genutzt werden, wobei sowohl innerhalb der Siedlungen als auch zwischen den beiden Siedlungen die Partizipation an den einzelnen Programmen variiert. Dabei erfüllt die Arbeit der staatlichen und nicht-staatlichen Akteure nicht immer die Erwartungen der Mehrheit der Bewohner. Jedoch werden Programme mit einem direkt erkennbaren Vorteil, wie beispielsweise Einzelmaßnahmen des WDP, in Gesprächen positiv bewertet und auch die generellen Entwicklungsprozesse und Veränderungen anerkannt.

### 8.2.2 Ernährung und Gesundheit

Neben den genannten Förderprogrammen in der Landwirtschaft sind die unterschiedlichen Organisationen auch in den Themenfeldern Ernährung und Gesundheit aktiv. An dieser Stelle wird das Augenmerk auf staatliche Interventionen gelegt. Während zunächst Ende der 1970er und zu Beginn der 1980er Jahre Nahrungsmittelhilfen und Impfprogramme über *Save the Children* und LNP umgesetzt wurden, haben staatliche Programme in diesen Themenfeldern bereits seit den 1980er Jahren an Bedeutung gewonnen (SCF, 27.07.2009). Die Programme fokussieren heute vor allem auf die Bereitstellung von Gesundheitsdienstleistungen und die Grundversorgung mit Nahrungsmitteln. Damit nehmen sie gezielt Einfluss auf die Ernährungssicherheit in Ladakh. Zu den am weitesten reichenden staatlichen Interventionen zählen das *Integrated Child Development Scheme* (ICDS) und die *National Rural Health Mission* (NRHM), die an dieser Stelle vorgestellt werden. Auf die Nahrungsmittelsubventionen über das (*Targeted*) *Public Distribution System* wird im darauf folgenden Teilkapitel eingegangen.

*Integrated Child Development Scheme (ICDS)*

Das zentralsstaatliche ICDS wurde 1975, im Zuge der *National Policy for Children* zur Bekämpfung der hohen Kindersterblichkeit, der Müttersterblichkeit bei der Geburt und der Unterernährung von Kindern, entworfen (GUPTA 2001). Über eine Vielzahl von lokalen Anlaufstellen werden Nahrungsmittel an Schwangere und Kleinkinder vergeben sowie Bildungsmaßnahmen, Impfkampagnen und Vorsorgeuntersuchungen für Kinder durchgeführt (Tab. 35).[28]

| Leistung des ICDS | Zielgruppe | Aktivitäten und Maßnahmen |
|---|---|---|
| Zusätzliche Ernährung und Nahrungsergänzungsmittel * | Kinder unter 6 Jahren, Schwangere, stillende Mütter | Vergabe zusätzlicher Nahrung, Vitamin A-Prophylaxe, Gewichts- und Wachstumskontrollen, Kontrolle des Ernährungsstatus, Sondermaßnahmen im Fall extremer Unterernährung |
| Immunisierung * | Kinder unter 6 Jahren, Schwangere, stillende Mütter | Impfkampagnen, Impfschutz gegen Polio, Diphterie, Pertussis, Tetanus, Tuberkulose, Masern |
| Gesundheitsvorsorgeuntersuchungen * | Kinder unter 6 Jahren, Schwangere, stillende Mütter | Vorsorgeuntersuchungen während der Schwangerschaft, Nachsorge nach der Geburt, Vorsorgeuntersuchungen im Kindesalter |
| Behandlungsempfehlungen | Kinder unter 6 Jahren, Schwangere, stillende Mütter | Überweisungen, Behandlungsempfehlungen |
| Vorschulbildung | Kinder im Alter von 3–6 Jahren | Vorschulisches Betreuungsangebot |
| Ernährungserziehung, gesundheitliche Aufklärung | Frauen zwischen 15–45 Jahren | Aufklärung über Ernährungsfragen, Ernährungsinformationen, Gesundheitserziehung, zielgruppenorientierte Aufklärungskampagnen |

** in Kooperation mit Gesundheitsprogrammen*
*Quelle: ICDS-Leh-1, 01.04.2009, 28.07.2009*

*Tab. 35: Maßnahmen des Integrated Child Development Scheme (ICDS)*

Anfang der 1980er Jahre wurde das ICDS in Ladakh eingeführt. Mittlerweile gibt es nach offiziellen Angaben im Distrikt Leh knapp 300 lokale ICDS-Zentren *(anganwadi)*, über die insgesamt 8.592 Kinder sowie 1.329 Schwangere erreicht werden (Tab. 36). Für jede Anlaufstelle sind eine Betreuungsperson *(anganwadi worker)* sowie eine Assistentin verantwortlich.[29] Ihre Aufgaben umfassen den täglichen Betrieb des *anganwadi*, die Betreuung der Vorschulkinder, die Zubereitung und Vergabe von Nahrungsmitteln sowie die Führung der Dokumentations-

28 Den auf lokaler Ebene tätigen *anganwadi workers* und ihren Assistentinnen sind mehrere Supervisoren, ein *Child Development Project Officer* (CDPO) und ein *District Program Officer* (DPO) übergeordnet.

29 Die *anganwadi worker* soll möglichst eine Schulausbildung mit Abschluss der 10. Klasse haben. Für ihre Qualifizierung als *anganwadi* werden Fortbildungsmaßnahmen angeboten. Es werden bevorzugt Frauen, die bereits eine eigene Familie gegründet haben, eingestellt. Sie erhält für ihre Arbeit monatlich 1.800 INR, ihre Helferin 890 INR (ICDS-Leh-1, 01.04.2009).

bücher. Darin sollen die statistischen Angaben zu den Wachstumskenngrößen der Kinder sowie die Programmteilnehmer festgehalten werden. Diese dienen zur Berechnung der Ansprüche und legitimieren damit die Arbeit des Angestellten. Die *anganwadi* stellen eine Ergänzung zu den Gesundheitsstationen dar, die mit Krankenschwestern und in seltenen Fällen auch mit Ärzten besetzt sind. Aufgrund der unterschiedlichen Programmfinanzierung besteht allerdings zwischen *anganwadi* und Gesundheitsstation keine enge Kooperation (ICDS-Leh-1, 01.04.2009).

| *Block* | Anzahl eingerichteter *anganwadis* im Distrikt Leh | Teilnehmende Kinder (bis 6 Jahre) | Teilnehmende Schwangere |
|---|---|---|---|
| Leh | 73 | 2.968 | k.A. |
| Nubra | 77 | 2.173 | k.A. |
| Khalse | 57 | 1.754 | k.A. |
| Nyoma | 40 | 686 | k.A. |
| Durbuk | 29 | 713 | k.A. |
| Kharu | 23 | 298 | k.A. |
| **Distrikt Leh Gesamt** | **299** | **8.592** | **1.329** |

*Quelle: ICDS-Leh-1, 01.04.2009*

*Tab. 36: Teilnehmer am Integrated Child Development Scheme im Distrikt Leh*

Eigene Besuche mit den zuständigen Supervisorinnen in den *anganwadi* der beiden Untersuchungsdörfer sowie Interviews mit Mitarbeitern des ICDS in Leh zeigen jedoch, dass nicht alle der vorgesehenen Aktivitäten umgesetzt werden. Weder die unterschiedlichen Vorsorgeuntersuchungen noch die vorgesehenen Kontrollen oder die Erhebung von Indikatoren zum Ernährungsstatus werden durchgeführt. Mitarbeiter des ICDS in Leh machen hierfür neue Richtlinien der WHO verantwortlich und erklären im Hinblick auf die Aufnahme anthropometrischer Indikatoren:

> „You know, WHO has changed the standards and we need new growth charts."

Und ein Kollege ergänzt:

> „Until now the growth charts have not arrived. Maybe they will come after we have retired" (ICDS-Leh-1, 28.07.2009).

*Anganwadis* sind mittlerweile in fast allen Ortschaften, darunter auch in Hemis Shukpachan und Igu, an die Schulen angegliedert, da sie dort einen größeren Zulauf erfahren. Insbesondere das Betreuungsangebot für Vorschulkinder wird in den Ortschaften wahrgenommen. Jedoch zeigen Besuchsstichproben, dass häufig nur etwa die Hälfte der angemeldeten Kinder das *anganwadi* besucht.[30] Schwangere nutzen die Angebote kaum. Als ausschlaggebender Grund wird die Scheu vor

30 Diese Beobachtungen decken sich mit einem Bericht zur Umsetzung des ICDS im Bundesstaat Jammu und Kaschmir (ICDS 2009).

der öffentlichen Bekanntgabe der Schwangerschaft genannt, die durch die räumliche Angliederung an die Schule zusätzlich erhöht wurde (ICDS-IG, 12.08.2009). In der Praxis zeigt sich in den Untersuchungsdörfern, dass sich werdende Mütter vor allem im Krankenhaus sowie durch die eigene Familie beraten lassen.[31]

Die Vergabe von Nahrungsmitteln richtet sich nach dem fixen wöchentlichen Speiseplan des ICDS mit festlegten Mengenanteilen. Mit Ausnahme einer süßen Grießspeise bestehen alle vorgeschriebenen Gerichte aus Reis und Hülsenfrüchten, die mit Öl, Salz und Kurkuma *(haldi)* gewürzt werden. Spezifische ladakhische Speisen sind nicht im Wochenplan vorgesehen. Die Mahlzeiten werden, anders als vorgesehen, nicht vor Ort zubereitet. Die Lebensmittel werden stattdessen als sogenannte *dry rations* direkt an die Empfänger (Schwangere, stillende Mütter mit Babys im Alter von bis zu sechs Monaten sowie Kleinkinder) abgegeben. Somit wird das soziale Stigma, an einem Mittagsspeisenprogramm teilzunehmen, umgangen, was die Nutzung des Angebots erhöht:

> „Now most ICDS centres have been clubbed to the schools and the rations are shared, but otherwise the beneficiaries would not come“ (ICDS-Leh-2, 22.09.2008).

Zusätzlich werden in den örtlichen *anganwadis* allgemeine Informationsveranstaltungen zur Gesundheitsaufklärung und spezielle Informationstage für jugendliche Frauen im Alter von 11–18 Jahren durchgeführt (ICDS-Leh-2, 22.09.2008). *Health camps* sollen einmal jährlich in Kooperation mit der *National Rural Health Mission* (NRHM) durchgeführt werden. Die Einrichtungen des ICDS sind eine von mehreren Implementierungseinrichtungen im Rahmen der NRHM, die im Jahr 2005 als CSS-Förderprogramm initiiert wurde und unterschiedliche Gesundheitsprogramme bündelt.

### *National Rural Health Mission (NRHM)*

Der indische Nationalstaat hat die NRHM als zentrale Maßnahme zur Verbesserung der unzureichenden Gesundheitsversorgung in ländlichen Gebieten und den hieraus resultierenden Gesundheitsproblemen initiiert. Insbesondere in Gebirgsregionen ist die medizinische Versorgung aufgrund einer unzureichenden Zahl und Ausstattung von Versorgungseinrichtungen, großen räumlichen Distanzen und der verkehrsinfrastrukturellen Erschließung erschwert.

Im Rahmen der NRHM werden Maßnahmen zur Stärkung und zum Ausbau schulmedizinischer Versorgungseinrichtungen in Dorfsiedlungen und auf der Distriktebene getroffen. Außerdem werden finanzielle Anreize für Krankenhausgeburten gesetzt (Kap. 5.2), Impfkampagnen, Programme zur Familienplanung und Aktivitäten zur Ernährungsinformation durchgeführt. In den Dörfern sollen neben den *anganwadi workers* zusätzlich *Accredited Social Health Activists* (ASHA) für

31 Insgesamt liegt die tatsächliche Besucherrate unter den Angaben in den offiziellen Registern, da einige Personen nur wegen der Zuteilung der Nahrungsrationen aufgeführt sind.

Gesundheitsprogramme und Geburtenkontrolle eingesetzt werden (Tab. 37, CMO-2, 07.08.2009).[32]

| Bereich | Maßnahmen |
|---|---|
| Einrichtungen der Gesundheitsversorgung | - Stärkung der Gesundheitsdienstleistungen auf der Distriktebene, Einrichtung einer *district health society*<br>- verbessertes Patientenmanagement im öffentlichen Gesundheitssektor |
| Versorgung im ländlichen Raum | - Gründung von dezentralen *Village Health and Sanitation Committees* auf Dorfebene<br>- ASHA (*Accredited Social and Health Activist*) auf Dorfebene<br>- regelmäßige Besuche abgelegener Dörfer durch *Medical Officers*<br>- Ausweitung von Impfprogrammen<br>- Stärkung von Einrichtungen der Primär- und Sekundärversorgung (PHC/CHC) |
| Nutzung von Einrichtungen der Tertiärversorgung durch Schwangere und Kleinkinder | - Finanzieller Anreiz von 1.400 INR für eine Geburt in einer staatlichen Gesundheitseinrichtung<br>- Krankentransport für Schwangere und erkrankte Kinder |
| Ernährungs- und Gesundheitsbildung | - Informationskampagnen zu Ernährung und Gesundheit in Kooperation mit lokalen ICDS-Zentren<br>- Fortbildungsprogramme für Angestellte im Öffentlichen Gesundheitswesen |

*Quelle: LAHDC-Health, 30.03.2009*

*Tab. 37: Zielsetzungen der National Rural Health Mission (2005–2012)*

In Ladakh existieren, wie es für das indische System der Gesundheitsversorgung charakteristisch ist, staatliche und private Einrichtungen der Gesundheitsversorgung (Abb. 44). Das System staatlicher medizinischer Grundversorgung im Distrikt Leh ist hierarchisch strukturiert. Die wichtigste schulmedizinische Einrichtung ist das *Sonam Norboo Memorial Hospital* (SNMH) in Leh, dessen Gebäude 1980 unterhalb des Busbahnhofs errichtet wurde (Foto 10). Zuvor gab es eine medizinische Station mit 20 Betten in unmittelbarer Nähe der Missionsstation in Leh, dem heutigen Standort des *Chief Medical Office* (CMO) (PHYS, 19.08.2009; vgl. NORBOO 2002; GUTSCHOW 2011). Das SNMH Distriktkrankenhaus verfügt über eine Kapazität von 180 Betten sowie verschiedene fachärztliche Abteilungen. Seit der Errichtung hat eine kontinuierliche Aufwertung der technischen Ausstattung und des Fachpersonals stattgefunden.[33] Dennoch werden komplizierte medizinische Fälle nach wie vor häufig nach Srinagar oder Delhi transferiert. So gibt es beispielsweise keine Möglichkeiten der apparativen Beatmung und intensivmedizinischen Betreuung, keine Blutbank und auch die Wasser- und Elektrizitätsversorgung sind kritisch (CMO-2, 07.08.2009). Gegenwärtig wird neben dem

32 Diese neuen Posten waren zum Zeitpunkt der Erhebungen in den Untersuchungsdörfern noch nicht besetzt.

33 Zuletzt (2009) wurde beispielsweise ein Facharzt mit psychiatrischer Ausbildung am SNMH eingestellt. Auch wurde mit dem Aufbau einer Neugeborenen-Station begonnen.

SNMH ein Neubau mit verbesserter Infrastruktur errichtet. Beide Teile des Krankenhauses wurden allerdings von den Starkregenereignissen im August 2010 stark zerstört, so dass zunächst Gebäudeteile des neuen und alten Standortes parallel genutzt werden.

Den höchsten Standard der weiteren öffentlichen medizinischen Versorgungseinrichtungen hat das Subdistrikt-Krankenhäuser in Diskit (Nubra). An 17 Standorten gibt es das Angebot eines *Primary Health Center* (PHC),[34] dem ein Arzt sowie eine Krankenschwester als medizinisches Personal zugeordnet sind. Als Basiseinrichtung fungieren die sogenannten *Sub Health Center*, von denen es 121 im Distrikt gibt. Diese Einrichtungen verfügen lediglich über eine einfache Ausstattung. Im Wesentlichen werden hier einige Medikamente von einer Krankenschwester zur Verfügung gestellt. An einigen Standorten ist ein *„doctor“* verfügbar, der jedoch meist keine vollständige schulmedizinische Ausbildung besitzt (GJK 2007; CMO-2, 07.08.2009).

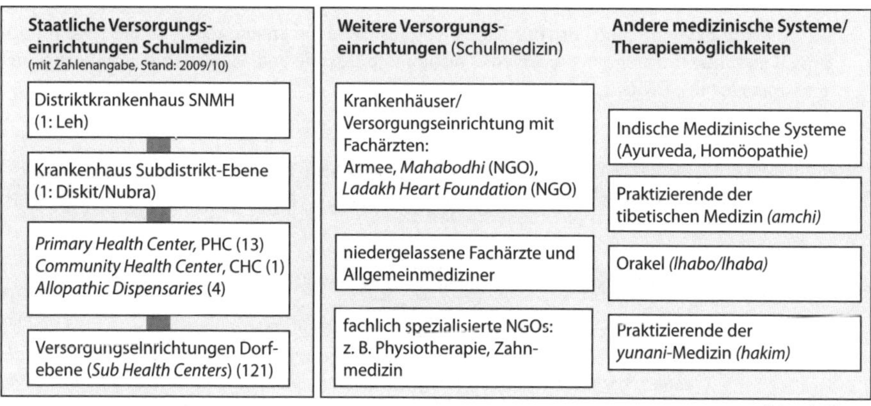


*Abb. 44: Einrichtungen der medizinischen Versorgung in Ladakh*

Neben dem staatlichen Distriktkrankenhaus sind die Mahabodhi-Privatklinik in Choglamsar und das Militärkrankenhaus in Leh wichtige Einrichtungen der medizinischen Versorgung (Abb. 44). Ferner gibt es andere medizinische Therapiemöglichkeiten, von denen die *amchi*-Medizin in Ladakh die wichtigste Position hat (Kap. 5.3.1).

In Ladakh besteht eine wesentliche Aufgabe der NRHM in der Stärkung der öffentlichen Versorgungseinrichtungen (Abb. 44). Für die Umsetzung der NRHM ist eine dezentrale Struktur vorgesehen. Unter Vorsitz des DC wurde eine *District Health Society* als Planungskomitee gegründet, das für die Vergabe von Fördergeldern zuständig ist. In dem Komitee sind zusätzlich der *Chief Medical Officer*

34 Unter PHC werden hier neben *Primary Health Center* auch drei *allopathic dispensaries* und ein *Community Health Center* gefasst, die eine ähnliche Struktur aufweisen (CMO-2, 07.08.2009).

sowie Mitarbeiter unterschiedlicher staatlicher Behörden und medizinischer Einrichtungen vertreten. Eine Zwischenfunktion nimmt die Verwaltungsebene des *block* ein.

Auf der lokalen Ebene wurden *Village Health Water and Sanitation Committees* eingerichtet, die unter Vorsitz des *sarpanch* arbeiten sollen. Weil dieser Posten jedoch über Jahre hinweg in Ladakh nicht besetzt war (Kap. 8.1.1), hat *de facto* der *goba* diese Aufgabe übernommen. Auch die Umsetzung der NRHM umfasst Beratungstätigkeiten, die von staatlichen und nicht-staatlichen Durchführungsorganisationen (PIA) geleistet werden. Das *Chief Medical Office* (CMO), das zuvor eine Kernposition im Gesundheitssektor hatte, hat in Ladakh nun eine führende Rolle in der Durchführung der NRHM erhalten. Insbesondere in schlecht erreichbaren Regionen werden zusätzlich NGOs eingesetzt.[35] Die *Village Health Water and Sanitation Committees* entscheiden direkt über jährliche Fördermittel in Höhe von 10.000 INR für lokale Gesundheitsinfrastruktureinrichtungen. Hierzu führt ein Mitarbeiter des CMO aus:

> „…now you have the funds in your hands, you just send the annual report to the state for approval and then the money is received. This is more flexible and accountable and more at the grassroots level" (CMO-2, 7.8.2009).

| Arzt als wichtige Informationsquelle für Themenbereich… | Hemis Shukpachan | Igu |
|---|---|---|
| … Ernährung | *39,8 % | 5,6 % |
| … Schwangerschaft und Geburt | *61,2 % | *38,9 % |
| … Ernährung von Kindern | *35,0 % | 16,2 % |

** häufigste Nennung bei Fragen zu dem jeweiligen Themenbereich*
*Quelle: eigene Erhebungen (2008), n (Hemis Shukpachan) = 103, n (Igu) = 198*
*(Keine Mehrfachnennungen)*

*Tab. 38: Ärzte als Informationsquelle für Bewohner aus Hemis Shukpachan und Igu*

Bereits zum jetzigen Zeitpunkt werden schulmedizinisch ausgebildete Ärzte von Bewohnern der Untersuchungsdörfer Hemis Shukpachan und Igu als zentrale Informationsquelle für allgemeine Gesundheitsfragen, aber auch für Fragen zu Ernährung, Schwangerschaft und Geburt benannt (Tab. 38). Eine ähnlich hohe Bedeutung hat lediglich die Weitergabe von Kenntnissen durch die Eltern. Es kann vermutet werden, dass die Stärkung der schulmedizinischen Strukturen durch die NRHM die Informationen, Bewertungen und Entscheidungen der Bewohner in zunehmendem Maße beeinflusst.

Grundsätzlich existieren tibetische Medizin und Schulmedizin in Ladakh als parallele medizinische Systeme (Tab. 39, siehe GUTSCHOW 2011 für Entscheidungen zur Geburt). Im Krankheitsfall entscheiden Haushalte zwischen unterschiedli-

35 Folgende NGOs sind für die NRHM tätig: *Mahabodhi*, LEHO, LNP, Skarchen, RDY, WAL.

chen therapeutischen Möglichkeiten oder kombinieren öffentliche wie private Versorgungseinrichtungen sowie schulmedizinische Angebote und tibetische Medizin, wie die Ergebnisse aus den Haushaltsbefragungen in Igu und Hemis Shukpachan zeigen (Tab. 39). Teilweise sind die Übergänge zwischen den medizinischen Einrichtungen fließend. So verfügt beispielsweise ein *amchi* in Hemis Shukpachan über Zugang zu pharmazeutischen Produkten der Krankenstation und kann diese seinen Patienten verabreichen. Ein anderer *amchi* berichtete, dass er seine Patienten bei schwereren Erkrankungen direkt in das SNMH nach Leh schickt. Patienten wählen zwischen diesen therapeutischen Optionen vor allem in Abhängigkeit von der Schwere der Erkrankung, der Verfügbarkeit finanzieller Mittel[36] und dem Zeitaufwand zum Erreichen der Einrichtung.

| Konsultation im Krankheitsfall | Hemis Shukpachan | Igu |
|---|---|---|
| *amchi* | 13,59 % | 4,04 % |
| *amchi* und weitere Einrichtung | 25,24 % | 13,13 % |
| Krankenstation im Dorf (*Health Center*) | 22,33 % | 42,93 % |
| Arzt/Krankenhaus in Leh | 31,07 % | 23,23 % |
| Kombinationen schulmedizinischer Einrichtungen, sonstiges | 7,77 % | 19,67 % |

*Quelle: eigene Erhebungen (2008)*
*n (Hemis Skukpachan) = 103; n (Igu) = 198*

*Tab. 39: Nutzung von medizinischen Versorgungseinrichtungen im Krankheitsfall*

Nach Aussage eines *amchi* in Igu ist die Nachfrage nach seinen Dienstleistungen in Verbindung mit der Ausweitung schulmedizinischer Einrichtungen zunächst deutlich zurückgegangen. Er verweist Krankheitsfälle meist an die schulmedizinischen Versorgungseinrichtungen in Leh, was ein wichtiger Grund für die geringe Nutzung der *amchi*-Medizin in Igu ist (Amchi-IG1, 18.05.2008). Einige Patienten nutzen bewusst tibetische Heilmethoden, da diese weniger Nebenwirkungen aufwiesen als schulmedizinische Verfahren (Amchi-HS2, 15.05.2008). In weniger als der Hälfte der Fälle wird in Hemis Shukpachan und Igu ausschließlich die Krankenstation im Ort gewählt. Weitere Alternativen wie Orakel (*lhaba/lhamo*) (DAY 1989) oder ayurvedische Heiler werden selten konsultiert.

Die wichtigsten Programme im Bereich Ernährung und Gesundheit haben damit eine Verlagerung ihres Schwerpunkts erfahren: Sie orientieren sich, ausgehend von Nahrungsmittelhilfen und ersten Ansätzen einer medizinischen Grundversorgung, vermehrt zu einer wesentlichen Stärkung von schulmedizinischen Einrichtungen und der Integration von Ernährungs- und Gesundheitsfragen. Die

36 Die Kosten für die Therapie sind gering. Nach Auskunft des *amchi* werden für eine Behandlung der tibetischen Medizin lediglich Spenden getätigt. Im Krankenhaus wird bei Behandlungen ein symbolischer Betrag von 2 INR erhoben. Der finanzielle Aufwand bezieht sich daher vor allem auf Reisekosten und Kosten für Unterbringung und Verpflegung.

Ernährungssicherheit steht auch im Mittelpunkt des bereits mehrfach erwähnten zentralstaatlichen Programms zur Subvention von Grundnahrungsmitteln. Auf dieses Programm und seine Bedeutung in Ladakh wird im folgenden Kapitel eingegangen.

### 8.2.3 Nahrungsmittelsubventionen: Das indische *Public Distribution System*

Das staatliche *Public Distribution System* (PDS) beeinflusst über die Vergabe von subventionierten Grundnahrungsmitteln direkt die Ernährungssituation und Lebenssicherungsstrategien. Das PDS ist das Hauptinstrument der indischen Wirtschaftspolitik zur Armutsbekämpfung (MOOIJ 1999a; KOCHAR 2005; LANDY 2009; DITTRICH 2010; DAME & NÜSSER 2011).[37] Seine Anfänge reichen bis in die 1940er Jahre zurück, als die Britische Kolonialmacht aufgrund des Zweiten Weltkrieges und der Hungerkrise in Bengalen (1943) mit einem Ernährungsprogramm begann. In den 1960er Jahren hatte das Programm zunächst einen Schwerpunkt in Städten, wo es die Folgen von landesweiten Nahrungsengpässen und Preisschwankungen mildern sollte. Im Jahr 1964/65 wurden zwei zentrale Einrichtungen zur Umsetzung des Subventionsprogramms geschaffen, die bis heute wichtig geblieben ist. Dies sind die *Food Corporation of India* (FCI) und die zuständige Preiskommission (*Agricultural Prices Commission*, heute: *Commission on Agricultural Costs and Prices*) (MOOIJ 1999a, 1999b). Die FCI ist für den Aufkauf, die Lagerung und Verteilung von Grundnahrungsmitteln sowie die Transportlogistik verantwortlich.

Nach Evaluationen in den 1980er und 1990er Jahren, die das PDS als zu kostenintensiv und ineffizient kritisierten, wurde 1996 die Programmstruktur reformiert und das bisherige Förderschema in ein *Targeted Public Distribution System* (TPDS; im Folgenden dem allgemeinen Sprachgebrauch in Ladakh folgend weiter als PDS bezeichnet) überführt. Das PDS sollte nunmehr als zielgruppenorientiertes Programm insbesondere auf Haushalte unterhalb der Armutsgrenze ausgerichtet werden. Der Staat beabsichtigte durch diese Veränderung, die Gesamtkosten des Programms zu senken sowie besonders bedürftige Personen besser zu erreichen. In der Praxis wird diese Zielgruppenorientierung jedoch nicht umgesetzt, so dass auch Haushalte oberhalb der Armutslinie weiterhin Zugang zu subventionierten Grundnahrungsmitteln erhalten können (MOOIJ 1999a; KOCHAR 2005).

Zum Zeitpunkt der Untersuchung verfolgt das PDS drei zentrale Ziele: Erstens garantiert das Programm den Bauern die Gewährleistung von Mindestpreisen durch staatliche Aufkäufe der Erträge. Der Erwerb von Grundnahrungsmitteln auf

37 Zuletzt ist die Subventionssumme jährlich gestiegen. Im fiskalischen Jahr 2009/2010 betrugen die Nahrungssubventionen des PDS 582,42 Mrd. INR (siehe *Economic Survey of India* 2009/2010: 212, abrufbar unter: http://indiabudget.nic.in/survey.asp, letzter Zugriff: 30.06.2011). Weitere Programme, die an dieser Stelle lediglich genannt werden sollen, sind *food-for-work* und Schulspeisungsprogramme (DITTRICH 2010).

dem inländischen Markt dient der Bevorratung von Nahrungsmitteln und soll gleichzeitig die Unabhängigkeit der Indischen Union von Nahrungsimporten fördern. Zweitens unterstützt das PDS bedürftige Haushalte durch die Vergabe von subventionierten Grundnahrungsmitteln (Reis, Weizenmehl, Zucker) über sogenannte *ration stores (*auch: *fair price shops)*.[38] Das dritte Ziel ist die Sicherung der Nahrungsverfügbarkeit auf nationaler Ebene, die durch die landesweite Verteilung von Grundnahrungsmitteln erreicht werden soll. In diesem Zusammenhang sollen über das Programm Vorräte für Nahrungskrisen und Engpässe angelegt werden und das PDS der Preisstabilisierung dienen (DAME & NÜSSER 2011).[39]

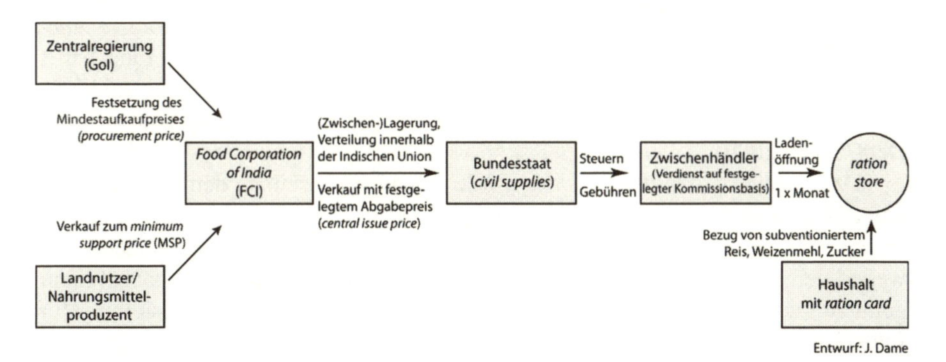


*Abb. 45: Struktur des indischen Public Distribution System*

Die gesamte Warenkette vom Produzenten bis zur Vergabe in den *fair price shops* ist reguliert (Abb. 45). Die indische Regierung setzt den Mindestpreis *(minimum support price)* fest, zu dem die parastaatliche FCI oder weitere staatliche Behörden Grundnahrungsmittel bei den Produzenten erwerben. Der Aufkauf erfolgt hauptsächlich in den „Kornkammern" des Landes: Punjab, Haryana, Uttar Pradesh, Madhya Pradesh, Chattisgarh und Andhra Pradesh.[40] Die FCI ist für die Bevorratung der Nahrungsmittel sowie die Verteilung innerhalb der Indischen Union zuständig. Sie verkauft Reis, Weizenmehl und Zucker jeweils zu einem staatlich festgelegten zentralen Abgabepreis (*central issue price*; CIP) an die bundesstaatlichen Einrichtungen (MOOIJ 1999a). Innerhalb der Bundesstaaten werden die Nahrungsmittel über die dezentralen Behörden auf Distriktebene vertrieben. In

38 Diese werden meist von lizensierten Einzelpersonen betrieben, die eine Kommission erhalten. Es gibt zudem Fälle, in denen *Cooperative Societies* oder *Civil Supplies Corporations* diese Aufgabe übernehmen. Neben Grundnahrungsmitteln wird auch Kerosin subventioniert abgegeben. Zeitweise wurde das Programm erweitert und regional begrenzt Pflanzenöl, Salz oder Tee vertrieben (MOOIJ 1999a).

39 Im September 2013 wurde der National Food Security Act (NFSA) verabschiedet, der neben der Vergabe von Grundnahrungsmitteln über das TPDS einen zusätzlichen Fokus auf die Ernährung von Schwangeren, Stillenden und Kleinkindern legt (siehe http://indiacode.nic.in/acts-in-pdf/202013.pdf (letzter Zugriff 01.10.2014).

40 Abrufbar unter: http://indiabudget.nic.in/survey.asp. Letzter Zugriff: 10.01.2012.

Leh ist hierfür das *Department for Consumer Affairs and Public Distribution* zuständig. Es berechnet die Bedarfsmenge für den Distrikt auf Basis der Anzahl der Empfangsberechtigten und beantragt entsprechende Zuteilungen auf bundesstaatlicher Ebene. Die eigentliche Vergabe an die Haushalte erfolgt über lokale *ration stores*, die einmal monatlich von einem Zwischenhändler beliefert werden (Fotos 27a, 27b). Die Zwischenhändler arbeiten auf Kommissionsbasis und werden anhand von festgelegten Sätzen entlohnt.

Die Abgabe von Reis, Weizen und Zucker erfolgt in insgesamt vier unterschiedlichen Förderlinien, für die Berechtigungshefte *(ration cards)* vergeben werden: Haushalte unterhalb der Armutsgrenze (*below poverty line*, BPL), die Gruppe der Älteren *(Annapurna)* und die „*poorest of the poor*" (*Antyodaya Anna Yojana*, AAY). Trotz der eigentlich angestrebten Zielgruppenorientierung haben auch Haushalte oberhalb der Armutsgrenze Zugang zu dem Programm und können sich über die Förderlinie *above poverty line* (APL) registrieren lassen (FoodDept, 30.03.2009).

Das *Public Distribution System* wurde in Ladakh bereits in den 1960er Jahren eingeführt, aber blieb zunächst auf Leh beschränkt.[41] Nicht nur aufgrund der geringen Zahl an Vergabestellen und ihrer schlechten Erreichbarkeit, sondern auch wegen der gesellschaftlichen Ablehnung des Programms wurde es zunächst kaum genutzt. Die geringe Akzeptanz beruhte auf der befürchteten Stigmatisierung. Ein Interviewpartner vermerkt hierzu:

> „In the mid-1960s the PDS started, but it was looked upon (...). Also, it was a shame to buy grain from the market. Barter was allowed, but buying would mean a shame for being so poor" (MM, 05.08.2009).

In den 1990er Jahren kam es im Zuge einer Umgestaltung des PDS mit einer neuen Schwerpunktsetzung auf periphere Regionen zu einem Anstieg der Importe und der Anzahl der *ration stores* in Ladakh. Dies bedeutete für die Bevölkerung, dass nunmehr kürzere Wegstrecken zum Erreichen der Vergabestellen zurückzulegen waren.[42] Seither hat sich das PDS zum weitreichenden und derzeit wichtigsten Förderprogramm zur Ernährungssicherung entwickelt. Mit insgesamt 133 *ration stores* verfügte im Jahr 2008/2009 die überwiegende Zahl der Ortschaften im Distrikt Leh über mindestens eine lokale Vergabestelle. Zu diesem Zeitpunkt waren nach Angaben der zuständigen Behörde, des *Department for Food Supplies and Consumer Affairs*, 23.938 Haushalte im Besitz von *ration cards*, was einem Bevölkerungsanteil von über 98 % entspricht (FoodDept, 30.03.2009; Dame & Nüsser 2011). Die Anzahl der Vergabestellen konnte bis 2012/2013 auf 174 erhöht werden und damit auch die Zahl der berechtigten Haushalte auf 27.074 mit insgesamt 118.858 erreichten Personen gesteigert werden (LAHDC 2013: 187).[43]

41 Hierbei handelte es sich um geringe Mengen an Reis, die v.a. für Festtage vergeben wurden.

42 In Hemis Shukpachan war zunächst ein *ration store* in Hemis Chu an der Hauptstraße unterhalb der Ortschaft eingerichtet, so dass die Waren mit Eseln ins Dorf transportiert werden mussten.

43 Seit 2010/11 besitzt etwas mehr als die Hälfte der Haushalte eine APL-Berechtigungskarte (17.038 Haushalte im Jahr 2012/13), davon alleine 9.743 im *block* Leh (LAHDC 2013: 187).

| | **Preis (INR/kg) in Förderlinie** | | | **Ladenpreis** | |
|---|---|---|---|---|---|
| | *above poverty line* (APL) | *below poverty line* (BPL) | *Antyodaya Anna Yojna* (AAY) | Leh (2009) | Leh (2010) |
| Reis | 9,50 | 6,25 | 3,00 | 20,00–40,00 | 25,00–45,00 |
| Weizenmehl | 7,55 | 5,25 | 2,21 | 15,00 | 19,00–26,00 |
| Zucker | 13,50 | 13,50 | 13,50 | 30,00 | 50,00 |
| Anteil Haushalte in der Förderlinie | 44,5 % | 34,5 % | 20,0 % | | |

*Quelle: Department for Food Supplies; eigene Erhebungen*

*Tab. 40: Preise für subventionierte Grundnahrungsmittel und Marktpreise im Distrikt Leh*

Die einzelnen Förderlinien sind mit festgelegten Verkaufspreisen (Tab. 40) in den *ration stores* und klar definierten Abgabemengen verknüpft. Haushalte, die in die Kategorien BPL und AAY fallen, können jeden Monat mit ihrer Berechtigungskarte bis zu 3,5 kg Reis und Weizenmehl pro Person für maximal fünf Haushaltsmitglieder erwerben. Personen, die in die *Annapurna*-Förderlinie eingetragen sind, erhalten monatlich 5 kg Reis sowie 5 kg Weizenmehl kostenfrei. Der subventionierte Preis für BPL-Haushalte liegt bei ca. einem Drittel des Marktpreises. Nach Überschreiten der gewährten Menge können weiterhin Waren zum APL-Preis erworben werden.[44] In diesem Fall entfallen die direkten Subventionen (FoodDept, 04.04.2009). Doch selbst für Haushalte oberhalb der Armutsgrenze (APL) lohnt sich der Kauf über das PDS. Denn aufgrund von Einsparungen bei den ansonsten sehr hohen Transportkosten entsprechen die Preise im *ration store* nur etwa der Hälfte des Marktpreises in Leh (Tab. 40). Der ökonomische Anreiz des Erwerbs über das PDS gilt daher für alle Haushalte.

Die Zuwendungen über das Programm wurden in den vergangenen Jahren ausgeweitet (Abb. 46). Dabei liegen die Mengen noch unterhalb der Bedarfsberechnungen der zuständigen Behörde in Leh (FoodDept, 27.07.2009).[45] Bedingt durch die verkehrsinfrastrukturelle Situation ist der logistische Aufwand hoch. Die für das Jahr 2009/2010 vorgesehenen Lieferungen an Reis, Weizenmehl und Zucker aus dem indischen Tiefland nach Ladakh entsprechen beispielsweise etwa 1.500 LKW-Ladungen. Außerdem können nach Angaben der zuständigen Behörde politische Unruhen in Kaschmir, Naturgefahren in der Hochgebirgsregion sowie Dürren und Hungerkrisen im Tiefland die zeitgerechte Einlagerung von

Das PDS ist außerdem für in Ladakh angesiedelte tibetische Flüchtlinge offen, jedoch nicht für Wander- und Saisonarbeiter (FoodDept, 04.04.2009).

44 Anlässlich von Festtagen werden gesondert zusätzliche Mengen vergeben. Beispielsweise werden zum muslimischen Fest des Fastenbrechens am Ende des Ramadan, dem Neujahrsfest *losar* sowie dem Weihnachtsfest zusätzlich 5 kg Zucker abgegeben (FoodDept, 30.3.2009).

45 Insgesamt erhielt der Bundesstaat Jammu und Kaschmir im nationalen Vergleich überdurchschnittlich hohe Zuwendungen (DEV et al. 2004).

Grundnahrungsmitteln im Distrikt erschweren. So entstanden wegen unzureichender Lagerbestände in den Jahren 2008 und 2009 jeweils im März Engpässe, also in der kritischen Phase der Nahrungsmittelversorgung (FoodDept, 27.07.2009). Besonders wegen der Starkregenereignisse im Sommer 2010 ergaben sich nach massiven Schädigungen der Verkehrsinfrastruktur Schwierigkeiten bei der Verteilung der Nahrungsmittel. Die Situation wurde durch eine vorangegangene Phase von Straßensperrungen in Jammu und Srinagar und die Vergabe zusätzlicher Rationen an betroffene Flutopfer verschärft (FoodDept, 12.08.2010; Abb. 46).

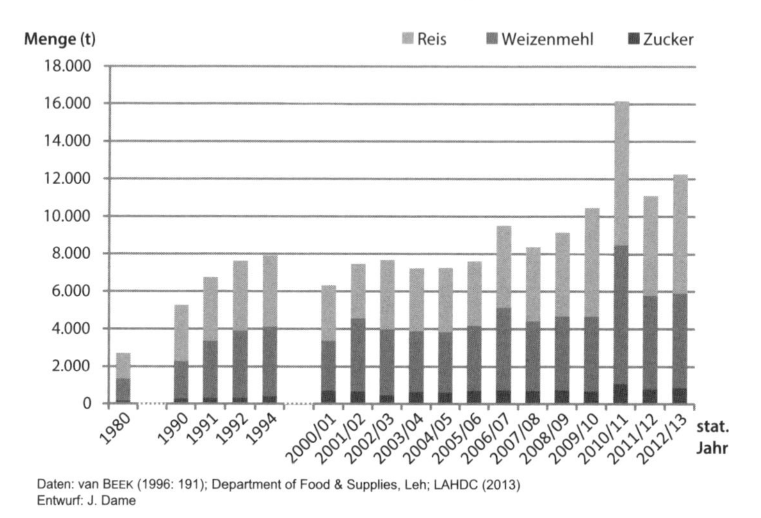


*Abb. 46: Zuteilung von Grundnahrungsmitteln über das PDS im Distrikt Leh*

In Hemis Shukpachan und Igu gibt es seit Mitte der 1990er Jahre *ration stores*. In beiden Ortschaften zeichnet sich ein für Ladakh charakteristisches Bild ab (Tab. 41): Für die Mehrzahl der Haushalte stellt der Kauf von Reis, Weizenmehl und Zucker aus dem PDS nach der eigenen landwirtschaftlichen Produktion die am häufigsten genutzte Bezugsquelle zur Sicherung der Ernährung dar: In den Ortschaften kaufen 89,3 % (Hemis Shukpachan) bzw. 96,0 % (Igu) aller befragten Haushalte Nahrungsmittel über das PDS. Hierfür besitzen fast alle befragten Haushalte eine Berechtigungskarte.[46]

Die Verfügbarkeit von Grundnahrungsmitteln über das PDS wird von den Bewohnern in beiden Untersuchungsdörfern grundsätzlich positiv bewertet. Besonders der erleichterte Zugang zu Reis und Weizen und die gute Erreichbarkeit der *ration stores* in den Ortschaften wird hervorgehoben. Die Bewohner betonen zusätzlich, dass Nahrungsmittelengpässe durch das PDS verhindert werden. Die

46 Lediglich acht Haushalte in Hemis Shukpachan sowie 22 Haushalte in Igu gaben an, keine *ration card* zu besitzen. Für die wenigen Ausnahmen wurden administrative bzw. organisatorische Gründe angegeben: In Einzelfällen war die Berechtigung verloren gegangen und noch nicht ersetzt worden oder eine neue Karte beantragt, aber noch nicht ausgestellt worden.

Aussagen von zwei Bewohnern der Ortschaft Igu verdeutlichen diese Einschätzung exemplarisch und betonten den Vorteil der ganzjährigen Versorgung mit Grundnahrungsmitteln über das Interventionsprogramm:

> „We have no shortage of food, because we get rations" (IA76).

Engpässe werden daher nur im Hinblick auf andere Lebensmittel wahrgenommen:

> „Food shortages occur only sometimes, because we get rice and wheat through the ration store" (IA 69).

Darüber hinaus werden starke Preisschwankungen auf dem Nahrungsmittelmarkt, die grundsätzlich besonders für verwundbare Haushalte Schwierigkeiten bewirken können, durch das PDS abgepuffert (DAME & NÜSSER 2011).

| | Hemis Shukpachan(in %) | Igu (in %) |
|---|---|---|
| APL | 16,5 | 61,1 |
| BPL | 68 | 22,2 |
| AAY/Annapurna | 7,8 | 1 |
| weiß nicht | -- | 1,5 |
| keine *ration card* | 7,8 | 11,1 |

*Quelle: eigene Erhebungen (2008), n (Hemis Shukpachan) = 103, n (Igu) = 198*

*Tab. 41: Anteil der Haushalte in Hemis Shukpachan und Igu mit ration cards in unterschiedlichen Förderlinien*

Das PDS wird von den Bewohnern der Untersuchungsdörfer generell als eine, manchmal sogar als die einzige wirkungsvolle Entwicklungsintervention des Staates bewertet. Eine typische Aussage hierzu lautet:

> „The government is good for us, because of the rations that we get" (H83).

Als Kritikpunkte in Bezug auf das Interventionsprogramm werden vor allem organisatorische Aspekte und Lieferengpässe, die für Haushal te akute Schwierigkeiten bedeuten können, bemängelt:

> „Sometimes problems with the provision of food occur if the ration is not coming in time" (IA 24).[47]

Der Missbrauch des Systems zum eigennützigen Vorteil wird sowohl von der zuständigen staatlichen Behörde in Leh benannt (FoodDept, 27.07.2009) als auch in den Untersuchungsdörfern beobachtet.[48] So ist der Besitz von mehreren *ration cards*, die auf einen Haushalt ausgestellt werden, eine gängige Praxis.[49] Außer-

47 Das zuständige *Department of Consumer Affairs and Public Distribution* bestätigt Engpässe bei der Belieferung einzelner *ration stores*.

48 Zu Kritikpunkten an der Implementierung des PDS (Ineffizienz des Verteilungssystems, Missbrauch und Korruption) in den Bundesstaaten Karnataka und Bihar siehe MOOIJ (1999b).

49 Die Verschärfung der Richtlinien für den Erwerb von Berechtigungsheften konnte dieser Praxis bislang nicht Einhalt bieten.

dem werden Nahrungsmittel erworben und anschließend weiter verkauft, beispielsweise an Arbeitsmigranten, die keinen Zugang zum PDS haben.

## 8.3 AKTEURSKONSTELLATIONEN UND INTERESSENFELDER: SPANNUNGSFELD ZWISCHEN NAHRUNGSMITTELAUTARKIE UND IMPORTABHÄNGIGKEIT

Die unterschiedlichen Vorstellungen von Modernisierung und Entwicklungspfaden der Akteure sind als Grundlage für die Ausgestaltung von Förderprogrammen auch für Fragen der Ernährungssicherung von Bedeutung. Diese verändern die Handlungsbedingungen vor Ort und sind Gegenstand lokaler Aushandlungsprozesse. Konfligierende Zielvorstellungen äußern sich vor allem in der Debatte um Nahrungsmittelautarkie und Importabhängigkeiten.

Um regionale Entwicklungsperspektiven festzulegen, kam im Sommer 2004 ein Komitee mit Vertretern aus Politik und Zivilgesellschaft zusammen, die mit der *Ladakh Vision 2025* eine Planungsgrundlage für den Distrikt Leh formulierten. Darin werden lokale Interessen und Vorstellungen über zukünftige Entwicklungsperspektiven festgehalten, die sich aus den rapiden Veränderungen der vorangegangenen Jahre und dem damit verbundenen gesellschaftlichen Wandel ergeben. Das ehrgeizige Ziel sieht vor, dass Ladakh zukünftig ein Modellcharakter zukommen soll: „*...by 2025, Ladakh will emerge as the country's best model of hill area development*“ (LAHDC 2005: 7). In seinem Vorwort betont Nawang Rigzin, der zu diesem Zeitpunkt Minister für Wissenschaft und Technologie in Jammu und Kaschmir war, die Besonderheit Ladakhs:

> „Due to its location in the Trans-Himalaya Ladakh has altogether a different ecosystem with extreme climatic conditions. As such any developmental model that is suited to the rest of the country cannot be replicated for Ladakh region. (…) It [The Vision Document, JD] provides a framework for the development of the region in a manner that allows the People of Ladakh to integrate with the modern world while being firmly rooted in its unique cultural heritage and traditional wisdom“ (LAHDC 2005: III).

Zugleich soll auf diese Weise ein Kontrapunkt zur wahrgenommenen Benachteiligung auf bundesstaatlicher Ebene gesetzt werden. Hierzu schreibt Rigzin Spalbar, zu dieser Zeit CEC des *Hill Council*, in seinem Vorwort:

> „Neglected for many years before finally given the support that was due to it, there is a great need to make up for lost time in Ladakh today“ (LAHDC 2005: V).

Die Vorstellungen des *Hill Council* sowie der ladakhischen politischen und zivilgesellschaftlichen Elite sehen in der Förderung der Landwirtschaft eine wichtige Maßnahme zur Ausweitung des Selbstversorgungsgrades und der Ernährungssicherung in der Region. In der *Ladakh Vision 2025* wird sie als zentrales Ziel zur Reduzierung der Abhängigkeit von Nahrungsmittelimporten aus dem Tiefland vereinbart:

„There is an urgent need to lift the land-based economy out of the morass in which it finds itself today in Ladakh, and make the region more self reliant like it used to be. In order to do this, a key requirement is to make land-based occupations more remunerative and economically rewarding" (LAHDC 2005: 9).

Dieser Gedanke umfasst sowohl Erwartungen an einen wirtschaftlichen Aufschwung als auch die Sorge um die gesellschaftlichen Auswirkungen der schnellen Veränderungen in der Region. Er wurde bereits in den 1990er Jahren im Hinblick auf die erste signifikante Ausweitung des PDS in Ladakh formuliert (VAN BEEK 2000). Dies verdeutlichen beispielhaft zwei ladakhische Beiträge auf der IALS-Konferenz 1997. Der Gründer und Direktor der NGO LEHO, Deen Darokhan, hielt damals fest:

„Today's dependence on imports should not be prolonged indefinitely. Agriculture is the only sustainable way of life in Ladakh, and we must ensure that we do not in the meantime lose the genetic material and cultivation techniques due to a neglect of farming" (DEEN DAROKHAN 1999: 79).

Ähnlich war auch die Bewertung von Sonam Dawa, der nach einer Tätigkeit als Direktor von LEDeG zu diesem Zeitpunkt *Executive Councillor* des LAHDC war:

„The situation is tragic when viewed in light of the fact that prior to the commencement of the so-called development programmes the area was largely self-sufficient. In fact, over forty years of development programmes have failed to bring about any improvement in agriculture, animal husbandry and related fields" (DAWA 1999: 371).

Einerseits fördert die indische Zentralregierung über ihre CSS Produktivitätssteigerungen in der Landwirtschaft, die in der regionalen Politik Unterstützung finden, da sie eine Ausweitung des Selbstversorgungsgrades und geringere Abhängigkeit vom Tiefland versprechen. Andererseits ist die Zentralregierung für die Vergabe der subventionierten, aus dem Tiefland importierten Grundnahrungsmittel über das PDS sowie, in geringerem Umfang, über das ICDS zuständig. Im Kontext einer veränderten Ernährungsweise mit einer steigenden Vorliebe für Weizen und Reis tragen diese Programme essentiell zur Versorgung der lokalen Bevölkerung bei. In Ladakh beeinflusst das PDS darüber hinaus die Anbaustrukturen im Feldbau. Die ganzjährig ausreichende Verfügbarkeit von Reis und Weizenmehl ermöglicht die Aufgabe des Weizenanbaus:

„Generally, we would produce more wheat. But here in the village, wheat doesn't grow well and we get atta from the ration store" (H39).

Auch wenn einige Landnutzer die geringere Qualität der im *ration store* erworbenen Produkte beklagen, wird vorwiegend der Anbau von Gerste aufrecht erhalten, die auch weiterhin für die Deckung des Bedarfs an lokalen Nahrungsmitteln wie *tsampa* und *chang* benötigt wird. Ein Landnutzer aus Igu führt aus:

„Before, people did not buy food from the ration store, so they produced more wheat. Now, only things which are easier to grow are produced" (IA75).

Sowohl von einigen Bewohnern in den Ortschaften als auch von Seiten staatlicher und nicht-staatlicher Akteure wird die Beeinflussung der Marktpreise für Getreide durch die niedrigen Verkaufspreise in den *ration stores* beklagt. Überschüsse der Getreideproduktion aus eigenem Anbau können in der Region nicht vermarktet werden. Lediglich der Verkauf von Viehfutter ist rentabel. Im Gesamtkontext des sozioökonomischen Wandels steigt auch die Zahl der Brachflächen, da die Notwendigkeit des Anbaus gesunken ist (z. B. LNP-2, 02.08.2007). Andere Stimmen verfolgen eine Perspektive der Tragfähigkeitsdiskussion und warnen, dass auch aufgrund des anhaltenden Bevölkerungswachstums eine Sicherung der Nahrungsmittelproduktion innerhalb der Region nicht möglich sei (AgriDept-1, 25.07.2009).

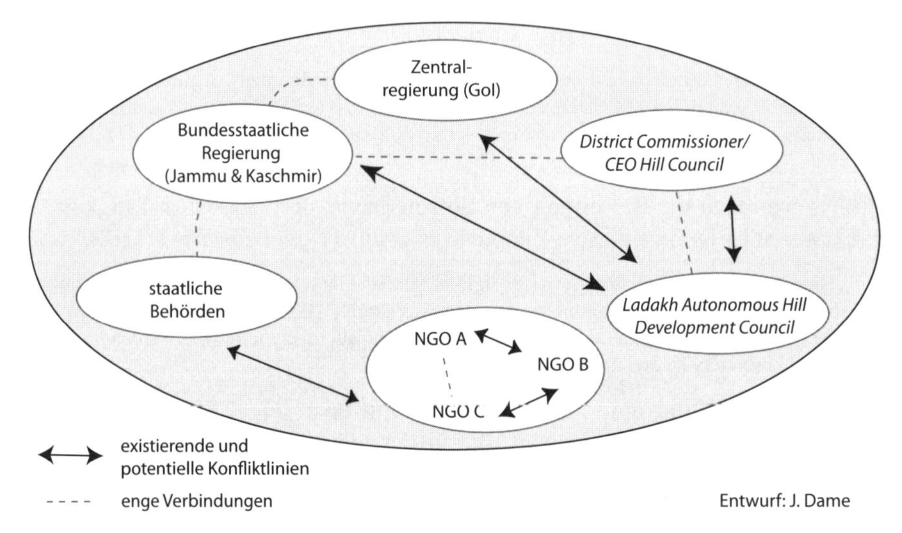


*Abb. 47: Akteure und konfligierende Interessen in der Entwicklungsarena*

Die anhaltende Debatte um die Zukunft der Landwirtschaft und um Importabhängigkeiten verdeutlicht die unterschiedlichen Vorstellungen der Akteure von „Entwicklung“ und „Modernisierung“. Politiken zur Armutsbekämpfung mit der Vergabe von vergünstigten Grundnahrungsmitteln und die Förderung der Landwirtschaft werden auf diese Weise zu gegensätzlichen Zielen. Diese sind verbunden mit konfligierenden Interessen von Akteuren mit unterschiedlichem politischen Gewicht und finanziellen Budgets (Abb. 47). Die Hoffnungen und Erwartungen, die in Ladakh in dezentrale Politik und insbesondere in den *Hill Council* gesetzt werden, konnten bislang nicht erfüllt werden (VAN BEEK 2008: 183–184). Das Handeln zur Ernährungssicherung der lokalen Landnutzer in den beiden Untersuchungsdörfern zeichnet sich hingegen durch eine Kombination der Nutzung von unterschiedlichen Förderprogrammen aus.

# 9 ZWISCHEN SUBSISTENZ UND SUBVENTIONEN: ERNÄHRUNGSSICHERUNG IN LADAKH

Die Darstellung der empirischen Ergebnisse hat aufgezeigt, wie lokale Handlungsweisen zur Ernährungssicherung im Kontext der gegenwärtigen, einschneidenden sozioökonomischen und politischen Veränderungen in Ladakh gestaltet sind. Im Folgenden werden die zentralen Entwicklungstrends im Hinblick auf die eingangs gestellten Forschungsfragen zusammengefasst und diskutiert. Für die Charakterisierung gegenwärtiger Herausforderungen der Ernährungssituation wird die Analyse anthropometrischer Indikatoren, bisheriger Studien und die Einschätzung regionaler Experten mit der alltäglichen Ernährungsweise in Beziehung gesetzt. Anschließend werden die Strategien lokaler Akteure in Ladakh zur Ernährungssicherung synoptisch betrachtet und der Einfluss externer Akteure dargestellt. Abschließend wird erörtert, inwiefern die in der Fallstudie identifizierten, zentralen Entwicklungsprozesse auf andere südasiatische Hochgebirgsregionen übertragbar sind. Dabei werden die zugrunde gelegte Theorie und die angewandte Methodik kritisch reflektiert.

## 9.1 MIKRONÄHRSTOFFDEFIZITE UND SAISONALE ENGPÄSSE

Die Analyse der gegenwärtigen Ernährungssituation hat Herausforderungen in der Untersuchungsregion erkennen lassen. Hierbei sind zwei miteinander verbundene Problemfelder identifiziert worden: Zum einen ist die regionale Ernährungssituation in Ladakh vor allem durch Mikronährstoffdefizite gekennzeichnet. Hiermit geht zum anderen eine Ernährungsweise einher, die durch geringe Nahrungsvielfalt und eine ausgeprägte Saisonalität gekennzeichnet ist. Die Bewertung aus ernährungsphysiologischer Perspektive hat anhand des Indikators eines geringen Geburtsgewichts (LBW) auf Schwierigkeiten hingewiesen, die sich aus diesen Bedingungen ergeben. Das gehäufte Auftreten eines zu geringen Geburtsgewichts bei Neugeborenen kann insbesondere mit der Ernährungsweise der Mutter, aber auch durch sozioökonomische Faktoren, wie die Arbeitsbelastung während der Schwangerschaft, und die spezifische Lebenssituation im Hochgebirge, erklärt werden. Ein Vergleich der aktuellen Situation mit Indikator-basierten Analysen publizierter Studien aus den 1980er und 1990er Jahren hat zugleich auf eine leichte Verbesserung der Situation hingewiesen.

Die Bewertungen der Ernährungssituation durch Experten aus dem Gesundheitssektor in Ladakh verdeutlichen, dass sich Versorgungsprobleme nicht in Form akuter Unterernährung manifestieren, sondern als „verborgener Hunger" auftreten. Dabei befindet sich das Phänomen in doppelter Hinsicht im Verborgenen: Einerseits bleibt die Unterversorgung mit Vitaminen, Mineralien und Spurenelementen häufig unerkannt, so dass ihre negativen Auswirkungen auf die Gesundheit (VICTORA et al. 2008, BLACK et al. 2008) nur unzureichend beachtet werden. Andererseits wird das durch Mikronährstoffdefizite bedingte Auftreten von Mangel- und Fehlernährung in der wissenschaftlichen Auseinandersetzung mit Fragen der Geographischen Entwicklungsforschung in Hochgebirgsräumen weiterhin nur wenig berücksichtigt (Kap. 9.4)[1].

Diese Ausgangssituation ist im folgenden Teil der Arbeit mit einer detaillierten Untersuchung der Ernährungsweise in den Ortschaften Hemis Shukpachan und Igu in Zusammenhang gebracht worden. Nach Angaben der befragten Experten hängt das gehäufte Auftreten von Mangel- und Fehlernährung in Ladakh wesentlich mit der geringen Vielfalt der alltäglichen Ernährungsweise zusammen. Die zubereiteten Speisen zeichnen sich durch Dominanz von kohlenhydratreichen Grundnahrungsmitteln aus, die nur in geringem Umfang durch (frisches) Gemüse und Obst sowie tierische Produkte ergänzt werden. Dabei ist deutlich geworden, dass die Konsummuster durch gesellschaftliche und religiöse Normen ebenso wie neue Präferenzen beeinflusst werden. Die Relevanz spezifischer Kontexte und der kulturellen Dimension hat das Beispiel des Grundnahrungsmittels Reis illustriert. Faktoren wie die Bewertung von Reis als „modernes" Lebensmittel und der Vorzug von Reis und *kholak* aufgrund der kurzen Zubereitungszeit beeinflussen neben der Verfügbarkeit die Auswahl.

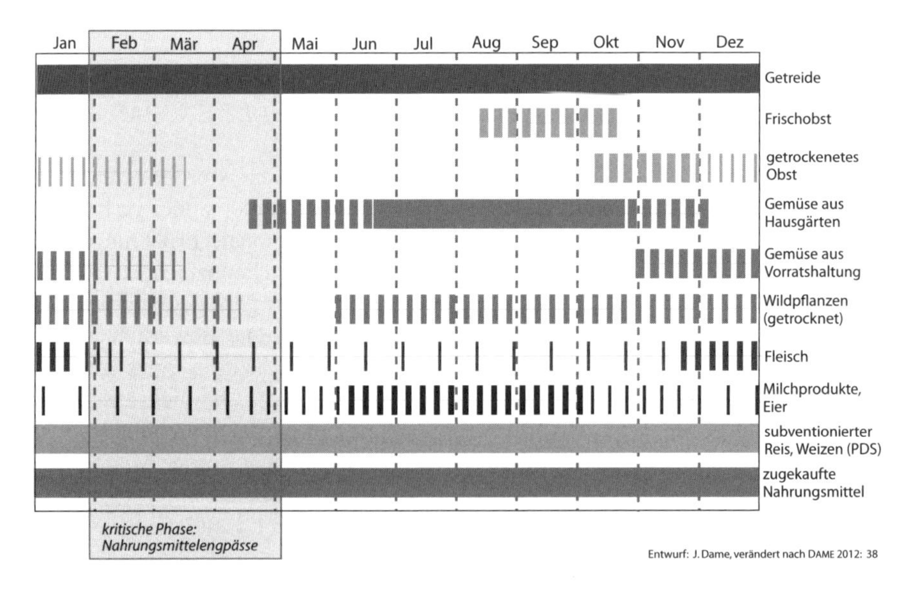


*Abb. 48: Nahrungsmittelversorgung im Jahresgang in Ladakh*

1 Vgl. hierzu auch HERBERS (1998: 251–254).

Zusätzlich ist die insgesamt geringe Nahrungsmittelvielfalt durch eine ausgeprägte Saisonalität der Ernährungsweise gekennzeichnet, die anhand der empirischen Ergebnisse als zweites zentrales Problemfeld identifiziert werden konnte. Die Versorgungssituation ist im Jahresverlauf durch Zeiten des Überschusses und solche des Mangels gekennzeichnet. Während in den Sommermonaten die Möglichkeit einer vielfältigeren Ernährung gegeben ist, zeigen sich kritische Nahrungsmittelengpässe im Winter und zu Beginn des Frühjahrs, wenn die Vorräte erschöpft und die Straßenverbindungen aus dem Tiefland noch nicht geöffnet sind (Abb. 48). In diesen Monaten bleiben Grundnahrungsmittel zwar für nahezu alle Haushalte verfügbar, Gemüse, Milchprodukte und Eier sind jedoch kaum erhältlich.

Der Vergleich zu der Versorgungssituation in vorkolonialer Zeit und Studien aus den 1980er Jahren (CROOK & OSMASTON 1994) zeigt, dass es sich hierbei nicht um ein neues Phänomen handelt. Sowohl von Experten und als auch lokalen Bevölkerungsgruppen wird eine grundsätzliche Verbesserung der Situation beschrieben. Diese geht mit einer Reduzierung akuter Hungerphasen im Kontext des allgemeinen sozioökonomischen Wandels sowie verschiedener Entwicklungsprogramme (z. B. staatlichen Nahrungsmittelsubventionen) einher. Dennoch bleibt die Grundproblematik bisher ungelöst. Besonders bei Risikogruppen (Schwangeren, Neugeborenen, Kindern) und in Verbindung mit Erkrankungen ist keine optimale alimentäre Versorgung gegeben. Die Folgen der Fehlernährung betreffen nicht nur die gegenwärtige Generation, sondern werden in die nächste Generation weitergegeben (BLACK et al. 2008; VICTORA et al. 2008).

## 9.2 BEDEUTUNGSVERLUST DER LANDWIRTSCHAFTLICHEN RESSOURCENNUTZUNG

Diese Problemfelder stellen den Ausgangspunkt für die Analyse der Handlungsstrategien zur Ernährungssicherung der lokalen Akteure dar. Historische Berichte veranschaulichen, dass die subsistenzbasierte Hochgebirgslandwirtschaft über Jahrhunderte hinweg das wichtigste Standbein der Ernährungssicherung in Ladakh war. Zwar ist die landwirtschaftliche Nutzung bis heute ein zentraler Bestandteil der Versorgung geblieben, jedoch verliert sie aufgrund von neuen Erwerbsmöglichkeiten und staatlichen Subventionen für Grundnahrungsmittel an Bedeutung.

Trotz einer hohen Persistenz an Nutzungsformen werden in den beiden Untersuchungsdörfern Hemis Shukpachan und Igu charakteristische Veränderungen in der Landnutzung erkennbar, die vor dem Hintergrund des spezifischen regionalen Kontexts erklärbar sind. Im Bewässerungsfeldbau wird vor allem Gerste wegen ihrer nutritiven aber auch sozialen Funktion als Grundnahrungsmittel kultiviert. Als weitere Feldfrüchte werden Erbsen, Senf und in geringerem Umfang Hülsenfrüchte angebaut. Aufgrund der kollektiven Erinnerung an Engpässe, die mit einer Reduktion von Mahlzeiten und möglicher Futtermittelknappheit einhergingen, zögern manche Haushalte, ihre Flurflächen mit neuen Anbaufrüchten zu bestellen. Dies ist beispielsweise durch die Ablehnung des Pepsi-Programms in Hemis

Shukpachan deutlich geworden. Andere Haushalte hingegen geben Feldparzellen zugunsten von Hausneubauten auf, was sich in einer zunehmenden Zersiedelung der Flur zeigt. Zugleich ist ein Rückgang des Weizenanbaus zu beobachten, da dieses Getreide im Vergleich zur Gerste ein höheres Ertragsrisiko aufweist und, ebenso wie Reis, aufgrund staatlicher Subventionen günstig zugekauft werden kann. Diese verschiedenen Entwicklungen verdeutlichen, dass Entscheidungen über die Wahl der Anbaufrüchte nicht nur von den ökologischen Gegebenheiten abhängen, sondern durch soziale Faktoren und gesellschaftliche Präferenzen mitbestimmt sind.[2]

Im Hinblick auf die Grundproblematik des verborgenen Hungers ist der Gemüseanbau von herausgehobener Bedeutung. Hier haben in den letzten Jahren deutliche Veränderungen stattgefunden. Es ist sowohl eine Zunahme der Gemüsevielfalt, als auch eine Ausweitung der Anbauflächen und eine steigende Anzahl von Hausgärten zu beobachten. Diese Entwicklung der Hortikultur wird ebenfalls durch unterschiedliche Prozesse beeinflusst: Neben der zunehmenden Zubereitung von frischem Gemüse für den Haushaltskonsum ist die Hoffnung auf Vermarktung von Bedeutung. Dennoch bleibt eine ausgeprägte Saisonalität bestehen, die im Hinblick auf die ernährungsphysiologischen und gesundheitlichen Auswirkungen kritisch bewertet werden muss. Aufgrund der kurzen Anbauperiode, unzureichender Vorratshaltung und insgesamt geringer Erntemengen in den flächenmäßig kleinen Hausgärten wird nur für wenige Monate im Sommer und Herbst Gemüse produziert. Diese Saisonalität spiegelt sich im Marktangebot wider, denn nur in dieser Periode können Haushalte einen Teil ihrer Überschüsse verkaufen. Während der verbleibenden Zeit des Jahres reduziert sich das Angebot auf die Erzeugnisse weniger, spezialisierter Produzenten und auf Waren, die aus dem Tiefland importiert werden.

Auch im Bereich der Viehhaltung treten Veränderungen auf, die mit einer reduzierten Verfügbarkeit von Arbeitskräften in der Landwirtschaft verbunden sind. So ist in beiden Untersuchungsdörfern ein deutlicher Rückgang arbeitsintensiver Tätigkeiten, wie der Hochweidenutzung und Hütung von Ziegen und Schafen, erkennbar. Dies ist möglich geworden, weil die vormalige Korrelation zwischen Herdengröße und Düngemittelbedarf durch die Verfügbarkeit von Mineraldünger aufgehoben worden ist. Die Herden setzen sich daher heute vor allem aus Milchvieh und Transporttieren zusammen, um den Bedarf an Milchprodukten sowie tierischer Arbeitskraft zu decken.

Obwohl die Hochgebirgslandwirtschaft im Kontext externer Erwerbstätigkeiten und neuer Nahrungsmittelpräferenzen ihre fundamentale Bedeutung für das Überleben der Bewohner in den ländlichen Siedlungen Zentral-Ladakhs eingebüßt hat, wird sie dennoch nicht vollständig aufgegeben. Tradierte Praktiken der Nutzung natürlicher Ressourcen sind für die Bewohner Teil ihrer kulturellen Identität und werden deshalb beibehalten. Die Sorge vor einer möglichen sozialen Stigmatisierung spielt dabei ebenfalls eine wichtige Rolle. Trotz des geringen ökonomi-

2 Dies zeigten AASE & VEETAS (2007) für Manang im Annapurna-Gebiet in Nepal sowie DAME & MANKELOW (2010) für Zanskar.

schen Anreizes sind viele Haushalte somit auch bereit, in die Anstellung von Arbeitskräften zu investieren, um ihre Flächennutzung aufrecht zu erhalten.

## 9.3 DIVERSIFIZIERUNG DER LEBENSSICHERUNGSSTRATEGIEN

Der erkennbare Bedeutungsverlust der Landwirtschaft geht mit einer erheblichen Zunahme von Verdienstmöglichkeiten einher. Heute verfügt die Mehrzahl der Haushalte über Einkommen aus der Vermarktung von *cash crops* oder externen Erwerbstätigkeiten. Auch wenn sich bislang insgesamt erst wenige Haushalte für die Vermarktung von Überschüssen aus der haushaltseigenen Produktion entscheiden, ist dies eine neue, an Bedeutung gewinnende, Strategie.

Die Direktvermarktung von Gemüse und Obst ist zunächst auf die Erreichbarkeit von Märkten sowie die Nähe zu Direktabnehmern wie Armeestützpunkten, touristischen Zentren und insbesondere der Distrikthauptstadt Leh angewiesen. Insbesondere in Gebirgsregionen gelten institutionelle Regelungen des Marktzugangs als entscheidende Voraussetzung für mögliche Vermarktungsaktivitäten (BÜRLI 2008). Die Beispiele des Vertragsanbaus sowie der Preisabsprachen mit Zwischenhändlern und der Armee in der Ortschaft Igu zeigen, dass im Fall von geregelten Abnahmebedingungen ein deutlich höherer Anteil an Haushalten Einkommen aus dem Verkauf von landwirtschaftlichen Produkten erzielt.[3]

Da die Vermarktung eigener Erzeugnisse bislang nur in begrenztem Umfang einen Beitrag als monetäre Einkommensquelle leistet, ist die Aufnahme außeragrarischer Beschäftigung die wichtigste Strategie zur Diversifizierung der Lebenssicherung. Im Kontext des sozioökonomischen und politischen Wandels haben sich neue Erwerbsmöglichkeiten insbesondere in der Armee, im expandierenden Tourismussektor, in der staatlichen Verwaltung und bei nicht-staatlichen Organisationen als Alternativen zur subsistenzorientierten Landnutzung etabliert. Die Erwirtschaftung monetärer Mittel ist nicht nur für den Zukauf von Nahrungsmitteln unerlässlich, sondern auch für Bildung, Konsumgüter, Investitionen in die Landwirtschaft und den Einsatz von Arbeitskräften erforderlich. Mit außerlandwirtschaftlichen Erwerbstätigkeiten sind häufig Migrationsentscheidungen verbunden. Die Distrikthauptstadt Leh ist mit ihrem großen Angebot an Beschäftigungsmöglichkeiten und privaten Bildungseinrichtungen ein bevorzugtes Ziel, was sich in einem rapiden Siedlungswachstum zeigt. Mit der Migration geht eine Auflösung traditioneller Haushaltsstrukturen einher, die entscheidende Auswirkungen auf die Arbeitsorganisation und Sozialstrukturen in der Dorfgemeinschaft hat.

Bereits zum jetzigen Zeitpunkt wird die zunehmende soziale Differenzierung innerhalb und zwischen den bergbäuerlichen Gemeinschaften ersichtlich. Für Haushalte mit ausreichendem Finanzkapital bieten sich neue Möglichkeiten zur

3 Die Vermarktung von *cash crops* entwickelt sich zunehmend in den verschiedenen Regionen des Himalaya. Siehe z. B. KREUTZMANN (2006a) und KREUTZMANN et al. (2008) für Nordpakistan, sowie ADHIKARI & BOHLE (1999) für Nepal.

Reorganisation der Arbeit, da sie durch die Einstellung von Lohnarbeitern, den Einsatz von Maschinen und die Verwendung von Mineraldünger in der Lage sind, den Zeitaufwand während Arbeitsspitzen zu reduzieren und fehlende Arbeitskräfte zu ersetzen. Während meist Haushalte mit höherem Bildungsabschluss und diversifizierten Einkommensstrukturen an den neuen Möglichkeiten partizipieren, sind Haushalte ohne monetäres Einkommen weiterhin auf den Ertrag ihrer landwirtschaftlichen Produktion und die Absicherung über soziale Netzwerke angewiesen. Für sie entstehen durch den deutlichen Trend zu multilokalen Haushalten neue Schwierigkeiten, da sie auf reziproke Mechanismen der Arbeitsteilung angewiesen sind und nicht über die ausreichenden finanziellen Mittel verfügen, um fehlende Arbeitskräfte zu ersetzen. Da vorwiegend Männer und die junge, gut ausgebildete Bevölkerung die Siedlungen verlassen, sind Frauen und Ältere einer erhöhten Arbeitsbelastung in Landwirtschaft und Haushalt ausgesetzt. Sie sind zugleich Risikogruppen bezüglich ihrer Nahrungsversorgung und gesundheitlichen Situation. Mögliche zukünftige Herausforderungen können sich aus einer weitgehenden Aufgabe der Landwirtschaft, einer weiteren Reduktion reziproker sozialer Beziehungen, aber auch aus fehlenden Erwerbsmöglichkeiten ergeben.

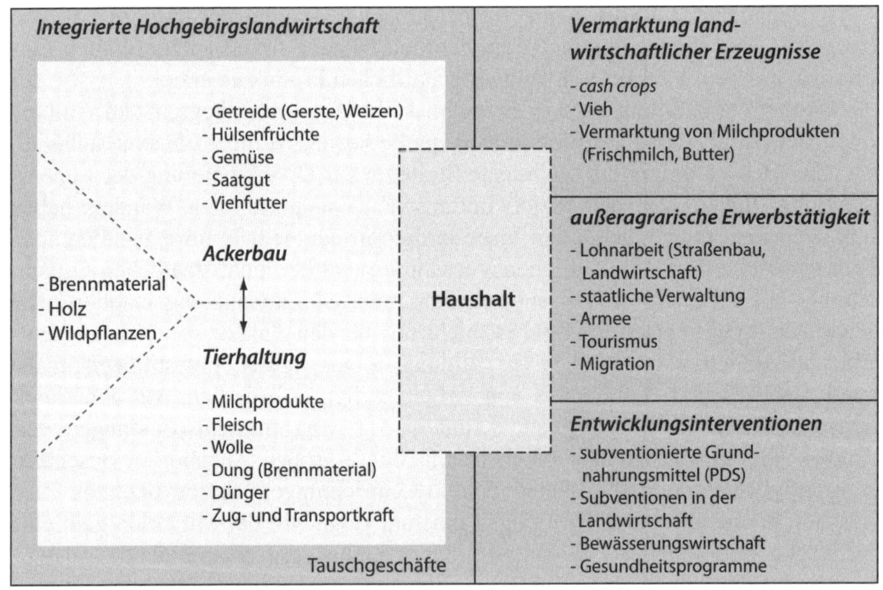


Entwurf: J. Dame, verändert nach DAME & MANKELOW 2010: 367

*Abb. 49: Diversifizierung von Lebenssicherungsstrategien*

Der Trend zur Auflösung traditioneller Haushaltsstrukturen und zur Diversifizierung von Lebenssicherungsstrategien ist charakteristisch für Entwicklungsländer (DE HAAN & ZOOMERS 2003; RIGG 2006; ZIMMERER 2007; SCOONES 2009) und zeigt sich auch in anderen Hochgebirgsregionen Südasiens deutlich (z. B.

KREUTZMANN 2006a; BERGMANN et al. 2008). Der Wandel von einer bisher vorwiegend subsistenzorientierten Wirtschaftsweise hin zu einer Diversifizierung von Lebenssicherungsstrategien gilt als wesentlicher Entwicklungstrend in Hochgebirgsregionen. Die Entwicklung hin zu multilokalen Haushalten, welche aktuell in verschiedenen Studien für den Globalen Süden aufgezeigt wird (z. B. SCHMIDT-KALLERT 2012; für Nordpakistan: BENZ 2014), ist bislang wenig beschrieben doch auch in Hochgebirgsregionen wie Ladakh zunehmend charakteristisch. Zusammenfassend ist festzuhalten, dass die diversifizierten Lebenssicherungsstrategien der Bevölkerung neben der landwirtschaftlichen Nutzung, die ein wichtiges Standbein der Ernährungssicherheit bleibt, Erwerbstätigkeiten und Entwicklungsprogramme nicht-lokaler Akteure umfassen (Abb. 49).

## 9.4 ENTWICKLUNGSINTERVENTIONEN STAATLICHER UND NICHT-STAATLICHER AKTEURE

Die Ernährungssicherungsstrategien lokaler Bevölkerungsgruppen können – wie deutlich geworden ist – ohne die Frage nach der Einflussnahme nicht-lokaler Akteure nur unzureichend analysiert werden. Zu den Programmen, die staatliche und nicht-staatliche Organisationen in Ladakh umsetzen, zählen Maßnahmen zur Förderung der landwirtschaftlichen Ressourcennutzung, die Vergabe vergünstigter Nahrungsmittel und ein Ausbau der Gesundheitsversorgungssysteme.

Die Maßnahmen der staatlichen Behörden im landwirtschaftlichen Sektor zielen zum einen auf eine Steigerung des Flächenertrags und zum anderen auf eine Ausweitung der bewässerten Flurflächen. Nach wie vor wird der landwirtschaftlichen Nutzung in Ladakh unter den gegebenen naturräumlichen Bedingungen eine geringe Produktivität und „Rückständigkeit“ attestiert (SINGH 1992; KAUL & KAUL 2004), obwohl dieses Argument bereits in den 1980er Jahren durch Studien widerlegt wurde (CROOK & OSMASTON 1994). Im Unterschied dazu begründen NGOs ihre Aktivitäten im Kontext von Lebenssicherung. Aus nutritiven und ökonomischen Gründen wird von staatlichen und nicht-staatlichen Organisationen die Ausweitung der Hortikultur, insbesondere über die Subventionen von Saatgut und Gewächshäusern, unterstützt. Am Beispiel der Ortschaften Hemis Shukpachan und Igu wird deutlich, dass die Ausweitung des Gemüseanbaus zu einer zunehmenden Nahrungsmittelvielfalt in den Sommermonaten beigetragen hat.

Die Akzeptanz der geförderten Innovationen, wie Düngemitteln, Maschinen und neuem Saatgut variiert in den Beispielsiedlungen. In Bezug auf die Ausweitung des Gemüseanbaus wird deutlich, dass Haushalte hier eine Strategie des „vorsichtigen Experimentierens“ verfolgen, wofür der Austausch über die Innovationen in der Dorfgemeinschaft sehr wichtig ist. Insgesamt wird erkennbar, dass nicht nur der finanzielle Anreiz eine Rolle spielt, sondern auch Überlegungen zur verbesserten Arbeitsorganisation. Es können jedoch nur solche Haushalte partizipieren, die durch ausreichendes Finanzkapitel die Möglichkeit haben, die notwendigen Investitionen zu tätigen. So verzichten beispielsweise einige Haushalte ohne die kostengünstige Vergabe von Plastikfolien auf die Errichtung von Gewächshäusern. Disparitäten innerhalb der Dorfgemeinschaft werden auch durch einen divergierenden Zugang zu Informationen verstärkt.

Staatliche Programme im öffentlichen Gesundheitssektor wie die *National Rural Health Mission* (NRHM) und das *Integrated Child Development Scheme* (ICDS) setzen verschiedene Maßnahmen zum Ausbau der Versorgungsinfrastruktur um, wobei Informationskampagnen und lokale Ansprechpartner in den Dorfgemeinschaften integraler Bestandteil der einzelnen Interventionsprogramme sind. Allerdings ist die Akzeptanz bislang eher gering, da diese Programme gesellschaftliche Besonderheiten (z. B. den Umgang mit Schwangerschaft, die Stigmatisierung von Nahrungsmittelvergabe) nicht oder nur unzureichend berücksichtigen. Hier versuchen einzelne Mitarbeiter kreative Lösungen zu finden, wie beispielsweise die Vergabe von unzubereiteter Nahrung *(dry rations)*.

Den markantesten Einfluss auf die Ernährungssicherungsstrategien und veränderten Konsummuster haben direkte zentralstaatliche Subventionen für Grundnahrungsmittel. Über das zentralstaatliche *Public Distribution System* (PDS) wird nahezu jeder Haushalt in Ladakh erreicht, so dass sich diese Bezugsquelle als fester Bestandteil der Haushaltsversorgung etabliert hat. In diesem Zusammenhang ist eine bedeutsame Verlagerung – von der subsistenz-orientierten Nutzung zu Subventionen – erkennbar. Diese Entwicklung hat sich besonders in den vergangenen zwei Jahrzehnten vollzogen und hat im Gesamtkontext von veränderten Produktions- und Konsummustern zunehmend an Bedeutung gewonnen.

Auf diese Weise haben sich für die lokale Bevölkerung neue Handlungsspielräume eröffnet. Ein Nachteil dabei ist, dass Ladakh jedoch hierdurch von den Lieferungen aus dem Tiefland abhängig ist. Außerdem können die wichtigsten Problemfelder der Ernährung in Ladakh – nämlich Nährstoffdefizite und ihre gesundheitlichen Auswirkungen sowie die ausgeprägte Saisonalität – auf diese Weise nicht gelöst werden. Die Effizienz des PDS im Hinblick auf die längerfristige Ernährungssicherheit in einer Region ist dementsprechend kritisch zu bewerten (vgl. DOROSH 2009). Seine hohe Bedeutung für die Ernährungssicherung lokaler Haushalte birgt wegen der zunehmenden Abhängigkeit von Nahrungsmitteln aus dem Tiefland die Gefahr neuer Verwundbarkeit.

In der Debatte um zukünftige Entwicklungsperspektiven treffen unterschiedliche lokale und externe Vorstellungen von Entwicklung und Modernisierung aufeinander. Im Vordergrund steht dabei das Spannungsfeld zwischen einer auf der regionalen Agrarwirtschaft basierenden Nahrungsmittelautarkie und den neuen Importabhängigkeiten durch die staatlichen Subventionsprogramme. Die Debatte wird im politischen Diskurs mit Fragen einer nachhaltigen Entwicklung und der kulturellen Bedeutung der Landnutzung verbunden, wie das folgende Zitat von Sonam Dawa veranschaulicht:

> „This [social welfare and subsidies] has virtually destroyed such qualities as self-reliance, sustainability and even self-respect; so vital for an area that remains cut-off from other parts of India and the world for many months a year. There is an obvious need to reverse this trend, especially with regard to food and energy, not only to save our pride but also to ensure our very existence" (DAWA 1999: 376).

Aus den Interessen und Machtpositionen resultiert eine spezifische und konfliktbehaftete Akteurskonstellation. Anhand der Beispiele der Interventionen in der Bewässerungswirtschaft und der Hortikultur werden die fehlende Kohärenz der Programme, ebenso wie die fehlende Kooperation zwischen den Akteuren – seien es Entwicklungsbürokratie oder NGOs – deutlich. Teilweise treten Eigeninteressen der Akteure in den Vordergrund, z. B. zur Legitimation der eigenen Arbeit oder zur Verbesserung des Zugangs zu Fördergeldern. Das Durchsetzungsvermögen der einzelnen Akteure ist von den jeweiligen Machtpositionen abhängig, die sich in Fragen der Definitionsmacht über zukünftige Entwicklungspfade und im Einsatz von Fördergeldern widerspiegeln.

Die regionale Entwicklungsagenda *Ladakh Vision 2025* vereint viele der Diskussionslinien und setzt sich zum Ziel, Ladakh zu einer Gebirgsregion mit Modellcharakter zu etablieren. In Anbetracht der Konfliktlinien, mangelnder Kooperation und fehlender Kohärenz zwischen den verschiedenen staatlichen und nichtstaatlichen Akteuren, ist diese Zielsetzung eine enorme Herausforderung. Wie die Bewertung der Arbeit nicht-lokaler Akteure durch die Bevölkerung von Hemis Shukpachan und Igu zeigt, haben die Dorfbewohner nach wie vor hohe Erwartungen. Dies macht einen stärkeren politischen Willen zur Dezentralisierung und auf die Region angepasste Maßnahmen erforderlich. Eine große Herausforderung bleibt die stärkere Einbindung lokaler Bevölkerungsgruppen in partizipative politische Entscheidungsstrukturen, wie sie potentiell durch die Umsetzung des *Panchayati Raj*-Systems erfolgen kann. Innerhalb der Region wurde die fehlende Anpassung zentralstaatlicher Interventionen an die spezifischen Gegebenheiten in der Hochgebirgsregion ebenso wie die ausgeprägten bürokratischen Strukturen als Benachteiligung von lokalen Akteuren und Perspektiven wahrgenommen.

Allerdings ist deutlich geworden, dass die Erwartungen an zunehmende politische Dezentralisierung bislang nicht erfüllt wurden (vgl. VAN BEEK 1999, 2004). Verantwortlich hierfür sind sowohl parallel existierende Strukturen der zentralstaatlichen Entwicklungsbürokratie, NGOs und neuer Gremien, die eng mit Machtfragen zusammen hängen, als auch fehlender politischer Wille der nichtlokalen Akteure. Die Vergabe klarer Zuständigkeiten, eine Stärkung des semiautonomen *Hill Council* sowie die Umsetzung des *Panchayat*-Systems sind an dieser Stelle mögliche Ansatzpunkte.

## 9.5 ERNÄHRUNGSSICHERUNG ALS INTEGRATIVES FORSCHUNGSTHEMA DER GEOGRAPHISCHEN ENTWICKLUNGSFORSCHUNG IM HOCHGEBIRGE

Zusammenfassend ist festzuhalten, dass anhand der Beispiele aus Hemis Shukpachan und Igu einige gemeinsame und grundlegende Trends identifiziert werden konnten, die als charakteristisch für die Siedlungen Ladakhs gelten können (VAN BEEK & PIRIE 2008; DOLLFUS et al. 2009; DAME & MANKELOW 2010). Dies sind die dargestellten Veränderungen in der landwirtschaftlichen Nutzung, die ausgeprägte Diversifizierung der Lebenssicherung der Gebirgsbevölkerung und eine zunehmende Marktanbindung, die mit einer Integration in größere ökonomische Strukturen verbunden sind. Außerdem sind die Einbindung in den Nationalstaat und seine Politiken[4], die Umsetzung externer Entwicklungsinterventionen und ihre Auswirkungen auf die Handlungsweisen der lokalen Bevölkerung kennzeichnend. Diese generellen Entwicklungen sind auch in benachbarten Regionen des Himalaya zu beobachten (NÜSSER 2012). Dies zeigen Fallstudien in nordpakistanischen Hochgebirgsräumen (z.B. HERBERS 1998; NÜSSER 1998, 2008; STÖBER 2001; SCHMIDT 2004) sowie in den zentralen und östlichen Regionen des Himalaya (z. B. BERGMANN et al. 2008 für Kumaon, Indien; AASE & VEETAS 2007 sowie HAFFNER et al. 2003 für Nepal).

Die Forschungsarbeiten zeigen zugleich, dass auf lokaler Ebene diverse Ausprägungen der Lebenssicherungsstrategien existieren, die keine überregionale Generalisierung erlauben. Die Darstellung des Nahrungssystems im Hochgebirge hat auf die wichtigen Dimensionen der Ernährungssicherheit verwiesen und den Bedarf an integrativen Forschungsansätzen aufgezeigt. Für die Erfassung der Vielfältigkeit und die angemessene Berücksichtigung spezifischer Ausprägungen soziokultureller, ökonomischer und politischer Gegebenheiten wie auch der hieraus resultierenden Handlungsmöglichkeiten, sind lokale Fallstudien unabdingbar. Der Einbezug einer historischen Dimension ermöglicht in diesem Zusammenhang ein besseres Verständnis der Veränderung und Kontinuität von Handlungsmustern, Wertvorstellungen und Normen. Nur so kann der facettenreiche sozioökonomische Wandel, der in einem Zusammenspiel beibehaltener, modifizierter und neuer Strategien und Praktiken resultiert, angemessen beleuchtet werden.

Für zukünftige sozialwissenschaftliche und interdisziplinäre Forschungsaktivitäten im Hochgebirge scheint es im Kontext des Globalen Wandels unerlässlich, eine akteursorientierte Mehrebenenperspektive als Zugang zu wählen, die Maßstabsebenen als Interaktionsebenen versteht. Dabei rückt auch die angemessene Beachtung von politischen Akteuren in Verbindung mit lokalen Entscheidungen in den Vordergrund. Eine neue Herausforderung ist die geeignete Berücksichtigung von Multilokalität und translokalen Entwicklungsmustern (ZOOMERS et al. 2011), die auch in Hochgebirgsregionen von steigender Bedeutung sind. Neben der Untersuchung von Akteuren und ihren Handlungsweisen in lokalen Kontexten erhalten Netzwerke und neue Mobilität ein zunehmendes Gewicht.

Für die Operationalisierung des entwickelten Analyserahmens hat sich der gewählte Methodenverbund als geeignet erwiesen. Während für die Darstellung der gegenwärtigen Situation auch quantitative Erhebungen geeignet sind, sind qualitative Methoden für das Verständnis von Handlungslogiken, Bedeutungen und Wertvorstellungen unersetzlich. Die vielschichtigen Facetten der Ernährungssicherung im Hochgebirge – die Handlungsmuster der lokalen Landnutzer, die Bedeutung sozialer Netzwerke und alltäglicher Routinen – lassen sich nur über solche qualitativen Zugänge erschließen. Ihre Verwendung hat im Rahmen der

4 ZIMMERER (2007) bezeichnet nationalstaatliche Politiken und Institutionen und deren Auswirkungen auf Landwirtschaft und Lebenssicherung in ländlichen Regionen als entscheidende Faktoren im Kontext der Globalisierung.

Mehrebenenanalyse wesentlich zum Verständnis der differierenden Interessen sowie der durch sie beeinflussten Handlungsweisen und Interaktionen der Akteure beigetragen.

Eine Einschätzung der Ernährungssituation gestaltet sich in Hochgebirgsregionen häufig problematisch, da relevante Basisdaten nicht verfügbar sind (JENNY & EGAL 2002; KREUTZMANN 2006b). Hier sind methodische Ansätze aus benachbarten Disziplinen geeignet, wie die Nutzung anthropometrischer Indikatoren. Oft ist der Indikator des geringen Geburtsgewichts, das in der Regel in Krankenhausregistern standardmäßig erfasst wird, eine aus praktischer und finanzieller Perspektive realisierbare Herangehensweise. Es ist jedoch wichtig, diese zusätzlich durch Einschätzungen von Experten aus dem Gesundheitssektor zu ergänzen. Um regionale Ergebnisse mit der Situation in Untersuchungsdörfern in Verbindung zu setzen, eignen sich Protokollmethoden und Fragebogenerhebungen zur Ernährungsweise und Nahrungsdiversität.

Innerhalb des Methodenverbundes half der Einsatz verschiedener methodischer Zugänge, den integrativen Anspruch der Arbeit einzulösen. Allerdings erfordert dies einen hohen Aufwand, der häufig in Studien – nicht nur in der Entwicklungsforschung, sondern noch deutlicher in der Entwicklungspraxis – aufgrund von zeitlichen und auch finanziellen Ressourcen nicht gewährleistet werden kann. Für zukünftige Studien sind daher interdisziplinäre Kooperationsprojekte wünschenswert.

# 10 FAZIT UND AUSBLICK

Das Fallbeispiel der nordindischen Himalaya-Region Ladakh hat aus einer integrativen Perspektive der Geographischen Entwicklungsforschung und Mensch-Umwelt-Forschung aktuelle Herausforderungen der Ernährungssicherung im Hochgebirge aufgezeigt. Die Ergebnisse der empirischen Analyse ermöglichen einen abschließenden Ausblick auf zukünftig erforderliche Forschungsaktivitäten sowie mögliche Perspektiven einer nachhaltigen Gebirgspolitik. Die Studie hat das Problem des verborgenen Hungers in der Region aufgezeigt, der in Ladakh auf eine begrenzte Nahrungsmittelvielfalt und saisonale Engpässe zurückzuführen ist. Diese unzureichende Versorgung mit lebenswichtigen Mikronährstoffen hat entscheidende gesundheitliche Auswirkungen zur Folge und ist damit ein grundlegendes Problem der Existenzsicherung.

Die Handlungsstrategien lokaler Akteure zur Ernährungssicherung im Kontext der gegenwärtigen, raschen Veränderungen sind vielfältig gestaltet. Es lässt sich eine Gleichzeitigkeit zwischen bewährten Praktiken und Neuerungen feststellen. Haushalte sichern ihre Ernährung auf Basis eines Nexus von Landwirtschaft, außeragrarischen Erwerbstätigkeiten und externen Entwicklungsprogrammen. Die zunehmende Diversifizierung der Lebenssicherungsstrategien ist nicht nur in Ladakh, sondern auch in anderen südasiatischen Hochgebirgsregionen charakteristisch. Allerdings unterscheiden sich die Handlungsbedingungen und -strategien in ihren Ausprägungen im jeweiligen regionalspezifischen Kontext, weshalb die Übertragung der Ergebnisse regionaler Fallstudien auf die gesamte Himalaya-Region generell problematisch ist.

In der vorliegenden Studie wird deutlich, dass die Landnutzung im Hochgebirge für die haushaltseigene Nahrungsmittelproduktion an Bedeutung verliert. Auch wenn meist keine vollständige Aufgabe der familiären Subsistenzwirtschaft erfolgt, ist zunehmend eine Auflösung der Relation von Eigenproduktion und Verzehrsgewohnheiten erkennbar. Die alltägliche Ernährungsweise wird verstärkt durch veränderte kulturelle Vorstellungen sowie gesellschaftliche Normen und Präferenzen geprägt. Heute verfügt die Mehrheit der Haushalte über monetäre Einkommensquellen, die für die Existenzsicherung unerlässlich geworden sind. Mit der Aufnahme außerlandwirtschaftlicher Erwerbsmöglichkeiten sind Veränderungen der Haushaltsstrukturen, eine Modifizierung der Arbeitsorganisation und neue Mobilitäten verbunden. Die veränderten Handlungsbedingungen eröffnen einerseits neue Chancen, verstärken jedoch andererseits Disparitäten und führen zur Entstehung neuer Risikogruppen. Betroffen sind vor allem diejenigen Menschen, die über geringe finanzielle Mittel verfügen und auf reziproke Arbeitsbeziehungen und soziale Netzwerke angewiesen sind. Zugleich sind die Strategien lokaler Akteure in steigendem Umfang durch Entwicklungsinterventionen nicht-lokaler Akteure, insbesondere des Staates und von NGOs, geprägt. So zeigen beispielsweise Debatten um Nahrungsmittelautarkie, Importabhängigkeiten und zukünftige Entwicklungspfade von Hochgebirgsregionen, dass den Interaktionen von diversen Akteuren mit ihren Interessen und Machtpositionen auf unterschiedlichen räumlichen Bezugsebenen eine entscheidende Bedeutung zukommt.

Die Ergebnisse unterstreichen damit, dass die Einbeziehung von historischen Prozessen und überregionalen politischen und sozioökonomischen Zusammenhängen in Analysekonzepte der Mensch-Umwelt-Forschung eine zentrale Aufgabe aktueller und zukünftiger Forschungsarbeiten ist. Hierbei kommt integrativen Studien und interdisziplinären Projekten, die eine Verbindung von akteursorientierten Ansätzen der Geographischen Entwicklungsforschung und der Mensch-Umwelt-Forschung sowie benachbarter Disziplinen ermöglichen, ein großes Potential zu. Im Kontext von Globalisierung und Globalem Wandel – beispielsweise in der Diskussion um Ernährungssicherung und Anpassung an den Klimawandel – sind solche Herangehensweisen unverzichtbar.

Um eine angepasste Gebirgspolitik und nachhaltige Entwicklung in der Himalaya-Region zu erreichen, ist es auch für die Entwicklungspraxis notwendig, umfassende Kenntnisse lokaler Kontexte zu erlangen. Hierzu erweisen sich Fallstudien als wichtiger Ausgangspunkt. So zeigen die Ergebnisse für Ladakh, dass im landwirtschaftlichen Sektor die Ausweitung des Gemüseanbaus sowohl im Hinblick auf die Ernährung als auch auf die Einkommensgenerierung erste Erfolge erzielt. Dennoch bleiben die Herausforderungen der jahreszeitlichen Engpässe und die Limitierungen der Vorratshaltung bestehen. Die geplante Ausweitung von Lagerungsmöglichkeiten ist ein erster Schritt in die richtige Richtung. Eine geeignete Förderung der Landwirtschaft sollte jedoch nicht nur auf die Steigerung von Produktionsmengen, sondern auch auf qualitative Verbesserungen setzen. Vor dem Hintergrund der vorgestellten Ergebnisse wird deutlich, dass hierfür sowohl ökonomische als auch institutionelle Anreize erforderlich sind. Im Bereich Ernährung und Gesundheit ist neben einem Ausbau der medizinischen Grundversorgung die Vermittlung von Handlungswissen relevant. Zwar ist dies bereits integraler Bestandteil unterschiedlicher Programme, doch zeigt die vorliegende Arbeit, dass solche Maßnahmen nur bei expliziter Berücksichtigung lokaler gesellschaftlicher Zusammenhänge, Werte und Normen sinnvoll sind.

Das Themenfeld der Ernährungssicherung, das an der Schnittstelle von Gesellschaft, Umwelt und Gesundheit angesiedelt ist, erfordert auch aus entwicklungspolitischer Perspektive eine multisektorale Herangehensweise, die über einzelne Maßnahmen hinaus geht. Auf institutioneller Ebene ist die Koordination von unterschiedlichen Akteuren und die Kohärenz von Entwicklungsinterventionen eine unerlässliche Voraussetzung für eine effiziente und nachhaltige Politik. Das Fallbeispiel Ladakh zeigt, wie divergierende Interessen und Machtpositionen klare Zuständigkeiten verhindern und letztlich zu einer Schwächung der politischen Lenkungsmöglichkeiten führen. Um aktuellen Herausforderungen zu begegnen, ist eine stärkere Berücksichtigung lokaler Perspektiven unumgänglich. Im Fall Ladakhs wäre die Stärkung dezentraler Strukturen wie des *Panchayat Raj* und des *Hill Council* ein erster wichtiger Schritt. Nur so kann der Herausforderung der hoch gesteckten Ziele des gemeinsamen Zukunftspapiers *Ladakh Vision 2025* begegnet werden.

Über das Fallbeispiel hinausgehend unterstreichen die Ergebnisse, dass Fragen der Ernährungssicherung auch Fragen der *governance* von Nahrungssystemen sind. Die Berücksichtigung der unterschiedlichen Akteure, Interessen und Machtfragen muss ein zentrales politisches Ziel sein. Sie ist eine grundlegende Voraussetzung, um die Erwartungen und Bedürfnisse der Gebirgsbevölkerung in die entwicklungspraktischen Programme einer Vielzahl von oftmals externen Akteuren zu integrieren.

# LITERATURVERZEICHNIS


Aase, T. & Veetas, O. (2007): Risk Management by Communal Decision in Trans-Himalayan Farming: Manang Valley in Central Nepal. In: Human Ecology 35: 453–460.

Abercrombie, T. J. (1978): Ladakh – The Last Shangri-La. In: National Geographic March 1978: 332–359.

Achenbach, H. (2010): New Findings Concerning the Pleistocene Glaciation of the Leh Basin, Ladakh (34°03′ N/77°38′ E). In: Journal of Mountain Science 7 (4): 367–374.

Adger, W. N. (2006): Vulnerability. In: Global Environmental Change 16 (3): 268–281.

Adhikari, J. & Bohle, H.-G. (1999): Food Crisis in Nepal. How Mountain Farmers Cope. Delhi.

Aggarwal, R. (1994) From Mixed Strains of Barley Grain: Person and Place in a Ladakhi Village. PhD Thesis. Department of Anthropology, Indiana University, Bloomington.

Aggarwal, R. (1995): Shadow Work: Women in the Marketplace in Ladakh, India. In: Anthropology of Work Review 16 (1–2): 33–38.

Aggarwal, R. (2004): Beyond Lines of Control. Performance and Politics on the Disputed Borders of Ladakh, India. Durham, London.

Aggarwal, R. (2007): Once, in Rangdum: Formations of Violence and Peace in Ladakh. In: Basu, A. & Roy, S. (Hg.): Violence and Democracy in India. Calcutta, London, New York: 148–172.

Aggarwal, R. & Bhan, M. (2009): "Disarming Violence": Development, Democracy, and Security on the Borders of India. In: The Journal of Asian Studies 68 (2): 519–542.

Ahmad, Z. (1968): New Light in the Tibet-Ladakh-Mughal War of 1679–1684. In: East and West 18: 340–361.

Ahmed, M. (2002): Living Fabric: Weaving among the Nomads of Ladakh Himalaya. Bangkok.

Ahmed, M. (2004): The Politics of Pashmina: The Changpas of Eastern Ladakh. In: Nomadic Peoples 8 (2): 89–106.

Alexander, A. (2007) Towards a Management Plan for the Old Town of Leh. Berlin.

Alexander, A. & Catanese, A. (2014): Conservation of Leh Old Town. Concepts and Challenges. In: Lo Bue, E. & Bray, J. (2014): Art and Architecture in Ladakh. Cross-Cultural Trnansmissions in the Himalayas and Karakoram. Leiden: 348–363.

Ali, A. (2002): A Siachen Peace Park: The Solution to a Half-Century of International Conflict? In: Mountain Research and Development 22 (4): 316–319.

Angchok, D. & Singh, P. (2006): Traditional Irrigation and Water Distribution System in Ladakh. In: Indian Journal of Traditional Knowledge 5 (3): 397–402.

Archer, D. R. & Fowler, H. J. (2004): Spatial and Temporal Variations in Precipitation in the Upper Indus Basin, Global Teleconnections and Hydrological Implications. In: Hydrology and Earth System Sciences 8 (1): 47–61.

Asboe, W. (1947): Farmers and Farming in Ladakh (Tibetan Kashmir). In: Journal of the Royal Central Asian Society 34 (2): 186–192.

Aslam, M. (1977): Land Reforms in Jammu and Kashmir. In: Social Scientist 6 (4): 59–64.

Attenborough, R., Attenborough, M. & Leeds, A. R. (1994): Nutrition in Stongde. In: Crook, J. & Osmaston, H. (Hg.): Himalayan Buddhist Villages Environment, Resources, Society and Religious Life in Zangskar, Ladakh. Bristol: 383–404.

Baernreuther, S. (2008): Home or Hospital Deliveries. In: Ladakh Studies 23: 12–19.

Ballabh, B., Chaurasia, O. P. & Ahmed, Z. (2007): Herbal Products from High Altitude Plants of Ladakh Himalaya. In: Current Science 92 (12): 1664–1665.

Barlösius, E. (2011): Pierre Bourdieu. 2. Auflage. Frankfurt am Main.

Bebbington, A. (1999): Capitals and Capabilities: A Framework for Analyzing Peasant Viability, Rural Livelihoods and Poverty. In: World Development 27 (12): 2021–2044.

Bebbington, A. (2004): NGOs and Uneven Development: Geographies of Development Intervention. In: Progress in Human Geography 28: 725–745.

Bebbington, A. & Batterbury, S. (2001): Transnational Livelihoods and Landscapes: Political Ecologies of Globalisation. In: Ecumene 8 (4): 369–380.

Becker, E. & Jahn, T. (2003): Umrisse einer kritischen Theorie gesellschaftlicher Naturverhältnisse. In: Böhme, G. & Manzei, A. (Hg.): Kritische Theorie der Technik und der Natur. München: 91–112.

Beckwith, C. I. (1987): The Tibetan Empire in Central Asia: A History of the Struggle for Great Power Among Tibetans, Turks, Arabs, and Chinese during the Early Middle Ages. Princeton.

Bell, M. M. (2008): Shifting Agrifood Systems: a Comment. In: Geoforum 73 (1): 83–85.

Benz, A. (2014): Multilocality as an Asset – Translocal Development and Change among the Wakhi of Gojal, Pakistan. In: Alff, H. & Benz, A. (Hg): Tracing Connections. Explorations of Spaces and Places in Asian Contexts. Berlin: 111–138.

Bergmann, C., Gerwin, M., Nüsser, M. & Sax, W. (2008): Living in a High Mountain Border Region: The Case of the 'Bhotiyas' of the Indo-Chinese Border Region. In: Journal of Mountain Science 5 (3): 209–217.

Berkes, F., Colding, J. & Folke, C. (2003): Navigating Social-ecological Systems: Building Resilience for Complexity and Change. Cambridge.

Besch, F. (2006) Tibetan Medicine Off the Roads: Modernizing the Work of the Amchi in Spiti. PhD Thesis, Fakultät für Verhaltens- und Empirische Kulturwissenschaften, Ruprecht-Karls-Universität Heidelberg, Heidelberg.

Bhambri, R. & Bolch, T. (2009): Glacier Mapping: a Review with Special Reference to the Indian Himalayas. In: Progress in Physical Geography 33 (5): 672–704.

Bhan, M. (2006) Visible Margins. State, Identity, and Development among Brogpas of Ladakh (India). PhD Thesis, Department of Anthropology, Rutgers, The State University of New Jersey, New Brunswick.

Bhasin, V. (1999a): Leh – an Endangered City? In: Anthropologist 1 (1): 1–17.

Bhasin, V. (1999b): Tribals of Ladakh. Ecology, Human Settlements and Health. Delhi.

Bhattacharyya, A. (1991): Ethnobotanical Observations in the Ladakh Region of Northern Jammu and Kashmir State, India. In: Economic Botany 45 (3): 305–308.

Bhutiyani, M. R., Kale, V. S. & Pawar, N. J. (2009): Climate Change and the Precipitation Variations in the Northwestern Himalaya: 1866–2006. In: International Journal of Climatology 30 (4): 535–548.

Biesalski, H. K. (2013): Der verborgene Hunger. Satt sein ist nicht genug. Berlin, Heidelberg.

Biesalski, H. K. & Grimm, P. (2011): Taschenatlas der Ernährung. 5., überarbeitete und erweiterte Auflage. Stuttgart, New York.

Bishop, P. (1989): The Myth of Shangri-La. Tibet, Travel Writing and the Western Creation of Sacred Landscape. London.

Björnsen Gurung, A., Wymann von Dach, S., Price, M. F., Aspinall, R., Balsiger, J., Baron, J. S., Sharma, E., Greenwood, G. & Kohler, T. (2012): Global Change and the World's Mountains – Research Needs and Emerging Themes for Sustainable Development. In: Mountain Research and Development 32 (S1): S47–S54.

Black, R. E., Allen, L. H., Bhutta, Z. A., Caulfield, L. E., de Onis, M., Ezzat, M., Mathers, C. & Rivera, J. (2008): Maternal and Child Undernutrition: Global and Regional Exposures and Health Consequences. In: The Lancet January 17, 2008: 5–22.

Blaikie, P. (1985): Political Economy of Soil Erosion in Developing Countries. London.

Blaikie, P. (1999): A Review of Political Ecology. Issues, Epistemology and Analytical Narratives. In: Zeitschrift für Wirtschaftsgeographie 43 (3–4): 131–147.

Blaikie, P. (2008): Epilogue: Towards a Future for Political Ecology that works. In: Geoforum 39: 765–727.

Blaikie, P. & Brookfield, H. (1987): Land Degradation and Society. London.

Blaikie, P. M. & Muldavin, J. S. S. (2004): Upstream, Downstream, China, India: The Politics of Environment in the Himalayan Region. In: Annals of the Association of American Geographers 94 (3): 520–548.

Blotevogel, H. H. (1999): Sozialgeographischer Paradigmenwechsel? Eine Kritik des Projekts der handlungszentrierten Sozialgeographie von Benno Werlen. In: Meusburger, P. (Hrsg.) Handlungszentrierte Sozialgeographie Benno Werlens Entwurf in kritischer Diskussion. Stuttgart (= Erdkundliches Wissen 130): 1–33.

Bohle, H.-G. (2001a): Bevölkerungsentwicklung und Ernährung. Sind die „Grenzen des Wachstums“ überschritten? In: Geographische Rundschau 53 (2): 18–24.

Bohle, H.-G. (2001b): Neue Ansätze der geographischen Risikoforschung. Ein Analyserahmen zur Bestimmung nachhaltiger Lebenssicherung von Armutsgruppen. In: Die Erde 132 (2): 119–140.

Bohle, H.-G. (2001c): Vulnerability and Criticality: Perspectives from Social Geography. In: IHDP Update 2/2001: 1–7.

Bohle, H.-G. (2005): Soziales oder unsoziales Kapital? Das Konzept von Sozialkapital in der geographischen Verwundbarkeitsforschung. In: Geographische Zeitschrift 93 (2): 65–81.

Bohle, H.-G. (2007): Geographien von Verwundbarkeit. In: Geographische Rundschau 59 (10): 20–25.

Bohle, H.-G. & Adhikari, J. (1998): Rural Livelihoods at Risk. How Nepalese Farmers Cope with Food Insecurity. In: Mountain Research and Development 18 (4): 321–332.

Bohle, H.-G., Downing, T. E. & Watts, M. J. (1994): Climate Change and Social Vulnerability. Toward a Sociology and Geography of Food Insecurity. In: Global Environmental Change 4 (1): 37–48.

Bohle, H.-G. & Glade, T. (2008): Vulnerabilitätskonzepte in den Sozial- und Naturwissenschaften. In: Felgentreff, C. & Glade, T. (Hg.): Naturrisiken und Sozialkatastrophen. Heidelberg: 99–120.

Bourdieu, P. (1979): Entwurf einer Theorie der Praxis auf der ethnologischen Grundlage der kabylischen Gesellschaft. Frankfurt am Main.

Bourdieu, P. (1987): Sozialer Sinn. Kritik der theoretischen Vernunft. Frankfurt am Main.

Bourdieu, P. & Wacquant, L. J. D. (1996 [2006]): Reflexive Anthropologie. Frankfurt am Main.

Brauen, M. (1980): Feste in Ladakh. Graz.

Bray, J. (1991): Ladakhi History and Indian Nationhood. In: South Asia Research 11 (2): 115–133.

Bray, J. (2005): Introduction: Locating Ladakhi History. In: Bray, J. (Hrsg.): Ladakhi Histories Local and Regional Perspectives. Leiden (= Brill's Tibetan Studies Library 9): 1–30.

Bray, J. (2008): Corvée Transport Labour in the 19th and Early 20th Century Ladakh: A Study in Continuity and Change. In: van Beek, M. & Pirie, F. (Hg.): Modern Ladakh Anthropological Perspectives on Continuity and Change. Leiden, Boston (= Brill's Tibetan Studies Library 20): 43–66.

Bray, J. & Gonkatsang, T. D. (2009): Three 19th Century Documents from Tibet and the *lo phyag* Mission from Leh to Lhasa. In: Bray, J. & De Rossi Filibeck, E. (Hg.): Mountains, Monasteries and Mosques Recent Research on Ladakh and the Western Himalayas. Pisa, Roma (= Supplemento N° 2 alla Rivista degli Studi Orientali Nuova Serie 80): 97–116.

Bruce, C. D. (1907): A Journey across Asia from Leh to Peking. In: The Geographical Journal 29 (6): 597–623.

Bryant, R. (1998): Power, Knowledge and Political Ecology in the Third World: A Review. In: Progress in Physical Geography 22 (1): 79–94.

Bryant, R. & Goodman, M. K. (2008): A Pioneering Reputation: Assessing Piers Blaikie's Contributions to Political Ecology. In: Geoforum 39: 708–715.

Bryant, R. L. & Bailey, S. (1997): Third World Political Ecology. London.

Burbank, D. W. & Fort, M. B. (1985): Bedrock Control on Glacial Limits: Examples from the Ladakh and Zanskar Ranges, North-Western Himalaya, India. In: Journal of Glaciology 31 (108): 143–149.

Burchi, F., Fanzo, J. & Frison, E. (2011): The Role of Food and Nutrition System Approaches in Tackling Hidden Hunger. In: International Journal of Environmental Research and Public Health 8: 358–373.

Bürli, M., Aw-Hassan, A. & Rachidi, Y. L. (2008): The Importance of Institutions in Mountainous Regions for Accessing Markets: An Example from the Moroccan High Atlas. In: Mountain Research and Development 28 (4): 233–239.

Cannon, T. (2002): Food Security, Food Systems and Livelihoods: Competing Explanations of Hunger. In: Die Erde 133 (4): 345–362.

Cannon, T. & Müller-Mahn, D. (2010): Vulnerability, Resilience and Development Discourses in Context of Climate Change. In: Natural Hazards 55: 621–635.

Casimir, M. J. (1991): Pastoral Strategies and Balanced Diets: Two Case Studies from South Asia. In: Bohle, H.-G., Cannon, T., Hugo, G. & Ibrahim, F. N. (Hg.): Famine and Food Security in Africa and Asia Indigenous Response and External Intervention to Avoid Hunger. Bayreuth (= Bayreuther Geowissenschaftliche Arbeiten 15): 115–126.

Casimir, M. J. (2003): Pastoral Nomadism in a West-Himalayan Valley: Sustainibility and Herd Management. In: Rao, A. & Casimir, M. J. (Hg.): Nomadism in South Asia. New Delhi: 81–103.

Census of India (1901) [1903]: Volume XXIII, Kashmir. Lahore.

Census of India (1911) [1912]: Volume XX. Kashmir. Lucknow.

Census of India (1921) [1923]: Volume XXII, Kashmir. Lahore.

Census of India (1931) [1933]: Volume XXIV. Jammu & Kashmir State. Jammu.

Census of India (1941) [1943]: Volume XXII. Jammu and Kashmir. Jammu.

Census of India (1961) [1967]: Jammu & Kashmir District Census Handbook 4. Ladakh District. New Delhi.

Census of India (1971) [1974]: Series 8. District Census Handbook. Jammu and Kashmir. New Delhi.

Census of India (1981) [1982]: Series 8. Jammu and Kashmir. Delhi.

Census of India (2001) [2009]: Final population totals. Series 2, Jammu and Kashmir. Chandigarh.

Census of India (2011): Provisorial population totals. abgerufen unter: http://www.census2011.co.in/census/district/621-leh.html, letzter Zugriff 01.08.2011.

Chambers, R. (1989): Editorial Introduction: Vulnerability, Coping and Policy. In: IDS Bulletin 20 (2): 1–7.

Chambers, R. (1994): The Origins and Practice of Participatory Rural Appraisal. In: World Development 22 (7): 953–969.

Chambers, R. & Conway, G. (1992): Sustainable Rural Livelihoods: Practical Concepts for the 21st Century. Brighton (= IDS Discussion Paper 296).

Chaurasia, O. P., Ahmed, Z. & Ballabh, B. (2007): Ethnobotany and Plants of Trans-Himalaya. Delhi.

Corfield, R. I. & Searle, M. P. (2000): Crustal Shortening Estimates Across the North Indian Continental Margin, Ladakh, NW India. In: Khan, M. A., Treloar, P. J., Searle, M. P. & Jan, M. Q. (Hg.): Tectonics of the Nanga Parbat Syntaxis and the Western Himalaya. London (= Geological Society Special Publication 170): 395–410.

Corfield, R. I., Searle, M. P. & Pedersen, R. B. (2001): Tectonic Setting, Origin, and Obduction History of the Spontang Ophiolite, Ladakh Himalaya, NW India. In: The Journal of Geology 109: 715–736.

Corfield, R. I., Watts, A. B. & Searle, M. P. (2005): Subsidence History of the North Indian Continental Margin, Zanskar-Ladakh Himalaya, NW India. In: Journal of the Geological Society, London 162: 135–146.

Crook, J. & Osmaston, H. (Hg.) (1994): Himalayan Buddhist Villages. Environment, Resources, Society and Religious Life in Zangskar, Ladakh. Bristol.

Cunningham, A. (1848): Memorandum by Capt. A. Cunningham, Detailing the Boundary between the Territories of Maharaja Guláb Singh and British India, as Determined by the Commissioners, P.A. Vans Agnew, Esq. and Capt. A. Cunningham, of Engineers. In: Journal of the Asiatic Society of Bengal 17 (1): 295–297.

Cunningham, A. (1854 [2006]): Ladák. Physical, Statistical and Historical with Notices of the Surrounding Countries. Srinagar.

Cvejic, E., Ades, S., Flexer, W. & Gray-Donald, K. (1997): Breastfeeding Practices and Nutritional Status of Children at High Altitude in Ladakh. In: Journal of Tropical Pediatrics 43: 376.

Dame, J. (2009): Barley and Potato Chips: New Actors in the Agricultural Production of Ladakh. In: Ladakh Studies 24 (June 2009): 15–24.

Dame, J. (2010): Torrential Rain and Flash Floods in Ladakh, August 2010 (Report). In: Ladakh Studies 26 (November 2010): 39–44.

Dame, J. (2012): Zwischen Subsistenz und Subventionen. Ernährungs- und Lebenssicherung in Ladakh. In: Geographische Rundschau 64 (4): 16–22.

Dame, J. & Mankelow, J. S. (2010): Stongde Revisited: Land-use Change in Central Zangskar. In: Erdkunde 64 (4): 355–370.

Dame, J. & Nüsser, M. (2008): Development Paths and Perspectives in Ladakh, India. In: Geographische Rundschau – International Edition 4 (4): 20–27 & supplement.

Dame, J. & Nüsser, M. (2011): Food Security in High Mountain Regions: Agricultural Production and the Impact of Food Subsidies in Ladakh, Northern India. In: Food Security 3 (2): 179–194.

Datta, C. L. (1973): Ladakh and Western Himalayan Politics: 1819–1848. New Delhi.

Dawa, S. (1999): Economic Development of Ladakh: Need for a New Strategy. In: Beek, M. v., Bertelsen, K. B. & Pedersen, P. (Hg.): Ladakh: Culture, History, and Development between Himalaya and Karakoram. Aarhus (= Recent Research on Ladakh 8): 369–378.

Day, S. (1989): Embodying Spirits, Village Oracle and Possession Ritual in Ladakh. PhD thesis, Department of Anthropology, Goldsmith College. London.

de Haan, L. & Zoomers, A. (2003): Development Geography at the Crossroads of Livelihood and Globalisation. In: Tijdschrift voor Economische en Sociale Geografie 94 (3): 350–362.

de Haan, L. J. & Zoomers, A. (2005): Exploring the Frontier of Livelihood Research. In: Development and Change 36 (1): 27–47.

de Haan, L. (2012). The livelihood approach: a critical exploration. In: Erdkunde 66 (4): 345-357.

Debarbieux, B. & Price, M. F. (2008): Representing Mountains: From Local and National to Global Common Good. In: Geopolitics 13 (1): 148–168.

Deen Darokhan, M. (1999): The Development of Ecological Agriculture in Ladakh and Strategies for Sustainable Development. In: Beek, M. v., Bertelsen, K. B. & Pedersen, P. (Hg.): Ladakh: Culture, History, and Development between Himalaya and Karakoram. Aarhus (= Recent Research on Ladakh 8): 78–91.

Deffner, V. & Haferburg, C. (2014): Bourdieus Theorie der Praxis als alternative Perspektive für die „Geographische Entwicklungsforschung". In: Geographica Helvetica, 69 (1): 7–18.

Deffner, V., Haferburg, C., Sakdapolrak, P., Eichholz, M., Etzold, B., & Michel, B. (2014): Relational Denken, Ungleichheiten reflektieren. Bourdieus Theorie der Praxis in der deutschsprachigen Geographischen Entwicklungsforschung. (Editorial). In: Geographica Helvetica, 69 (1): 3–6.

Demenge, J. (2009): In the Shadow of Zangskar: The Life of a Nepali Migrant. In: Ladakh Studies 24 (June 2009): 4–14.

Dev, S. M., Ravi, C., Viswanathan, B., Gulati, A. & Ramachander, S. (2004): Economic Liberalisation, Targeted Programmes and Household Food Security: a Case Study from India. Washington DC (= IFPRI MTID Discussion Paper 68).

Devereux, S. (2001): Sen's Entitlement Approach: Critiques and Counter-critiques. In: Oxford Development Studies 29 (3): 245–263.

DFID [Department for International Development] (1999): Sustainable Livelihoods Guidance Sheets. London.

Dickoré, W. B. (1995): Systematische Revision und chorologische Analyse der Monocotyledoneae des Karakorum (Zentralasien, West-Tibet) (= Flora Karakorumensis. I. Angiospermae, Monocotyledoneae). Göttingen (= Stapfia 39).

Dickoré, W. B. & Miehe, G. (2002): Cold Spots in the Highest Mountains of the World – Diversity Patterns and Gradients in the Flora of the Karakorum. In: Körner, C. & Spehn, E. (Hg.): Mountain Biodiversity A Global Assessment. London: 129–147.

Didero, M. & Pfaffenbach, C. (2014): Multilokalität und Translokalität. Konzepte und Perspektiven eines Forschungsfeldes. In: Geographische Rundschau 66 (11): 4–9.

Dittmann, A. & Ehlers, E. (2004): Montane Milieus: Verkehrserschließung und Siedlungsentwicklung unter besonderer Berücksichtigung des Karakorum Highway/Pakistan. In: Gamerith, W., Messerli, P., Meusburger, P. & Wanner, H. (Hg.): Alpenwelt – Gebirgswelten: Inseln, Brücken, Grenzen Tagungsbericht und wissenschaftliche Abhandlungen, 54. Deutscher Geographentag, Bern 2003, 28. September bis 4. Oktober 2003. Heidelberg, Bern: 289–297.

Dittrich, C. (1995): Ernährungssicherung und Entwicklung in Nordpakistan. Saarbrücken (= Freiburger Studien zur Entwicklungsforschung 11).

Dittrich, C. (1997): High-Mountain Food Systems in Transition – Food Security, Social Vulnerability and Development in Northern Pakistan. In: Stellrecht, I. & Winiger, M. (Hg.): Perspectives on History and Change in the Karakorum, Hindukush and Himalayas. Köln (= Culture Area Karakorum Scientific Studies 3): 231–354.

Dittrich, C. (2010): Nahrungskrise und Ernährungssicherung im Superschwellenland Indien. In: Geographische Rundschau 62 (12): 12–18.

Dollfus, P. (1989a): Le chang ou bière d'alliance In: Cahier de sociologie économique et culturelle – Ethnopsychologie 12: 81–89.

Dollfus, P. (1989b): Lieu de neige et de genévriers. Paris.

Dollfus, P. (1997): La ville de Leh au XIXème siècle : une oasis au carrefour de l'Inde, du Tibet et de l'Asie centrale. In: Dodin, T. & Räther, H. (Hg.): Recent Research on Ladakh 7 Proceedings of the 7th Colloquium of the International Association for Ladakh Studies held in Bonn/Sankt Augustin, 12–15 June 1995. Ulm (= Ulmer Kulturanthropologische Schriften 9): 135–168.

Dollfus, P. & Labbal, V. (2003a): Incursion toponomique au coeur de deux territoires villageois du Ladakh. In: Smadja, J. (Hrsg.) Histoire et devenir des paysages en Himalaya Représentations des milieux et gestion des ressources au Népal et au Ladakh. Paris: 237–257.

Dollfus, P. & Labbal, V. (2003b): Les composantes du paysage ladakhi. In: Smadja, J. (Hrsg.) Histoire et devenir des paysages en Himalaya Représentations des milieux et gestion des ressources au Népal et au Ladakh. Paris: 91–112.

Dollfus, P., Lecomte-Tilouine, M. & Aubriot, O. (2009): Agriculture in the Himalayas: a Historical Sketch. In Smadja, J. (Hrsg.). Reading Himalayan Landscapes over Time. Environmental Perceptions, Knowledge and Practice in Nepal and Ladakh. Pondichéry (= Institut Français de Pondichéry/Centre National de la Recherche Scientifique Collection Sciences Sociales 14): 279–323.

Donden, Y. (1986): Health through Balance. An Introduction to Tibetan Medicine. Edited and Translated by Jeffrey Hopkins. Ithaca (New York).

Dörfler, T., Graefe, O. & Müller-Mahn, D. (2003): Habitus und Feld. Anregungen für eine Neuorientierung der geographischen Entwicklungsforschung auf der Grundlage von Bourdieus 'Theorie der Praxis'. In: Geographica Helvetica 58 (1): 11–23.

Dorosh, P. A. (2009): Price Stabilization, International Trade and National Cereal Stocks: World Price Shocks and Policy Response in South Asia. In: Food Security 1: 137–149.

Dortch, J. M., Owen, L. A., Haneberg, W. C., Caffee, M. W., Dietsch, C. & Kamp, U. (2009): Nature and Timing of Large Landslides in the Himalaya and Transhimalaya of Northern India. In: Quaternary Science Reviews 28: 1037–1054.

Drew, F. (1875 [1976]): The Jummoo and Kashmir Territories: a Geographical Account. London [Graz].

Dutta, A. & Kumar, J. (1997): Impact of Sex and Family Size on the Nutritional Status of Hill Children of Uttar Pradesh. In: The Indian Journal of Nutrition and Dietetics 31: 121–126.

Dutta, A. & Pant, K. (2003): The Nutritional Status of Indigenous People in the Garwhal Himalayas, India. In: Mountain Research and Development 23: 278–283.

Ebermann, R. & Elmadfa, I. (2011): Lehrbuch Lebensmittelchemie und Ernährung. New York.

Ehlers, E. (1984): Bevölkerungsspielraum – Nahrungsspielraum – Siedlungsgrenzen der Erde. Frankfurt am Main.

Ehlers, E. & Kreutzmann, H. (2000a): High Mountain Ecology and Economy: Potential and Constraints. In: Ehlers, E. & Kreutzmann, H. (Hg.): High Mountain Pastoralism in Northern Pakistan. Stuttgart (= Erdkundliches Wissen 132): 9–36.

Ehlers, E. & Kreutzmann, H. (Hg.) (2000b): High Mountain Pastoralism in Northern Pakistan. Stuttgart (= Erdkundliches Wissen 132).

Ehlers, E. & Leser, H. (2002): Geographie heute – für die Welt von morgen. Eine Einführung. In: Ehlers, E. & Leser, H. (Hg.): Geographie heute – für die Welt von morgen. Gotha: 9–18.

Ellis, F. (1998): Household Strategies and Rural Livelihood Diversification. In: The Journal of Development Studies 35 (1): 1–38.

Emmer, G. (2006): Ladakh als Mitte und als Rand: Zum Wandel kultureller und historischer Kontexte. In: Gingrich, A. & Hazot, G. (Hg.): Der Rand und die Mitte Beiträge zur Sozialanthropologie und Kulturgeschichte Tibets und des Himalaya. Wien (= Veröffentlichungen zur Sozialanthropologie 9, Reihe Forschungsschwerpunkt lokale Identitäten und überlokale Einflüsse III): 103–134.

Erdmann, F. (1983): Social Stratification in Ladakh: Upper Estates and Low-castes. In: Kantowsky, D. & Sander, R. (Hg.): Recent Research on Ladakh. History, Culture, Society, Ecology. München, Köln, London: 139–165.

Ericksen, P. (2008): Conceptualizing Food Systems for Global Environmental Change Research. In: Global Environmental Change 18 (1): 234–245.

Ericksen, P., Ingram, J. & Liverman, D. (2009): Food Security and Global Environmental Change: Emerging Challenges. In: Environmental Science and Policy 12: 373–377.

Ericksen, P., Bohle, H.-G. & Stewart, B. (2010a): Vulnerability and Resilience of Food Systems. In: Ingram, J., Ericksen, P. & Liverman, D. (Hg.): Food Security and Global Environmental Change. London, Washington DC: 67–77.

Ericksen, P., Stewart, B., Dixon, J., Barling, D., Loring, P., Anderson, M. & Ingram, J. (2010b): The Value of a Food System Approach. In: Ingram, J., Ericksen, P. & Liverman, D. (Hg.): Food Security and Global Environmental Change. London, Washington DC: 25–45.

Escobar, A. (1996): Constructing Nature. Elements for a Poststructural Political Ecology. In: Peet, R. & Watts, M. (Hg.): Liberation Ecologies: Environment, Development, and Social Movements. London, New York: 33–45.

Etzold, B. (2013): The Politics of Street Food. Contested Governance and Vulnerabilities in Dhaka's Field of Street Vending. Stuttgart (= Megacities and Global Change 13).

Faber, M., Schwabe, C. & Drimie, S. (2009): Dietary Diversity in Relation to Other Household Food Security Indicators. In: International Journal of Food Safety, Nutrition and Public Health 2 (1): 1–15.

FAO (Food and Agriculture Organisation of the United Nations) (1996): Food: A Fundamental Human Right. Rome.

FAO (Food and Agriculture Organisation of the United Nations) (2009) More People than Ever Are Victims of Hunger. Online press release June 2009. Abrufbar unter: www.fao.org/fileadmin/user_upload/newsroom/docs/pressreleasejune_en.pdf

Fewkes, J. H. (2009): Trade and Contemporary Society Along the Silk Road. An Ethno-History of Ladakh. London, New York.

Fewkes, J. H. & Khan, A. N. (2005): Social Networks and Transnational Trade in Early 20th Century Ladakh. In: Bray, J. (Hrsg.): Ladakhi Histories Local and Regional Perspectives. Leiden, Boston (= Brill's Tibetan Library 9): 321–334.

Finckh, E. (1975): Grundlagen tibetischer Heilkunde. Nach dem Buche *rGyud bzi*. Band 1. Uelzen.

Finckh, E. (1985): Grundlagen tibetischer Heilkunde. Nach dem Buche *rGyud bzi*. Band 2. Uelzen.

Finnis, E. (2007): The Political Ecology of Dietary Transitions: Changing Production and Consumption Patterns in the Kolli Hills, India. In: Agriculture and Human Values 24: 343–353.

Flick, U. (2010): Qualitative Sozialforschung (3. vollständig überarbeitete Auflage). Reinbek bei Hamburg.

Flick, U. (2011): Triangulation. Eine Einführung (3. aktualisierte Auflage). Wiesbaden.

Flitner, M. (2003): Kulturelle Wende in der Umweltforschung? Aussichten in Humanökologie, Kulturökologie und Politischer Ökologie. In: Gebhardt, H., Reuber, P. & Wolkersdorfer, G. (Hg.): Kulturgeographie Aktuelle Ansätze und Entwicklungen. Heidelberg, Berlin: 215–230.

Forsyth, T. & Michaud, J. (2011): Rethinking the Relationships between Livelihods and Ethnicity in Highland China, Vietnam, and Laos. In: Michaud, J. & Forsyth, T. (Hg.): Moving Mountains Ethnicity and Livelihoods in Highland China, Vietnam, and Laos. Vancouver: 1–27.

Fort, M. (1982): Geomorphological Observations in the Ladakh Area (Himalayas): Quaternary Evolution and Present Dynamics. In: Gupta, V. J. (Hrsg.) Contributions to Himalayan Geology, Volume 2. Delhi: 39–58.

Fowler, H. J. & Archer, D. R. (2006): Conflicting Signals of Climatic Change in the Upper Indus Basin. In: Journal of Climate 19: 4276–4293.

Francke, A. H. (1907): A History of Western Tibet: One of the Unknown Empires. London.

Francke, A. H. (1926): Antiquities of Western Tibet. The Chronicles of Ladakh and Minor Chronicles. Calcutta.

Freiberger, O. & Kleine, C. (2011): Buddhismus. Handbuch und kritische Einführung. Göttingen.

Friedl, W. (1984): Die Kultur Ladakhs erstellt anhand der Berichte und Publikationen der Herrnhuter Missionare aus der Zeit von 1853–1914. Ein Beitrag zur historischen Ethnographie des westlichen Himalaya. Dissertation, Grund- und Integrativwissenschaftliche Fakultät, Universität Wien. Wien.

Fröhlich, G. & Rehbein, B. (Hg.) (2009): Bourdieu-Handbuch. Leben-Werk-Wirkung. Stuttgart, Weimar.

Fröhlich, G., Rehbein, B. & Schneickert, C. (2009): Kritik und blinde Flecken. In: Fröhlich, G. & Rehbein, B. (Hg.) (2009): Bourdieu-Handbuch. Leben-Werk-Wirkung. Stuttgart, Weimar: 401–407.

Funnell, D. C. & Price, M. F. (2003): Mountain Geography: a Review. In: The Geographical Journal 169 (3): 183–190.

Gazetteer of Káshmir and Ládak (1890): Gazetteer of Kashmir and Ládak: Together with Routes in the Territories of the Maharája of Jamú and Káshmir. Compiled (for Political and Military Reference) under the Jurisdiction of the Quarter Master General in India in the Intelligance Branch. Calcutta.

Geist, H. (1993): Wie tragfähig ist das Tragfähigkeitstheorem? In: Massarrat, M., Sommer, B., Széll, G. & Wenzel, H.-J. (Hg.): Die Dritte Welt und Wir Bilanz und Perspektiven für Wissenschaft und Praxis. Freiburg: 191–202.

Geneletti, D. & Dawa, D. (2009): Environmental Impact Assessment of Mountain Tourism in Developing Countries. A study in Ladakh, Indian Himalaya. In: Environmental Impact Assessment Review 29: 229–242.

Gerster-Bentaya, M. (2009): Instruments for the Assessment and Analysis of the Food and Nutrition Security Situation at Micro and Meso Level. In: Klennert, K. (Hrsg.) Achieving Food and Nutrition Security A Training Course Reader. Third Updated Edition. Feldafing: 111–136.

Ghani Sheik, A. (1998): Ladakh and Baltistan through the Ages. In: Stellrecht, I. (Hrsg.): Karakorum-Hindukush-Himalaya. Köln (= Culture Area Karakorum Scientific Studies 4 II): 337–349.

Ghani Sheik, A. (1999): Economic Conditions in Ladakh during the Dogra Period. In: Beek, M. v., Bertelsen, K. B. & Pedersen, P. (Hg.): Ladakh: Culture, History, and Development between Himalaya and Karakoram. Aarhus (= Recent Research on Ladakh 8): 339–349.

Ghani Sheik, A. (2007): Ladakh and its Neighbours. Past and Present. In: Bray, J. & Tsering Shakspo, N. (Hg.): Recent Research on Ladakh 2007. Leh: 11–24.

Ghani Sheik, A. (2010): Reflections on Ladakh, Tibet and Central Asia. New Delhi.

Ghosal, S. (2006): The Great Political Debate. In: Ladags Melong August 2006: 26–27.

Giddens, A. (1997): Die Konstitution der Gesellschaft. Grundzüge einer Theorie der Gesellschaft. Frankfurt am Main.

GJK [Government of Jammu and Kashmir] (2007): National Rural Health Mission. District Health Action Plan Leh. Leh.

Godwin-Austen, H. H. (1884): The Mountain Systems of the Himalaya and Neighbouring Ranges in India. In: Proceedings of the Royal Geographical Society and Monthly Record of Geography 6 (2): 83–87 (& maps).

GoI/IMD [Government of India/ India Meteorological Department] (1967): Climatological Tables of Observatories in India (1931–1960). New Delhi.

GoI/MLJCA [Government of India/ Ministry of Law, Justice and Company Affairs] (1995): The Ladakh Autonomous Hill Development Councils Act 1995. New Delhi.

Gonzales, G. F. & Salirrosas, A. (2005): Arterial Oxygen Saturation in Healthy Newborns Delivered at Term in Cerro de Pasco (4340 m) and Lima (150 m). In: Reproductive Biology and Endocrinology 3 (46): doi:10.1186/1477-7827-1183-.

Goodall, S. K. (2004): Rural-to-urban Migration and Urbanization in Leh, Ladakh. In: Mountain Research and Development 24 (3): 220–227.

Graefe, O. & Hassler, M. (2006): Aktuelle Ansätze einer Relationalen Humangeographie in Entwicklungsländern – Einführung zum Themenheft. In: Geographica Helvetica 61 (1): 2–3.

Gregory, P. J., Ingram, J. & Brklacich, M. (2005): Climate Change and Food Security. In: Philosophical Transactions of the Royal Society B 360: 2139–2148.

Greiner, C. & Sakdapolrak, P. (2013): Translocality: Concepts, Applications and Emerging Research Themes. In: Geography Compass 7/5: 373–384.

Grist, N. (1985): Ladakh, a Trading State. In: Dendaletche, C. & Kaplanian, P. (Hg.): Ladakh, Himalaya Occidental: Ethnologie, Écologie. Recent Research on Ladakh 2. Pau (= Acta Biologica Montana 5): 91–103.

Grist, N. (1990): Land Tax, Labour and Household Organisation in Ladakh. In: Icke-Schwalbe, L. & Meier, G. (Hg.): Wissenschaftsgeschichte und gegenwärtige Forschungen in Nordwest-Indien. Internationales Kolloquium vom 9 bis 13 März 1987 in Herrnhut. Dresden (= Dresdner Tagungsberichte 2): 129–140.

Grist, N. (2008): Urbanisation in Kargil and its Effects in the Suru Valley. In: van Beek, M. & Pirie, F. (Hg.): Modern Ladakh Anthropological Perspectives on Continuity and Change. Leiden, Boston (= Brill's Tibetan Studies Library 20): 79–100.

Grötzbach, E. (1973): Formen bäuerlicher Wirtschaft an der Obergrenze der Dauersiedlung im afghanischen Hindukush. In: Rathjens, C., Troll, C. & Uhlig, H. (Hg.): Vergleichende Kulturgeographie der Hochgebirge des südlichen Asien. Wiesbaden (= Erdwissenschaftliche Forschung 5): 52–61.

Gupta, A. (2001): Governing Population. The Integrated Child Development Services Program in India. In: Hansen, T. B. & Stepputat, F. (Hg.): States of Imagination Ethnographic Explorations of the Postcolonial State. Durham, London: 65–96.

Gutschow, K. (1998): Hydrologic in the Western Himalaya: Several Case Studies From Zangskar. In: Stellrecht, I. (Hrsg.): Karakorum-Hindukush-Himalaya: Dynamics of Change. Köln (= Culture Area Karakorum Scientific Studies 4/I): 443–473.

Gutschow, K. (2004): Being a Buddhist Nun. The Struggle for Enlightenment in the Himalayas. Cambridge, Massachusetts.

Gutschow, K. (2006): The Politics of being Buddhist in Zangskar: Partition and Today. In: India Review 5 (3–4): 470–498.

Gutschow, K. (2011): From Home to Hospital: the Extension of Obstetrics in Ladakh. In: Adams, V., Schrempf, M. & Craig, S. R. (Hg.): Medicine between Science and Religion Explorations on Tibetan Grounds. New York, Oxford: 185–213.

Gutschow, K. & Gutschow, N. (2003): A Landscape Dissolved. Households, Fields, and Irrigation in Rinam, Northwest India. In: Gutschow, N., Michaels, A., Ramble, C. & Steinkellner, E. (Hg.): Sacred Landscape of the Himalaya. Vienna: 111–136.

Gutschow, K. & Mankelow, J. S. (2001): Dry Winters, Dry Summers: Water Shortages in Zangskar. In: Ladakh Studies 15: 28–32.

Haeberli, W., Hoelzle, M., Paul, F. & Zemp, M. (2007): Integrated Monitoring of Mountain Glaciers as Key Indicators of Global Climate Change: the European Alps. In: Annals of Glaciology 46: 150–160.

Haffner, W., Benachib, H., Brock, C., Gerique-Zipfel, A., Merl, K., Morkel, S., Park, M., Pohle, P., Titz, A. & Werning, K. (2003): Sustainable Livelihood in Southern Mustang District. In: Domrös, M. (Hrsg.) Translating Development The Case of Nepal. New Delhi: 282–312.

Hartmann, H. (1983): Pflanzengesellschaften entlang der Kashmirroute in Ladakh. In: Jahrbuch Verein zum Schutz der Bergwelt 48: 131–173.

Hartmann, H. (1987): Pflanzengesellschaften trockener Standorte aus der subalpinen und alpinen Stufe im südlichen und östlichen Ladakh. In: Candollea 42: 277–326.

Hartmann, H. (1990): Pflanzengesellschaften aus der alpinen Stufe des westlichen, südlichen und östlichen Ladakh mit besonderer Berücksichtigung der rasenbildenden Gesellschaften. In: Candollea 45: 525–574.

Hartmann, H. (1995): Beitrag zur Kenntnis der subalpinen Wüsten-Vegetation im Einzugsgebiet des Indus von Ladakh (Indien). In: Candollea 50: 367–410.

Hartmann, H. (1997): Zur Flora und Vegetation der Halbwüsten, Steppen und Rasengesellschaften im südöstlichen Ladakh (Indien). In: Jahrbuch Verein zum Schutz der Bergwelt 62: 129–188.

Hartmann, H. (1999): Studien zur Flora und Vegetation im östlichen Transhimalaya von Ladakh (Indien). In: Candollea 54: 171–230.

Hartmann, H. (2009): A Summarizing Report on the Phytosociological and Floristical Explorations (1976–1997) in Ladakh (India). Küsnacht.

Hay, K. E. (1999): Gender, Modernisation, and Change in Ladakh. In: Beek, M. v., Bertelsen, K. B. & Pedersen, P. (Hg.): Ladakh: Culture, History, and Development between Himalaya and Karakoram. Aarhus (= Recent Research on Ladakh 8): 174–194.

Hayward, G. W. (1870): Journey from Leh to Yarkand and Kashgar, and Exploration of the Sources of the Yarkand River. In: Journal of the Royal Geographical Society of London 40: 33–166.

Hedin, S. (1903): Im Herzen von Asien. Zehntausend Kilometer auf unbekannten Pfaden. Zweiter Band. Leipzig.

Helfferich, C. (2005): Die Qualität qualitativer Daten. Ein Manual für die Durchführung qualitativer Interviews. 2. Auflage. Wiesbaden.

Hepe, B. (2009): Religion im Beziehungsgefüge von Mensch und Umwelt. Eine handlungsorientierte Studie über Sapi, ein buddhistisch-muslimisches Dorf in Ladakh. Unveröffentlichte Magisterarbeit, Südasien-Institut, Universität Heidelberg. Heidelberg.

Herbers, H. (1998): Arbeit und Ernährung in Yasin. Aspekte des Produktions-Reproduktions-Zusammenhangs in einem Hochgebirgstal Nordpakistans. Stuttgart (= Erdkundliches Wissen 123).

Herbers, H. (2002): Ernährungs- und Existenzsicherung im Hochgebirge: der Haushalt und seine *livelihood strategies* – mit Beispielen aus Innerasien. In: Petermanns Geographische Mitteilungen 146: 78–87.

Herbers, H. (2006): Handlungsmacht und Handlungsvermögen im Transformationsprozess. Schlussfolgerungen aus der Privatisierung der Landwirtschaft in Tadschikistan. In: Geographica Helvetica 61 (1): 13–20.

Herdick, R. (1999): Yangthang in West Ladakh: an Analysis of the Economic and Sociocultural Structure of a Village and Its Relation with Its Monastery. In: Beek, M. v., Bertelsen, K. B. & Pedersen, P. (Hg.): Ladakh: Culture, History, and Development between Himalaya and Karakoram (= Recent Research on Ladakh 8). Aarhus: 195–221.

Hewitt, K. (2005): The Karakoram Anomaly? Glacier Expansion and the 'Elevation Effect', Karakoram Himalaya. In: Mountain Research and Development 25 (4): 332–340.

Hewitt, K. (2010): Gifts and Perils of Landslides. Catastrophic Rockslides and Related Landscape Developments are an Integral Part of Human Settlement along Upper Indus Streams. In: Amercian Scientist 98: 410–419.

Hoddinott, J. & Yohannes, Y. (2002): Dietary Diversity as a Food Security Indicator. IFPRI, FCND Discussion Paper 136. Washington DC.

Hopf, C. (2010): Qualitative Interviews. In: Flick, U., Kardorff, E. v. & Steinke, I. (Hg.): Qualitative Sozialforschung – ein Handbuch. Reinbek: 335–349.

Howard, N. (1995): Military Aspects of the Dogra Conquest of Ladakh, 1834–1839. In: Osmaston, H. & Denwood, P. (Hg.): Recent Research on Ladakh 4 & 5. London: 349–361.

Howard, N. (2005): The Development of the Boundary between the State of Jammu & Kashmir and British India, and its Representation on Maps of the Lingti Plain. In: Bray, J. (Hrsg.): Ladakhi Histories Local and Regional Perspectives. Leiden, Boston (= Brill's Tibetan Studies Library 9): 217–234.

Howitt, R. & Stevens, S. (2005): Cross-Cultural Research: Ethics, Methods, and Relationships. In: Hay, I. (Hrsg.) Qualitative Research Methods in Human Geography. Oxford, New York: 30–50.

Huch, R. & Jürgens, K. D. (Hg.) (2007): Mensch – Körper – Krankheit: Anatomie, Physiologie, Krankheitsbilder, München.

Huddleston, B., Ataman, E., de Salvo, P., Zanetti, M., Bloise, M., Bel, J., Franceschini, G. & Fè d'Ostiani, L. (2003): Towards a GIS-based Analysis of Mountain Environments and Populations. FAO Environment and Natural Resources Working Paper 10. Rom.

Huttenback, R. A. (1995): Kashmir and the "Great Game" in the Pamirs, 1860–1880. In: Long, R. D. (Hrsg.) The Man on the Spot Essays on British Empire History. Westport, London (= Contributions on Comparative Colonial Studies 31): 141–159.

ICDS [Integrated Child Development Scheme] (2009): Evaluation Report on Integrated Child Development Scheme (ICDS) Jammu & Kashmir. Jammu.

Ingram, J. & Brklacich, M. (2002): Global Environmental Change and Food Systems – GECAFS: A New Interdisciplinary Research Project. In: Die Erde 133: 427–435.

Ingram, J., Ericksen, P. & Liverman, D. (Hg.) (2010): Food Security and Global Environmental Change. London, Washington DC.

Ispahani, M. Z. (1989): Roads and Rivals. The Politics of Access in the Borderlands of Asia. London.

J & K Tourism (2002): Ladakh. The Land of Endless Discovery. Kolkata.

Jahoda, C. (2009): Spiti and Ladakh in the 17th–19th Centuries: Views from the Periphery. In: Bray, J. & de Rossi Filibeck, E. (Hg.): Mountains, Monasteries and Mosques. Recent Research on Ladakh and the Western Himalaya. Pisa, Rom (= Supplemento N° 2 alla Rivista degli Studi Orientali Nuova Serie 80): 45–59.

Jamieson, S., Sinclair, J., Kirstein, L. & Purves, R. (2004): Tectonic Forcing of Longitudinal Valleys in the Himalaya: Morphological Analysis of the Ladakh Batholith, North India. In: Geomorphology 58 (1–4): 49–65.

Jenny, A. L. & Egal, F. (2002): Household Food Security and Nutrition in Mountain Areas. An Often Forgotten Story. Rom.

Kala, C. P. (2005): Health Traditions of Buddhist Community and Role of Amchis in Trans-Himalayan Region of India. In: Current Science 89 (8): 1331–1338.
Kamp, U., Byrne, M. & Bolch, T. (2011): Glacier Fluctuations between 1975–2008 in the Greater Himalaya Range of Zanskar, Southern Ladakh. In: Journal of Mountain Science 8 (3): 374–389.
Kaplanian, P. (2008): Groupes d'unifiliation, parenté et société à maison au Ladakh (*le phaspun*). In: van Beek, M. & Pirie, F. (Hg.): Modern Ladakh Anthropological Perspectives on Continuity and Change. Leiden, Boston (= Brill's Tibetan Studies Library 20): 197–227.
Kasper, H. & Burghardt, W. (2009): Ernährungsmedizin und Diätetik. 11., überarbeitete Auflage. München.
Kaul, S. & Kaul, H. N. (2004): Ladakh through the Ages. Towards a New Identity. New Delhi.
Keck, M. & Sakdapolrak, P. (2013): What is social resilience? Lessons learned and ways forward. In: Erdkunde, 67 (1), 5–18.
Kelle, U. (2007): Die Integration qualitativer und quantitativer Methoden in der empirischen Sozialforschung. Theoretische Grundlagen und methodologische Konzepte. Wiesbaden.
Kennedy, G., Nantel, G. & Shetty, P. (2003): The Scourge of "Hidden Hunger": Global Dimensions of Micronutrient Deficiencies. In: Food, Nutrition and Agriculture 32: 8–16.
Khosa, R. S. (1999): The Siachen Glacier Dispute: Imbroglio on the Roof of the World. In: Contemporary South Asia 8 (2): 187–209.
King, B. (2010): Political Ecologies of Health. In: Progress in Human Geography 34 (1): 38–55.
Klimeš, L. (2003): Life-forms and Clonality of Vascular Plants along an Altitudinal Gradient in E Ladakh (NW Himalayas). In: Basic and Applied Ecology 4 (4): 317–328.
Klimeš, L. & Dickoré, B. (2005): A Contribution to the Vascular Plant Flora of Lower Ladakh (Jammu & Kashmir, India). In: Willdenowia 35: 125–153.
Kochar, A. (2005): Can Targeted Food Programs Improve Nutrition? An Empirical Analysis of India's Public Distribution System. In: Economic Development and Cultural Change 54: 203–235.
Kreutzmann, H. (1989): Hunza. Ländliche Entwicklung im Karakorum. Berlin (= Abhandlungen – Anthropogeographie, Institut für Geographische Wissenschaften 44).
Kreutzmann, H. (1991): The Karakoram Highway: The Impact of Road Construction on Mountain Societies. In: Modern Asian Studies 25 (4): 711–736.
Kreutzmann, H. (1998): From Water Towers of Mankind to Livelihood Strategies of Mountain Dwellers: Approaches and Perspectives for High Mountain Research. In: Erdkunde 52 (3): 185–200.
Kreutzmann, H. (2001): Entwicklungsforschung und Hochgebirge. Erklärungsmuster und Perspektiven am Beispiel der Hochgebirgsregionen Innerasiens. In: Geographische Rundschau 53 (12): 8–15.
Kreutzmann, H. (2002a): Great Game in Zentralasien – eine neue Runde im „Großen Spiel“. In: Geographische Rundschau 54 (7–8): 47–51.
Kreutzmann, H. (2002b): Streit um Kaschmir. In: Geographische Rundschau 54 (3): 56–61.
Kreutzmann, H. (2003): Die doppelte Teilung – Ursachen und Hintergründe der Spaltung Pakistans. In: Geographische Rundschau 55 (11): 4–11.
Kreutzmann, H. (2004): Accessibility for High Asia: Comparative Perspectives on Northern Pakistan's Traffic Infrastructure and Linkages with Its Neighbours in the Hindukush-Karakoram-Himalaya. In: Journal of Mountain Science 1 (3): 193–210.
Kreutzmann, H. (Hrsg.) (2006a): Karakoram in Transition. Culture, Development and Ecology in the Hunza Valley. Oxford University Press, Oxford.
Kreutzmann, H. (2006b): People and Mountains: Perspectives on the Human Dimension of Mountain Development. In: Global Environmental Research 10 (1): 49–61.
Kreutzmann, H. (2007): Grenzen und Handel. Geopolitische Implikationen im indisch-chinesischen Spannungsfeld. In: Geographische Rundschau 59 (11): 4–11 & Beilage.

Kreutzmann, H. (2008): Kashmir and the Northern Areas of Pakistan: Boundary-Making along Contested Borders. In: Erdkunde 62 (3): 201–219.

Kreutzmann, H. (2010): Ungeklärte Grenzen – Geopolitische Implikationen im indisch-chinesischen Spannungsfeld. In: Jahresheft Geopolitik 2009 (= Schriftenreihe des Geoinformationsdienstes der Bundeswehr) Heft 2/2010: 16–24.

Kreutzmann, H. (2011): Scarcity within Opulence: Water Management in the Karakoram Mountains Revisited. In: Journal of Mountain Science 8 (4): 525–534.

Kreutzmann, H. (Hrsg.) (2012): Pastoral Practices in High Asia: Agency of "Development" effected by Modernisation, Resettlement and Transformation. Dordrecht.

Kreutzmann, H., Schmidt, M. & Benz, A. (Hg.) (2008): The Shigar Microcosm: Socio-Economic Investigations in a Karakoram Oasis, Northern Areas of Pakistan, Berlin (= Occasional Papers Geographie 35).

Krings, T. (1999): Editorial: Ziele und Forschungsfragen der Politischen Ökologie. In: Zeitschrift für Wirtschaftsgeographie 43 (3–4): 129–130.

Krings, T. (2000): Das politisch-ökologische Analysekonzept in der Umweltforschung. Beispiel der städtischen Brennstoffversorgung in Dakar (Senegal). In: Geographische Rundschau 52 (11): 56–59.

Krings, T. (2008): Politische Ökologie. Grundlagen und Arbeitsfelder eines geographischen Ansatzes der Mensch-Umwelt-Forschung. In: Geographische Rundschau 60 (12): 4–9.

Krings, T. & Müller, B. (2001): Politische Ökologie: Theoretische Leitlinien und aktuelle Forschungsfelder. In: Reuber, P. & Wolkersdorfer, G. (Hg.): Politische Geographie: Handlungsorientierte Ansätze und Critical Geopolitics. Heidelberg (= Heidelberger Geographische Arbeiten 112): 93–116.

Krüger, F. (2003): Handlungsorientierte Entwicklungsforschung: Trends, Perspektiven, Defizite. In: Petermanns Geographische Mitteilungen 147 (1): 6–15.

Krüger, F. & Macamo, E. (2003): Existenzsicherung unter Risikobedingungen. Sozialwissenschaftliche Analyseansätze zum Umgang mit Krisen, Konflikten und Katastrophen. In: Geographica Helvetica 58 (1): 47–55.

Kuckartz, U. (2007): Einführung in die computergestützte Analyse qualitativer Daten. 2., aktualisierte und erweiterte Auflage. Wiesbaden.

Kuhle, M. (1998): Reconstruction of the 2.4 million km$^2$ Late Pleistocene Ice Sheet on the Tibetan Plateau and Its Impact on the Global Climate. In: Quaternary International 45–46: 71–108.

Kumar, S. (2002): Methods for Community Participation. A Complete Guide for Practicioners. Warwickshire.

Kvaerne, P. (2007): Tibet: The Rise and Fall of a Monastic Tradition. In: Bechert, H. & Gombrich, R. (Hg.): The World of Buddhism Buddhist Monks and Nuns in Society in Culture. London: 231–270.

Labbal, V. (2000): Traditional Oases of Ladakh: A Case Study of Equity in Water Management. In: Kreutzmann, H. (Hrsg.) Sharing Water Irrigation and Water Management in the Hindukush-Karakoram-Himalaya. Oxford: 163–183.

Labbal, V. (2001) "Travail de la terre, travail de la pierre." Des modes de mise en valeur des milieux arides par les sociétés himalayennes. L'exemple du Ladakh. PhD thesis. UFR Civilisations et Humanités, Université Aix-Marseille 1 – Université de Provence, Marseille.

LAHDC [Ladakh Autonomous Hill Development Council] (2005): Ladakh 2025 Vision Document. Leh.

LAHDC [Ladakh Autonomous Hill Development Council] (2008): Statistical Handbook 2007–2008, District Leh. Leh.

LAHDC [Ladakh Autonomous Hill Development Council] (2013): Statistical Handbook 2012–2013, District Leh. Leh.

Lamb, A. (1964): The China-India Border. The Origins of the Disputed Boundaries. London, New York, Toronto.

Lamb, A. (1968): Asian Frontiers. Studies in a Continuing Problem. New York, Washington, London.

Lamb, A. (1973): The Sino-Indian Border in Ladakh. Canberra.

Lamb, A. (1986): British India and Tibet 1766–1910 (Second, revised edition). London, New York.

Lamb, A. (1994): Birth of a Tragedy. Kashmir 1947. Karachi.

Lamb, A. (1997): Incomplete Partition. The Genesis of the Kashmir Dispute. 1947–1948. Hertingfordbury.

Landy, F. (2009): Feeding India. The Spatial Parameters of Food Grain Policy. New Delhi.

Lang, T., Barling, D. & Caraher, M. (2009): Food Policy. Integrating Health, Environment and Society. Oxford.

Lawrence, W. (1895 [2005]): The Valley of Kashmir. London [New Delhi].

Leichenko, R. M. & O'Brien, K. (2008): Environmental Change and Globalization: Double Exposures. Oxford.

Liverman, D. & Kapadia, K. (2010): Food Systems and the Global Environment: An Overview. In: Ingram, J., Ericksen, P. & Liverman, D. (Hg.): Food Security and Global Environmental Change. London, Washington DC: 3–24.

Lohnert, B. (1995): Überleben am Rande der Stadt – Ernährungssicherungspolitik, Getreidehandel und verwundbare Gruppen in Mali. Das Beispiel Mopti. Saarbrücken.

Luczantis, C. (2005): The Early Buddhist Heritage of Ladakh Reconsidered. In: Bray, J. (Hrsg.): Ladakhi Histories. Local and Regional Perspectives. Leiden, Boston (= Brill's Tibetan Studies Library 9): 65–96.

Lüders, C. (2010): Beobachten im Feld und Ethnographie. In: Flick, U., Kardorff, E. v. & Steinke, I. (Hg.): Qualitative Sozialforschung – ein Handbuch. Reinbek bei Hamburg: 370–384.

Lund, C. (2010): Approaching Development: an Opionated Review. In: Progress in Development Studies 10 (1): 19–34.

Malthus, T. R. (1798): An Essay on the Principle of Population. London.

Mankelow, J. S. (2003) The Implementation of the Watershed Development Programme in Zangskar, Ladakh: Irrigation Development, Politics and Society. MA Thesis. School of Oriental and African Studies, University of London. London.

Mankelow, J. S. (2008): The Introduction of Modern Chemical Fertilizer to the Zangskar Valley, Ladakh, and its Effects on Agricultural Productivity, Soil Quality and Zangskari Society. In: van Beek, M. & Pirie, F. (Hg.): Modern Ladakh Anthropological Perspectives on Continuity and Change. Leiden, Boston (= Brill's Tibetan Studies Library 20): 267–280.

Marston, R. A. (2008): Land, Life, and Environmental Change in Mountains. In: Annals of the Association of American Geographers 98 (3): 507–520.

Mathieu, J. (2011): Die dritte Dimension. Eine vergleichende Geschichte der Berge in der Neuzeit. Basel.

Maxwell, S. (1996): Food Security: a Post-Modern Perspective. In: Food Policy 21 (2): 155–170.

McLean, I. (Hrsg.) (2009): The Concise Oxford Dictionary of Politics. Oxford.

Meadows, D. L. (1972): The Limits of Growth. New York.

Mehta, L., Leach, M., Newell, P., Scoones, I., Sivaramakrishnan, K. & Way, S.-A. (1999): Exploring Understandings of Institutions and Uncertainty: New Directions in Natural Resource Management. Brighton (= IDS Discussion Paper 372).

Meier, G. (1997a): Herrnhuter Beiträge zur Erforschung Ladakhs. In: Osmaston, H. & Tsering, N. (Hg.): Recent Research on Ladakh 6. Proceedings of the Sixth International Colloquium on Ladakh, Leh 1993. Bristol: 177–183.

Meier, G. (1997b): The Moravian Church's Educational Work in Lahul, Kinnaur and Ladakh 1856–1994. In: Dodin, T. & Räther, H. (Hg.): Recent Research on Ladakh 7 Proceedings of the 7th Colloquium of the International Association for Ladakh Studies held in Bonn/Sankt Augustin 12–15 June 1995. Ulm (= Ulmer Kulturanthropologische Schriften 9): 297–308.

Menzel, U. (1992): Das Ende der Dritten Welt und das Scheitern der großen Theorie. Frankfurt am Main.

Messerli, B. (2004): Von Rio 1992 zum Jahr der Berge 2002 und wie weiter? Die Verantwortung der Wissenschaft und der Geographie. In: Gamerith, W., Messerli, P., Meusburger, P. & Wanner, H. (Hg.): Alpenwelt – Gebirgswelten Inseln, Brücken, Grenzen Tagungsbericht und Abhandlungen. 54. Deutscher Geographentag Bern 2003, 28. September bis 4. Oktober 2003. Heidelberg, Bern: 21–42.

Messerli, B. & Ives, J. (Hg.) (1997) : Mountains of the World. A Global Priority. New York, London.

Meusburger, P. (Hrsg.) (1999a): Handlungszentrierte Sozialgeographie. Benno Werlens Entwurf in kritischer Diskussion. Stuttgart (= Erdkundliches Wissen 130).

Meusburger, P. (1999b): Subjekt – Organisation – Region. Fragen an die subjektzentrierte Handlungstheorie. In: Meusburger, P. (Hrsg.): Handlungszentrierte Sozialgeographie Benno Werlens Entwurf in kritischer Diskussion. Stuttgart (= Erdkundliches Wissen 130): 95–132.

Michaud, J. (1991): A Social Anthropology of Tourism in Ladakh, India. In: Annals of Tourism Research 18: 605–621.

Miehe, G., Winiger, M., Böhner, J. & Yili, Z. (2001): The Climatic Diagram Map of High Asia. In: Erdkunde 55: 94–97 & Beilage.

Mills, M. (1997): The Religion of Locality: Local Area Gods and the Characterisation of Tibetan Buddhism. In: Dodin, T. & Räther, H. (Hg.): Recent Research on Ladakh 7. Proceedings of the 7th Colloquium of the International Association for Ladakh Studies held in Bonn/Sankt Augustin, 12.–15. June 1995. Ulm (= Ulmer Kulturanthropologische Schriften 9): 309–328.

Mir, M. S. (2007): The Apricot Wealth of Ladakh. In: Bray, J. & Shakspo, N. T. (Hg.): Recent Research on Ladakh 2007. Leh

Mitra, S. K. (2011): Politics in India. Structure, Process and Policy. London.

Mohammad, C. K. (1908): Preliminary Report of Ladakh Settlement. Jammu.

Mohammad, C. K. (1909): Ladak Tahsil. Lahore.

Mooij, J. (1999a): Food Policy and the Indian State. The Public Distribution System in South India. Delhi.

Mooij, J. (1999b): Real Targeting: the Case of Food Distribution in India. In: Food Policy 24 (1): 49–69.

Mooij, J. (2007): Is There an Indian Policy Process? An Investigation into Two Social Policy Processes. In: Social Policy & Administration 41 (4): 323–338.

Moorcroft, W. & Trebeck, G. (1841 [2004]): Travels in the Himalayan Provinces of Hindustan and the Punjab in Ladakh and Kashmir; in Peshawar, Kabul, Kunduz and Bokhara from 1819 to 1825. Edited by H.H. Wilson. In Two Volumes. London [New Delhi].

Moore, L. G. (2003): Fetal Growth Restriction and Maternal Oxygen Transport during High Altitude Pregnancy. In: High Altitude Medicine & Biology 4 (2): 141–156.

Müller-Mahn, D. (2001): Fellachendörfer. Sozialgeographischer Wandel im ländlichen Ägypten. Stuttgart (= Erdkundliches Wissen 127).

Müller-Mahn, D. & Verne, J. (2010): Geographische Entwicklungsforschung – alte Probleme, neue Perspektive. In: Geographische Rundschau 62 (10): 4–11.

Müller, M. (1996): Handbuch ausgewählter Klimastationen der Erde. Trier.

Mullings, B. (1999): Insider or Outsider, Both or Neither: Some Dilemmas of Interviewing in a Cross-Cultural Setting. In: Geoforum 30 (4): 337–350.

Murugan, P. M., Raj, J., Kumar, P. G., Gupta, S. & Singh, S. B. (2010): Phytofoods of Nubra Valley, Ladakh – the Cold Desert. In: Indian Journal of Traditional Knowledge 9 (2): 303–308.

Namgail, T., Bhatnagar, Y. V., Mishra, C. & Bagchi, S. (2007): Pastoral Nomads of the Indian Changthang: Production System, Landuse and Socioeconomic Changes. In: Human Ecology 35: 497–504.

Navarro, Z. (2006): In Search of a Cultural Interpretation of Power: The Contribution of Pierre Bourdieu. In: IDS Bulletin 37 (6): 11–22.
Neumann, R. P. (2008): Probing the (In)compatibilities of Social Theory and Policy Relevance in Piers Blaikie's Political Ecology. In: Geoforum 39: 728–735.
Neumann, R. P. (2009): Political Ecology: Theorizing Scale. In: Progress in Human Geography 33 (3): 398–406.
Neumann, R. P. (2010): Political Ecology II: Theorizing Region. In: Progress in Human Geography 34 (3): 368–374.
Neumann, R. P. (2011): Political Ecology III: Theorizing Landscape. In: Progress in Human Geography 35 (6): 843–850.
Niermeyer, S., Andrade Mollinedo, P. & Huicho, L. (2009): Child Health and Living at High Altitude. In: Archives of Disease in Childhood 94 (10): 806–811.
Niles, D. & Roff, R. J. (2008): Shifting Agrifood Systems: the Contemporary Geography of Food and Agriculture; an Introduction. In: GeoJournal 73: 1–10.
Norberg-Hodge, H. (1991): Ancient Futures. Learning from Ladakh. San Francisco.
Norberg-Hodge, H. (2004): Faszination Ladakh. Mit einem Vorwort des Dalai Lama. Freiburg.
Norboo, T. (2002): A Tribute to S.N.M. Hospital. In: Ladags Melong 1 (5; August 2002): 20–22.
Norboo, T., Saiyed. H. N., Angchuk, P. T., Tsering, P., Angchuk, S. T., Phuntsog, S. T., Yahya, M., Wood, S., Bruce, N. G., Ball, K. P. (2004): Mini Review of High Altitude Health Problems in Ladakh. In: Biomedicine & Pharmacotherapy 58 (4): 220–225.
Norphel, T. (2007): Artificial glacier. Leh.
Nüsser, M. (1998): Nanga Parbat (NW-Himalaya): Naturräumliche Ressourcenausstattung und humanökologische Gefügemuster der Landnutzung. Bonn (= Bonner Geographische Abhandlungen 97).
Nüsser, M. (2000): Change and Persistence: Contemporary Landscape Transformation in the Nanga Parbat Region, Northern Pakistan. In: Mountain Research and Development 20 (4): 348–355.
Nüsser, M. (2004): Krisen und Konflikte in Lesotho: Entwicklungsprobleme eines peripheren Hochlandes aus politisch-ökologischer Perspektive. In: Gamerith, W., Messerli, P., Meusburger, P. & Wanner, H. (Hg.): Alpenwelt – Gebirgswelten: Inseln, Brücken, Grenzen. Tagungsbericht und wissenschaftliche Abhandlungen, 54. Deutscher Geographentag Bern 2003, 28. September bis 4. Oktober 2003. Heidelberg, Bern: 633–640.
Nüsser, M. (2006): Ressourcennutzung und nachhaltige Entwicklung im Kumaon-Himalaya (Indien). In: Geographische Rundschau 58 (10): 14–22.
Nüsser, M. (2008): Zwischen Isolation und Integration: Ressourcennutzung und Umweltbewertung im pakistanischen Himalaya. In: Geographische Rundschau 60 (12): 42–48.
Nüsser, M. (2012): Umwelt und Entwicklung im Himalaya: Forschungsgeschichte und aktuelle Themen. In: Geographische Rundschau 66 (4): 4–9.
Nüsser, M., Schmidt, S. & Dame, J. (2012): Irrigation and Development in the Upper Indus Basin: Characteristics and Recent Changes of a Socio-Hydrological System in Central Ladakh, India. In: Mountain Research and Development 32 (1): 51–61.
Osmaston, H. (1994): The Farming System. In: Crook, J. & Osmaston, H. (Hg.): Himalayan Buddhist Villages Environment, Resources, Society and Religious Life in Zangskar, Ladakh. Bristol: 139–198.
Osmaston, H. (1995): Farming, Nutrition & Health in Ladakh, Tibet & Lowland China. In: Osmaston, H. & Denwood, P. (Hg.): Recent Research on Ladakh 4 & 5 Proceedings of the Fourth and Fifth International Colloquia on Ladakh. New Delhi: 127–156.
Osmaston, H., Fisher, R., Frazer, J. & Wilkinson, T. (1994): Animal Husbandry in Zangskar. In: Crook, J. & Osmaston, H. (Hg.): Himalayan Buddhist Villages Environment, Resources, Society and Religious Life in Zangskar, Ladakh. Bristol: 199–248.

Osmaston, H. & Rabgyas, T. (1994): Weights and Measures used in Ladakh. In: Crook, J. & Osmaston, H. (Hg.): Environment, Resources, Society and Religious Life in Zangskar, Ladakh. Bristol: 121–138.

Otsuka, K., Norboo, T., Y., O., Higuchi, H., Hayajiri, M., Narushima, C., Sato, Y., Tsugoshi, T., Murakami, S., Wada, T., Ishine, M., Okumiya, K., Matsubayashi, K., Yano, S., Choygal, T., Angchuk, D., Ichihara, K., Cornélissen, G. & Halberg, F. (2005): Effect of Aging on Blood Pressure in Leh, Ladakh, a High-Altitude (3524 m) Community, by Comparison with a Japanese Town. In: Biomedicine & Pharmacotherapy 59 (Supplement 1): S54–S57.

Owen, L. A. (2010): Landscape Development of the Himalayan-Tibetan Orogen: a Review. In: Geologial Society London, Special Publications 338: 389–407.

Owen, L. A., Caffee, M. W., Finkel, R. C. & Seong, Y. B. (2008): Quaternary Glaciation of the Himalayan-Tibetan Orogen. In: Journal of Quaternary Science 23 (6–7): 513–531.

Padfield, N. (1995): Farming, Nutrition and Health in Ladakh, Tibet and Lowland China. A Review. In: Osmaston, H. & Denwood, P. (Hg.): Recent Research on Ladakh 4 & 5. Proceedings of the Fourth and Fifth International Colloquia on Ladakh. New Delhi: 157–163.

Pagell, E. & Heyde, A. W. (1860): Reisebericht der zum Zweck einer Mission unter den Mongolen ausgesendeten Brüder Pagell und Heyde. Gnadau.

Pandey, A. C., Gosh, S. & Nathawat, M. S. (2011): Evaluating Patterns of Temporal Glacier Changes in Greater Himalayan Range, Jammu & Kashmir, India. In: Geocarto International 26 (4): 321–338.

Parvez, S. & Rasmussen, S. F. (2004): Sustaining Mountain Economies: Poverty Reduction and Livelihood Opportunities. In: Price, M. F., Jansky, L. & Iatsenia, A. A. (Hg.): Key Issues for Mountain Areas. Tokyo, New York, Paris.

Paulson, S., Gezon, L. L. & Watts, M. (2003): Locating the Political in Political Ecology: An Introduction. In: Human Organisation 62 (3): 205–217.

Peet, R. & Watts, M. (1993): Introduction: Development Theory and Environment in the Age of Market Triumphalism. In: Economic Geography 69 (3): 227–253.

Peet, R. & Watts, M. (1996): Liberation Ecology. Development, Sustainability, and Environment in an Age of Market Triumphalism. In: Peet, R. & Watts, M. (Hg.): Liberation Ecologies. Environment, Development, Social Movements. New York: 1–45.

Petech, L. (1947): The Tibetan-Ladakhi-Mogul War of 1681–1683. In: Indian Historical Quaterly 23: 169–199.

Petech, L. (1977): The Kingdom of Ladakh, c. 950–1842 A.D. Roma (= Instituto Italiano per il Medio ed Estremo Oriente. Serie Orientale Roma 51).

Phylactou, M. (1989): Household Organization and Marriage in Ladakh. PhD Thesis. London School of Economics and Political Science, University of London. London.

Pinstrup-Andersen, P. (2009): Food Security: Definition and Measurement. In: Food Security 1 (1): 5–7.

Pirie, F. (2006a): Insisting on Agreement: Tibetan Law and its Development in Ladakh. In: Klieger, P. C. (Hrsg.): Tibetan Borderlands (= PIATS 2003: Proceedings of the Tenth Seminar of the International Association for Tibetan Studies, Oxford 2003). Leiden, Boston (= Brill's Tibetan Studies Library 10/2): 67–87.

Pirie, F. (2006b): Secular Morality, Village Law, and Buddhism in Tibetan Societies. In: Journal of the Royal Anthropological Institute 12: 173–190.

Pirie, F. (2007): Peace and Conflict in Ladakh. The Construction of a Fragile Web of Order. Leiden, Boston (= Brill's Tibetan Studies Library 13).

Pochhammer, W. von (1964): Zum indisch-chinesichen Konflikt im Himalaya. In: Geographische Rundschau 16 (2): 69–74.

Pordié, L. (2003): The Expression of Religion in Tibetan Medicine. Ideal Conceptions, Contemporary Practices, and Political Use. Pondicherry (= Pondy Papers in Social Sciences 29).

Porst, R. (2011): Fragebogen. Ein Arbeitsbuch. Wiesbaden.

Ramsay, H. (1890): Western Tibet: a Practical Dictionary of Language and Customs of the Districts Included in the Ladak Wazarat. Lahore.
Rawlinson, H. C. (1866–1867): On the Recent Journey of Mr. W.H. Johnson from Leh, in Ladakh, to Ilchi in Chinese Turkistan. In: Proceedings of the Royal Geographical Society of London 11 (1): 6–15.
Rehbein, B. (2003): „Sozialer Raum“ und Felder. Mit Bourdieu in Laos. In: Rehbein, B., Saalmann, G. & Schwengel, H. (Hg.): Pierre Bourdieus Theorie des Sozialen. Probleme und Perspektiven. Konstanz: 77–95.
Rehbein, B. (2007): Globalisierung, Soziokulturen und Sozialstruktur. Einige Konsequenzen aus der Anwendung von Bourdieus Sozialtheorie in Südostasien. In: Soziale Welt 58: 191–206.
Rehbein, B. & Saalmann, G. (2009a): Habitus. In: Fröhlich, G. & Rehbein, B. (Hg.): Bourdieu-Handbuch. Leben-Werk-Wirkung. Stuttgart, Weimar: 110– 118.
Rehbein, B. & Saalmann, G. (2009b): Kapital. In: Fröhlich, G. & Rehbein, B. (Hg.): Bourdieu-Handbuch. Leben-Werk-Wirkung. Stuttgart, Weimar: 134–140.
Rehbein, B. & Saalmann, G. (2009c): Feld. In: Fröhlich, G. & Rehbein, B. (Hg.): Bourdieu-Handbuch. Leben-Werk-Wirkung. Stuttgart, Weimar: 99–103.
Reifenberg, G. (1998): Ladakhi Kitchen. Traditional and Modern Recipes from Ladakh. Leh.
Reuber, P. & Pfaffenbach, C. (2005): Methoden der empirischen Humangeographie. Braunschweig.
Reusswig, F. (1999): Syndrome des Globalen Wandels als transdisziplinäres Konzept. Zur Politischen Ökologie nicht-nachhaltiger Entwicklungsmuster. In: Zeitschrift für Wirtschaftsgeographie 43 (3–4): 184–201.
Rhoades, R. E. & Thompson, S. I. (1975): Adaptive Strategies in Alpine Environments: beyond Ecological Particularism. In: American Ethnologist 2 (3): 535–551.
Ribbach, S. H. (1940): Drogpa Namgyal. Ein Tibeterleben. München-Planegg.
Rigg, J. (2006): Land, Farming, Livelihoods, and Poverty: Rethinking the Links in the Rural South. In: World Development 34 (1): 180–202.
Rigzin, T. (2005): The Impact of the Army in Ladakh. In: Ladags Melong Summer 2005: 24–27.
Ripley, A. (1995): Food as Ritual. In: Osmaston, H. & Denwood, P. (Hg.): Recent Research on Ladakh 4 & 5. Proceedings of the Fourth and Fifth International Colloquia on Ladakh. New Delhi: 165–175.
Rizvi, J. (1996): Ladakh. Crossroads of High Asia. New Delhi.
Rizvi, J. (1997): Leh to Yarkand. Travelling the Trans-Karakoram Trade Route. In: Dodin, T. & Räther, H. (Hg.): Recent Research on Ladakh 7. Proceedings of the 7th Colloquium of the International Association for Ladakh Studies held in Bonn/Sankt Augustin, 12–15 June 1995. Ulm (= Ulmer Kulturanthropologische Schriften 9): 379–411.
Rizvi, J. (1999a): The Trade in Pashm and Its Impact on Ladakh's History. In: Beek, M. v., Bertelsen, K. B. & Pedersen, P. (Hg.): Ladakh: Culture, History, and Development between Himalaya and Karakoram (= Recent Research on Ladakh 8). Aarhus: 317–338.
Rizvi, J. (1999b): Trans-Himalayan Caravans: Merchant Princes and Peasant Traders in Ladakh. New Delhi.
Rizvi, J. (2005): Trade and Migrant Labour: Inflow of Resources at the Grassroots. In: Bray, J. (Hrsg.) Ladakhi Histories Local and Regional Perspectives. Leiden, Boston (= Brill's Tibetan Studies Library 9): 309–319.
Rizvi, J. & Ahmed, M. (2009): Pashmina. The Kashmir Shawl and Beyond. Mumbai..
Robbins, P. (2012): Political Ecology. A Critical Introduction. Second Edition. Chichester.
Rocheleau, D. E. (2008): Political Ecology in the Key of Policy: From Chains of Explanation to Webs of Relation. In: Geoforum 39: 716–727.
Rothfuß, E. (2004): Ethnotourismus – Wahrnehmungen und Handlungsstrategien der pastoralnomadischen Himba (Namibia). Passau (= Passauer Schriften zur Geographie 20).
Saalmann, G. (2009): Praxis. In: Fröhlich, G. & Rehbein, B. (Hg.): Bourdieu-Handbuch. Leben-Werk-Wirkung. Stuttgart, Weimar: 199–203.

Sakdapolrak, P. (2011): Orte und Räume der Health Vulnerability. Bourdieus Theorie der Praxis für die Analyse von Krankheit und Gesundheit in Megaurbanen Slums von Chennai, Südindien. Saarbrücken.

Samuel, G. (1993): Civilized Shamans. Buddhism in Tibetan Societies. Washington and London.

Schickhoff, U. (1995): Verbreitung, Nutzung und Zerstörung der Höhenwälder im Karakorum und in angrenzenden Hochgebirgsräumen Nordpakistans. In: Petermanns Geographische Mitteilungen 139: 67–85.

Schild, A. & Sharma, E. (2011): Sustainable Mountain Development Revisited. In: Mountain Research and Development 31 (3): 237–241.

Schlagintweit-Sakünlünski, H. (1872): Reisen in Indien und Hochasien. Dritter Band. Hochasien: II. Tibet; zwischen der Himálaya- und der Karakorum-Kette. Jena.

Schlottmann, A. (2007): Handlungszentrierte Entwicklungsforschung. Das Instrument der Schnittstellenanalyse am Beispiel eines Agroforstprojekts in Tanzania. In: Werlen, B. (Hrsg.): Sozialgeographie alltäglicher Regionalisierungen Band 3: Ausgangspunkte und Befunde empirischer Forschung. Stuttgart (= Erdkundliches Wissen 121): 69–108.

Schmidt, M. (2004): Boden- und Wasserrecht in Shigar, Baltistan: Autochtone Institutionen der Ressourcennutzung im Zentralen Karakorum. Sankt Augustin (= Bonner Geographische Abhandlungen 112).

Schmidt, M. (2008): Political Ecology in High Mountains: the Web of Actors, Interests and Institutions in Kyrgyzstan's Mountains. In: Löffler, J. & Stadelbauer, J. (Hg.): Diversity in Mountain Systems: Studies in Mountain Environments. Bonn (= Colloquium Geographicum 31): 139–153.

Schmidt, M. (2013): Mensch und Umwelt in Kirgistan – Politische Ökologie im postkolonialen und postsozialistischen Kontext. Stuttgart (= Erdkundliches Wissen 153).

Schmidt, S. & Nüsser, M. (2009): Fluctuations of Raikot Glacier during the Past 70 Years: a Case Study from the Nanga Parbat Massif, Northern Pakistan. In: Journal of Glaciology 55 (194): 949–959.

Schmidt, S. & Nüsser, M. (2012): Changes of High Altitude Glaciers from 1969 to 2010 in the Trans-Himalayan Kang Yatze Massif, Ladakh, Northwest India. In: Artic, Antarctic, and Alpine Research 44 (1): 107–121.

Schmidt-Kallert, E. (2012): Editorial: Non-Permanent Migration and Multilocality in the Global South. In: Die Erde 143 (3): 173–176.

Schmithausen, L. (2000): Essen, ohne zu Töten. Zur Frage von Fleischverzehr und Vegetarismus im Buddhismus. In: Schmidt-Leukel, P. (Hrsg.): Die Religionen und das Essen. Kreuzlingen, München: 145–202.

Schofield, V. (2010): Kashmir in Conflict. India, Pakistan and the Unending War. Fully Revised Edition. London.

Schumann, H. W. (2008): Handbuch Buddhismus. Die zentralen Lehren; Ursprung und Gegenwart. München.

Schweinfurth, U. (1957): Die horizontale und vertikale Verbreitung der Vegetation im Himalaya. Bonn (= Bonner Geographische Abhandlungen 20).

Schwieger, P. (1997): Power and Territory in the Kingdom of Ladakh. In: Dodin, T. & Räther, H. (Hg.): Recent Research on Ladakh 7. Proceedings of the 7th Colloquium of the International Association for Ladakh Studies held in Bonn/Sankt Augustin, 12–15. June 1995. Ulm (= Ulmer Kulturanthropologische Schriften 9): 427–434.

Scoones, I. (2009): Livelihoods Perspectives and Rural Development. In: Journal of Peasant Studies 36 (1): 171–196.

Scott, D. (2008): The Great Power 'Great Game' between India and China: "The Logic of Geography". In: Geopolitics 13 (1): 1–26.

Searle, M. P. (1986): Structural Evolution and Sequence of Thrusting in the High Himalayan, Tibetan-Tethys and Indus Suture Zones of Zanskar and Ladakh, Western Himalaya. In: Journal of Structural Geology 8 (8): 923–936.

Searle, M. P., Corfield, R. I., Stephenson, B. & McCarron, J. (1997): Structure of the North Indian Continental Margin in the Ladakh-Zanskar Himalayas: Implications for the Timing of Obduction of the Spontang Ophiolite, India-Asia Collision and Deformation Events in the Himalaya. In: Geological Magazine 134 (3): 297–316.

Sen, A. (1981): Poverty and Famines. An Essay on Entitlement and Deprivation. Oxford.

Shetty, P. (2009): Incorporating Nutritional Considerations when Addressing Food Insecurity. In: Food Security 1 (4): 431–440.

Sidaway, J. D. (2007): Spaces of Postdevelopment. In: Progress in Human Geography 31 (3): 345–361.

Simon, D. (2006): Separated by Common Ground? Bringing (Post)development and (Post)colonialism Together. In: The Geographical Journal 172 (1): 10–21.

Simon, D. (2008): Political Ecology and Development: Intersections, Explorations and Challenges Arising from the Work of Piers Blaikie. In: Geoforum 39: 689–707.

Singh, H. (1992): Ecological Set-Up and Agrarian Structure of High Altitude Villages of Ladakh. In: Singh, R. B. (Hrsg.): Dynamics of Mountain Geo-Systems. Delhi: 204–221.

Singh, H. (1998): Economy, Society and Culture – Dynamics of Change in Ladakh. In: Stellrecht, I. (Hrsg.) Karakorum-Hindukush-Himalaya: Dynamics of Change (= Culture Area Karakorum Scientific Studies 4 II). Köln: 351–366.

Smith, S. H. (2009): A Geopolitics of Intimacy and Anxiety: Religion, Territory, and Fertility in Jammu and Kashmir. PhD Thesis. Department of Geography and Regional Development, University of Arizona. Tucson.

Smith, S. H. (2013): „In the past we ate from one plate.“ Memory and the border in Leh, Ladakh. In: Political Geography 35: 47–59.

Spittler, G. (2001): Teilnehmende Beobachtung als Dichte Teilnahme. In: Zeitschrift für Ethnologie 126: 1–25.

Stauffer, V. (2009): Greenhouses Bring Better Nutrition to the Himalayas. In: Appropriate Technology 36 (3): 27–29.

Steel, G., Winters, N. & Sosa, C. (2011): Mobility, translocal development and the shaping of development corridors in (semi-)rural Nicaragua. In: International Development Planning Review 33: 409–428.

Steinbrink, M. & S.A. Peth (2014): Hier, dort und dazwischen. Translokale Livelihoods in Südafrika. In: Geographische Rundschau 66 (11): 32–38.

Stellrecht, I. (1998): Trade and Politics – The High-Mountain Region of Pakistan in the 19th and 20th Century. In: Dittrich, C.; Pilardeaux, B.; Sökefeld, M.; Bohle, H.-G. & Stellrecht, I. (Hg.): Transformation of Social and Economic Relationships in Northern Pakistan. Köln (= Culture Area Karakorum Scientific Studies 5): 3–92.

Stewart, J. L. (1869): Notes of a Botanical Tour in Ladak or Western Tibet. In: Transactions and Proceedings of the Botanical Society of Edinburgh 10: 207–239.

Stobdan, P. (1990): Ecology of Diseases in Ladakh. In: Icke-Schwalbe, L. & Meier, G. (Hg.): Wissenschaftsgeschichte und gegenwärtige Forschungen in Nordwest-Indien. Dresden.

Stobdan, T. (1997): Reflections on the Religious, Political and Economic Aspects of Stok "Jagir". In: Dodin, T. & Räther, H. (Hg.): Recent Research on Ladakh 7. Proceedings of the 7th Colloquium of the International Association for Ladakh Studies held in Bonn/Sankt Augustin 12–15. June 1995. Ulm (=Ulmer Kulturanthropologische Schriften 9): 479–483.

Stöber, G. (2001): Zur Transformation bäuerlicher Hauswirtschaft in Yasin (Northern Areas, Pakistan). Sankt Augustin (= Bonner Geographische Abhandlungen, 105).

Strachey, H. (1853): Physical Geography of Western Tibet. In: Journal of the Royal Geographical Society of London 23: 1–69.

Streule, M. J., Phillips, R. J., Searle, M. P., Waters, D. J. & Horstwood, M. S. A. (2009): Evolution and Chronology of the Pangong Metamorphic Complex Adjacent to the Karakoram Fault, Ladakh: Constraints from Thermobarometry, Metamorphic Modelling and U–Pb Geochronology. In: Journal of the Geological Society, London 166: 919–932.

Suderland, M. (2009): Disposition. In: Fröhlich, G. & Rehbein, B. (Hg.): Bourdieu-Handbuch. Leben-Werk-Wirkung. Stuttgart, Weimar: 73–75.

Thayyen, R. J. & Gergan, J. T. (2010): Role of Glaciers in Watershed Hydrology: a Preliminary Study of a "Himalayan catchment". In: The Cryosphere 4: 115–128.

Thayyen, R. J., Dimri, A. P., Kumar, P. & Agnihotri, G. (2013): Study of Cloudburst and Flash Floods around Leh, India, during August 4–6, 2010. In: Natural Hazards 65: 2175-2204.

Thompson, J. & Scoones, I. (2009): Addressing the Dynamics of Agri-Food Systems: an Emerging Agenda for Social Science Research. In: Environmental Science and Policy 12: 386–397.

Thomson, T. (1852): Western Himalaya and Tibet: a Narrative Journey through the Mountains of Northern India during the Years 1847–1848. London.

TISS [Tata Institute for Social Science] (2006): Unpublished Micro Census. TISS/LAHDC. Leh.

Tiwari, S. & Gupta, R. (2008): Changing Currents: an Ethnography of the Traditional Irrigation Practices of Leh Town. In: van Beek, M. & Pirie, F. (Hg.): Modern Ladakh Anthropological Perspectives on Continuity and Change. Leiden, Boston (= Brill's Tibetan Studies Library 20): 281–300.

Tröger, S. (2004): Handeln zur Ernährungssicherung im Zeichen gesellschaftlichen Umbruchs. Saarbrücken (= Studien zur Geographischen Entwicklungsforschung 27).

Tsering, N. (1994): Book Review: Ancient Futures: Learing fom Ladakh by Helena Norberg-Hodge. In: Ladags Melong 2 (Summer 1994): 46–47.

van Beek, M. (1996) Identity Fetishism and the Art of Representation: The Long Struggle for Regional Autonomy in Ladakh. PhD Thesis. Department of Development Sociology, Cornell University, Ithaca, New York.

van Beek, M. (1997): The Importance of Being Tribal. In: Dodin, T. & Räther, H. (Hg.): Recent Research on Ladakh 7. Proceeings of the 7th Colloquium of the International Association for Ladakh Studies, Bonn/Sankt Augustin, 12–15 June 1995. Ulm (= Ulmer Kulturanthropologische Schriften 9): 21–41.

van Beek, M. (1999a): The Conflict in Ladakh: May-July 1999. A Summary of News Reports. In: Ladakh Studies 12: 11–13.

van Beek, M. (1999b): Hill Councils, Development, and Democracy: Assumptions and Experiences from Ladakh. In: Alternatives 24 (4): 435–459.

van Beek, M. (2000): Lessons from Ladakh? Local Responses to Globalization and Social Change. In: Schmidt, J. D. & Hersh, J. (Hg.): Globalization and Social Change. London: 250–266.

van Beek, M. (2001): Public Secrets, Conscious Amnesia, and the Celebration of Autonomy for Ladakh. In: Hansen, T. B. & Stepputat, F. (Hg.): States of Imagination Ethnographic Explorations of the Postcolonial State. Durham, London: 365–390.

van Beek, M. (2004): Dangerous Liaisons: Hindu Nationalism and Buddhist Radicalism in Ladakh. In: Limaye, S. P., Malik, M. & Wirsing, R. G. (Hg.): Religious Radicalism and Security in South Asia. Honolulu: 193–218.

van Beek, M. (2006): "Sons and Daughters of India": Ladakh's Reluctant Tribes. In: Karlsson, B. G. & Subba, T. B. (Hg.): Indigeneity in India. London: 117–141.

van Beek, M. (2008): Imaginaries of Ladakhi Modernity. In: Barnett, R. & Schwartz, R. (Hg.): Tibetan Modernities Notes from the Field on Cultural and Social Change. Leiden, Boston (= PIATS 2003): 165–188.

van Beek, M. & Bertelsen, K. B. (1995): Ladakh. 'Independence' is Not Enough. In: Himal March/April 1995: 7–15.

van Beek, M. & Bertelsen, K. B. (1997): No Present Without Past. The 1989 Agitation in Ladakh. In: Dodin, T. & Räther, H. (Hg.): Recent Research on Ladakh 7. Proceeings of the 7th Colloquium of the International Association for Ladakh Studies, Bonn/Sankt Augustin, 12–15 June 1995. Ulm (= Ulmer Kulturanthropologische Schriften 9): 43–65.

van Beek, M. & Pirie, F. (Hg.) (2008): Modern Ladakh. Anthropological Perspectives on Continuity and Change. Leiden, Boston (= Brill's Tibetan Studies Library 20).

Victora, C. G., Adair, l., Fall, C., Hallal, P. C., Martorell, R., Richter, L. & Singh sachdev, H. (2008): Maternal and Child Undernutrition: Consequences for Adult Health and Human Capital. In: The Lancet 371 (9609): 340–357.

Vigne, G. T. (1844 [2008]): Travels in Kashmir, Ladak, Iskardo. 2 Volumes. London [Srinagar].

Viltard, C. (2003): A Manual of Solar Greenhouse Running in Trans-Himalayas. GERES.

Vitzthum, V. J. & Wiley, A. S. (2003): The Proximate Determinants of Fertility in Populations Exposed to Chronic Hypoxia. In: High Altitude Medicine & Biology 4 (2): 125–139.

Viviroli, D., Archer, D. R., Buytaert, W., Fowler, H. J., Greenwood, G., Hamlet, A. F., Huang, Y., Koboltschnig, G., Litaor, M. I., López-Moreno, J. I., Lorentz, S., Schädler, B., Schreier, H., Schwaiger, K., Vuille, M. & Woods, R. (2011): Climate Change and Mountain Water Resources: Overview and Recommendations for Research, Management and Policy. In: Hydrology and Earth System Sciences 15: 471–504.

Viviroli, D., Dürr, H. H., Messerli, B., Meybeck, M. & Weingartner, R. (2007): Mountains of the World, Water Towers for Humanity: Typology, Mapping, and Global Significance. In: Water Resources Research 43: doi:10.1029/2006WR005653.

Vohra, R. (2000): Notes on Irrigation and the Legal System in Ladakh: The Buddhist 'Brog-pa. In: Kreutzmann, H. (Hrsg.): Sharing Water Irrigation and Water Management in the Hindukush-Karakoram-Himalaya. Oxford: 146–162.

Wagner, C. (2006): Das politische System Indiens. Eine Einführung. Wiesbaden.

Wahlfeld, C. (2008) Auspicious Beginnings: a High Altitude Study of Antenatal Care Patterns and Birth Weight at Two Hospitals in the Leh District of Ladakh, India. PhD Thesis. Department of Anthropology, University at Buffalo, State University of New York. Buffalo.

Walz, U., Wagenknecht, S., Csaplovics, E., Liskowsky, G. & Prange, L. (2004): Eignung von CORONA-Fernerkundungsdaten zur Analyse der Landschaftsentwicklung. In: Photogrammetrie-Fernerkundung-Geoinformation 5/2004: 423–432.

Warikoo, K. (1989): Central Asia and Kashmir. A Study in the Context of Anglo-Russian Rivalry. New Delhi.

Warikoo, K. (2005): Political Linkages between Ladakh and Eastern Turkestan under the Dogras during the 19th Century. In: Bray, J. (Hrsg.): Ladakhi Histories Local and Regional Perspectives. Leiden, Boston: 235–248.

Watts, M. & Bohle, H.-G. (1993): The Space of Vulnerability: the Causal Structure of Hunger and Famine. In: Progress in Human Geography 17: 45–67.

Watts, M. & Bohle, H.-G. (2003): Verwundbarkeit, Sicherheit und Globalisierung. In: Gebhardt, H., Reuber, P. & Wolkersdorfer, G. (Hg.): Kulturgeographie. Aktuelle Ansätze und Entwicklungen. Heidelberg, Berlin: 67–82.

Watts, M. & Peet, R. (2004): Liberating Political Ecology. In: Peet, R. & Watts, M. (Hg.): Liberation Ecologies, Second Edition. Environment, Development, Social Movements. London: 3–47.

Weichhart, P. (2008): Entwicklungslinien der Sozialgeographie. Von Hans Bobek bis Benno Werlen. Stuttgart.

Weichhart, P. (2009): Multilokalität – Konzepte, Theoriebezüge und Forschungsfragen. In: Zeitschrift zur Raumentwicklung (1/2): 1–14.

Weiers, S. (1995): Zur Klimatologie des NW-Karakorum und angrenzender Gebiete. Statistische Analysen unter Einbeziehung von Wettersatellitenbildern und eines Geographischen INformationssystems (GIS). Bonn (= Bonner Geographische Abhandlungen 92).

Weiers, S. (1998): Wechselwirkungen zwischen sommerlicher Monsunaktivität und außertropischer Westzirkulation in den Hochgebirgsregionen Nordpakistans. In: Petermanns Geographische Mitteilungen 142 (2): 85–104.

Weingärtner, L. (1997): Physiologische Aspekte von Ernährung und Ernährungssicherung. In: Bohle, H.-G., Graner, E., Martina, H. & Markus, M. (Hg.): Ernährungssicherung in Südasien Siebte Heidelberger Südasiengespräche. Stuttgart (= Beiträge zur Südasienforschung 178): 11–27.

Weingärtner, L. (2009): The Concept of Food and Nutrition Security. In: Klennert, K. (Hrsg.): Achieving Food and Nutrition Security. Actions to Meet the Global Challenge. A Training Course Reader. Feldafing: 3–31.

Werlen, B. (1995): Sozialgeographie alltäglicher Regionalisierungen. Band 1: Zur Ontologie von Gesellschaft und Raum. Stuttgart (= Erdkundliches Wissen 116).

Werlen, B. (1997): Sozialgeographie alltäglicher Regionalisierungen. Band 2: Globalisierung, Region und Regionalisierung. Stuttgart (= Erdkundliches Wissen 119).

Werlen, B. (Hrsg.) (2007): Sozialgeographie alltäglicher Regionalisierungen. Band 3: Ausgangspunkte und Befunde empirischer Forschung. Stuttgart (= Erdkundliches Wissen 121).

Wiley, A. S. (1997): A Role for Biology in the Cultural Ecology of Ladakh. In: Human Ecology 25 (2): 273–295.

Wiley, A. S. (2002): Increasing Use of Prenatal Care in Ladakh (India): the Roles of Ecological and Cultural Factors. In: Social Science & Medicine 55: 1089–1102.

Wiley, A. S. (2004): An Ecology of High-Altitude Infancy. A Biocultural Perspective. Cambridge.

Wilson, J. M., Campbell, M. J. & Afzal, M. (1990): Heights and Weights of Children in Ladakh, North India. In: Journal of Tropical Pediatrics 36: 271–272.

Wisner, B., Blaikie, P., Cannon, T. & Davis, I. (2004): At Risk. Natural Hazards, People's Vulnerability and Disasters. Second Edition. London, New York.

Wolff, S. (2010): Wege ins Feld und ihre Varianten. In: Flick, U., Kardorff, E. v. & Steinke, I. (Hg.): Qualitative Sozialforschung – ein Handbuch. Reinbek bei Hamburg: 334–348.

Young, O. R., Berkhout, F., Gallopin, G. C., Janssen, M. A., Ostrom, E. & van der Leeuw, S. (2006): The Globalization of Socio-Ecological Systems: An Agenda for Scientific Research. In: Global Environmental Change 16: 304–316.

Younghusband, F. E. (1909): Kashmir. London.

Zimmerer, K. (2007): Agriculture, Livelihoods, and Globalization: The Analysis of New Trajectories (and Avoidance of Just-so Stories) of Human-Environment Change and Conservation. In: Agriculture and Human Values 24: 9–16.

Zimmerer, K. S. (2010): Retrospective on Nature-Society Geography: Tracing Trajectories (1911–2010) and Reflecting on Translations. In: Annals of the Association of American Geographers 100 (5): 1076–1094.

Zimmerer, K. S. & Bassett, T. J. (2003): Approaching Political Ecology. Society, Nature, and Scale in Human-Environment Studies. In: Zimmerer, K. S. & Bassett, T. J. (Hg.): Political Ecology. An Integrative Approach to Geography and Environment-Development Studies. New York: 1–25.

Zoomers, A. & van Westen, G. (2011): Introduction: Translocal Development, Development Corridors and Development Chains. In: International Development Planning Review 33 (4): 377–388.

Zoomers, A., van Westen, G. & Terlouw, K. (2011): Looking Forward: Translocal Development in Practice. In: International Development Planning Review 33 (4): 491–499 .

# LISTE DER VERWENDETEN ARCHIVQUELLEN

## India Office Library and Records, London

| | |
|---|---|
| IOL/L/PS/10/980 | Kashmir: Ladakh Trade Reports |
| IOL/L/PS/12/3289 | Northern Frontier Ladakh Trade Reports |
| IOL/L/PS/20/226 | Cayley and Reynolds: Reports on Roads through Ladakh |
| IOL/R/2/1065/57 | Lapchak and other missions of a commercial nature passing between Ladakh and Tibet |
| IOL/R/2/1066/74 | Treaty between Lhasa and the Kashmir Darbar in 1842 |
| IOL/R/2/1066/87a | Abduction of one Hlaqyal of Ladakh by Tibetans. Ladakh-Tibet Frontier Question |

## Archiv der Herrnhuter Mission, Sachsen

| | |
|---|---|
| MD 1573 | Stationsberichte Leh 1909–1937/38, ab 1919 mit Kalatse |
| MD 1569 | West-Himalaya. Jahresberichte Kalatse 1898–1908 |
| MD 1572 | Jahresberichte Leh 1885–1908 |
| R 15 U a 3 | Verschiedenes (8): Stück über Ladak u. die dortige Miss. 1891 |
| R 15 U b 18 | Fortlaufende Schriftstücke. Briefwechsel Kalatse 1898–1905 |

# GLOSSAR

Wie in Ladakh üblich, werden in dieser Arbeit die im allgemeinen Sprachgebrauch gängigen Bezeichnungen genutzt, so dass sowohl ladakhische und tibetische Begriffe, als auch Wörter aus Hindi und Urdu verwendet werden. Um die Begriffe allen Lesern zugänglich zu machen, wird in dieser Arbeit eine vereinfachte phonetische Version, die der ungefähren Aussprache der Wörter im deutschen Sprachgebrauch entspricht, verwendet. Gleiches gilt für Personennamen und Ortsbezeichnungen. Im Text sind alle fremdsprachigen Begriffe kursiviert.

| | |
|---|---|
| *alu* | Kartoffel |
| *alu dong* | Grube zur Konservierung von Kartoffeln |
| *ama-le* | Mutter, meist weiblicher Haushaltsvorstand |
| *amchi* | Praktizierender der tibetischen Medizin |
| *anchar* | eingelegtes Gemüse |
| *anganwadi* | Einrichtung des Integrated Child Development Programme (ICDP) |
| *anna* | Währungseinheit, sechszehnter Teil einer Rupie |
| *arak* | Schnaps |
| *arghon* | Kaufmannselite |
| *assami* | Landbesitzer (ohne Eigentumsrecht) |
| *atta* | Weizenmehl |
| *ba zhing* | Gutes Ackerland |
| *bad kan* | Schleim |
| *bagh ba zhing* | Obstbäume, gute Bodenqualität |
| *bagh ma zhing* | Obstbäume, beste Bodenqualität |
| *bagh tha zhing* | Obstbäume, wenig fruchtbarer Boden |
| *bagma* | patrilineare Ehe |
| *bagston* | Hochzeit |
| *bakthuk* | Nudelform |
| *balang* | weibliches Hausrind |
| *ban gobi* | Weißkohl |
| *banjar jadid/qadim* | nicht kultiviertes Land, Ödland |
| *basta* | Katasterunterlagen (wörtl.: Bündel) |
| *bcu-cho (auch bcu-tsho)* | „Zehner-Gruppen“, soziale Institution |
| *beda* | Gruppe der wandernden Musikanten |
| *begar* | Zwangsarbeit, Frondienste |
| *bodhisattva* | universelle Befreiung |
| *bon* | Schamanismus, religiöse Praktiken und Glaubensvorstellungen |
| *bori* | Sack |
| *brogpa* | Indo-arische Gesellschaftsgruppe in Ladakh |

| | |
|---|---|
| *bshad rgyud* | Erklärungs-Tantra |
| *bungbu* | Esel |
| *burtse* | Artemisia |
| *cabra* | Kapernstrauch |
| *cha* | (eigens konsumierter) Tee |
| *cha ngarmo* | gesüßter Milchtee |
| *cham* | Klosterfest |
| *chanda bandi* | Maßdreieck im Katasterwesen |
| *chang* | fermentiertes Gerstenbier |
| *changkhan* | Vorratskammer für *chang* und Butter |
| *chang-luk* | Changtang-Schaf |
| *changra* | Kaschmir-Ziege |
| *chapa* | Historische Handelsmission der Tibeter nach Ladakh |
| *chara* | Cannabis |
| *chiru* | Tibetische Antilope |
| *chos spun* | Religionsgeschwister, gesellschaftliche Institution |
| *chu mig* | Quelle |
| *chu skol* | Erhitztes Trinkwasser |
| *chudpon* | Wasserwärter |
| *chukitik* | suppenartig zubereitetes *tsampa* |
| *chuli* | Aprikose |
| *churpe* | getrockneter Buttermilch-Käse |
| *chutagi* | fliegenförmige Nudeln |
| *dak bungalow* | staatliches Gasthaus |
| *dal* | Linsen |
| *dao* | Buchweizen |
| *dawan* | Pass |
| *dmans-rigs* | Schicht der „Gewöhnlichen" |
| *doksa* | Sommersiedlung |
| *don* | Aufforderung zum Essen, Höflichkeitsform |
| *doshas* | Geistesgifte/ Grundübel |
| *dral* | Sitzordnung |
| *drimo* | weibliches Yak |
| *dzangs* | Aufforderung zum Essen |
| *dzo* | männliches Hybridrind |
| *dzobi* | Hybridkalb |
| *dzomo* | weibliches Hybridrind |
| *garam masala* | Gewürzmischung |
| *ghee* | Butterschmalz |
| *gher mumkin* | nicht kultivierbares Ödland, steinig |
| *goba* | Dorfvorsitzender |
| *gonpa* | buddhistisches Kloster |
| *grib* | Unreinheit |
| *gur gur cha* | Buttertee |
| *gyalpo* | König |

| | |
|---|---|
| *haldi* | Kurkuma |
| *halqa* | Kreis, Wahlkreis |
| *halqa panchayat* | Dorfrat |
| *hariyali* | Programm der Bewässerungswirtschaft, wörtl.: Begrünung |
| *Iha* | Gottheit |
| *ilaqa* | Bezirk, Talschaft |
| *inti qalat* | Katasterregister für Landtransfers |
| *jagir* | Lehen, abgabenfreier Besitz |
| *jama bandi* | Grundbuch, Kataster |
| *jinse* | Naturalienabgabe |
| *ĵo* | Lokaler Herrschaftstitel, Fürst |
| *kalon* | Minister/ hoher Beamter |
| *kanal* | Flächeneinheit (ca. 506 m²), in 20 *marla* untergliedert |
| *karam* | Maßeinheit (ca. 5 Fuß und 6 Inch) |
| *karas* | dreikantige Erbse |
| *kar-i-begar (auch: begar)* | Zwangsarbeit, Frondienste |
| *kerse* | Linsen |
| *khal* | lokale Volumeneinheit (ca. 20 ladakhische Tassen) |
| *khalsa* | Ödland und Brachflächen |
| *khambir* | Sauerteigbrot |
| *khang chen/ khang pa* | großes Haus |
| *khang chun/ khang bu* | kleines Haus |
| *khar-tsong* | Staatliche Kaufleute |
| *khasra girdawari* | Register der Anbaufrüchte |
| *kholak* | *tsampa* in Buttertee gemischt |
| *khral* | Sammelbegriff für Abgaben, Steuern, Zölle und Trägerdienste |
| *khunak* | Schwarztee |
| *kira* | Gurke |
| *kiraiyakash* | Lohnarbeiter im Transportwesen |
| *klu* | Gottheit der Wasserstelle, Wassergeist |
| *kuli* | Gastarbeiter |
| *kushu* | Apfel |
| *la* | Pass |
| *labuk* | Rettich |
| *lambardar* | Steuereintreiber |
| *lam-yig* | Pass für Erhalt von Fronleistungen |
| *langto* | Bulle |
| *las bes* | Arbeitsteilung |
| *latha* | Katasterkarte auf Stoff |
| *ldum* | Lattich |
| *ldums* | Lattich |
| *lhaba (männl.)/ lhamo (weibl.)* | Orakel, auch als Schamanen bezeichnet |
| *lhato* | Steinsetzung für Opfergaben an Gottheiten |
| *lhato* | Kultstätte des *phaspun* |

| | |
|---|---|
| *lonpo* | Minister |
| *lopchak* | historische Handelsmission aus Ladakh nach Lhasa |
| *lorapa* | Erntewächters |
| *losar* | Buddhistisches Neujahrsfest |
| *luk* | Schaf |
| *lut* | Dünger, besonders Hausdünger |
| *ma zhing* | Ackerland bester Qualität |
| *maharaja* | Herrscher |
| *malia* | fiskalische Grundsteuer (z.B. Silber) |
| *mar* | Butter |
| *marla* | Flächeneinheit (ca. 25,3 $m^2$) |
| *marzan (auch: marsen)* | *tsampa*-Brei |
| *mayur* | Hauptkanal |
| *mgar-ba* | Gruppe der Eisenschmiede |
| *mkhris pa* | Galle |
| *mokmok* | Teigtaschen mit Gemüse- oder Fleischfüllung, Dampfgarung |
| *mon* | Gruppe der Schreiner, auch als Musikanten tätig sind |
| *mongol* | Mangold |
| *muraba bandi* | Maßquadrat (Seitenlänge 200 karam) |
| *nakshan* | schwarze Erbse |
| *namda* | Filzteppich |
| *nang yur* | Feldkanal |
| *nas* | Gerste |
| *nyungma* | Rüben |
| *nyunskar* | Senf |
| *ol* | Alfalfa |
| *ol thang* | Wiesen und Weise |
| *ol thang* | Wiesen und Weide |
| *onpo* | Astrologe |
| *paba* | geröstetes Gersten-, Weizen- und Erbsenmehl als gekochter Brei |
| *palak* | Spinat |
| *palu* | Waldheimia sp. |
| *panch* | Vertreter des Dorfgemeinderats |
| *panchayat* | Dorfrat, von panch ( „fünf") und yat ( „Versammlung") |
| *paneer* | gekochter Frischkäse |
| *parwana* | Pass für Erhalt von Fronleistungen |
| *pashm* | Rohwolle, auch Kaschmirwolle |
| *patwari* | Katasterbeamter, Landvermesser |
| *pemana* | Messlineal im Katasterwesen |
| *perak* | Kopfschmuck der Frauen |
| *pha lha* | Schutzgottheit |
| *pha-spun* | gesellschaftliche Institution, wörtl: „Brüder des Vaters" |
| *phating* | getrocknete Aprikose hoher Qualität |
| *phekhan* | Vorratskammer für Mehl |

| | |
|---|---|
| *phemar* | ladakhisches Mehl-Butter-Gericht |
| *phu* | Hochweide |
| *phu lags* | Seitentaloasen |
| *phul gobi* | Blumenkohl |
| *Praja Sabha* | State Assembly |
| *pratimoska* | individuelle Befreiung |
| *rama* | Ziege |
| *rantak* | Wassermühle |
| *rbat* | zargenloser Holzrechen |
| *rgyal-rigs* | Königsfamilien |
| *rgya-shod* | Bewässerungsoasen in der Indus-Ebene |
| *rgyud bzhi* | zentralen Text der vier medizinischen Tantras |
| *rig* | Seher |
| *rigs* | soziale Schichten |
| *rigs ngan* | Unterste Gesellschaftsschicht |
| *rigs-ldan, auch: sku-drag* | Schicht der Noblen |
| *rlung* | Wind |
| *salat* | Rohkost |
| *sarak turman* | Möhren |
| *sarpanch* | Vorsitzenden des Dorfgemeinschaftsrates |
| *sbangphe* | Gerstenbier |
| *serai* | staatliches Gasthausr |
| *shakhan* | Vorratskammer für Fleisch |
| *shamma* | Kleinhändler aus der Region Sham |
| *shanma* | Erbsen |
| *shanphe* | Erbsenmehl |
| *sholo* | Rosenwurz, Wildgemüse |
| *shranmo* | lokale grüne Erbsenvarietät |
| *shukpa* | Wacholderbaum |
| *skotse* | wilder Lauch |
| *skya chu* | erste Bewässerung |
| *skyu* | Nudeln |
| *skyu/ chutagi* | „Nudeleintopf“ mit Nudeln in Deckel- bzw. Fliegenform |
| *solja* | Tee für Gäste oder respektierte Personen |
| *spang* | bewässerte Wiesen, Weide |
| *sta* | Pferd |
| *starga* | Walnuss |
| *tagi* | verschiedene Brotsorten |
| *tamatar* | Tomate |
| *tantra* | esoterische Befreiung |
| *tao* | Buchweizen |
| *tara* | Buttermilch |
| *tehsil* | administrative Einheit auf Subdistriktebene, Kreis |
| *tehsildar* | Vorsitzender des *tehsil* |
| *tenthuk* | Nudelform |

| | |
|---|---|
| *tha zhing* | wenig fruchtbares Ackerland |
| *thab* | Herd, Feuerstelle |
| *thab lha* | Gottheit der Feuerstelle |
| *thalshrag* | spezielles Brot |
| *thanadar* | Polizeioffizier |
| *thangthur* | Joghurt/Buttermilch mit Wildgemüse |
| *thukpa* | Suppe, häufig mit *tsampa* oder hausgemachten Nudeln |
| *timthuk* | Nudelform |
| *to* | Weizen |
| *tokpo* | Fluss |
| *tsa tsik* | Schlechte Bodenqualität, steinig |
| *tsampa* | geröstetes Gerstenmehl |
| *tsas* | Hausgarten |
| *tsatsod* | Nessel |
| *tso* | See |
| *tsong* | Zwiebel |
| *tus* | Unterfell der tibetischen Antilope |
| *u-lag* | Fron- und Trägerdienste |
| *usu* | Koriander |
| *wazarat* | Verwaltungseinheit, Bezirk |
| *wazir* | hoher Verwaltungsbeamter |
| *wazir-i-wazarat* | höchster Verwaltungsbeamter |
| *yar* | Butterklecks |
| *yul* | Dorf |
| *yulpa* | Dorfbewohner |
| *yura* | Nebenkanal |
| *zamindar* | Landbesitzer |
| *zho* | Joghurt |
| *zing* | Wasserreservoir |

# ANHANG

# A.1 LISTE DER QUALITATIVEN INTERVIEWS MIT NICHT-LOKALEN AKTEUREN UND EXPERTEN

Die Interviews wurden in Ladakh zwischen 2007 und 2010 durchgeführt. Teilweise wurden die Interviewpartner mehrfach besucht, so dass hier nur die Datumsangaben zu relevanten Gesprächen aufgeführt werden. Zur besseren Übersicht wurden hierfür Kategorien geschaffen.

Die Zitierweise im Text übernimmt die fett gedruckten Kürzel. Weil für die vorliegende Arbeit nicht die Namen der Interviewpartner relevant sind, sondern ihre Position, Zugehörigkeit zu einer Behörde/Organisation oder ihre Funktion, werden keine Namen aufgeführt. Dies ermöglicht es, auch kritische Anmerkungen direkt zu zitieren. Nur in einzelnen Ausnahmefällen wurden Zitate im Fließtext bei kritischen Äußerungen im Interesse der Befragten vollständig anonymisiert.

## STAATLICHE BEHÖRDEN

| **Kürzel** | **Organisation** | **Position** | **Datum** |
|---|---|---|---|
| **AgriDept-1** | *Agriculture Department* | Mitarbeiter | 25.07.2009 |
| **AgriDept-2** | *Agriculture Department* | Leiter der Distriktbehörde | 30.08.2007 |
| **CMO-1** | *Chief Medical Office* | Stellvertretender Direktor | 19.05.2008 |
| **CMO-2** | *Chief Medical Office* | Projektkoordinator NRHM | 07.08.2009 |
| **CoopDept** | *Cooperative Department* | Mitarbeiter | 27.07.2009 |
| **DRDA** | *District Rural Development Agency* | Projektleiter DRDA | 06.08.2009 |
| **FoodDept** | *Department of Food & Supplies* | Leiterin Programmbüro | 30.03.&04.04. &27.07.2009, 12.08.2010 |
| **HortiDept-1** | *Horticulture Department* | Mitarbeiter | 25.07.2009 |
| **HortiDept-2** | *Horticulture Department* | Mitarbeiter | 28.07.2009 |
| **ICDS-Leh-1** | *Integrated Child Development Scheme* | Leitende Mitarbeiterin Distriktebene | 01.04.2009, 28.07.2009 |
| **ICDS-Leh-2** | *Integrated Child Development Scheme* | Mitarbeiter | 22.09.2008 |
| **LAHDC-Agri** | *Ladakh Autonomous Hill Development Council* | *Executive Councillor* Landwirtschaft | 30.03.2009 |
| **LAHDC-Health** | *Ladakh Autonomous Hill Development Council* | *Executive Councillor* Gesundheit | 30.03.2009 |
| **PWD** | *Public Works Department* | Projektmitarbeiter, Igu-Phey Projekt | 08.04.2009 |
| **TouriDept** | *Tourism Department* | Mitarbeiter | 04.08.2010 |

## NICHTREGIERUNGSORGANISATIONEN

| Kürzel | Organisation | Position | Datum |
|---|---|---|---|
| **GERES-1** | *Groupe Énergies Renouvelables, Environnement et Solidarités* | Direktor | 10.08.2009 |
| **GERES-2** | *Groupe Énergies Renouvelables, Environnement et Solidarités* | Projektmitarbeiter Klimaschutz | 22.07.2009 |
| **LDO-1** | *Ladakh Development Organisation (LDO)* | Projektmitarbeiter | 29.07.2009 |
| **LDO-2** | *Ladakh Development Organisation (LDO)* | Direktor | 04.08.2009* |
| **LEDeG-1** | *Ladakh Ecological Development Group (LEDeG)* | Direktor | 30.03.2009 |
| **LEDeG-2** | *Ladakh Ecological Development Group (LEDeG)* | Projektmitarbeiter Wassermanagement | 19.05.2008 |
| **LEHO** | *Ladakh Environment and Health Organisation (LEHO)* | Koordinator Landwirtschaft | 30.03.2009 |
| **LNP-1** | *Leh Nutrition Project (LNP)* | Direktor, Koordinator Wassermanagement | 02.08.2007, 05.05.2008, 30.03.2009 |
| **LNP-2** | *Leh Nutrition Project (LNP)* | Projektmitarbeiter Landwirtschaft | 02.08.2007 |
| **RDY** | *Rural Development and You (RDY)* | Direktor | 28.07.2009 |
| **SCF** | *formerly Save the Children Fund* | Ehemaliger leitender Koordinator | 27.07.2009 |
| **SKARCHEN** | *Society for Knowledge and Responsibilities of Culture Health Education and Nature (SKARCHEN)* | Projektmitarbeiterin | 03.08.2009 |
| **SLC** | *Snow Leopard Conservancy* | Direktor Regionalbüro | 30.07.2009 31.07.2009 |

*gemeinsames Interview mit Marianne P. Jakobsen, Universität Arhus

## MEDIZINER

| Kürzel | Organisation | Position | Datum |
|---|---|---|---|
| **GYN-1** | SNMH Distriktkrankenhaus | Gynäkologin | 18.08.2007, 12.08.2010 |
| **GYN-2** | SNMH Distriktkrankenhaus | Gynäkologin | 07.08.2009 |
| **PAED** | SNMH Distriktkrankenhaus | Pädiater | 23.08.2009 |
| **SURG** | ehem. SNMH, Facharzt Privatpraxis | Allgemeinmediziner, Chirurg | 26.07.2009 |
| **PHYS** | ehem. SNMH, Facharzt Privatpraxis | Allgemeinmediziner, Internist | 19.08.2009 |

## ANDERE SCHLÜSSELPERSONEN UND ENTSCHEIDUNGSTRÄGER IN LEH

| Kürzel | Organisation | Position | Datum |
|---|---|---|---|
| **MM** | *Moravian Mission* | Pastor | 05.08.2009 |
| **Pepsi** | *Pepsi Co. India* | *Field Officer Ladakh* | 13.10.2008, 23.07.2009 |
| **TISS** | *Tata Institute for Social Sciences* | Projektmitarbeiter Ladakh | 06.08.2009 |

## SCHLÜSSELPERSONEN UND ENTSCHEIDUNGSTRÄGER IN HEMIS SHUKPACHAN

| Kürzel | Position | Datum |
|---|---|---|
| **Amchi-HS1** | *Amchi* | 21.10.2008 |
| **Amchi-HS2** | *Amchi* | 15.05.2008, 10.08.2007 |
| **ICDS-HS** | *Anganwadi* | 15.08.2009 |
| **Patwari-HS** | *Patwari*, zuständig für Hemis Shukpachan | 14.08.2009 |

## SCHLÜSSELPERSONEN UND ENTSCHEIDUNGSTRÄGER IN IGU

| Kürzel | Position | Datum |
|---|---|---|
| **Amchi-IG1** | *Amchi* | 18.05.2008, 23.08.2007 |
| **Chudpon-IG1** | *Chudpon* Igu-Pura | 24.08.2007 |
| **Chudpon-IG2** | *Chudpon*, Igu-Langkor | 21.08.2007 |
| **Chudpon-IG3** | Ehem. *Chudpon*, Igu | 18.05.2008 |
| **Councillor-IG** | *Ex-Councillor* | 18.05.2008, 27.07.2008 |
| **Goba-IG1** | *Goba*, Igu-Pura | 24.08.2007 & 25.08.2007 |
| **Goba-IG2** | *Goba*, Igu-Langkor | 22.08.2007 |
| **ICDS-IG** | *Anganwadi* | 12.08.2009 |
| **Patwari-IG** | *Patwari*, zuständig für Igu | 18.09.2008 |

# A.2 KARTEN

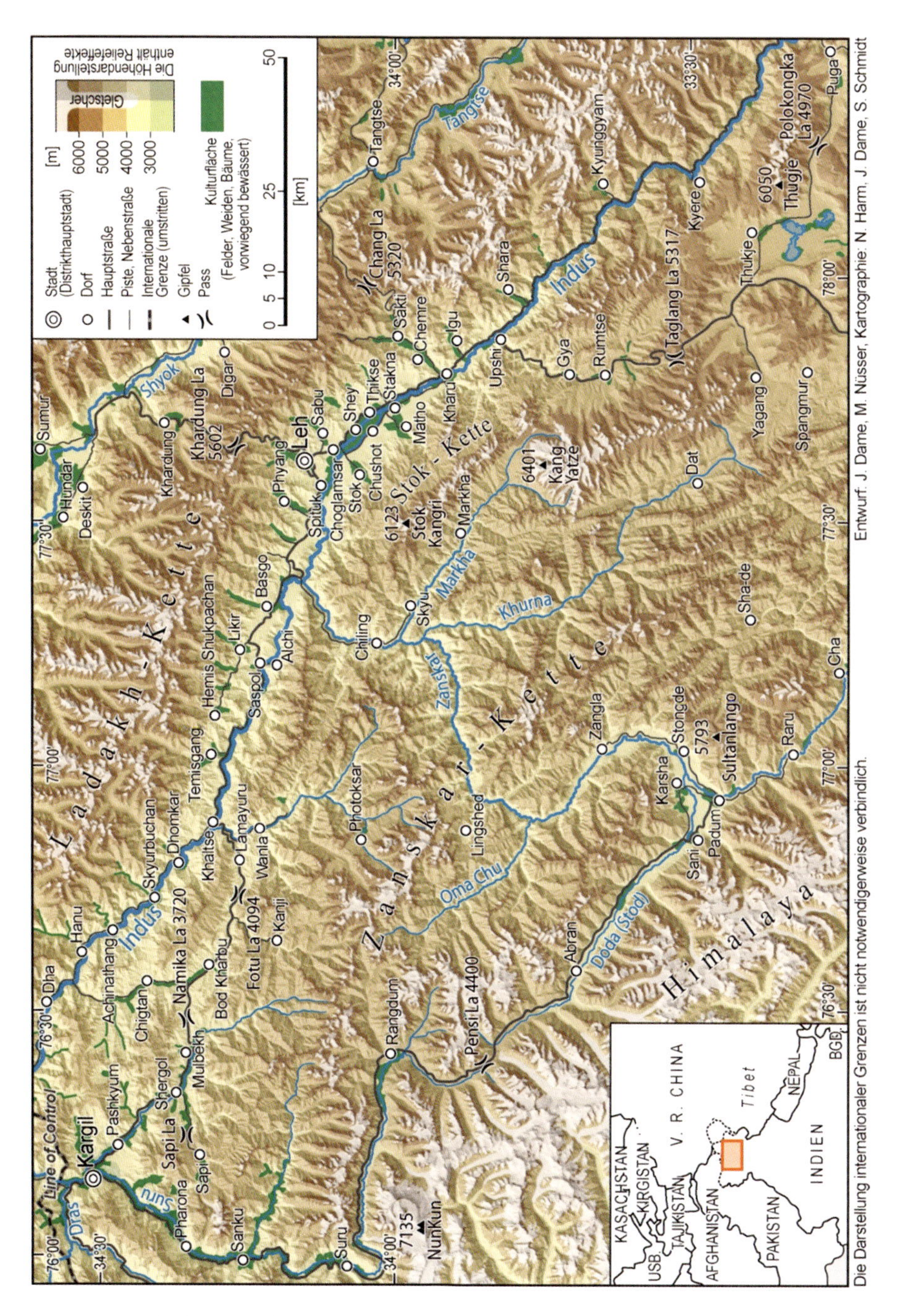


*Karte 3: Ladakh im westlichen Himalaya*

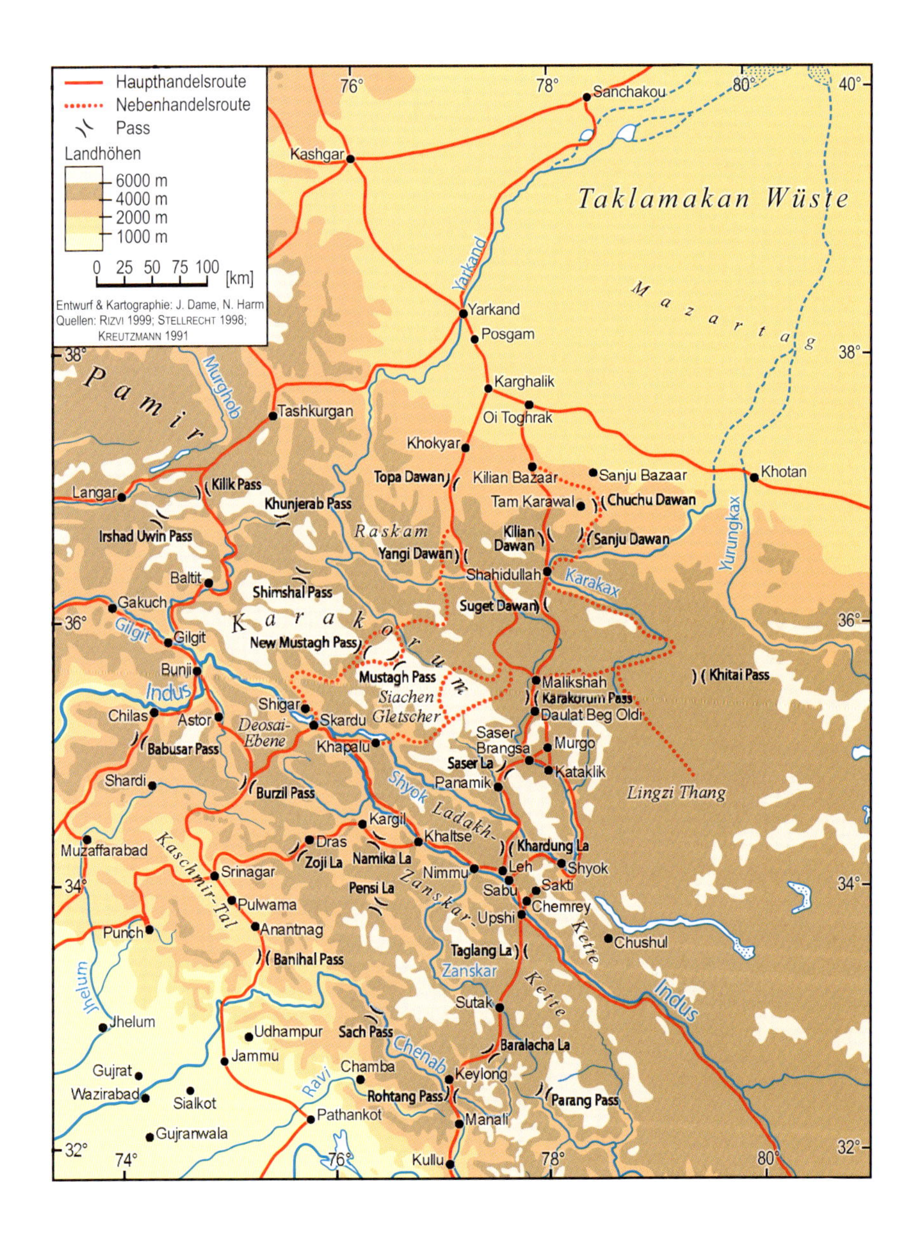


*Karte 4: Die Einbindung Ladakhs in gebirgsüberschreitende Handelsrouten*

# A.3 FOTOS

Juli 2008

*Foto 1: Die Ortschaft Hemis Shukpachan im Sommer*

November 2008

*Foto 2: Die Ortschaft Igu im Winter*

September 2008

*Foto 3: Blick auf die Altstadt von Leh mit dem ehemaligen Königspalast*

Oktober 2006

*Foto 4: Der Main Bazaar in Leh*

Oktober 2006

*Foto 5:Straßenmarkierungsstein der Border Roads Organisation*

August 2008

*Foto 6:Straßenverbindung von Manali nach Leh*

März 2009

*Foto 7: Sitz des Ladakh Autonomous Hill Development Council Leh*

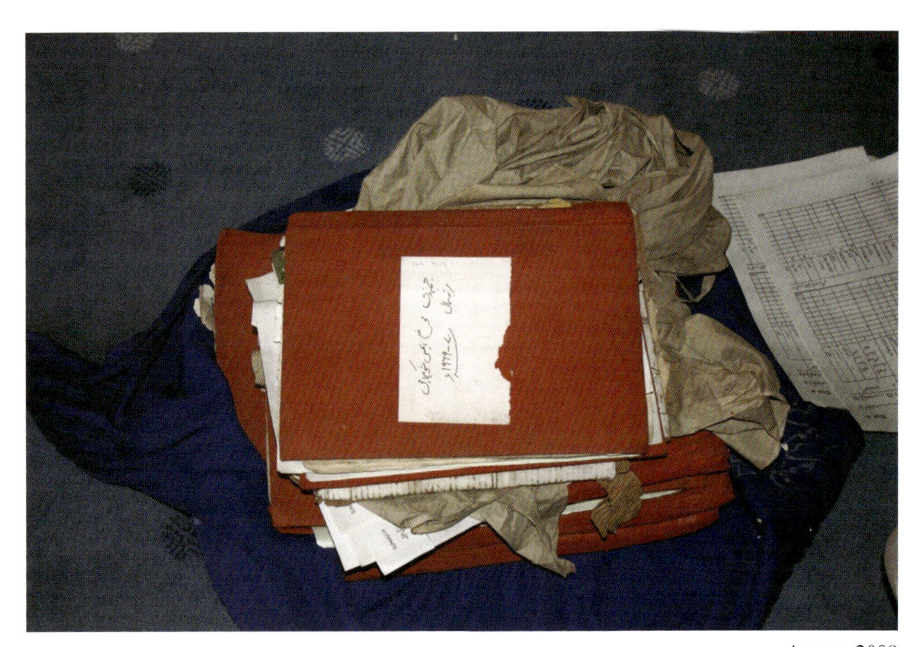

August 2009

*Foto 8: Die Katasterunterlagen umfassen mehrere Bücher (banda)*

Mai 2008

*Foto 9: Siedlungskern in Hemis Shukpachan mit unterschiedlicher Bauweise*

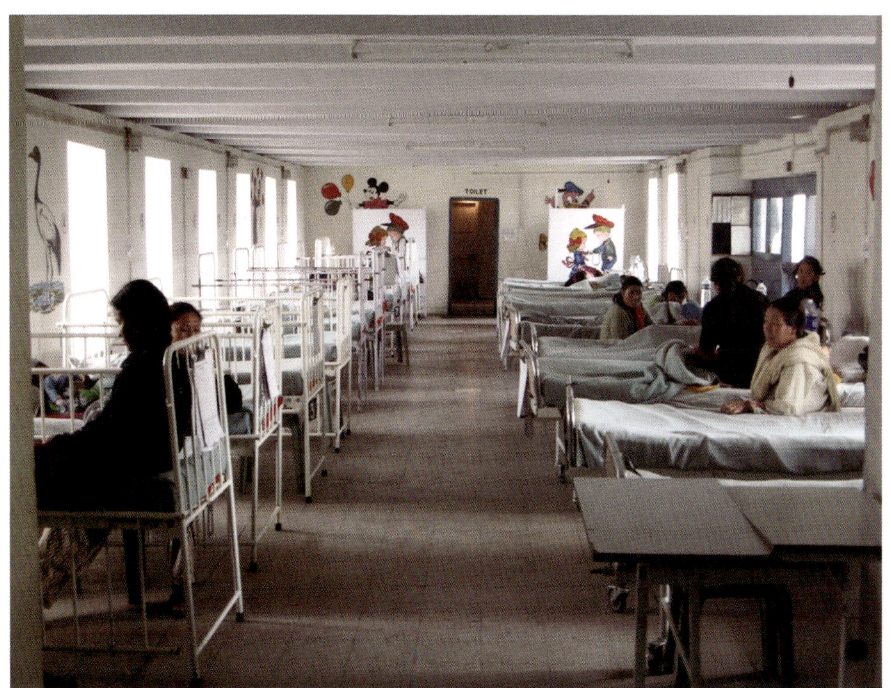


August 2009

*Foto 10: Die gynäkologische Station im Sonam Norboo Memorial Hospital*

November 2008

*Foto 11a: Zubereitung von Speisen für ein Geburtsfest in Igu*

Oktober 2008

*Foto 11b: Teilen des Mehlbergs bei einer Hochzeit in Hemis Shukpachan*

September 2008

*Foto 12: Ama-le hat eine thukpa für die Familie zubereitet*

August 2007

*Foto 13:Bewässerungskanal des Igu-Phey-Projektes (bei Matho)*

Mai 2008

*Foto 14:Anlage von Bewässerungskanälen auf einer Feldparzelle*

April 2008

*Foto 15: Das Aufbringen des Düngers als Gemeinschaftsaufgabe (las-bes)*

Mai 2008

*Foto 16:Pflügen mit dzo-Gespann*

August 2007

*Foto 17: Frauen bei der Senfernte*

Oktober 2008

*Foto 18:Dreschmaschinen finden zunehmend Verwendung*

August 2009

*Foto 19: Gemüseanbau für Eigenbedarf und Vermarktungszwecke*

August 2008

*Foto 20: Trocknung von Aprikosen auf dem Hausdach für die Wintermonate*

August 2007

*Foto 21: Verarbeitung von Milch zu Butter mit einem Holzquirl*

Mai 2008

*Foto 22: Aufzucht von Paschmina-Ziegen in Igu-Langkor*

Juli 2007

*Foto 23a: Der Kashmiri Market im Sommer*

August 2009

*Foto 23b: Gemüseverkauf in Leh im Sommer*

April 2009

*Foto 24: Gemüseverkäuferinnen im Main Bazaar im Winter*

März 2009

*Foto 25: Kashmiri Market mit „Fluggemüse“ im Winter*

März 2009

*Foto 26: Warenangebot in einem Dorfladen in Hemis Shukpachan*

Oktober 2008

Oktober 2008

*Foto 27a und 27b: Abgabe von subventionierten Grundnahrungsmitteln im ration store*

August 2010

*Foto 28: Vergabe von Nothilfe-Paketen nach der Flutkatastrophe im August 2010*